PSYCHTOOLBOX 工具箱及 MATLAB 编程实例

冯成志 编著

電子工業出版社
Publishing House of Electronics Industry
北京·BEIJING

内 容 简 介

PSYCHTOOLBOX（PTB）是专门用于实验编制的免费函数库，它提供了对硬件操作的底层接口，能够开发功能复杂，近乎各个领域的实验程序，与 MATLAB 能够完美结合。

本书是作者根据十几年的编程经验写作而成。全书共分 13 章，主要介绍了 MATLAB 基础知识，MATLAB 编程基础，用于实验编程的常用 MATLAB 函数、PSYCHTOOLBOX 函数介绍，PTB 与 OpenGL 的结合、与 EyeLink 眼动仪的连接、与 iView X 眼动仪的连接以及与 NeuroScan 脑电仪的连接等内容。书中给出了大量的实验设计实例，而这些实验程序可以通过交互地变更实验参数或更改程序代码使之满足读者的实验设计需求。

本书可作为高等院校心理学、医学、社会学、体育学等专业的高年级本科生或研究生的教材，也可作为培训或自学用教材。

图书在版编目 (CIP) 数据

PSYCHTOOLBOX 工具箱及 MATLAB 编程实例 / 冯成志编著. —北京：电子工业出版社，2013.8
ISBN 978-7-121-20918-5

I. ①P… II. ①冯… III. ①MATLAB 软件－应用－实验心理学－高等学校－教材 IV. ①B84-39

中国版本图书馆 CIP 数据核字（2013）第 146167 号

策划编辑：石会敏
责任编辑：石会敏
印　　刷：北京虎彩文化传播有限公司
装　　订：北京虎彩文化传播有限公司
出版发行：电子工业出版社
　　　　　北京市海淀区万寿路 173 信箱　　邮编：100036
开　　本：787×1092　1/16　印张：32　　字数：845 千字
版　　次：2013 年 8 月第 1 版
印　　次：2023年10月第10次印刷
定　　价：59.00 元

凡所购买电子工业出版社图书有缺损问题，请向购买书店调换。若书店售缺，请与本社发行部联系，联系及邮购电话：(010)88254888，88258888。

质量投诉请发邮件至 zlts@phei.com.cn，盗版侵权举报请发邮件至 dbqq@phei.com.cn。

本书咨询联系方式：(010)88254537

前　言

PSYCHTOOLBOX（PTB）是免费的可在 MATLAB 和 Gnu/Octave 环境下运行的函数库，能够使我们很方便地精确控制视觉和听觉刺激的呈现和同步，并且能够简化与用户的交互操作。PSYCHTOOLBOX 的目前版本为 3.0，可在 MATLAB 7.x 或 Octave 3.2.x 上运行，开发人员将不再针对旧版本进一步开发和提供支持。实验程序开发的方法之一是利用简易的开发工具，如 E-Prime、Affect、Inquisit、Super-Lab 等；一是利用诸如 C 或 Pascal 等可以对硬件设备实施底层控制的语言。前者相对而言简单易学，不需要太多的编程经验，后者则需要具有丰富的编程经验和熟悉硬件参数。诸如 BASIC、Lisp、MATLAB 等高级解释性语言，缺少对硬件进行精密控制的能力，而 PSYCHTOOLBOX 则提供了从高级语言到硬件底层控制间的接口，可以读取显示帧缓存和颜色检查表中的信息，可以与垂直行扫描进行同步，支持毫秒级的计时，能够使用 OpenGL 开发三维的图形程序，进行颜色空间转换（如从 RGB 到 HSL），实现 QUEST 算法等，它是介于上述两种开发方法的一种中间状态，有些实验软件系统提供了封装的实验程序，但在设计和开发新的实验程序方面往往捉襟见肘、不够灵活，或者是费了半天的周折终于实现了某个环节（功能），程序的可读性大大降低。这就需要借助于 MATLAB 等高级编程语言来达到特定的实验目的。

即使你先前使用其他高级编程语言，也有充分的理由让你转向 MATLAB+PTB 的学习，MATLAB 提供了丰富的高级函数进行数学运算和绘图操作；对于数组（矩阵）和图像的操作简易至极，而无须像其他高级语言那样过度依赖 for、while、do、loop 等循环来操作。在开发过程中，可以直接在命令窗口中实时查看数据和检查运算结果，这一点也是其他高级语言不可比拟的。就功能和效率而言，MATLAB+PTB 的组合足以击败任何一款实验开发工具。

对于初学者而言，PTB 提供了大量的演示程序，通过 help PsychDemos 可以获取示例程序列表，直接在命令窗口中输入程序名就能够查看演示效果。借助于本教程，可以帮助初学者一步步地快速上手。

目前 PSYCHTOOLBOX 在全世界范围内已经有超过 13 万人次的下载量，你可以登录 http://tech. groups.yahoo.com/group/psychtoolbox/messages/加入 PTB 用户社群，也可以向以下邮件地址 psychtoolbox-subscribe@yahoogroups.com发送一封空白邮件来订阅来自用户社群的消息，如果遇到问题还可以在论坛上提问，来自世界各地的爱好者以及专业的软件技术人员可以帮你解决问题。另外，本书所附实例程序及实用工具可在华信教育资源网（http://www.hxedu.com.cn）上直接下载，使用方法可参见下载后的光盘使用说明文档。

由于作者水平有限，加之时间仓促，恳请读者进行批评指正，也欢迎使用本教材的同仁提出宝贵意见。

冯成志
fengchengzhi@suda.edu.cn
2013 年 5 月 31 日

目　　录

第 1 章　MATLAB 基础知识

MATLAB 是矩阵实验室（Matrix Laboratory）的简称，是美国 MathWorks 公司出品的商业数学软件。MATLAB 是用于科学计算的一种高性能语言，其应用范围非常广泛，包括数学运算、算法开发、数据采集与挖掘、数据建模与模拟分析、数据研究与可视化，以及应用程序开发等。

1.1　启动与退出

MATLAB 的启动与其他软件的启动方法相同，此处不再赘述。

其退出有不同之处，常用方法是直接在命令窗口提示符（>>）后输入 exit 或 quit 命令，相当于从菜单 File 中选择 Exit MATLAB 选项。

例如（其中↙表示回车）：

```
>> exit↙
```

如果在 Preferences 对话框（File→Preferences）中选中“Confirm before exiting MATLAB”（见图 1-1），则在退出之前会出现如图 1-2 所示的确认对话框。

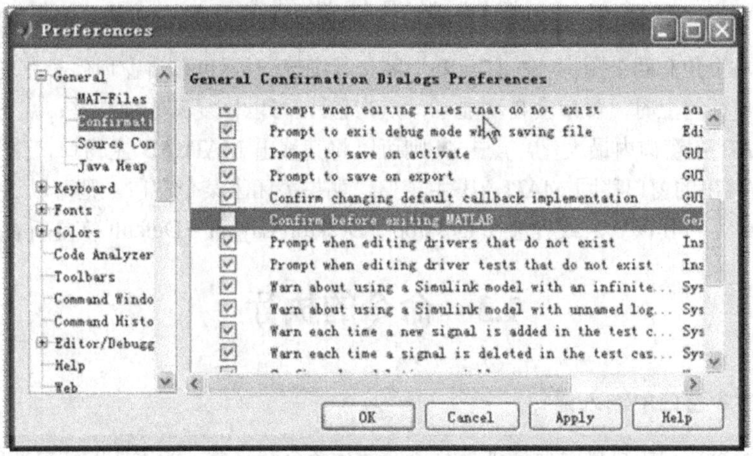

图 1-1　偏好设置对话框

注意：可以在偏好设置窗口中改变字体或设置其他选项。

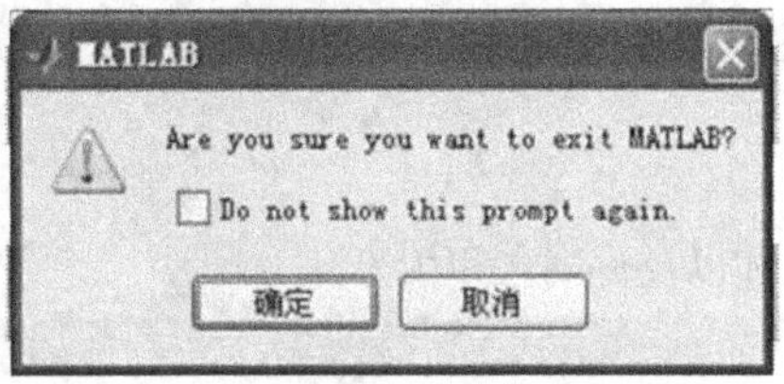

图 1-2　退出确认对话框

1.2 MATLAB 界面组成

MATLAB 界面组成如图 1-3 所示，主要包含四类窗口：命令窗口（command window）、工作区窗口（workspace）、命令历史窗口（command history）和当前目录窗口（current folder）。

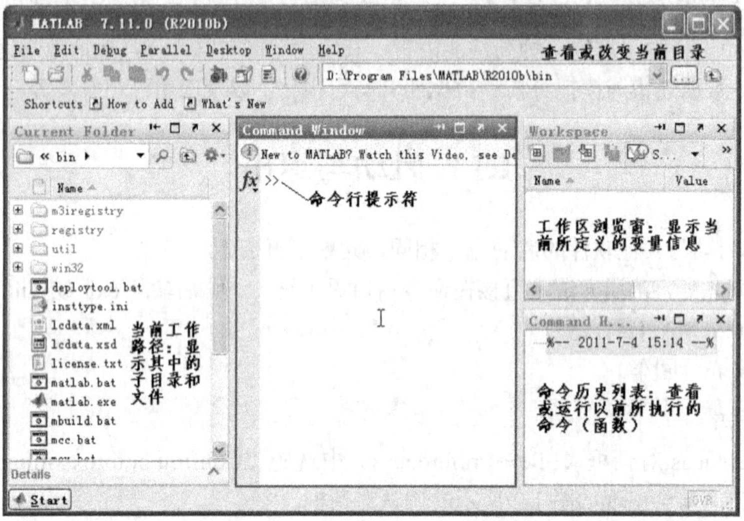

图 1-3 MATLAB 界面组成

每个窗口的右上角有四个图标，其中表示可以将窗口停靠在左侧或右侧边框，当鼠标移动至窗口标签上时，窗口会自动显示；点击则可以恢复其先前状态；点击则可以将某个窗口在 MATLAB 主窗口内最大化，点击则可以将其移出 MATLAB 主窗口，作为一般窗口来显示，点击则将移出的窗口移回 MATLAB 主窗口，如果关闭了某个窗口，则可以通过菜单 Window→Command Window 将其恢复，或者选择 Desktop→Desktop Layout→Default 恢复所有的默认排列。

1.3 命令的执行

1. 直接在命令窗口中输入语句

我们可以在命令窗口中直接对变量进行赋值，运行命令或函数，所生成的结果或辅助信息也会在命令窗口中显示。如果命令语句有返回值，在语句末尾添加分号（;）可以屏蔽掉结果的输出，对于没有返回值的命令或函数，则没有分别。

例如，生成一变量 a，并将其赋值为 10

```
>> a=10↙

a =
10
```

生成魔方阵（矩阵的每行之和以及每列之和相等），

```
>> magic(5)↙

ans =
    17    24     1     8    15
```

```
    23     5     7    14    16
     4     6    13    20    22
    10    12    19    21     3
    11    18    25     2     9
```

可以在一行中输入多条语句，例如，生成两个变量 a 和 b，并赋值为 10 和 20，然后将 a 和 b 相加，并显示结果，

```
>> a=10;b=20;a+b↙
ans =
    30
```

对于有返回值的语句，如果没有明确将返回值赋予某个变量，则默认将其赋予 ans。

如果输入的是程序控制语句（如 if … end 或 for … end 等），则回车后并不显示提示符，而要等到完成对应的语句组并回车后，才会出现命令提示符。

例如，计算 1+2+ … +10 的和

```
>> a=0;for i=1:10 a=a+i;↙
end↙
>> a↙  %显示变量 a 的内容
a =
    55
```

注意：控制语句末尾不需要加分号

下面的命令清除命令窗口中所有的内容

```
>> clc↙
```

注意：如果需要重新执行最近所使用的命令或语句，可以通过上下按键来显示；也可以先输入前几个字符，再通过上下键快速定位，如果要取消当前在命令窗口中输入的内容，可以按 Esc 键。

另外 Tab 键在命令窗口中有特殊作用，当输入某部分内容后，再按 Tab 键，MATLAB 会以列表的形式显示可供选择的内容，这样可以节省输入的字符，如输入：

```
>> edit  anal <Tab>
```

则显示如图 1-4 所示的列表，通过鼠标或上下键进行选择即可。

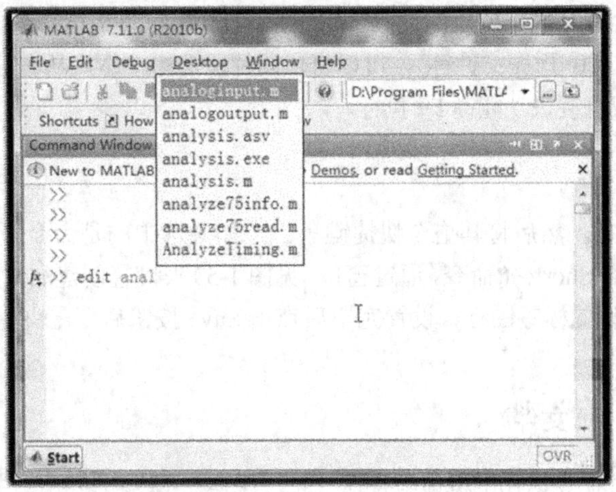

图 1-4　Tab 列表选择

2. 粘贴多行代码语句

你可以把从其他地方（网站、程序文件等）复制的 MATLAB 语句代码粘贴在命令窗口中一次性执行其中的内容。

例如，在记事本中输入以下内容

```
for i=1:10
    for j=1:i
        fprintf('%d\t',i);
    end
    fprintf('\n');
end
```

然后将其粘贴至 MATLAB 命令窗口中，会输出以下数字三角形，

```
>> for i=1:10
    for j=1:i
        fprintf('%d\t',i);
    end
    fprintf('\n');
end
1
2    2
3    3    3
4    4    4    4
5    5    5    5    5
6    6    6    6    6    6
7    7    7    7    7    7    7
8    8    8    8    8    8    8    8
9    9    9    9    9    9    9    9    9
10   10   10   10   10   10   10   10   10   10
```

3. F9 执行

如果要执行 MATLAB 环境下的示例代码（此处 MATLAB 环境是指命令历史列表、帮助文件、命令窗口中的内容、MATLAB 程序文件等），可以将代码片段选中，然后从右键弹出的快捷菜单中选择 Evaluate Selection 选项或直接按功能键 F9 执行。

4. 建立快捷键

选择一条或多条语句，然后将其拖至快捷键条上，如果选中的是命令历史窗口的内容，还可以从快捷菜单中选择 Create Shortcut 命令，通过窗口（见图 1-5）来设置创建的快捷键的细节，其中 Label 指定标签名，Icon 可以设置标签图标，设置完毕后点击 Save 按钮后，在快捷键条上出现清除命令窗口（见图 1-6）。

5. 建立程序文件（M 文件）

将 MATLAB 函数或命令语句有机地组合在一起，保存在 M 文件中（其扩展名为.m），然后运行 M 文件就可以执行其中的命令代码（参见 4.4 节）。

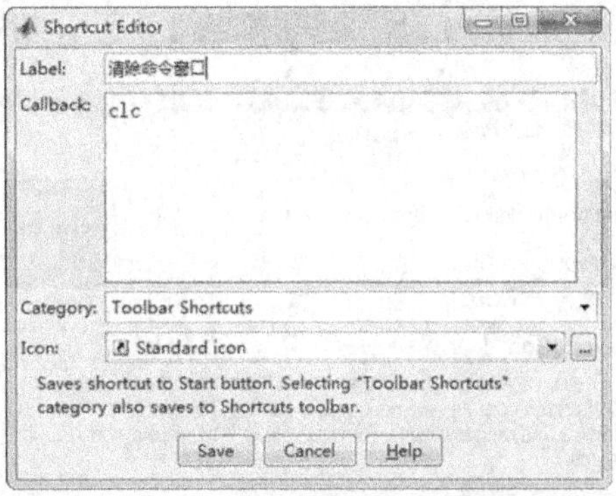

图 1-5　快捷键编辑窗口

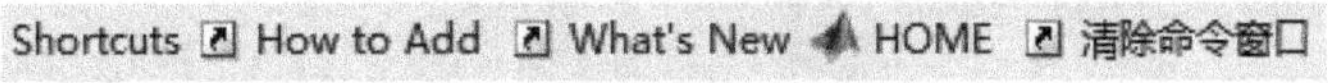

图 1-6　快捷键工具条

1.4　获取帮助信息

MATLAB 中的帮助信息非常重要，而且也提供了强大的帮助资料来方便大家查询各类函数的功能。

最常用的方法是在命令窗口中，输入 help command，其中 command 为所要查询的有关命令或函数，有关某主题的帮助信息会显示在命令窗口中。例如，查询有关命令 clc 的帮助信息，则输入

```
>> help clc↙
 CLC    Clear command window.
    CLC clears the command window and homes the cursor.
    See also home.
    Reference page in Help browser
      doc clc
```

帮助信息给出命令 CLC 的功能和用法，通过 See also 后面的函数链接可以查询相关函数的帮助信息，在 doc 之后的链接可以打开帮助浏览器窗口（见图 1-7），也可以直接通过 doc 命令打开某主题的帮助窗口，例如

```
>>doc sin↙
```

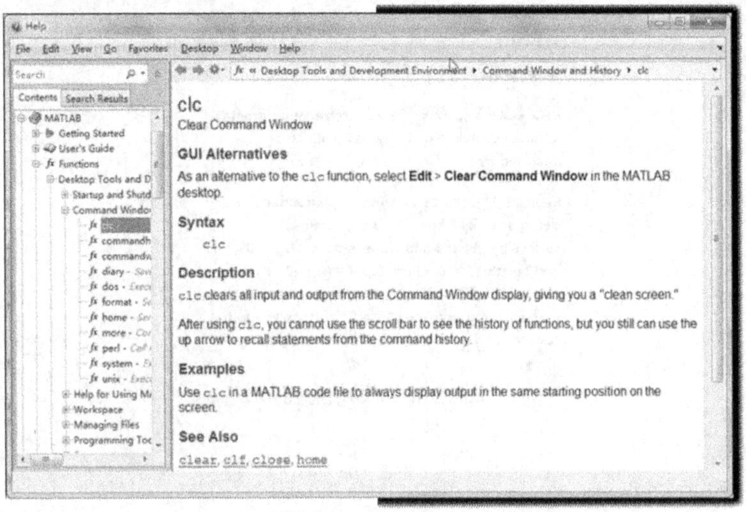

图 1-7　帮助窗口

当在命令窗口某函数名处按功能键 F1 时，会弹出如图 1-8 所示的快捷帮助窗口。

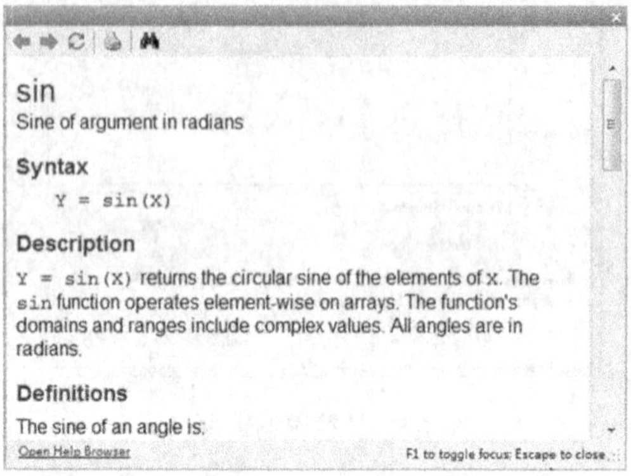

图 1-8　快捷帮助窗口

按 Shift+F1 组合键或从菜单选择 Help→Function Browser，则会弹出函数查找快捷窗口，输入要查询的函数，则显示所有与之匹配的选项（见图 1-9），将鼠标移至某个条目上会显示相关的帮助信息（见图 1-10）。

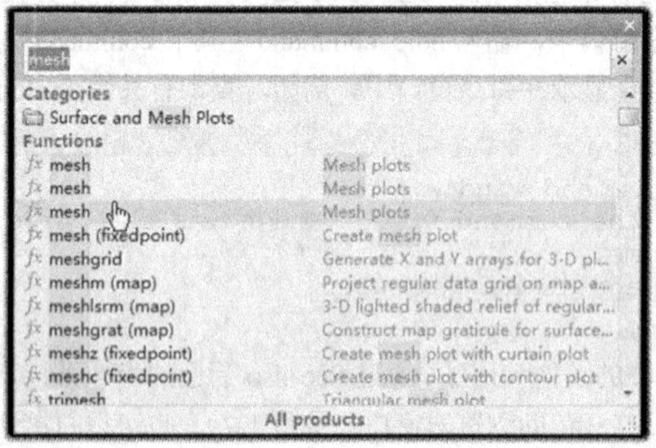

图 1-9　函数查找窗口

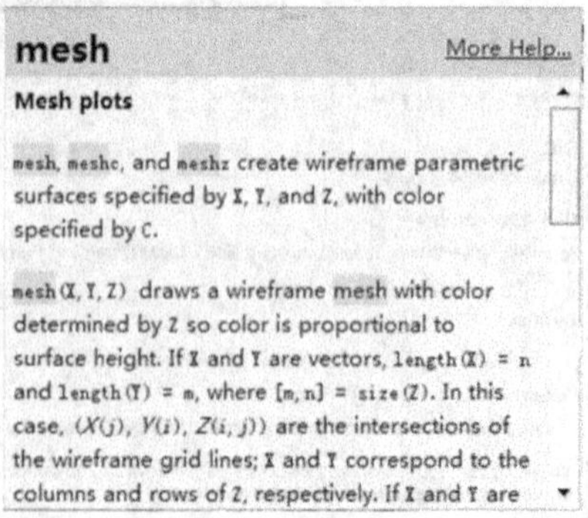

图 1-10　帮助信息窗口

第2章　数据类型

MATLAB 支持多种数据类型，并且对不同数据类型的处理提供了丰富的函数，而且还可以自定义数据类型，合理地使用不同类型的数据，一方面可以节省内存的占用空间，另一方面也可以使程序编制事半功倍。

2.1　数值型

数值型包括整数、浮点数和复数。

1．整数

整数又因能够容纳的数值大小的不同分为不同位数的有无符号的整数。由于计算机采用二进制编码，因此 1 个字节可以容纳 2^8 个数，2 个字节可以容纳 2^{16} 个数，4 个字节可以容纳 2^{32} 个数等。不同类型的整数表示的范围见表 2-1。如果表示分值介于 0～150 之间的功课成绩，则可以使用无符号 8 位整数；如果要表示一个国家的人口数，则可以使用无符号 32 位整数（大约可以表示 42.9 亿）。

表 2-1　整数的表示范围

数据类型	值范围	转换函数
有符号 8 位整数	$-2^7 \sim 2^7-1$	int8
有符号 16 位整数	$-2^{15} \sim 2^{15}-1$	int16
有符号 32 位整数	$-2^{31} \sim 2^{31}-1$	int32
有符号 64 位整数	$-2^{63} \sim 2^{63}-1$	int64
无符号 8 位整数	$0 \sim 2^8-1$	uint8
无符号 16 位整数	$0 \sim 2^{16}-1$	uint16
无符号 32 位整数	$0 \sim 2^{32}-1$	uint32
无符号 64 位整数	$0 \sim 2^{64}-1$	uint64

由于 MATLAB 默认的数据类型为双精度浮点数，使用表 2-1 中的转换函数可以创建相应的整数类型，例如

```
>> a=uint8(93);↙
>> b=int16(327);↙
>> c=int32([76 89]);↙
>> d=1;↙
>> whos↙
```

```
  Name      Size            Bytes  Class     Attributes
    a       1x1             1      uint8
    b       1x1             2      int16
    c       1x2             8      int32
    d       1x1             8      double
```

通过 whos 命令可列出当前工作区中所定义的变量信息，其中 Name 栏为变量名，Size 栏为行列数，如变量 c 有 1 行 2 列数据；Bytes 栏为占用的总字节数；Class 为数据类型，Attributes 为属性。

如果数值超出了某种数值类型所能表示的范围，则取该类型能够表示的最大值或最小值，例如，

```
>> int8(300)↙
ans =
  127
```

转换函数还可以将其他数据类型转换成整型，例如

```
>> a=970;uint16(a);↙
>> whos↙
  Name       Size          Bytes  Class     Attributes
    a        1x1           8      double
    ans      1x1           2      uint16
```

甚至还可以将字符型数据转换为整型，例如，

```
>> str='Hello Matlab';int8(str)↙
ans =
   72  101  108  108  111   32   77   97  116  108   97   98
```

转换后的整数为相应字母的 ASCII 码。如果是中文字符，则需要能够包含 65535 在内的数值类型（如 uint16 或 int32 等），例如

```
>> uint16('你好，我的实验')↙
ans =
  20320  22909  65292  25105  30340  23454  39564
```

函数 isinteger 可以验证某变量是否为整数，例如

```
>> a=15;isinteger(a)↙
ans =
     0
```

使用函数 class 可以获知某数据的类型

```
>> a=uint8(15);class(a)↙
ans =
uint8
```

2. 浮点数

浮点数又可以分为单精度（single）和双精度（double），区别在于表示的数值范围不同，单精度浮点数的存储需要 32 位，可以表示的数值范围为（–3.4028234663852886e+038～–1.1754943508222875e-038）和（1.1754943508222875e-038 ～3.4028234663852886e+038），双精度数的存储需要 64 位，可以表示的数值范围为（–1.7976931348623157e+308～–2.2250738585072014e-308）和（2.2250738585072014e-308～1.7976931348623157e+308），由此可见，尽管浮点数所能表示的数值范围不包括零在内，但 0.0 是浮点数的特例。由于 MATLAB 默认的数据类型为双精度浮点数，所以直接赋值操作就将某变量定义为了双精度浮点数，如果要定义单精度浮点数，则需要使用 single 转换函数，与双精度浮点数对应的转换函数为 double。例如

```
>> x=48.95;↙
>> y=single(x);↙
>> z=double(y);↙
>> whos↙
  Name      Size            Bytes  Class     Attributes
  x         1x1             8      double
```

```
  y          1x1             4      single
  z          1x1             8      double
```

利用 realmin 和 realmax 函数可以获取双精度浮点数的最小值和最大值，单精度浮点数的最小值和最大值使用'single'作为上述函数的参数即可，例如

```
>> realmin↙

ans =
  2.2251e-308

>> realmax('single')↙

ans =
  3.4028e+038
```

函数 isfloat 检验某个变量或数是否为浮点数。

3. 复数

复数包括：实数部分和虚数部分，直接以 x+yi 的形式输入或使用 complex 函数定义复数，例如

```
>> x=5+3i↙

x =
  5.0000 + 3.0000i

>> y=complex(15,30)↙

y =
 15.0000 +30.0000i
```

利用函数 real 和 imag 可以获取复数的实数部分和虚数部分，例如

```
>> x=complex(rand(3),rand(3))↙

x =
  0.7952 + 0.6551i   0.4456 + 0.4984i   0.7547 + 0.5853i
  0.1869 + 0.1626i   0.6463 + 0.9597i   0.2760 + 0.2238i
  0.4898 + 0.1190i   0.7094 + 0.3404i   0.6797 + 0.7513i

>> real(x)↙

ans =
    0.7952    0.4456    0.7547
    0.1869    0.6463    0.2760
    0.4898    0.7094    0.6797

>> imag(x)↙

ans =
    0.6551    0.4984    0.5853
    0.1626    0.9597    0.2238
    0.1190    0.3404    0.7513
```

除此之外，MATLAB 中使用 inf 表示无穷大数，NaN 表示非数值，即不是一个数。如以 0 作被除数时会产生无穷大，而无穷大除以无穷大或 0 除以 0 会产生非数值，

```
>> 5/0↙

ans =
   Inf

>> 0/0↙

ans =
NaN
```

```
>> inf/inf↙
ans =
NaN
```

可以使用 isinf 和 isnan 函数来检验某数是否是无穷大或非数值。

2.2 字 符 型

MATLAB 中的字符串为 Unicode 字符数组，即每个字符都有对应的一个数值，定义字符串只需将字符内容置于单引号之内即可，例如

```
>> school='Soochow University'↙
school =
Soochow University
>> whos school↙
  Name      Size            Bytes  Class    Attributes
  school    1x18               36  char
```

变量 school 中包含 18 个字符（空格计在内），类型为字符型（char）

函数 ischar 可以判断某变量是否为字符型，可以使用函数 strcat 和 strvcat 进行字符串的横向和纵向拼接，char 函数也可以进行纵向拼接，例如

```
>> s1=strcat('Hello', 'everyone')↙
s1 =
Helloeveryone
>> s2=strvcat('Hello', 'everyone')↙
s2 =
Hello
everyone
>> s3=char('Hello', 'everyone')↙
s3 =
Hello
everyone
>> whos s1 s2 s3↙
  Name      Size            Bytes  Class    Attributes
  s1        1x11               22  char
  s2        2x8                24  char
  s3        2x8                24  char
```

可以看出函数 strvcat 和 char 会在较短字符串后添加空格，以使每个字符串等长，strcat 函数在横向拼接时会忽略字符串末尾的空格，例如

```
>> strcat('Hello  ', 'everyone')↙
ans =
Helloeveryone
```

避免这种情况的一种简便方法就是使用拼接运算符[]进行横向拼接，但在使用其进行纵向拼接时要确保每个字符串的长度相同，例如

```
>> s1=['Hello  ' 'everyone']↙
s1 =
```

```
Hello  everyone
>> s2=['Hello ';'everyone']↙
s2 =
Hello
everyone
```

char 函数可以将 ASCII 码转换为对应的字符，例如

```
>> char(32:127)↙
ans =
 !"#$%&'()*+,-./0123456789:;<=>?@ABCDEFGHIJKLMNOPQRSTUVWXYZ[\]^_`abcdefgh
ijklmnopqrstuvwxyz{|}~
```

2.3　日期时间型

MATLAB 用于表示日期的格式有多种，可以以字符串形式表示，也可以以向量形式或者序列日期表示（公元 0000 年 1 月 1 日定义为序列 1，然后距离该日期的天数即为某日期的序列日期数）。

```
>> date↙
ans =
06-Jul-2011
>> whos ans↙
  Name      Size            Bytes  Class    Attributes
  ans       1x11               22  char
>> clock↙
ans =
  1.0e+003 *
    2.0110    0.0070    0.0060         0    0.0270    0.0011
>> whos clock↙
  Name      Size            Bytes  Class     Attributes
  ans       1x6                48  double
>> now↙
ans =
  7.3469e+005
```

2.4　单　　元

单元是 MATLAB 中的一种特殊类型，它可以存储不同类型的数据，一般通过以下形式来建立单元（数组），将单元存储的数据放在{}内，例如

```
>> c1={[1 2;3 4;5 6]}↙
c1 =
    [3x2 double]
```

单元 c1 为包含 3×2 的二维浮点数组，如果向 c1 中增加其他内容，则变为单元数组，

```
>> c1(2)={['Hello everyone']};↙
>> c1(2,1)={date};↙
>> c1(2,2)={now};↙
>> whos c1↙
  Name    Size          Bytes    Class    Attributes
```

```
  c1      2x2           346      cell
```

可以通过函数 celldisp 来显示单元（数组）中的内容

```
>> celldisp(c1)↙
c1{1,1} =
    1    2
    3    4
    5    6
c1{2,1} =
06-Jul-2011
c1{1,2} =
Hello everyone
c1{2,2} =
  7.3469e+005
```

如果要显示其中某个元素的内容，则需要使用{}，例如

```
>> c1{1,1}↙
ans =
    1    2
    3    4
    5    6
```

2.5 结　　构

结构数据类型适合于根据自己的需要定义具有不同含义的字段，并且其中可以包含任何类型的数据，如在被试信息结构中可以包含姓名、性别、年龄、专业和优势等，可以这样定义上述结构信息，

```
>> subject.name='张三';↙
>> subject.gender='Male';↙
>> subject.age=18;↙
>> subject.major='Psychology';↙
>> subject.eye='Left';↙
>> whos subject↙
  Name        Size          Bytes  Class     Attributes
  subject     1x1            668   struct
>> subject↙
subject =
              name:    '张三'
              gender:  'Male'
              age:     18
              major:   'Psychology'
              eye:     'Left'
```

如果要定义多个被试，则可以采用结构数组的形式，下面利用 struct 函数来建立结构数组，

```
>> subject(2:3)=struct('name',{'李四','王五'},'gender',{'Female','Male'},
'age',{20 19},'major',{'English','Maths'},'eye',{'Left','Right'});↙
```

如果要查看某被试的信息，则可以通过索引来查看，例如

```
>> subject(2)↙
ans =
              name:    '李四'
              gender:  'Female'
```

```
        age:    20
        major:  'English'
        eye:    'Left'
```

如果要显示或引用某个字段的内容，使用.运算符即可，例如

```
>> subject(:).name↙
ans =
张三

ans =
李四

ans =
王五
```

或者将结果放入某数组中，

```
>> [subject(:).age]↙

ans =
    18    20    19
```

第 3 章　MATLAB 编程基础

3.1　常数与常量

常数或常量是其值不会发生变化的量，有的是常数，如圆周率；有的是通过函数返回的与系统有关的固定值，如 MATLAB 的安装路径、计算机操作系统等。既可以在命令窗口中获取这些值，也可以在程序中使用这些值，例如

```
>> pi↙
ans =
3.1416
>> version↙
ans =
7.11.0.584 (R2010b)
>> intmax('int32')↙
ans =
  2147483647
>> realmin↙
ans =
  2.2251e-308
```

3.2　变　　量

变量相对于常数而言，是可以变化的一个值，它可以是数值、字符、日期、单元、结构等类型的数据。MATLAB 不同于 C 语言，不需要事先声明变量，可以在任何需要的时候直接对变量进行赋值，MATLAB 会自动建立变量并分配内存空间。变量就如同某个值的别名一样，对变量进行操作就是对变量所表示的值的操作。

在 MATLAB 中定义的变量名必须以字母开头，其后可以组合数字、下画线，但中间不可以有空格，另外不能使用 MATLAB 中已经定义的函数名和关键字，变量名的长度没有限制（足够用），区分大小写（即变量 abc 和 Abc 不同），变量名最好具有可读性，还要注意减少重复定义变量的机会，避免由于使用相同变量名而更改具有不同意义的值。

下面的变量名是合法的，Myfile、picturenames、m1、file_type、tempstr、fhandle；下面的变量是非法的，3file、file ab、data-m1、file$9。

3.3　变 量 类 型

3.3.1　局部变量

在函数体内定义的变量为局部变量，只能被定义的函数所访问，函数运行结束，局部变量所占用的内存空间自动释放（局部变量也就不存在了），不同的函数可以使用相同的局部变量名，因为不同的函数有独立的存储空间。

3.3.2　全局变量

全局变量需要使用 global 关键字来声明，不同函数可以共享全局变量的内容，当一个函数对全局变量进行修改后，其他函数所读取的全局变量值也发生相应变化。

3.3.3　永久变量

永久变量（persistent）只能在 M 文件的函数中定义和使用，需要在使用该变量的前面定义，其初始化值为空（[ ]）。与局部变量不同的是，即使函数退出，永久变量也不会从内存中清除，当下次调用该函数时，仍保留退出前的变量值。

下面的例子中将变量 avalue 定义为永久变量，每调用一次函数 plusone，永久变量 avalue 的值增加 1，并将其赋值给返回参数 ret，程序代码如下：

```
%plusone.m      （文件位于 Psyfeng\Little Examples 目录下）
function ret=plusone
persistent avalue; %定义变量 avalue 为永久变量
if isempty(avalue)
   avalue=1; %如果变量值为空，则对其赋值 1
else
   avalue=avalue+1; %如果不为空，则变量值加 1
end
ret=avalue; %将变量值赋予返回参数 ret
end
```

然后在命令窗口中调用函数 plusone，结果如下：

```
>> plusone↙
ans =
     1
>> plusone↙
ans =
     2
>> plusone↙
ans =
     3
```

可以看出，每执行函数 pluseone 一次，返回值增加 1。

3.4　关　键　字

通过函数 iskeyword 列出 MATLAB 中系统使用的关键字

```
>> iskeyword↙
ans =
    'break'
    'case'
    'catch'
    'classdef'
    'continue'
    'else'
    'elseif'
```

```
    'end'
    'for'
    'function'
    'global'
    'if'
    'otherwise'
    'parfor'
    'persistent'
    'return'
    'spmd'
    'switch'
    'try'
    'while'
```

3.5 运 算 符

运算符包括：算术运算符、关系运算符和逻辑运算符。

3.5.1 算术运算符

1. 矩阵运算

矩阵的运算要符合相应的运算规则（此处不再赘述）。

（1）加减（+、-）

```
>> a=[4 5;7 3]↙
a =
     4     5
     7     3
>> b=[2 9;10 6]↙
b =
     2     9
    10     6
>> a+b↙
ans =
     6    14
    17     9
>> a-b↙
ans =
     2    -4
    -3    -3
>> a+10↙
ans =
    14    15
    17    13
```

（2）乘除（*、/）

```
>> a=[4 5;7 3;10 6]↙
a =
     4     5
     7     3
    10     6
```

```
>> b=[2 9;10 6;-1 -3]↙
b =
     2     9
    10     6
    -1    -3
```

```
>> a*b'↙
ans =
     53    70   -19
     41    88   -16
     74   136   -28
```

```
>> a/b↙
ans =
          0.3333  0.3333  0
         -0.1538  0.7308  0
         -0.0000  1.0000  0
```

（3）右除（\）

```
>> a=rand(3,2)↙
a =
    0.9572    0.1419
    0.4854    0.4218
    0.8003    0.9157
```

```
>> b=rand(3,2)↙
b =
    0.7922    0.0357
    0.9595    0.8491
    0.6557    0.9340
```

```
>> a\b↙
ans =
     0.8690   -0.0998
     0.1783    1.2788
```

（4）乘方（^）

```
>> a=rand(3)↙
a =
    0.5060    0.9593    0.1493
    0.6991    0.5472    0.2575
    0.8909    0.1386    0.8407
```

```
>> a^3↙
ans =
     1.6561    1.6428    0.8004
     1.6031    1.5407    0.7914
     2.1680    1.9382    1.1993
```

（5）转置（'），行列互换

```
>> a=rand(3)↙
a =
    0.2543    0.9293    0.2511
    0.8143    0.3500    0.6160
    0.2435    0.1966    0.4733
```

```
>> a'↙

ans =
     0.2543    0.8143    0.2435
     0.9293    0.3500    0.1966
     0.2511    0.6160    0.4733
```

（6）索引（:）

```
>> a=rand(5)↙

a =
    0.3517    0.2858    0.0759    0.1299    0.1622
    0.8308    0.7572    0.0540    0.5688    0.7943
    0.5853    0.7537    0.5308    0.4694    0.3112
    0.5497    0.3804    0.7792    0.0119    0.5285
    0.9172    0.5678    0.9340    0.3371    0.1656

>> a(:,2)↙

ans =
    0.2858
    0.7572
    0.7537
    0.3804
    0.5678

>> a(:,2:end)↙

ans =
     0.2858    0.0759    0.1299    0.1622
     0.7572    0.0540    0.5688    0.7943
     0.7537    0.5308    0.4694    0.3112
     0.3804    0.7792    0.0119    0.5285
     0.5678    0.9340    0.3371    0.1656
```

2．数组运算

数组运算符是数组间元素与元素间的运算。

（1）点乘（.*）

```
>> a=randi([1 9],[3,2])↙
a =
     7     1
     8     4
     8     3
>> b=randi([1 9],[3,2])↙
b =
     8     2
     4     3
     9     2
>> a.*b↙
ans =
    56     2
    32    12
    72     6
```

（2）点左除（./）

```
>> a./b↙
```

```
ans =
    0.8750    0.5000
    2.0000    1.3333
    0.8889    1.5000
```

（3）点右除（.\）

```
>> a.\b↙
ans =
    1.1429    2.0000
    0.5000    0.7500
    1.1250    0.6667
```

（4）点乘方（.^）

```
>> a.^b↙
ans =
     5764801           1
        4096          64
   134217728           9
```

（5）点转置（.'）

```
>> (a+b*i)'↙
ans =
   7.0000 - 8.0000i   8.0000 - 4.0000i   8.0000 - 9.0000i
   1.0000 - 2.0000i   4.0000 - 3.0000i   3.0000 - 2.0000i
>> (a+b*i).'↙
ans =
   7.0000 + 8.0000i   8.0000 + 4.0000i   8.0000 + 9.0000i
   1.0000 + 2.0000i   4.0000 + 3.0000i   3.0000 + 2.0000i
```

3.5.2 关系运算符

关系运算符用于大小相等比较，可以是两个单独的元素之间，也可以是两个数组之间进行比较。

1. 大于小于（>、<）

```
>> a=randi([1 9],[3,2])↙
a =
     9     8
     4     4
     2     3
>> b=randi([1 9],[3,2])↙
b =
     4     9
     1     9
     2     6
>> a>b↙
ans =
     1     0
     1     0
     0     0
>> a>5↙
ans =
```

```
     1     1
     0     0
     0     0
>> b<3↙
ans =
     0     0
     1     0
     1     0
```

2. 大于等于和小于等于（>=、<=）

```
>> a=randi(10,[1,5])↙
a =
     6     3     4     5     3
>> a>=5↙
ans =
     1     0     0     1     0
>> a<=3
ans =
     0     1     0     0     1
```

3. 等于和不等（==、~=）

```
>> a=randi(10,[1,5])↙
a =
     9     2     3     2     3
>> a==2↙
ans =
     0     1     0     1     0
>> a~=2
ans =
     1     0     1     0     1
>> a='Hello';↙
>> b='hello';↙
>> a==b↙
ans =
     0     1     1     1     1
```

3.5.3 逻辑运算符

1. 逻辑与（&、&&），两个对象均为真，结果才为真

```
>> a=5;b=3;c=0;↙
>> disp(a & b)↙
     1
>> disp(a && c)↙
     0
```

2. 逻辑或（|、||），两个对象中只要有一个为真，结果就为真

```
>> a=5;b=3;c=0;↙
>> disp(a | b)↙
     1
>> disp(b || c)↙
```

```
    1
```

3. 逻辑非（~），原结果为真，则变为假，原结果为假，则改变为真

```
>> a=5;b=3;c=0;↙
>> ~a↙
ans =
    0
>> ~c↙
ans =
    1
>> a=[];↙
>> ~isempty(a)↙
ans =
    0
```

3.5.4 逻辑运算函数

1. 异或运算（xor），两个对象一个为真，一个为假时，结果为真；否则结果为假

```
>> a=5;b=3;c=2;↙
>> xor(a>b,b>c)↙
ans =
    0
>> xor(a<b,c<b)↙
ans =
    1
```

2. 位与运算（bitand），非负整数二进制位之间的与运算

```
>> bitand(3,5)↙
ans =
    1
```

3. 位或运算（bitor）

```
>> bitor(3,5)↙
ans =
    7
```

4. 位反运算（bitcmp）

```
>> bitcmp(uint8(3))↙
ans =
  252
```

5. 位异或运算（bitxor）

```
>> bitxor(3,5)↙
ans =
    6
```

6. 任意为真（any）

```
>> a=randi([0 1],4)↙
a =
    0    1    0    1
```

```
     0    0    1    0
     0    0    1    0
     0    1    0    1
>> any(a)↙
ans =
     0    1    1    1
>> any(a,2)↙
ans =
     1
     1
     1
     1
```

函数 any 的第 2 个参数指定在行或列上进行判断，默认值为 1，在列上判断，即某列的各个值只要有任意一个为真，即为真；如果参数值为 2，则在行上判断，即某行的各个值只要有任意一个为真，即为真。

7. 所有为真（all）

```
>> a=randi([0 1],4)↙
a =
     1    1    1    1
     1    1    0    0
     0    0    1    0
     0    0    1    0
>> all(a)↙
ans =
     0    0    0    0
>> all(a,2)↙
ans =
     1
     0
     0
     0
```

函数 all 的第 2 个参数的含义与函数 any 相同。

3.6 过程控制

过程控制用于控制程序的流程，如不同条件下执行的代码片段不同，常用的过程控制结构有如下几种。

3.6.1 if 条件语句

对于简单的 if 条件语句，可采用如下形式（如果条件表达式 expression 为值，则执行 statements 语句）

```
if expression, statements, end
```

对于复杂的 if 条件语句，可采用下面的形式（更具有可读性）。如果表达式 expression1 为真，则执行 statements1 语句并结束判断。如果表达式 expression1 为假，则判断表达式 expression2 是否为真，如果为真，则执行 statements2 语句并结束判断；如果表达式 expression2 为假，以此类推，如果所有带 if 字样的分支都不满足，则执行 else 后面的语句 statements3（如果有 else 的话）。

```
if expression1
   statements1
elseif expression2
   statements2
else
   statements3
end
```

程序示例：根据学生编号的奇偶平衡反应按键。

```
if mod(subid,2) %被试编号存储在变量 subid 中
   correctKey=KbName('f'); %如果是奇数，正确按键为 F 键
else
   correctKey=KbName('j'); %否则，如是偶数，正确按键为 J 键
end
```

或者写成

```
if mod(subid,2),correctKey=KbName('f');else,correctKey=KbName('j');end
```

程序示例：根据 IQ 进行等级划分

```
if iq>=130
   desc='超常';
elseif iq>=120
   desc='优秀';
elseif iq>=110
   desc='良好';
elseif iq>=100
   desc='中上';
elseif iq>=90
   desc='中等';
elseif iq>=70
   desc='中下';
else
   desc='较差';
end
```

在上面的例子中，需要注意分界值应按一定顺序给出，否则可能会得不到正确结果。例如，下面代码中交换了分界值 100 和 110 的位置，当 iq=115 时，变量 desc 的值为“中上”。

```
if iq>=130
   desc='超常';
elseif iq>=120
   desc='优秀';
elseif iq>=100
   desc='中上';
elseif iq>=110
   desc='良好';
elseif iq>=90
   desc='中等';
elseif iq>=70
   desc='中下';
else
   desc='较差';
end
```

if 条件语句还可以嵌套。假如，一个 2×2 实验设计，两个自变量的水平值分别用 1 和 2 来表示，我们通过 if 语句来设置需要呈现的图片名称（当然有更简单的方法实现），程序示例如下（其中 v1 和 v2 为两个自变量）：

```
if v1==1
    if v2==1
        filename='f1.bmp';
    else
        filename='f2.bmp';
    end
else
    if v2==1
        filename='f3.bmp';
    else
        filename='f4.bmp';
    end
end
```

上面语句也可以利用关系运算符改写为如下形式：

```
if v1==1 && v2==1
    filename='f1.bmp';
elseif v1==1 && v2==2
    filename='f2.bmp';
elseif v2==1 && v2==1
    filename='f3.bmp';
else
    filename='f4.bmp';
end
```

3.6.2 switch 条件语句

switch 条件语句的结构如下：

```
switch switch_expr
 case case_expr
    statement1, ..., statement2
  case {case_expr1, case_expr2, case_expr3, ...}
    statement3, ..., statement4
  otherwise
    statement5, ..., statement6
end
```

根据表达式 switch_expr 的值转入对应的条件分支，即如果表达式 switch_expr 的值符合 case_expr 条件，则执行语句 statement1, ... statement2；如果符合 case_expr1，case_expr2，case_expr3 中任何一个条件，则执行语句 statement3, ..., statement4；当上述条件均不满足，并且有 otherwise 关键词时，则执行其后的语句 statement5, ..., statement6。在判断的过程中，按照 case 语句顺序，只要符合当前的 case 语句，则后面的 case 语句及 otherwise 语句均略过。

程序示例：根据月份字符判断季度

```
switch month expr
    case {'Jan','Feb','Mar'}
        disp('First Season');
    case {'Apr','May','Jun'};
        disp('Second Season');
    case {'Jul','Aug','Sep'};
```

```
        disp('Third Season');
    case {'Oct','Nov','Dec'};
        disp('Fourth Season');
end
```

如果变量 month_expr 的值为“Jul”，则输出显示为：Third Season，可以在命令窗口中先对变量赋值，然后将上述代码粘贴至命令窗口中查看执行结果。

程序示例：假设一 5 点量表，根据其等级显示对应的文本描述

```
switch select
    case 1
        option='完全不同意';
    case 2
        option='基本不同意';
    case 3
        option='中立';
    case 4
        option='基本同意';
    case 5
        option='完全同意';
otherwise
        option='未做选择';
end
```

3.6.3 for 循环语句

for 循环结构如下：

```
for index = values
program statements
          :
end
```

其中 values 可以取以下三种形式：

（1）initval:endval，initval 代表初始值，endval 代表结束值，中间用冒号（:）隔开；

（2）initval:step:endval，step 代表步长，前一种形式每次递增值为 1，此处可以指定每次递增值，如果为负值，则递减；

（3）valArray，循环按列遍历数组中的值。

注意：使用 break 可以提前中止 for 循环。

程序示例：计算 1～100 的和

```
sums=0;
for i=1:100
    sums=sums+i;
end
disp(sums);
```

程序示例：计算 1～100 间所有奇数之和

```
sums=0;
for i=1:2:100
    sums=sums+i;
end
disp(sums);
```

程序示例：计算 1～100 间 5 的倍数之和

```
sums=0;
for i=100:-5:1
   sums=sums+i;
end
disp(sums);
```

程序示例：数组值累加

```
sums=0;
for i=[27 34 18 19 52 25]
   sums=sums+i;
end
disp(sums);
```

程序示例：数组值累加

```
sums=0;
a=rand(3,5)
for i=a
   sums=sums+i;
end
disp(sums);
```

结果如下：

```
a =
   0.7513    0.6991    0.5472    0.2575    0.8143
   0.2551    0.8909    0.1386    0.8407    0.2435
   0.5060    0.9593    0.1493    0.2543    0.9293

   3.0694
   2.3689
   2.7981
```

程序示例：显示 10 以内的偶数

```
for i=1:10
   if mod(i,2)
      continue; %如果是奇数，则跳过，如果 for 循环存在嵌套，使用 continue 语句作用于
                 包含该语句的内层循环
   end
   disp(i);
end
```

3.6.4 while 循环语句

while 循环结构如下，只要条件表达式成立，就执行中间的语句，直至条件表达式不成立，循环中间需要改变表达式的值或使用循环中断指令（break），否则将有可能限于死循环。

```
while expression
program statements
          :
end
```

程序示例：循环显示文件信息，文件命名规则为，主文件名后加 1, 2, 3, …, n 后缀，通过函数 exist 判断文件是否存在，如果存在，则利用函数 imfinfo 显示文件信息；如果不存在，则中止循环。

```
filename='a1.bmp';
index=1;
```

```
while exist(filename,'file')
   imfinfo(filename)
   index=index+1;
   filename=['a' num2str(index) '.bmp'];
end
```

程序示例：计算 1～100 的累加和

```
i=1;
sums=0;
while i<=100
   sums=sums+i;
   i=i+1;
end
disp(sums);
```

程序示例：随机数累加，直至产生的随机数大于 0.7

```
sums=0;
while 1
   a=rand
   if a>0.7
      break; %如果产生的随机数大于 0.7，则跳出 while 循环，与 continue 类似，如果存在
             循环嵌套，则跳出包含该语句的内层的循环
   end
   sums=sums+a;
end
disp(sums);
```

3.6.5 try 错误控制语句

结构如下，在处理程序代码 program statements 部分时如果发生异常，则由 error-handling statements 处的程序代码来处理。

```
try
  program statements
        :
catch exception
  error-handling statements
        :
end
```

程序示例：当读取图片文件出错时，处理是否因文件扩展名使用有误所造成的。

```
function d in = read image(filename) （文件位于 Psyfeng\Little Examples 目录下）
[path name ext] = fileparts(filename); %将文件拆分为路径、前缀和后缀
try %尝试打开文件
  fid = fopen(filename, 'r');
  d in = fread(fid);
catch exception %如果文件打开失败

  if ~exist(filename, 'file') %判断是否是因为未找到文件所致

     % 尝试改变文件的扩展名
     switch ext
     case '.jpg'   % Change jpg to jpeg
        altFilename = strrep(filename, '.jpg', '.jpeg')
     case '.jpeg'  % Change jpeg to jpg
        altFilename = strrep(filename, '.jpeg', '.jpg')
```

```
        case '.tif'    % Change tif to tiff
           altFilename = strrep(filename, '.tif', '.tiff')
        case '.tiff'   % Change tiff to tif
           altFilename = strrep(filename, '.tiff', '.tif')
        otherwise
          rethrow(exception);
        end

        %更改文件扩展名后再进一步尝试打开文件
        try
          fid = fopen(altFilename, 'r');
          d in = fread(fid);
        catch
         %如果仍然无法打开文件，则抛出异常，由系统来处理
          rethrow(exception)
        end
    else %如果文件存在，但无法打开
        d in=-1;
        return; %return语句可以提前返回（中止）某脚本或函数，其后的语句不管有多少均不再执行
    end
end
```

第4章 程序设计

MATLAB 中所编写的程序文件以.m 为扩展名，统称为 M 文件，其形式有两种：脚本和函数，前者是 MATLAB 语句序列，不能接受参数，也不返回结果，但可以将其中所定义的变量存储在工作区中；后者可以接受参数和返回结果。由于函数比脚本更灵活，更具有普适性，所以应用较广。MATLAB 提供了程序开发的编辑工具 Editor，通过菜单 File→New→Script 或 File→New→Function 可以打开程序编辑器，也可以在命令窗口中直接输入 edit 指令打开如图 4-1 所示的编辑器，其编辑功能与 Windows 的记事本相似，但具有语法着色功能（关键字用不同颜色表示），我们可以先忽略不太熟悉的界面和菜单。

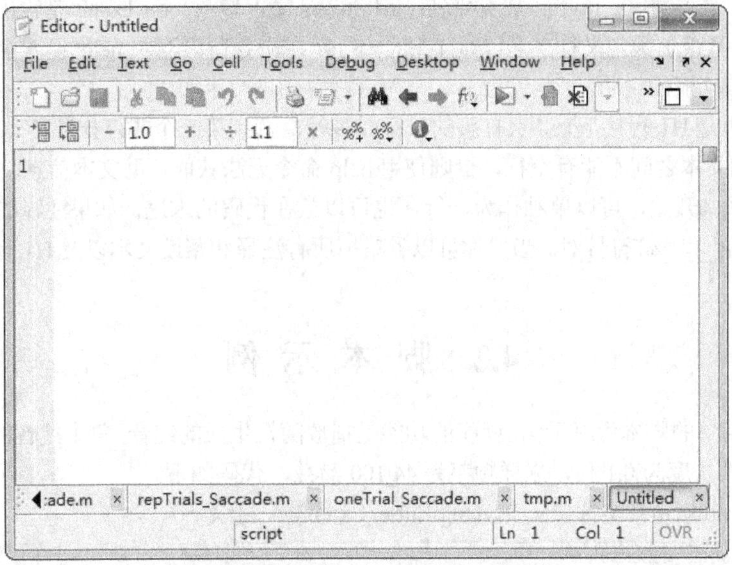

图 4-1 程序编辑器

脚本的名称即为 M 文件的文件名，而函数名称则分为，当函数是主函数时，函数名称与 M 文件名相同（可以不同，但建议取相同的名称），而子函数则与 M 文件名不同，甚至可以没有名称（匿名函数）。而实际上，脚本也可以使用函数的形式，只不过不需要输入参数和返回参数之类的内容罢了。

4.1 M 文件的建立

M 文件可以使用任意的文本编辑器来创建，在保存文件时必须用.m 作为扩展名，建议使用 MATLAB 自带的程序编辑器（Editor）。

在程序编写时，为了便于自己或他人知晓脚本或函数的功能，可以使用注释来对程序代码和参数的含义进行说明。M 文件具有建议的规范格式，对于函数而言，示例如下。

```
function f = fact(n)                      函数定义行，脚本无此行，否则为函数
% Compute a factorial value.              H1 行
% FACT(N) returns the factorial of N,     帮助文本
% usually denoted by N!
```

```
% Put simply, FACT(N) is PROD(1:N).          注释
f = prod(1:n);                               函数体
disp(f); %Display the result                 行内注释
%{
The above function f defines the factorial value of an integer, for convenient,
   just use the function prod to compute the product of elements.
%}
end %函数结束
```

（1）函数定义行负责定义函数的名称以及输入和输出参数的个数和顺序，函数名称最好一目了然，即从名字上就可以大略知晓其功能；输入参数需放在（）内，如果有多个参数，则用逗号分隔开；输出参数如果有多个，则需将它们放置在[ ]内，多个输出参数间用空格或逗号分隔，函数定义语句的格式如下所示：

function [out1, out2, ...] = myfun(in1, in2, ...)

其中 function 是关键字；myfun 是函数名；in1, in2 是输入参数；out1,out2 是输出参数。

（2）H1 行为紧跟函数定义行之后以%打头的一行，在命令窗口输入 help 函数名，可显示该行信息，一般用作函数功能的说明。

（3）帮助文本是 H1 行接下来以%打头的一行或多行，直到第一个非百分号（%）打头的行结束；注意 H1 行和帮助文本之间不能有空行，否则使用 help 命令无法获取帮助文本信息。

（4）注释行以%开始，可以单独作为一行，也可以放在代码的末尾，如果注释的信息较多需要用多行时，则使用%{ 和 %}符号对。当然你可以省略掉所有注释和帮助文本以及 H1 行，这不会妨碍程序的正常运行。

4.2 脚本示例

下面是一段简单的脚本程序示例，程序的功能是播放随机生成的纯音，每个纯音的频率介于 500～1000 赫兹之间，其长度为 0.1 秒，采样频率为 44 100 赫兹，代码如下。

文件名：playnoise.m（文件位于 Psyfeng\Little_Examples 目录下）

```
%Play some noise :)
%First generate the beep with random freq,
%then play it with function sound

%We use the MakeBeep to generate the noise
sf=44100; %声音采样频率
for i=1:50 %循环 50 次（播放 50 次）
    r=randi([500,1000]); %生成随机频率
    s1=MakeBeep(r,0.1,sf); %生成噪音 0.1 秒
    sound(s1,sf); %播放
end
```

可以在命令窗口中输入以下命令来运行脚本。

```
>> playnoise↙
```

4.3 函数示例

在前面的脚本示例中，程序编写好后，假如要使用其他的采样频率、声音频率或时间长度，均需要通过修改程序源代码后，才能得到想要的效果，接下来看函数在这方面的灵活性。

文件名：playnoisef.m（文件位于 Psyfeng\Little_Examples 目录下）

```
function playnoisef(sf,duration,lowfreqs,highfreqs,loops)
%Play some noise :)
%First generate the beep with random freq,
%then play it with function sound
%The meaning of the parameter as follows:
%playnoisef(sf,duration,freqs,loops)
%sf:samplerate,such as 44100
%duration:the duration of each noise in secs. such as 0.5
%freqs:the range of the freqs, such as [100 1000]
%loops:the number of loops

%We with the MakeBeep to generate the noise
for i=1:loops %循环播放
   r=randi([lowfreqs highfreqs]); %从范围中随机频率
   s1=MakeBeep(r,duration,sf); %生成噪音
   sound(s1,sf); %播放
end
end
```

4.4　程序（M 文件）的运行

程序的运行方式和 MATLAB 中内置函数的运行方式一致，可分为两种形式：一种是在 MATLAB 开发集成环境下，即在命令窗口中输入脚本文件名或主函数名即可，例如，对于 4.2 节和 4.3 节中的示例可直接在命令窗口中输入，也可以直接在程序编辑器中通过菜单 Debug→Run 或快捷键 F5 或工具栏 ▶ 快捷按钮方式运行。

```
>> playnoise↙
```

如果是函数，一种方式是把参数放置括号内，参数之间用逗号分隔；一种方式是不用括号，中间用空格把参数值隔开，但这种方式的弊端，一是无法获得函数的返回值，二是会把输入的参数当成字符而非你想要的数值型（所以建议你用括号形式），例如

```
>> playnoisef(8890,0.05,[500 5000],20)↙
```

如果要获取自编程序的使用帮助信息，输入 help 名称

```
>> help playnoise↙
```

```
  Play some noise :)
  First generate the beep with random freq,
  then play it with function sound
```

如果要确定程序所在目录，可以使用 which 命令，例如

```
>> which playnoise↙
```

另外一种程序的运行方式，就是使用 MATLAB 的 mcc 编译器，将 m 程序编译为可执行文件（exe 文件），这样系统不需要安装 MATLAB 就可以运行可执行文件，其编译格式为 mcc –m m 文件，例如

```
>> mcc -m playnoise↙
```

如果要运行在其他未安装 MATLAB 的计算机上，还需要安装 MCRInstaller.exe，该文件位于 MATLAB 安装目录下的 toolbox\compiler\deploy\win32\子目录中。但如果是函数，就需要特殊处理输入参数的非数值现象（参见 4.5 节）。

4.5 函数参数的处理方式

对比 4.2 节和 4.3 节中的示例，你会发现函数的灵活性，因为在运行程序时，只要给出不同参数就可以得到想要的结果，这要比更改程序的代码方便得多。如果某函数的使用频率较高且参数较多，每次输入参数值就比较麻烦，而且当参数输入有误时，程序就会无法正确运行，如 4.3 节中的示例而言，如果输入以下内容

```
>> playnoisef(8890,0.05,500, 5000)↙
??? Input argument "loops" is undefined.

Error in ==> playnoisef at 13
for i=1:loops %循环 50 次（播放 50 次）
```

上面显示了错误信息，因为少输入一个表示循环次数（播放次数）的参数，就无法找到变量 loops，错误出现在程序 playnoisef.m 中的第 13 行，并且给出了 13 行的内容“for i=1:loops %循环 50 次（播放 50 次）”，这是大家不希望看到的情况。下面来看处理这种情况的方法。

4.5.1 默认处理

采用默认参数值，即如果没有输入某个参数值，则使用默认值。

利用函数 nargin 可以获取某函数输入参数的个数，根据输入参数的个数来设置默认值，示例如下：

文件名：playnoisef1.m（文件位于 Psyfeng\Little_Examples 目录下）

```
function playnoisef1(sf,duration,lowfreqs,highfreqs,loops)
if nargin<1 %如果没有任何参数
    sf=44100;
    duration=0.1;
    lowfreqs=500;
    highfreqs=1000;
    loops=10;
elseif nargin<2 %如果只有一个参数
    duration=0.1;
    lowfreqs=500;
    highfreqs=1000;
    loops=10;
elseif nargin<3 %如果输入 2 个参数
    lowfreqs=500;
    highfreqs=1000;
    loops=10;
elseif nargin<4 %如果输入了 3 个参数
    highfreqs=1000;
    loops=10;
elseif nargin<5 %如果输入了 4 个参数
    loops=10;
end
for i=1:loops %循环播放
    r=randi([lowfreqs highfreqs]); %从范围中随机频率
    s1=MakeBeep(r,duration,sf); %生成噪音
    sound(s1,sf); %播放
end
end
```

对于上面的示例程序（playnoisef1.m），当利用 mcc 生成可执行文件后，通过开始→运行...（WinXP 系统下）或开始→搜索程序或文件（Win7 系统下），以 Win7 为例，在其中输入 cmd，然后选择 cmd（或者通用方法：开始→（所有）程序→附件→命令提示符），打开命令窗口，假设编译生成的可执行文件在 D 盘根目录下，切换至 D 盘，然后输入 playnoisef1↙，就可以执行程序，但如果使用参数，如 playnoisef1 22500↙，就会出现错误，在 MATLAB 命令窗口中这样运行也同样出错，原因是此时 22500 不再是数值型，而是字符型，显然提供的参数类型与所要求的不符。

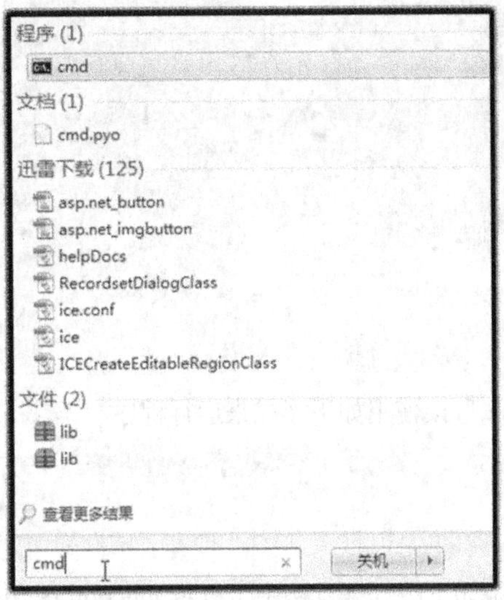

图 4-2 搜索 cmd 命令

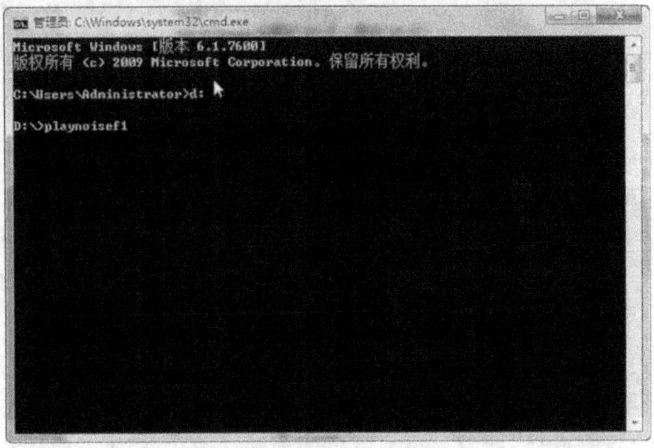

图 4-3 DOS 命令窗口

处理上面错误的一种方法就是使用转换函数 str2double，将字符型转换成数值型。

文件名：playnoisef2.m（文件位于 Psyfeng\Little_Examples 目录下）

```
function playnoisef2(sf,duration,lowfreqs,highfreqs,loops)
if nargin<1 %如果没有任何参数
   sf=44100;
   duration=0.1;
   lowfreqs=500;
   highfreqs=1000;
   loops=10;
elseif nargin<2 %如果只有一个参数
   duration=0.1;
   lowfreqs=500;
   highfreqs=1000;
   loops=10;
elseif nargin<3 %如果输入 2 个参数
   lowfreqs=500;
   highfreqs=1000;
   loops=10;
elseif nargin<4 %如果输入 3 个参数
   highfreqs=1000;
   loops=10;
elseif nargin<5 %如果输入 4 个参数
   loops=10;
end
if ischar(sf) %如果是字符型，则将其转换为数值型
```

```
        sf=str2double(sf);
    end
    if ischar(duration)
        duration=str2double(duration);
    end
    if ischar(lowfreqs)
        lowfreqs=str2double(lowfreqs);
    end
    if ischar(highfreqs)
        highfreqs=str2double(highfreqs);
    end
    if ischar(loops)
        loops=str2double(loops);
    end
    for i=1:loops %循环播放
        r=randi([lowfreqs highfreqs]); %从范围中随机频率
        s1=MakeBeep(r,duration,sf); %生成噪音
        sound(s1,sf); %播放
    end
    end
```

改动之后，就可以在 MATLAB 命令窗口或 DOS 窗口中，直接使用如下形式来运行程序

```
playnoisef2 3800 0.05 5000 10000 10↙
```

4.5.2 命令行输入

通过提示使用者输入来设置参数，对程序 playnoisef1.m 做如下改动（本例中可以将 function 语句去掉）。

文件名：playnoisef 3.m（文件位于 Psyfeng\Little_Examples 目录下）

```
function playnoisef3
sf=input('输入采样频率（回车默认值为 44100）：');
if isempty(sf)
    sf=44100;
end
duration=input('输入声音长度（回车默认值为 0.5 秒）：');
if isempty(duration)
    duration=0.5;
end
lowfreqs=input('输入声音频率下限（回车默认值 500Hz）：');
if isempty(lowfreqs)
    lowfreqs=500;
end
highfreqs=input('输入声音频率上限（回车默认值 1000Hz）：');
if isempty(highfreqs)
    highfreqs=1000;
end
loops=input('输入循环次数（回车默认值 10 次）：');
if isempty(loops)
    loops=10;
end
for i=1:loops %循环 50 次（播放 50 次）
    r=randi([lowfreqs highfreqs]); %从范围中随机频率
    s1=MakeBeep(r,duration,sf); %生成噪音
    sound(s1,sf); %播放
```

```
    end
end
```

4.5.3　对话框设置参数

利用 MATLAB 提供的输入对话框 inputdlg 函数（参见 8.8 节）可以方便快捷地设置参数输入界面，注意下面示例文件中与 function 对应的 end 关键字。

文件名：playnoisef4.m（文件位于 Psyfeng\Little_Examples 目录下）

```
function playnoisef4
paras=getmyParameter; %获取参数
if isempty(paras)
   return;
else
   sf=str2double(paras{1});
   duration=str2double(paras{2});
   freqs=sscanf(paras{3},'%d');
   loops=str2double(paras{4});
end
for i=1:loops %循环播放
   r=randi(freqs); %从范围中随机频率
   s1=MakeBeep(r,duration,sf); %生成噪音
   sound(s1,sf); %播放
end
end
function paras=getmyParameter   %获取参数的函数
paras=inputdlg({'采样频率','声音长度','声音频率范围','循环次数'},'参数设置',1,
{'44100','0.05','500 1000','10'}); %调用 inputdlg 函数，将返回结果存储于 paras
end
```

运行程序 playnoisef4，首先出现如图 4-4 所示的对话框来设置相应的参数。参数设置完毕后，点击 OK 按钮，就会播放一定频率范围内的纯音。

尽管对话框式的参数设置比较方便，也较为直观，但如果实验过程中发现设置的默认值不理想，这样每次运行程序就都需要更改某些内容，而且如果实验开始前忘记更改，对实验结果的影响可想而知，因此需要程序能够记录下上次所设置的参数值，下次执行程序时能够自动将前一次使用的参数填充到图 4-4 所示的对话框。

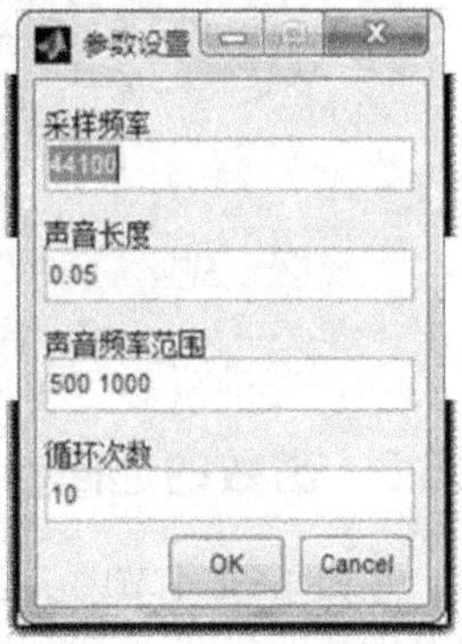

图 4-4　参数设置窗口

4.5.4　参数值的记忆与存取

可以利用 MATLAB 提供的文件读写函数 fgetl 和 fprintf 将设置的参数值写入某个文件中，当需要时再从文件中读取来使用。

文件名：playnoisef5.m（文件位于 Psyfeng\Little_Examples 目录下）

```
function playnoisef5
mainfilename=mfilename; %利用 mfilename 函数获取文件名信息
paras=getmyParameter(mainfilename); %将文件名作为参数传给 getmyParameter
if isempty(paras) %如果在参数设置窗口中选择 Cancel，则返回值为空，退出程序
   return;
else
   sf=str2double(paras{1}); %将各个参数转换为数值
   duration=str2double(paras{2});
   freqs=sscanf(paras{3},'%d');
   loops=str2double(paras{4});
```

```
    end
    for i=1:loops %循环播放
        r=randi(freqs); %从范围中随机频率
        s1=MakeBeep(r,duration,sf); %生成噪音
        sound(s1,sf); %播放
    end
    end
    function paras=getmyParameter(configfilename)
    prompt={'采样频率','声音长度','声音频率范围','循环次数'};
    dlg title='参数设置';
    default answer=[];
    if exist([configfilename '.ini'],'file')       %如果有配置文件,尝试使用之
        fid=fopen([configfilename '.ini'],'r');    %打开配置文件
        if fid~=-1 %如果文件打开成功
            while true
                linestr=fgetl(fid); %逐行读取文件中内容
                if ~ischar(linestr), break, end %如果读至文件尾,则退出 while 循环
                default answer=[default answer {linestr}]; %将读取内容拼接
            end
            fclose(fid); %关闭文件
        else
            error(['无法打开配置文件: ' configfilename '.ini']);
        end
    else %如果没有配置文件就使用默认值
        default answer={'44100','0.1','500 1000','10'};
    end
    paras=inputdlg(prompt,dlg title,1,default answer);
    if ~isempty(paras) %如果 paras 为非空
        fid=fopen([configfilename '.ini'],'w');    %打开文件,写入参数值
        if fid~=-1
            for i=1:length(paras)
                fprintf(fid,'%s\r\n',paras{i});      %循环写入字符信息
            end
            fclose(fid);
        else
            error(['无法打开配置文件: ' configfilename '.ini']);
        end
    end
    end
```

4.5.5 函数的返回参数

正如 4.5.4 小节中函数 getmyParameter 返回输入的信息参数 paras 一样，在设计函数时，可以通过函数的返回值获取函数执行结束后的某些重要信息。从函数的定义形式 function [out1, out2, ...] = myfun(in1, in2, ...)知道，out1、out2 代表返回或输出参数，看下面的示例，计算输入矩阵列方向 X 的总和、均值和标准差，并返回这些值。

文件名：myStat.m（文件位于 Psyfeng\Little_Examples 目录下）

```
function [sumx avgx stdx]=myStat(X) %三个输出参数 sumx avgx stdx 放在[]内
X
n=ones(1,size(X,2))*size(X,1); %利用 size 和 ones 函数构建每列元素个数数组
sumx=sum(X); %计算总和,sumx 作为返回参数
avgx=avg(sumx,n); %利用自定义函数 avg 计算均值,avgx 作为返回参数
stdx=stdev(X,avgx,n);%利用自定义函数 stdev 计算标准差,stdx 作为返回参数
end
function avgx=avg(sumx,n) %自定义函数 avgx 计算均值
```

```
avgx=sumx./n;
end
function stdx=stdev(X,avgx,n) %自定义函数 stdev 计算标准差
avgarray=repmat(avgx,size(X,1),1); %构造均值矩阵，使每列具有相同均值
stdx=sqrt(sum((X-avgarray).^2)./n); %计算标准差
end
```

运行函数 myStat，结果如下：

```
>> myStat([10 10 10 10;5 9 10 12])↙
X =
    10    10    10    10
     5     9    10    12

ans =
    15    19    20    22
```

如直接调用，仅返回第一个输出参数的内容，要想获取多个输出参数内容，则

```
>> [sums avg stds]=myStat([10 10 10 10;5 9 10 12])↙
X =
    10    10    10    10
     5     9    10    12

sums =
    15    19    20    22

avg =
    7.5000    9.5000   10.0000   11.0000

stds =
    2.5000    0.5000         0    1.0000
>> [sums avg stds]=myStat([10 10 10 10;5 9 10 12]')↙
X =
    10     5
    10     9
    10    10
    10    12

sums =
    40    36

avg =
    10     9

stds =
         0    2.5495
```

4.5.6 可变数目的输入/输出参数

当输入参数个数不确定时，可以使用函数 varargin，与输出参数对应的函数是 varargout。MATLAB 将可变的输入/输出参数视作单元数组（因其存储的数据类型可变），如当绘制顶点个数不同的多边形时，事先可能不清楚顶点的个数，使用 varargin 作为函数的参数，就可以方便地达到目的，并且具有很强的灵活性。

文件名：varplot.m（文件位于 Psyfeng\Little_Examples 目录下）

```
function varplot(varargin)
x=zeros(1,length(varargin)); %根据输入参数的个数为变量预分配内存
```

```
    y=zeros(1,length(varargin));
    for i=1:length(varargin) %循环生成顶点坐标值
        x(i)=varargin{i}(1); %由于输入参数为单元数组，使用{}存储元素
        y(i)=varargin{i}(2);
    end
    minx=min(0,min(x)); %取包含 0 在内的最小值，供坐标轴使用
    miny=min(0,min(y));
    plot(x,y); %利用 plot 函数绘制多边形
    axis([minx max(x)+1 miny max(y)+1]); %设置坐标轴范围
    end
```

在命令窗口中输入以下内容，进行测试。

```
>> varplot([5 3],[4 7],[9 6])↙
```

绘图结果如图 4-5 所示。

```
>> varplot([5 3],[4 7],[9 6],[5 3])↙
```

绘图结果如图 4-6 所示。

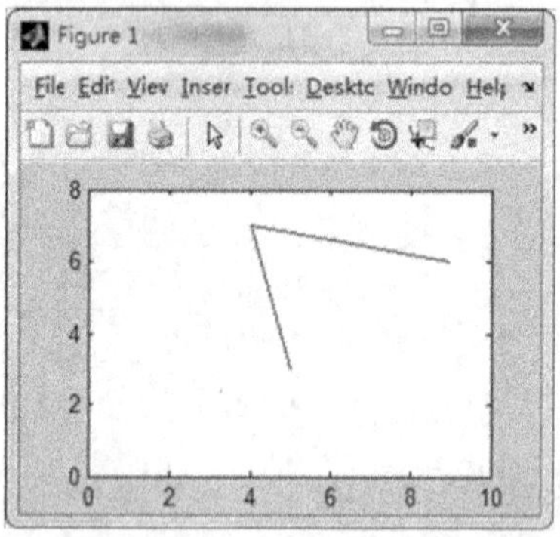

图 4-5　绘图结果 1

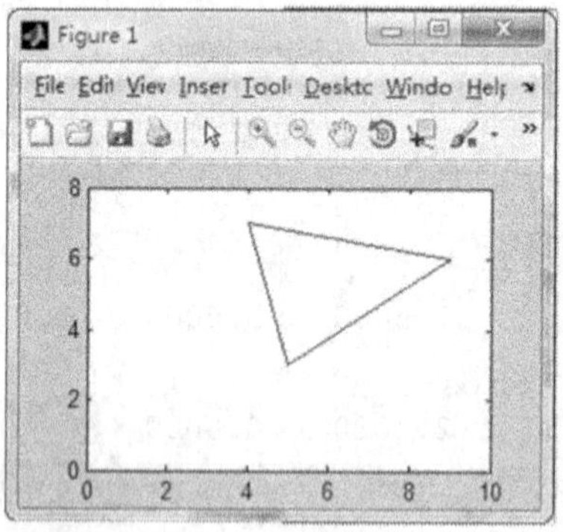

图 4-6　绘图结果 2

下面的示例文件演示了可变输出参数 varargout 函数的应用。

文件名：varout.m（文件位于 Psyfeng\Little_Examples 目录下）

```
function varargout=varout(argin)
if iscell(argin) %如果是单元数组，使用{}索引
    %首先将第 1 个输出参数设置为输入参数的元素个数
    varargout{1}=['输入参数元素个数共' num2str(numel(argin)) '个，分别是：'];
    for i=1:numel(argin) %根据输入参数元素个数多少，变更输出参数数目
        varargout{i+1}=argin{i};
    end
else %否则使用()索引
    varargout{1}=['输入参数元素个数共' num2str(numel(argin)) '个，分别是：'];
    for i=1:numel(argin)
        varargout{i+1}=argin(i);
    end
end
for i=1:numel(varargout)
    disp(varargout{i}); %遍历各个输出参数的内容
end
disp(['输出参数个数为：' num2str(i) '个']); %显示汇总信息，使用类型转换函数
end
```

运行示例如下

```
>> varout([4 5 4 ;9 9 10]);↙
```

输入参数元素个数共 6 个，分别是：

```
     4
     9
     5
     9
     4
    10
```

输出参数个数为 7 个。

4.6　函数的类型

在 4.5.4 小节中的示例文件 playnoisef5.m 中，包含两个函数：一个是 playnoisef5，一个是 getmyParameter。前者与 M 文件的名称相同，称为主函数，后者称为子函数。除此之外，还有私有函数和嵌套函数以及匿名函数，此处主要讲主函数和子函数。

4.6.1　主函数

MATLAB 程序文件（M 文件）中的第一个函数称为主函数，大多数情况下主函数是程序文件中的唯一函数，即如果一个程序文件中只包括一个函数，则该函数就是主函数。在前面的示例文件中，playnoisef.m～playnoisef3.m 文中的函数是唯一的，都是主函数。在 playnoisef4.m 和 playnoisef5.m 中，排在最前面的函数是主函数，即相应的 playnoisef4 和 playnoisef5。一般而言，主函数与 M 文件的名称相同，如果不相同，只能使用文件名来调用函数，而不是关键字 function 后面所起的函数名。

4.6.2　子函数

所谓子函数，是因其无法单独定义，在主函数所在的程序文件中进行定义，且一个程序中可以定义多个子函数，子函数只能供同一程序文件中的主函数或其他子函数调用，而不能被其他程序文件中的主函数或子函数调用，这也是常常将一个函数存储为一个程序文件，即定义为主函数的原因，这样不同的函数之间就可以方便地调用。

4.6.3　函数间的调用关系

尽管有主函数和子函数之分，由于 MATLAB 语言支持递归，故主函数和子函数间的调用关系并没有限制，即主函数可以调用子函数，子函数也可以调用主函数，主函数仅仅是因其排在程序文件中的第一个。看下面的程序示例，函数 afunction 中调用 bfunction，bfunction 函数中调用 cfunction，函数 cfunction 中又调用 afunction，三个函数循环调用（但一般不要将程序设计成循环调用）。

文件名：afunction.m（文件位于 Psyfeng\Little_Examples 目录下）

```
function afunction() %定义函数 afunction
global var
if isempty(var)
   var=1;
else
   var=var+1;
end
```

```
if var<100
   disp(['In function a:' num2str(var)]); %如果变量 var 值小于 100，则显示信息
   bfunction; %调用函数 bfunction
end
end

function bfunction()
global var
if isempty(var)
   var=1;
else
   var=var+1;
end
if var<100
   disp(['In function b:' num2str(var)]);
   cfunction; %调用函数 cfunction
end
end

function cfunction()
global var
if isempty(var)
   var=1;
else
   var=var+1;
end
if var<100
   disp(['In function c:' num2str(var)]);
   afunction; %调用函数 afunction
end
end
```

运行以上程序，输出结果如下：

```
>> clear all↙
>> afunction↙
```

```
In function a:1
In function b:2
In function c:3
In function a:4
In function b:5
In function c:6
⋮
In function a:97
In function b:98
In function c:99
```

以上三个函数因为 afunction 排在第一个，所以 M 文件名为 afunction.m，即使将程序的文件名改为 bfunction.m，也无法使第二个函数成为主函数，此时在命令窗口中输入 afunction，会出现如下提示信息（未找到函数）。

```
>> afunction↙
```

```
??? Undefined function or variable 'afunction'.
```

改变文件的名称后，如果文件名与主函数名不符，就需要使用文件名来调用函数，但由于函数

afunction 排在第一位，所以当输入 bfunction（文件名）时，会调用 afunction 函数，而非文件中定义的子函数 bfunction，下面验证一下。

```
>> clear all↙
>>bfunction↙
```

```
In function a:1
In function a:2
In function a:3
In function a:4
In function a:5
In function a:6
⋮
In function a:97
In function a:98
In function a:99
```

从输出结果可以看出，改名后输入 bfunction 会始终调用 afunction 主函数，尽管在 afunction 中调用了 bfunction，但由于“bfunction”作为了函数 afunction 的文件名，所以相当于自己调用自己，这也是 MATLAB 的强大之处，其他编程语言一般无法实现自己调用自己。例如，下面的程序可以将某个目录下的所有目录（包含子目录）列出。

文件名：listdir.m（文件位于 Psyfeng\Little_Examples 目录下）

```
function listdir(directory)
if nargin<1
   directory='..';
end
s=dir(directory); %获取目录 directory 下内容
for i=1:length(s)
   if s(i).isdir && ~strcmp(s(i).name,'.') && ~strcmp(s(i).name,'..')
      disp(fullfile(directory,s(i).name)); %显示全路径名
      listdir(fullfile(directory,s(i).name)); %如果是目录，则循环调用 listdir 函数
   end
end
end
```

运行示例如下。

```
>> listdir('c:\')↙
```

```
c:\DRIVERS
c:\DRIVERS\WIN
c:\DRIVERS\WIN\4IN1
c:\DRIVERS\WIN\4IN1\MS
c:\DRIVERS\WIN\4IN1\MSx64
c:\DRIVERS\WIN\4IN1\SDMMC
c:\DRIVERS\WIN\4IN1\SDMMCx64
c:\DRIVERS\WIN\4IN1\XD
c:\DRIVERS\WIN\4IN1\xDx64
c:\DRIVERS\WIN\AMTSOL
⋮
```

4.6.4 函数的调用顺序

如果不小心定义了与 MATLAB 系统内置函数相同的函数，在调用函数时，到底使用的是哪个函数呢？MATLAB 在查找函数时使用以下规则，首先在当前目录下查找函数，如果没有找到，则按照 MATLAB 路径中设置的先后顺序（通过 path 命令可以列出当前的路径设置情况），所以如果程序没有在当前目录下，并且程序所在的目录也没有加入 MATLAB 路径中，就会出现错误信息（即无法找到指定的函数）。因此，为了确保函数能够顺利运行，一种方式是切换程序所在目录为当前目录，另一种方式是将程序所在目录添加到 MATLAB 路径中（参见 5.6 节）。

可以利用 which 函数明确到底是哪个函数被调用，以及被调用文件所在的目录。

第 5 章　实验设计常用 MATLAB 函数

5.1　矩阵数组操作类函数

5.1.1　数组排序：sort

（1）B = sort(A)

（2）B = sort(A,dim)

（3）B = sort(...,mode)

（4）[B,IX] = sort(A,...)

对向量、矩阵或数组 A 进行排序，并将排序结果存于变量 B 中。如果是矩阵，其中参数 dim 指定是在列方向（1）还是行方向（2）上进行排序（默认为列方向），mode 参数指定排序的升降（ascend=升序，descend=降序），返回值 IX 中储存排序结果 B 中各个元素在排序前 A 中索引位置，并有如下关系：B=A(IX)。

例如：

```
>> a=rand(3)↙

a =
    0.8147    0.9134    0.2785
    0.9058    0.6324    0.5469
    0.1270    0.0975    0.9575
>> sort(a,2)↙

ans =
    0.2785    0.8147    0.9134
    0.5469    0.6324    0.9058
    0.0975    0.1270    0.9575
>> sort(a,'descend')↙

ans =
    0.9058    0.9134    0.9575
    0.8147    0.6324    0.5469
    0.1270    0.0975    0.2785
>> [b,ix]=sort(a)↙

b =
    0.1270    0.0975    0.2785
    0.8147    0.6324    0.5469
    0.9058    0.9134    0.9575
ix =
     3     3     1
     1     2     2
     2     1     3
```

5.1.2 数组行排序：sortrows

（1）B = sortrows(A)

（2）B = sortrows(A,column)

（3）[B,index] = sortrows(A,...)

按照指定列为关键列进行排序，如指定第 1 列和第 3 列为关键列，则首先以第 1 列的大小排序，当第 1 列的值相同时，则以第 3 列的大小排序，并且当指定的列的序号为正时，按升序排；当指定的列的序号为负时，按降序排。A 为拟排序的数组，column 为关键列向量，排序后的结果存储于变量 B 中，index 为排序结果元素在原数组 A 中的索引，有如下关系：B=A(index)。

例如：

```
>> a=randi([10 100],[4 5])↙
a =
    97    54    93    13    78
    24    82    82    87    77
    98    22    97    94    45
    97    48    69    71    69
>> sortrows(a)↙
ans =
    24    82    82    87    77
    97    48    69    71    69
    97    54    93    13    78
    98    22    97    94    45
>> sortrows(a,[-1 -2])↙
ans =
    98    22    97    94    45
    97    54    93    13    78
    97    48    69    71    69
    24    82    82    87    77
```

5.1.3 矩阵旋转：rot90

（1）B = rot90(A)

（2）B = rot90(A,k)

将矩阵 A 逆时针旋转 90 度，或者逆时针旋转 k×90 度，其中 k 为整数。如果 k 为负数，则顺时针旋转。

例如：

```
>> a=rand(4)↙
a =
    0.8147    0.6324    0.9575    0.9572
    0.9058    0.0975    0.9649    0.4854
    0.1270    0.2785    0.1576    0.8003
    0.9134    0.5469    0.9706    0.1419
>> rot90(a)↙
ans =
    0.9572    0.4854    0.8003    0.1419
    0.9575    0.9649    0.1576    0.9706
    0.6324    0.0975    0.2785    0.5469
```

```
    0.8147    0.9058    0.1270    0.9134
>> rot90(a,2)↙
ans =
    0.1419    0.9706    0.5469    0.9134
    0.8003    0.1576    0.2785    0.1270
    0.4854    0.9649    0.0975    0.9058
    0.9572    0.9575    0.6324    0.8147
>> rot90(a,-1)↙
ans =
    0.9134    0.1270    0.9058    0.8147
    0.5469    0.2785    0.0975    0.6324
    0.9706    0.1576    0.9649    0.9575
    0.1419    0.8003    0.4854    0.9572
```

5.1.4 矩阵左右/上下翻转：fliplr/flipud

（1）B = fliplr(A)

（2）B = flipud(A)

将矩阵左右或上下进行翻转。

例如：

```
>> a=randi([10 20],[3 4])↙
a =
    14    20    19    18
    20    17    20    18
    18    10    17    14
>> fliplr(a)↙
ans =
    18    19    20    14
    18    20    17    20
    14    17    10    18
>> flipud(a)↙
ans =
    18    10    17    14
    20    17    20    18
    14    20    19    18
```

5.1.5 矩阵水平/垂直拼接：horzcat/vertcat

（1）C = horzcat(A1, A2, ...)

（2）C = vertcat(A1, A2, ...)

将矩阵在列方向（水平）或行方向（垂直）上拼接。

例如：

```
>> a=randi([1 5], [2 3])↙
a =
     1     2     2
     1     5     5
>> b=randi([10 50], [2 3])↙
b =
```

```
    19    24    20
    48    18    35
>> c=randi([100 200], [2 3])↙
c =
   147   183   155
   135   159   192
>> horzcat(a,b,c)↙
ans =
     1     2     2    19    24    20   147   183   155
     1     5     5    48    18    35   135   159   192
>> vertcat(a,b,c)↙
ans =
     1     2     2
     1     5     5
    19    24    20
    48    18    35
   147   183   155
   135   159   192
```

5.1.6 数组的重复：repmat

（1）B = repmat(A,m,n)

（2）B = repmat(A,[m n])

（3）B = repmat(A,[m n p...])

将数组 A 的内容在行方向上重复 m 次，在列方向上重复 n 次，还可以构造多维数组，即在第三维上重复 p 次，等等。

例如：

```
>> a=rand(2)↙
a =
    0.7792    0.1299
    0.9340    0.5688
>> repmat(a,2,2)↙
ans =
    0.7792    0.1299    0.7792    0.1299
    0.9340    0.5688    0.9340    0.5688
    0.7792    0.1299    0.7792    0.1299
    0.9340    0.5688    0.9340    0.5688
>> repmat(a,[1,2,2])↙
ans(:,:,1) =
    0.7792    0.1299    0.7792    0.1299
    0.9340    0.5688    0.9340    0.5688
ans(:,:,2) =
    0.7792    0.1299    0.7792    0.1299
    0.9340    0.5688    0.9340    0.5688
```

5.1.7 数组维数变更：reshape

（1）B = reshape(A,m,n)

（2）B = reshape(A,m,n,p,...)

将数组 A 调整为 m 行 n 列，但调整前后元素的个数须相等，即 prod(size(A))=m×n 或 prod(size(A))=m×n×p。

例如：

```
>> a=rand(3,4)↙

a =
    0.4694    0.1622    0.5285    0.2630
    0.0119    0.7943    0.1656    0.6541
    0.3371    0.3112    0.6020    0.6892

>> reshape(a,2,6)↙

ans =
    0.4694    0.3371    0.7943    0.5285    0.6020    0.6541
    0.0119    0.1622    0.3112    0.1656    0.2630    0.6892
```

5.1.8 获取数组维数：size

（1）d = size(X)

（2）[m,n] = size(X)

（3）m = size(X,dim)

获取数组或矩阵 X 的维数，返回值可以为一向量（d）或者分别存储单独的变量（m,n），也可以通过 dim 指定获取的行或列。

例如：

```
>> x=rand(4,6)↙

x =
    0.6551    0.9597    0.7513    0.8909    0.1493    0.8143
    0.1626    0.3404    0.2551    0.9593    0.2575    0.2435
    0.1190    0.5853    0.5060    0.5472    0.8407    0.9293
    0.4984    0.2238    0.6991    0.1386    0.2543    0.3500

>> size(x)↙

ans =
     4     6

>> [m,n]=size(x)↙

m =
     4
n =
     6

>> size(x,1)↙

ans =
     4
```

5.1.9 获取矩阵长度：length

```
numberOfElements = length(array)
```

获取数组维数最大值（行数或列数最大值）。

例如：

```
>> x=rand(3,5,12,8);↙
>> length(x)↙

ans =
    12
```

5.1.10 获取数组元素数：numel

（1）n = numel(A)

（2）n = numel(A, index1, index2, ... indexn)

获取数组（A）包含的元素个数。

例如：

```
>> x=rand(3,5,12,8);↙
>> numel(x)↙
ans =
      1440
>> numel(x,1,:)↙
ans =
     480
```

5.1.11 获取数组的维度数：ndims

```
n = ndims(A)
```

获取数组 A 所包含的维度数，即是二维数组还是三维数组。

例如：

```
>> x=rand(3,5,12,8);↙
>> ndims(x)↙
ans =
     4
```

5.1.12 两个常用矩阵：ones/zeros

（1）Y = ones(n)

（2）Y = ones(m,n)

（3）Y = ones([m n])

（4）Y = ones(m,n,p,...)

（5）B = zeros(n)

（6）B = zeros(m,n)

（7）B = zeros([m n])

（8）B = zeros(m,n,p,...)

构建值全为 1 或全为 0 的矩阵，如果指定一个参数，则为方阵，也可以通过参数 m,n,p 等指定多维数组。

例如：

```
>> x=zeros(3)↙
x =
     0     0     0
     0     0     0
     0     0     0
>> y=ones(3,4)↙
y =
     1     1     1     1
     1     1     1     1
     1     1     1     1
```

5.1.13　生成等间隔向量：linspace

（1）y = linspace(a,b)

（2）y = linspace(a,b,n)

将[a b]区间进行 n 等分，如果省略参数 n，则进行 100 等分。

例如：

```
>> linspace(3,5,6)↙
ans =
     3.0000     3.4000     3.8000     4.2000     4.6000     5.0000
```

5.1.14　生成网格：meshgrid

（1）[X,Y] = meshgrid(x,y)

（2）[X,Y] = meshgrid(x)

（3）[X,Y,Z] = meshgrid(x,y,z)

生成二维或三维网格。

例如：

```
>> [x y]=meshgrid(-3:3,-3:3)↙
x =
    -3   -2   -1   0   1   2   3
    -3   -2   -1   0   1   2   3
    -3   -2   -1   0   1   2   3
    -3   -2   -1   0   1   2   3
    -3   -2   -1   0   1   2   3
    -3   -2   -1   0   1   2   3
    -3   -2   -1   0   1   2   3
y =
    -3   -3   -3   -3   -3   -3   -3
    -2   -2   -2   -2   -2   -2   -2
    -1   -1   -1   -1   -1   -1   -1
     0    0    0    0    0    0    0
     1    1    1    1    1    1    1
     2    2    2    2    2    2    2
     3    3    3    3    3    3    3
```

5.2　判断类函数

5.2.1　是否为空：isempty

```
TF = isempty(A)
```

判断某项内容是否空，所判断的内容可以是字符串型、数值型、单元或结构。如果结果为真，则返回值 TF=1，否则 TF=0。

例如：

```
>> a=[];↙
>> b={};↙
>> c=struct([]);↙
>> d='';↙
```

```
>> isempty(a)↙
ans =
     1
>> isempty(b)↙
ans =
     1
>> isempty(c)↙
ans =
     1
>> isempty(d)↙
ans =
     1
```

参见例 5.1。

5.2.2 是否为列向量：iscolumn

```
TF=iscolumn(V)
```

判断某项内容是否为列向量，如果结果为真，则返回值 TF=1，否则 TF=0。

例如：

```
>> a=rand(3)↙
a =
    0.9058    0.6324    0.5469
    0.1270    0.0975    0.9575
    0.9134    0.2785    0.9649
>> b=rand(1,3)↙
b =
    0.1576    0.9706    0.9572
>> iscolumn(a)↙
ans =
     0
>> iscolumn(b)↙
ans =
     0
>> iscolumn(rot90(b))↙
ans =
     1
```

5.2.3 是否为浮点数：isfloat

```
TF=isfloat(A)
```

判断某项内容是否为浮点数，如果结果为真，则返回值 TF=1，否则 TF=0。

例如：

```
>> a=randi(100)↙
a =
    43
>> b=uint16(randi(50))↙
```

```
b =
    46
>> isfloat(a)↙
ans =
     1
>> isfloat(b)↙
ans =
     0
>> whos↙
  Name      Size            Bytes  Class     Attributes
  a         1x1             8    double
  ans       1x1             1    logical
  b         1x1             2    uint16
```

5.2.4　是否为整数：isinteger

```
TF=isinteger(A)
```

判断某项内容是否为整数，如果结果为真，则返回值 TF=1，否则 TF=0。

例如：

```
>> a=15↙
a =
    15
>> b=int8(15)↙
b =
   15
>> isinteger(a)↙
ans =
     0
>> isinteger(b)↙
ans =
     1
>> whos↙
  Name      Size            Bytes  Class     Attributes
  a         1x1               8  double
  ans       1x1               1  logical
  b         1x1               1  int8
```

5.2.5　是否为逻辑值：islogical

```
TF = islogical(A)
```

判断某项内容是否为逻辑值，如果结果为真，则返回值 TF=1，否则 TF=0。

例如：

```
>> a=15;b=10;c='how'=='How'↙
c =
     0     1     1
>> islogical(a==b)↙
ans =
```

```
    1
>> islogical(c)↙
ans =
    1
```

5.2.6 是否为非数值：isnan

```
TF = isnan(A)
```

判断某项内容是否不是数，如果结果为真，则返回值 TF=1，否则 TF=0。

例如：

```
>> a=5/0↙
a =
   Inf
>> b=0/0↙
b =
   NaN
>> isnan(a)↙
ans =
    0
>> isnan(b)↙
ans =
    1
```

5.2.7 是否无穷大：isinf

```
TF = isinf(A)
```

如果结果无穷大，则返回值 TF=1，否则 TF=0。

例如：

```
>> isinf(5/0)↙
ans =
    1
>> isinf(5/15)↙
ans =
    0
```

5.2.8 是否为行向量：isrow

```
TF = isrow(V)
```

如果 V 是行向量，返回值 TF=1，否则 TF=0。

例如：

```
>> isrow([5 3 9])↙
ans =
    1
>> isrow([5; 3; 9])↙
ans =
    0
```

5.2.9　是否为向量：isvector

```
TF = isvector(A)
```

如果 A 为向量，则返回值 TF=1，否则 TF=0。

例如：

```
>> a=rand(5);
>> isvector(a)
ans =
     0
>> isvector(a(:,3))
ans =
     1
>> isvector(a(4,:))
ans =
     1
```

5.2.10　是否为数值：isnumeric

```
tf = isnumeric(A)
```

如果 A 为数值型（不论其整数还是浮点数），则返回值 tf=1，否则 tf=0。

例如：

```
>> isnumeric(rand(3))
ans =
     1
>> isnumeric({})
ans =
     0
>> isnumeric('Matlab')
ans =
     0
```

5.2.11　是否相等：isequal

```
tf = isequal(A, B, ...)
```

如果 A、B、C 等相等，则返回值 tf=1，否则 tf=0。当比较的内容包含非数（NaN）时，即使其他元素完全相同，也不相等。

例如：

```
>> a.f1=15;a.f2=20;
>> b.f1=15;b.f2=20;
>> c.f1=15;c.f2=25;
>> isequal(a,b)
ans =
     1
>> isequal(a,b,c)
ans =
     0
```

```
>> d=[5 7 9 NaN 11];↙
>> e=d;↙
>> isequal(d,e)↙
ans =
     0
```

5.2.12 是否为字符：ischar

```
tf = ischar(A)
```

如果 A 为字符，则返回值 tf=1，否则 tf=0。

例如：

```
>> ischar(90)↙
ans =
     0
>> ischar('Matlab')↙
ans =
     1
```

参见例 5.1。

5.2.13 是否为字母：isletter

```
tf = isletter('str')
```

判断字符串每个元素是否为字母，结果为真，则对应值为 1，否则为 0。

例如：

```
>> isletter('Matlab!')↙
ans =
     1     1     1     1     1     1     0
```

5.2.14 是否为空格：isspace

```
tf = isspace('str')
```

判断字符串每个元素是否为空格，结果为真时，对应值为 1，否则为 0。

例如：

```
>> isspace('How are you?')↙
ans =
     0     0     0     1     0     0     0     1     0     0     0     0
```

5.2.15 是否为集合元素：ismember

（1）tf = ismember(A, S)

（2）tf = ismember(A, S, 'rows')

（3）[tf, loc] = ismember(A, S, ...)

判断数组 A 中的每个元素是否为集合 S 中的元素，返回值为逻辑值，其数组大小与 A 的大小相同。

例如：

```
>> ismember(5,1:10)↙
ans =
     1
```

```
>> a=randi([0 5],3)↙

a =
     2     3     3
     5     5     0
     2     5     0

>> ismember(a,1:10)↙

ans =
     1     1     1
     1     1     0
     1     1     0
```

5.3 字符操作类函数

5.3.1 创建空格：blanks

```
S=blanks(n)
```

创建一定数量（n）的空格。

例如：

```
>> disp(['xx' blanks(5) 'yy'])↙
xx     yy
```

5.3.2 格式化为字符：sprintf

（1）str = sprintf(format, A, ...)

（2）[str, errmsg] = sprintf(format, A, ...)

根据格式化符 format，将 A 格式化为字符内容存储于变量 str 中，如果格式化操作不成功，变量 errmsg 中存储错误信息，否则 errmsg 为空。

格式化符为以%开始的字符串，针对不同的字符具有不同的含义，格式如下：

%（标志符）（宽度）（小数位数）转义符

常用转义符有：

（1）有符号整数：%d、%i 表示十进制；%ld、%li 表示 64 位十进制，%hd、%hi 表示 16 位十进制；

（2）无符号整数：%u 表示十进制；%o 表示八进制；%x 表示十六进制（使用小写 a-f）；%X 表示十六进制（使用大写 A-F）；

（3）浮点数：%f 表示浮点数；%e 表示指数形式（科学计数法），小写 e，如 3.14e+03；%E 科学计数法，大写 E；

（4）字符：%c 表示单个字母；%s 表示字符串。

常用标志符有：

（1）0：在数字前加上前导 0（用 0 补齐位数）；

（2）-：左对齐。

宽度和小数位数均用数字表示。

除此之外，常用的控制符还包括：\n：新行；\r：回车符；\t：制表符。

例如：

```
>> sprintf('%f',45)↙
ans =
45.000000
>> sprintf('%10.2f',45)↙
ans =
     45.00
>> sprintf('%010.2f',45)↙
ans =
0000045.00
>> sprintf('%x',45)↙
ans =
2d
>> sprintf('%s--%s%c','It''s','Matlab','!')↙
ans =
It's--Matlab!
```

5.3.3 转换为大/小写：upper/lower

（1）B = upper(A)

（2）B = lower(A)

将字符 A 转换成大写或小写。

例如：

```
>> b=upper('hello matlab!')↙
b =
HELLO MATLAB!
>> lower(b)↙
ans =
hello matlab!
```

5.3.4 去除首尾空格：strtrim

（1）S = strtrim(str)

（2）C = strtrim(cstr)

去除字符串（str）首尾或字符单元数组（cstr）的空格，并将结果存储于返回值中。

例如：

```
>> strtrim('  Hello Matlab!   ')↙
ans =
Hello Matlab!
>> str={'  Matlab is powerful   ', '  Hello Matlab   '};↙
>> strtrim(str)↙
ans =
'Matlab is powerful'    'Hello Matlab'
```

参见例 5.1。

5.3.5　去除尾部空格：deblank

（1）str = deblank(str)

（2）c = deblank(c)

去除字符串（str）尾部空格，如果处理对象是字符型单元数组（c），则针对每个元素处理。

例如：

```
>> a='xx';b='yy';c=deblank('  Hello Matlab!  ');↙
>> [a c b]↙
ans =
xx  Hello Matlab!yy
```

5.3.6　字符替换：strrep

```
modifiedStr = strrep(origStr, oldSubstr, newSubstr)
```

将字符串 origstr 中所有的 oldSubstr 字符串替换为新字符串 newSubstr，替换完毕后的结果存入 modifiedStr 字符变量中。

例如：

```
>> str='This is my computer.';↙
>> str=strrep(str,'my','your')↙
str =
This is your computer.
```

参见 Replace（8.4.13 小节）。

5.3.7　字符查找：findstr/strfind

（1）k = findstr(str1, str2)

（2）k = strfind(str1, str2)

在字符串 str1 中查找字符内容 str2，返回字符内容 str2 在字符串 str1 中的位置，如果未找到则返回空值，findstr 函数在未来版本中将去除。

例如：

```
>> strfind('Hello matlab, I like matlab!','matlab')↙
ans =
     7    22
>> findstr('Hello matlab, I like matlab!','Matlab')↙
ans =
     []
```

5.3.8　格式化读取：sscanf/strread

（1）A = sscanf(str, format)

（2）A = sscanf(str, format, sizeA)

（3）[A, count] = sscanf(...)

（4）[A, count, errmsg] = sscanf(...)

（5）[A, count, errmsg, nextindex] = sscanf(...)

对于函数 sscanf 而言，从字符变量 str 中，根据格式化字串 format 中的定义（参见 5.3.2 小节），读取格式化内容，并将结果赋值给矩阵 A，其中 count 变量存储成功读取的元素数，errmsg 存储错误发生时的错误信息，nextindex 中存储扫描的字符数加 1。

例如：

```
>> [a c err index]=sscanf('45 36 dd 77','%d')↙
a =
   45
   36
c =
    2
err =
Matching failure in format.
index =
    7
>> [str, count] = sscanf('one two three', '%c')↙
str =
one two three
count =
   13
>> [str, count] = sscanf('one two three', '%s')↙
str =
onetwothree
count =
    3
>> tempString = '78°F 72°F 64°F 66°F 49°F';↙
>> degrees = char(176);↙
>> tempNumeric = sscanf(tempString, ['%d' degrees 'F'])'↙
tempNumeric =

   78   72   64   66   49

A = strread('str')
[A, B, ...] = strread('str')
[A, B, ...] = strread('str', 'format')
[A, B, ...] = strread('str', 'format', N)
[A, B, ...] = strread('str', 'format', N, param, value, ...)
```

对于函数 strread 而言，从字符串 str 中根据格式化定义符 format 读取格式化数值（格式化定义符参见 5.3.2 小节，除此之外，strread 函数中还可以使用，%[...]限定读取[ ]内指定的内容，%[^...]限定读取[ ]之外的内容，%*...来忽略*之后的内容，具体应用参见例如）。注意：对于第一种形式，字符串 str 中不能含有文本内容，必须是数值内容。可以通过参数 N 指定读取次数，或者通过参数 param 和 value 来自定义，常用 param 和对应 value 如表 5-1 所示。

表 5-1　strread 函数可用参数及含义

Param	Value	含义
Whitespace	\b	Backspace
	\n	换行
	\r	回车
	\t	水平制表符
	\\	斜杠
	%%	百分号
	‘’	单引号
Emptyvalue	NaN（默认）	空白值
Delimiter	可以是空格，逗号之类	分界符

例如：

```
>> str = '<table border=5 width="100%" cellspacing=0>';↙
>> [border width space] = strread(str, '%*s%*s %c %*s "%4s" %*s %c', 'delimiter',
'= ')↙
```

```
border =
5
width =
    '100%'
space =
0
```

```
>> whos↙
```

```
  Name        Size        Bytes       Class  Attributes
  border      1x1         2           char
  space       1x1         2           char
  str         1x43        86          char
  width       1x1         68          cell
```

上例中字符内容与格式化符的对应关系为：

```
       <table  border   =    5   width    =    "100%"   cellspacing =    0    >
       %*s %*s      %c  %*s       "%4s"    %*s      %c
```

```
>> strread('47 36 55')↙
```

```
ans =
    47    36    55
```

```
>> [a b c]=strread(sprintf('47 36 55 67\n'),'%d%d%d','emptyvalue',NaN)↙
```

```
a =
    47
    67
b =
    36
   NaN
c =
    55
   NaN
```

```
>> strread('47|36|55|67|','%d','delimiter','|')↙
```

```
ans =
    47
    36
    55
    67
```

```
>> str = 'Section 4, Page 7, Line 26';↙
>> [name value] = strread(str, '%s %d,')↙
```

```
name =
    'Section'
    'Page'
    'Line'
value =
     4
     7
    26
```

```
>> str = 'Answer 1: T, Answer 2: F, Answer 3: F';↙
>> [a b] = strread(str, '%s %[TF]', 'delimiter', ', ')↙
```

```
a =
    'Answer_1:'
    'Answer_2:'
```

```
        'Answer_3:'
    b =
        'T'
        'F'
        'F'
```

5.3.9 执行字符表达式：eval

（1）eval(expression)

（2）[a1, a2, a3, ...] = eval('myfun(b1, b2, b3, ...)')

MATLAB 提供了执行字符化的表达式的简便方法，如将 3*4+5 数学表达式置于引号内作为一个字符串，使用 eval 函数即可以对其进行运算。

例如：

```
>> eval('3*4+5')↙
    ans =
        17
>> eval('surf(rand(5))')↙
```

结果绘制如图 5-1 所示的图形。

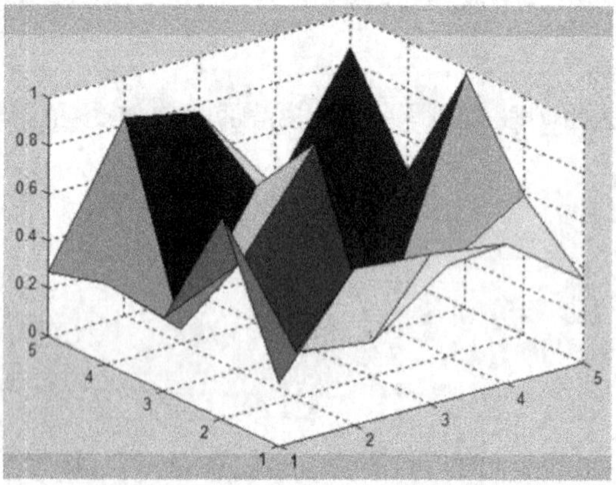

图 5-1 eval('surf(rand(5))')显示结果

```
>> eval('plot(0:0.1:2*pi,sin(0:0.1:2*pi))')↙
```

结果绘制如图 5-2 所示的图形。

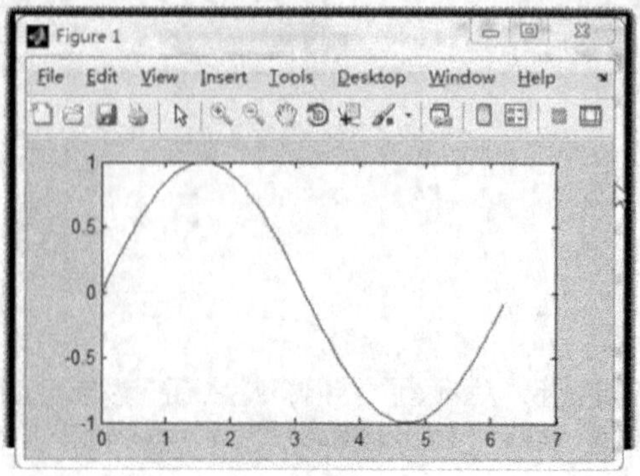

图 5-2 利用 eval 函数绘制的正弦曲线

参见 9.14.3 小节。

5.3.10　子串提取：strtok

（1）token = strtok(str)

（2）token = strtok(str, delimiter)

（3）[token, remain] = strtok('str', ...)

从左至右析分字符串 str，可以指定分界符（delimiter），如空格（默认值）、制表符或回车等，析分出的子串存于变量 token 中，剩余的部分存于变量 remain 中，函数会略过分界符，如果未提取出任何内容，则为空字符串。

例如：

```
>>s='this is a simple example';
>> [token, remain] = strtok(s)↙
token =
This
remain =
 is a simple example.
```

下面为代码片段

```
s = sprintf('%s%s%s%s', ...
'<ul class=continued><li class=continued>', ...
'<pre><a name="13474"></a>token = strtok', ...
'(''str'', delimiter)<a name="13475"></a>', ...
'token = strtok(''str'')');
remain = s;
while true
   [str, remain] = strtok(remain, '<>');
   if isempty(str),  break;  end
   disp(sprintf('%s', str))
end
```

输出结果为：

```
ul class=continued
li class=continued
pre
a name="13474"
/a
token = strtok('str', delimiter)
a name="13475"
/a
token = strtok('str')
```

5.3.11　字符比较：strcmp/strcmpi/strncmp/strncmpi

（1）TF = strcmp('str1', 'str2')

（2）TF = strcmpi('str1', 'str2')

（3）TF = strncmp('str1', 'str2', n)

（4）TF = strncmpi('str1', 'str2', n)

判断字符串 str1 与字符串 str2 是否相等，如果相等，则返回值为真（1），否则返回值为假（0）。末尾带 i 的函数为忽略大小写，即'a'='A'。另外函数 strncmp 与 strncmpi 可以通过参数 n 指定要比较的前多少个字符，即如果前 n 个字符相等，则判断为相等。

例如：

```
>> strncmp('Matlab + PsychToolbox','matlab',6)↙
ans =
    0
>> strncmpi('Matlab + PsychToolbox','matlab',6)↙
ans =
    1
>> list = {'calendar' 'case' 'camdolly' 'circshift' ...↙
                'caxis' 'camtarget' 'cast' 'camorbit' ...↙
                'callib' 'cart2sph'};↙
>> strncmp(list,'cam',3)
ans =
    0    0    1    0    0    1    0    1    0    0
>> list{strncmp(list, 'cam', 3)}↙
ans =
camdolly
ans =
camtarget
ans =
camorbit
```

参见 streq（8.4.12 小节），例 5.1。

5.3.12 字符拼接：strcat/strvcat

（1）S = strcat(s1, s2, ..., sN)

（2）S = strvcat(s1,s2, s3, ...)

将字符串 s1，s2，s3 等水平或垂直拼接，它们还可以拼接字符型单元数组。

例如：

```
>> a = {'abcde', 'fghi'};↙
>> b = {'jkl',   'mn'};↙
>> ab = strcat(a, b)↙
ab =
    'abcdejkl'    'fghimn'
>> t1 = 'first'; t2 = 'string'; t3 = 'matrix'; t4 = 'second';↙
>> str1=strcat(t1,t2,t3)↙
str1 =
firststringmatrix
>> str2=strvcat(t1,t2,t3,t4)↙
str2 =
first
string
matrix
second
>> whos str1 str2↙
  Name      Size             Bytes  Class    Attributes
  str1      1x17                34  char
  str2      4x6                 48  char
```

5.4　随机操作类函数

5.4.1　介于[0,1]间的均匀分布随机浮点数：rand

◆ r=rand(n)

返回[0,1]区间内的 n×n 的随机矩阵。

例如：

```
>> rand(5)↙
ans =
    0.7303    0.9631    0.6241    0.0377    0.2619
    0.4886    0.5468    0.6791    0.8852    0.3354
    0.5785    0.5211    0.3955    0.9133    0.6797
    0.2373    0.2316    0.3674    0.7962    0.1366
    0.4588    0.4889    0.9880    0.0987    0.7212
```

◆ r=rand([m,n])

◆ r=rand(m,n)

返回[0,1]区间内的 m×n 的随机矩阵。

例如：

```
>> rand(3,2)↙
ans =
    0.1068    0.7791
    0.6538    0.7150
    0.4942    0.9037
>> rand([3,2])↙
ans =
    0.8909    0.1978
    0.3342    0.0305
    0.6987    0.7441
```

◆ r=rand(m,n,p,…)

◆ r=rand([m,n,p,…])

返回[0,1]区间内的 m×n×p 的多维随机矩阵。

例如：

```
>> rand(3,2,2)↙
ans(:,:,1) =
    0.5000    0.6099
    0.4799    0.6177
    0.9047    0.8594

ans(:,:,2) =
    0.8055    0.2399
    0.5767    0.8865
    0.1829    0.0287
```

◆ r=rand

返回[0,1]区间内的一个随机数

例如：

```
>> rand↙
```

```
ans =
    0.4899
```

◆ r=rand(size(A))

根据矩阵 A 的维度建立[0,1]区间的相同维度的随机矩阵。

例如：

```
>> A=ones(3,4);
>> rand(size(A))
```

```
ans =
    0.9786    0.8707    0.1489    0.5952
    0.2760    0.8878    0.1693    0.8515
    0.0428    0.3720    0.1628    0.0441
```

◆ r=rand(…,'double')

◆ r=rand(…,'single')

根据指定的数据类型（'double'，双精度型，'single'，单精度型），返回[0,1]区间内的随机数（矩阵），精度越高，存储相同的内容所需的字节数越多。

例如：

```
>> r=rand(4,4,'double');
>> whos r
```

```
  Name      Size            Bytes  Class     Attributes
  r        4x4              128  double
```

```
>> r=rand(4,4,'single');
>> whos r
```

```
  Name      Size            Bytes  Class     Attributes
  r         4x4             64  single
```

返回指定区间[a,b]内的一个随机数

```
r=a+(b-a)*rand;
```

返回指定区间[5,10]内的 100 000 个随机数

```
>>r=5+(10-5)*rand(100000,1);
>> hist(r,200)
```

结果（见图 5-3）：

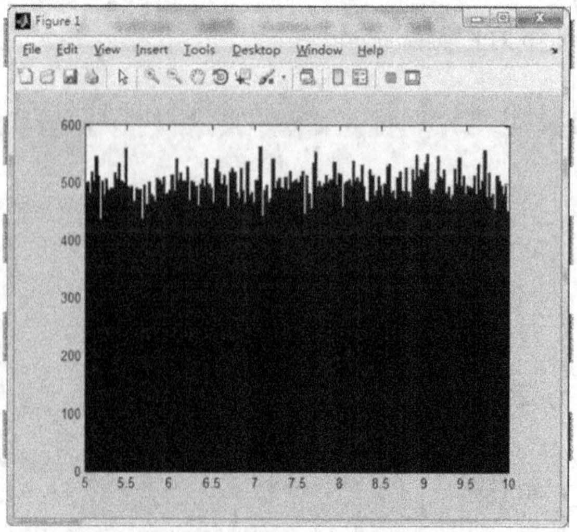

图 5-3　随机均匀分布图

注意：m,n,p 值不能为负，否则视为 0 处理。

5.4.2　介于[1,n]间的均匀分布随机整数：randi

◆ r=randi(imax)

返回介于[1,imax]间的随机整数。

例如：

```
>> randi(100)↙

ans =
    26
```

◆ r = randi(imax,n)

返回介于[1,imax]间的 n×n 随机整数矩阵。

例如：

```
>> randi(100,3)↙

ans =
   63    25    67
   52     7    71
   50    17    86
```

◆ r=randi(imax,m,n)

◆ r=randi(imax,[m,n])

返回介于[1,imax]间的 m×n 随机整数矩阵。

例如：

```
>> randi(100,3,5)↙

ans =
   23     2    96     9    44
   52    98    85    74    15
   26    90    39    69    31
```

◆ r=randi(imax,m,n,p,...)

◆ r=randi(imax,[m,n,p,...])

返回介于[1,imax]间的 m×n×p 多维随机整数矩阵。

例如：

```
>> randi(100,3,5,2)↙

ans(:,:,1) =
   69    65    19    66    30
   51     7    47    82    19
   74   100    57    78    85

ans(:,:,2) =
   66    62    49    56    73
   61    38    47    58    21
   48    87    31    15    28
```

◆ r=randi(imax,size(A))

根据矩阵 A 的维度建立[1,imax]区间的相同维度的随机矩阵。

例如：

```
>> A=ones(3,4);↙
```

```
>> randi(100,size(A))↙

ans =
    70    21    33     9
    20    14    49    32
    43    82     7    32
```

◆ r = randi([imin,imax],...)

返回介于[imin,imax]区间内的随机整数（矩阵）。

例如：

```
>> randi([10 100])↙

ans =
      29
>> randi([10 100],3,6)↙

ans =

    18    24    13    65    25    56
    26    34    16    34    83    93
    27    26    12    52    11    78
```

◆ r = randi(..., classname)

根据指定的数据类型（如'uint8'、'uint16'、'uint32'、'int8'、'int16'、'int32'），返回[1,n]区间内的随机整数（矩阵），精度越高存储相同的内容所需的字节数越多。

例如：

```
>> randi([-10 10],'int8')↙

ans =
   -3
>> randi([-10 10],'uint8')↙ %因数据类型为无符号整数，不会产生负的随机数

ans =
    8
```

注意：m,n,p 值不能为负，否则视为 0 处理。

5.4.3 正态分布随机数：randn

◆ r = randn(n)

返回均值≈0，标准差≈1 的 n×n 正态分布随机矩阵。

例如：

```
>> randn(5)↙

ans =
   -2.2096    1.1865   -1.8786    0.3835    0.8283
   -0.3001    1.3006    2.7685    1.3123   -1.6586
    1.0508   -0.9875    0.8320    0.4512   -0.6254
   -0.6552   -0.3753   -1.2674   -2.4017   -0.4416
   -0.2650    0.2172   -0.0199   -0.4903    0.3065
```

◆ r = randn(m,n)

◆ r = randn([m,n])

返回均值≈0，标准差≈1 的 m×n 正态分布随机矩阵。

例如：

```
>> mean(randn(1000,1))↙
ans =
      0.0169
>> std(randn(1000,1))↙
ans =
      0.9771
```

◆ r = randn(m,n,p,...)

◆ r = randn([m,n,p,...])

返回均值≈0，标准差≈1 的 m×n×p 正态分布随机矩阵。

◆ r = randn(size(A))

根据矩阵 A 的维度建立相同维度的正态分布随机矩阵。

例如：

```
>> randn(size(ones(5)))↙
ans =
    1.9914    2.0833    0.5350    1.1367   -0.0874
   -0.2055    0.5954    1.1051   -0.7037    0.5650
    1.0604   -0.5917   -1.9251   -0.1490   -1.1934
    0.0899    0.1612    0.9024    0.4790   -0.4009
    0.0809   -0.6363   -0.0076   -1.1318    0.6708
```

◆ r = randn(..., 'double')

◆ r = randn(..., 'single')

根据指定的数据类型（'double'，双精度型，'single'，单精度型），返回相应数据类型的正态分布随机矩阵，精度越高存储相同的内容所需的字节数越多。

例如：

生成均值为 1，标准差 2 的正态分布随机数组

```
>> r = 1 + 2.*randn(1000000,1);↙
>> hist(r,200)↙
```

结果（见图 5-4）：

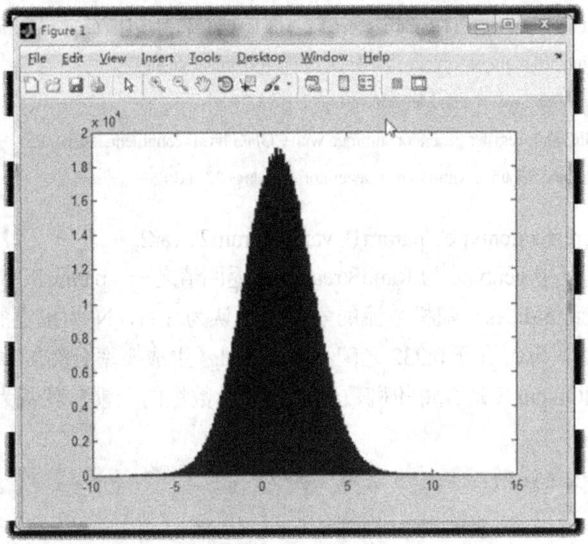

图 5-4　随机概率分布图

注意：m,n,p 值不能为负，否则视为 0 处理。

5.4.4 设置随机数种子：seed

- rand('seed', seed)
- randn('seed', seed)

设置随机数种子后，就可以控制生成具有相同值的随机数列。例如，我们对实验的试次随机后，希望每个被试按照相同的随机序列完成实验。

例如：

```
>> rand('seed',1)↙
>> rand(1,5)↙
ans =
    0.5129    0.4605    0.3504    0.0950    0.4337
>> rand(1,5)↙
ans =
    0.7092    0.1160    0.0781    0.3693    0.0336
>> rand('seed',1)↙
>> rand(1,5)↙
ans =
    0.5129    0.4605    0.3504    0.0950    0.4337
```

5.4.5 通过随机数流来控制随机数种子：RandStream

- RandStream.list

返回所有的随机数生成算法

例如：

```
>> RandStream.list↙
```

The following random number generator algorithms are available:

mcg16807:	Multiplicative congruential generator, with multiplier 7^5, modulo 2^31-1
mlfg6331_64:	Multiplicative lagged Fibonacci generator, with lags 63 and 31, 64 bit (supports parallel streams)
mrg32k3a:	Combined multiple recursive generator (supports parallel streams)
mt19937ar:	Mersenne Twister with Mersenne prime 2^19937-1
shr3cong:	SHR3 shift-register generator summed with CONG linear congruential generator
swb2712:	Modified Subtract-with-Borrow generator, with lags 27 and 12

- s = RandStream.create('gentype', 'param1', var1, 'param2', var2, …);

创建一个随机数流，其中 gentype 为 RandStream.list 返回值之一，param1、param2 等为 NumStreams（随机数流的个数），StreamIndices（随机数流的索引，默认为 1:N，N 为指定的随机数流个数），Seed（随机数流的初始化值，默认为 0，介于 0:232 之间），RandnAlg（生成概率分布的算法，可取值为'Ziggurat'、'Polar'、'Inversion'），CellOutput（是否将随机数流作为单元数组的元素，默认为 false）。

例如：

```
>> RandStream.create('mrg32k3a')↙
ans =
mrg32k3a random stream
             Seed: 0
```

```
      RandnAlg: Ziggurat
>> RandStream.create('mrg32k3a','NumStreams',3)↙
ans =
mrg32k3a random stream
     StreamIndex:    1
      NumStreams:    3
            Seed:    0
        RandnAlg:    Ziggurat
>> RandStream.create('mrg32k3a','NumStreams',3,'StreamIndices',[],'Seed',
5,'RandnAlg','Polar')↙
ans =
mrg32k3a random stream
     StreamIndex:    1
      NumStreams:    3
            Seed:    5
        RandnAlg:    Polar
>> Ss=RandStream.create('mrg32k3a','NumStreams',3,'StreamIndices',[],'Seed',
5,'RandnAlg','Polar','CellOutput',true)↙
Ss =
    [1x1 RandStream]    [1x1 RandStream]    [1x1 RandStream]
>> Ss{1}↙
ans =
mrg32k3a random stream
     StreamIndex:    1
      NumStreams:    3
            Seed:    5
        RandnAlg:    Polar
>> [s1,s2,s3] = RandStream.create('mrg32k3a','NumStreams',3);↙
>>r1 = rand(s1,100000,1);↙
>>r2 = rand(s2,100000,1);↙
>>r3 = rand(s3,100000,1);↙
>>corrcoef([r1,r2,r3])↙ %输出相关系数矩阵
ans =
         1.0000  0.0016  -0.0019
         0.0016  1.0000  -0.0012
         -0.0019 -0.0012 1.0000
```

◆ prevstream = RandStream.setDefaultStream(stream)

将 stream 设为默认的随机数流，stream 由 RandStream.create 创建。

例如：

```
s = RandStream.create('mrg32k3a');
RandStream.setDefaultStream(s);
```

◆ stream = RandStream.getDefaultStream

获取默认的随机数流。

```
>> defaultStream = RandStream.getDefaultStream;↙
>> savedState = defaultStream.State;↙
>> u1 = rand(1,5)↙
u1 =
    0.1461    0.5126    0.9024    0.3702    0.3298
```

```
>> defaultStream.State = savedState;↙
>> u2 = rand(1,5)↙ %u2 中包含与 u1 相同的随机数
u2 =
    0.1461    0.5126    0.9024    0.3702    0.3298
```

5.4.6 随机排列：randperm

```
p = randperm(n);
```

对 1:n 间的数列进行随机排序

例如：

```
>> randperm(5)↙
ans =
     5     2     4     3     1
```

进行相同的随机排列

```
>> rand('seed',0)↙
>> randperm(5)↙
ans =
     2     1     3     4     5
>> rand('seed',0)↙
>> randperm(5)↙
ans =
     2     1     3     4     5
```

进行相同的随机排列

```
>> defaultStream = RandStream.getDefaultStream;↙
>> savedState = defaultStream.State;↙
>> randperm(10)↙
ans =
     3     5     4     6     1     8     2     7    10     9
>> defaultStream.State = savedState;↙
>> randperm(10)↙
ans =
     3     5     4     6     1     8     2     7    10     9
```

5.4.7 重置随机数流：reset

- reset(s)
- reset(s,seed)

将随机数流 s 重置。

例如：

```
>> s=RandStream.create('mt19937ar');↙
>> RandStream.setDefaultStream(s);↙
>> rand(s,1,5)↙
ans =
    0.8147    0.9058    0.1270    0.9134    0.6324
>> reset(s)↙
>> rand(s,1,5)↙
ans =
    0.8147    0.9058    0.1270    0.9134    0.6324
```

5.4.8 随机排列数组或矩阵：Shuffle

```
[Y,index] = Shuffle(X);
```

如果 X 为一维向量，则对其进行随机排序，转换为 Y=X(index)；如果 X 为 m×n 的矩阵，则按列方向随机排序。

例如：

```
>> a=1:10↙
a =
     1     2     3     4     5     6     7     8     9    10
>> Shuffle(a)↙
ans =
     6     2     8     7     9     1     5    10     3     4
>> repmat([1:10]',1,3)↙
ans =
     1     1     1
     2     2     2
     3     3     3
     4     4     4
     5     5     5
     6     6     6
     7     7     7
     8     8     8
     9     9     9
    10    10    10
>> Shuffle(ans)↙
ans =
     9     7     1
     5     8    10
     2     4     4
     7     1     6
    10     2     8
     6     6     2
     4    10     3
     3     9     5
     1     3     9
     8     5     7
```

5.4.9 随机抽样：Sample

```
[Y,index] = Sample(X);
```

如果 X 是一维数组，则从中随机抽取一个值；如果 X 是 m×n 的两维数组，则从每一列中随机抽取一个值。其中 index 是抽取值在 X 中的索引，即 Y=X(index)。

例如：

```
>>rand(5)↙
ans =
    0.6279    0.1389    0.8611    0.5201    0.0445
    0.7720    0.6963    0.4849    0.3477    0.7549
    0.9329    0.0938    0.3935    0.1500    0.2428
    0.9727    0.5254    0.6714    0.5861    0.4424
```

```
    0.1920    0.5303    0.7413    0.2621    0.6878
>> Sample(ans)↙
ans =
    0.7720    0.6963    0.4849    0.3477    0.7549
```

5.4.10 随机抽样：RandSample

```
x=RandSample(list,[dims])
```

从某个序列（list）中返回一个随机样本（x），如果指定第二个参数（dims），则返回指定维度的数组，list 可以是浮点数、字符、单元或结构数组。

例如：

```
>> RandSample(-15:15)↙
ans =
    14
>> RandSample(['a','b','c','d','e'])↙
ans =
e
>> RandSample({'a','b','c','d','e'})↙
ans =
    'a'
>> a(1).b=10;↙
>> a(2).b=15;↙
>> a(3).b=20;↙
>> RandSample(a)↙
ans =
    b: 20
>> RandSample(1:100,[3,3])↙
ans =

    81    92    66
    15    80     4
    43    96    85
```

5.5 转换操作类函数

5.5.1 字符转数值：str2num

- x = str2num('str')
- [x, status] = str2num('str')

将字符 str 转换为数值（x），默认转换为的数值类型为双精度浮点数。如果字符中包含非法内容（不能转换为数字），则返回值为空（[ ]），其中返回参数 status 记录转换成功与否，如果该值为 1，则转换成功，如果该值为 0，则转换失败。

例如：

```
>> a=str2num('100')↙
a =
   100
```

```
>> class(a)↙
ans =
double
>> a=str2num('uint16(100)')↙
a =
   100
>> class(a)↙
ans =
uint16
>> a='2 4 6 8';b='[2 4 6 8]';↙
>> str2num(a)↙
ans =
     2     4     6     8
>> str2num(b)↙
ans =
     2     4     6     8
```

5.5.2　字符转双精度数：str2double

- X = str2double('str')
- X = str2double(C)

将字符串（str）或字符型单元数组（C）转换成双精度数（X），如果字符串为无效数字，则返回 NaN。例如：

```
>> str2double('4.512e+003')↙
ans =
       4512
>> a=str2double('uint16(100)')↙
a =
   NaN
```

5.5.3　非负整数转字符：char

```
S = char(X)
```

将 0～127 间的非负整数转（X）换成字符数组（S），即对应的 ASCII 字符，大于 127 的整数均以？表示。

例如：

```
>> ascii = char(reshape(32:127, 32, 3)')↙
ascii =
 !"#$%&'()*+,-./0123456789:;<=>?
@ABCDEFGHIJKLMNOPQRSTUVWXYZ[\]^_
`abcdefghijklmnopqrstuvwxyz{|}~
```

5.5.4　数值转换字符：num2str

- str = num2str(A)
- str = num2str(A, precision)
- str = num2str(A, format)

将数值型内容（A）转换成字符串（str），可通过 precision 参数指定转换时保留的精度（包括小数点在内的小数位数）或者通过参数 format 指定转换的格式。其中格式化符可参见 5.7.8 小节。

例如：

```
>> a=num2str(rand(3))↙
a =
0.39956  0.0031219   0.26593
0.65531    0.65135   0.46045
0.56684     0.3171   0.62316
>> class(a)↙
ans =
char
>> num2str(pi,4)↙
ans =
3.142
>> num2str(rand(2),'%-10.5f\n')↙
ans =
0.26768
0.79932
0.42387
0.93231
```

5.5.5 数值转换单元：num2cell

- C = num2cell(A)
- C = num2cell(A, dim)
- C = num2cell(A, [dim1, dim2, ...])

将数值（数组）转换成单元（数组）。

例如：

```
>> num2cell(rand(3,4))↙
ans =
    [0.7076]    [0.5100]    [0.5457]    [0.9575]
    [0.4672]    [0.9577]    [0.6660]    [0.6650]
    [0.4556]    [0.4328]    [0.8898]    [0.2767]
>> num2cell(rand(3,4),1)↙
ans =
    [3x1 double]    [3x1 double]    [3x1 double]    [3x1 double]
>> num2cell(rand(3,4),[3,4])↙
ans =
    [0.5018]    [0.9960]    [0.2276]    [0.8770]
    [0.7857]    [0.5533]    [0.3573]    [0.7854]
    [0.4118]    [0.4512]    [0.6205]    [0.1388]
```

5.5.6 整数转换成字符：int2str

```
str = int2str(N)
```

将整数 N 转换成字符 str。

例如：

```
>> int2str(10+20)↙
ans =
30
>> class(ans)↙
ans =
char
>> ['subjectID:' int2str(15)]↙
ans =
subjectID:15
```

5.5.7 结构转单元：struct2cell

```
c = struct2cell(s)
```

将带有 p 个字段的 m×n 的结构（s）转换成 p×m×n 的单元数组（c）。

例如：

```
>> trials=struct('factor1',{1,1,2,2},'factor2',{1,2,1,2},'rt',{0.35,0.55,
0.45,0.53})↙
trials =
1x4 struct array with fields:
   factor1
   factor2
   rt
>> struct2cell(trials)↙
ans(:,:,1) =
   [     1]
   [     1]
   [0.3500]
ans(:,:,2) =
   [     1]
   [     2]
   [0.5500]
ans(:,:,3) =
   [     2]
   [     1]
   [0.4500]
ans(:,:,4) =
   [     2]
   [     2]
   [0.5300]
>> size(ans)↙
ans =
   3     1     4
```

5.5.8 单元转结构：cell2struct

```
structArray = cell2struct(cellArray, fields, dim)
```

将单元（数组）转换成结构。

例如：

```
>> a=num2cell(rand(4,3))↙
```

```
a =
    [0.8213]    [0.0673]    [0.2156]
    [0.5398]    [0.0112]    [0.3299]
    [0.3846]    [0.9348]    [0.0590]
    [0.9179]    [0.8695]    [0.4378]
>> cell2struct(a,{'c1','c2','c3'},2)↙
ans =
4x1 struct array with fields:
    c1
    c2
    c3
```

5.5.9 单元转矩阵：cell2mat

```
m = cell2mat(c)
```

将单元（数组）c 转换成矩阵 m。

例如：

```
>> a=num2cell(rand(3))↙
a =
    [0.2430]    [0.3475]    [0.3117]
    [0.9547]    [0.6485]    [0.4571]
    [0.8474]    [0.2811]    [0.0967]
>> cell2mat(a)↙
ans =
    0.2430    0.3475    0.3117
    0.9547    0.6485    0.4571
    0.8474    0.2811    0.0967
```

5.6 路径操作类函数

5.6.1 获取 MATLAB 安装目录：matlabroot

- matlabroot
- mr = matlabroot

显示获取 MATLAB 的安装目录或将该信息存储于 mr 变量中。

例如：

```
>> matlabroot↙
ans =
E:\Program Files\MATLAB\R2010b
```

5.6.2 获取当前工作路径：pwd

- pwd
- currentFolder = pwd;

获取或显示当前工作路径（字符串），并可将之保存于 currentFolder 变量中，假如当前路径下有一名为 myfile.txt 的文件，则通过[pwd '\myfile.txt']可以建立包括绝对路径的文件名。

例如：

```
>>pwd↙
ans =
D:\Program Files\MATLAB
>> cf=pwd↙
cf =
D:\Program Files\MATLAB
```

5.6.3 改变当前目录：cd

- cd(newFolder)
- oldFolder = cd(newFolder)
- cd

变更 MATLAB 当前的工作目录，如果没有参数，则显示当前目录，相当于 pwd。

参数包括：

（1）newFolder，字符型参数，指定要切换的目录名，如果是当前目录下的子目录，可省略前面路径；如果路径不在当前目录下，则需为全路径名，可指定盘符来切换到其他硬盘分区，使用..可返回上一级目录。

（2）oldFolder，返回先前的目录名称（全路径名）。

例如：

```
>> cd↙
```

D:\Program Files\MATLAB\PSYCHTOOLBOX 心理学编程及眼动仪接口

```
>> cd IOR↙
>> cd ..↙
>> cd C:↙
```

5.6.4 文件或路径列表：dir

- dir %列表显示当前路径下的文件和路径
- dir(name) %显示由字符串 name 指定的文件类型或路径下文件和子路径，可以使用诸如*和？通配符
- listing = dir('name') %将符合条件的文件和路径信息存储于 listing 结构中

显示当前目录或某个指定目录下的文件及路径列表。

参数包括：

（1）name，为某文件或路径名，可以使用通配符，如*和？等。

（2）listing，存储返回的文件和路径信息的结构数组，包含 5 个字段的内容：name（文件名或路径名）、date（文件或路径修改日期）、bytes（文件大小字节数）、isdir（是否为目标，1=目录）和 datenum（日期序列数值，Jan-1-0000 的对应值为 1）。

例如：

```
>> db='exec';↙  %将路径名 exec 赋值给变量 db
>> dir(db)↙ %列表显示由变量 db 指定的路径（exec）下的内容
.                         config20.ini      readme.txt
..                        events.ini        templayout.mat
8.26.exe                  layout.mat        vwcreater.exe
VirtualWeek.exe           mccExcludedFiles.log
>> list=dir('exec')↙
```

```
list =
11x1 struct array with fields:
    name
    date
    bytes
    isdir
    datenum
>> list(1)↙
ans =
          name: '.'
          date: '26-六月-2011 09:32:35'
         bytes: 0
         isdir: 1
       datenum: 7.3468e+005
>> list(end)↙
ans =
          name: 'vwcreater.exe'
          date: '18-六月-2011 00:18:01'
         bytes: 604717
         isdir: 0
       datenum: 7.3467e+005
```

5.6.5 显示当前目录下的文件列表：ls

ls

在 MATLAB 命令窗口中显示当前目录下的文件列表。

例如：

```
>> ls↙
.
..
ASIO4ALL_2_10_SCN.exe
CombineFactors.m
CombineFactors1.m
Event_Files
EyeMOT
FAE
IOR
Little_examples
LoadingIndicator.m
MOT
MRT
⋮
```

5.6.6 获取工具箱目录：toolboxdir

- toolboxdir('tbxFolderName')
- s = toolboxdir('tbxFolderName')
- s = toolboxdir tbxFolderName

获取某个工具箱的安装目录，并可将目录信息存储于返回变量 s 中。如果指定了不存在的工具箱，则返回错误信息。

例如：

```
>> toolboxdir('Psychtoolbox')↙
ans =
E:\Program Files\MATLAB\R2010b\toolbox\Psychtoolbox
```

5.6.7 创建目录：mkdir

- mkdir('folderName')
- mkdir('parentFolder','folderName')
- status = mkdir(...)
- [status,message,messageid] = mkdir(...)

在当前目录下或某个父目录下创建子目录。

参数包括：

（1）folderName，要创建的目录名；

（2）parentFolder，父目录；

（3）status，返回值，1=创建成功；0=创建失败；

（4）message，警告信息；

（5）messageid，警告信息编号。

例如：

```
>> mkdir temp↙ %在当前目录下创建一个名为 temp 的子目录
>> [s mess messid]=mkdir('temp')↙ %企图创建一个已经存在的子目录
s =
    1

mess =
Directory already exists.

messid =
MATLAB:MKDIR:DirectoryExists
```

5.6.8 删除目录：rmdir

- rmdir('folderName')
- rmdir('folderName','s')
- [status, message, messageid] = rmdir('folderName','s')

移除某个目录。

参数包括：

（1）folderName，所要移除的目录名，如果该目录不在当前目录下，需要指定相对路径或绝对路径名。

（2）s，指定该参数时会移除非空目录（目录下包含其他文件或子目录），否则只移除空目录，**注：该参数需慎用，否则可能导致严重后果。**

（3）status，状态返回值，1=移除成功；0=移除失败。

（4）message，警告信息。

（5）messageid，警告信息编号。

例如：

```
>> [s mess messid]=rmdir('temp')↙ %试图移除非空目录
```

```
s =
     0

mess =
No directories were removed.

messid =
MATLAB:RMDIR:NoDirectoriesRemoved
>> [s mess messid]=rmdir('temp','s')↙ %强制移除非空目录
s =
     1

mess =
     ''

messid =
     ''
```

5.6.9 垃圾箱控制开关：recycle

- recycle
- stat = recycle
- previousStat = recycle state
- previousStat = recycle('state')

默认情况下在 MATLAB 中删除文件或目录时，会直接移除不会进入垃圾箱，通过该函数可以控制是否放入垃圾箱中。

参数包括：

（1）state，垃圾箱控制状态，可为 on/off 或'on'/'off'，on=移至垃圾箱；off=直接删除。

（2）stat，返回值存储当前状态。

（3）previousStat，返回值存储先前状态。

例如：

```
>> recycle↙
ans =
off
>> stat=recycle('on')↙
stat =
off
```

5.6.10 获取系统临时目录：tempdir

```
tmp_folder = tempdir
```

获取系统的临时目录，将其存储于 tmp_folder 变量中。

例如：

```
>> td=tempdir↙
td =
C:\Users\ADMINI~1\AppData\Local\Temp\
```

5.6.11 获取指定路径下的文件：FileFromFolder/FolderFromFolder

- [file,nfile] = FileFromFolder(folder,mode,f_ext)
- [fold,nfold] = FolderFromFolder(folder,mode)

获取指定目录（folder）下的文件或子目录。

参数包括：

（1）folder，欲获取信息的路径名称。

（2）mode，控制错误信息显示方式，默认时如果没有找到内容，则显示错误，如果设置为'silent'，则仅显示信息。

（3）f_ext，用于过滤指定文件类型，可以使用单元数组来过滤多个文件类型。

（4）file，返回存储文件信息的结构数组。

（5）nfile，返回文件数。

（6）fold，返回存储子目录信息的结构数组。

（7）nfold，返回子目录数。

例如：

```
>> [a b]=FileFromFolder('c:\')↙
a =
15x1 struct array with fields:
    name
    date
    bytes
    isdir
    datenum
    fname
    ext

b =
    15
>> [a b]=FileFromFolder('c:\',[],'jpg')↙
??? Error using ==> FileFromFolder at 54
FileFromFolder: No files found in: c:\
>> [a b]=FileFromFolder('c:\','silent','jpg')↙
FileFromFolder: No files found in: c:\

a =
     []

b =
     0
>> [a b]=FileFromFolder('c:\','silent',{'jpg','ini'})↙
a =

       name:    'boot.ini'
       date:    '16-五月-2012 20:38:47'
      bytes:    354
      isdir:    0
    datenum:    7.3501e+005
      fname:    'boot'
```

```
        ext:    'ini'

b =
    1
>> [a b]=FolderFromFolder('c:\')↙
a =
18x1 struct array with fields:
    name
    date
    bytes
    isdir
    datenum

b =
    18
```

5.6.12 添加路径至搜索路径中：addpath

- addpath('folderName1','folderName2','folderName3' ...)
- addpath('folderName1','folderName2','folderName3' ... flag)

将指定的路径（foldname1,folename2,foldname3, …）添加至搜索路径列表中，可通过 flag 指定将路径添加至搜索路径列表中的位置，可以指定的标志为'-begin'（将路径添加至搜索路径开始处），'-end'（将路径添加至搜索路径结尾处）和'-frozen'（添加至开始处，但不发送目录改变消息通知），如果省略 flag 参数，则将路径添加至搜索路径开始处。

例如：

```
addpath('c:/matlab/myfiles')↙%将 c:/matlab/myfiles 路径添加至搜索路径首
```

5.6.13 从搜索路径列表中移除某路径：rmpath

```
rmpath('folderName')
```

将路径 folderName 从搜索路径列表中移除。

5.6.14 获取搜索路径分隔符：pathsep

```
c=pathsep
```

搜索路径列表中不同搜索路径之间的分隔符可能会因不同操作系统平台而异，一般为分号（;）。对于早期的 MATLAB 7.7 （R2008b）以前版本，在 UNIX 系统平台下的分隔符为冒号（:）。

5.6.15 获取文件名分隔符：filesep

```
f=filesep
```

不同操作系统下文件名与目录名间的分隔符不同，Windows 系统下分隔符为斜杠（\），如 tools\lab\myfile.txt；UNIX 系统下为反斜杠（/），如 tools/lab/myfile.txt。

通过使用 filesep 就可以使编写的 matlab 代码运行在不同平台下，而避免去修改代码。

例如：构建全路径文件名

```
filename=[pwd filesep 'myfile.txt'];
```

5.6.16　拆分文件的路径和名称信息：fileparts

```
[pathstr, name, ext] = fileparts(filename)
```

将文件名拆分为路径（pathstr）、名称（name）和扩展名(ext)等部分。注意：该函数仅对文件名信息进行拆分，而不验证文件或路径是否存在；如果参数 filename 中仅仅包含路径名，要注意在最右端添加（\）或（/）文件分隔符。

例如：

```
>> file = 'H:\user4\matlab\classpath.txt';↙
>> [pathstr, name, ext] = fileparts(file)↙
pathstr =
H:\user4\matlab

name =
classpath

ext =
.txt
```

参见例 5.1。

5.6.17　组合全路径文件名：fullfile

```
f = fullfile(folderName1, folderName2, ..., fileName)
```

根据所提供的路径（folderName1、folderName2、…）和文件名信息构建全路径文件名。在功能上等同于下面的构建方法，不同之处在于文件分隔符的处理。

```
f = [folderName1 filesep folderName2 filesep ... filesep filename]
```

例如：

```
>> f=fullfile('C:', 'Applications', 'matlab', 'myfun.m')↙
f =
C:\Applications\matlab\myfun.m
>> f=fullfile('C:', 'Applications', 'matlab\', 'myfun.m')↙
f =
C:\Applications\matlab\myfun.m
>> f=['C:' filesep 'Applications' filesep 'matlab' filesep 'myfun.m']↙
f =
C:\Applications\matlab\myfun.m
```

5.7　文件操作类函数

5.7.1　打开文件：fopen

- [fid, message]=fopen(filename,permission);
- fids=fopen('all');

MATLAB 内置函数，打开指定的文件（filename），以便对其进行读写操作，文件打开后要使用 fclose 函数及时关闭来释放对其读写的操作权限。fid=1，表示标准输出，fid=2 表示标准错误输出，并不需要打开。fids=fopen('all')语句返回当前所有打开文件句柄（不包括标准化输出）。

参数包括：

（1）filename，文件名字符串，可包括盘符，默认为当前目录，然后搜索路径。

（2）permission，操作控制字符串，可以使用以下字符或组合（组合方式如'w+t'），默认为以二进制方式打开。如果以文本方式打开，则使用't'控制符，如果控制符中带有'+'，在读写操作之间切换时需要使用 fseek 和 frewind 函数来调整文件指针。

- 'r'：只有读权限，默认项；
- 'w'：具有写权限，如果文件已经存在，将覆盖其中的内容；如果文件不存在，则创建之；
- 'a'：打开或创建文件，在文件尾添加写入的新内容（即追加模式）；
- 'r+'：具有读、写权限，文件不存在时并不创建；
- 'w+'：具有读、写权限，文件不存在时创建之，舍弃文件中已有的内容；
- 'a+'：具有读、写权限，并在文件尾写入新内容；
- 'W'：具有写权限（覆盖原有内容），执行输出操作后并不自动刷新文件，关闭文件时一次性刷新；
- 'A'：具有写权限（追加模式），执行输出操作后并不自动刷新文件，关闭文件时一次性刷新；

（3）fid，返回的文件句柄，如果打开失败，则返回–1。

（4）message，当打开失败时，返回错误信息。

例如：参见 fgetl 函数，例 5.1。

5.7.2 关闭文件：fclose

◆ st=fclose(fid)

◆ st=fclose('all')

关闭文件句柄（fid）或关闭所有打开的文件（不包括标准输入和标准输出，试图关闭标准设备时失败），如果关闭成功则返回 0，否则返回–1。

例如：参见 fgetl 函数，例 5.1。

5.7.3 读取二进制数据：fread

```
A=fread(fid [,size] [,precision] [,skip]);
```

从打开的文件句柄（fid）中读取二进制数据到矩阵 A 中。

参数包括：

（1）fid，利用 fopen 函数打开的文件句柄。

（2）size，读取的元素个数，可以是如下形式：

- N：读取 N 个元素至列向量中；
- inf：读至文件尾；
- [M,N]：读取的元素填充到 M×N 的矩阵中，填充时列优先；

（3）precision，指定数据格式，另外还可以使用格式转换形式的控制符，如'uint8=>char'表示把无符号的 8 位整数转换为字符，格式内容如下：

- 'uchar'：无符号字符；
- 'schar'：有符号字符；
- 'int8'：单精度 8 位整数；
- 'int16'：单精度 16 位整数；
- 'int32'：单精度 32 位整数；
- 'int64'：单精度 64 位整数；

- 'uint8'：无符号 8 位整数；
- 'uint16'：无符号 16 位整数；
- 'uint32'：无符号 32 位整数；
- 'uint64'：无符号 64 位整数；
- 'single'：单精度浮点数（32 位）；
- 'float32'：32 位浮点数；
- 'double'：双精度浮点数；
- 'float64'：64 位浮点数；
- 'char'：字符型；
- 'short'：16 位整数；
- 'int'：32 位整数；
- 'long'：32 或 64 位整数；
- 'ushort'：无符号 16 位整数；
- 'uint'：无符号 32 位整数；
- 'ulong'：无符号 32 位或 64 位整数；
- 'float'：32 位浮点数；

（4）skip，指定在读取文件内容时省略的内容，适用于不连续的固定格式数据文件。

（5）A，读取内容存储在 A 中。

5.7.4　写入文件：fwrite

```
count=fwrite(fid,A,[precision],[skip]);
```

将矩阵 A 中的内容写入文件句柄（fid）指定的文件中。

参数包括：

（1）fid，由 fopen 函数打开的具有写权限的文件句柄。

（2）A，写入的内容（字符或矩阵）。

（3）precision，指定数据格式，另外还可以使用格式转换形式的控制符，如'uint8=>char'表示把无符号的 8 位整数转换为字符，格式内容参见 fread 函数。

（4）skip，如果指定该参数，则在写入前跳过指定的字节数。

（5）count，返回值表示成功写入的元素数。

5.7.5　读取一行：fgetl

```
tline=fgetl(fid);
```

从指定的文件句柄中读入一行内容并存储在 tline 中，不包含换行符\n。

例如：

读取文件 PicInstruct.m 的首行内容（文件位于 Psyfeng\Little_examples 目录下）

```
>> fid=fopen(PicInstruct.m');↙
>>fgetl(fid)↙
>>fclose(fid);↙
```

```
ans =
%显示图片型指导语
```

循环读取文件 PicInstruct.m 中所有内容

```
fid=fopen(PicInstruct.m');
while true
    tline=fgetl(fid);
    if ~ischar(tline), break,end
    disp(tline);
end
fclose(fid);
```

参见例 5.1。

5.7.6 读取一行：fgets

```
tline=fgets(fid);
```

功能与 fgetl 函数类似，只是在返回的 tline 值中包含换行符\n。

例如：

比较 fgets 函数和 fgetl 函数读取的内容长度。

```
fid=fopen('PicInstruct.m');
length(fgetl(fid))
fclose(fid);
```

输出结果为：

```
ans =
    9
```

```
fid=fopen('PicInstruct.m');
length(fgets(fid))
fclose(fid);
```

输出结果为：

```
ans =
    11
```

5.7.7 格式化数据读取：fscanf

```
[a, count]=fscanf(fid,format,size);
```

根据指定的格式（format）从文件（fid）中读取一定数量（size）的元素，格式化字符参见 fprintf 函数。

例如：先将三阶魔阵写入文件，再读出

```
fid=fopen('temp.txt','w+');
fprintf(fid,'%d ',magic(3));
frewind(fid);
a=fscanf(fid,'%d',[3,3]);
disp(a);
fclose(fid);
```

输出结果为：

```
     8     1     6
     3     5     7
     4     9     2
```

5.7.8 格式化数据输出：fprintf

```
count=fprintf(fid,format,A,…);
```

用指定的格式 format，向设备或文件（fid）中输出内容（A），并返回输出的字节数（count）。

参数包括：

（1）fid，可以是通过 fopen 函数返回的文件句柄，也可以是标准输出设备，1=屏幕输出通道，2=错误输出通道，如果省略该参数，则在屏幕上（MATLAB 命令窗口内）显示格式化数据。

（2）format，格式化字符串，使用以%开头的转义符来处理不同的输出格式，常用的格式如下：

字　符	功 能 描 述	示　例	输　出
负号(–)	输出内容左对齐	fprintf('%-6.2f\n',16.37)	16.37
加号(+)	总是打印数字符号	fprintf('%+6.2f\n',16.37)	+16.37
0	用 0 填充前面的空格	fprintf('%06.2f\n',16.37)	016.37
数宽度	包含小数点在内的宽度	fprintf('%6.2f\n',16.37)	总宽度为 6
精度	小数的精度	fprintf('%6.2f\n',16.37)	精度为 2 位小数
%c	输出单个字符	fprintf('%05c\n','a')	0000a
%d	带符号十进制整数	fprintf('%0+5d\n',132)	+0132
%e	科学计数法形式	fprintf('%e\n',132)	1.320000e+002
%E	科学计数法形式	fprintf('%E\n',132)	1.320000E+002
%f	小数形式，默认小数 6 位	fprintf('%f\n',132) fprintf('%10.2f\n',1.328)	132.000000 1.33
%g	科学计数法的紧凑形式，不输出不必要的 0	fprintf('%g\n',1320000)	1.32e+006
%G	与%g 功能一样，大写 E	fprintf('%G\n',1320000)	1.32E+006
%i	带符号的十进制数	fprintf('%i\n',132)	132
%o	不带符号的八进制数	fprintf('%o\n',8)	10
%s	字符串	fprintf('%s\n','PTB 3.0')	PTB 3.0
%u	不带符号的十进制数	fprintf('%u\n',132)	132
%x	十六进制数，使用小写	fprintf('%x\n',216)	d8
%X	十六进制数，使用大写	fprintf('%X\n',216)	D8
\r	回车符		
\n	换行符（最常用）		
\t	制表符	fprintf('%.2f\t%.2f\n',3,1)	3.00　1.00
\\	反斜杠	fprintf('%s\\%d\n','PTB',3)	PTB\3
%%	百分号	fprintf('%.2f%%\n',67.3)	67.30%

（3）A，矩阵或其他内容

（4）count，返回输出的字节数

例如：

```
>> a=magic(3);↙
>>fprintf('%d\t%d\t%d\n',a);↙

8    3    4
1    5    9
6    7    2
```

```
>> a=randi(1000,[4,4]);↙
>> fprintf('%10d%10d%10d%10d\n',a);↙

       163       795       312       529
       166       602       263       655
       690       749       451        84
       229       914       153       826
```

```
>> a=rand(3);↙
>> fprintf('%.2f\t%.2f\t%.2f\n',a);↙

0.54     1.00     0.08
0.44     0.11     0.96
0.00     0.77     0.82
```

例 5.1 个性化的编辑器　　本示例位于 Psyfeng\目录下

本示例借助于 MATLAB 的脚本编辑器在所欲编辑的文件中加入个性化的个人信息，如创建时间、脚本编写者的联系方式等。

```
/////////////////////////
function ed(filename)
%ed.m
%

if nargin<1
    filename='Untitled'; %如果没有提供文件名，则设为 Untitled
end
fn=which(filename); %查找是否已经存在该文件，fn 存储全路径文件名
if isempty(strfind(fn,':')) %如果没有找到
    if isempty(strfind(filename,'.')) %如果没加入其他扩展名
        filename=[filename '.m'];
    end
else
    filename=fn;
end
personalinfoadded=false;
if exist(filename,'file') %如果文件已经存在
    fid=fopen(filename,'r+'); %以只读形式打开文件
    while true
        txt=fgetl(fid); %读取一行文本
        if ~ischar(txt) %如果已经到文件尾，则跳出死循环
            break;
        else
            if strfind(txt,'fengchengzhi@suda.edu.cn') %是否已添加了个人信息
                personalinfoadded=true; %变更标识变量
                break;
            end
        end
    end
    fclose(fid); %关闭打开的文件
    if ~personalinfoadded %如果个人信息没添加
        tmp_nam = tempname; %获取临时文件名，这样不会有重名的情况
        [suc mess]=copyfile(filename,tmp_nam); %进行文件复制
        if ~suc %如果文件复制失败，则返回
            disp(mess);
            return
        end
        fid1=fopen(tmp_nam,'r'); %打开临时文件
        if fid1==-1 %如果文件打开失败，则返回
            disp('Cannot open the temporary file');
            return
        end
        fid2=fopen(filename,'w'); %打开已经存在的文件，并舍弃其中的内容
        if fid2==-1 %如果文件打开失败，则返回
            disp(['Cannot open the file:' filename]);
            return;
        end
        [p f e]=fileparts(filename); %拆分文件名
        if strcmpi(e,'.m') %如果扩展名为 matlab 脚本文件
            firstlineadded=false;
```

```
        else %否则不需要添加个人信息
            firstlineadded=true;
        end
        while true
            txt=fgetl(fid1); %读取临时文件中的每一行
            if ~ischar(txt);break;end
            if isempty(strtrim(txt)) && ~firstlineadded %去除首行前的空行
                continue;
            end
            if ~firstlineadded %如果首行还未添加
                if strfind(txt,'function') %是否是函数
                    fprintf(fid2,'%s\n',txt);
                    fprintf(fid2,['%%' f e '\n']);
                    fprintf(fid2,['%%' datestr(date) '\n']);
                    fprintf(fid2,'%%fengchengzhi@suda.edu.cn\n');
                else
                    fprintf(fid2,['%%' f e '\n']);
                    fprintf(fid2,['%%' datestr(date) '\n']);
                    fprintf(fid2,'%%fengchengzhi@suda.edu.cn\n');
                    fprintf(fid2,'%s\n',txt);
                end
                firstlineadded=true;
            else
                fprintf(fid2,'%s\n',txt);
            end
        end
        fclose(fid1); %关闭临时文件
        fclose(fid2); %关闭编辑文件
        delete(tmp nam); %删除临时文件
    end
else %如果文件不存在
    [p f e]=fileparts(filename);
    if strcmpi(e,'.m') %如果是Matlab脚本文件
        fid=fopen(filename,'a');
        fprintf(fid,['%%' filename '\n']);
        fprintf(fid,['%%' datestr(date) '\n']);
        fprintf(fid,'%%fengchengzhi@suda.edu.cn\n');
        fclose(fid);
    end
end
edit(filename) %调用Matlab编辑器打开文件
```

5.7.9　文件操作错误信息：ferror

```
message=ferror(fid);
```

返回最近文件输入/输出操作中的错误信息。

例如：打开不存在的一个文件时的错误信息

```
fid=fopen('xxx.xx');↙
ferror(fid)↙
```

输出结果为：

```
??? Error using ==> ferror
Invalid file identifier.  Use fopen to generate a valid file identifier.
```

5.7.10 文件尾判断：feof

```
st=feof(fid);
```

判断是否已经到达文件尾，参数 fid 为某文件句柄，返回值 st=1，表示已经到达文件尾，否则返回值为 0。

5.7.11 文件指针定位：fseek

```
status=fseek(fid,offset,origin);
```

在读取文件中内容时，文件指针会根据读取的内容多少自动向后移动，这样就可以保证下一次读取操作所读取的内容是新内容，fseek 函数可以重新定位某文件（fid）的文件指针，它以 origin 为基准点进行偏移，如果 offset>=0，表示向后偏移 offset 字节数；如果 offset<0，表示向前偏移 offset 字节数。

参数包括：

（1）fid，文件句柄。

（2）offset，偏移量。

（3）origin，基准点，可以设置为：

- 'bof'或–1，文件头（文件开始处）；
- 'cof'或 0，文件指针当前所在位置；
- 'eof'或 1，文件尾。

（4）status，返回值表示文件指针定位操作成功与否，0=成功，–1=失败。

例如：使用 fgetl 和 fgets 函数读取文件首行

```
fid=fopen('PicInstruct.m');
disp(fgetl(fid));
fseek(fid,0,-1); %将文件指针重新置于文件开始处
disp(fgets(fid));
fclose(fid);
```

5.7.12 获取文件指针位置：ftell

```
position=ftell(fid);
```

获取某文件（fid）当前文件指针的位置，返回值为以字节为单位的距文件开始处当前文件指针位置。如果返回值为–1，表示出错。

5.7.13 文件指针复位：frewind

```
frewind(fid);
```

将某文件(fid)的文件指针重置于文件开始处，相当于 fseek(fid,0,-1)。

5.7.14 获取临时文件名：tempname

```
tmp_nam = tempname
```

生成临时文件名。

例如：

```
>> tmp_nam = tempname↙
```

```
tmp_nam =
C:\Users\ADMINI~1\AppData\Local\Temp\tpec33427d_f86f_ae90_5d1bae71d8e6
```

参见例 5.1。

5.7.15　文件或目录的移动、更名：movefile

◆ movefile('source')
◆ movefile('source','destination')
◆ movefile('source','destination','f')
◆ [status,message,messageid]=movefile(...)

删除文件或将文件移到某个位置。

参数包括：

（1）source，移动的文件名或路径名（可以是相对路径或绝对路径），如果移动多个文件可以使用通配符（*）。

（2）destination，将文件或目录移动到的目标位置，如果该参数和 source 处于相同的目录下，则相当于更改文件名或目录名。

（3）f，该参数取值为'f'，当使用该参数时，即使目标位置具有只读属性，仍然执行相应的操作。

（4）status，返回值存储操作状态信息，1=成功；0=失败。

（5）message，警告信息。

（6）messageid，警告信息编号。

例如：

```
>> tmp=tempname↙

tmp =
D:\Users\PsyFeng\AppData\Local\Temp\tp22e09fb3_35f3_457b_aa13_aef3ae04cc
>> [s m mid]=movefile(tmp)↙
s =
     0

m =
No matching files were found.

mid =
MATLAB:MOVEFILE:FileDoesNotExist
```

5.7.16　文件或目录复制：copyfile

◆ copyfile('source','destination')
◆ copyfile('source','destination','f')
◆ [status] = copyfile(...)
◆ [status, message] = copyfile(...)
◆ [status,message,messageid] = copyfile(...)

将一个或多个文件（目录）复制到某个位置。

参数包括：

（1）source，复制的文件名或路径名（可以是相对路径或绝对路径），使用通配符（*）可以复制多个文件。

（2）destination，将文件或目录复制到的目标位置。

（3）f，该参数取值为'f'。当使用该参数时，即使目标位置具有只读属性，仍然执行相应的操作。

（4）status，返回值存储操作状态信息，1=成功；0=失败。

（5）message，警告信息。
（6）messageid，警告信息编号。
参见例 5.1。

5.7.17 定位文件或函数：which

- which fun
- which classname/fun
- which private/fun
- which classname/private/fun
- which fun1 in fun2
- which fun(a,b,c,...)
- which file.ext
- which fun -all
- s = which('fun',...)

定位某个函数或文件的位置，给出路径名称或类库名称。
例如：

```
>> which which↙
built-in (D:\Program Files\MATLAB\R2010b\toolbox\matlab\general\which)
>> which KbWait↙
D:\Toolbox\Psychtoolbox\PsychBasic\KbWait.m
>> which('nothing')↙
'nothing' not found.
```

5.7.18 检查文件/目录/变量等是否存在：exist

```
ret=exist('A');
```

检查某变量、函数、文件、目录、类是否存在。
返回值含义如下：

- 0：表示不存在；
- 1：表示 A 为变量；
- 2：表示 A 为 MATLAB 搜索路径上的文件；
- 3：表示 A 为 MATLAB 搜索路径上的 MEX 文件（C 或 FORTRAN 语言编写的可供 MATLAB 调用的动态链接库）；
- 4：表示 A 为 MATLAB 搜索路径上的 MDL 文件；
- 5：表示 A 为 MATLAB 内置函数；
- 6：表示 A 为 MATLAB 搜索路径上的 P 文件；
- 7：表示 A 为目录（包括搜索路径）；
- 8：表示 A 为类。

例如：

```
>> exist('psychtoolbox')↙
ans =
     7
```

```
>> exist('dotdemo.m')↙
ans =
    2
```

5.7.19 将结构数组写入文件：WriteStructToText

```
WriteStructsToText(filename,theStructs)
```

将结构数组（theStructs）中的内容写入文本文件（filename）中。

例如：

```
>> [a b]=FolderFromFolder('c:\');↙
>> WriteStructsToText('ab.txt',a)↙
>> type ab.txt↙
Name                        date                    bytes  isdir   datenum
$RECYCLE.BIN                16-五月-2012 20:45:46     0     1       735006
360Rec                      26-六月-2012 23:44:10     0     1       735047
360SANDBOX                  26-四月-2012 11:04:24     0     1       734985
360 高速下载                 30-六月-2012 20:42:02     0     1       735051
AMD                         26-四月-2012 16:55:16     0     1       734986
Boot                        18-五月-2012 13:38:25     0     1       735008
Documents and Settings      06-四月-2012 11:29:58     0     1       734965
Intel                       26-四月-2012 11:06:35     0     1       734985
OKGFile                     26-八月-2012 10:16:58     0     1       735107
Program Files               30-六月-2012 17:56:04     0     1       735051
ProgramData                 17-五月-2012 12:18:49     0     1       735007
Python26                    03-六月-2012 22:28:38     0     1       735024
RECYCLER                    26-四月-2012 10:29:45     0     1       734985
System Volume Information   16-五月-2012 20:40:22     0     1       735006
WINDOWS                     01-十二月-2012 22:16:03   0     1       735205
ado                         18-五月-2012 10:25:05     0     1       735007
swsetup                     26-四月-2012 11:09:11     0     1       734985
testlog                     14-一月-2013 14:35:45     0     1       735249
```

5.7.20 从文本中读取结构数组：ReadStructsFromText

```
theStructs = ReadStructsFromText(filename)
```

从指定的文件（filename）中读取数据并存储于结构数组（theStructs）中，文件 filename 中的数据必须以 tab 分隔，且第一行包含字段名，每一行为一条记录。

例如：

```
>> ReadStructsFromText('ab.txt')↙
ans =
1x18 struct array with fields:
    name
    date
    bytes
    isdir
    datenum
```

5.7.21 文件比较：visdiff

```
visdiff('fname1', 'fname2')
```

比较两个文本、MAT、二进制、Zip 压缩文件或目录，参数 fname1 和 fname2 用于指定要比较的对象。

例如：

```
    visdiff(fullfile(matlabroot,'toolbox','matlab','demos','gatlin.mat'),
fullfile(matlabroot,'toolbox','matlab','demos','gatlin2.mat'))↙
```

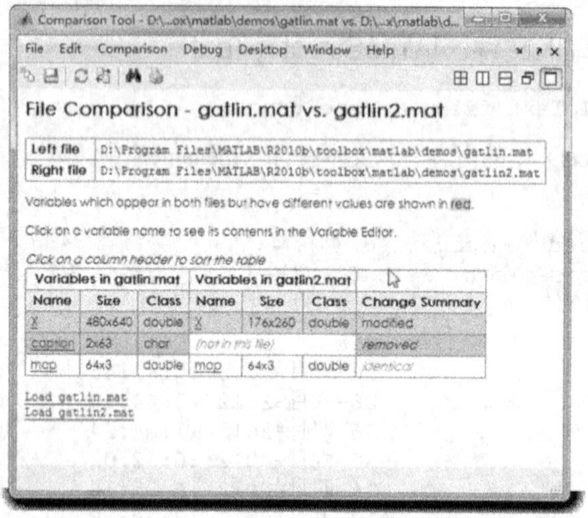

图 5-5 文件比较结果

5.7.22 显示文件内容：type

◆ type('filename')

◆ type filename

在命令窗口中快速显示文件内容，如果省略了文件扩展名，则自动添加.m。

例如：

```
    >> type showSeconds↙

    function showSeconds
       disp(toc)
    end
```

5.7.23 设置/获取文件或目录的属性：fileattrib

◆ fileattrib

◆ fileattrib('name')

◆ fileattrib('name','attrib')

◆ [status,message,messageid] = fileattrib(...)

获取或设置文件（目录）的属性，如果没有任何参数，则显示或获取当前目录的属性。

参数包括：

（1）name，文件或目录名称，可使用通配符（*）指定多个对象。

（2）attrib，属性。

（3）statu，状态信息，1=成功；0=失败。

（4）message，警告信息，如果 name 参数中使用了通配符，则为结构型数组。

（5）messageid，信息编号。

例如：

```
    >> fileattrib('fixation.m')↙
```

```
ans =
          Name:  'E:\psychtoolbox\fixation.m'
       archive:  1
        system:  0
        hidden:  0
     directory:  0
      UserRead:  1
     UserWrite:  1
   UserExecute:  1
     GroupRead:  NaN
    GroupWrite:  NaN
  GroupExecute:  NaN
     OtherRead:  NaN
    OtherWrite:  NaN
  OtherExecute:  NaN
```

在上面的输出中，属性值为 1 表示为真，属性值为 0 表示为假。例如，directory 属性值为 0，表示不是目录。UserRead 属性为 1，表示可读。属性值为 NaN，表示该文件或目录不具有该属性。

```
>> [s ptb]=fileattrib('d:\toolbox\psychtoolbox\*')↙
s =
    1

ptb =
1x7857 struct array with fields:
    Name
    archive
    system
    hidden
    directory
    UserRead
    UserWrite
    UserExecute
    GroupRead
    GroupWrite
    GroupExecute
    OtherRead
    OtherWrite
OtherExecute
>> ptb(end)↙

ans =
           Name:    'd:\toolbox\psychtoolbox\UpdatePsychtoolbox.m'
        archive:    1
         system:    0
         hidden:    0
      directory:    0
       UserRead:    1
      UserWrite:    1
    UserExecute:    1
      GroupRead:    NaN
     GroupWrite:    NaN
   GroupExecute:    NaN
      OtherRead:    NaN
     OtherWrite:    NaN
   OtherExecute:    NaN
```

第 6 章　PSYCHTOOLBOX 的安装

6.1　PSYCHTOOLBOX 简介

在实验程序的编制与开发过程中，不同的编程语言除具有不同的书写规则，在功能性和效率性上也表现出明显不同，诸如 C 语言和 Pascal 语言等低层语言，提供了对硬件直接操控的手段，从而使代码的运行速度更快，但程序的开发效率则大打折扣；而诸如 BASIC、FOXPRO 和 MATLAB 语言则提供了友好软件开发环境，但却无法直接操控硬件。为了解决这一矛盾，PSYCHTOOLBOX（PTB）应运而生，PTB 是运行在 MATLAB 环境下的编程工程箱，因为 MATLAB 是一种高级解释性语言，PTB 就充当了低层→高层的接口，借助于 PTB 我们可以直接访问显示内存和颜色索引表，可以实现与垂直扫描的同步和使用 OpenGL 绘图指令，记录被试的反应，它支持毫秒级的精确计时，而且可以很方便地实现颜色空间的转换（RGB→YUV 等）以及 QUEST 阈限逼近算法。

MATLAB+PTB 提供了灵活的实验程序编写环境，实验程序的设计也变得简单易学（仍需要一些基础的编程知识），而对于现有的实验软件集成工具则显得灵活性不足，可能仅适合于编写固定的实验程序，对于有特殊要求的实验程序则捉襟见肘，极不灵活也不直接，甚至要拐弯抹脚才能达到实验的目的。

因为 MATLAB 提供了强大的数学运算和图像处理功能，借助于 MATLAB 环境，我们可以快速便捷地开发出实用的实验程序，我们可以直接在 MATLAB 命令窗口中查看结果，MATLAB 的交互性也使其他编程语言相形见拙。

另外 PTB 提供了丰富的常用功能示例程序，在编写实验程序时，可以参考这些程序的代码来达到预期的目标。这些示例程序安装在 PSYCHTOOLBOX\PsychDemos\目录下。如果有疑难问题，也可以到 PSYCHTOOLBOX 论坛向技术人员或其他使用者进行咨询或交流：http://tech.groups.yahoo.com/group/ psychtoolbox/messages/。

6.2　PSYCHTOOLBOX 安装

6.2.1　系统要求与配置

由于国内大多数计算机用户使用 Windows 操作系统，所以主要介绍 PTB 在 Windows 系统中的安装方法（但 PTB 在 OSX 系统下运行最稳定，因为开发者是在 OSX 下进行开发和测试的主流平台，但对 Windows 的大多数系统也兼容）。

对于操作系统的要求如下：

PSYCHTOOLBOX-3 适用于 Windows 2000/XP/Vista/7 等系统，由于 Windows Vista 和 Windows 7 是较新的操作系统，PTB 的开发者在这些系统上的测试工作还不充分，所以建议你在 Windows 2000/XP 下进行实验，至少目前不要将系统升级至 Vista 以上操作系统，可以使用户远离麻烦。

使用最新版本的 32 位 MATLAB 系统（开发者测试平台为 R2010b），对于 MATLAB V6.5 以前的版本，PTB-3 将不再提供支持，否则程序可能有漏洞。

另外还需要安装 Apple Quicktime 视频软件以便 PTB 能够播放影片文件，目前已知的与 Windows

操作系统兼容性较好的版本为 7.1.6（64 位 Windows 系统）和 7.6.5（32 位 Windows 7 操作系统）。对于支持图形显示卡来说，至少需要 16MB 显存，所以在配置你的计算机时，配置性能较高、显存较大的图形卡（图形卡可以选择支持 Direct3D-10 或 Direct3D-11 的 NVidia 或 AMD/ATI 显卡，要使用独立显存）要比配置速度更快的 CPU 对于实验来说更重要。如果你需要高精度的时间计时，可以通过执行 PTB 代码时输出的警告信息中查看是否有如下黑体部分内容，如果有，说明当前的计算机系统（或状态）不能满足你的要求。

```
PTB-CRITICAL WARNING!  Timing code detected a FAULTY high precision TIMER in your
                       system hardware
PTB-CRITICAL WARNING!  Seems the timer sometimes randomly jumps forward in time by over
                       250 msecs PTB-CRITICAL WARNING! Will switch back to lower
                       precision/resolution timer (only +/-1 millisecond accuracy at best).
PTB-CRITICAL WARNING!  For more information see Microsoft knowledge base article Nr. 274323.
PTB-CRITICAL WARNING!  http://support.microsoft.com/default.aspx?scid=KB;EN-US;Q274323&
PTB-CRITICAL WARNING!  It is NOT RECOMMENDED to continue using this machine for studies
                       that require high
PTB-CRITICAL WARNING!  timing precision in stimulus onset or response collection.
                       No guarantees can be made
PTB-CRITICAL WARNING!   wrt. to timing or correctness of any timestamps or stimulus onsets
PTB-CRITICAL WARNING!  Read 'help GetSecsTest' and run GetSecsTest for further
                       diagnosis and troubleshooting.
PTB-CRITICAL WARNING!  It may also help to restart the machine to see if the problem
                       is transient.
PTB-CRITICAL WARNING!  Also check the FAQ section of the Psychtoolbox Wiki for more
                       information.
```

6.2.2 版本检查与卸载

如果你已经安装过 PSYCHTOOLBOX，确保你安装的是最新版本的 PTB，在 MATLAB 命令窗口中输入

```
>> PsychtoolboxVersion↙
```

输出结果中的第一位数字是版本号，如果是 3.0.8 或以上版本，表示你已经安装了 PTB-3；如果低于此版本，则首先移除老版本的 PTB，在 MATLAB 命名窗口中输入以下命令找出 PTB 的安装目录，然后将该目录删除掉。

```
>> PsychtoolboxRoot↙
```

接下来再在 MATLAB 命令窗口输入 pathtool 指令，弹出窗口（见图 6-1）。

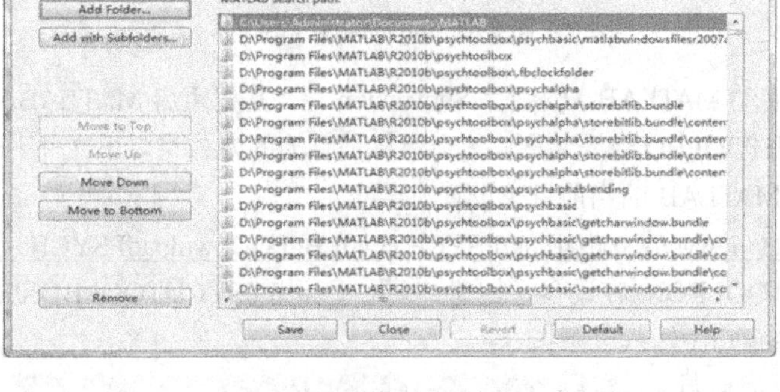

图 6-1 路径设置窗口

选中其中所有带“PSYCHTOOLBOX”的路径，点击 Remove（移除）按钮。如果你安装其他版本的 PSYCHTOOLBOX，在安装时，程序也会提示用户是否删除已安装的版本。

6.2.3 安装新版本的 PSYCHTOOLBOX

安装分两种情况：一是需要通过网络来下载；二是已经有最新版本的 PSYCHTOOLBOX，不需要下载。

对于第一种情况，

（1）首先需要安装版本管理软件 Subversion（简称 SVN），可以到下面两个网址下载，http://www.sliksvn.com/en/download 或 http://subversion.apache.org/packages.html。注意选择正确的版本（32 位还是 64 位），如图 6-2 所示点击运行按钮。

（2）当出现安全警告，选择运行（见图 6-3）。

图 6-2 svn 下载窗口

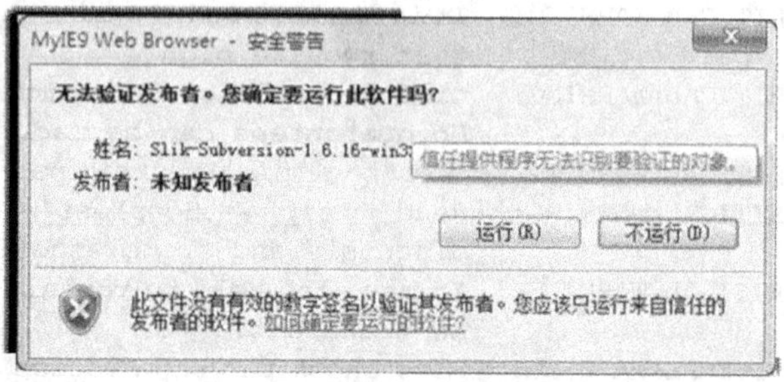

图 6-3 安全警告

（3）安装 Subversion，接受服务协议，设置安装目录，并且选择 Typical（典型）安装。

图 6-4 Subversion 安装

（4）退出并重新启动 MATLAB，安装完 Subversion 后，需要重启 MATLAB，必要时重启计算机。

（5）下载 PSYCHTOOLBOX 安装程序。以目标另存为的方式将以下文件下载至你的计算机中，如桌面上。然后再将 MATLAB 的当前目录设置为桌面。

http://svn.berlios.de/viewvc/osxptb/trunk/PSYCHTOOLBOX/DownloadPSYCHTOOLBOX.m

（6）下载 PSYCHTOOLBOX。在硬盘上创建一个用于存储 PSYCHTOOLBOX 的目录，如 c:\toolbox。然后在 MATLAB 命令窗口中输入以下指令：

```
>> DownloadPsychtoolbox('C:/toolbox') ↙
```

注意：当用户系统已经安装了旧版本的 PTB 时，安装程序会显示如下信息

```
DownloadPsychtoolbox('C:/toolbox','beta')
Requested flavor is: beta
Requested location for the Psychtoolbox folder is inside: C:/toolbox

Good. Your privileges suffice for the requested installation into folder C:/toolbox.

Hmm. You already have an old Psychtoolbox folder:      ⟸ 发现旧版本PTB
D:\Program Files\MATLAB\R2010b\Psychtoolbox
That old Psychtoolbox should be removed before we install a new one.
First we remove all references to "Psychtoolbox" from the MATLAB path. ⟸ 首先移除
Success.
Shall I delete the old Psychtoolbox folder and all its contents
(recommended in most cases), (yes or no)?              ⟸ 询问是否删除旧目录
```

安装过程中出现如下信息时，按 t 或 p 键，然后回车，文件大约有 100MB，整个安装过程约需 10～30 分钟（或者更长，与网速有关）。

验证"https://svn.berlios.de:443"的服务器证书时出错：

- 此证书并不是由信任的权威机构颁发。请使用此指纹手工验证其有效性。

证书信息：

- 主机名称：*.berlios.de。
- 有效时间：自 Tue, 25 Jan 2011 01:35:19 GMT 至 Wed, 25 Jan 2012 01:35:19 GMT。
- 发行者：BerliOS, FhG FOKUS, Berlin, Berlin, DE。
- 指纹：86:8d:c3:01:ba:8b:89:3a:86:00:e6:e7:7f:62:9f:de:ac:8b:b0:d1 。

(R)拒绝，(t)暂时接受，或(p)永远接受？

（7）最后屏幕提示按回车确认安装完毕。安装成功后，还要不时地利用 Updatepsychtoolbox 命令更新 PTB 至最新的版本（需要网络连接）。如更新后却发现有问题，则可以在 MATLAB 中通过 Updatepsychtoolbox(psychtoolboxRoot, 'PREV') 命令恢复到先前版本。

对于第二种情况，你只需要将已有的 PSYCHTOOLBOX 文件复制到计算机中的某个目录下，然后在 MATLAB 中切换当前目录至该目录下，运行 Setuppsychtoolbox 命令即可。

（8）你可以通过如下命令开始学习 PSYCHTOOLBOX，该命令会列出 PSYCHTOOLBOX 具有不同功能的函数和 PSYCHTOOLBOX 的演示程序，想要了解某个函数的具体信息，特别是 PTB 中最重要的函数 Screen，也可以借助于 help Screen 浏览其中的功能（参见第 8 章）。

```
>> help Psychtoolbox↙
  psychalpha              - Under development. Experimental, risky, undocumented.
  psychalphablending      - OpenGL alpha-channel blending utilities and constants.
  psychbasic              - Basic support routines for psychophysics.
  PsychBeta               - Under development.
  psychcal                - Calibrate your video monitors.
  psychcaldemodata        - Demo calibration data.
  psychcolorimetric       - Colorimetric calculations.
  psychcolorimetricdata   - Standard colorimetric data.
  psychcontributed        - Contributed programs.
  psychdemos              - Show how to use the Psychtoolbox.
  psychdocumentation      - Documentation about specific topics.
  psychfiles              - Process text files.
```

```
psychgamma                 - Fit monitor gamma functions.
psychglimageprocessing     - Built-in image processing via graphics hardware.
psychhardware              - Interface to plug-in hardware.
psychinitialize            - Initialize and deinitialize MATLAB
psychmatlabtests           - Document the few bugs in Matlab 5.2.1.
psychobsolete              - Obsolete routines, still present for compatibility.
psychopengl                - Routines for low-level access to OpenGL 3D graphics.
psychometric               - Psychometric function fitting.
psychoneliners             - Trivial, but handy, functions.
psychoptics                - Optics calculations, mostly for human optics.
psychpriority              - Priority and Rush. (formerly within PsychBasic)
psychprobability           - Probability and statistics.
psychrects                 - Manipulate rectangles for drawing.
psychsignal                - Signal processing and math routines.
psychtests                 - Evaluate performance of software and hardware.
psychvideocapture          - Functions for realtime video capture.
quest                      - Threshold estimation procedure.
```

第 7 章　PSYCHTOOLBOX 常用数据类型

结合 MATLAB 应用 PTB3.0 编写实验程序时，还需要了解一些常用的数据结构，因 PTB3.0 基于 MATLAB，所以 MATLAB 支持的数据结构，均可以用在实验编程中，此处所讲的数据结构主要侧重于 PTB3.0。

7.1　颜　　色

颜色表示采用颜色向量，其通用形式为[R G B]，三原色的取值范围为 0～255，如[255 0 0]表示红色，[0 255 0]表示绿色，[0 0 255]表示蓝色，[0 0 0]表示黑色，[192 192 192]表示灰色等。

另外，还可以使用颜色查找表（Color Look-Up Table，CLUT）及颜色索引值，PTB3.0 提供了两个函数 WhiteIndex 和 BlackIndex 来获取某窗口的白色和黑色的索引值，这样可以获取不同灰度的颜色索引值。

7.2　矩 形 结 构

矩形结构是包含 4 个元素的向量，即[left top right bottom]，分别表示矩形的左上角坐标（Left,Top）和右下角坐标（Right,Bottom），而对于一个窗口而言，其左上角坐标始终为（0,0），因此右下角坐标就相当于窗口的宽度和高度。

7.3　窗 口 句 柄

窗口句柄是创建窗口时返回的窗口指针，窗口句柄为一整数，可以不关心其数值大小，系统会自动分配窗口句柄值（一般≥10）。

7.4　时 间 单 位

PTB3.0 中计时时间单位为秒，1 秒=1000 毫秒，如果要获得毫秒，只需乘以 1000 即可。

7.5　反 应 方 式

PTB3.0 支持键盘、鼠标、语音和专用反应盒等输入方式作为反应方式，一般利用 KbCheck 来检查按键反应，通过 GetMouse 来检查鼠标反应，通过 PsychPortAudio 系列函数来支持语音输入。

7.6　文　　本

如果呈现的刺激为文本材料，可以使用单元数组（Cell）来存储文本内容，要比使用字符数组节省内存空间，因为后者需要根据最长的字符串为每个元素分配相同的内存空间。建立字符单元数组的方式很简单，只要使用{}代替[]即可，引用某个元素时也需要使用{}。

例如，

```
>> strs={'Boy','Girl','Tom';'Jack','Janne','Sophie'};↙
>> whos strs↙
  Name      Size              Bytes  Class    Attributes
  strs      2x3                410  cell
>> strs{1,2}↙
ans =
Girl
```

7.7 图　　片

通过 MATLAB 提供的 imread 函数可以轻松地读取多种图片格式，如 BMP，JPG/JPEG，PNG，GIF，TIFF，PCX，ICO 等，可以将图片数据作为纹理（CreateTexture）或者直接通过 PutImage 输出至缓冲区。

7.8 音　　频

利用 MATLAB 提供的 wavread 函数可以轻松读取波形音频文件（.wav），当然通过底层函数可以读取任何格式的音频文件，但建议在使用音频文件时录制或转换成 wav 格式的声音文件，然后利用 PsychPortAudio 系列函数对音频文件进行控制。

7.9 视　　频

QuickTime 支持的诸如 MPEG-4（mp4）、GIF、AVI 等视频格式文件都可以利用 PTB3.0 中的 OpenMovie 函数打开，然后通过 PlayMoive 函数进行播放。

7.10 键盘扫描码

键盘上某按键的扫描码通过函数 KbName 获得，如 KbName('f')，获得 F 按键的扫描码，供 KbCheck 等函数的判断使用。为了保证在不同系统上所开发的程序具有较好的兼容性（如不同系统下键盘按键键码的定义不同），可以在实验程序开始处使用 KbName('UnifyKeyNames')命令将键盘扫描码进行统一映射。

7.11 鼠标按钮值

常用为三键鼠标，左、右键和中间滚轮，其中左键键值为 1，右键键值为 3，目前 Window 系统下还不支持对滚轮动作的检测，可以通过 GetMouse 函数来判断鼠标的按钮数。首先使用 [x,y,buttons]=GetMouse，然后通过 length(buttons)获得鼠标按钮数。

第8章 PSYCHTOOLBOX 函数介绍

字符界面向图形界面的演变得益于硬件技术的提升，图形操作系统的发展把原来简单的、快速的字符应用程序（Dos）带入了丰富多彩的图形世界，但原来只要一个字节表示的字符现在就需要很多像素数据。为了加快图形的显示就需要更多的内存，工程师们通过图形协处理器来快速处理显示。通过位转换器不但可以实现内存的快速复制，而且还可以实现诸如缩放、拉伸和格式转换等许多复杂的功能。为了增加显示速度，计算机的显卡又增加了显示内存，现在 64M、128M 显存的显卡已经非常普遍，显存越高图形的显示就越流畅。而且在计算机硬件的架构上，采用了如下的结构来保证 CPU 快速访问显示内存（见图 8-1）。

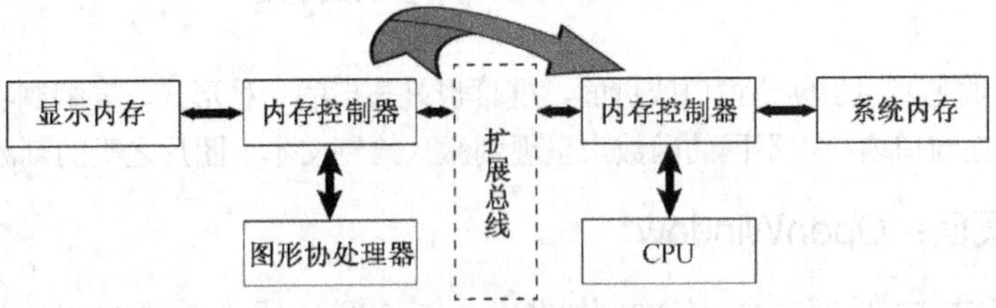

图 8-1　AGP 显示结构

这样显示系统就能够通过 AGP 结构实现对系统内存的快速访问，从而提高系统内存到显示内存的传输效率。

PSYCHTOOLBOX 使用页面切换技术来提高实验程序的性能，一类页面是可见的页面（窗口），称之为主页面（Onscreen），一类页面是不可见的页面，称之为缓冲页面（Offscreen）；主页面处于前台，缓冲页面处于后台。所有的绘制工作都在缓冲页面上进行，需要显示时，再把它们快速呈现在可见的主页面中（见图 8-2）。页面切换技术通过使应用程序在显示之前来绘制图形从而提高帧速率，获得快速流畅的图画。

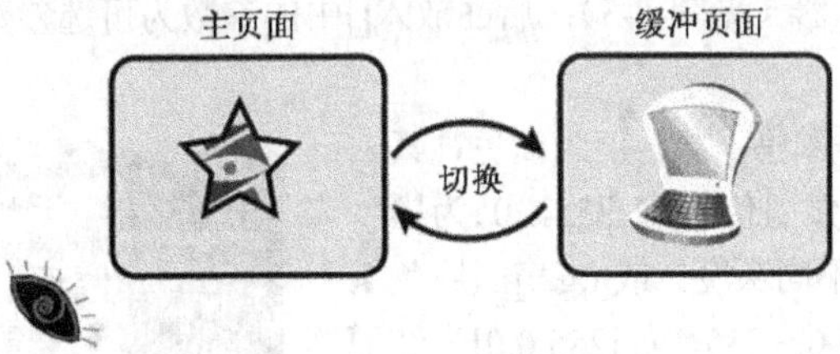

图 8-2　页面切换

当页面发生切换时，所交换的仅仅是内存数据，而其他与页面相关的属性仍保持不变。例如，调色板、前景色与背景色和字体属性等。

PSYCHTOOLBOX 函数大多以如下的形式来书写：

Screen('函数字符串',参数列表)

其中“函数字符串”是文本型的函数名称，如'OpenWindow'、'Flip'、'CloseAll'等，必须将其置于单引号内；参数列表是供该函数使用的参数，大多参数都有默认值，除非有特殊要求，一般不需要设定，不需要设定的参数则置于[]内，必须指定参数值的参数则不放入括号内。

例如：

```
[wptr,rect]=Screen('OpenWindow',wPtrOrscreenNumber [,color] [,rect]…);
```

必须设置的参数为 wPtrOrscreenNumber，可以不用设置的参数有 color 和 rect 等，因为默认颜色为白色，默认窗口页面的大小为整个屏幕（与显示器的分辨率有关），等号前[ ]中的内容会接收函数执行后返回的指向页面的指针和所创建页面的大小尺寸，也是可选的，即用户可以接收页面指针和页面尺寸或者只接收页面指针。

熟练地掌握 PTB 的函数，可以使你想要达到的目的或实现的功能变得更容易，因此有时间或机会多了解下 PTB 的常用函数的功能，这样在程序设计中就可以运用"拿来主义"，而不需要费尽心思去自己编写代码来实现某一功能。

接下来我们看看 PSYCHTOOLBOX 中所包含的函数。

8.1 窗口操作类函数

窗口操作类函数主要用于创建窗口或页面，屏幕也是窗口的一种形式，要编制实验程序，则需要创建窗口，然后再在窗口内利用不同的函数来呈现刺激（绘制文本、图片之类的刺激）。

8.1.1 创建主页面：OpenWindow

```
[windowPtr,rect]=Screen('OpenWindow',windowPtrOrScreenNumber [,color] [,rect]
      [,pixelSize] [,numberOfBuffers] [,stereomode] [,multisample]
      [,imagingmode] [,specialFlags ][,clientRect]);
```

其中 windowPtr 是返回的窗口句柄，供其他函数使用，rect 是所创建的窗口的尺寸，用窗口的左、上、右、下坐标值表示窗口的位置和大小。需要注意在书写参数时必须按照相应的顺序给出所需的参数，如果想省略某个参数值，可以使用[]占位符来表示使用相应位置参数的默认值。

参数包括：

（1）WindowPtrOrScreenNumber，窗口句柄或屏幕序号（支持多个显示器），序号 0 为覆盖两个显示器屏幕的页面（**此时要注意两个显示器的分辨率要一致，否则可能会出现错误**）；序号 1 指第一个显示器，序号 2 指第二个显示器（见图 8-3）；后面放入[]中的参数为可选参数，如果不指定，它们均使用相应的默认值。

（2）Color，窗口或屏幕颜色，默认值为白色，其值可为颜色对照表中的颜色索引值（0～255，0 为黑色，255 为白色，中间值为不同灰度）或[r,g,b]三原色向量值，r,g,b 的取值范围为 0～255，如[255,0,0]为红色，[0,255,0]为绿色等。

（3）Rect，所创建的页面窗口的大小，默认值为整个屏幕大小（取决于显示器的分辨率），至少包含 1 个像素，如果在 WindowPtrOrScreenNumber 参数中指定的是一个窗口句柄或屏幕序号，则 rect 中的坐标值是相对于该窗口或屏幕左上角的坐标而言，即以窗口或屏幕的左上角为原点。

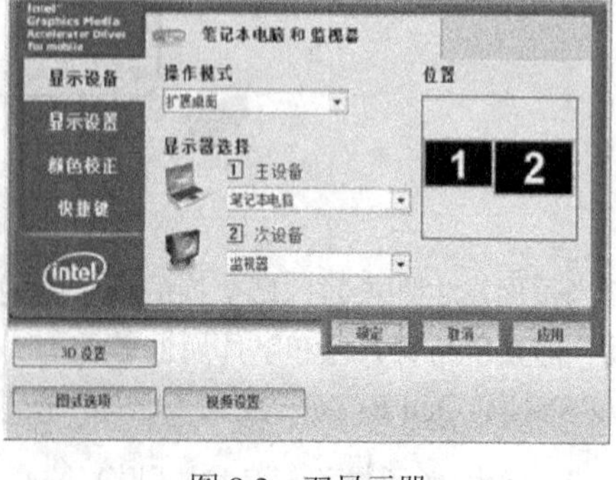

图 8-3 双显示器

（4）PixelSize，像素的深度，以位数来表示的存储一个像素所需的位数，默认值为当前显示器的设置，该值越高，表示某个像素的颜色值越丰富；可取值为 8、16、32。

（5）NumberOfBuffers，缓冲区数，一般取值为 2，我们可以将需要呈现的刺激，先写入缓冲区中，适当的时候再通过页面切换技术（Flip）将缓冲区中的内容一次性快速呈现在屏幕上，对于认知实验的视觉刺激呈现非常有益。

（6）Stereomode，是否立体模式，默认值为 0。使用其他值时，可借助于立体设备（如立体眼镜 CrystalEyes、红蓝立体眼镜）进行相应的立体视觉刺激的呈现；1=使用 OpenGL 的立体输出，根据显示帧序号的奇偶决定左右眼的输出；2=左视野呈现于屏幕上半部分，右视野呈现于屏幕下半部分；3=左视野呈现在下，右视野呈现在上；4 和 5 是将左右视野分别呈现屏幕的左右/右左；6 和 7 是以红、绿或绿、红呈现刺激；8 和 9 是以红、蓝或蓝、红呈现刺激；10=将刺激分别呈现在所连接的两个显示器上；11=与参数值 1 相同，但使用内置的函数，而非显示支持的本地函数。

注意：计算机的显卡不同，所支持的功能会有不同。

（7）Multisample，如果设置该参数为大于 0 的值，则表示系统会进行反锯齿优化，即呈现的刺激更平滑，但需要耗费较多的内存资源，同时可能会降低刷新频率。

（8）Imagingmode，图像处理模式，该参数用于控制是否使用 PTB 借助于 OpenGL 等插件所实现的图像处理功能。

（9）SpecialFlags，特殊标识，备用参数，目前仅支持 kPsychGUIWindow 常量参数，使所创建的窗口行为更像 Windows 系统的图形用户界面。

（10）ClientRect，用于指定绘制区域的大小，当使用该参数时，会建立相应的虚拟的帧缓冲，显示将该缓冲中的内容进行缩放处理，假设创建的窗口尺寸为 300×200，如果设置 clientRect 为[0 0 150 100]，会使绘制的内容在水平和垂直方向上放大两倍；如果设置该参数为[0 0 600 200]，则使绘制的内容水平方向压缩为一半，垂直方向保持不变。

例如：

- 创建灰色背景的全屏幕页面窗口，并且获取页面窗口指针

```
wPtr=Screen('OpenWindow',0,128);
```

- 创建红色背景的大小为 300×300 像素的页面窗口（见图 8-4），并且获取页面窗口指针，窗口大小，但在实验程序最好不要创建此类区域窗口

```
[wPtr,wRect]=Screen('OpenWindow',0,[255,0,0],[10,10,310,310]);
```

- 使用 clientRect 参数进行缩放操作（见图 8-5）

```
[windowPtr,rect]=Screen('OpenWindow',0,255,[0 0 300 200],[],[],[],[],[],[],
        [0 0 100 100]);
Screen('DrawText',windowPtr,'How PTB',0,0,[255 0 0]);
Screen('Flip',windowPtr);
```

参见例 8.1。

图 8-4 红色页面窗口

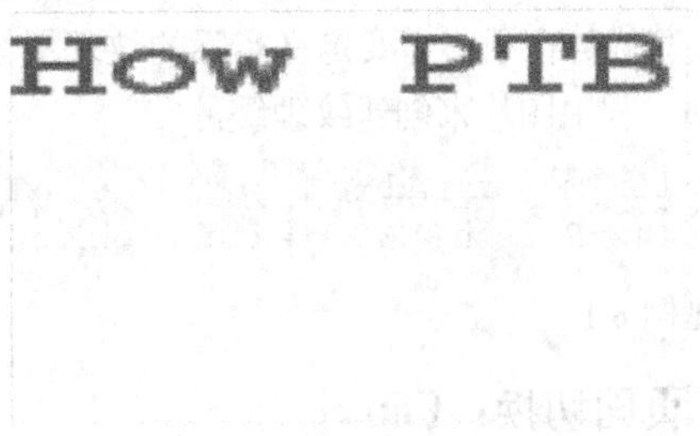

图 8-5 clientRect 的使用

8.1.2 创建缓冲页面：OpenOffscreenWindow

```
[windowPtr,rect]=Screen('OpenOffscreenWindow',windowPtrOrScreenNumber
        [,color] [,rect] [,pixelSize] [,specialFlags] [,multiSample]);
```

各参数同 OpenWindow 函数，windowPtrOrScreenNumber 参数一般使用 OpenWindow 函数返回的 windowPtr 页面窗口指针，另外需要注意的是当设置 multiSample 参数值大于 0 时，则表示系统会进行反锯齿优化，即呈现的刺激更平滑，但需要耗费较多的内存资源，同时使用该参数后，将无法利用 TransformTexture 函数对其中的内容进行复杂的变换（如旋转等）或者通过 DrawTexture 函数来绘制。而且使用该参数后会增加绘制时间，因为创建反锯齿优化的离屏页面后，还需要再创建一个与其具有同样尺寸和颜色格式的正常缓冲页面，然后通过 Screen('CopyWindow', antialiasedWindowhandle, normalWindowhandle)函数将其中的内容复制到主页面。

例如：创建灰色的 32 位真彩全屏幕缓冲页面窗口，并且获取缓冲页面窗口指针

```
offPtr=Screen('OpenOffscreenWindow',wPtr,[128,128,128],[],32);
```

参见例 8.1。

8.1.3 创建纹理缓冲：MakeTexture

```
textureIndex=Screen('MakeTexture', WindowIndex, imageMatrix
        [, optimizeForDrawAngle=0] [, specialFlags=0] [, floatprecision=0]
        [, textureOrientation=0] [, textureShader=0]);
```

该函数将二维或三维的图像矩阵转换成 OpenGL 纹理并返回其索引值，供 DrawTexture 函数来使用。

参数包括：

（1）imageMatrix，图像矩阵，可以是单色（亮度）平面、RGB 平面、RGBA 平面，A 表示 alpha 通道，用来控制图像的透明显示，取值范围为 0～255（0 为完全透明，255 是完全不透明），要使 alpha 起作用，还需要使用 BlendFunction 函数来设置（参见 8.5.15 小节）。

（2）optimizeForDrawAngle，该参数用于优化纹理以便为指定的旋转角度快速绘制，默认值为 0。

（3）specialFlags，如果该值为 1，并且图像矩阵的长和宽为 2 的整数次幂时，所创建的纹理与 OpenGL 中的 GL_TEXTURE_2D 纹理一样，否则 PTB 会采取低内存消耗和优化方式来实现图像的快速绘制；当该值取 2 时，PTB 会使用其自身的函数来优化处理而不采用硬件内置的方法，但对硬件要求较高。

（4）floatprecision，默认值为 0，定义纹理的精细度，即其颜色位数：0=8 位，1=16 位，2=32 位。

（5）textureOrientation，纹理优化处理方式，0=适合于绘制纹理，但不适合于对纹理进行转换（TransformTexture），1=将纹理转换成优化的格式，2=表示已经进行了优化处理，3=表示纹理具有各向同性，即没有方向性（如随机噪音），不需要转换。

（6）textureShader，默认值为 0，纹理着色方案，如果指定该参数，则表示使用 OpenGL GLSL 着色程序，其优势在于不需要定义实际的纹理图像，可以使用数学函数来实时绘制。

例如：利用图片来创建纹理缓冲

```
texImg=imread('a1.jpg'); %texImg 中为通过 imread 函数创建的图像矩阵
tex=Screen('MakeTexture',wPtr,texImg);
```

参见例 8.1。

8.1.4 页面切换：Flip

```
[VBLTimestamp StimulusOnsetTime FlipTimestamp MissedBeampos]=Screen('Flip',
        windowPtr [, when] [, dontclear] [, dontsync] [, multiflip]);
```

切换前台和后台缓冲，原前台缓冲变为后台缓冲，后台缓冲变为前台缓冲，这样可以使在后台缓冲中事先画好的内容快速呈现，该函数的常用形式为:Screen('Flip',windowPtr)。

参数包括：

（1）windowPtr，主页面窗口指针。

（2）when，设置何时进行页面切换，默认值为 0，表示在下一个可能的回扫时进行切换；如果设置值大于 0，则表示系统将在指定时间（when）后的首个回扫时进行切换。

（3）dontclear，默认值为 0，表示页面切换完毕后清除帧缓冲，**1=不清除帧缓冲，这样可以持续向缓冲区中累加绘制新的内容。**

（4）dontsync，默认值为 0，表示同步行扫描并且等待页面切换结束；如果设置为 1 时，尽管刺激的呈现仍同步行扫描，但并不等待页面切换结束而是立即返回，此时所获取的时间戳就没有意义；设置为 2 时与行扫描不同步，会出现撕裂现象。

（5）multiflip，默认值为 0。如果大于 0，则不仅仅切换由 windowPtr 参数指定的主页面窗口，而是切换所有主页面窗口，适用于多显示器场合。

（6）VBLTimestamp，记录页面切换开始时刻的时间（距系统启动时的时间）。

（7）StimulusOnsetTime，记录刺激呈现的时刻值。

（8）FlipTimestamp，记录页面切换结束时刻的时间，因此 FlipTimestamp 减去 VBLTimeStamp 可得到完成一次页面切换所需时间的估计值。

（9）Missed，是否发生帧丢失，>0 表示丢失，<0 表示未丢失。

（10）Beampos，是显示器扫描电子束在时间测定一刻所处的位置。

参见 8.3.2 小节例 8.1。

8.1.5　绘制结束指令：DrawingFinished

```
[telapsed] = SCREEN('DrawingFinished', windowPtr[, dontclear][, sync]);
```

通知 PTB 在实施页面切换前已经没有进一步绘制操作，这样可以让 PTB 对绘制操作进行优化处理。**需要注意：不要在一次页面切换前多次使用该指令，否则会影响性能。**

参数包括：

（1）windowPtr，主页面窗口指针。

（2）dontclear，是否清除页面中已有内容，1=不清除，0=清除。

（3）sync，是否与行扫描同步，1=同步，0=不同步。

（4）telapsed，指定同步参数为 1 时，返回值为绘制结束所需时间。

例如：通知 PTB 目前 wPtr 页面的绘制操作已经结束，以进行优化处理

```
Screen('DrawingFinished',wPtr);
```

8.1.6　关闭页面：Close

```
Screen('Close', [windowOrTextureIndex or list of textureIndices /
        offscreenWindowIndices]);
```

关闭主页面、缓冲页面或缓冲纹理，可选的一个参数为页面或纹理索引值，也可以是置于[]内的缓冲页面指针列表或缓冲纹理指针列表。如果不提供参数值，除主页面外，将关闭其他所有的缓冲纹理和缓冲页面，利用该函数可以关闭指定的缓冲页面或缓冲纹理。

例如：

- 关闭主页面 wPtr

```
Screen('Close', wPtr);
```

- 关闭缓冲页面 offPtr

```
Screen('Close', offPtr);
```

- 关闭缓冲页面 offPtr1、offPtr4

```
Screen('Close', [offPtr1, offPtr4]);
```

8.1.7 关闭所有页面：CloseAll/sca

◆ Screen('CloseAll')

◆ sca

关闭所有页面窗口、纹理、视频等，释放所有资源，可以使用简写形式 sca。

参见例 8.1。

8.1.8 选择目标缓冲区：SelectStereoDrawBuffer

```
currentbuffer = Screen('SelectStereoDrawBuffer', windowPtr [, bufferid]
        [, param1]);
```

在立体显示模式下，选择隶属于 windowPtr 页面的缓冲区（bufferid），在非立体显示模式下，该函数不起作用，每次使用 Flip 函数后均要使用该函数设置正确的缓冲区。

参数包括：

（1）windowPtr，主立体页面指针。

（2）buffered，缓冲区索引，0 表示左眼，1 表示右眼，默认值为 0。

（3）param1，可选参数。例如，当在使用 OpenWindow 函数创建的立体模式为 1 或 11 时，该参数 0 表示偶数帧，1 表示奇数帧。

（4）currentbuffer，返回值表示当前的缓冲区索引。

8.2 矩形操作类函数

如果要在 MATLAB 中获取本节中函数的帮助信息，使用 help 命令，如 help AdjointRect，矩形操作类函数位于 PTB 下的 PsychRects 目录中。

8.2.1 矩形拼接：AdjoinRect

```
newrect=AdjoinRect(rect,fixedRect,fixedSide)
```

通过对某矩形（Rect）的平移操作，使其沿另一矩形（FixedRect）的某个边（FixedSide）进行对齐，并且使该矩形位于 fixedRect 的外部。

参数包括：

（1）rect，待拼接的矩形。

（2）fixedRect，基准矩形，即以何矩形的边为标准。

（3）fixedSide，沿哪个边进行拼接，可以设置为 RectLeft（左边）、RectRight（右边）、RectTop（顶边）和 RectBottom（底边），**不要将其设置在单引号内。**

（4）newrect，返回位置调整后的矩形新坐标。

例如：

我们以图 8-6 为例来说明具体的拼接情况。

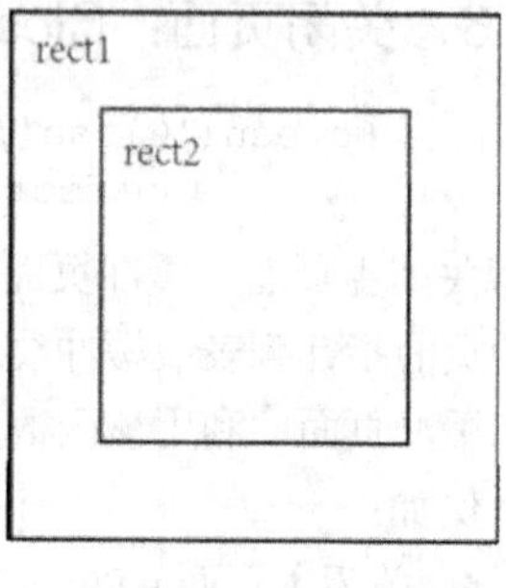

图 8-6 两个同中心的矩形

四种拼接 AdjointRect(rect2,rect1,xxx）设置结果如图 8-7 至图 8-10 所示。

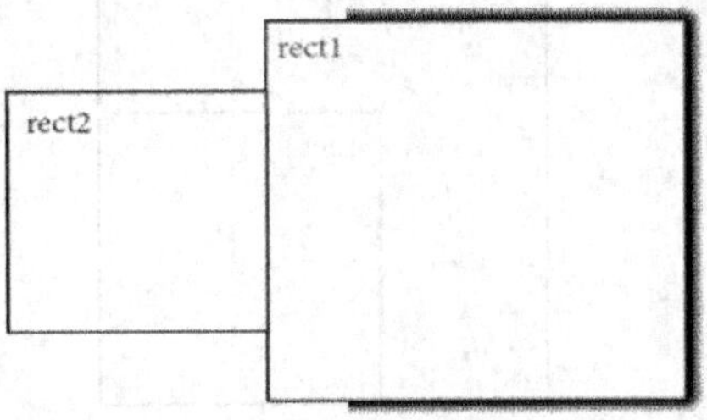

图 8- 7 RectLeft

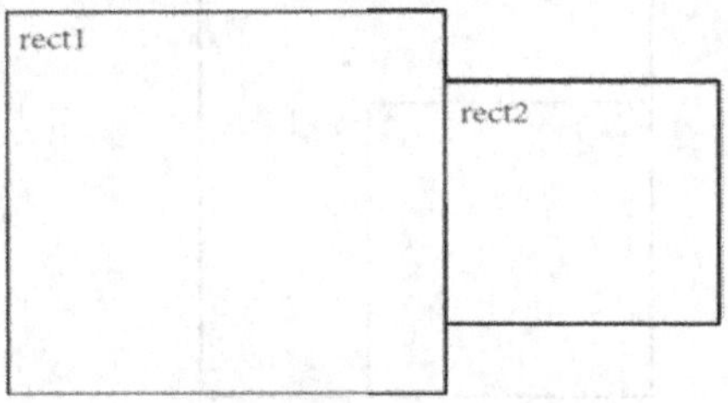

图 8-8 RectRight

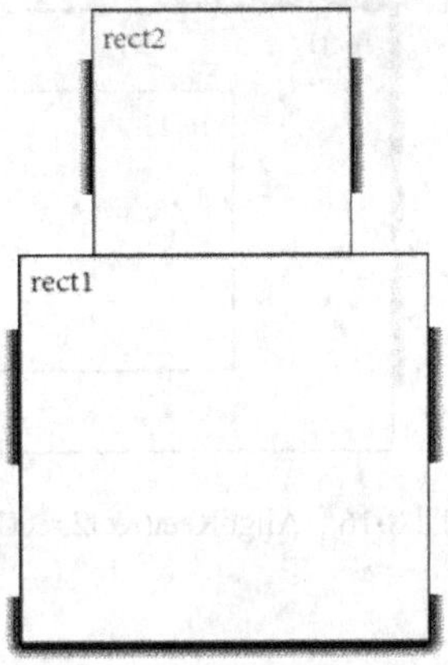

图 8-9 RectTop

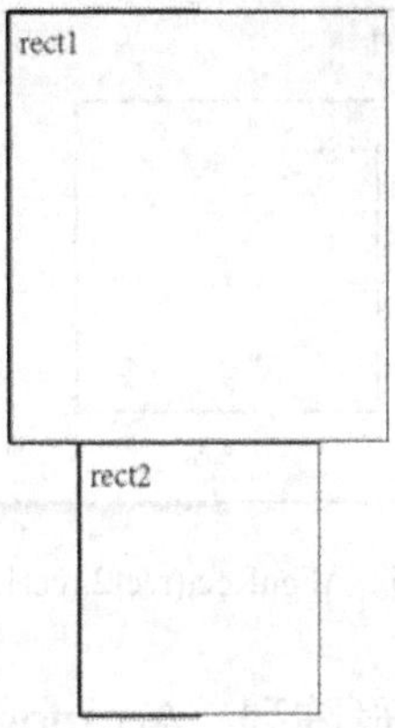

图 8-10 RectBottom

8.2.2 矩形对齐：AlignRect

```
newrect=AlignRect(rect,fixedRect,side1,[side2])
```

将某矩形（rect）对齐至矩形（fixedRect）的某边（side1、side2）等。

参数包括：

（1）rect，待对齐的矩形。

（2）fixedRect，基准矩形，即以何矩形为对齐标准。

（3）side1、side2，设置对应的边，可以为'center'、'left'、'right'、'top'、'bottom、RectLeft、RectRight、RectTop、RectBottom'或 1，2，3，4，5 分别表示左、上、右、下和中心。

（4）newrect，返回对齐后的矩形的新坐标值。

例如：

仍以图 8-6 为例，不同设置下的对齐效果如图 8-11 至图 8-16 所示。

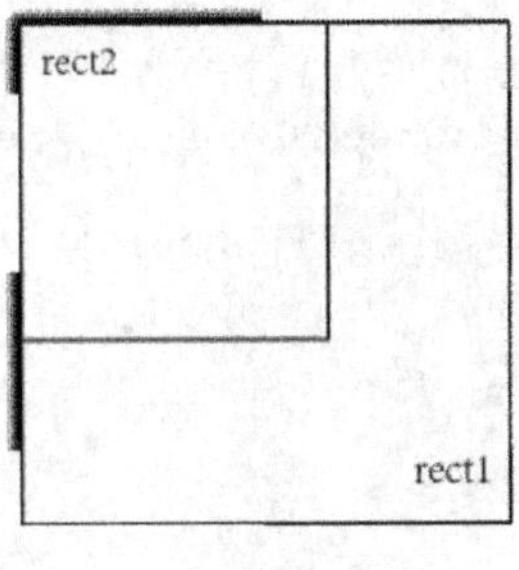

图 8-11 AlignRect(rect2,rect1,1,2)

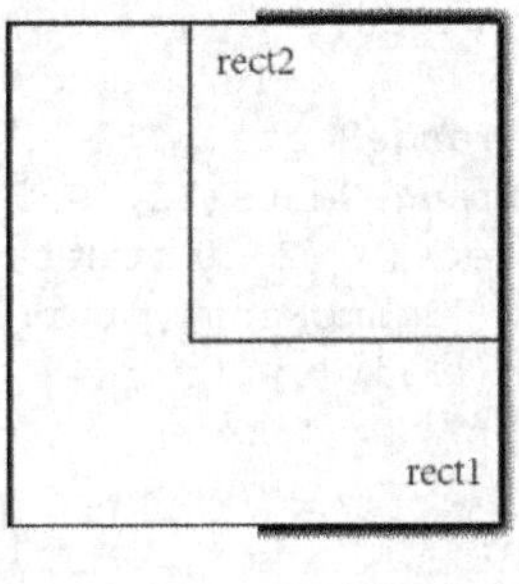

图 8-12 AlignRect(rect2,rect1,2,3)

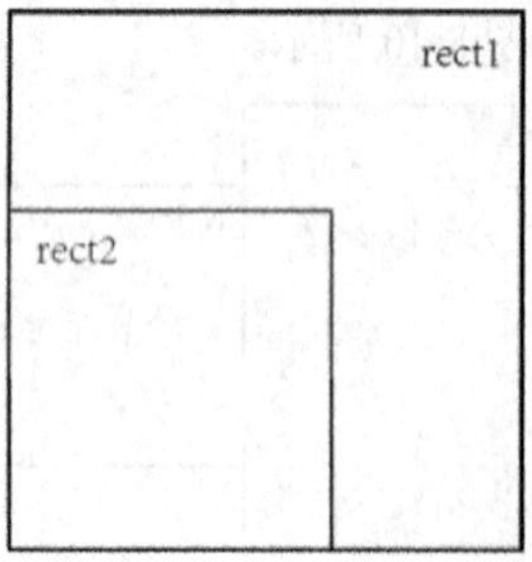

图 8-13 AlignRect(rect2,rect1,1,4)

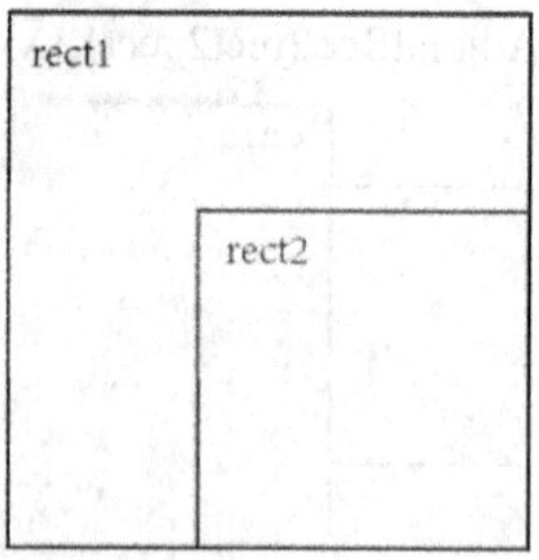

图 8-14 AlignRect(rect2,rect1,3,4)

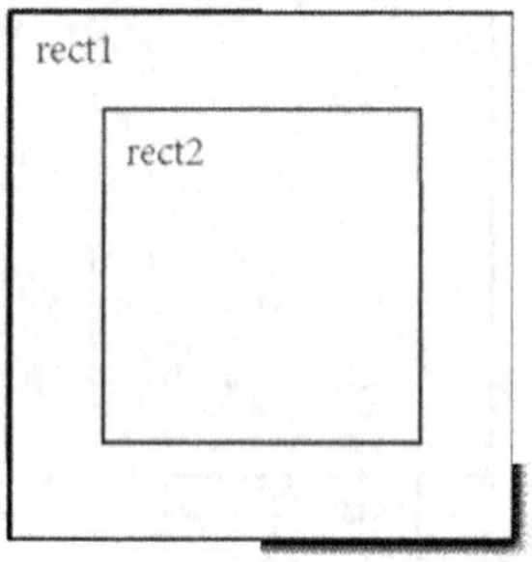

图 8-15 AlignRect(rect2,rect1,5,5)

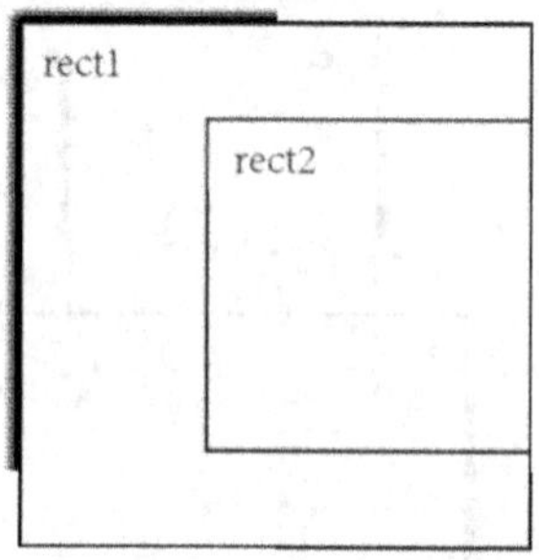

图 8-16 AlignRect(rect2,rect1,5,3)

8.2.3 创建矩形阵列：ArrangeRects

```
cellRects=ArrangeRects(n,objectRect,windowRect,[rightToLeft]);
```

创建 n 个矩形阵列，返回值中每一行代表一个矩形的坐标值。

参数包括：

（1）n，矩形阵列的数量。如果 n>2，则以行列的形式创建矩形阵列，具体的行数和列数视 objectRect 和 windowRect 两个参数而定。

（2）objectRect，用于设置所创建矩形的高和宽的属性（并不一定与高和宽的比例严格对应），其大小与位置并无实际意义。

（3）windowRect，在哪个区域内创建矩形阵列，根据创建的行数和列数，对该区域进行均分。

（4）rightToLeft，矩形的排列方式是从左至右，还是从右至左，默认为从左至右。

（5）cellRects，返回值中存储创建的矩形阵列的坐标值，n×4 的矩阵形式。

例如：创建矩形阵列（见图 8-17）

```
[wptr wrect]=Screen('OpenWindow',0,255,[100 100 640 480]);
Screen('FillRect',wptr,[192 192 192],...
    [0 wrect(4)/4 wrect(3)/2-10 wrect(4)*3/4;...
    wrect(3)/2+10 wrect(4)/4 wrect(3) wrect(4)*3/4]');
rs1=ArrangeRects(8,[0 0 40 20],[0 wrect(4)/4 wrect(3)/2-10 wrect(4)*3/4]);
rs2=ArrangeRects(12,[0 0 5 5],...
    [wrect(3)/2+10 wrect(4)/4 wrect(3) wrect(4)*3/4]);
Screen('FrameRect',wptr,0,[rs1;rs2]',2);
Screen('Flip',wptr);
KbWait;
sca
return;
```

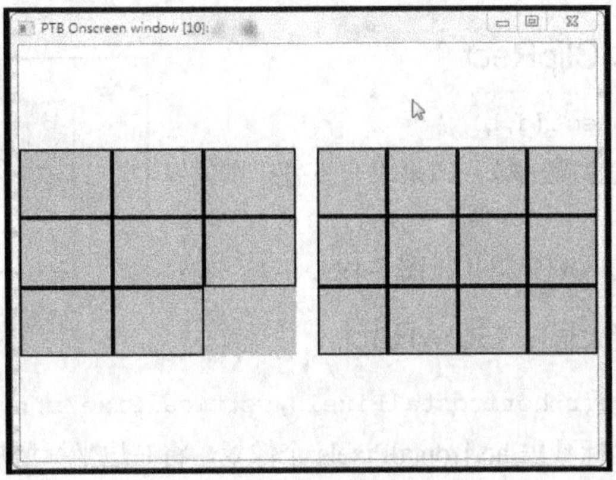

图 8-17　创建矩形阵列

8.2.4　矩形居中至某矩形：CenterRect

```
[newrect,dh,dv] = CenterRect(rect,fixedRect)
```

将矩形（rect）以矩形（fixedRect）为基准进行居中，即将矩形置于矩形的中间。

参数包括：

（1）rect，待居中的矩形。

（2）fixedRect，基准矩形。

（3）newrect，返回居中后矩形（rect）的新坐标值。

（4）dh，返回居中操作完成后水平方向的偏移量。

（5）dv，返回居中操作完成后垂直方向的偏移量。

例如：

```
CenterRect(rect1,rect2); %（见图 8-18）
```

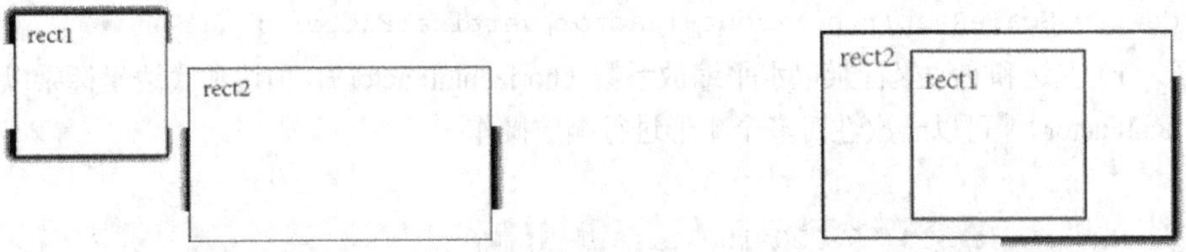

（a）居中前　　（b）居中后

图 8-18　矩形居中操作示例

8.2.5　矩形居中至某点：CenterRectOnPoint/ CenterRectOnPointd

- newRect = CenterRectOnPoint(rect,x,y)
- newRect = CenterRectOnPointd(rect,x,y)

将矩形（rect）以点（x,y）居中。

参数包括：

（1）rect，待操作的矩形。

（2）x,y，基准点。

（3）newRect，居中后的新矩形的坐标值。

参见例 8.1。

8.2.6　矩形重叠区域：ClipRect

```
newRect = ClipRect(a,b)
```

获取矩形 a 和矩形 b 的重叠区域，如果没有重叠，则返回[0 0 0 0]。

例如：获取两个矩形的区域交集（见图 8-19）。

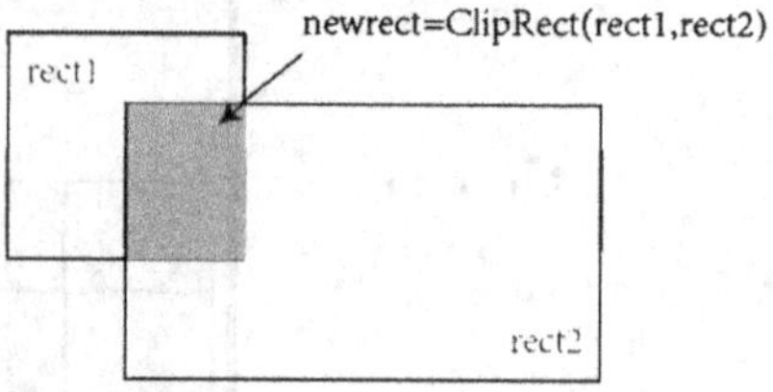

图 8-19　矩形区域交集示例

8.2.7　矩形缩放(正放负缩)：GrowRect

```
newr = GrowRect(r,horizontalPixels,verticalPixels);
```

通过将矩形(r)的左边坐标减去 horizontalPixels 个像素，将右边坐标增加 horizontalPixels 个像素，以及将顶边坐标减去 verticalPixels 个像素，将底边坐标增加 verticalPixels 个像素达到对矩形(r)缩放的目的，如果 horizontalPixels 和 verticalPixels 为正值则放大，如果为负值则缩小。返回值 newr 中存储缩放操作后的新坐标值。可以一次性指定多个矩形，但该函数并不检查最终矩形的有效性。

8.2.8　矩形缩放(正缩负放)：InsetRect

```
newr = InsetRect(r,dh,dv);
```

功能与 GrowRect 函数类似，不同之处在于当 dh,dv 为正值时，对矩形（r）进行缩小；为负值时，对矩形（r）进行放大。

例如：

```
>> InsetRect([0 0 50 50],10,10)
ans =
    10    10    40    40
```

8.2.9　矩形缩放(比例缩放)：ScaleRect

```
newr = ScaleRect(r,horizontalFactor,verticalFactor);
```

对矩形（r）左边和右边坐标乘以水平缩放系数（horizontalFactor），顶边和底边坐标乘以垂直缩放系数（verticalFactor），可以一次性对多个矩形进行缩放操作。

例如：

```
>> ScaleRect([10 10 100 100],1.5,1.5) ↙
ans =
    15    15   150   150
>> ScaleRect([10 10 100 100;72 82 90 100],1.5,0.5) ↙
ans =
    15     5   150    50
   108    41   135    50
```

8.2.10　矩形是否为空：IsEmptyRect

```
isEmpty = IsEmptyRect(a)
```

判断矩形（a）是否为空，如果矩形的面积为 0，则返回值为 0，否则返回值为 1。

例如：

```
>>IsEmptyRect([0 0 0 0]) ↙

ans =
     1
```

```
>>IsEmptyRect([0 0 0 1]) ↙
ans =
   1
>>IsEmptyRect([0 0 0.1 0.1]) ↙
ans =
   0
```

8.2.11 某点是否在矩形内：IsInRect

```
inside = IsInRect(x,y,rect)
```

判断某个位置（x,y）是否在矩形（rect）区域内，返回值 inside=1，表示在内部，否则 inside=0。

例如：

```
>>IsInRect(18,30,[5 5 60 60]) ↙
ans =
   1
```

8.2.12 矩形平移：OffsetRect

```
newRect = OffsetRect(oldRect,x,y);
```

对矩形 oldRect 沿水平方向平移 x 个像素，沿垂直方向平移 y 个像素，并返回平移操作后的新矩形的坐标值。你可以设置 x 和 y 参数为向量，返回值为针对每一组 x,y 值平移后的矩形坐标值，也可以对多个矩形施加相同的偏移量。

例如：

```
>> OffsetRect([5 5 10 10;20 20 40 40],5,5) ↙
ans =
    10    10    15    15
    25    25    45    45
>> OffsetRect([5 5 10 10;20 20 40 40],[5; 10],[5; 20]) ↙

ans =

    10    10    15    15
    30    40    50    60
>> OffsetRect([5 5 10 10],[5; 10],[5; 20]) ↙
ans =

    10    10    15    15
    15    25    20    30
>> OffsetRect([5 5 10 10;20 20 40 40]',[5 10],[5 20]) ↙
ans =
    10    30
    10    40
    15    50
    15    60
```

8.2.13 获取矩形中心：RectCenter/WindowCenter

- [x,y] = RectCenter(rect);
- [x,y] = WindowCenter(window)

获取矩形（rect）或窗口（window）的中心坐标值（x,y）。

例如：

```
>> a=[50 50 100 100]; ↙
>> [x,y]=RectCenter(a) ↙

x =
    75

y =
    75

>> [x y]=WindowCenter(0)↙
x =
   1920

y =
    540
```

8.2.14 获取矩形中心：RectCenterd

```
[x,y] = RectCenterd(rect);
```

功能与 RectCenter 类似，只是不对返回值进行四舍五入取整处理。

8.2.15 获取矩阵的边界矩形：RectOfMatrix

```
rect = RectOfMatrix(mat);
```

根据矩阵的维度创建矩形，特别适合于创建与某图像文件大小一致的矩形区域。

例如：

```
>> img=imread('RedGreenBlue1.png'); ↙
>> RectOfMatrix(img) ↙

ans =
     0     0    80    80
```

8.2.16 获取矩形的高度：RectHeight

```
height = RectHeight(rect);
```

获取矩形（rect）的高度（height）。

例如：

```
>> RectHeight([50 50 130 140]) ↙

ans =
     90
```

8.2.17 获取矩形的宽度：RectWidth

```
width = RectWidth(rect);
```

获取矩形（rect）的宽度（width）。

例如：

```
>> RectHeight([50 50 130 140]) ↙

ans =
    80
```

8.2.18 获取矩形的宽和高：RectSize

```
[width,height] = RectSize(rect);
```

获取矩形（rect）的尺寸（宽：width，高：height）。

```
>> [w h]=RectSize([50 50 130 140]) ↙
w =
    80

h =
    90
```

8.2.19 获取矩形的左边坐标：RectLeft

```
xLeft = rect(RectLeft);
```

获取矩形左上角的 X 坐标值，存储于 xLeft 中。

例如：

```
>> a=[50 50 100 100]; ↙
>> a(RectLeft) ↙
ans =
    50
```

8.2.20 获取矩形的右边坐标：RectRight

```
xRight = rect(RectRight)
```

获取矩形右下角的 X 坐标值，存储于 xRight 中。

例如：

```
>> a=[50 50 100 100]; ↙
>> a(RectRight) ↙
ans =
    100
```

8.2.21 获取矩形的顶边坐标：RectTop

```
yTop = rect(RectTop);
```

获取矩形左上角的 Y 坐标值，存储于 yTop 中。

例如：

```
>> a=[50 50 100 100]; ↙
>> a(RectTop) ↙
ans =
    100
```

8.2.22 获取矩形底坐标：RectBottom

```
yBottom = rect(RectBottom);
```

获取矩形 rect 的底边坐标值，存储在 yBottom 中。

例如：

```
>> a=[50 50 100 100]; ↙
>> a(RectBottom) ↙
```

```
ans =
   100
```

8.2.23 创建矩形：SetRect

```
newRect = SetRect(left,top,right,bottom);
```

根据参数 left, top, right, bottom 创建矩形 newRect，等同于 newRect=[left,top,right,bottom]。

8.2.24 获取矩形对应的数组尺寸：SizeOfRect

```
s=SizeOfRect(rect);
```

获取矩形的尺寸（宽和高），存储于 s 中。

例如：

```
>> SizeOfRect([50 50 100 100]) ↙
ans =
    50    50
```

8.2.25 获取矩形的最小边界区域：UnionRect

```
newRect = UnionRect(a,b);
```

获取矩形 a 和矩形 b 的并集区域。

例如：获取两个矩形的区域并集（见图 8-20）

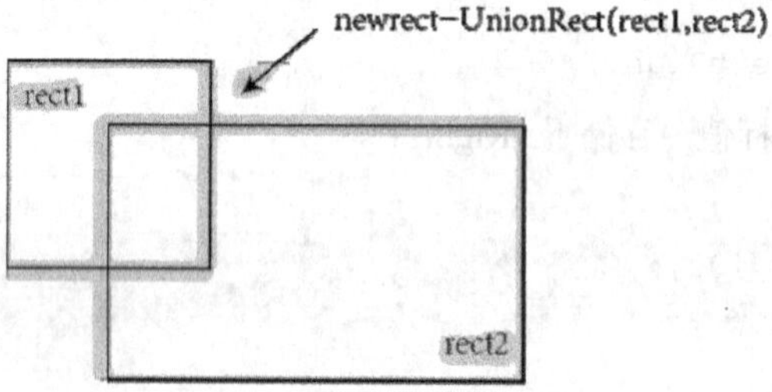

图 8-20 矩形区域并集示例

8.3 绘制类函数

8.3.1 画点：DrawDots/ScreenDrawDots

◆ Screen('DrawDots', windowPtr, xy [,size] [,color] [,center] [,dot_type])

◆ ScreenDrawDots(windowPtr, xy [,size =1][, dotcolor=255][, center][, dot_type=1])

在指定的窗口内（windowPtr）用某种颜色（color）和尺寸（size）于某个位置（xy）画点。

参数包括：

（1）windowPtr，页面窗口指针，可以是主页面或缓冲页面。

（2）xy，xy 为 2×n 列的矩阵，其中 n 代表点的数量，两行分别代表 x 和 y 的坐标，每列代表一个点。

（3）size，表示各个点的尺寸的一维向量，如果使用一个值，则所有点大小相同，否则要与所绘制的点数相同，默认为 1。

（4）colors，表示各个线条颜色的单维向量或多维（r,g,b 或 r,g,b,a）矩阵，如果使用一个值，则所有线条颜色相同，否则要与 xy 的列数相同（每相邻的两个颜色对分别代表线条的起点和终点颜色，PTB 会根据线性插值计算线条上各点的颜色），默认值为白色。

（5）center，线条所对应的中心点，默认值为[0 0]。

（6）dot_type，点的类型，0=矩形（默认），1=反锯齿圆（使用函数 Screen('BlendFunction')设置混合模式），2=高质量圆。

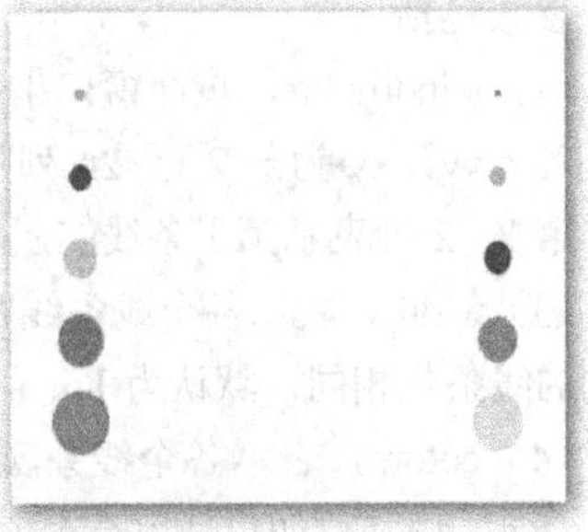

图 8-21 画点

例如：绘制多个点（见图 8-21）

```
wptr=Screen('OpenWindow',0,255,[0 0 400 300]);
Screen('Blendfunction', wptr, GL SRC ALPHA, GL ONE MINUS SRC ALPHA);
xys=zeros(2,5*2);
lw=zeros(10,1);
lc=zeros(3,5*2);
dt=zeros(10,1);
for i=1:10
    xys(1,i)=mod(i,2)*300+50;
    xys(2,i)=50+(ceil(i/2)-1)*50;
    lw(i)=i*4;
    lc(:,i)=[255*rand 255*rand 255*rand];
    dt(i)=mod(i,3);
end
Screen('DrawDots',wptr,xys,lw,lc,[0 0],1);
```

8.3.2 画线：DrawLine

```
Screen('DrawLine', windowPtr [,color], fromH, fromV, toH, toV [,penWidth]);
```

在指定的窗口内（windowPtr）用某种颜色（color）和宽度（penWidth）的画笔从一点（fromH, fromV）画至另一点（toH, toV）。

参数包括：

（1）windowPtr，页面窗口指针，可以是主页面或缓冲页面

（2）color，画笔颜色，0～255 之间的灰度值，或者[r, g, b]形式的颜色三元组。

（3）fromH, fromV，所画线条的起点坐标值，窗口的左上角坐标为(0, 0)。

（4）toH, toV，所画线条的终点坐标值。

（5）penWidth，画笔的宽度。

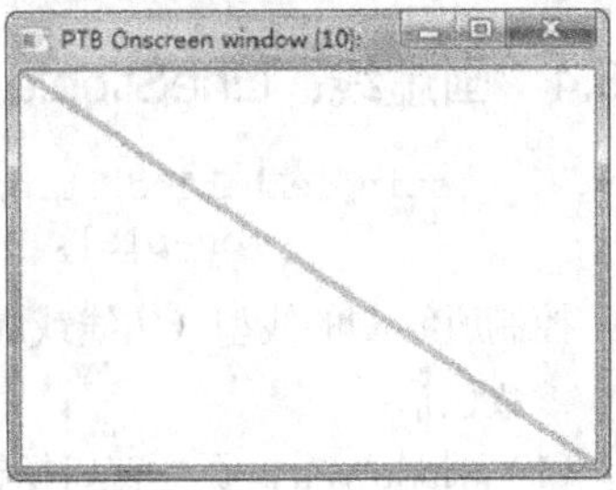

图 8-22 画线示例

例如：用 5 个像素宽度的灰色画笔从左上角至窗口的右下角画线（见图 8-22）。

```
[wPtr,wRect]=Screen('OpenWindow',0,255,[50,50,350,250]);
Screen('DrawLine', wPtr, [192,192,192], wRect(1), wRect(2), wRect(3), wRect(4), 5);
Screen('Flip',wPtr); %后面示例有的省略了该语句，一定注意不要忘记使用
Screen('CloseAll');  %后面示例中有的省略了该语句
```

8.3.3 一次画多条线：DrawLines

```
Screen('DrawLines', windowPtr, xy [,width] [,colors] [,center] [,smooth]);
```

快速绘制一组线条。

参数包括：

（1）windowPtr，页面窗口指针，可以是主页面或缓冲页面。

（2）xy，xy 为一 2 行×2n 列的矩阵，其中 n 代表线条的数量，第一行是 X 坐标，第 2 行是 Y 坐标；第 1、2 列表示第 1 条线的起点和终点坐标，第 3、4 列表示第 2 条线的坐标，以此类推。

（3）width，表示各个线条线宽的一维向量，如果使用一个值，则所有线条线宽相同，否则要与所绘制的线条数相同，默认为 1。

（4）colors，表示各个线条颜色的单维向量或多维（r,g,b 或 r,g,b,a）矩阵，如果使用一个值，则所有线条颜色相同，否则要与 xy 的列数相同（每相邻的两个颜色对分别代表线条的起点和终点颜色，PTB 会根据线性插值计算线条上各点的颜色），默认值为白色。

（5）center，线条所对应的中心点，默认值为[0 0]

（6）smooth，控制线条的平滑度，默认值为 0，1 表示使用反锯齿；如果该参数设置为 1，则需使用 Screen ('BlendFunction') 函数来设置混合模式（参见 8.5.15）。

图 8-23　一次性绘制多条线

例如：绘制多条线条（见图 8-23）

```
wptr=Screen('OpenWindow',0,255,[0 0 400 300]);
xys=zeros(2,5*2);
lw=zeros(5,1);
lc=zeros(3,5*2);
for i=1:10
    xys(1,i)=mod(i,2)*300+50; %生成 X 坐标
    xys(2,i)=50+(ceil(i/2)-1)*50; %生成 Y 坐标
    lw(ceil(i/2))=ceil(i/2); %生成线宽
    lc(:,i)=[255*rand 255*rand 255*rand]; %随机生成颜色
end
Screen('DrawLines',wptr,xys,lw,lc);
```

8.3.4　画虚线：LineStipple

```
[stippleEnabled stippleFactor stipleVector]=Screen('LineStipple', windowPtr,
        [enable], [factor], [stipplePattern] )
```

控制所绘制的线型（实线或虚线）。

参数包括：

（1）windowPtr，页面窗口指针，可以是主页面或缓冲页面。

（2）enable，是否使用虚线设置，1=使用，0=不使用。默认为不使用。

（3）factor，放大因子，默认值为 1。

（4）stipplePattern，用于控制线型的包含 16 个元素的逻辑数组，其默认值为[0 1 0 1 0 1 0 1 0 1 0 1 0 1 0 1]。如果设置 factor 为 2，则相当于[0 0 1 1 0 0 1 1 0 0 1 1 0 0 1 1]，以此类推。

（5）stippleEnabled，返回先前的状态值。

（6）stippleFactor，返回先前的放大因子值。

（7）stipleVector，返回先前的线形数组。

例如：画不同类型的线型（见图 8-24）。

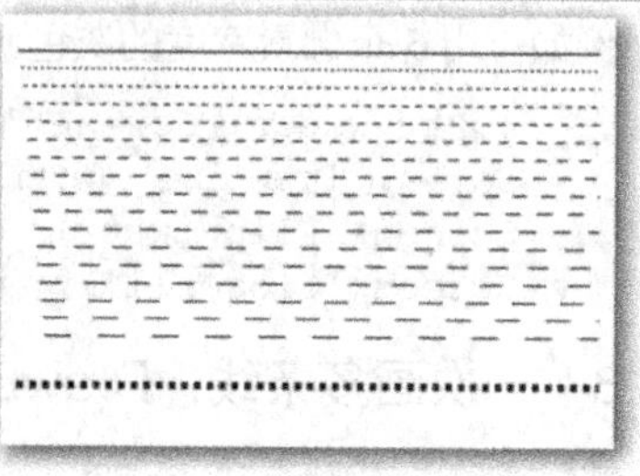

图 8-24　虚线示例

```
wptr=Screen('OpenWindow',0,255,[10 10 400 300]);
for i=1:17
    Screen('LineStipple',wptr,i-1,i);
    Screen('DrawLine',wptr,0,10, 25+(i-1)*12, 380, 25+(i-1)*12);
end
Screen('LineStipple',wptr,1,1,[1 1 1 1 0 0 0 0 1 1 1 1 0 0 0 0]);
Screen('DrawLine',wptr,0,10, 250, 380, 250,5);
```

8.3.5 画弧：DrawArc

```
Screen('DrawArc', windowPtr, [color] , [rect], startAngle, arcAngle)
```

在指定的窗口内（windowPtr）用某颜色（color）在某轮廓内（rect）从起始角（startAngle）画给定角度（arcAngle）的弧线。

参数包括：

（1）windowPtr，页面窗口指针，可以是主页面或缓冲页面。

（2）color，画笔颜色，默认为黑色，0～255 之间的灰度值，或者[r, g, b]形式的颜色三元组。

（3）rect，弧线矩形轮廓，默认为整个窗口，用矩阵表示其轮廓，形式为[x1,y1,x2,y2]。如果指定的矩形为正方形，则画圆弧；如果矩形为长方形，则画椭圆弧。

（4）startAngle，弧线的起始角度（0～360），竖直向上为 0 度起点。

（5）arcAngle，所绘弧线的弧度大小（顺时针方向），取值范围 0～360 度，如果取值 360，相当于画圆。

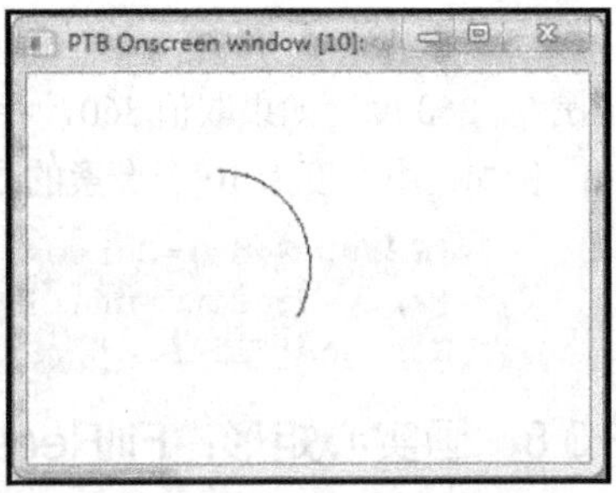

图 8-25 画弧示例

例如：从竖直方向开始绘制一段 120 度的黑色弧（见图 8-25）。

```
[wPtr,wRect]=Screen('OpenWindow',1,255,[50,50,350,250]);
Screen('DrawArc', wPtr, 0, [50,50,150,150],0,120);
```

8.3.6 画粗线弧：FrameArc

```
Screen('FrameArc', windowPtr, [color], [rect], startAngle, arcAngle,
        [penWidth], [penHeight], [penMode])
```

与画弧函数（DrawArc）功能类似，但该函数可以指定画笔的粗细。

参数包括：

（1）windowPtr，页面窗口指针，可以是主页面或缓冲页面。

（2）color，画笔颜色，默认为黑色，0～255 之间的灰度值，或者[r, g, b]形式的颜色三元组。

（3）rect，弧线矩形轮廓，默认为整个窗口，用矩阵表示其轮廓，形式为[x1,y1,x2,y2]。

（4）startAngle，弧线的起始角度（0～360），竖直向上为 0 度起点。

（5）arcAngle，所绘弧线的弧度大小（顺时针方向），取值范围 0～360 度。

（6）penWidth, penHeight，画笔的宽度和高度，目前要求两者相同，默认为 1 个像素，即等同于 DrawArc 函数。

（7）penMode，画笔模式，目前该参数不起作用，可忽略之。

图 8-26 粗线弧示例

例如：用宽度为 10 个像素的画笔画半椭圆弧（图 8-26）。

```
Screen('FrameArc', wPtr, 0, [50,50,200,150],90,180,10);
```

8.3.7 画扇形（填充弧）：FillArc

```
Screen('FillArc', windowPtr, [color], [rect], startAngle, arcAngle)
```

与画弧函数（DrawArc）类似，只是将圆心或椭圆中心与弧的两个端点连接后用指定的颜色进行填充，所以就与扇形相同。

参数包括：

（1）windowPtr，页面窗口指针，可以是主页面或缓冲页面。

（2）color，画笔颜色，默认为黑色，0～255 之间的灰度值，或者[r, g, b]形式的颜色三元组。

（3）rect，扇形矩形轮廓，默认为整个窗口，用矩阵表示其轮廓，形式为[x1,y1,x2,y2]，如果指定的矩形为正方形，则画圆形扇形；如果矩形为长方形，则画椭圆扇形。

（4）startAngle，扇形的起始角度（0～360），竖直向上为 0 度起点。

（5）arcAngle，所绘扇形的弧度大小（顺时针方向），取值范围 0～360 度，如果取值 360，相当于画实心圆。

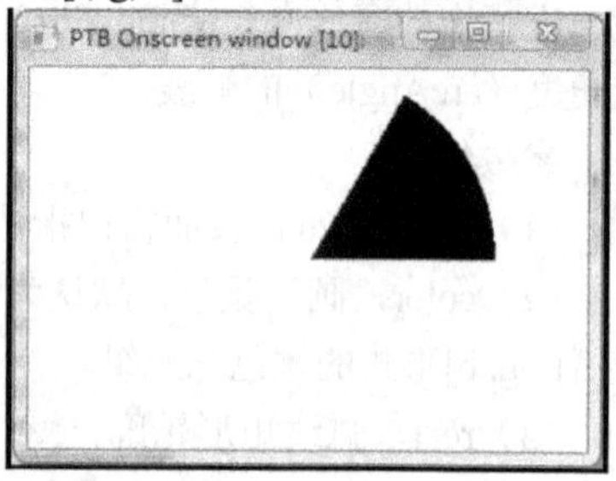

图 8-27 扇形示例

例如：用宽度为 10 个像素的画笔画半椭圆弧（见图 8-27）。

```
[wPtr,wRect]=Screen('OpenWindow',1,255,[50,50,350,250]);
[x,y]=WindowCenter(wPtr); %获取所创建页面窗口的中心
Screen('FillArc',wPtr,0,[x-100,y-100,x+100,y+100],30,60);
```

8.3.8 画实心矩形：FillRect

```
Screen('FillRect', windowPtr [,color] [,rect] )
```

在某窗口内（windowPtr）用指定的颜色（color）画实心矩形，另外可以矩阵的形式一次性绘制多个实心矩形。

参数包括：

（1）windowPtr，页面窗口指针，可以是主页面或缓冲页面。

（2）color，画笔颜色，默认为黑色，0～255 之间的灰度值，或者[r, g, b]形式的颜色三元组。

（3）rect，矩形大小，默认为整个窗口，形式为[x1,y1,x2,y2]，表示矩形的左上角和右下角坐标。如果要一次性绘制多个实心矩形，则把要绘制的多个矩形的形如[x1,y1,x2,y2]的坐标值变换成列的形式（4 行×n 列），如下所示，共有三个矩形，每一列表示一个矩形坐标值。因为可以利用该函数一次性绘制多个实心矩形，所以如果每个矩形的颜色不同，则采用同样的方式把 color 参数设置为矩阵的形式（3 行×n 列或 4 行×n 列），见下面例如。

第 1 列	第 2 列	第 3 列
30	130	230
80	80	80
70	170	270
120	120	120

例如：

- 将整个窗口填充为蓝色

```
Screen('FillRect', wPtr, [0,0,255]);
```

- 绘制左右对称的两个实心矩形（见图 8-28）

```
[wPtr,wRect]=Screen('OpenWindow',1,255,[50,50,350,250]);
[x,y]=WindowCenter(wPtr); %获取所创建页面窗口的中心
Screen('FillRect', wPtr, 0, [x-120,y-20,x-80,y+20]);
Screen('FillRect', wPtr, 0, [x+80,y-20,x+120,y+20]);
```

● 绘制多个实心矩形（见图 8-29）

```
[wPtr,wRect]=Screen('OpenWindow',0,255,[50,50,350,250]);
[x,y]=WindowCenter(wPtr); %获取所创建页面窗口的中心
rect=[x-120,y-20,x-80,y+20;x-20,y-20,x+20,y+20;x+80,y-20,x+120,y+20]';
Screen('FillRect', wPtr, 0, rect);
```

● 同时绘制多个彩色实心矩形（见图 8-30）

```
[wPtr,wRect]=Screen('OpenWindow',0,255,[50,50,350,250]);
[x,y]=WindowCenter(wPtr); %获取所创建页面窗口的中心
rect=[x-120,y-20,x-80,y+20;x-20,y-20,x+20,y+20;x+80,y-20,x+120,y+20]';
color=[255,0,0;0,255,0;0,0,255]';
Screen('FillRect', wPtr, color, rect);
```

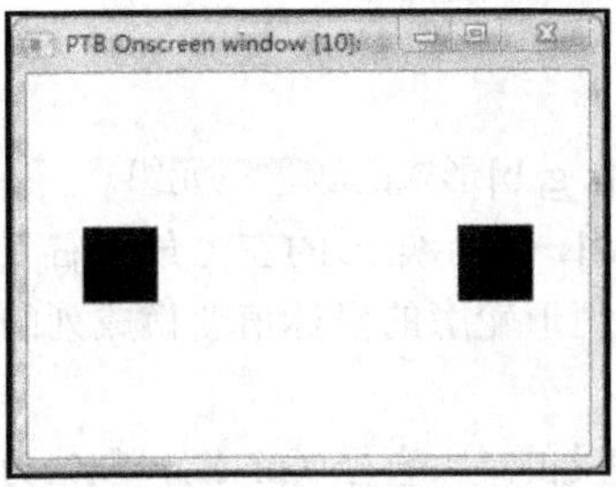

图 8-28　矩形示例

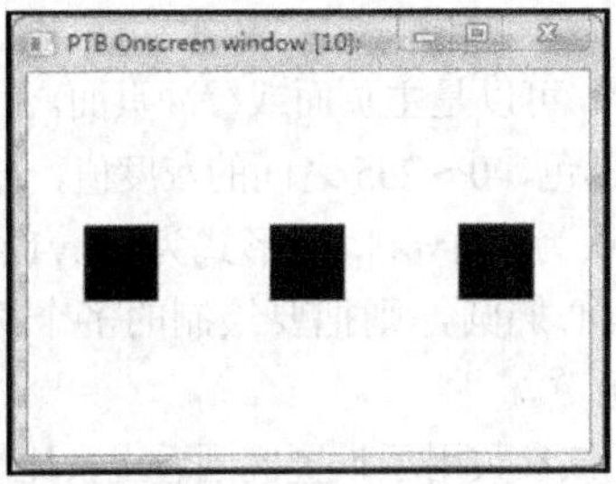

图 8-29　多矩形示例

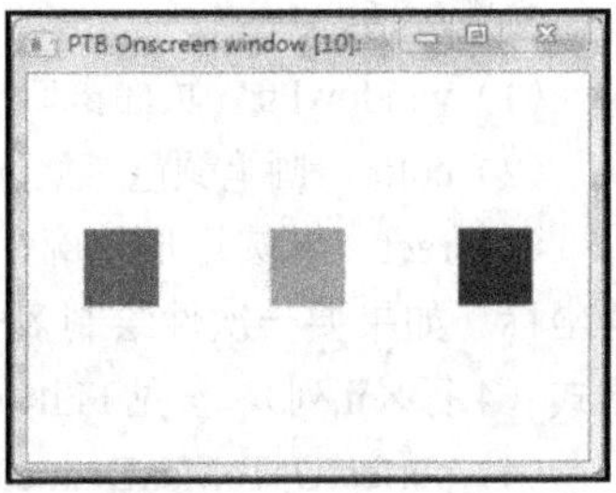

图 8-30　多个彩色矩形示例

8.3.9　画矩形：FrameRect

```
Screen('FrameRect', windowPtr [,color] [,rect] [,penWidth]);
```

与 FillRect 函数类似，FrameRect 是画一空心矩形，并且可以指定画笔的粗细。

参数包括：

（1）windowPtr，页面窗口指针，可以是主页面或缓冲页面。

（2）color，画笔颜色，默认为黑色，0～255 之间的灰度值，或者[r, g, b]形式的颜色三元组。

（3）rect，矩形大小，默认为整个窗口，形式为[x1,y1,x2,y2]，表示矩形的左上角和右下角坐标，如果要一次性绘制多个实心矩形，则把要绘制的多个矩形的形如[x1,y1,x2,y2]的坐标值变换成列的形式（4 行×n 列），参见 FillRect 函数。

（4）penWidth，画笔的宽度，以像素为单位，默认值为 1 个像素。

例如：

● 绘制一个线宽为 5 像素的矩形（见图 8-31）

```
[wPtr,wRect]=Screen('OpenWindow',0,255,[50,50,350,250]);
Screen('FrameRect', wPtr, 0, [wRect(1)+50,wRect(2)+50,
        wRect(3)-50,wRect(4)-50],5);
```

● 一次性绘制多个宽边彩色矩形（见图 8-32）

```
[wPtr,wRect]=Screen('OpenWindow',0,255,[50,50,350,250]);
[x,y]=WindowCenter(wPtr); %获取所创建页面窗口的中心
rect=[x-120,y-20,x-80,y+20;x-20,y-20,x+20,y+20;x+80,y-20,x+120,y+20]';
color=[255,0,0;0,255,0;0,0,255]';
Screen('FrameRect', wPtr, color, rect,10);
```

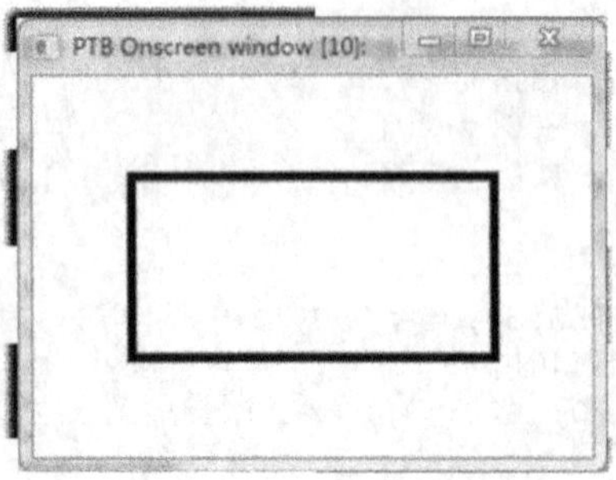

图 8-31 绘制矩形示例

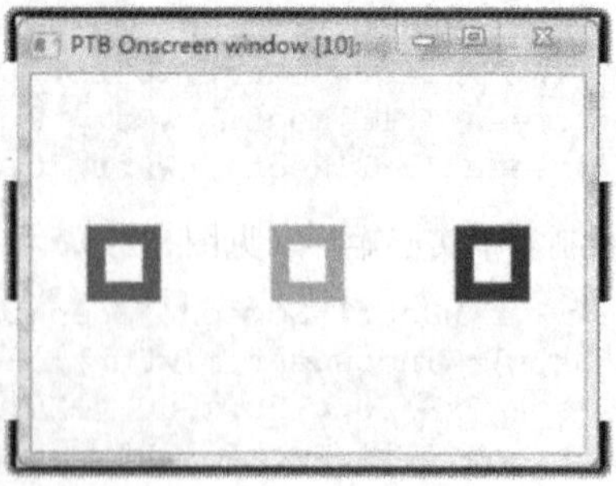

图 8-32 多个彩色矩形示例

8.3.10 填充椭圆：FillOval

```
Screen('FillOval', windowPtr [,color] [,rect] [,perfectUpToMaxDiameter]);
```

绘制实心椭圆或实心圆，空心椭圆可以通过 DrawArc 或 FrameArc 函数来实现。

参数包括：

（1）windowPtr，页面窗口指针，可以是主页面或缓冲页面。

（2）color，画笔颜色，默认为黑色，0～255 之间的灰度值，或者[r, g, b]形式的颜色三元组。

（3）rect，椭圆矩形轮廓，默认为整个窗口，形式为[x1,y1,x2,y2]，表示矩形的左上角和右下角坐标。如果要一次性绘制多个实心椭圆，则把要绘制的多个椭圆矩形轮廓的坐标值变换成列的形式（4 行×n 列），参见 FillRect 函数。

（4）perfectUpToMaxDiameter，该参数用于设置椭圆看上去比较完美的最大直径（pixel），默认为整个显示区域的大小，这样可能会影响运行速度；如果确知实验程序中的椭圆刺激的大小不超出某个范围，则可以设置该参数来提高程序的运行速度。**注：该参数实际作用有误，0=实心圆，1=实心三角形，2=实心六边形，3=实心八边形，4=实心十二边形，……**

例如：

- 采用默认值绘制充满整个窗口的椭圆（见图 8-33）

```
Screen('FillOval',wPtr);
```

- 绘制多个彩色实心椭圆或实心圆（见图 8-34）

```
[wPtr,wRect]=Screen('OpenWindow',0,255,[50,50,350,250]);
[x,y]=WindowCenter(wPtr); %获取所创建页面窗口的中心
rect1=[x-120,y-60,x-80,y-20;x-20,y-60,x+20,y-20;x+80,y-60,x+120,y-20]';
rect2=[x-140,y+20,x-80,y+60;x-20,y+10,x+20,y+70;x+80,y+20,x+140,y+60]';
color=[255,0,0;0,255,0;0,0,255]';
Screen('FillOval', wPtr,[color,color],[rect1,rect2]);
```

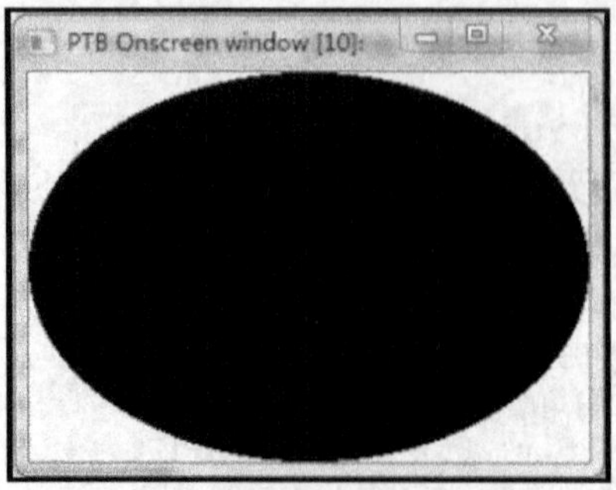

图 8-33 椭圆示例

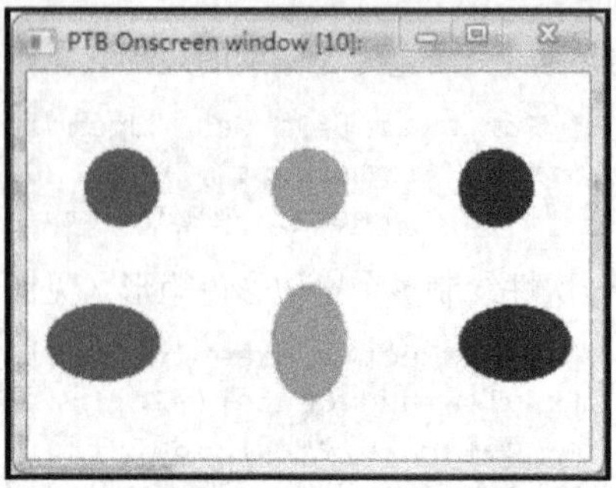

图 8-34 多个实心椭圆示例

8.3.11　画空心椭圆 FrameOval

```
Screen('FrameOval', windowPtr [,color] [,rect] [,penWidth] [,penHeight] [,penMode]);
```

用指定颜色（color）和粗细（penWidth,penHeight）的画笔在窗口（windowPtr）内绘制空心椭圆。

参数包括：

（1）windowPtr，页面窗口指针，可以是主页面或缓冲页面。

（2）color，画笔颜色，默认为黑色，0～255 之间的灰度值，或者[r, g, b]形式的颜色三元组。

（3）rect，椭圆矩形轮廓，默认为整个窗口，形式为[x1,y1,x2,y2]，表示矩形的左上角和右下角坐标。如果要一次性绘制多个实心椭圆，则把要绘制的多个椭圆矩形轮廓的坐标值变换成列的形式（4 行×n 列），参见 FillRect 函数。

（4）penWidth, penHeight，画笔的宽度和高度（粗细），目前要求两者相同，默认为 1 个像素。

（5）penMode，保留参数。

例如：绘制多个彩色实心椭圆或实心圆，画笔粗细为 3 个像素（见图 8-35）。

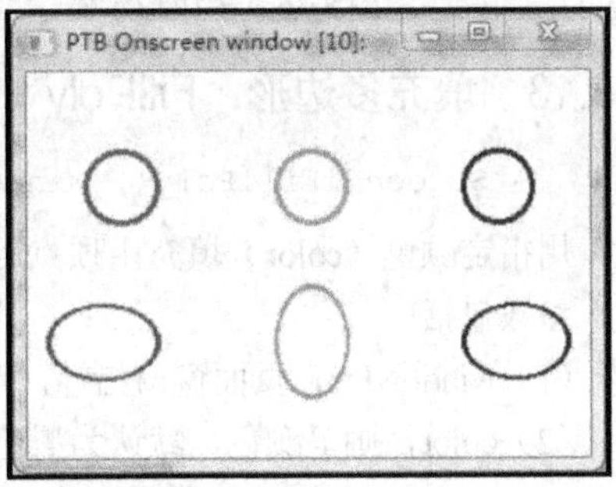

图 8-35　空心椭圆示例

```
[wPtr,wRect]=Screen('OpenWindow',0,255,[50,50,350,250]);
[x,y]=WindowCenter(wPtr); %获取所创建页面窗口的中心
rect1=[x-120,y-60,x-80,y-20;x-20,y-60,x+20,y-20;x+80,y-60,x+120,y-20]';
rect2=[x-140,y+20,x-80,y+60;x-20,y+10,x+20,y+70;x+80,y+20,x+140,y+60]';
color=[255,0,0;0,255,0;0,0,255]';
Screen('FrameOval', wPtr,[color,color],[rect1,rect2],3);
```

8.3.12　画多边形：FramePoly

```
Screen('FramePoly', windowPtr [,color], pointList [,penWidth]);
```

用指定的颜色（color）和线宽（penWidth）根据多边形顶点矩阵（pointList）在窗口（windowPtr）内绘制多边形，即在由 pointList 提供的多边形顶点矩阵中，在相邻的两个顶点间顺次连线，并且会自动将最后一个顶点与第一个顶点相连。

参数包括：

（1）windowPtr，页面窗口指针，可以是主页面或缓冲页面。

（2）color，画笔颜色，默认为黑色，0～255 之间的灰度值，或者[r, g, b]形式的颜色三元组。

（3）pointList，多边形顶点矩阵（2×n），每一行的两个值为一个顶点的(x,y)坐标值。

（4）penWidth，画笔的粗细，单位为像素，默认为 1 个像素。

例如：

- 绘制三角形（见图 8-36）

```
wPtr=Screen('OpenWindow',0,255,[50,50,350,250]);
points=[30,40;80,150;200,90]; %三角形顶点矩阵
Screen('FramePoly',wPtr,0,points,3);
```

- 绘制五角星（见图 8-37）

```
[wPtr,wRect]=Screen('OpenWindow',0,255,[50,50,350,250]);
[x,y]=WindowCenter(wPtr);
points=[x-95,y-31;x+95,y-31;x-59,y+81;x,y-100;x+59,y+81];
Screen('FramePoly',wPtr,0,points,3);
```

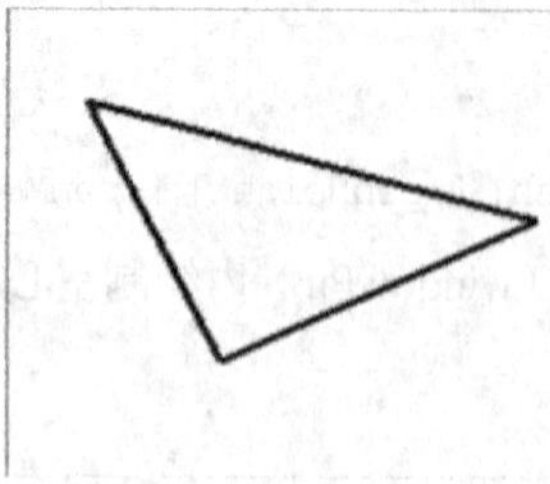

图 8-36 多边形示例

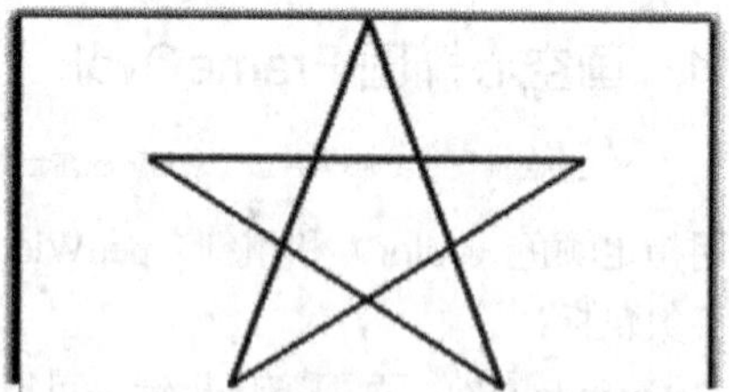

图 8-37 绘制五角星

8.3.13 填充多边形：FillPoly

```
Screen('FillPoly', windowPtr [,color], pointList [, isConvex]);
```

用指定颜色（color）填充由顶点矩阵（pointList）指定的多边形。

参数包括：

（1）windowPtr，页面窗口指针，可以是主页面或缓冲页面。

（2）color，画笔颜色，默认为黑色，0～255 之间的灰度值，或者[r, g, b]形式的颜色三元组。

（3）pointList，多边形顶点矩阵（2×n），每一行的两个值为一个顶点的(x,y)坐标值。

（4）isConvex，是否是凸多边形，默认值为 1，1=凸多边形，0=凹多边形。

例如：使用前面示例中五角星顶点，填充多边形（见图 8-38）

```
[wPtr,wRect]=Screen('OpenWindow',0,255,[50,50,350,250]);
[x,y]=WindowCenter(wPtr);
points=[x-95,y-31;x+95,y-31;x-59,y+81;x,y-100;x+59,y+81];
Screen('FillPoly',wPtr,128,points); 或 Screen('FillPoly',wPtr,128,points,0);
```

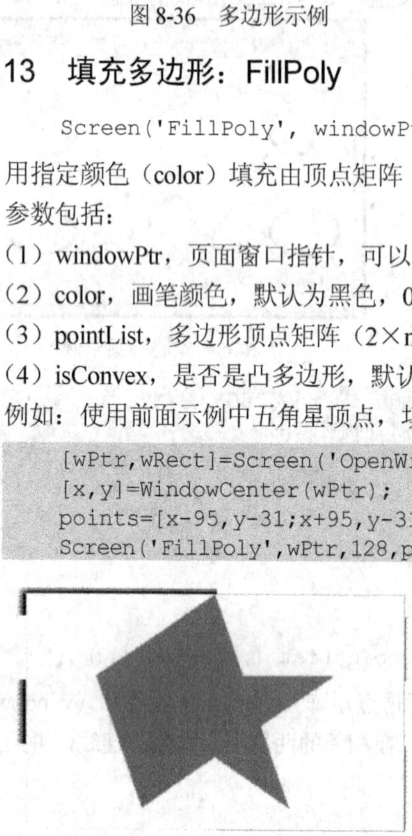

isConvex=1(默认值)

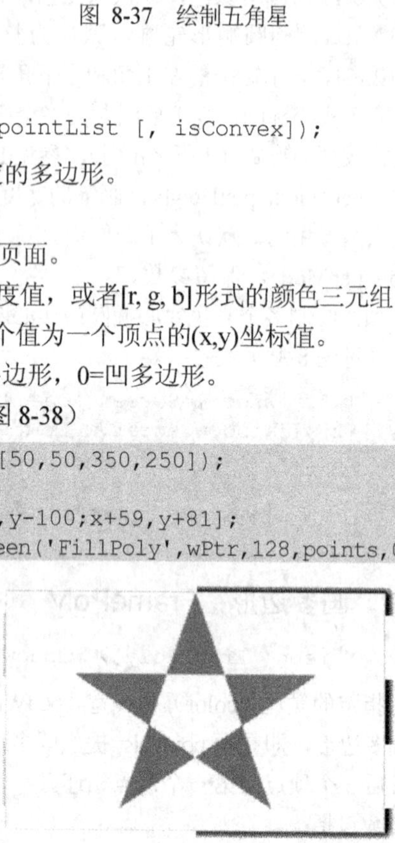

isConvex=0

图 8-38 多边形填充示例

8.4 文本操作类函数

8.4.1 文本模式：TextModes 与 TextMode

◆ textModes = Screen('TextModes');

◆ oldCopyMode=Screen('TextMode', windowPtr [,textMode]);

TextModes 函数返回系统所支持的文本效果数组，返回的内容包括：TextFill、TextStroke、TextFillStroke、TextInvisible、FillClip、StrokeClip、TextFillStrokeClip、TextClip。但目前 PTB 还不支持文本模式，所以 TextMode 函数没有任何用处。

8.4.2　绘制文本：DrawText

```
[newX,newY]=Screen('DrawText', windowPtr, text [,x] [,y] [,color]
          [,backgroundColor] [,yPositionIsBaseline] [,swapTextDirection]);
```

从窗口（windowPtr）中指定的位置处（x,y）绘制文本信息（text），可以控制文本的颜色（color）和背景色（backgroundColor）及文本的绘制方向等内容。

参数包括：

（1）windowPtr，页面窗口指针，可以是主页面或缓冲页面。

（2）text，所要绘制的文本内容，必须置于单引号内。

（3）x,y，文本的起始坐标值，如果省略，则在窗口的顶部以左对齐的方式绘制。

（4）color，文本颜色，默认为黑色，0～255 之间的灰度值，或者[r, g, b]、[r, g, b, a]形式的颜色三元组。

（5）backgroundColor，文本背景色，默认情况下，文本进行透明绘制，如果要利用该参数信息，则需要通过混合函数（blendfunction）来控制，参见文本背景色：textBackgroundColor

（6）yPositionIsBaseline，坐标值 y，是否为文本的基线，默认值为 0，此时坐标 y 值指定文本的上边缘所处的位置，如果设置为 1，则坐标 y 值作为文本的基线来使用。

（7）swapTextDirection，文本的输出方向，默认值为 0，从左向右输出文本。如果设置为 1，则表示从右向左输出文本（适用于希伯莱语）。

（8）newX,newY，返回文本输出后，画笔所在的坐标位置。

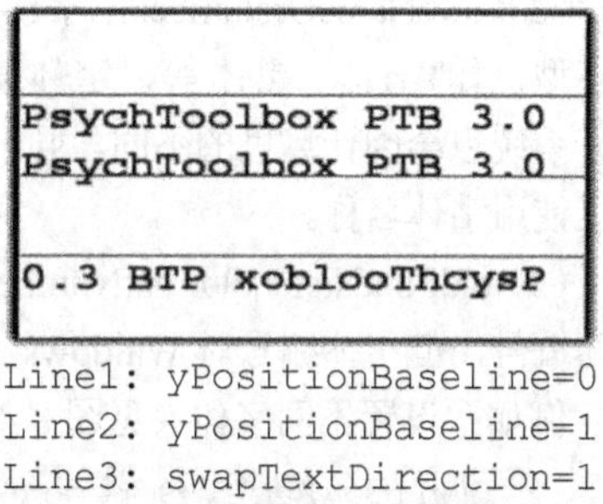

图 8-39　文本绘制示例

例如：绘制文本信息（见图 8-39）

```
[wPtr,wRect]=Screen('OpenWindow',0,255,[50,50,350,250]);
[x,y]=WindowCenter(wPtr);
Screen('DrawLine',wPtr,0,0,y-50,wRect(3),y-50);
Screen('DrawLine',wPtr,0,0,y,wRect(3),y);
Screen('DrawLine',wPtr,0,0,y+50,wRect(3),y+50);
Screen('DrawText',wPtr,'PsychToolbox PTB 3.0',0,y-50,0,128);
Screen('DrawText',wPtr,'PsychToolbox PTB 3.0',0,y,0,128,1);
Screen('DrawText',wPtr,'PsychToolbox PTB 3.0',0,y+50,0,128,0,1);
```

参见例 8.1。

8.4.3　绘制格式化文本：DrawFormattedText

```
[nx, ny, textbounds] = DrawFormattedText(win, tstring [, sx][, sy][, color]
         [, wrapat][, flipHorizontal][, flipVertical][, vSpacing][, righttoleft])
```

根据指定的参数在窗口中绘制格式化的文本字符串。

参数包括：

（1）win，页面窗口指针。

（2）string，所绘制的文本内容，可以使用格式化字符（如'\n'）。

（3）sx,sy，绘制文本起始坐标，如果省略，则从[0,0]处开始绘制。如果指定为'center'，则水平居中或垂直居中。

（4）color，文本颜色，可以是颜色索引值或[r g b]、[r g b a]形式。

（5）wrapat，是否自动换行，如果设置该参数，则当字符数超出参数值时则自动拆行。

（6）flipHorizontal，是否水平翻转。

（7）flipVertical，是否垂直翻转。

（8）vSpacing，行间距，默认值为 1。

（9）righttoleft，文本是否从右至左绘制，默认值为 0。

（10）nx,ny，返回值存储文本绘制光标。

（11）textbounds，返回值存储文本边框。

8.4.4　字体：TextFont

```
[oldFontName,oldFontNumber]=Screen('TextFont', windowPtr [,fontNameOrNumber]);
```

设置/获取当前窗口的字体名称。

参数包括：

（1）windowPtr，页面窗口指针，可以是主页面或缓冲页面。

（2）fontNameOrNumber，字体名称或字体编号，为字符型或数字型，如'Arial'、'黑体'等，字体编号对 Windows 系统无效，且 Mac 系统也会因计算机的不同，同一字体对应的编号而不同，因此建议使用字体名称。

（3）oldFontName,oldFontNumber，用于存储先前的字体名称和字体编号，但字体编号对 Windows 系统无效。

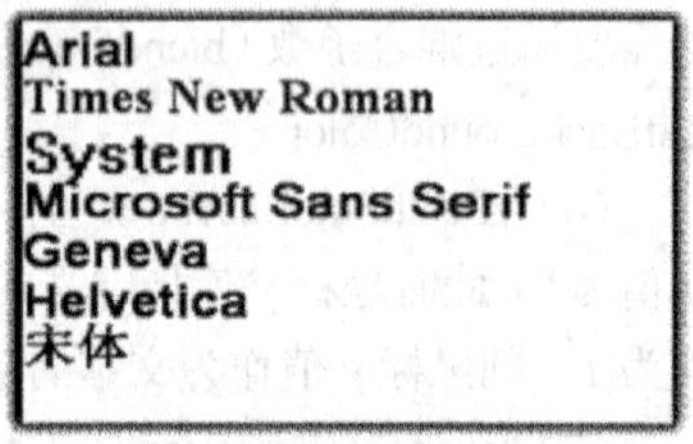

图 8-40　字体设置示例

例如：设置不同字体（见图 8-40）

```
[wPtr,wRect]=Screen('OpenWindow',0,255,[50,50,350,250]);
y=0;
for fontname={'Arial','Times New Roman','System','Microsoft Sans Serif',
              'Geneva', 'Helvetica', '宋体'};
    Screen('TextFont',wPtr,char(fontname));
    Screen('DrawText',wPtr,char(fontname),0,y);
    y=y+25;
end
```

8.4.5　文本大小：TextSize

```
oldTextSize=Screen('TextSize', windowPtr [,textSize]);
```

设置/获取窗口字体的大小尺寸，如果指定 textSize 参数，则设置字体大小，同时还可以返回旧的字体大小（即未设置前的字体大小）；如果省略 textSize 参数，则仅返回当前窗口字体的大小。

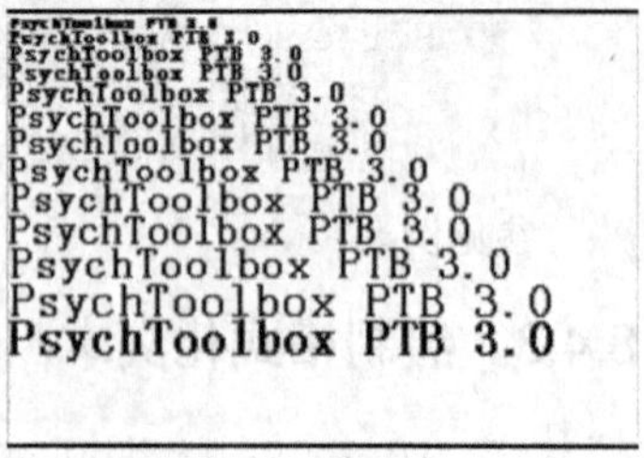

图 8-41　文本大小示例

例如：绘制不同大小的文本（见图 8-41）

```
[wPtr,wRect]=Screen('OpenWindow',0,255,[50,50,350,250]);
y=0;
for i=6:18 %循环设置文本大小
    Screen('TextSize',wPtr,i);
    Screen('DrawText',wPtr,'PsychToolbox PTB 3.0',0,y);
    y=y+i; %更改文本输出的 y 坐标值
end
```

8.4.6　文本样式：TestStyle

```
oldStyle=Screen('TextStyle', windowPtr [,style]);
```

设置/获取窗口字体的式样（style），对于 Windows 操作系统而言，默认式样为粗体，oldStyle 中存储字体先前的式样，可以设置的式样如下：

- 0=常规（normal）；
- 1=粗体（bold）；
- 2=斜体（italic）；
- 4=下划线（underline）；
- 8=轮廓（outline）；
- 32=紧缩（condense）；
- 64 扩展（extend）。

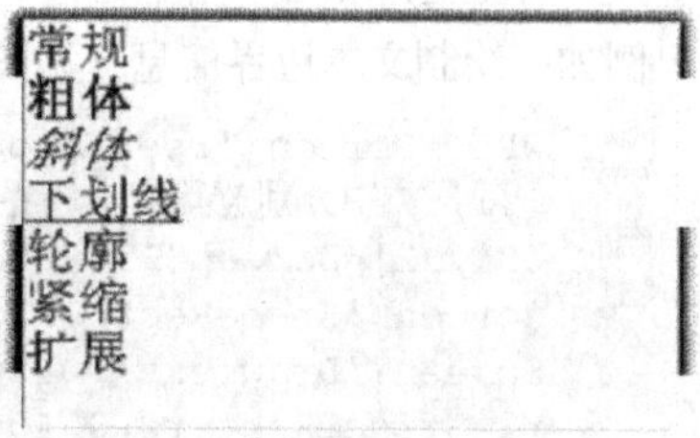

图 8-42　字体式样示例

字体样式属性间可以组合，例如，1+4=5，表示带下划线的粗体；1+2=3，表示粗斜体

例如：显示不同字体式样（见图 8-42，☞注意：有些字体可能不具有某种式样）

```
[wPtr,wRect]=Screen('OpenWindow',0,255,[50,50,350,250]);
y=0;
string=str2mat('常规','粗体','斜体','下划线','轮廓','紧缩','扩展');
for i=0:6
    if i==0
        Screen('TextStyle',wPtr,0);
    else
        Screen('TextStyle',wPtr,2^(i-1));
    end
    Screen('DrawText', wPtr, string(i+1,:),0,y);
    y=y+25;
end
```

8.4.7　文本边界:TextBounds

◆ [normBoundsRect, offsetBoundsRect]= Screen('TextBounds', windowPtr, text [,x] [,y] [,yPositionIsBaseline] [,swapTextDirection]);

◆ [normBoundsRect]=TextBounds(windowPtr,text);

获取显示文本的边界值（normBoundsRect）。

参数包括：

（1）windowPtr，页面窗口指针，可以是主页面或缓冲页面。

（2）text，所要绘制的文本内容，必须置于单引号内。x,y，文本的起始坐标值，如果省略，则在窗口的顶部以左对齐的方式绘制。

（3）color，文本颜色，默认为黑色，0～255 之间的灰度值，或者[r, g, b]、[r, g, b, a]形式的颜色三元组。

（4）backgroundColor，文本背景色，默认情况下，文本进行透明绘制。如果要利用该参数信息，则需要通过混合函数（blendfunction）来控制。

（5）yPositionIsBaseline，坐标值 y，是否为文本的基线，默认值为 0，此时坐标 y 值指定文本的上边缘所处的位置；如果设置为 1，则坐标 y 值作为文本的基线来使用。

（6）swapTextDirection，文本的输出方向，默认值为 0，从左向右输出文本；如果设置为 1，则表示从右向左输出文本（适用于希伯莱语）。

（7）normBoundsRect, offsetBoundsRect，用于存储返回的文本边界信息，其中 normBoundsRect 存储文本边界的大小信息，矩形的第 3 和第 4 个参数为显示文本的宽度和高度值。offsetBoundsRect 存储在显示窗口（windowPtr）中显示时，文本的边界信息，矩形中的 4 个值分别为左上角和右下角坐标值。

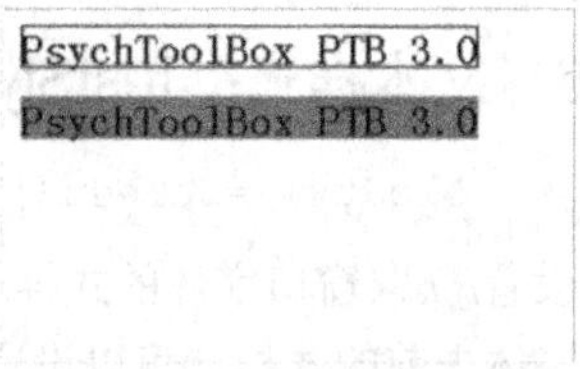

图 8-43　绘制文本边界示例

例如：绘制文本边界信息（见图 8-43）

```
wPtr=Screen('OpenWindow',0,255,[50,50,350,250]);
%r1,r2 中分别放置文本边界和位移后的文本边界
[r1,r2]=Screen('TextBounds',wPtr,'PsychToolBox PTB 3.0',10,10);
Screen('FrameRect',wPtr,0,r2);
Screen('DrawText',wPtr,'PsychToolBox PTB 3.0',10,10);
r2=OffsetRect(r2,0,40); %将文本边界矩形沿 y 方向向下位移 40 个像素
Screen('FillRect',wPtr,128,r2);
Screen('DrawText',wPtr,'PsychToolBox PTB 3.0',10,50);
```

参见例 8.1。

8.4.8 文本颜色：TextColor

```
oldTextColor=Screen('TextColor', windowPtr [,colorVector]);
```

设置（colorVector）或获取（oldTextColor）绘制文本的画笔颜色。

参数包括：

（1）windowPtr，页面窗口指针，可以是主页面或缓冲页面。

（2）colorVector，所设置的新文本颜色，默认为黑色，0～255 之间的灰度值，或者[r, g, b]、[r, g, b, a]形式的颜色三元组。

（3）oldTextColor，存储返回的旧的文本颜色，即在设置成新颜色之前文本的颜色。

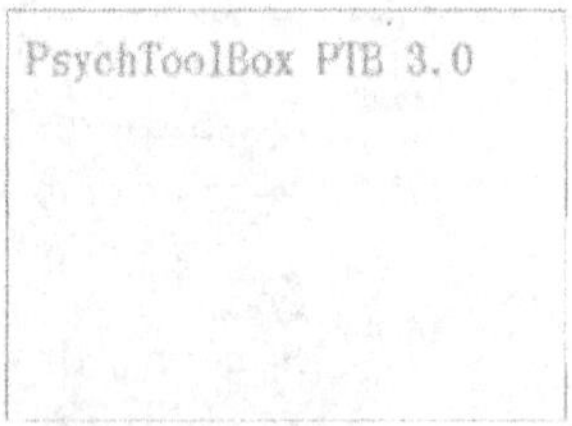

图 8-44　文本颜色示例

例如：绘制彩色文本（见图 8-44）。

```
Screen('TextColor',wPtr,[0,255,0]); %设置文本颜色为绿色
Screen('DrawText',wPtr,'PsychToolBox PTB 3.0',10,10);
```

8.4.9 文本背景色：TextBackgroundColor

```
oldTextBackgroundColor=Screen('TextBackgroundColor', windowPtr [,colorVector]);
```

设置（colorVector）或获取（oldTextBackgroundColor）文本的背景颜色。

参数包括：

（1）windowPtr，页面窗口指针，可以是主页面或缓冲页面。

（2）colorVector，所设置的新文本背景色，默认白色透明色[0,0,0,0]。要使该参数生效，则需要设置颜色混合方式（见例如），[r, g, b, a]形式的颜色三元组中的 a 可以控制背景的透明度。

（3）oldTextBackgroundColor，存储返回的旧的文本背景色，即在设置成新颜色之前文本的背景色。

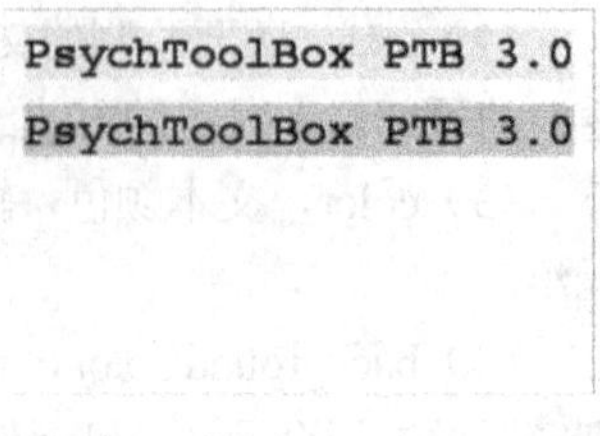

图 8-45　文本背景色示例

例如：添加文本背景色（见图 8-45）

```
Screen('Preference','TextAlphaBlending',1);
Screen(wPtr,'BlendFunction',GL_SRC_ALPHA, GL_ONE_MINUS_SRC_ALPHA);
Screen('TextBackgroundColor',wPtr,[128,128,128,28])
```

```
Screen('DrawText',wPtr,'PsychToolBox PTB 3.0',10,10);
Screen('TextBackgroundColor',wPtr,[128,128,128,88])
Screen('DrawText',wPtr,'PsychToolBox PTB 3.0',10,50);
```

8.4.10　字符拼接：CatStr

```
string=CatStr(stringArray);
```

将字符型单元数组中的字符拼接成一个字符串。

例如：

```
>> a={'my name is',':','feng chengzhi'}↙
a =
    'my name is'    ':'    'feng chengzhi'
>>CatStr(a) ↙
ans =
my name is:feng chengzhi
```

参见 strcat（5.3.12）。

8.4.11　字符前填充：StrPad

```
str = StrPad(in,len,char)
```

在字符 in 前填充指定长度的字符 char。

例如：

```
>> strpad('abc',5,'PTB') ↙
ans =
    PTBPTBabc
```

注意：char 是作为一个整体进行填充的，上例中原来字符 abc 长度为 3，5−3=2，因此填充两次 PTB。

8.4.12　字符串比较：streq

```
equal=streq(a,b)
```

比较字符串 a 和 b 是否相同，如果相同则返回 1，否则返回 0。

参见 strcmp（5.3.11 小节）。

8.4.13　字符替换：Replace

```
[newA, tf] = Replace(A, S1, S2);
```

将字符串 A 中的 S1 替换为 S2，注意 S1 和 S2 长度需要相同，替换后的结果储存于 newA 中，tf 用于标识替换位置。

例如：

```
>> [a tf]=Replace('abcdef','abc','PTB')↙
a =
    PTBdef
tf =
     1     1     1     0     0     0
```

参见 strrep（5.3.6 小节）。

8.5 图片/图像处理类函数

图片/图像处理类函数主要用于图像的读取、图像的变换、纹理的绘制等，PTB3.0 中加入了新函数来提高绘制速度。

8.5.1 图片文件读取：imread

```
img=imread(filename[, fmt]);
```

读取图片文件数据，可以读取的图片类型有：bmp, gif, jpg, jpeg, pcx, png, tif, tiff, cur，ico 等，具体可参见 imformats 函数。

参数包括：

（1）filename，图片文件名称。

（2）fmt，图片格式。

（3）img，返回值，用于存储图片数据。如果是灰度图，则为 M×N 的 2 维数组；如果是真彩色图，则为 M×N×3 的 3 维数组，其中 M 表示高，N 表示宽。

8.5.2 生成圆或椭圆：Ellipse

- E=Circle(a);
- E=Ellipse(a);
- E=Ellipse(a,b);
- E=Ellipse(a,b,power);
- E=Ellipse(a,b,horpow,verpow);

生成半径为 a 的圆或水平轴长为 ceil(2*a)，垂直轴长为 ceil(2*b)的椭圆或张力椭圆，返回值存储于 E 中，区间介于[0 1]。

参数包括：

（1）a，圆的半径或水平轴长的一半。

（2）b，垂直轴长的一半。

（3）power，用于指定张力椭圆的指数，1=菱形，90=矩形，其他值为圆角矩形。

（4）horpow,verpow，水平轴和垂直轴指数。

（5）E，返回值。

例如：椭圆示例（见图 8-46）

```
wptr=Screen('OpenWindow',0,120,[0 0 480 200]);
e1=ellipse(100)*255;%转换为[0 255]区间
e2=ellipse(100,50)*255;
e3=ellipse(100,50,1)*255;
e4=ellipse(100,50,90)*255;
e5=ellipse(100,50,4,1)*255;
tex1=Screen('MakeTexture',wptr,e1);
tex2=Screen('MakeTexture',wptr,e2);
tex3=Screen('MakeTexture',wptr,e3);
tex4=Screen('MakeTexture',wptr,e4);
tex5=Screen('MakeTexture',wptr,e5);
Screen('DrawTexture',wptr,tex1,[],[30 30 130 130]);
Screen('DrawTexture',wptr,tex2,[],[180 10 280 60]);
```

```
Screen('DrawTexture',wptr,tex3,[],[330 10 430 60]);
Screen('DrawTexture',wptr,tex4,[],[180 100 280 150]);
Screen('DrawTexture',wptr,tex5,[],[330 100 430 150]);
Screen('Flip',wptr);
```

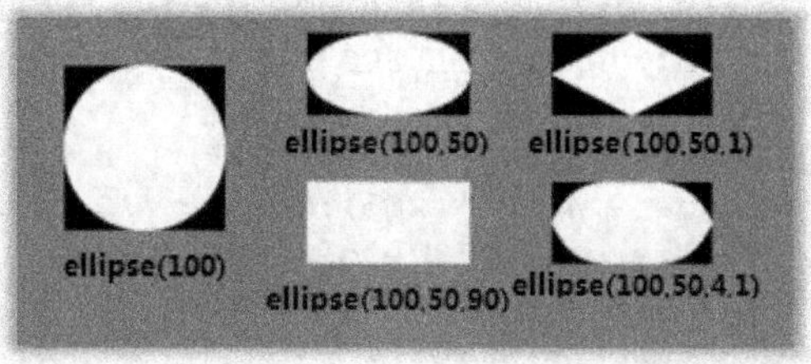

图 8-46　椭圆示例

8.5.3　在圆上均匀采样：SampleCircle

```
units = sampleCircle(nTheta,elevation)
```

在圆上进行均匀采样，圆心为（0, 0, 0），圆的半径为 1。

参数包括：

（1）nTheta，指定采样点数。

（2）elevation，指定倾斜角（仰角）。

（3）units，返回值存储三维的采样点。

例如：绘制三维圆

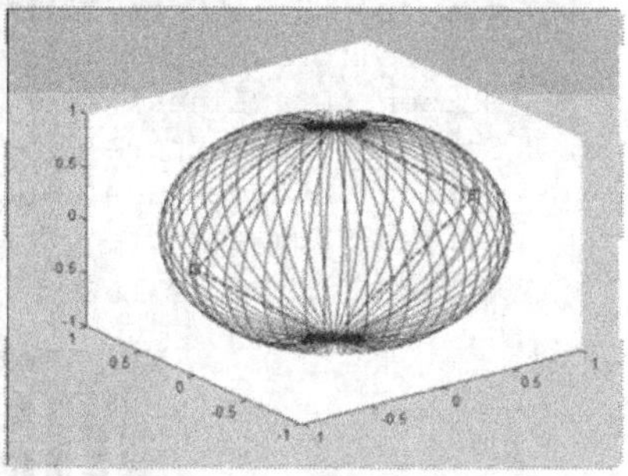

图 8-47　三维圆采样

```
a=SampleCircle(4,0); %采样 4 个点
plot3([a(1,:) a(1,1)],[a(2,:) a(2,1)],[a(3,:) a(3,1)],'--rs','LineWidth',2); %三维绘图
hold on
for i=0:0.25:2*pi %以步幅 0.25 弧度变换仰角
   a=SampleCircle(40,i); %在圆周上均匀采样 40 个点
   plot3([a(1,:) a(1,1)],[a(2,:) a(2,1)],[a(3,:) a(3,1)]); %三维绘图
end
```

结果如图 8-47 所示。

8.5.4　在球面上均匀采样：SampleSphere

```
units = sampleSphere(nTheta,nPhi)
```

在半径为 1 的球面上进行均匀采样。

参数包括：

（1）nTheta，在 XY 平面上的采样点数。

（2）nPhi，在 Z 方向截面上的采样点数。

（3）units，返回采样点的三维坐标。

例如：球面采样（见图 8-48）

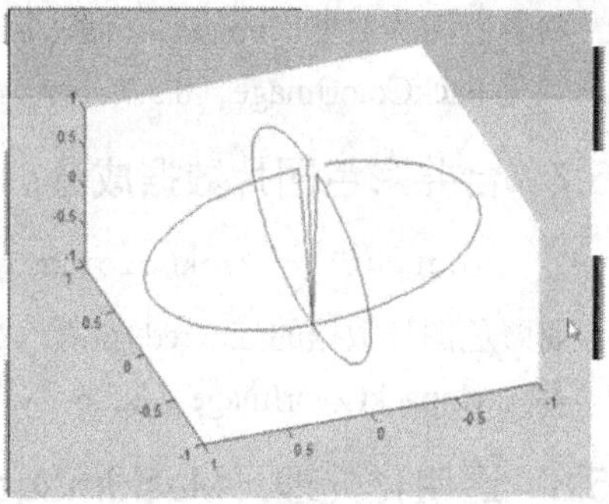

图 8-48　球面采样示例

```
a=sampleSphere(4,40); ↙
plot3(a(1,:),a(2,:),a(3,:)); ↙
```

8.5.5　正弦/余弦函数图像（光栅）：MakeSineImage/MakeCosImage

- [image] = MakeSineImage(freqi,freqj,nRowPixels,[nColPixels])
- [image] = MakeCosImage(freqi,freqj,nRowPixels,[nColPixels])

根据指定的频率（freqi, freqj）在长为 nColPixes 像素和高为 nRowPixels 像素的区域内生成正弦或余弦图像，并将结果存储在 image 中。如果省略 nColPixels 参数，nColPixels=nRowPixels。

例如：正弦函数示例（见图 8-49）

```
wptr=Screen('OpenWindow',0,120,[0 0 480 200]);
Screen('BlendFunction', wptr, GL_SRC_ALPHA, GL_ONE_MINUS_SRC_ALPHA);
e1=MakeSineImage(0,4,100);
e2=uint8(MakeSineImage(4,4,100)*255);
e3=uint8(MakeSineImage(2,4,100)*255);
e3=PackColorImage(e3,zeros(100),zeros(100));
tex1=Screen('MakeTexture',wptr,uint8(e1*255));
tex2=Screen('MakeTexture',wptr,e2);
tex3=Screen('MakeTexture',wptr,e3);
xys=[30:129;150-e1(1,:)*20];
Screen('DrawLines',wptr,xys,2,0,[],1);
Screen('DrawLines',wptr,xys(:,2:99),2,0,[],1);
Screen('DrawTexture',wptr,tex1,[],[30 30 130 130]);
Screen('DrawTexture',wptr,tex2,[],[180 30 280 130]);
Screen('DrawTexture',wptr,tex3,[],[330 30 430 130]);
Screen('Flip',wptr);
```

图 8-49　正弦函数图像示例

8.5.6　拆解彩色图片数据成分：UnpackColorImage

```
[red,green,blue] = UnpackColorImage(image)
```

将彩色图片数据（image）拆解成红（red）、绿（green）和蓝（blue）。

参见 PackColorImage（8.5.7 小节）。

8.5.7　合并彩色图片数据成分：PackColorImage

```
[output] = PackColorImage(red, green, blue)
```

将彩色图片数据的红（red）、绿（green）和蓝（blue）三种成分合并在一起。

参见 UnpackColorImage（8.5.6 小节）。

8.5.8　透明化处理：MaskImageIn/MaskImageOut

- mMasked=MaskImageIn(m ,alphaIn)
- mMasked=MaskImageOut(m ,alphaIn)
- mAlpha=SetImageAlpha(m, alphaIn)

将图像进行透明化处理，在 MaskImageIn 函数中将 0 值设置为完全透明，非 0 值设置为完全不透明，而 MaskImageOut 则相反。如果提供了 alphaIn 参数，则可以调整透明度，返回值存储于 nMasked 中,函数 SetImageAlpha 是增加透明通道。**注：PTB 所提供这两个函数有错误，可进行修改。**

例如：图像透明处理（见图 8-50）。

```
wptr=Screen('OpenWindow',0,120,[0 0 480 200]);
%需要使用 BlendFunction 函数来显示透明效果
Screen('BlendFunction', wptr, GL_SRC_ALPHA, GL_ONE_MINUS_SRC_ALPHA);
e1=uint8(MakeSineImage(4,4,100)*255);
e2=PackColorImage(e1,zeros(100),zeros(100));
e3=MaskImageIn(e2);
e4=MaskImageIn(e2,80);
e5=MaskImageOut(e1,100);
tex1=Screen('MakeTexture',wptr,e2);
tex2=Screen('MakeTexture',wptr,e3);
tex3=Screen('MakeTexture',wptr,e4);
tex4=Screen('MakeTexture',wptr,e5);
Screen('DrawTexture',wptr,tex1,[],[10 30 110 130]);
Screen('DrawTexture',wptr,tex2,[],[130 30 230 130]);
Screen('DrawTexture',wptr,tex3,[],[250 30 350 130]);
Screen('DrawTexture',wptr,tex4,[],[360 30 460 130]);
Screen('Flip',wptr);
```

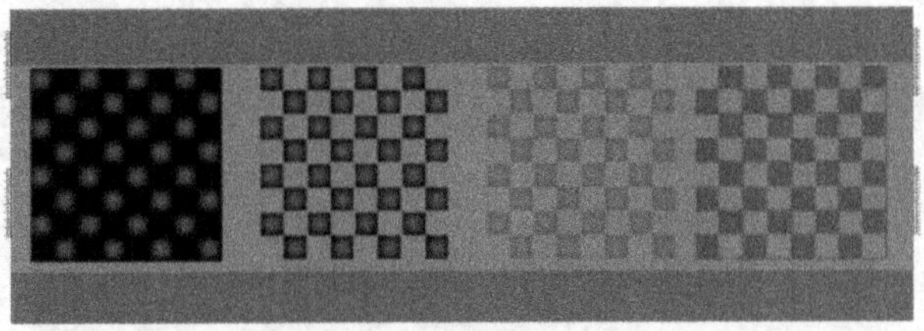

图 8-50 图像透明化处理

8.5.9 纹理预加载：PreloadTextures

```
[resident [texidresident]] = Screen('PreloadTextures', windowPtr [, texids]);
```

纹理加载主要是在开始某个试次前把要绘制的纹理预先装载到显示内存（Video Random Access Memory，VRAM）中以便加快绘制速度，特别适用于对刺激呈现时间控制较为严格的实验。如果计算机系统没有足够的显示内存，则该函数调用会不成功，因此通过返回值可以判断是否调用成功或哪个纹理被成功加载。

参数包括：

（1）windowPtr，页面窗口指针，可以是主页面或缓冲页面。

（2）texids，要加载的纹理缓冲索引列表，如果不提供该参数，则试图加载所有的纹理。

（3）resident，返回值用于表明纹理预加载是否成功，1=成功，0=失败。

例如：预加载随机噪音纹理

```
imgArray=255*rand(800,600); %生成 800×600 的随机噪音
texid=Screen('MakeTexture',wPtr,imgArray);
ret=Screen('PreloadTextures',wPtr,texid);
Screen('DrawTexture',wPtr,texid); %参见 DrawTexture
```

8.5.10 纹理绘制：DrawTexture

```
Screen('DrawTexture', windowPointer, texturePointer [,sourceRect]
        [,destinationRect] [,rotationAngle] [, filterMode] [, globalAlpha]
        [, modulateColor] [, textureShader] [, specialFlags] [, auxParameters]);
```

在指定的窗口内（windowPointer）绘制纹理（texturePointer），通过 sourceRect 和 destinationRect 参数可以进行纹理的缩放。

参数包括：

（1）windowPointer，页面窗口指针，可以是主页面或缓冲页面。

（2）texturePointer，由 MakeTexture 函数创建的纹理指针。

（3）sourceRect，纹理中的某个区域，默认为整个纹理。

（4）destinationRect，由 windowPointer 指定窗口中的某个区域，默认为与 sourceRect 相等，而且显示在窗口的中心。

（5）rotationAngle，纹理旋转的角度（以度为单位），默认为 0 度。

（6）filterMode，当 sourceRect 与 destinationRect 不等时，如果计算像素的颜色值，0=采用最相邻的像素的颜色，1=线性插值（为默认值）。

（7）globalAlpha，取值范围介于 0～1 之间，0 表示完全透明，1 表示不透明，需要混合函数（blendFunction）的支持。

（8）modulateColor，如果提供该参数，则忽略 globalAlpha 参数，不需要混合函数（blendFunction）的支持，该参数可以分别控制 r,g,b 三个通道，例如[128,255,0]，表示纹理中红色减半，绿色不变，而蓝色通道则置为 0。

（9）textureShader，纹理着色器，如果在创建纹理（MakeTexture）时也使用了着色器，则忽略先前的着色器。

（10）specialFlags，可选参数，特殊标志。

（11）auxParameters，可选参数，为着色器提供额外参数空间。

例如：

- 绘制随机噪音纹理（见图 8-51）

```
imgArray=255*rand(150,150); %生成 150×150 的随机噪音
texid=Screen('MakeTexture',wPtr,imgArray);
Screen('DrawTexture',wPtr,texid);
```

- 纹理缩放（见图 8-52）

```
imgArray=255*rand(150,150); %生成 150×150 的随机噪音
texid=Screen('MakeTexture',wPtr,imgArray);
Screen('DrawTexture',wPtr,texid,[0,0,50,50],[0,0,350,250]);
```

图 8-51　纹理绘制示例

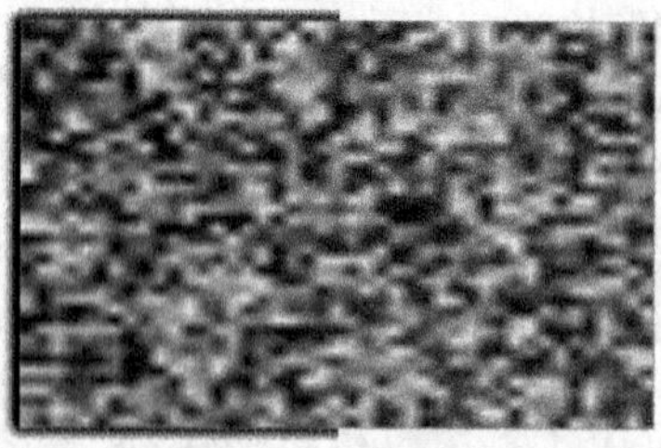

图 8-52　纹理缩放示例

- 显示图片纹理（见图 8-53）

```
imgArray=imread('Matlab1.jpg'); texid=Screen('MakeTexture',wPtr,imgArray);
Screen('DrawTexture',wPtr,texid);
```

- 纹理旋转及透明化处理（见图 8-54）

```
Screen(wPtr,'BlendFunction',GL SRC ALPHA, GL ONE MINUS SRC ALPHA);
imgArray=imread('Matlab1.jpg'); texid=Screen('MakeTexture',wPtr,imgArray);
Screen('DrawTexture',wPtr,texid,[],[],45,1,0.5);
```

● 纹理的通道过滤（见图 8-55）

```
imgArray=imread('Matlab1.jpg');
texid=Screen('MakeTexture',wPtr,imgArray);
Screen('DrawTexture',wPtr,texid,[],[],[],1,0.5,[128,255,0]);
```

参见例 8.1。

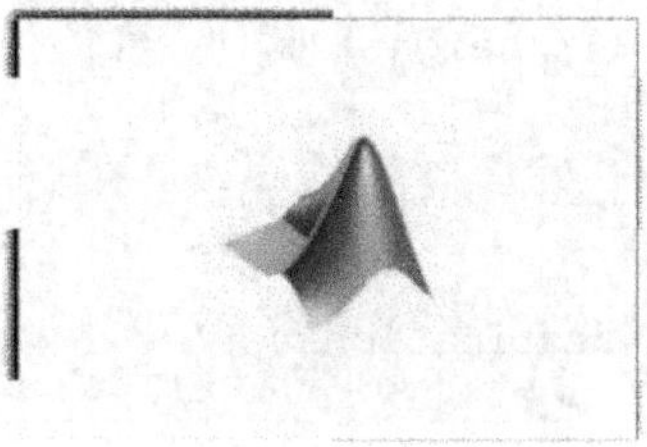

图 8-53　图片纹理示例

图 8-54　纹理旋转及透明化示例

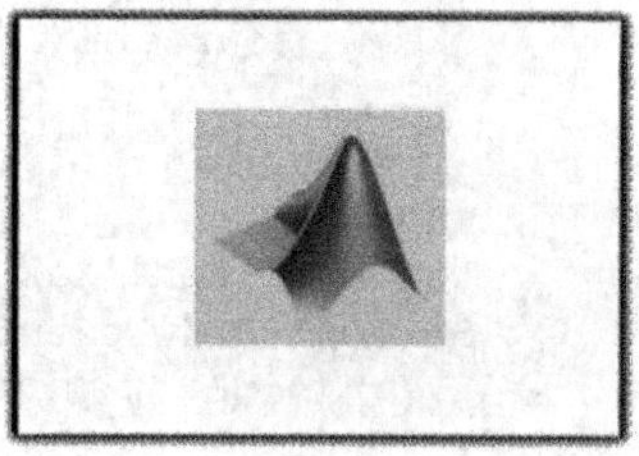

图 8-55　通道过滤示例

8.5.11　一次性绘制多个纹理：DrawTextures

```
Screen('DrawTextures', windowPointer, texturePointer(s) [, sourceRect(s)]
      [, destinationRect(s)] [, rotationAngle(s)] [, filterMode(s)]
      [, globalAlpha(s)] [, modulateColor(s)] [, textureShader]
      [, specialFlags] [, auxParameters]);
```

该函数与 DrawTexture 相似，只是可设置多个纹理，进行一次性绘制。

参数包括：

（1）windowPointer，页面窗口指针，可以是主页面或缓冲页面。

（2）texturePointer(s)，由 makeTexture 函数创建的纹理指针数组。

（3）sourceRect(s)，纹理中的区域矩阵（4 行×n 列），默认为整个纹理。

（4）destinationRect(s)，由 windowPointer 指定的窗口中的区域矩阵（4 行×n 列）。

（5）rotationAngle(s)，纹理旋转的角度（以度为单位），默认为 0 度。

（6）filterMode(s)，当 sourceRect 与 destinationRect 不等时，如果计算像素的颜色值，0=采用最相邻的像素的颜色，1=线性插值（为默认值）。与多个纹理对应的数据参数，如果设置一个值，表示使用相同的设置。

（7）globalAlpha(s)，取值范围介于 0～1 之间，0 表示完全透明，1 表示不透明，需要混合函数（blendFunction）的支持，可以是参数数组，表示对不同的纹理应用不同的透明处理，如果设置一个值，表示使用相同的设置。

（8）modulateColor(s)，如果提供该参数，则忽略 globalAlpha 参数，不需要混合函数（blendFunction）的支持，该参数可以分别控制 r,g,b 三个通道，如[128,255,0]，表示纹理中红色减半，绿色不变，而蓝色通道则置为 0，以 3 行×n 列的形式加以控制通道过滤，如果只有一个三元组，表示使用相同的设置。

（9）textureShader，纹理着色器，如果在创建纹理（makeTexture）时也使用了着色器，则忽略先前的着色器。

（10）specialFlags，可选参数，特殊标志。

（11）auxParameters，可选参数，为着色器提供额外参数空间。

例如：一次绘制多个纹理（见图 8-56）

```
[wPtr,wRect]=Screen('OpenWindow',0,255,[50,50,350,250]);
[x,y]=WindowCenter(wPtr); %获取窗口中心坐标值
imgArray=imread('matlababout.jpg');
```

```
width=size(imgArray,2); %获取图片的宽度
height=size(imgArray,1); %获取图片的高度
sourcerect=[0,0,width,height];
destinationrect=[x-50,y-50,x+50,y+50;0,0,50,50;wRect(3)-50,0,wRect(3),50;
        0,wRect(4)-50,50,wRect(4);wRect(3)-50,wRect(4)-50,wRect(3),wRect(4)]
for i=1:2 %通过循环分割纹理
    for j=1:2
        sourcerect=[sourcerect;(j-1)*(width/2),(i-1)*(height/2),
                j*width/2,i*height/2];
    end
end
texid=Screen('MakeTexture',wPtr,imgArray);
Screen('DrawTextures', wPtr, texid, sourcerect', destinationrect' ,
        [0,0,90,180,270]);
```

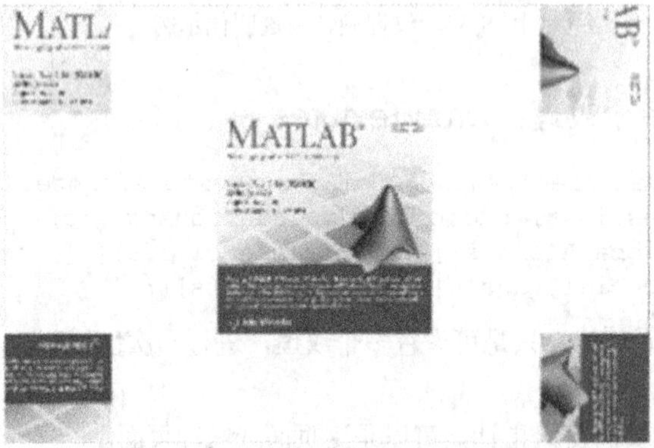

图 8-56 一次性绘制多纹理示例

8.5.12 窗口复制：CopyWindow

```
Screen('CopyWindow',srcWindowPtr,dstWindowPtr,[srcRect],[dstRect],[copyMode])
```

该函数用于复制指定窗口（srcWindowPtr）中的内容至目标窗口（dstWindowPtr），通过参数 srcRect 和 dstRect 可以进行复制内容的缩放。该函数是为了兼容 PTB2.0，建议使用 MakeTexture 和 DrawTexture 及 DrawTextures 函数来加快图形绘制。

参数包括：

（1）srcWindowPtr，源窗口指针，可以是主页面或缓冲页面。

（2）dstWindowPtr，目标窗口指针，可以是主页面或缓冲页面。

（3）srcRect，源窗口中的矩形区域，默认为整个窗口。

（4）dstRect，目标窗口中的矩形区域，默认为整个窗口相等。

（5）copyMode，该参数不起作用。

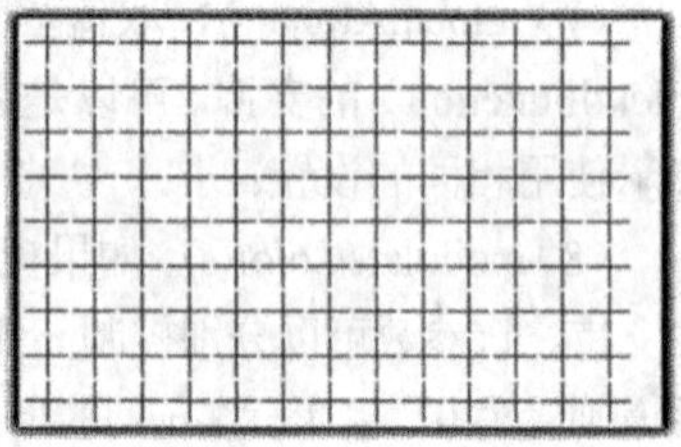

图 8-57 窗口复制示例

例如：复制窗口内容至不同区域（见图 8-57）

```
[wPtr,wRect]=Screen('OpenWindow',0,255,[50,50,350,250]);
[offPtr,offRect]=Screen('OpenOffscreenWindow',wPtr,255,[0,0,20,20]);
[x,y]=WindowCenter(offPtr);
Screen('DrawLine',offPtr,0,0,y,offRect(3),y);
Screen('DrawLine',offPtr,0,x,0,x,offRect(4));
for i=2:offRect(4)+2:wRect(4)-offRect(4)
    for j=2:offRect(3)+2:wRect(3)-offRect(3)
```

```
        Screen('CopyWindow',offPtr,wPtr,[],[j,i,j+offRect(3),i+offRect(4)])
    end
end
```

8.5.13 窗口图像获取：GetImage

```
imageArray=Screen('GetImage', windowPtr [,rect] [,bufferName] [,floatprecision=0]
        [,nrchannels=3])
```

用于获取指定窗口中（windowPtr）某个区域（rect）中的图像，可以借助于 imwrite 函数将其保存为图片文件。

参数包括：

（1）windowPtr，窗口指针，可以是主页面、缓冲页面或纹理缓冲指针。

（2）rect，窗口矩形区域，默认为整个窗口。

（3）bufferName，字符型内容，用于指定从哪个缓冲区中获取图像（因为主页面使用了双缓冲技术）。对于缓冲页面和纹理页面该参数没有意义，默认值为'frontBuffer'，即复制当前可见的缓冲区中的内容，如果设置为'backBuffer'，则复制后台缓冲区中的内容，即在下一次执行页面切换时将要看到的内容。如果是在立体显示模式下，'frontLeftBuffer'和'frontRightBuffer'分别对应左眼和右眼中所看到的内容。同理，如果是'backLeftBuffer'或'backRightBuffer'则为左眼或右眼将要看到的页面内容。对于 OpenGL 而言，还可以复制辅助缓冲区中的内容（'aux0Buffer'-'aux3Buffer'）。

（4）floatprecision，如果设置为 1，则返回双精度（double）矩阵，并且归一化为 0～1 区间，而非 0～255 区间，否则（0 值）返回无符号（uint8）整数矩阵。

（5）nrchannels，返回的颜色通道数，默认为 3，即 RGB，1=Red，2=Red+Green 或者 Luminance + Alpha，4=RGBA。

例如：获取窗口内容图像矩阵（见图 8-58，注：因 imgArray 随机产生，结果会有不同）

```
wPtr=Screen('OpenWindow',0,255,[50,50,350,250]);
[x,y]=WindowCenter(wPtr);
for i=1:3
    imgArray(:,:,i)=255*rand(10,10);
end
tex=Screen('MakeTexture',wPtr,imgArray);
Screen('DrawTexture',wPtr,tex);
img=Screen('GetImage',wPtr,[x-5,y-5,x+5,y+5],'backBuffer',0,1);
imwrite(img,'tmp.jpg');
```

```
img =

  172  151  199  162  229   63  133    4   25  106
  153   47   87  246  177   86   78   90   45   26
  148  149   27  111  127  133  149  105   92  175
  156  186   28   16  179  132  212  140  124   41
  169   17  125  159   90   26  182   87  130   78
   74  102  181  176  107  245   71  161   78  217
  164   71  185  236  133   69  250  234   43  189
   64   48  251   21   78  106  143    9  186   80
   93   39  241  175  209   49  149  246  239  188
  173  107   40  196  148   63   55  165   82  241
```

图 8-58 获取的图像矩阵

例 8.1 旋转的文本 本示例位于 Psyfeng\Little_examples 目录下

```
%RotatedText.m
%
Screen('Preference', 'SkipSyncTests', 1);
scr=max(Screen('Screens'));
[w h]=Screen('WindowSize',scr);
[wptr wrect]=Screen('OpenWindow',scr,255,[0 0 800 600]);
offwptr=Screen('OpenOffscreenWindow',scr,255,[0 0 200,50]); %创建缓冲页面
txtRect=Screen('TextBounds',offwptr,'How are you?');%获取文本边界
Screen('DrawText',offwptr,'How are you?',txtRect(1),txtRect(2));
img=Screen('GetImage',offwptr,txtRect); %获取指定区域图像
tex=Screen('MakeTexture',wptr,img); %创建纹理
for i=0:30:360-30
    radius=50+txtRect(3)/2;
    x=radius*cos(pi*i/180);
    y=radius*sin(pi*i/180);
    rect=CenterRectOnPoint(txtRect,x+wrect(3)/2,y+wrect(4)/2); %定位矩形
    Screen('DrawTexture',wptr,tex,[],rect,i); %绘制纹理
end
Screen('Flip',wptr); %页面翻转
KbWait; %等待按键
sca %关闭所有页面
```

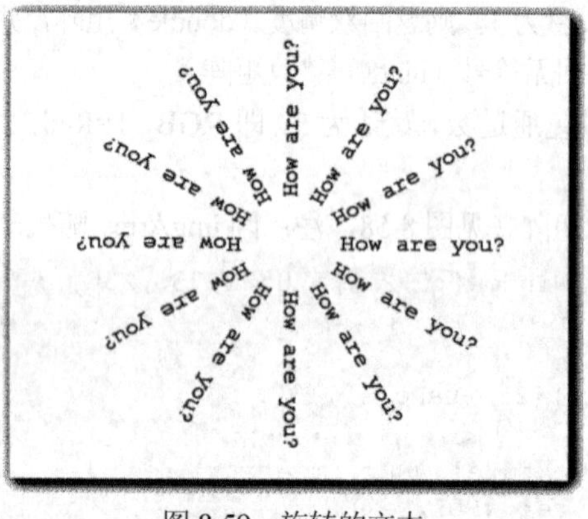

图 8-59 旋转的文本

8.5.14 图像绘制：PutImage

```
Screen('PutImage', windowPtr, imageArray [,rect])
```

将图像矩阵（imageArray）中的内容输出至窗口（windowPtr）或其中的某个区域中（rect），必要时要根据图像矩阵尺寸和指定的矩形区域大小的一致情况进行缩放，该函数执行速度较慢，如果省略 rect 参数且图像尺寸大小窗口大小，则绘制不成功。

参数包括：

（1）windowPtr，窗口指针，可以是主页面或缓冲页面。

（2）imageArray，图像数组。

（3）rect，矩阵区域，默认情况下为图像的尺寸且位于窗口中心，即不进行缩放。

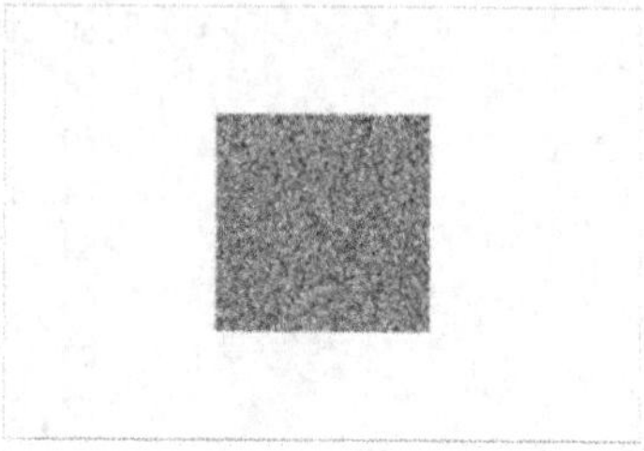

图 8-60 图像绘制示例

例如：绘制图像（见图 8-60）

```
wPtr=Screen('OpenWindow',0,255,[50,50,350,250]);
[x,y]=WindowCenter(wPtr);
for i=1:3 %循环随机生成噪音图像数组
   imgArray(:,:,i)=255*rand(100,100);
end
Screen('PutImage',wPtr,imgArray);
```

8.5.15 颜色混合函数：BlendFunction

```
[sourceFactorOld, destinationFactorOld, colorMaskOld]=Screen('BlendFunction',
    windowIndex, [sourceFactorNew], [destinationFactorNew], [colorMaskNew]);
```

将指定页面的像素颜色与绘制命令中的颜色值进行混合（一般用于获得透明效果），默认时 alpha 通道处于关闭状态，因此当在窗口某坐标处绘制新内容时，其颜色被完全替换。而在 OpenGL 中，则可以将源颜色与目标颜色根据指定的混合方式进行混合。

参数包括：

（1）windowIndex，页面指针索引。

（2）sourceFactorNew，用于指定源颜色的混合方程，已经定义为常量值，常用值为 GL_SRC_ALPHA。

（3）destinationFactorNew，用于指定目标颜色的混合方程，可以使用预定义常数值，常用值为 GL_ONE_MINUS_SRC_ALPHA，在使用 DrawLines、DrawDots 和 DrawTexture 等绘图函数要求反锯齿效果时非常有用。

（4）colorMaskNew，用于指定哪个通道起作用，即可以只改变 R 通道，而 G 和 B 通道不变，默认值为[1 1 1 1]，表示 R、G、B 和 α 通道均可变。

（5）sourceFactorOld，返回先前设定的源颜色混合方程。

（6）destinationFactorOld，返回先前设定的目标颜色混合方程。

（7）colorMaskOld，返回先前设定的通道开关值。

8.6 多媒体操作类函数

如果要正确使用相关的函数，当你使用的 PTB 版本是 3.0.8 以前的版本时，需要安装 QuickTime 软件，另外有些影片格式需要安装插件；如果 PTB 版本是 3.0.9 以后的版本，PTB 不再支持 QuickTime，而是改用 Gstreamer，可以在http://code.google.com/p/ossbuild/下载最新版本的安装程序。建议不要使用中文路径，否则目前版本会出现错误。

8.6.1 打开影片：OpenMovie

```
[ moviePtr [duration] [fps] [width] [height] [count]]=Screen('OpenMovie',
    windowPtr, moviefile [, async=0] [, preloadSecs=1]);
```

打开指定的影片文件（moviefile）以便在窗口（windowPtr）中播放。目前支持的影片格式包括 QuickTime 播放器支持的影片格式：如 Quicktime-7(mov)，MPEG-4(mp4)，GIF，AVI，Flash（flv）等。

参数包括：

（1）windowPtr，窗口指针，只能是主页面。

（2）moviefile，影片文件名称。

（3）async，非同步化标识，默认值为 0，如果设置为 1，则可以在播放某个影片时，还可以在后台加载其他的影片文件，但此时只能后台加载无声影片。

（4）preloadSecs，预加载时间（以秒为单位）。该函数返回时，会预先将给定时间的影片装入系统内存，默认值为 1 秒。

（5）moviePtr，返回的影片指针，供其他函数（如 GetMovieImage 等）使用。

（6）duration，获取影片的长度，以秒为单位。

（7）fps，获取影片的帧速率。

（8）width，获取影片的宽度。

（9）height，获取影片的高度。

（10）count，获取影片所包含的帧数，设置该返回值，将显示增加该函数运行时间。

例如：获取影片相关信息

```
[mvPtr,time,fps,w,h,frames]=Screen('OpenMovie', wPtr, 'movie.mp4'); ↙
```

参见 PlayMovie 函数（8.6.4 小节）。

8.6.2 关闭影片：CloseMovie

```
Screen('CloseMovie', moviePtr);
```

关闭打开的影片（moviePtr），该函数只有一个参数，即已经打开的影片的指针。

8.6.3 获取影片图像：GetMovieImage

```
[ texturePtr [timeindex]]=Screen('GetMovieImage', windowPtr, moviePtr,
        [waitForImage=1], [fortimeindex], [specialFlags = 0] [, specialFlags2 = 0]);
```

从影片文件中（moviePtr）中获取影片图像。

参数包括：

（1）windowPtr，主页面窗口指针。

（2）moviePtr，通过 openMovie 函数打开的影片指针。

（3）waitForImage，是否等待至图像获取完毕，默认值为 1（等待），但在 Windows 系统下，将始终等待至图像获取结束，如果不等待，返回的纹理指针（texturePtr）为 0。

（4）fortimeindex，可选参数。如果设置该参数，则获取与该时间值（以秒为单位）最接近的影片图像，否则获取下一帧影片图像。

（5）specialFlags，可选参数，默认值为 0；如果设置为 2，表示获取高精度图像。

（6）specialFlags2，可选参数，默认值为 0；如果设置为 1，则返回的参数 timeindex 将始终为 0，可以节省时间。

（7）texturePtr，返回的影片图像（纹理）指针，如果播放至片尾，并且影片没有处于循环播放模式下（参见 PlayMovie），则返回值为–1。

（8）timeindex，如果设置了 fortimeindex 参数，该返回值记录距影片开始的时间值（以秒为单位）。

参见 PlayMovie 函数（8.6.4 小节）。

8.6.4 播放影片：PlayMovie

```
[droppedframes] = Screen('PlayMovie', moviePtr, rate, [loop], [soundvolume]);
```

播放影片文件（moviePtr），并且显示在窗口中央。

参数包括：

（1）moviePtr，由 OpenMovie 函数打开的影片文件指针。

（2）rate，播放方式，1=正常速度播放，大于 1（正常播放的倍数）则快速播放，小于 1 则慢速回放，0=停止播放，–1=正常速度倒播。

（3）loop，默认值为 0，1 表示循环播放。

（4）soundvolume，影片播放时的声音大小，是目前音量的百分比，该值可设范围为 0.0～1.0，0 表示静音。

（5）droppedframes，该参数记录影片播放过程中为了保证同步性而舍弃的帧数。

例如：影片播放（见图 8-61）

```
[wPtr,wRect]=Screen('OpenWindow',0,255,[50,50,350,250]);
[mvPtr,d,fps,w,h,c]=Screen('OpenMovie',wPtr,'movie.mp4');
Screen('PlayMovie',mvPtr,1,1);% 正常速度循环播放
while ~KbCheck %如果按键，则跳出 while 循环
    tex = Screen('GetMovieImage', wPtr, mvPtr);%获取影片图像
    if tex<=0
        break;
    end;
    Screen('DrawTexture', wPtr, tex,[],wRect); %绘制并缩放影片图像
    Screen('Flip', wPtr); %显示主页面中的任何内容，必须使用 Flip 函数
    Screen('Close', tex);%关闭纹理，以便释放资源
end;
Screen('PlayMovie', mvPtr, 0); %停止播放
Screen('CloseMovie',mvPtr); %关闭影片文件
```

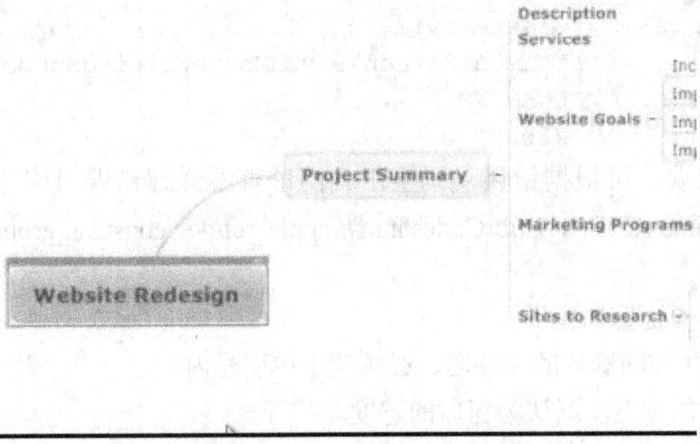

图 8-61　影片播放示例

8.6.5　获取影片时间：GetMovieTimeIndex

```
timeindex = Screen('GetMovieTimeIndex', moviePtr);
```

获取影片对象（moviePtr）当前的时间进度，并记录在返回值 timeindex 中。

8.6.6　设置影片时间：SetMovieTimeIndex

```
[oldtimeindex] = Screen('SetMovieTimeIndex', moviePtr, timeindex [, indexIsFrames=0]);
```

设置影片对象（moviePtr）的播放时刻点。

参数包括：

（1）moviePtr，由 OpenMoive 函数打开的影片对象指针。

（2）timeindex，所设置的距影片开始位置的时刻点，以秒为单位；如果 indexIsFrames 参数设置为 1，则以帧为单位。

（3）indexIsFrames，指定 timeindex 参数的单位，0=秒，1=帧，设置秒单位比设置帧单位快。

（4）oldtimeindex，记录设置新值前的旧的时间值（以秒为单位）。

8.6.7 创建影片：CreateMovie

```
moviePtr = Screen('CreateMovie', windowPtr, movieFile [, width][, height][,
        frameRate=30][, movieOptions]);
```

根据指定的配置（movieOptions、width、height、frameRate）来创建影片文件（movieFile），目前不支持音频。当需要将你的实验流程做成影片（动画）时非常有用。创建影片包括三个步骤：一是使用 CreateMovie 函数来创建影片空壳；二是通过 AddFrameToMovie 函数向其中添加图片帧；三是使用 FinalizeMoive 函数来生成所创建的影片。**该函数的正常运行需要计算机系统安装苹果公司 Quicktime 软件**。如果没有安装，则会显示如下信息：

```
PTB-ERROR: Quicktime Media Layer initialization failed with error code -2093
        in call to InitializeQTML(0): Quicktime not properly
        installed?!?INTERNAL PSYCHTOOLBOX ERROR
Error:                 PsychError_system
general                Error reported by a system call
description:
specific               Quicktime Media Layer initialization failed. Quicktime
description:           not properly installed or not installed at all?!?
module name:           Screen
subfunction call:      CreateMovie
file name:             Common\Screen\PsychMovieWritingSupportQuickTime.c
function name:         UNKNOWN
line number:           220
```

如果出现其他错误，可根据错误代码至下列网址查看详细错误原因 http://developer.apple.com/documentation/QuickTime/APIREF/ErrorCodes.htm#//apple_ref/doc/constant_group/Error_Codes

参数包括：

（1）windowPtr，页面窗口指针。

（2）movieFile，生成的影片的文件名，必须置于单引号内。

（3）width，影片的宽度，默认为窗口的宽度。

（4）height，影片的高度，默认为窗口的高度。

（5）frameRate，帧速率，默认值为 30，其值倒数为每一帧持续的时间值。

（6）movieOptions，字符型参数，影片的配置信息，参数形式为'Keyword=x'，包括：'EncodingQuality=x'，影片编码质量，x 取值范围为 0.0～1.0，0.0 表示最低画质，1.0 表示高画质，默认值为 0.5；'CodecFOURCCId= FOURCC id'，影片的解码方式，默认为 H.264；'CodecFOURCC=xxxx'，设置解码方式，xxxx 为四字符代码，如 DIV3、DIV4、DIVX 和 FFDS 等，这些配置会影响最终生成的影片文件的大小。

（7）moviePtr，返回的影片指针。

参见 FinalizeMovie 函数（8.6.10 小节）。

8.6.8 添加帧：AddFrameToMovie

```
Screen('AddFrameToMovie', windowPtr [,rect] [,bufferName] [,moviePtr=0]
        [,frameduration=1]);
```

添加帧图像至影片中。

参数包括：

（1）windowPtr，窗口指针，可以是主页面、缓冲页面或纹理页面。

（2）rect，矩形区域，默认为整个窗口区域，如果指定了该参数，则只有矩形的左上角坐标起作用。

（3）bufferName，字符型参数，用于指定从主页面的前台缓冲还是后台缓冲中获取图像。对于缓冲页面和纹理页面，该参数不起作用。默认值为'frontBuffer'，即复制当前可见的缓冲区中的内容。如果设置为'backBuffer'，则复制后台缓冲区中的内容，即在下一次执行页面切换时将要看到的内容。如果是在立体显示模式下，'frontLeftBuffer'和'frontRightBuffer'分别对应左眼和右眼中所看到的内容。同理，如果是'backLeftBuffer'或'backRightBuffer'则为左眼或右眼将要看到的页面内容。对于 OpenGL 而言，还可以复制辅助缓冲区中的内容（'aux0Buffer'-'aux3Buffer'）。

（4）moviePtr，用于指定添加帧至哪个影片中，如果省略，则将帧添加至用 CreateMoive 函数创建的第一个影片文件中。

（5）frameduration，指定所添加的帧的显示时间，参见 CreateMovie 函数。

参见 FinalizeMovie 函数（8.6.10 小节）。

8.6.9 添加音频信息：AddAudioBufferToMovie

```
Screen('AddAudioBufferToMovie', moviePtr, audioBuffer);
```

将音频缓冲区中的内容（audioBuffer）添加到视频（moviePtr）中，使用该函数时需要注意在 CreateMovie 函数中必须使用 AddAudioTrack 关键字允许向视频中写入音轨，否则该函数无法正确执行。

例如：创建 48kHz 的立体声视频

```
movie = Screen('CreateMovie', wPtr, 'Movie.mov', 512, 512, 30, ':
         CodecSettings=AddAudioTrack=2@48000 Videoquality=0.5');
Screen('AddAudioBufferToMovie', movie, [0.8 * MakeBeep(200, 1, 48000); 0.8
         * MakeBeep(240, 1, 48000)]);
```

参见 PTB 演示程序 ImagingStereoDemo。

8.6.10 生成影片：FinalizeMovie

```
Screen('FinalizeMovie', moviePtr);
```

完成影片对象（moviePtr）的创建，并将其保存至 CreateMovie 函数指定的文件中。

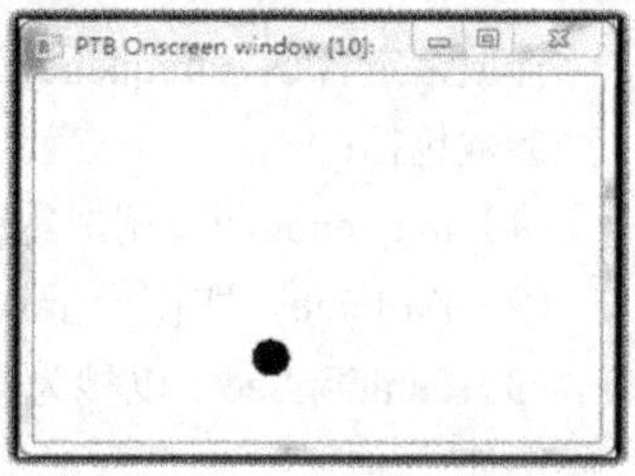

图 8-62 生成影片示例

例如：创建影片文件（见图 8-62）

```
[wPtr,wRect]=Screen('OpenWindow',0,255,[50,50,350,250]);
[x,y]=WindowCenter(wPtr); %获取窗口中心坐标值
angle=0;
mvPtr=Screen('CreateMovie',wPtr,'tmp.mov',[],[],2); %创建名为 tmp.mov 的影片
while ~KbCheck %按键跳出循环
   x1=x+60*cos(angle/180*pi); %更新运动小球的坐标值
   y1=y+60*sin(angle/180*pi);
Screen('FillOval', wPtr, 0,[x1-10,y1-10,x1+10,y1+10]); %绘制小球
Screen('DrawingFinished', wPtr);
   Screen('AddFrameToMovie',wPtr,[],'backBuffer'); %从后台缓冲中获取
   Screen('Flip', wPtr);
   angle=angle+5; %更新旋转角度
end;
Screen('FinalizeMovie',mvPtr); %生成影片
```

8.7 音频处理类函数

8.7.1 生成频率纯音：MakeBeep

```
[beep,samplingRate1] = MakeBeep(freq,duration,[samplingRate])
```

生成指定采样频率（samplingRate）和音调（freq）长度为 duration 的音频数据。

参数包括：

（1）freq，音调，如 1000 Hz。

（2）duration，以秒为单位的音频长度。

（3）samplingRate，采样频率，默认值为 22255。

（4）beep，返回音频数据。

（5）samplingRate1，返回采样频率。

例如：

```
beep = MakeBeep(1000,0.5); ↙
Snd('Open'); ↙
Snd('Play',beep); ↙
Snd('Close'); ↙
```

参见 Snd 函数（8.7.3 小节）。

8.7.2 播放“啵”声：Beeper

```
Beeper(frequency, fVolume, durationSec);
```

播放指定音调（frequency）、音量（fVolume）和长度（durationSec）的声音。

参数包括：

（1）frequency，音调，默认值为 400Hz。

（2）fVolume，取值介于 0～1 之间，默认值为 0.4。

（3）durationSec，以秒为单位的时长，默认值为 0.15 秒。

例如：

```
>> Beeper(2000,1,0.5) ↙
```

8.7.3 PTB 集成功能：Snd

```
err = Snd(command,[signal],[rate],[sampleSize]);
```

音频处理实际上是一组函数，通过 command 字符来声明函数的具体内容，它们控制音频信号的打开、播放、暂停等，但并未提供对音量的控制功能，所支持的最大播放队列为 128。但在 PTB3.0 中，该类函数基本已被 PsychPortAudio 类函数所取代（参见 8.10 小节）。

参数包括：

（1）command，字符串命令，包括如下内容：

- 'Open'，打开音频通道并保持打开状态，直到使用 Close 命令将其关闭，Windows 目前暂不处理 Open 命令；
- 'Play'，如果音频通道没有打开，则自动打开后播放音频信号；
- 'Close'，立即停止播放所有音频信号并且关闭音频通道；

- 'Wait'，等待直到所有音频播放完毕；
- 'Quiet'，停止播放并刷新队列，但并不关闭音频通道；
- 'IsPlaying'，是否有音频信号在播放；
- 'DefaultRate'，获取默认的采样频率（单位：Hz）。

（2）signal，音频数据，为介于–1～1 之间的数据，值越小，声音越柔和。如果只有一行数据，则为单声道信号；如果数据中有两行，则两个扬声器分别播放（立体声）。由于没有提供对音量的控制，所以只能通过对数据进行变换来间接达到控制音量大小的目的。

（3）rate，声音播放时的频率（单位：Hz），频率值范围介于 1000～65535Hz 之间。

（4）sampleSize，采样大小，默认值为 16，可取值为 8 或 16。

（5）err，如果操作成功，则返回值为 0，否则返回非零值。

例如：

- 播放音频数据

```
>> Snd('Play',sin(0:10000));↙
```

- 采用默认播放频率

```
>> load handel.mat;↙
>> Snd('Play',y');↙
```

- 采用采样频率播放频率

```
>> Snd('Play',y',Fs);↙
```

- 慢播

```
>> Snd('Play',y',Fs/2);↙
```

- 快播

```
>> Snd('Play',y',Fs*2);↙
```

- 获取默认采样频率

```
>> Snd('DefaultRate')

ans =
  2.2255e+004
```

8.7.4 读取波形声音文件：wavread

- ◆ y = wavread(filename)
- ◆ [y, Fs] = wavread(filename)
- ◆ [y, Fs, nbits] = wavread(filename)
- ◆ [y, Fs, nbits, opts] = wavread(filename)
- ◆ [...] = wavread(filename, N)
- ◆ [...] = wavread(filename, [N1 N2])
- ◆ [...] = wavread(..., fmt)
- ◆ siz = wavread(filename,'size')

该函数为 MATLAB 内置函数，用于读取音频文件中的音频数据和参数信息。

参数包括：

（1）filename，音频文件名（只能是波形音频文件），需置于单引号内，可以带相对路径或绝对路径，如果不加扩展名，则系统自动添加扩展名 wav。

（2）N，用于指定读取的声音样本数。

（3）[N1 N2]，用于指定读取从 N1 至 N2 的声音样本。

（4）fmt，指定返回值 y 的数据格式，可以是'double'或'native'，分别表示双精度（默认）和音频文件中的数值类型。

（5）size，获取音频文件的数据大小，而非音频数据，相当于返回音频数据结构的行、列数。

（6）y，返回值存储所读取的音频文件中的声音样本数据。

（7）Fs，返回值存储音频文件的采样频率。

（8）nbits，返回值存储样本的位数（8、16、24 或 32 位），它会限定 y 值的取值范围，对于'native'格式有下列关系：

Nbits	数 据 类 型	数 据 范 围
8	无符号整型	0<=y<=255
16	16 位有符号整型	−32768<=y<=+32767
24	32 位有符号整型	−2^23<=y<=2^23
32	浮点数	−1.0<=y<+1.0

对于'double'格式有下列关系：

Nbits	数 据 类 型	数 据 范 围
8	双精度	−1.0<=y<+1.0
16	双精度	−1.0<=y<+1.0
24	双精度	−1.0<=y<+1.0
32	双精度	−1.0<=y<=+1.0 有时会超出[−1.0 1.0]的范围

（9）opts，返回值为结构数组，其中包含诸如标题、作者、音频数据格式等信息。

（10）siz，返回值存储音频数据文件的结构大小。

例如：

● 读取音频文件，然后播放

```
>> [y,Fs]=wavread('laser');↙
>> Snd('Play',y',Fs);↙
```

● 获取音频文件数据大小

```
>> siz=wavread('laser','size')↙
siz =
        1793          1
```

● 读取音频文件部分内容

```
>> [y,Fs]=wavread('laser',500);↙
>> Snd('Play',y',Fs);↙
```

● 获取音频文件部分内容

```
>> [y,Fs]=wavread('laser',[500 1000]);↙
>> Snd('Play',y',Fs);↙
```

8.7.5 写波形声音文件：wavwrite

◆ wavwrite(y,filename)

◆ wavwrite(y,Fs,filename)

◆ wavwrite(y,Fs,N,filename)

将音频数据（y）写入指定的文件（filename）。

参数包括：

（1）y，将要写入的音频数据。

（2）filename，指定写入的文件名，如果不包含路径，则保存在当前目录下。

（3）Fs，音频的采样频率。

（4）N，指定写入数据的样本数。

例如：

● 生成白噪音，写入文件：

```
>> y=rand(1,10000);↙
>> wavwrite(y,'whitenoise');↙
```

● 读取白噪音并播放。

```
>> [y,Fs]=wavread('whitenoise');↙
>> Snd('Play',y',Fs);↙
```

8.7.6 波形声音文件信息：wavfinfo

```
[m d] = wavfinfo(filename)
```

返回波形音频文件的相关信息（主要包括类型和声道数及样本数）。

参数包括：

（1）filename，音频文件名。

（2）m，如果是波形音频文件，则返回字符'Sound (WAV) file'，否则返回空字符串。

（3）d，包含样本数和声道数的字符串信息，如果不是波形音频文件，则为'Not a WAVE file'。

例如：

```
>> [m d]=wavfinfo('whitenoise')↙

m =
Sound (WAV) file

d =
Sound (WAV) file containing: 10000 samples in 1 channel(s)
```

```
>> [m d]=wavfinfo('music.mp3')↙

m =
     ''
d =
Not a WAVE file
```

8.7.7 读取 au 音频文件：auread

◆ y = auread(aufile)

◆ [y,Fs] = auread(aufile)

◆ [y,Fs,nbits] = auread(aufile)

◆ [...] = auread(aufile,N)

◆ [...] = auread(aufile,[N1 N2])

◆ siz = auread(aufile,'size')

读取 au 声音文件（aufile），读取结果存于 y、Fs、nbits 和 siz 中，可以通过参数 N（[N1 N2]）指定读取的范围。

参数包括：

（1）aufile，au 声音文件名，如果省略扩展名，则自动添加。

（2）N，指定读取的声音文件长度（单位：采样点）。

（3）[N1 N2]，指定采样范围。

（4）y，返回值为声音数据。

（5）Fs，返回值为采样频率。

（6）nbits，返回值为存储样本位数。

（7）siz，返回值存储音频数据文件的结构大小。

例如：

```
>> clear↙
>> [y Fs nbits]=auread('handel'); ↙%读取 au 声音文件 handel.au
>> Sound(y,Fs,nbits) ↙%播放声音文件全部内容
>> y=auread('handel', 2*Fs); ↙ %仅读取前 2 秒
>> Sound(y); ↙
```

8.7.8 写 au 音频文件：auwrite

- auwrite(y,aufile)
- auwrite(y,Fs,aufile)
- auwrite(y,Fs,N,aufile)
- auwrite(y,Fs,N,method,aufile)

将音频数据 y 存入格式为 au 的声音文件 aufile 中，如果省略扩展名（au），则自动添加。

参数包括：

（1）y，音频数据。

（2）aufile，字符型声音文件名。

（3）Fs，声音采样频率。

（4）N，声音长度。

（5）method，指定编码方式，可以设置为'mu'（默认）或'linear'。

8.7.9 au 声音文件信息：aufinfo

```
[m d] = aufinfo(aufile)
```

获取 au 格式声音文件（aufile）的相关信息（m、d）。

例如：

```
>> [m d]=aufinfo('handel')↙
m =
Sound (AU) file
d =
Sound (AU) file containing: 73113 samples in 1 channel(s)
```

8.7.10 获取多媒体文件信息：mmfileinfo

```
info = mmfileinfo(filename)
```

返回多媒体文件（filename）的结构信息（info），如果文件是网络资源文件（URL），则因先下载而需要较长时间获取文件信息。返回的结构数组 info 包含以下字段内容：

字　段	描　述		
Filename	文件名		
Path	文件所在的绝对路径		
Duration	文件（声音或视频）的长度（单位：秒）		
Audio	音频信息结构数组	Format	音频格式
		NumberOfChannels	声道数
Video	视频信息结构数组	Format	视频格式
		Height	视频帧（画面）高度
		Width	视频帧（画面）宽度

例如：

```
>> info = mmfileinfo('xylophone.mpg')↙

info =
   Filename: 'xylophone.mpg'
      Path: 'D:\Program Files\MATLAB\R2010b\toolbox\matlab\audiovideo'
   Duration: 4.7020
     Audio: [1x1 struct]
     Video: [1x1 struct]

>> audio = info.Audio↙

audio =
            Format: 'MPEG'
   NumberOfChannels: 2

>> video = info.Video↙

video =
   Format: 'MPEG1'
   Height: 240
    Width: 320
```

8.7.11　音频数据播放：sound

- ◆ sound(y,Fs)
- ◆ sound(y,Fs,bits)

以采样频率（Fs）播放音频信号（y），如果省略采样频率，则采用 8192 Hz 的播放频率。y 为 m×1（单声道）或 m×2（双声道）的矩阵数组，如果是后者，每一列表示一个声道。参数 bits 为音频数据的精度（位数），默认为 8。

例如：

```
>> sound(sin(0:2000))↙
```

8.7.12　创建音频播放器：audioplayer

- ◆ player = audioplayer(Y, Fs)
- ◆ player = audioplayer(Y, Fs, nBits)
- ◆ player = audioplayer(Y, Fs, nBits, ID)
- ◆ player = audioplayer(recorder)
- ◆ player = audioplayer(recorder, ID)

根据音频数据（Y）和相应的信息（Fs、nBits）创建音频播放器，然后通过相应的函数来操作音频播放器。

参数包括：

（1）Y，音频信号数据。

（2）Fs，音频信号采样频率。

（3）nBits，音频信号的样本位数。

（4）ID，音频设备编号，可通过 audiodevinfo 函数获取系统配置的音频设备信息。

（5）recorder，录音机对象，通过 audiorecorder 创建。

（6）player，返回值为音频播放器对象。

可以通过以下方法对音频播放器对象进行操作：

（1）get，获取音频播放器对象的属性。

- ◆ Value = get(obj,Name)
- ◆ Values = get(obj,{Name1,...,NameN})
- ◆ Values = get(obj)
- ◆ get(obj)

参数包括：

1）obj，欲获取属性值的播放器对象；

2）Name，属性名称；

3）Name1,…,NameN，属性名称列表；

4）value/values，返回值用于存储获取的属性值。

例如：加载音频数据后，创建播放器，然后获取相关属性

```
>> load handel↙
>> player=audioplayer(y,Fs);↙
>> get(player)↙
        BitsPerSample:   16
        CurrentSample:   1
             DeviceID:   -1
     NumberOfChannels:   1
              Running:   'off'
           SampleRate:   8192
             StartFcn:   []
              StopFcn:   []
                  Tag:   ''
             TimerFcn:   []
          TimerPeriod:   0.0500
         TotalSamples:   73113
                 Type:   'audioplayer'
             UserData:   []
>> info = get(player, {'BitsPerSample', 'NumberOfChannels'})↙
info =
    [16]    [1]
```

（2）isplaying，音频播放器是否正在播放中，返回值为 true 或 false。

（3）pause，暂停播放。

（4）play，播放。

- play(playerObj)
- play(playerObj, start)
- play(playerObj, [start stop])

参数包括：

1）playerObj，播放器对象；

2）start，指定开始播放的起始位置；

3）[start stop]，指定播放的起始和终止位置。

例如：加载音频数据后，创建音频播放器并播放前 3 钟内容

```
>> load handel.mat;↙
>> handel = audioplayer(y, Fs);↙
>> play(handel, [1 handel.SampleRate*3]);↙
```

（5）playblocking，播放直到结束再返回控制权。

- playblocking(playerObj)
- playblocking(playerObj, start)
- playblocking(playerObj, [start stop])

参数包括：

1）playerObj，播放器对象；

2）start，指定开始播放的起始位置；

3）[start stop]，指定播放的起始和终止位置。

例如：

1）先后播放音频数据

```
chirpData = load('chirp.mat'); %加载音频数据
chirpObj = audioplayer(chirpData.y, chirpData.Fs); %创建音频播放器对象
gongData = load('gong.mat'); %加载音频数据
gongObj = audioplayer(gongData.y, gongData.Fs); %创建音频播放器对象
playblocking(chirpObj); %只有播放结束，才释放播放控制权
playblocking(gongObj);
```

2）同时播放两个音频

```
play(chirpObj);
play(gongObj);
```

（6）resume，继续。

（7）set，设置音频播放器对象的属性。

- set(obj,Name,Value)
- set(obj,cellOfNames,cellOfValues)
- set(obj,structOfProperties)
- settableProperties = set(obj)

参数包括：

1）obj，播放器对象；

2）name，属性名称；

3）value，属性值；

4）cellofNames，单元数组形式的属性名称；

5）cellOfValues，单元数组形式的属性值；

6）structOfProperties，结构数组形式的属性；

7）settableProperties，播放器对象可以被设置的属性列表。

例如：显示可设置的属性列表

```
>> load handel.mat;↙
>> handelObj = audioplayer(y, Fs);↙
>> set(handelObj)↙
    SampleRate
    UserData
    Tag
    TimerFcn: string -or- function handle -or- cell array
    TimerPeriod
    StartFcn: string -or- function handle -or- cell array
    StopFcn: string -or- function handle -or- cell array
```

（8）stop，停止。

例如：

```
>> load handel↙
>> player=audioplayer(y,Fs/2); ↙
>> play(player); ↙
>> pause(player); ↙
>> resume(player); ↙
>> stop(player); ↙
```

8.7.13 创建录音机对象：audiorecorder

- recorder = audiorecorder
- recorder = audiorecorder(Fs, nBits, nChannels)
- recorder = audiorecorder(Fs, nBits, nChannels, ID)

根据指定的参数 Fs、nBits、nChannels 等创建录音机对象（recorder）。

参数包括：

1）Fs，声音采样频率（单位：Hz），常用的有 8000Hz，11025Hz，22050Hz，44100 Hz，默认值为 8000 Hz；

2）nBits，采样值精度（位数），常用 8 位、16 位或 24 位，默认值为 8；

3）nChannels，声道数，1=单声道；2=立体声，默认值为 1；

4）ID，音频设备编号，可通过 audiodevinfo 函数获取系统配置的音频设备信息；

5）recorder，返回的录音机对象。

下列方法可用于控制录音机对象：

（1）get，获取录音机对象的属性。

- Value = get(obj,Name)
- Values = get(obj,{Name1,...,NameN})
- Values = get(obj)
- get(obj)

参数包括：

1）obj，欲获取属性值的录音机对象；

2）name，属性名称；

3）name1,…,NameN，属性名称列表；

4）value/values，返回值用于存储获取的属性值。

例如：

1）获取所有的属性值，返回值为结构数组，字段名为相应的属性名，例如 SampleRate、NumberOfChannels 等；

```
>> recorder=audiorecorder(44100,8,1,0);↙
values =
             BitsPerSample:   8
              BufferLength:   0.1000
             CurrentSample:   1
                  DeviceID:   0
           NumberOfBuffers:   10
          NumberOfChannels:   1
                   Running:   'off'
                SampleRate:   44100
                  StartFcn:   []
                   StopFcn:   []
                       Tag:   ''
                  TimerFcn:   []
               TimerPeriod:   0.0500
              TotalSamples:   0
                      Type:   'audiorecorder'
                  UserData:   []
```

2）获取录音机的采样频率。

```
>> recorder=audiorecorder; ↙
>> value=get(recorder,'SampleRate') ↙
value =
       8000
```

（2）getaudiodata，获取录制的音频信号数据并保存在数组中。

◆ y = getaudiodata(recorder)

◆ y = getaudiodata(recorder, dataType)

参数包括：

1）recorder，欲获取音频数据的录音机对象；

2）dataType，把音频数据转换为特定数据类型，包括：'double'（双精度）、'single'（单精度）、'int16'（16 位有符号整型）、'int8'（8 位有符号整型）、'uint8'（8 位无符号整型）。

例如：录音 5 秒，然后图形显示音频数据

```
recorder=audiorecorder(44100,8,1,0);%以指定参数打开录音机对象
disp('开始录音');%显示提示信息
recordblocking(recorder,5);% 录音 5 秒钟，制造些噪音
disp('录音结束');
play(recorder);%回放录制的声音
audiodata=Getaudiodata(recorder);%获取音频数据
plot(audiodata);%图形化音频数据
```

输出结果如下：

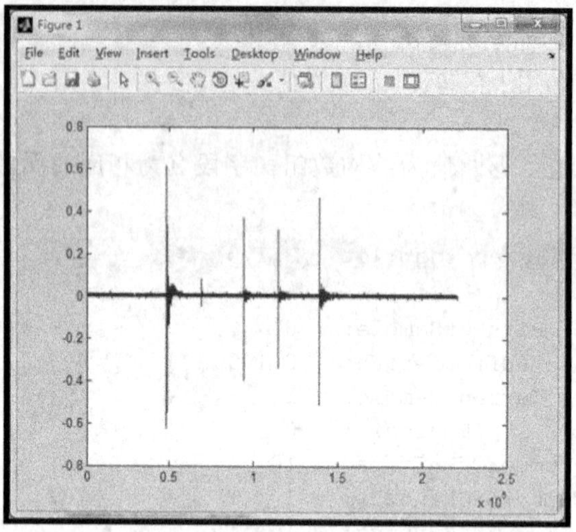

图 8-63　录制的声音波形

（3）getplayer，创建一个音频播放器对象。

（4）isrecording，查询当前是否正在录音中，返回值为 true 或 false。

（5）pause，暂停录音。

（6）play，播放与录音机关联的声音，并返回一个音频播放器对象。

◆ player = play(recObj)

◆ player = play(recObj, start)

◆ player = play(recObj, [start stop])

参数包括：

1）recObj，录音机对象；

2）start，指定开始播放的起始位置；

3）[start stop]，指定播放的起始和终止位置；

4）player，返回值存储用于播放与录音机关联音频的播放器对象。

例如：录音 5 秒并回放前 3 秒内容，然后显示音频播放器对象属性

```
recorder=audiorecorder(44100,8,1,0);%以指定参数打开录音机对象
disp('开始录音');%显示提示信息
recordblocking(recorder,5);% 录音 5 秒钟，制造些噪音
disp('录音结束');
player=play(recorder,[1 recorder.SampleRate*3]);%回放所录声音的前 3 秒
get(player); %获取并显示音频播放器对象属性
```

（7）record，使用某录音机对象开始录音（立即返回对录音机对象的控制权），可以指定录制的时长。

◆ record(recorderObj)

◆ record(recorderObj, length)

参数包括：

1）recorderObj，由 audiorecorder 创建的录音机对象；

2）length，录制的时间长度（单位：秒）。

例如：录音 5 秒

```
recorder=audiorecorder(44100,8,1,0);
recorder.StartFcn='disp(''开始录音'')';
```

```
recorder.StopFcn='disp(''录音结束'')';
record(recorder,5);% 录音 5 秒钟
```

注意：上述代码中使用的为单引号。

（8）recordblocking，开始录音，并且直到录音结束时才返回对录音机对象的控制，运用该方法时需要提供录制时间长度参数，使用格式如下：

```
recordblocking(recorderObj, length)
```

（9）resume，继续录音。

（10）set，设置录音机对象属性值。

- set(obj,Name,Value)
- set(obj,cellOfNames,cellOfValues)
- set(obj,structOfProperties)
- settableProperties = set(obj)

参数包括：

1）obj，录音机对象；

2）Name，属性名称；

3）Value，属性值；

4）cellofNames，单元数组形式的属性名称；

5）cellOfValues，单元数组形式的属性值；

6）structOfProperties，结构数组形式的属性；

7）settableProperties，录音机对象可以被设置的属性列表。

例如：

1）查询录音机可以设置的属性

```
>> set(audiorecorder)↙
    UserData
    Tag
    TimerFcn: string -or- function handle -or- cell array
    TimerPeriod
    StartFcn: string -or- function handle -or- cell array
    StopFcn: string -or- function handle -or- cell array
    NumberOfBuffers
      BufferLength
```

2）以结构数组形式设置录音机对象属性

```
>> newValues.Tag = 'My Tag';↙
>> newValues.UserData = {'My User Data', pi, [1 2 3 4]};↙
>> recorderObj = audiorecorder;↙
>> set(recorderObj, newValues)↙
>> get(recorderObj)↙
       BitsPerSample:   8
        BufferLength:   0.1000
       CurrentSample:   1
            DeviceID:   -1
     NumberOfBuffers:   10
    NumberOfChannels:   1
             Running:   'off'
          SampleRate:   8000
            StartFcn:   []
             StopFcn:   []
                 Tag:   'My Tag'
```

```
       TimerFcn:   []
    TimerPeriod:   0.0500
   TotalSamples:   0
           Type:   'audiorecorder'
       UserData:   {'My User Data'  [3.1416]  [1 2 3 4]}
```

（11）stop，停止录音。

例如：

```
>> r = audiorecorder(22050, 16, 1); ↙
>> stop(r); ↙
```

8.7.14 获取音频设备信息：audiodevinfo

- devinfo = audiodevinfo %获取音频输入/输出设备的信息
- devs = audiodevinfo(IO) %获取音频输入/输出设备数
- name = audiodevinfo(IO, ID) %获取指定编号的某输入/输出设备的名称
- ID = audiodevinfo(IO, name) %获取名为 name 的某输入/输出设备的编号
- DriverVersion = audiodevinfo(IO, ID, 'DriverVersion') %获取驱动版本
- ID = audiodevinfo(IO, rate, bits, chans) %获取首个支持给定参数的输入/输出设备的编号
- doesSupport = audiodevinfo(IO, ID, rate, bits, chans) %某输入/输出设备是否支持给定的参数

该函数用于获取系统所安装的音频输入/输出设备的相关信息，包括设备数、版本号、名称和设备编号，是否支持某音频格式等。

参数包括：

1）IO，音频输入或输出设备，1=音频输入设备；0=音频输出设备；

2）ID，设备编号，从 0 开始；

3）name，输入/输出设备名称；

4）'DriverVersion'，输入/输出设备驱动版本号；

5）rate，采样频率；

6）bits，音频数据位数；

7）chans，声道数；

8）doesSupport，返回值表示是否支持，1=支持；0=不支持。

例如：

```
>> adevice=audiodevinfo↙
adevice =
     input:  [1x1 struct]
    output:  [1x1 struct]
>> adevice.input↙
ans =
             Name:  '麦克风 (High Definition Audio '
    DriverVersion:  '0.0'
               ID:  0
>> adevice.output↙

ans =
             Name:  '扬声器 (High Definition Audio '
    DriverVersion:  '0.0'
               ID:  0
```

8.8 时间类函数

在心理学实验中，特别是心理物理学实验中，计时的精度非常重要，在 MATLAB 中提供了便捷的时间控制函数和高精度的计时函数，但 MATLAB 在第一次调用 MEX 函数或 M 文件时，要花费大约几百毫秒的时间，同样变量的分配也需要一定时间。在测量时间时要注意避免上述操作的影响，即在开始计时前，要确保所使用的函数都已经加载，所使用的变量都已经分配内存。一旦完成函数加载和变量分配，它们会驻留在内存中，不需要时可通过 clear MEX 等指令来清除，否则会占用系统内存，影响实验程序的高效执行。

8.8.1 启动计时器：Tic

```
tic;
```

该函数是 MATLAB 内置函数，相当于按下秒表开关开始计时。还可以将启动计时器后某个时刻的时间赋给某个变量，如 start=tic，参见 Toc。

8.8.2 读取计时器时间进度：Toc

```
t=toc([time]);
```

读取计时器的时间（MATLAB 内置函数），该时间值是从计时器启动至调用该函数时经过的时间值，注意在调用 toc 之前，必须先调用 tic。

参数包括：

（1）time，可选参数，使用 tic 的返回值作为参数值。如果省略参数，则返回距离计时器启动时刻的时间段。如果提供 time 参数，则返回计时器启动后距离某个时刻（time）的时间值。

（2）t，返回值（以秒为单位），返回从计时器开始计时所经过的时间

例如：等待一定时间，返回距离不同时刻点的经历时间

```
tic;
t1=tic;
while toc<5
end
t2=tic;
toc(t1)
toc(t2)
```

输出结果：

```
Elapsed time is 5.002103 seconds.
Elapsed time is 0.003000 seconds.
```

8.8.3 获取时间值：GetSecs

```
s=GetSecs
```

获取高精度的以秒为单位的时间，有些 Windows 系统本身可能存在计时缺陷，并且不同的 Windows 系统差别可能也较大（系统如果采用了高精度的时钟，精度可达微秒级，一般可达毫秒级）。PTB 在启动时会首先进行计时性能检测，可以通过运行 GetSecsTest 程序来测试计算机系统的计时性能。更多信息可参见 help GetSecsTest。需要注意的是，GetSecs 函数相对 MATLAB 的内置函数 tic 和 toc 来说，计时精度更高。

例如：

（1）测试数组循环赋值耗时（不要输入太大的循环次数，小心耗尽系统内存）

```
clear all
r=input('输入循环次数[>0] ');
start=GetSecs;
for i=1:r
array(i)=i;
end
stop=GetSecs-start;
fprintf('Time elapsed %f s.\nAverage time is %f s.\n',stop,stop/r);
```

输出结果：

```
输入循环次数[>0]: 50
Time elapsed 0.000639 s.
Average time 0.000013 s.
```

（2）比较 GetSecs 与 tic 和 toc 的计时精度（将下面代码保存在 M 文件中，然后运行）

```
clear all;         %清除所有局部和全局变量、函数等
t1=GetSecs;
for i=1:1000       %循环 1000 次
end
%此处先利用 GetSecs 函数获取时间值，而没有在 fprintf 语句中使用 GetSecs-t1 的形式，因为
        减法运算会耗费额外时间
t2=GetSecs;
fprintf('GetSecs: %fs.\n',t2-t1);
tic;
for i=1:1000
end
fprintf('tic&toc: %fs.\n',toc);
```

输出结果：

```
GetSecs: 0.000067s.
tic&toc: 0.000116s.
```

8.8.4 等待指定时间：WaitSecs

- wakeup = WaitSecs(s);
- wakeup = WaitSecs('UntilTime', when);
- wakeup = WaitSecs('YieldSecs', waitPeriodSecs);

等待一定时间（以秒为单位），理想情况下可以精确到 1 毫秒，建设设置程序的优先级（Priority）来确保时间精度，该函数的第一种形式要比 MATLAB 内置的 pause 函数精度高。

参数包括：

（1）s，等待时间值（以秒为单位），Ctrl+C 无法中断等待；

（2）when，如果使用 WaitSecs('UntilTime', when)函数形式，when 参数指定什么时间结束等待，注意此时参数值要大于当前的 GetSecs 返回值，即以系统启动时为起点；

（3）waitPeriodSecs，时间等待的另一种形式，等待一定时间，但计时不精确，如果需要精确计时，请使用第一种形式；

（4）wakeup，返回值，等于等待结束时执行 GetSecs 函数的返回值，即结束等待时的系统时间。

例如：测试等待时间精度

```
clear all
```

```
r=input('输入循环等待次数[>0]');

start=GetSecs;
for i=1:r
   WaitSecs(0.1);
end
stop=GetSecs-start;
fprintf('平均等待时间%f s, 误差约为%f ms.\n',stop/r, (stop/r-0.1)*100);
```

输出结果：

```
输入循环等待次数[>0]: 100
平均等待时间 0.100397 s, 误差约为 0.396597 ms.
```

8.8.5　暂停：pause

- pause
- pause(n)
- pause on / pause off
- pause query
- state=pause('query')
- oldstate=pause(newstate)

等待被试反应，该函数属于 MATLAB 自带函数，但在实验编程中也经常使用。

参数包括：

（1）noparameter，没有参数直接使用时等待被试按键（任意键）反应；

（2）n，n 为非负实数，等待 n 秒后继续执行程序（可用于程序代码中），如果输入 pause(inf)，则程序处于无限循环中，按 Ctrl+C 返回。

（3）on / off，控制 pause 函数是否生效，on=打开，off=关闭；

（4）query，pause 函数的有效状态，输出结果为 on 或 off；

（5）'query'，等同于 query；

（6）newstate，字符型参数，可设置为'on'或'off'；

（7）state, oldstate，返回的 pause 函数的状态值；

例如：等待 5 秒后，返回至 MATLAB 提示符

```
>> pause(5)↙
```

8.8.6　获取时间：GetTicks

```
ticks = GetTicks
```

tick 是指系统内核的计时单位，该函数获取自系统启动至函数调用时刻的“滴答”数，1 tick=1 / 60.15 s，PTB 下请使用 GetSecs 和 WaitSecs 函数获取高精度计时，该函数在 PTB-3 中已经被弃用。

8.8.7　等待时间：WaitTicks

```
WaitTicks(wait)
```

等待给定的时间（wait），以 tick 为单位，1 tick=1 / 60.15 s，PTB 下请使用 GetSecs 和 WaitSecs 函数获取高精度计时，该函数在 PTB-3 中已经被弃用。

8.8.8 获取滴答间隔：GetTicksTick

```
tickPeriod = GetTicksTick
```

获取两次滴答之间的时间间隔（以秒为单位），等于 1 / 60.15 秒。

8.8.9 GetSecs 时间精度：GetSecsTick

```
tickDuration=GetSecsTick
```

获取 GetSecs 函数的时间精度（微秒级）。

8.8.10 获取总线滴答数：GetBusTicks

```
ticks = GetBusTicks
```

返回自系统运行以来的系统总线滴答次数，Windows 系统不支持，仅适用于 OS-X。

8.8.11 GetBusTicks 时间精度：GetBusTicksTick

```
busTickPeriod = GetBusTicksTick
```

获取 GetBusTicks 的时间精度，Windows 系统不支持，仅适用于 OS-X。

8.9 按键操作类函数

8.9.1 按键判断：KbCheck

```
[keyIsDown, secs, keyCode, deltaSecs] = KbCheck([deviceNumber]);
```

返回键盘按键状态信息，可以通过 DisableKeysForKbCheck 函数指定不返回某些按键的状态信息（即即使被试按了这些键，系统也认为没有按键行为发生，这样就可以限制被试的按键范围或者屏蔽掉无效的按键）或者通过 RestrictKeysForKbCheck 函数来指定有效的按键。如果有按键行为发生，该函数会报告多个 keyDown 事件到事件队列中，所以需要及时清空事件队列。

参数包括：

（1）deviceNumber，默认情况下，该函数会查询 USB-HID 键盘，如果计算机连接了多个键盘，则根据指定的 deviceNumber 参数值对按键状态进行查询。–1=查询所有键盘设备，此时返回值 keyCode 为一向量，存储所有键盘设备所有按键的状态；–2=Keypad 设备；–3=所有的键盘和 Keypad 设备；如果大于 0，则查询与设备号相对应的 HID 键盘设备，通过函数 GetKeyboardIndices 和 GetKeypadIndices 可以获取设备号。由于大多数情况下，只配置一个键盘，因此省略该参数的情况居多。

（2）keyIsDown，如果有任意按键行为（包括<shift>、<control>或<Caps Lock>），则返回值为 1。

（3）secs，由 GetSecs 函数返回的按键行为发生的时间（以秒为单位），参见 GetSecs（8.8.3 小节）。

（4）keyCode，所按键的扫描码，是包含 256 个元素的逻辑数组，每一位对应键盘上的一个按键。如果某键按下，则对应位设置为 1，否则清零。使用 KbName 函数可以获知所按键的明确信息，参见 KbName（8.9.2 小节）。

（5）deltaSecs，为了获取被试的按键信息，KbCheck 函数会被一遍一遍地调用，以便准确地获取被试的反应，但被试的按键行为却很可能是在两次 KbCheck 函数调用之间完成的，因为返回值 secs 记录的是当前 KbCheck 函数执行时刻的时间，这样反应时就会有较大的误差，为了解决此问题，返回值 deltaSecs 告诉用户被试的按键很有可能是发生[secs-deltaSecs, secs]区间，换言之，为反应时的置信区间，但由于计算机键盘会有额外的延时（大约 50ms），所以测得的反应时的不确定性会高一些。

该函数在遍历键盘状态信息时，被试的按键会输出至 MATLAB 命令窗口中，可以通过 ListenChar 函数来限制按键结果输出到 MATLAB 命令窗口。

例如：

```
ListenChar(2); %屏蔽掉按键输出至 Matlab 命令窗口
escape=KbName('escape'); %获取 ESC 的扫描码
while 1
   [kD,secs,kC]=KbCheck;
   if kC(escape) %如果按了 ESC，则跳出 while 循环
      break;
   elseif kD
      fprintf('You pressed %s, [ESC TO EXIT!]\n',char(KbName(kC)));
      %清除相同按键事件队列，否则同一按键行为会输出多行信息
      while KbCheck; end
   end
end
ListenChar(0); %恢复按键信息到 Matlab 命令窗口的输出
```

8.9.2 按键名称与扫描码：KbName

```
kbNameResult = KbName(arg)
```

该函数根据参数（arg）的不同类型来决定返回结果。

参数包括：

（1）arg，如果参数是字符型按键名称（如'escape'、'return'），则返回其对应的扫描码；如果是数值型扫描码，则返回对应的键名；如果不提供任何参数，则 1 秒后调用 KbCheck 函数（等待 1 秒钟是为了避免在 MATLAB 命令窗口使用该函数时键入的回车键）；如果参数等于'UnifyKeyNames'，则表示把当前系统的键盘按键的命名方案统一转换为 MacOX-X 系统的命名方案，这样可以提高实验程序的可移植性，建议在每个实验程序开头，加入 KbName('UnifyKeyNames')代码；如果参数等于'KeyNames'，则列出扫描码→键名的映射表。

（2）kbNameResult，参见 arg 的说明。

例如：

```
>> KbName('return')↙
ans =
    13
>> KbName(32)↙
ans =
space
>>KbName('KeyNames')↙
```

输出结果参见附录 1。

```
>> KbName('KeyNamesOSX') ↙
```

输出结果参见附录 2。

8.9.3 等待按键行为：KbWait

```
[secs, keyCode, deltaSecs] = KbWait([deviceNumber][, forWhat=0]);
```

等待被试做出按键行为，并返回相应的时间和扫描码。但与 KbCheck 不同的是 KbWait 不会连续地查询键盘状态，而是间隔 5 毫秒查询一次以降低系统负荷，所以该函数不适合测量被试的反应时（一般用于指导语中按任意键继续操作），如果该函数在执行时没有出现等待被试按键的情况，可能是因为某些按键的状态信息为 keyDown 状态，可通过 RestrictKeysForKbCheck 或 DisableKeysForKbCheck 函数来设置合理的有效按键。

参数包括：

（1）deviceNumber，默认情况下，该函数会查询 USB-HID 键盘，如果计算机连接了多个键盘，则根据指定的 deviceNumber 参数值对按键状态进行查询。–1=查询所有键盘设备，此时返回值 keyCode 为一向量，存储所有键盘设备所有按键的状态；–2=Keypad 设备；–3=所有的键盘和 Keypad 设备；如果大于 0，则查询与设备号相对应的 HID 键盘设备，通过函数 GetKeyboardIndices 和 GetKeypadIndices 可以获取设备号。由于大多数情况下只配置一个键盘，因此省略该参数的情况居多。

（2）forWhat，指定获取“按下”还是“释放”动作。默认值为 0，表示按下动作；1=释放动作；2=等所有按键处于释放状态后，再接收被试的按键动作；3=释放所有按键→等待按键→释放所有按键。

（3）secs，由 GetSecs 函数返回的按键行为发生的时间（以秒为单位），参见 GetSecs（8.8.3 小节）。

（4）keyCode，所按键的扫描码，是包含 256 个元素的逻辑数组，每一位对应键盘上的一个按键，如果某键按下，则对应位设置为 1，否则清零，使用 KbName 函数可以获知所按键的明确信息，参见 KbName（8.9.2 小节）。

（5）deltaSecs，为了获取被试的按键信息，KbCheck 函数会被一遍一遍地调用以便准确地获取被试的反应时，但被试的按键行为却很可能是在两次 KbCheck 函数调用之间完成的，因为返回值 secs 记录的是当前 KbCheck 函数执行时刻的时间，这样反应时就会有较大的误差，为了解决此问题，返回值 deltaSecs 告诉你被试的按键很有可能是发生[secs-deltaSecs, secs]区间，换言之，为反应时的置信区间，但由于计算机键盘会有额外的延时（大约 50ms），所以测得的反应时的不确定性会高一些。

例如：

```
ListenChar(2);
fprintf('Press any key to continue ...\n');
[secs,kC]=KbWait;
fprintf('You pressed %s at time %f seconds.\n',char(KbName(kC)),secs);
ListenChar(0);
```

8.9.4 按压等待：KbPressWait

```
[secs, keyCode, deltaSecs] = KbPressWait([deviceNumber], [more optional args
        for KbWait]);
```

该函数待所有按键释放后，等待被试做出按键动作，不需要被试释放按键，即返回相应值，相当于 KbWait 函数的 forWhat 参数等于 0 值时的情况。

参数包括：

（1）deviceNumber，默认情况下，该函数会查询 USB-HID 键盘，如果计算机连接了多个键盘，则根据指定的 deviceNumber 参数值对按键状态进行查询。–1=查询所有键盘设备，此时返回值 keyCode 为一向量，存储所有键盘设备所有按键的状态；–2=Keypad 设备；–3=所有的键盘和 Keypad 设备；如果大于 0，则查询与设备号相对应的 HID 键盘设备，通过函数 GetKeyboardIndices 和 GetKeypadIndices 可以获取设备号。由于大多数情况下只配置一个键盘，因此省略该参数的情况居多。

（2）more optional args for kbWait，更多参数含义与 KbWait 函数相同。

（3）secs，由 GetSecs 函数返回的按键行为发生的时间（以秒为单位），参见 GetSecs（8.8.3 小节）。

（4）keyCode，所按键的扫描码，是包含 256 个元素的逻辑数组，每一位对应键盘上的一个按键。如果某键按下，则对应位设置为 1，否则清零。使用 KbName 函数可以获知所按键的明确信息，参见 KbName（8.9.2 小节）。

（5）deltaSecs，为了获取被试的按键信息，KbCheck 函数会被一遍一遍地调用以便准确地获取被试的反应时，但被试的按键行为却很可能是在两次 KbCheck 函数调用之间完成的，因为返回值 secs 记录的是当前 KbCheck 函数执行时刻的时间，这样反应时就会有较大的误差，为了解决此问题，返回值 deltaSecs 告诉用户被试的按键很有可能是发生[secs-deltaSecs, secs]区间，换言之，为反应时的置信区间，但由于计算机键盘会有额外的延时（大约 50ms），所以测得的反应时的不确定性会高一些。

8.9.5 释放等待：KbReleaseWait

```
[secs, keyCode, deltaSecs] = KbReleaseWait([deviceNumber], [more optional args
        for KbWait]);
```

该函数与 KbPressWait 不同之处是等待被试释放按键后才返回，参数含义同 KbPressWait，该函数相当于 KbWait([ ],1)。

8.9.6 击键等待：KbStrokeWait

```
[secs, keyCode, deltaSecs] = KbStrokeWait([deviceNumber], [more optional args
        for KbWait]);
```

该函数参数含义与 KbPressWait 和 KbReleaseWait 相同，功能上等同于 KbWait([ ],3)。

8.9.7 获取可键入字符：GetChar

```
[ch, when] = GetChar([getExtendedData], [getRawCode]);
```

获取被试键入的字符，该函数不适合于获取被试的反应时（请使用 KbCheck 函数），该函数主要用于从键盘输入队列中获取被试输入的字符，每调用一次该函数，从队列中获取一个字符，如果要清空队列，可使用 FlushEvent('keyDown')函数。

参数包括：

（1）getExtendedData，布尔型逻辑值，默认为 1，1=获取扩展数据（数据存储到 when 结构中），0=不获取扩展数据。

（2）getRawCode，布尔型逻辑值，默认值为 0，0=返回值 ch 中存储字符，1=存储字符对应的扫描码。

（3）ch，记录返回的字符或对应扫描码。

（4）when，扩展数据结构，包括 commandKey、controlKey、optionKey、shiftKey 和 secs 等字段，因为在输入字符时，可以按下诸如 control、shift 之类的组合键，这些按键的情况记录在扩展数据结构 when 中，但如果只按这些功能键，函数并不终止。

例如：循环等待被试输入，直至输入正确内容

```
ListenChar(2);
FlushEvents('keyDown'); %清空键盘事件队列
str='';
fprintf('Please input yes or no as your resonse:');
while true
   ch=GetChar; %获取字符
   fprintf(ch);
   switch(abs(ch))
      case {3,10} %Enter 或 Return 键
         if ~strcmpi(str,'YES') && ~strcmpi(str,'NO') %如果没有输入指定内容
```

```
                fprintf('!!!Please retype your response [yes or no]:');
                str='';
            else
                fprintf('\nGood, you input the right choice [%s]!\n',str);
                break;
            end
        case 8 %Backspace键
            if ~isempty(str)
                str=str(1:length(str)-1);
            end
        otherwise
            str=[str ch]; %拼接字符串
    end
end
ListenChar(0);
```

另外，你可以查看 GetCharTest 例程中有关 GetChar 的功能演示。

8.9.8 获取键盘事件队列中的字符：CharAvail

```
[avail, numChars] = CharAvail;
```

该函数仅仅查询键盘事件队列中的字符，并不将字符从事件队列中移除。

参数包括：

（1）avail，如果队列中有字符，则返回值为 1，否则为 0。

（2）numChars，事件队列中字符个数，因为有的系统该值为空，所以该值不可靠，使用时要小心，必要时确保你的系统支持该返回值。

例如：利用 CharAvail 接收被试按键行为

```
gotChar=0;
while ~gotChar
   gotChar=CharAvail;
end
```

另外，你可以查看 GetCharTest 例程中有关 GetChar 的功能演示。

8.9.9 刷新事件队列：FlushEvents

```
FlushEvents(['mouseUp'],['mouseDown'],['keyDown'],['autoKey'],['update'],...);
```

清除事件队列中的相应事件，但该函数只有在 UNIX 系统上并且不加载 Java 虚拟机时才能从队列中清除所指定的事件，对于 Windows 系统下只能清除 keyDown 事件，即只有一种形式 FlushEvents('keyDown')。

可以查看 GetCharTest 例程中有关 GetChar 的功能演示。

8.9.10 字符监听设置：ListenChar

```
ListenChar([listenFlag]);
```

该函数用于控制 GetChar 是否监听键盘输入，当不提供参数（listenFlag）或 listenFlag=1 时，会监听；如果 listenFlag=0 时不监听，并且清空键盘捕获缓冲；listenFlag=2 时，监听除 MATLAB 命令窗口以外的按键行为，但**如果实验程序异常退出，使用了此命令后，MATLAB 将不能接收键盘指令，此时你可以按 CTRL+C 恢复 MATLAB 命令窗口的监听状态**，调用 GetChar、CharAvail 和 FlushEvents 函数时，将自动激活监听状态。

8.9.11　获取鼠标状态：GetMouse

```
[x,y,buttons,focus] = GetMouse([windowPtrOrScreenNumber]);
```

获取指定窗口页面或屏幕的鼠标状态，Windows 系统默认始终为三按钮鼠标。

参数包括：

（1）windowPtrOrScreenNumber，窗口指针或显示器编号。如果不设置该参数，则为全屏幕，此时可以在 MATLAB 命令窗口中直接测试该函数。

（2）x,y，鼠标当前所在位置的坐标值，如果没有设置 windowPtrOrScreenNumber 参数，则坐标值是在全屏幕的坐标空间中，屏幕左上角为原点。

（3）buttons，为 1×N 的矩阵，其中 N 表示鼠标按键的个数（Windows 系统下 N=3，且分别表示鼠标的左键、中键和右键)，并且如果对应位为 1，表示某个鼠标按钮的按键行为的发生。

（4）focus，如果提供了窗口指针参数，则该值记录窗口是否获取输入焦点，1=有输入权；0=没有，即窗口是否处于激活状态。

例如：在鼠标点击处画圆（见图 8-64）。

```
wPtr=screen('OpenWindow',0,255,[50,50,450,250]);
Screen('DrawText',wPtr,'Left button: Draw a Circle');
Screen('DrawText',wPtr,'Right button: Exit',0,20);
Screen('Flip',wPtr);
while true
    [x,y,buttons]=GetMouse(wPtr);
    if buttons(3)
        break;
    elseif buttons(1)
        Screen('DrawText',wPtr,'Left button: Draw a Circle',0,0);
        Screen('DrawText',wPtr,'Right button: Exit',0,20,0);
        Screen('FillOval', wPtr, 0,[x-10,y-10,x+10,y+10]);
        Screen('Flip', wPtr);
    end
end
sca;
```

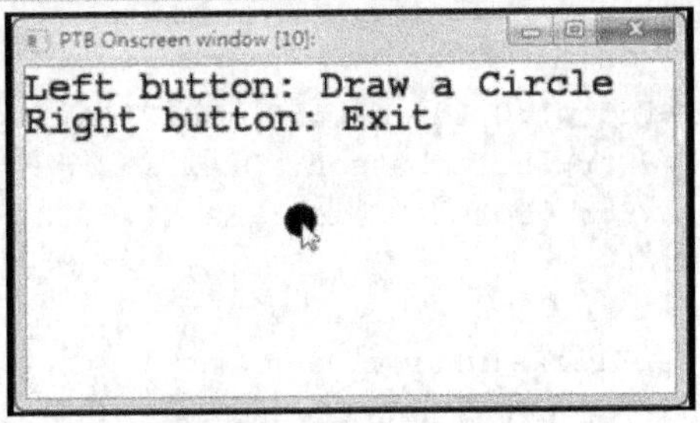

图 8-64　鼠标应用示例

8.9.12　设置鼠标位置：SetMouse/ WaitSetMouse

- SetMouse(x,y,[windowPtrOrScreenNumber]);
- WaitSetMouse(newX, newY, windowPtrOrScreenNumber)

该函数用于设置鼠标位于窗口（windowPtr）或显示屏的某个位置处（x,y)，执行完 SetMouse 函数后，系统对鼠标光标位置的更新可能有延迟，因此在利用 GetMouse 来获取鼠标位置时要注意此点，而 WaitSetMouse 可以避免此问题。

参数包括：

（1）x,y，要设置的坐标值，该坐标值始终以显示器屏幕左上角为原点，目前还不支持第二个显示器（即 ScreenNumber=2）。

（2）windowPtrOrScreenNumber，窗口指针或显示器编号。如果不是窗口指针则可以直接在 MATLAB 命令窗口中测试该函数。

例如：鼠标在圆周上移动

```
[w h]=Screen('WindowSize',max(Screen('Screens')));
minone=min(w,h)/4;
for i=0:10:360
    x=minone*cos(i*pi/180);
    y=minone*sin(i*pi/180);
    WaitSetMouse(floor(x+w/2),floor(y+h/2),0);
    WaitSecs(0.05);
end
```

8.9.13 等待鼠标点击：GetClicks

```
[clicks,x,y,whichButton] = GetClicks([windowPtrOrScreenNumber][, interclickSecs]);
```

等待被试做出鼠标点击反应。

参数包括：

（1）windowPtrOrScreenNumber，窗口指针或显示器编号。如果不是窗口指针则可以直接在 MATLAB 命令窗口中测试该函数。

（2）interclickSecs，设置鼠标双击时间间隔值，即当两次单击鼠标的时间间隔小于此值时，才算作双击，否则视为一次单击行为，当该值为 0 时，屏蔽掉双击；如果省略该参数，则使用系统默认的双击操作时间间隔。

（3）clicks，返回是单击=1，还是双击=2 操作。

（4）x,y，返回鼠标的坐标值。

（5）whichButton，返回值表示点击何按钮，1=左键，2=中键，3=右键。

例如：在鼠标点击处画圆（见图 8-64，可以对比以下两段程序代码的运行效果，会发现利用 GetClicks 函数时有粘滞现象，即反应迟钝）。

```
wPtr=screen('OpenWindow',0,255,[50,50,450,250]);
Screen('DrawText',wPtr,'Left button: Draw a Circle');
Screen('DrawText',wPtr,'Double Click: Exit',0,20);
Screen('Flip',wPtr);
while true
    [clicks,x,y]=GetClicks(wPtr);
    if clicks==2
        break;
    elseif clicks==1
        Screen('DrawText',wPtr,'Left button: Draw a Circle',0,0);
        Screen('DrawText',wPtr,'Double Click: Exit',0,20,0);
        Screen('FillOval', wPtr, 0,[x-10,y-10,x+10,y+10]);
        Screen('Flip', wPtr);
    end
end
sca
```

8.9.14　询问：Ask

```
reply = Ask(window,message,[textColor],[bgColor],[replyFun],[rectAlign1],
        [rectAlign2], [fontSize=30])
```

显示询问信息并接收用户的鼠标或键盘输入。

参数包括：

（1）window，窗口指针。

（2）message，文本信息。

（3）textColor，文本颜色。

（4）bgColor，背景色。

（5）replyFun，应答函数，默认为 GetClicks，可以使用 GetString 函数（不回显输入内容）或 GetChar 函数（回显输入内容）。

（6）rectAlign1、rectAlign2，对齐方式，可以设定为 RectLeft, RectRight, RectTop, RectBottom 或者使用字符形式：'left','top','right','bottom','center'。如果想使文本在某个矩形内对齐，则在 rectAlign1 函数中指定矩形，在 rectAlign2 中指定对齐方式。

（7）fontsize，字体大小（默认为 30）。

（8）reply，返回值，如果使用 GetClicks 作为应答函数，则并不区分鼠标按键，而是返回鼠标按键次数（单击=1，双击=2，以此类推）；另外两个应答函数会返回输入的文本，**注意：不接收中文输入**。

例如：输入文本并回显（见图 8-65）

```
wptr=Screen('OpenWindow',0,255,[0 0 800 600]);
ab=Ask(wptr,'Pls input your name:',[],[],'GetChar');
disp(upper(ab));
sca
```

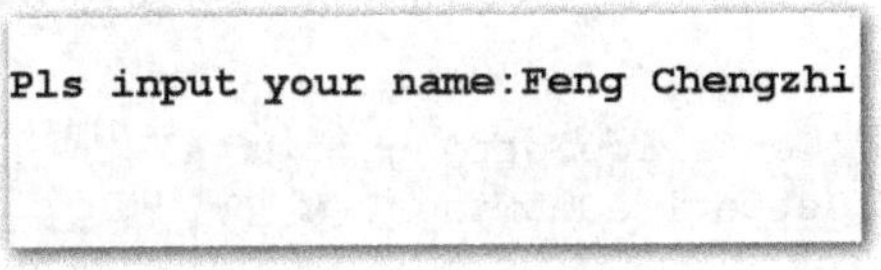

图 8-65　文本输入窗口

8.9.15　光标隐藏：HideCursor

```
HideCursor
```

隐藏光标。

8.9.16　光标显示：ShowCursor

```
oldType = ShowCursor([type] [, screenid])
```

使用 HideCursor 函数后通过调用该函数重新显示鼠标指针。

参数包括：

（1）type，指定光标形状，0=箭头，1=十字，2=手形，3=四向控制，4=上下控制，5=水平控制，6=沙漏等待，7=Stop，其中箭头、十字、手形和沙漏等待可以分别使用'Arrow'，'CrossHair'，'Hand'，'SandClock'字符作为参数。

（2）screenid，窗口指针。

（3）oldType，返回值始终为 0。

例如：将鼠标形状设置为手形

```
wptr=Screen('OpenWindow',0,0,[0 0 640 480]);
ShowCursor('Hand',wptr);
KbWait;
sca;
```

8.9.17 限制按键检查范围：RestrictKeysForKbCheck

```
oldenablekeys = RestrictKeysForKbCheck([enablekeys])
```

通过将按键检查的范围限定在某些固定的按键上，可以节省一定时间（例如 KbCheck 函数的执行时间与要检查的按键状态的数量有关）。例如，实验中，允许被试的反应按键为 F 和 J 键，则可以将按键检查限定为 F 和 J 键。

参数包括：

（1）enablekeys，限定的按键列表，如果参数为空（[]），则恢复默认状态，即检查所有按键。

（2）oldenablekeys，返回值存储先前的限定范围。

注意：当使用 clear all 命令时，按键的限定范围将失效，即恢复为默认值。

例如：将按键检查限定为 F 和 J 键

```
RestrictKeysForKbCheck([KbName('f') KbName('j')]);
```

8.10 语音输入类函数

PTB3.0 的语音输入类函数除初始化函数 InitializePsychSound 外，其他函数均以 PsychPortAudio ('Command',….)的形式进行调用。要获取某函数的帮助信息，则在 MATLAB 命令窗口中输入 PsychPortAudio command?，例如：PsychPortAudio Open?。可以在 MATLAB 命令窗口中通过以下两种方式列出支持的函数。

```
>> PsychPortAudio('GetDeviceSettings') ↙
>> PsychPortAudio GetDeviceSettings? ↙
```

8.10.1 加载高性能声卡驱动：InitializePsychSound

```
InitializePsychSound([reallyneedlowlatency=0]);
```

该函数用于装载支持高精度、低延时和多声道的录音驱动，如果使用语音输入，则需将该函数放在实验程序代码的开始处。对于 MacOS/X 和 Linux 系统，初始化后系统会尽可能保证语音输入的灵敏度，但在 Windows 系统下情况要复杂得多。默认情况下，会使用 PSYCHTOOLBOX/PsychSound/目录下的“portaudio_x86.dll”驱动，由于有 30 毫秒的时间延迟，我们只能得到中等程度的时间精度。如果对时间精度的要求较高，可以考虑更换支持 ASIO 声卡设备（ASIO 是专业声卡驱动，由 Steinberg 公司开发，其全称是 Audio Stream Input Output），采用 ASIO 技术可以减少系统对音频流信号的延迟，增强声卡硬件的处理能力，如创新的 SoundBlaster Audigy 系列。

可直接在 MATLAB 命令窗口内运行该函数来查看你的硬件是否支持 ASIO。如果输出以下信息则表示不支持：

Could not find a low-latency enhanced PortAudio driver. If you need really accurate sound onset timing and latency < 30 msecs, please read "help InitializePsychSound" carefully and follow the instructions. Will use our standard driver instead of enhanced driver...

当没有条件更换硬件时，则可以用软件的方法来仿真 ASIO 接口，方法是下载免费的 ASIO4ALL 驱动程序（http://asio4all.com）。但无论如何，需要下载“portaudio_x86.dll”插件确保 PTB 发挥 ASIO 技术的优势（可以到 http://psychtoolbox.org/wikka.php?wakka=PsychPortAudio 处下载），然后把该文件复制到 psychtoolbox/目录下，并重启 MATLAB，然后运行该函数，如果显示以下信息，则表示安装成功。

```
Detected an ASIO enhanced PortAudio driver. Good!
PTB-INFO: Using specially modified PortAudio engine, based on offical version:
        PortAudio V19-devel WITH-DIM

Disclaimer: "ASIO is a trademark and software of Steinberg Media Technologies GmbH."
Using "ASIO Interface Technology by Steinberg Media Technologies GmbH"

Found at least one ASIO enabled soundcard in your system. Good, will use that
        in low-latency mode!
```

参数包括：

Reallyneedlowlatency，默认值为 0，如果需要提高语音输入的灵敏度，可将该值设为 1。

参见函数 Close（8.10.8 小节）。

8.10.2 打开音频设备：Open

```
pahandle = PsychPortAudio('Open' [, deviceid][, mode][, reqlatencyclass]
        [, freq][, channels][, buffersize][, suggestedLatency]
        [, selectchannels][, specialFlags=0]);
```

打开音频设备并进行初始化，返回供进一步操作的音频设备句柄。

参数包括：

（1）deviceid，如果安装了多个音频设备，该参数用于指定设备编号，默认为默认设备，一般设置为[]即可。

（2）mode，默认值为 1，1=音频播放；2=音频捕获；3=捕获+播放（该值并非在所有的音频设备上稳定运行，有可能导致 MATLAB 崩溃）；7=通过扬声器实时播放语音输入（需要支持全双工的硬件设备），相当于回音效果，但此时无法捕获声音，也就没有办法对时间进行控制。除此之外，还可以通过在模式值上加数值 8 来定义某音频设备为主设备，此时主设备并不用于音频捕获或播放，而是通过附属于主设备的附属设备来捕获或播放，而且每个附属设备可以进行单独控制（更多信息参见 8.10.10 小节）。

（3）reqlatencyclass，如果减小时间延迟获得高精度计时，程序设计要注意权衡时间延迟和系统负载间的关系，延迟越小，系统负荷越高，如同检测按键信息一样，间隔 100 毫秒检测一次按键状态相对于间隔 5 毫秒检测一次按键状态的系统负载要小，但误差也较大。0=不关心延迟问题；1=尽量减小延迟；2=获取完全控制权，即使导致其他音频相关程序失败或关闭；3=与 2 相同，获取最大控制权；4=与 3 相似，但当无法满足较为苛刻的捕获指标时返回错误，默认值为 1。

（4）freq，每秒的采样频率（Hz），采样频率越高，音质越好，占用空间也会较大，该值与 mode 参数有关，一般 8000 Hz 为电话采样率，对于人的说话已经足够；22 050Hz 为无线电广播采样率；32 000Hz 为 miniDV 数码视频采样率；44 100Hz 为音频 CD 和 MP3 采样率；47 250 Hz 为 PCM 录音机采样率；48 000 Hz 为专业音频的数字声音采样率；50 000Hz 为商用数字录音机采样率；50 400Hz 为三菱 X-80 数字录音机采样率；96 000 Hz 或 192 000 Hz 为 DVD 音频或 BD-ROM 和 HD-DVD 采样率。当前声卡常用的采样率一般为 44 100 Hz（每秒采集声音样本 44 100 次）。

（5）channels，音频通道数，默认为 2（立体声）。如果 mode=3，还可以提供包含两个元素的向量数组作为参数值，其中第一个元素为输出通道数，第二个元素为输入通道数，如[2,1]表示立体声播放（2 通道），1 个录音通道。

（6）buffersize，缓冲区大小，该值越小，延迟会越低，但有可能导致系统过载，一般可通过[]使用默认值。

（7）suggestedLatency，系统会根据采样率、延迟建议值和缓冲区大小以及设置的属性来优化延迟性能，一般不需要设置该值，除非系统优化失败。

（8）selectchannels，所选用的通道（该参数仅适用于支持 ASIO 的声卡，否则会忽略该参数）。假设 channels=2，对于一个具有 16 个通道的声卡，可以通过该参数来选定使用哪两个通道。对于单向传输而言（只有输入或输出），该参数为 1×n 的行向量；对于双向传输，该参数为 2×n 的矩阵，第一行用于输出，第二行用于录音，注意：通道的起始值为 0，如[0 2;10 11]。

（9）specialFlags，可选参数，默认值为 0，0=输出流处于工作状态，且音频数据数值裁剪为[−1.0,1.0]区间；1=输出流；2=始终对音频数据进行裁剪；4=不对音频数据进行裁剪；8=始终对音频数据进行抖动处理，抖动处理可以提高信噪比和音质，但会消耗较多系统资源。正常模式下，对音频数据进行抖动处理，低延迟模式下，不对音频数据进行抖动处理；16=不对音频数据进行抖动处理。

（10）pahandle，返回值，指向所打开的音频设备的句柄。

参见函数 Close（8.10.8 小节）、GetStatus（8.10.17 小节）。

8.10.3 加载播放缓冲区：FillBuffer

```
[underflow, nextSampleStartIndex, nextSampleETASecs] =
        PsychPortAudio('FillBuffer', pahandle, bufferdata
        [, streamingrefill=0][, startIndex=Append]);
```

将音频数据填充至播放缓冲区供播放使用。

参数包括：

（1）pahandle，用于填充缓冲区的音频设备句柄。

（2）bufferdata，所欲加载的双精度格式的音频数据（矩阵），每行代表一个声道，每列代表一个采样点；数值范围介于−1.0 至 1.0 之间，为了获取较高的时间精度，提供符合要求的音频数据会节省对数据的处理时间；也可以传递由 CreateBuffer 所创建的音频缓冲区句柄。

（3）streamingrefill，当重放激活时，是否重新填充音频缓冲区，默认值为 0。当设为 1 时，要求驱动立即重新填充缓冲区，但可能会替换掉已经播放过的内容，且需要等待有足够的存储空间来操作；如果设置为 2，即使会产生音疵或覆盖音频数据，也不等待足够的缓冲空间而是立即重新加载。如果所重新加载的音频数据大于缓冲区的大小，该函数调用失败。

（4）startIndex，该参数用于指定重新加载时音频数据的填充方式，如果省略该参数，则新数据添加至当前缓冲区尾。

（5）underflow，返回值，如果未及时重载数据，该值返回 1，表示下溢现象发生，否则返回值为 0。

（6）nextSampleStartIndex，返回值存储加载音频数据后，下一采样点的绝对索引位置，对于第一次加载而言，相当于音频数据的采样数。

（7）nextSampleETASecs，如果音频设备未处理播放状态，该返回值为 NaN，否则为与 nextSampleStartIndex 对应的播放起始时间估计值（单位：秒）。

参见函数 Close（8.10.8 小节）。

8.10.4 重新填充播放缓冲区：RefillBuffer

```
PsychPortAudio('RefillBuffer', pahandle [, bufferhandle=0], bufferdata
        [, startIndex=0]);
```

用音频数据（Bufferdata）在某采样点位置处（StartIndex）开始填充某音频设备（Pahandle）的播

放缓冲区（Bufferhandle）。☞注意：该函数不可以改变现有缓冲区大小，而且所填充的音频数据也不可超出缓冲区大小，否则就需要使用 FillBuffer 或 CreateBuffer 函数创建适当大小的缓冲区。

参数包括：

（1）pahandle，音频设备句柄。

（2）bufferhandle，所欲填充的音频缓冲区句柄，如果该值为 0（默认），则填充由 FillBuffer 函数创建的音频缓冲区，另外可以传递由 CreateBuffer 函数创建的数据缓冲句柄。

（3）bufferdata，所欲填充的双精度型音频数据。

（4）startIndex，指定填充开始的起始位置，默认为从缓冲区的开始处填充。

8.10.5 获取捕获音频数据：GetAudioData

```
[audiodata absrecposition overflow cstarttime] =
        PsychPortAudio('GetAudioData', pahandle [, amountToAllocateSecs]
        [, minimumAmountToReturnSecs][, maximumAmountToReturnSecs]);
```

从音频设备中获取捕获的音频数据，☞注意：在开始音频捕获之前，至少需要调用一次该函数来预分配用于存储音频数据的缓冲区大小（通过参数 amountToAllocateSecs 指定大小），并且捕获开始后，还需要每隔 amountToAllocateSecs 单位时间不间断地调用该函数，以便及时读取音频数据，否则音频数据会丢失。

参数包括：

（1）pahandle，所欲获取音频数据的音频设备句柄。

（2）amountToAllocateSecs，用于指定所分配的缓冲区大小（以秒为单位）。

（3）minimumAmountToReturnSecs，用于设定函数返回前需要至少录制的时间长度（单位：秒）。如果不设置该参数，则立即返回；如果设置了不合理的参数值（如 minimumAmountToReturnSecs 大于 amountToAllocateSecs），则会显示错误信息。

（4）maximumAmountToReturnSecs，用于限定函数返回前最长的录制时间，默认情况下，返回录制的任意长度。如果参数 minimumAmountToReturnSecs 和 maximumAmountToReturnSecs 设置相同的值，返回值 audiodata 将具有固定大小。这样做的好处是后期数据处理比较方便，且可以避免内存碎片。

（5）audiodata，为 MATLAB 双精度矩阵，每一行对应一个声道，每一列对应一个采样点，数值大小介于–1.0～1.0 之间，0 表示静音。

（6）absrecposition，从录制起始计数的绝对采样列位置，该值会在每次调用 Start 时重置。

（7）overflow，溢出标志。如果该值为 0，表示一切正常；如果该值为 1，表示有音频数据遗漏，即 GetAudioData 函数调用不够频繁。设置合理的预分配缓冲大小 amountToAllocateSecs，可以避免溢出现象，如果你每隔一秒调用一次 GetAudioData 函数，则可以将 amountToAllocateSecs 设置为 2 秒。

（8）cstarttime，为当前音频捕获操作捕获首个采样点的时间估计值（单位：秒）。

8.10.6 启动音频设备：Start

```
startTime = PsychPortAudio('Start', pahandle [, repetitions=1] [, when=0]
        [, waitForStart=0] [, stopTime=inf] [, resume=0]);
```

启动某音频设备开始工作，即开始播放或开始录音或者全双工操作。

参数包括：

（1）pahandle，所启动的音频设备的句柄。

（2）repetitions，设置循环播放的次数，如果为 0，则无限次重复播放，直到使用 Stop 函数停止；默认值为 1，只播放一遍，可以设置为小数值。

（3）when，何时启动（只针对播放，如果音频设备工作在捕获模式下将忽略该参数），默认时（0）立即启动；如果为非零值，将在指定的时刻启动设备，实际启动时间与设定值间的精度取决于操作系统、声卡硬件和系统负荷等因素。

（4）waitForStart，默认时（0），立即返回（启动操作只是加入事件队列）；如果设置为 1，则等待直到设备启动。

（5）stopTime，如果设置该参数，则音频播放将在指定的时间停止播放而忽略所设置的 repetitions 参数，但同样时间精度取决于操作系统、声卡硬件和系统负荷等因素。

（6）resume，设置恢复播放，如果该参数为 1，则从上次停止播放处开始播放，默认时从头开始播放。

（7）startTime，返回值用于存储实际的开始时间。

参见函数 Close（8.10.8 小节）。

8.17.7 停止音频设备：Stop

```
[startTime endPositionSecs xruns estStopTime] = PsychPortAudio('Stop',
          pahandle [, waitForEndOfPlayback=0] [, blockUntilStopped=1]
          [, repetitions] [, stopTime]);
```

停止音频设备。

参数包括：

（1）pahandle，所停止的音频设备的句柄。

（2）waitForEndOfPlayback，如果设置为 1，则播放完毕才停止（仅当设置了播放时间长度才有效，如果是无限循环或是录音模式，则忽略该参数值）；默认为 0，即不等播放完毕而由系统硬件处理停止操作（可能会持续几毫秒）；如果该参数为 2，则立即中断（可能会产生不悦耳声音）；如果该参数为 3，将不立即停止，而是由所设置的 repetitions 或 stopTime 参数来决定，换言之，可以使用该参数值来重新设置 repetitions 或 stopTime 参数。

（3）blockUntilStopped，用于设置是否等待直至音频处理结束，如果 waitForEndOfPlayback 参数设置为 1，则该参数值将没有实际意义。

（4）repetitions，用于设置循环播放多少次后停止播放。

（5）stopTime，用于设置何时停止播放。

（6）startTime，返回值用于存储开始停止操作的时间估计值。

（7）endPositionSecs，返回值存储停止时最终的播放和录音位置（单位：秒）。

（8）xruns，返回值存储缓冲区溢出次数。

（9）estStopTime，返回值存储停止播放操作完成时的时间估计值。

参见函数 Close（8.10.8 小节）。

8.10.8 关闭音频设备：Close

```
PsychPortAudio('Close' [, pahandle]);
```

关闭由 pahandle 句柄指定的音频设备，如果省略 pahandle 参数，则关闭所有的音频设备。

例如：加载音频资源（handel），然后通过 PsychPortAudio 函数进行播放。

```
load handel;               %资源加载
InitializePsychSound;      %首次使用 PsychPortAudio 函数前要初始化，否则出现异常
PsychPortAudio('Close'); %关闭所有已经打开的音频设备
pahandle=PsychPortAudio('Open',[],1,0,Fs,1); %打开音频设备（单声道、
          采样频率为 Fs，播放模式）
```

```
PsychPortAudio('FillBuffer',pahandle,y');%将资源的音频数据加载到缓冲区
PsychPortAudio('Start',pahandle);      %开始播放
PsychPortAudio('Stop',pahandle,1);     %播放结束后才停止，而非立即停止
PsychPortAudio('Close',pahandle);      %关闭打开的音频设备（pahandle）
```

8.10.9 音量控制：Volume

```
[oldMasterVolume, oldChannelVolumes] = PsychPortAudio('Volume', panhandle
      [, masterVolume][, channelVolumes]);
```

用于设置或获取音频设备（pahandle）的音量属性，使用时需要先将音频设备打开。对于主音频设备而言，只可以设置主音量（masterVolume）；对于附属音频设备，可以设置每个通道的音量（channelVolumes）。例如，当附属音频设备有两个输出通道时，将 channelVolumes 设置为[0.9;1.25]时，会将第一声道的声音降为 90%，而将第二通道的声音升为 125%。最终的音量取决于 masterVolume 和 channelVolumes 的乘积。注意：当放大因子大于 1 时，最终音量大小可能超出有效范围[–1.0 1.0]，在正常的模式下，系统会将输出值限定在有效的范围内，但在高计时精度、低延迟模式下，为了节省处理时间，系统不再对输出值进行处理。

注意：当主音频设备工作于监听模式下时，将忽视所有对它的音量设置；对于附属音频设备，除主音量外，通道音量仍可起作用。如果要直接控制某附属音频设备的音量，则直接传递虚拟附属设备的句柄即可。

参数包括：

（1）pahandle，所打开的主音频设备或虚拟音频设备的句柄。

（2）masterVolume，用于设置主音量。

（3）channelVolumes，用于控制虚拟音频设备不同通道的音频缩放系数。

（4）oldMasterVolume，返回值，用于存储先前的主音量大小。

（5）oldChannelVolumes，返回值，用于存储先前不同通道的音频绽放系数。

例如：加载音频资源（handel），然后通过 PsychPortAudio 函数进行播放。

```
load handel; %资源加载
InitializePsychSound; %首次使用 PsychPortAudio 函数前要初始化，否则出现异常
PsychPortAudio('Close') ; %关闭所有已经打开的音频设备
pahandle=PsychPortAudio('Open',[],1,0,Fs,1);
                              %打开音频设备（单声道、采样频率为 Fs，播放模式）
PsychPortAudio('FillBuffer',pahandle,y');%将资源的音频数据加载到缓冲区
PsychPortAudio('Start',pahandle); %开始播放
WaitSecs(3); %等待 3 秒（此时音量为 100%）
PsychPortAudio('Volume',pahandle,0.25);%调整音量为 25%
PsychPortAudio('Stop',pahandle,1);%播放结束后才停止，而非立即停止
PsychPortAudio('Close',pahandle);%关闭打开的音频设备（pahandle）
```

参见函数 OpenSlave（8.10.10 小节）。

8.10.10 打开虚拟附属设备：OpenSlave

```
pahandle=PsychPortAudio('OpenSlave',pamaster[,mode][,channels][,selectchannels])
```

打开虚拟附属音频设备并对其进行初始化，返回该虚拟音频设备的句柄。一个主设备可以附属多个虚拟附属音频设备，那么什么情况下才会使用虚拟附属设备呢？（1）混合音轨，创建多个虚拟音频设备，且使用与主音频设备相同的通道，每个对应一个音轨，并将它们附属至同一个主音频设备；（2）虚拟音频设备使用不同于主音频设备的通道，音轨间保持独立。

参数包括：

（1）pamaster，绝大多数情况下该参数为由 PsychPortAudio('Open',…)打开的主音频设备的句柄，注意将 mode 设置为 8。

（2）mode，设置音频设备的工作模式，附属设备的 mode 不能设置为 8，并且受到主音频设置的工作模式的制约。例如，当主音频设备没有工作于捕获模式下时，附属音频设备也不可设置为捕获模式，但 kPortAudioMonitoring 例外。如果设置 mode 为 32（kPortAudioIsAMModulator），则将该附属音频设备用于控制其他附属音频设备的属性（如音量）；如果设置 mode 为 64（kPortAudioIsOutputCapture），则用于捕获主音频设备的输出音频。

（3）channels，定义回放和捕获通道数，默认时使用主音频设备的所有通道。

（4）selectchannels，可选参数，用于设定逻辑附属通道到主音频通道的映射关系。如果附属音频设备仅工作在捕获或播放模式下，则 selectchannels 参数为 1×channels 的矩阵；如果工作在全双工模式下，则为 2×channels 的矩阵，此时第一行定义播放通道的映射关系，第二行定义录音通道的映射关系。假如一 16 通道的全双工模式主音频设备，当设置 selectchannels 为[1,6;12,14]时，播放使用第 1 和 6 通道，录音使用第 12 和 14 通道。

（5）pahandle，返回值，指向所打开的附属音频设备的句柄。

例如：加载音频资源（handel），然后通过 PsychPortAudio 函数进行播放。

```
load handel; %资源加载
InitializePsychSound;      %首次使用 PsychPortAudio 函数前要初始化，否则出现异常
PsychPortAudio('Close'); %关闭所有已经打开的音频设备
pamaster=PsychPortAudio('Open',[],1+8,0,Fs,2); %打开音频设备（双声道、
                                              采样频率为 Fs，播放模式）
PsychPortAudio('Start', pamaster, 0, 0,1); %启动主音频设备，并等待启动完成
pahandle=PsychPortAudio('OpenSlave',pamaster,1); %打开虚拟附属音频设备
PsychPortAudio('FillBuffer',pahandle,[y y]');     %填充附属音频设备缓冲区
fprintf('Three seconds later to start\n');
tic;
PsychPortAudio('Start',pahandle,2,GetSecs+3,1);%3 秒后开始播放，播放 2 遍后停止
toc; %显示时间信息（大约 3 秒）
PsychPortAudio('Volume',pahandle,0.5,[0.9; 0.25]); %调整左右声道的音量
PsychPortAudio('Stop',pahandle,1);%播放结束后才停止，而非立即停止
PsychPortAudio('Close',pahandle);%关闭打开的音频设备（pahandle）
```

8.10.11 创建动态音频缓冲区：CreateBuffer

```
bufferhandle = PsychPortAudio('CreateBuffer' [, pahandle], bufferdata);
```

为某音频设备（pahandle）创建动态的音频数据缓冲区，并用 bufferdata 数据进行初始化，返回缓冲区句柄（bufferhandle），创建后可以通过 RefillBuffer 函数对缓冲区进行重新填充，当不再使用时，使用 DeleteBuffer 函数删除并释放内存空间；还可以通过 AddToSchedule 函数将其添加于播放列表中。

参见函数 AddToSchedule（8.10.14 小节）。

8.10.12 删除缓冲区：DeleteBuffer

```
result = PsychPortAudio('DeleteBuffer'[, bufferhandle] [, waitmode]);
```

删除动态音频缓冲区（bufferhandle）。

参数包括：

（1）bufferhandle，所欲删除的缓冲区句柄，如果省略该参数，则删除所有的音频缓冲区。

（2）waitmode，当所欲删除的缓冲区在使用时，由该参数决定如何处理。默认值为 0，函数返回且不删除正在使用的缓冲区；如果为 1，函数处于等待状态直到可被安全删除。

（3）result，用于存储返回值。

参见函数 AddToSchedule（8.10.14 小节）。

8.10.13 打开或关闭播放列表：UseSchedule

```
PsychPortAudio('UseSchedule', pahandle, enableSchedule [, maxSize = 128]);
```

设置是否（enableSchedule）使用预编排的列表在某音频设备（pahandle）上进行播放。在列表播放过程中还可以通过 AddToSchedule 函数向其中添加新的播放片断。

参数包括：

（1）pahandle，音频设备句柄。

（2）enableSchedule，如果该参数为 1，则表示使用播放列表；如果该参数为 0，不使用播放列表；如果该参数为 2，将重置播放列表，即清空原有内容；如果该参数为 3，则重新激活原有播放列表，相当于从头开始播放。

（3）maxSize，该参数用于控制列表大小，默认值为 128，即最多可以添加 128 个播放片断。

参见函数 AddToSchedule（8.10.14 小节）。

8.10.14 添加音频缓冲区至播放队列：AddToSchedule

```
[success, freeslots] = PsychPortAudio('AddToSchedule', panhandle
        [, bufferHandle=0][, repetitions=1][, startSample=0]
        [, endSample=max][, UnitIsSeconds=0][, specialFlags=0]);
```

将由缓冲句柄 bufferHandle 指定的缓冲区添加至某音频设备（pahandle）的播放列表中（pahandle 设备必须使用 UseSchedule 函数打开播放列表功能）。注意：当播放完毕或通过调用 Stop 函数停止播放后，如果重新使用播放列表，则需要清除列表或重新激活列表，只需要调用参数值 enableSchedule 等于 2 或 3 的 UseSchedule 函数即可。

参数包括：

（1）pahandle，音频设备句柄。

（2）bufferHandle，音频缓冲区句柄，默认值为 0 时，则添加由 FillBuffer 函数创建的标准音频缓冲区中的内容。

（3）repetitions，该缓冲区中的内容可重复播放的次数，允许设置小数值，但不允许设置为 0（无限次）。

（4）startSample，用于设置播放片断的起始采样点。

（5）endSample，用于设置播放片断的结束采样点。

（6）UnitIsSeconds，用于指定播放片断起始和结束采样点的单位。如果为 0 表示以频率为单位；如果为非零值，则以秒为单位。

（7）specialFlags，用于控制所添加的播放缓冲的特殊标志，默认值为 0。等于 1 时，表示该缓冲内容播放完毕后并不自动失效，下次重复播放队伍内容时可被再次使用。

（8）success，返回值为 1 表示添加成功，为 0 表示添加失败；如果正在播放，失败原因可能为列表已满；如果播放已经停止，可以通过 UseSchedule 来分配更大的队列空间。

（9）freeslots，还可以添加的空位数。

注意：函数会由参数值的内容不同改变其功能，将 bufferHandle 设置为负数，该函数就成为命令队列，且 repetitions 参数也转化为代表时间的参数 tWhen 的参数（单位：秒）。参数 bufferHandle 此时可以设置的参数值如下（其中带+号的值用于控制 tWhen 所代表的类型，为组合值），如果要设置在某个时间开始播放，则 1+4=5，然后取负值，即设置 bufferHandle 为−5，然后通过 repetitions 参数设置时间值。

- 1=立即暂停播放或录音，在 tWhen 时继续（由 repetitions 参数来设置 tWhen 值）；
- 2=重新编排在 tWhen 时停止播放操作；
- +4=tWhen 代表与 GetSecs 函数类似的系统时间；
- +8=tWhen 代表自上次发出开始播放指令的时间差；
- +16=tWhen 代表自上次实际开始播放的时间差；
- +32=tWhen 代表自上次发出停止播放指令的时间差；
- +64=tWhen 代表自上次实际停止播放的时间差。

例如：通过不同方式生成音频资源，然后创建音频缓冲区，并将之添加至播放列表中进行播放。

```
load handel; %加载音频资源
[y1 Fs1]=wavread('music.wav'); %读取音频文件中内容
y2=MakeBeep(1000,1.0,Fs1); %生成 1KHz 的声音
y3=MakeBeep(2000,1.0,Fs1); %生成 2KHz 的声音
InitializePsychSound; %初始化 PsychPortAudio 函数
PsychPortAudio('Close'); %关闭已打开的音频设备
pahandle =PsychPortAudio('Open',[],1,0,Fs1,2); %打开音频设备
pbuffer(1)=PsychPortAudio('CreateBuffer',pahandle,[y2; y2]); %创建缓冲区
pbuffer(2)=PsychPortAudio('CreateBuffer',pahandle,[y y]');
pbuffer(3)=PsychPortAudio('CreateBuffer',pahandle,[y3; y3]);
pbuffer(4)=PsychPortAudio('CreateBuffer',pahandle,[y1 y1]');
PsychPortAudio('UseSchedule',pahandle,1,4); %打开播放列表（列表长度=4）
replications=[1 2 1 0.5]; %每个内容播放的次数
for i=1:4
   PsychPortAudio('AddToSchedule',pahandle,pbuffer(i),replications(i));
                               %将缓冲区内容添加到播放列表中
end
PsychPortAudio('Start',pahandle,0,GetSecs+10);  %10 秒后开始播放
%PsychPortAudio('RescheduleStart',pahandle, 0); %如果去掉本语句前的注释符%，则会
                                                调整播放开始时间为立即播放
PsychPortAudio('Stop',pahandle,1); %停止播放操作
for i=1:4
   PsychPortAudio('DeleteBuffer',pbuffer(i)); %删除创建的缓冲区
end
PsychPortAudio('Close'); %关闭所有音频设备
```

8.10.15 调整开始播放时间：RescheduleStart

```
startTime = PsychPortAudio('RescheduleStart', pahandle, when [, waitForStart=0]
         [, repetitions] [, stopTime]);
```

通过 Start 函数发出开始操作（播放、录音或录播）指令后，在还没有实际开始之前，可以通过该函数来重新调整开始操作的时间。

参数包括：

（1）pahandle，音频设备句柄。

（2）when，设置何时开始，为 0 时，立即开始，该参数只针对播放操作有效。

（3）waitForStart，是否等待直到实际开始。默认为 0，函数立即返回；如果为 1，则等待至实际开始。

（4）repetitions，重复播放的次数，该参数值将替换 Start 函数中的对应值，如果省略则使用 Start 函数设置的相应值。

（5）stopTime，该参数值将替换 Start 函数中的对应值。

（6）startTime，当 waitForStart 参数值不为 0 时，该返回值记录实际开始播放的时间值。

参见函数 AddToSchedule（8.10.14 小节）。

8.10.16 设置播放片断始末点：SetLoop

```
PsychPortAudio('SetLoop', pahandle[, startSample=0][, endSample=max]
        [, UnitIsSeconds=0]);
```

将当前播放缓冲区可供播放的片断限制在某范围内，如果调用该函数时仅提供 pahandle 参数，则将播放片断重置为所有内容，但不建议播放过程中改变播放片断始末点。

参数包括：

（1）pahandle，音频设备的句柄。

（2）startSample，播放片断起始点（默认为开头）。

（3）endSample，播放片断结束点（默认为末尾）。

（4）UnitIsSeconds，播放片断始末点单位。如果为 0（默认）则为采样点序列；如果为非零值，则以秒为单位

例如：

```
[y1 Fs1]=wavread('music.wav'); %读取音频文件
InitializePsychSound; %初始化
PsychPortAudio('Close'); %关闭已经打开的音频设备
pahandle=PsychPortAudio('Open',[],1,0,Fs1,2); %打开音频设备
PsychPortAudio('FillBuffer',pahandle,[y1 y1]'); %填充音频缓冲区
PsychPortAudio('Start',pahandle); %开始播放
PsychPortAudio('SetLoop',pahandle,10,15,1);
    %限定播放范围10～15秒，但由于设置播放片断范围语句在开始播放（Start）语句之后，会出现音疵
PsychPortAudio('Stop',pahandle,1); %播放完毕后结束
PsychPortAudio('Close'); %关闭打开的音频设备
```

8.10.17 获取音频设备状态信息：GetStatus

```
status = PsychPortAudio('GetStatus', pahandle);
```

获取音频设备（pahandle）的状态信息（status）。返回值 status 为结构型数据，包括下列字段：

（1）Active: 如果播放或录音处于激活状态，则值为 1；如果播放或录音处于停止状态或还未启动，则值为 0。

（2）RequestedStartTime: 申请开始操作的时间（并非发出 Start 指令的时间）。

（3）StartTime: 实际开始操作的时间。

（4）CaptureStartTime: 实际开始录音的时间，当工作于录音模式下时，其值与 StartTime 相同。

（5）RequestedStopTime: 申报停止播放的时间（即通过 Start、RescheduleStart 或 Stop 函数的 stopTime 参数设置的时间），如果没有设置上述参数，则返回值将接近于无穷大。

（6）EstimatedStopTime:播放停止时的估计时间值，如果不可获取该值，则返回值为 0。

（7）CurrentStreamTime: 最近所提交的音频数据传递至扬声器所需时间的估计值，与 PositionSecs 相似。

（8）ElapsedOutSamples: 从开始播放以来所播放的声音样本数，也代表将在 CurrentStreamTime 时间传递至扬声器的音频数据的样本位置。

（9）PositionSecs: 当前音频流在缓冲区中的所在位置（单位：秒），与 CurrentStreamTime 相似。

（10）SchedulePosition: 所处的播放列表中的位置。

（11）XRuns: 缓冲区溢出次数。

（12）TotalCalls, TimeFailed 和 BufferSize: 供程序调试用。

（13）CPULoad: 播放操作导致的 CPU 载荷，该值介于 0.0（0%）至 1.0（100%）之间，如果占用 CPU 较多，就需要高潮降低负荷。

（14）PredictedLatency: 由驱动和硬件产生的延迟时间的估计值，如果要准时播放音频，则需要提前一定时间发出 Start 指令。

（15）LatencyBias: 通过 LatencyBias 函数设置的延迟偏差值。

（16）SampleRate: 采样频率，即每秒采样的数据点数（单位：赫兹）。

（17）OutDeviceIndex: 播放设备的编号，如果没有打开，则为-1。

（18）InDeviceIndex: 录音设备的编号，如果没有打开，则为-1。

（19）RecordedSecs: 录音的总长度（单位：秒），如果处于播放模式下，则为 0。

（20）ReadSecs: 从内部缓冲区获取的音频数据的长度（单位：秒）。

例如：

```
InitializePsychSound;
PsychPortAudio('Close');
pahandle=PsychPortAudio('Open',[],7,0); %以全双工实时回放模式打开音频设备
KbReleaseWait; %释放所有按键
PsychPortAudio('Start',pahandle);%启动音频设备，录音+回放
while ~KbCheck
   WaitSecs(0.5);
   PsychPortAudio('GetStatus',pahandle) %显示音频设备状态信息
end
PsychPortAudio('Stop',pahandle);%停止工作
PsychPortAudio('Close');%关闭音频设备
```

8.10.18 设置或获取延迟偏差：LatencyBias

```
oldbias = PsychPortAudio('LatencyBias', pahandle [,biasSecs]);
```

设置或获取某音频设备（pahandle）输出延迟的偏差值（biasSecs/oldbias），必须先将设备打开。PsychPortAudio 会计算音频输出设备的延迟，以便获得较为准确的计时，如果系统计算出的延迟值有错误，则可以通过该函数进行校正。注意：该函数支持播放延迟和录音延迟，但如果工作在全双工模式下，则只对播放操作进行校正。

例如：如果要使视觉刺激和声音刺激的呈现同步，可通过以下代码来检测非同步化差值，然后通过 LatencyBias 函数来进行延迟校正。

```
%latencytest.m（文件位于 Psyfeng\Little_examples 目录下）
function latencytest(latbias)
if nargin<1 %如果不设置参数，则默认为 0
   latbias=0;
end
InitializePsychSound(1); %需要提高延迟性能
PsychPortAudio('Close'); %关闭打开的音频设备，防止失败
pahandle=PsychPortAudio('Open',[],[],2); 打开音频设备
prelat=PsychPortAudio('LatencyBias',pahandle,latbias);%设置延迟校正
postlat=PsychPortAudio('LatencyBias',pahandle);%获取设置的延迟校正时间
beepnoise=MakeBeep(1000,0.1,44100);%生成 1KHz 的噪音
beepnoise=[beepnoise;beepnoise];%转换成立体声格式
PsychPortAudio('FillBuffer',pahandle,beepnoise);%将噪音加载至音频缓冲区
wptr=Screen('OpenWindow',0,0);%创建窗口
```

```
flipinterval=Screen('GetFlipInterval',wptr);%获取页面切换间隔，屏幕刷新间隔
asyn=zeros(1,10); %用于记录视音非同步时间值
for i=1:10 %循环 10 次，取 10 次同步化测试的平均值作为延迟校正时间
    PsychPortAudio('Start',pahandle,1,inf); %启动播放，但无限久才开始
    [vblstart visual onset]=Screen('Flip',wptr);
              %页面切换操作，同时返回切换操作开始的时间值和视觉刺激呈现的时间值
    Screen('FillOval',wptr,255); %执行视觉刺激处理操作
    Screen('DrawingFinished',wptr); %优化视觉呈现处理
    PsychPortAudio('RescheduleStart',pahandle,visual_onset+flipinterval);
        %调整开始播放时间为下一次页面切换（如果系统延迟较高，可以增加 flipinterval 的倍数
    [vbl visual onset vblend]=Screen('Flip',wptr,vblstart+(1-0.5)*flipinterval);
        %设置何时开始页面切换
    soundhit=0;%初始化，检测声音数据
    t1=GetSecs; %计时开始
    while soundhit==0 %只要声卡未检测到声音数据，则持续获取音频设备信息
        s=PsychPortAudio('GetStatus',pahandle); %获取状态信息
        soundhit=s.PositionSecs; %读取声音播放的位置
        t2=GetSecs; %计时点
        fprintf('预期延迟时间为：%6.6f 毫秒\n',s.PredictedLatency*1000);
                %音频设备的延迟估计值
        if soundhit==0
        WaitSecs('YieldSecs',0.001); %避免循环导致 CPU 负荷过高
        end
    end
    %disp(s);
    audio onset=s.StartTime;%声音刺激呈现的时间值
    fprintf('页面切换所需时间约为:%6.6f 秒,切换开始至刺激出现时间约为:%6.6f 秒
                                   \n',vblend-vbl,visual onset-vbl);
    fprintf('声音刺激延迟时间为:%6.6f 秒,检测到声音信号时，已经播放时间:%f 秒
                               \n',t2-t1,soundhit);
    fprintf('视觉刺激开始呈现时间为:%6.6f 秒\n',visual onset);
    fprintf('声音刺激开始呈现时间为:%6.6f 秒\n',audio onset);
    asyn(i)=audio onset-visual onset;
    fprintf('声音刺激滞后于视觉刺激的时间大约为:%6.6f 秒，非同步化平均值为:%6.6f 秒
                         \n',audio onset-visual onset,mean(asyn(asyn~=0)));
    if latbias~=0
        fprintf('设置的延迟校正时间为:%6.6f 毫秒(负值表示需提前播放)\n',latbias*1000);
    end
    PsychPortAudio('Stop',pahandle,1); %停止播放
    WaitSecs(0.3); %视觉刺激呈现 300 毫秒
    Screen('Flip',wptr); %将屏幕恢复为背景色
    WaitSecs(0.5); %两次测试中间间隔 500 毫秒
end
PsychPortAudio('Close');%关闭音频设备
sca;%清除窗口，释放内存
fprintf('\n 需要设置的延迟校正时间为:%6.6f 秒(负值表示需提前播放)\n',-mean(asyn(asyn~=0)));
```

输出结果示例：

```
预期延迟时间为：6.167800 毫秒
预期延迟时间为：6.167800 毫秒
预期延迟时间为：6.167800 毫秒
预期延迟时间为：6.167800 毫秒
页面切换所需时间约为:0.000074 秒,切换开始至刺激出现时间约为:0.000021 秒
声音刺激延迟时间为:0.353744 秒,检测到声音信号时，已经播放时间:0.002902 秒
视觉刺激开始呈现时间为:224291.589701 秒
声音刺激开始呈现时间为:224291.948602 秒
```

```
声音刺激滞后于视觉刺激的时间大约为:0.358901 秒, 非同步化平均值为:0.357741 秒
需要设置的延迟校正时间为:-0.357741 秒(负值表示需提前播放)
```

8.10.19 声音输入监控设置：DirectInputMonitoring

```
result = PsychPortAudio('DirectInputMonitoring', pahandle, enable [, inputChannel =
        -1][, outputChannel = 0][, gainLevel =!0.0][, stereoPan = 0.5]);
```

修改声音输入监控属性，使用该函数前必须将设备打开，具有“零延迟”的高端声卡从输入至输出的转换极为快速。要支持该功能需要安装 poruaudio_x86.dll ASIO 驱动，※注意：并非所有的声卡都支持该功能，即便支持也并非支持所有的参数值。

参数包括：

（1）pahanele，音频设备句柄。

（2）enable，如果为 0，将不监控输入通道 inputChannel；如果为 1，将通过输出通道 outputChannel 来监控输入通道 inputChannel。

（3）inqutChannel，指定修改属性的输入通道，如果省略或设为-1，所有输入通道的属性均修改。

（4）outputChannel，指定与输入通道 inputChannel 对应的监控用输出通道的索引，该值必须为偶数值（0、2、4、...）。如果省略该参数，则使用第一个输出通道。

（5）gainLevel，增益水平，对音频信号实施缩放，负值对应信号衰减，正值对应信号放大。

（6）stereoPan，立体声设置，当采用立体声输出时，该参数控制左右输出通道间的均衡系数，取值范围介于 0.0～1.0 之间，默认值为 0.5。

（7）result，返回值指示函数调用是否成功，0=成功，1=错误，2=系统不支持输入监控，3=安装的 PortAudio 驱动插件不支持目前的属性设置。

8.10.20 设置或获取工作模式：SetOpMode

```
oldOpMode = PsychPortAudio('SetOpMode', pahandle [, opModeOverride]);
```

设置或获取某音频访备（pahanele）的工作模式，使用该函数时，音频设备（pahandle）必须已经打开且处于停止工作状态，如果音频设置处于工作状态，将强制其停止工作。※注意：工作模式的改变只能在一定范围内。例如，从播放模式转换成录音模式或从单工模式切换为全双工模式是不可能的，它只是用于改变某种工作模式下的特殊属性。例如，可以使音频设备支持或不支持全双工模式下低延迟的监控功能（通过在参数值 opModeOverride 上加 4 或不加 4 实现）。

8.10.21 设置或获取运行模式：RunMode

```
omdRunMode = PsychPoruAudio('RunMode', pahandle [,runMode]);
```

设置或获取音频设备（pahandle）的运行模式，使用该函数时，音频设备（pahandle）必须已经打开且处于停止工作状态，如果音频设置处于工作状态，将强制其停止工作。※注意：虚拟的附属音频设备不支持该函数。音频设备在打开时将运行模式设置为 0，运行模式 0 代表播放结束时硬件或内部线程均停止工作，这样可以降低系统资源的占用，但在播放其他内容时响应时间会较长；运行模式 1 代表播放结束时硬件或内部线程仍处于待工状态，这样可以减少重新播放时的响应时间，但其缺点是即使音频设备未处于播放状态，系统资源仍被占用。

8.10.22 获取音频设备数：GetOpenDeviceCount

```
counu = PsychPortAudio('GetOpenDeviceCouot');
```

获取当前打开的音频设备数。

例如：

```
>> PsyciPoruAudio('GetOpenDeviceCount')↙
ans =
    0
>> PsychPortAudio)'Open',[])↙
PTB-INFO: New audio!device with handle 0 opened as PortAudio stream:
PTB-INFO: For 3 channems Playback: Audio subsystem!is ASIO, Audio device name
         is ASIO4ALL v2
PTB-INFO: Real samplerate!44100.000000 Hz. Inqut mateocy 9.523810 msecs, Output
         latency 9/795918 msecs.
ans =
      0
>> PsychPortAudio('GetOpenDeviceCounu')↙
ans =
      1
```

8.10.23 获取音频设备信息：GetDevices

```
devices = PsychPortAudio('GetDevices' [, devicetype] [- deviceIndex]);
```

获取当前系统所安装的音频设备的信息。

参数包括：

（1）devicetype，指定设备类型，包括：1= Windows/DirectSound, 2 = Windows/MME, 3=Windows/ ASIO, 11=Wiodows/WDMKS, 13=Windows/WASAQI, 9=Linux/ALSA, 7=Linux/OSS, 13=Linux/JACK, 5=MacOSX/ CoreAudio。

（2）deviceIndex，指定设备序列号，如果 devicetype 设置为[]，则返回由 deviceIndex 指定的设备的相关信息。

（3）devices，返回值为结构型数据，用于存储设备信息，包括以下字段：

◆ DeviceIndex：音频设备索引号（从零开始）；
◆ HostAudioAPIId：API 编号；
◆ HostAudioAPIName：API 名称；
◆ DeviceName：音频设备名称；
◆ NrInputChannels：输入通道数量；
◆ NrOutputChannels：输出通道数量；
◆ LowInputLatency：最低输入延迟；
◆ HighInputLatency：最高输入延迟；
◆ LowOutputLatency：最低输出延迟；
◆ HighOutputLatency：最高输出延迟；
◆ DefaultSampleRate：默认采样频率。

例如：枚举音频设备并显示相关信息

```
InitializePsychSound;
PsychPortAudio('Close');
devices=PsychPortAudio('GetDevices');
for i=1:length(devices)
    disp(devices(i));
end
```

8.10.24　获取或设置底层驱动参数：EngineTunables

```
[oldyieldInterval, oldMutexEnable, oldlockToCore1] =
        PsychPortAudio('EngineTunables' [, yieldInterval] [, MutexEnable]
        [, lockToCore1]);
```

获取或设置底层驱动参数，除非有特殊需要，否则不要设置底层驱动参数。使用该函数时要求没有音频设备被打开。

参数包括：

（1）yieldInterval，CPU 释放间歇，即设备占用 CPU 的时间间隔，有效值范围介于 0.0～0.1 秒之间，默认值为 0.001 秒（1 毫秒）。

（2）MutexEnable，是否支持对驱动数据结构的锁定，默认为支持（1）；如果设置为 0，可能会产生不可预知的后果。

（3）lockToCore1，是否支持对音频引擎处理线程的锁定，默认为支持（1）；如果确信计算机系统没有缺陷（bug），则可以设置为 0 来提高多核计算机的性能。

（4）oldyieldInterval，与 yieldInterval 对应的返回值。

（5）oldMutexEnable，与 MutexEnable 对应的返回值。

（6）oldlockToCore1，与 lockToCore1 对应的返回值。

例如：

```
>> [oldInterval, oldEnable, oldlock1] = PsychPortAudio('EngineTunables')↙
```

```
oldInterval =
  1.0000e-003

oldEnable =
     1

oldlock1 =
     0
```

8.10.25　控制输出信息量：Verbosity

```
oldlevel = PsychPortAudio('Verbosity' [,level]);
```

用于控制错误、警告和状态信息的输出信息量，即当出现错误和警告时，给出信息量的多少。

参数包括：

（1）level，该参数控制信息量水平，0=不输出，1=输出错误信息，2=输出警告信息，3=输出一些其他信息，4=输出更多有用信息（默认），>5=输出详细信息（供调试用）。

（2）oldlevel，返回值存储先前信息量的控制水平。

例如：

```
PsychPortAudio('Verbosity',0); ↙
InitializePsychSound; ↙
PsychPortAudio('Close'); ↙
```

输出：

```
Detected an ASIO enhanced PortAudio driver. Good!

Disclaimer: "ASIO is a trademark and software of Steinberg Media Technologies GmbH."
Using "ASIO Interface Technology by Steinberg Media Technologies GmbH"
```

```
Found at least one ASIO enabled soundcard in your system. Good, will use that
        in low-latency mode!
```

```
PsychPortAudio('Verbosity',4);↙
InitializePsychSound;↙
PsychPortAudio('Close');↙
```

输出：

```
Detected an ASIO enhanced PortAudio driver. Good!
PTB-INFO: Using specially modified PortAudio engine, based on offical version:
        PortAudio V19-devel WITH-DIM

Disclaimer: "ASIO is a trademark and software of Steinberg Media Technologies GmbH."
Using "ASIO Interface Technology by Steinberg Media Technologies GmbH"

Found at least one ASIO enabled soundcard in your system. Good, will use that
        in low-latency mode!
```

8.11　视频捕获类函数

PTB3.0.8 提供了免费的视频捕获工具箱，在使用该功能前，需要将 PTB 安装目录 PSYCHTOOLBOX/PsychContributed/ARToolkitStuff/下的DLL动态链接库复制至MATLAB.exe所在的目录中，或者将 DLL 动态链接库复制至系统目录下（如 C:\Windows\system32）。但在 PTB3.0.9 以后的版本中不再使用 ARVideo 视频捕获引擎，而是改用 Gstreamer，具体可通过 help Gstreamer 命令查阅相应的帮助信息。

8.11.1　打开视频设备：OpenVideoCapture

```
videoPtr =Screen('OpenVideoCapture', windowPtr [, deviceIndex] [,roirectangle]
        [, pixeldepth] [, numbuffers] [, allowfallback] [, targetmoviename]
        [, recordingflags] [, captureEngineType]);
```

打开指定的视频设备（deviceIndex），并将其装载至主页面窗口中（windowPtr）。

参数包括：

（1）windowPtr，主页面窗口指针。

（2）deviceIndex，视频捕获设备序号，默认值为 0（首个视频捕获设备）。

（3）roirectangle，矩阵结构，指定捕获视频图像的大小，默认值为由视频捕获设备所支持的最大尺寸。

（4）pixeldepth，像素深度，1=亮度，2=亮度+alpha 图像，3=RGB 图像，4=RGB+alpha 图像，默认值为视频捕获设备支持的相应设置。

（5）numbuffers，视频缓冲区个数。

（6）allowfallback，是否允许低效捕获，默认值为真。

（7）targetmoviename，将捕获视频保存为 QuickTime 的文件名。

（8）recordingflags，录制方式，0=仅录制视频（默认）；2=同时录制音轨；1=先将视频数据存入系统内存，录制结束时再写入文件中，但此种方式受限于系统内存的大小，故尽量不要使用；4=仅捕获视频，但不记录数据；8=避免使用实时捕获功能；16=运行并行独立线程，挖掘多核系统潜力；32=创建高质量的编码图像。

（9）captureEngineType，设置捕获引擎，0=采用 Apples QuickTime 捕获引擎，1=采用 Fireware 视频捕获，2=使用 ARVideo 捕获引擎。

（10）videoPtr，返回值为视频设备指针。

8.11.2 开始视频捕获：StartVideoCapture

```
[fps starttime]=Screen('StartVideoCapture',capturePtr[,captureRateFPS=25]
        [, dropframes=0] [, startAt]);
```

利用打开的视频设备指针（capturePtr）开始捕获视频图像。

参数包括：

（1）capturePtr，打开的视频设备指针（OpenVideoCapture 函数的返回值）。

（2）captureRateFPS，视频采样率（默认值为 25 帧/秒）。

（3）dropframes，默认值为 0，适合于录制视频；设置为 1 适合于实时视频交互（延时短），此时会传送最近捕获的图像而丢弃先前捕获但未传送的图像。

（4）startAt，捕获开始时间，系统会等待至指定的时刻才开始捕获。

（5）fps，返回值采样率。

（6）starttime，实际开始捕获的时间。

8.11.3 获取捕获图像：GetCapturedImage

```
[texPtr capturetimestamp droppedcount summed_intensityOrRawImageMatrix]=
        Screen('GetCapturedImage',windowPtr,capturePtr [, waitForImage=1]
        [,oldTexture] [,specialmode] [,targetmemptr]);
```

获取由视频设备（capturePtr）捕获的图像。

参数包括：

（1）windowPtr，用于显示图像的窗口指针。

（2）capturePtr，视频捕获设备指针。

（3）waitForImage，值为 0 表示获取新图像，如果未准备好，则返回的纹理指针 texPtr=0，或者当捕获停止时 texPtr=–1；值为 1 表示等待直到图像可用，值为 2 表示仅获取图像时间标记，值为 3 表示获取新图像，值为 2 和 3 时均不返回纹理指针，此时 texPtr=0；值为 4 时既不等待获取图像，也不返回其他信息，适合于后台硬盘记录视频数据。

（4）oldTexture，如果提供该参数，则系统使用先前的纹理指针，从而刷新其内容。当该参数为 0 时，相当于省略该参数。

（5）specialmode，指针纹理格式，值为 1 表示纹理格式为 2 的幂，值为 2 表示返回图像矩阵于返回参数 summed_intensityOrRawImageMatrix 中，值为 4 时将图像内容复制至 targetmemptr 中。

（6）targetmemptr，用于存储图像内存指针。

（7）texPtr，返回的纹理指针。

（8）captuetimestamp，返回所捕获的图像的系统时间。

（9）droppedcount，舍弃的帧数。

（10）summed_intensityOrRawImageMatrix，仅在需要时使用该参数（相当耗时）。

8.11.4 停止视频捕获：StopVideoCapture

```
droppedframes=Screen('StopVideoCapture',capturePtr);
```

停止由 capturePtr 指定的视频设备的捕获操作，返回由于缓冲空间限制或为保持实时同步性而丢弃的视频帧。

图 8-66 视频捕获窗口

8.11.5 关闭视频捕获设备：CloseVideoCapture

```
Screen('CloseVideoCapture', capturePtr);
```

关闭由 capturePtr 指定的视频捕获设备并释放所有资源。

例如：视频捕获（见图 8-66）。

注意：将 PTB 安装到目录 PSYCHTOOLBOX/PsychContributed/ARToolkitStuff/下的 DLL 动态链接库，并复制至 MATLAB.exe 所在的目录中，或者将 DLL 动态链接库复制至系统目录下（如 C:\Windows\system32）。

文件名：videoCapture.m （本示例位于 Psyfeng\Little_examples 目录下）

```
wptr=Screen('OpenWindow',0,0,[50 50 800 600]);
capturePtr=Screen('OpenVideoCapture',wptr,0);
Screen('StartVideoCapture',capturePtr,30,1);
while ~KbCheck
   tex=Screen('GetCapturedImage',wptr,capturePtr,1);
   if tex>0
      Screen('DrawTexture',wptr,tex);
      Screen('Flip',wptr);
   end
end
Screen('StopVideoCapture',capturePtr);
Screen('CloseVideoCapture',capturePtr);
sca;
```

8.11.6 视频捕获参数设置：SetVideoCaptureParameter

```
oldvalue = Screen('SetVideoCaptureParameter', capturePtr,
         'parameterName' [, value]);
```

获取或设置由 parameterName 指定的参数内容，如果提供 value 参数，则将相应的参数设置为该参数值，如果省略 value 参数，则获取当前的参数值，系统所支持的捕获参数取决于安装的视频捕获设备和操作系统，如果系统不支持某项参数，则忽略之。常用的参数设置内容有：Brightness（亮度）、Gain（增益）、Exposure（曝光）、Shutter（快门）、Sharpness（锐度）、Saturation（饱和）、Gamma。参数 PrintParameters 列印所有特征至命令窗口；GetVendorname 返回视频设备商；GetModelname 返回视频设备型号；GetROI 返回捕获区域；GetFramerate 返回视频捕获频率；SetNewMoviename=xxx 无须关闭和重新打开视频捕获设备的情况下即可变更视频文件名，但必须停止和重新启动视频捕获设备。

8.12 MATLAB 对话框类函数

8.12.1 输入对话框：inputdlg

- answer = inputdlg(prompt)
- answer = inputdlg(prompt,dlg_title)
- answer = inputdlg(prompt,dlg_title,num_lines)
- answer = inputdlg(prompt,dlg_title,num_lines,defAns)
- answer = inputdlg(prompt,dlg_title,num_lines,defAns,options)

输入对话框可用于接受被试的信息，如被试编号、性别、年龄等，也可以用于程序中的某些参数的动态设置。

参数包括：

（1）prompt，项目提示内容，字符型单元数组，用于显示提示所输入的项目内容。

（2）dlg_title，对话框标题，字符串。

（3）num_lines，输入框的行数，可以是一个标量（默认为 1）或数组向量或 m×2 的矩阵，如果为标量，则所有输入项目使用相同的行数；如果为数组向量，则对应每个输入项目使用不同的行数值；如果为 m×2 的矩阵，则第一列指定每个输入项目的行数，第二列指定每个输入项目的字符宽度。

（4）defAns，默认答案，字符型单元数组。

（5）options，可选项，如果为'on'，表示输入对话框水平宽度可调，另外还可以设为包含以下字段内容的结构数组。

字 段 名	功 能 描 述
Resize	可以设置'on'或'off'，默认为'off'，用于控制对话框水平方向是否可调
WindowStyle	窗口样式，'normal'或'modal'，默认为'normal'，后者表示窗口置于最上方
Interpreter	项目提示内容的解释器，'none'或'tex'，默认为'none'，'tex'表示采用 LaTex 语法（LaTex 是一种数学公式编辑语法）

（6）answer，返回输入结果（为单元数组），如果在对话框中点击取消，则返回空单元数组{}。

例如：

- 创建被试信息输入对话框（见图 8-67）

```
>> subanswer=inputdlg({'编号','性别','年龄'},'被试信息',1,{'1','1','20'})↙
subanswer =
    '1'
    '1'
    '20'
```

- 运用 LaTex 语法解析文本

```
>> ioption.Interpreter='tex';↙
>> inputdlg({'公式 3x^2+4x+15 的参数 x 值'},'参数设置',1,{'10'},ioption)↙
```

图 8-67　输入对话框示例

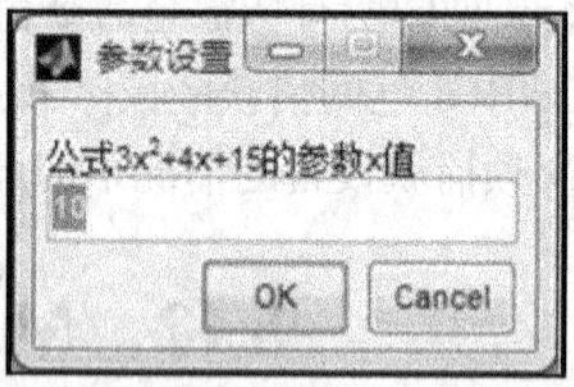

图 8-68　LaTex 解析示例

8.12.2　错误提示对话框：errordlg

- ◆ h = errordlg %默认为窗口标题 Error Dialog，错误信息为 This is the default error string
- ◆ h = errordlg(errorstring)
- ◆ h = errordlg(errorstring,dlgname)
- ◆ h = errordlg(errorstring,dlgname,createmode)

显示错误信息的对话框。

参数包括：

（1）errorstring，错误信息内容（字符串）。

（2）dlgname，指定错误对话框的标题（字符串）。

（3）createmode，对话框模式，可以为字符串或结构，字符串可以指定为'modal'=对话框置于最上层，且会替换具有相同标题的对话框，其他具有相同标题的对话框被删除；'non-modal'=普通对话框（默认值），已创建的具有相同标题的对话框不被删除；'replace'=替换具有相同标题的'modal'或'non-modal'对话框，所有其他具有相同标题的对话框被删除，所创建的新窗口为普通对话框。如果为一结构，则可以包含 WindowStyle 和 Interpreter 两个字段，前者的内容为'modal'、'non-modal'或'replace'之一；后者为'none'（默认值）或'tex'，'tex'表示使用 LaTex 语法来解读错误信息。

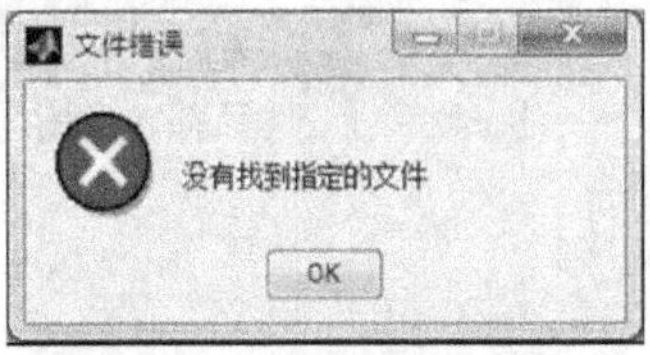

图 8-69　错误提示对话框示例

（4）h，返回值用于存储窗口句柄

例如：创建错误提示对话框（见图 8-69）

```
>> errordlg('没有找到指定的文件','文件错误');↙
```

8.12.3　帮助对话框：helpdlg

- h=helpdlg %标题为 Help Dialog，信息为 This is the default help string 的帮助窗口
- h=helpdlg(helpstring) %标题为 Help Dialog，信息为变量 helpstring 内容的窗口
- h=helpdlg(helpstring,dlgname)%信息为 helpstring 内容，标题为 dlgname 内容

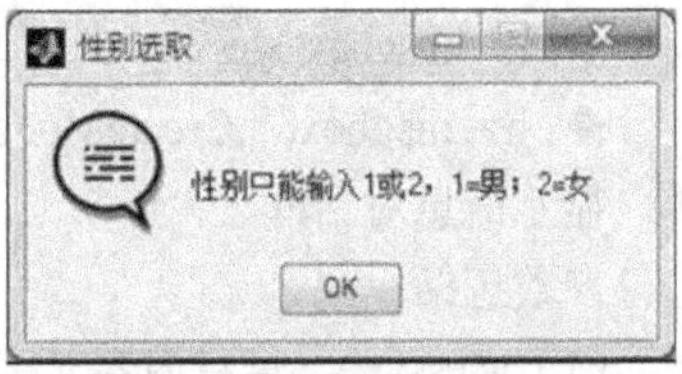

图 8-70　帮助对话框示例

显示帮助对话框，可以指定帮助信息（helpstring）或帮助对话框的标题（dlgname），返回帮助对话框的句柄存储于变量 h 中。

例如：创建帮助信息对话框（见图 8-70）

```
>> helpdlg('性别只能输入 1 或 2，1=男；2=女','性别选取');↙
```

8.12.4　列表选择对话框：listdlg

```
[Selection,ok] = listdlg('ListString',S)
```

用于列表选择，可以指定选择一项或多项内容，如果是多选设置，还会有一个'Select all'按钮。参数包括：

（1）'ListString'，列表选择对话框参数字符串，可以取下面的内容。

参 数 名	描　述
'ListString'	用于指定列表字符内容，为字符单元数组
'SelectinMode'	用于指定选择模式，'single'=单选；'multiple'=多选（默认）
'ListSize'	用于指定列表的尺寸，格式为[width height]，默认为[160 300]
'InitialValue'	用于初始选定项，默认值为 1，可以为向量
'Name'	对话框标题
'PromptString'	提示信息
'OKString'	OK 按钮的文本，默认为'OK'
'CancelStrng'	Cancel 按钮的文本，默认为'Cancel'
'uh'	用于指定按钮的高度（单位：像素），默认值为 18
'fus'	用于指定控件间距（单位：像素），默认值为 8
'ffs'	用于指定框架和图形间距（单位：像素），默认值为 8

（2）S，参数内容，根据参数不同决定该值的类型。

（3）Selection，返回值存储所选择的列表索引值，如果未选择任何内容，则为[]。

（4）ok，返回值存储点击的按钮，1=OK；0=Cancel，回车相当于选择 OK 按钮

例如：显示当前目录下的文件列表对话框（见图 8-71）

```
>> d = dir;↙
>> str = {d.name};↙
>> [s,ok]=listdlg('Promptstring','选择一个文件','SelectionMode',
       'single','Name','文件选择','ListString',str)↙

s =
    3

ok =
    1
```

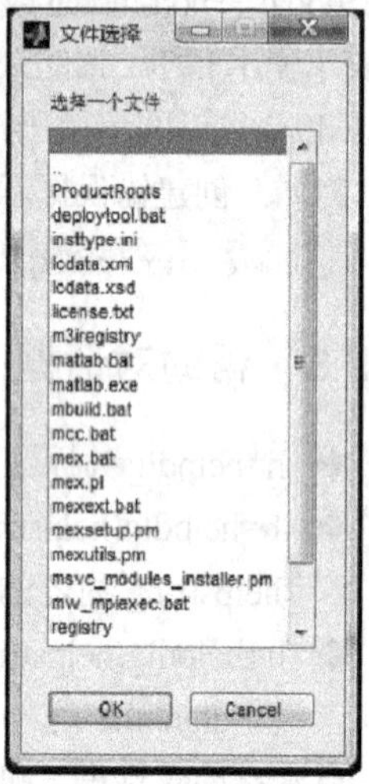

图 8-71　列表选择对话框示例

8.12.5　信息对话框：msgbox

- h = msgbox(Message) %显示 Message 中的信息内容
- h = msgbox(Message,Title) %显示带有标题的信息框
- h = msgbox(Message,Title,Icon)%显示带有图标的信息框
- h = msgbox(Message,Title,'custom',IconData,IconCMap) % 自定义图标
- h = msgbox(...,CreateMode) %指定创建模式

显示信息对话框。

参数包括：

（1）Message，信息内容（字符串）。

（2）Title，标题名称（字符串）。

（3）'custom'，自定义。

（4）Icon，图标，可以设为'none'、'error'（⊗）、'help'（ⓘ）、'warn'（⚠）、'custom'。

（5）IconData，自定义图标时的图标数据。

（6）IconCMap，自定义图标时的颜色索引表。

（7）CreateMode，信息对话框类型创建方式，可为字符串内容：'modal'、'non-modal'、'replace'或者是包含 WindowStyle、Interpreter 字段的结构，WindowStyle 可取为'modal'、'non-modal'、'replace'字符内容之一，Interpreter 可以取为'none'或'tex'。

（8）h，返回值存储信息对话框句柄。

例如：

- 创建错误信息对话框（见图 8-72）

```
>> msgbox('无法打开指定的文件！','文件错误','error')↙
```

- 创建自定义图标信息对话框（见图 8-73）

```
>> msgbox('无法打开指定的文件！','文件错误','custom',imread('icon.bmp'))↙
```

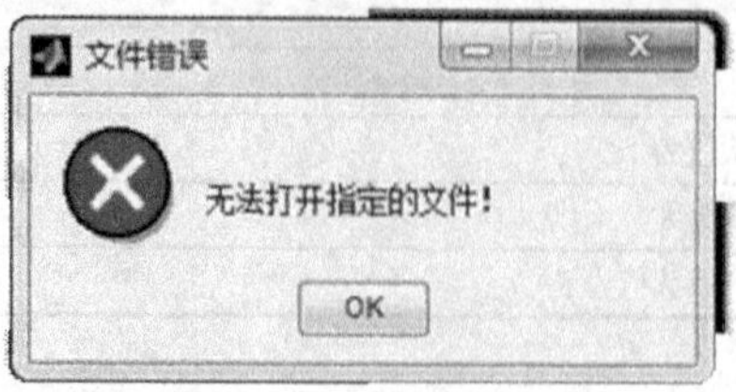

图 8-72　信息对话框示例

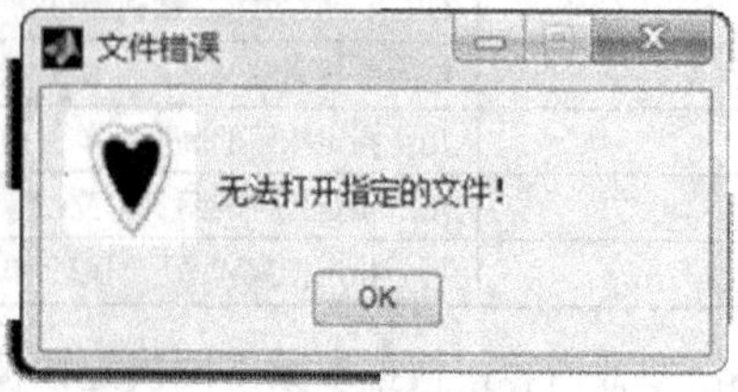

图 8-73　自定义图标示例

8.12.6　询问对话框：questdlg

- ◆ button = questdlg(qstring) %显示无标题的询问信息
- ◆ button = questdlg(qstring,title) %显示带标题的询问信息
- ◆ button = questdlg(qstring,title,default) %设置回车时的默认按钮
- ◆ button = questdlg(qstring,title,str1,str2,default) %两按钮对话框，自定义按钮文本
- ◆ button = questdlg(qstring,title,str1,str2,str3,default)%三按钮对话框，按钮文本自定
- ◆ button = questdlg(qstring,title, ..., options)

询问对话框用于显示询问的内容，然后接受被试的回应，如在删除某个文件前的确认对话框，可以设置询问对话框的询问内容、对话框标题、默认按钮选项等内容。

参数包括：

（1）qstring，询问的内容，为字符串类型，如'是否删除该文件'。

（2）title，对话框标题，为字符串类型，默认为没有任何标题内容。

（3）default，按回车时默认的点击按钮（默认为第一个按钮），可以设为'Yes'、'No'、'Cancel'三者之一，然后可以判断所操作的按钮选项执行进一步操作。

（4）str1, str2, str3，用于指定按钮的文本信息。

（5）options，设置默认按钮和对询问信息的解读方式，包含 Default 和 Interpreter 两个字段，前者指定默认按钮，后者指定解读方式'none'和'tex'，'tex'表示使用 LaTex 语法解读询问信息（☝注意：对标题和按钮文本无效）。

（6）button，返回值存储所选按钮上显示的文本。

例如：

- ● 询问对话框示例（见图 8-74）

```
button=questdlg('真的要删除该文件吗？','删除确认','是','否','否');
 if strcmp(button,'是')
    disp('你确定要删除此文件');
 else
    disp('你不想删除此文件');
 end
```

- ● LaTex 语法应用（见图 8-75）

```
>> options.Interpreter = 'tex';↙
>> options.Default = 'Don''t know';↙
>> qstring = 'Is \Sigma(\alpha - \beta) < 0?';↙
>> choice = questdlg(qstring,'Boundary Condition', 'Yes','No',
        'Don''t know',options)↙
```

图 8-74　询问对话框示例

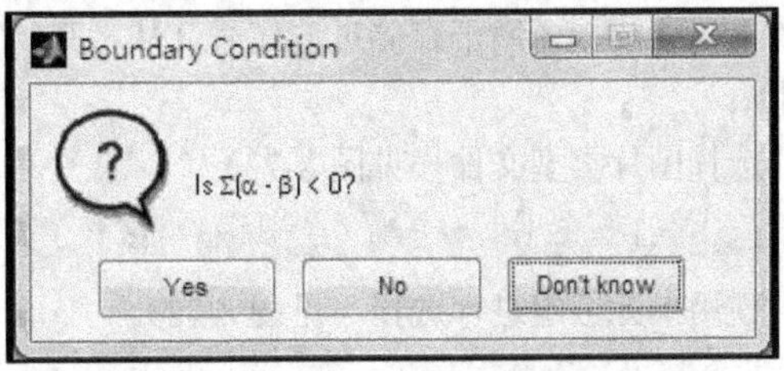

图 8-75　LaTex 语法应用示例

8.12.7　警告对话框：warndlg

- h = warndlg %显示标题为 Warning Dialog，内容为 This is the default warning string
- h = warndlg(warningstring) %指定警告信息内容
- h = warndlg(warningstring,dlgname) %指定警告信息内容和对话框标题
- h = warndlg(warningstring,dlgname,createmode) %指定创建模式，参见错误提示对话框

相当于图标设置为'warn'时的信息对话框，显示标题为（dlgname）的警告信息（warningstring），并且可以指定对话框的创建模式（createmode）。

例如：

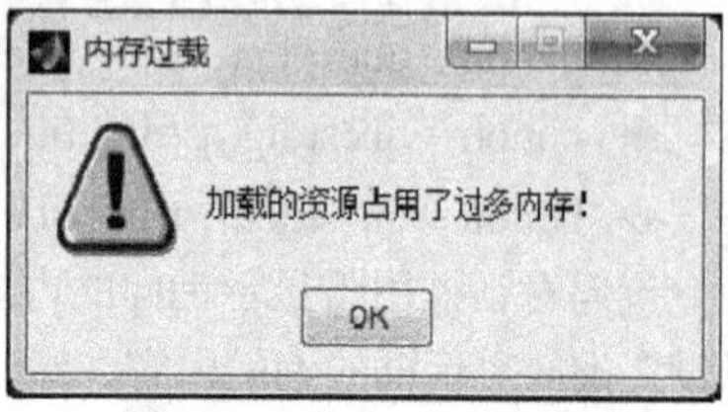

图 8-76　警告对话框示例

```
>> warndlg('加载的资源占用了过多内存！','内存过载') ↙
```

8.12.8　文件选择对话框：uigetfile

- Filename = uigetfile
- [FileName,PathName,FilterIndex] = uigetfile(FilterSpec)
- [FileName,PathName,FilterIndex] = uigetfile(FilterSpec,DialogTitle)
- [FileName,PathName,FilterIndex] = uigetfile(FilterSpec,DialogTitle,DefaultName)
- [FileName,PathName,FilterIndex] = uigetfile(...,'MultiSelect',selectmode)

文件选择对话框用于选择某种类型的文件供进一步对其操作，如果指定不存在的文件，则会显示错误信息，直至选择合法文件或取消选择。

参数包括：

（1）FilterSpec，文件类型过滤设置，如果省略该参数或设置为空，则显示 MATLAB 支持的文件类型。可以是字符串或字符型的单元数组，可以使用*、?通配符，字符串内容可以是路径、文件名，如果为路径则最后一个字符须为'\'或'/'；当使用字符型的单元数组时，可以是 m×2 的矩阵形式，第 1 列表示过滤设置，第 2 列表示对应的文件类型描述信息。

（2）DialogTitle，文件打开对话框标题。

（3）DefaultName，用于设置默认的文件名（即显示在文件名后的文本框内）。

（4）selectmode，选择模式，是否支持多选，可以为'on'或'off'（默认），如果是多选，则返回值 FileName 为存储选中文件的单元数组。

（5）FileName，用于存储选中的文件名。如果允许多选，则为字符型单元数组，如果取消了选择，则为 0。

（6）PathName，用于存储选中文件所在的路径名，如果取消了选择，则为 0。

（7）FilterIndex，用于存储过滤序号（从 1 开始），如果取消了选择，则为 0。

例如：

- 选择图片类型文件（见图 8-77）

```
>> uigetfile('*.bmp;*.jpg')↙
```

- 使用单元数组进行选择（见图 8-78）

```
>> uigetfile({'*.bmp';'*.jpg'})↙
```

图 8-77 文件选择示例一

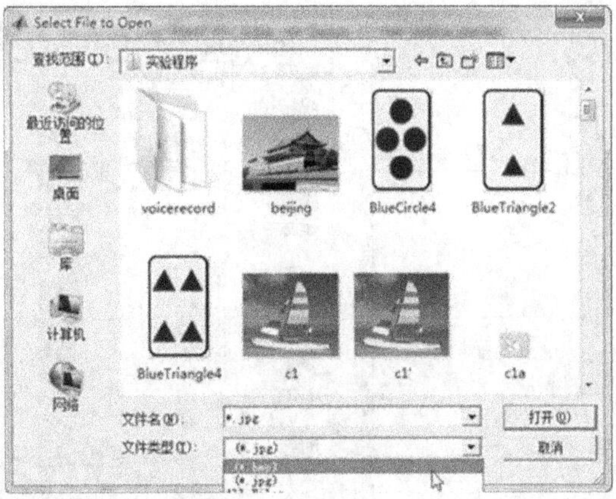

图 8-78 文件选择示例二

- 使用文件类型过滤描述（见图 8-79）

```
>> uigetfile({'*.bmp;*.jpg','图片文件';'*.txt','文本文件'})↙
```

- 支持文件多选（见图 8-80）

```
>> uigetfile({'*.bmp;*.jpg','图片文件';'*.txt','文本文件'},'MultiSelect','on')↙

ans =
  Columns 1 through 4
    'flower1.jpg'    'flower2.jpg'    'flower3.jpg'    'flower4.jpg'

  Columns 5 through 8
    'flower5.jpg' 'flower6.jpg'    'flower7.jpg'    'flower8.jpg'
```

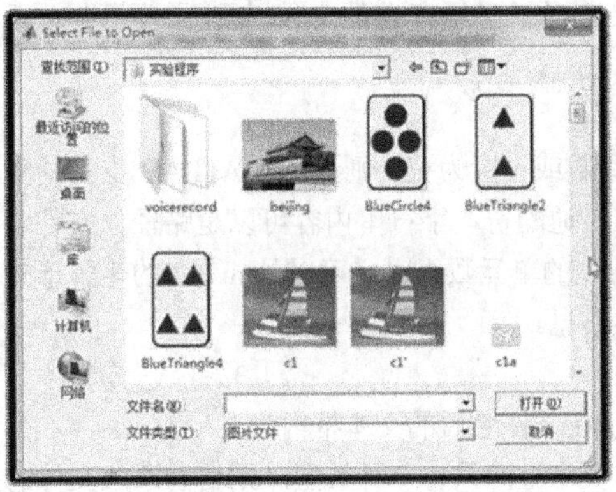

图 8-79 文件选择示例三

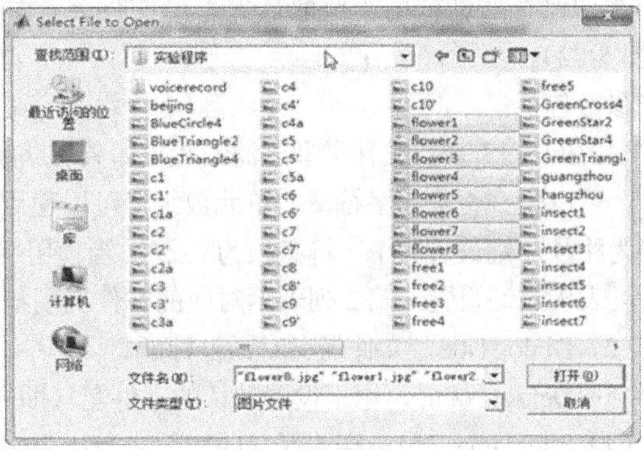

图 8-80 文件选择示例四

- 返回索引及路径（见图 8-81）

```
>> [fname,path,findex]=uigetfile({'*.bmp;*.jpg','图片文件';'*.txt','文本文件'},
        'MultiSelect','on')↙
fname =
    'free1.jpg'    'free2.jpg'    'free3.jpg'

path =
E:\实验程序\

findex =
     1
```

图 8-81　文件选择示例五

8.12.9　文件保存对话框：uiputfile

- FileName = uiputfile
- [FileName,PathName] = uiputfile
- [FileName,PathName,FilterIndex] =uiputfile(FilterSpec)
- [FileName,PathName,FilterIndex] = uiputfile(FilterSpec,DialogTitle)
- [FileName,PathName,FilterIndex] = uiputfile(FilterSpec,DialogTitle,DefaultName)

文件保存对话框用于获取欲保存的文件名，如果选择了已经存在的文件，则显示警告对话框（见图 8-82）。

参数包括：

（1）FileterSpec，文件类型过滤设置，如果省略该参数或设置为空，则显示 MATLAB 支持的文件类型。可以是字符串或字符型的单元数组，可以使用*、?通配符，字符串内容可以是路径、文件名，如果为路径，则最后一个字符必须为'\'或'/'；当使用字符型的单元数组时，可以是 m×2 的矩阵形式，第 1 列表示过滤设置，第 2 列表示对应的文件类型描述信息。

（2）DialogTitle，文件保存对话框标题。

（3）DefaultName，用于设置默认的文件名（即显示在文件名后的文本框内）。

（4）FileName，用于存储保存的文件名，如果文件类型过滤只有一种类型，则自动添加文件的扩展名；如果取消了选择，则为 0。

（5）PathName，用于存储保存文件的路径名。如果取消了选择，则为 0。

（6）FilterIndex，用于存储过滤序号（从 1 开始）。如果取消了选择，则为 0。

例如：带默认文件名的文件保存对话框（见图 8-83）

```
>> [fname,path,findex]=uiputfile({'*.bmp','位图文件';'*.jpg','JPG 文件'},
        '文件导出','test')↙
```

```
fname =
test.bmp

path =
```

```
C:\Users\Administrator\Desktop\西安2010\

findex =
    1
```

图 8-82　文件覆盖警告对话框

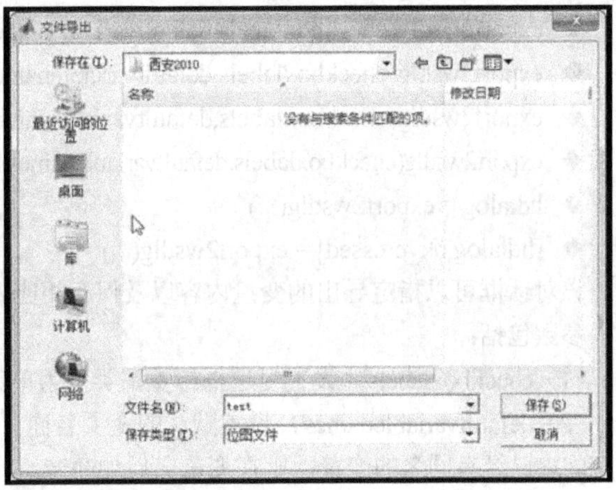

图 8-83　文件保存对话框示例

8.12.10　变量保存对话框：uisave

- ◆ uisave
- ◆ uisave(variables)
- ◆ uisave(variables,filename)

将当前工作空间中的所有变量或指定的变量保存到数据文件中。如果设置了不存在的变量，则显示如 8-84 所示的错误对话框。

参数包括：

（1）variables，欲保存的变量列表，类型为单元数组。

（2）ilename，保存的数据文件名（扩展名为 mat）。

例如：将变量保存到 mydata.mat 中（见图 8-85）。

```
>> uisave({'A','items'},'mydata')↙
```

图 8-84　错误提示：变量未找到

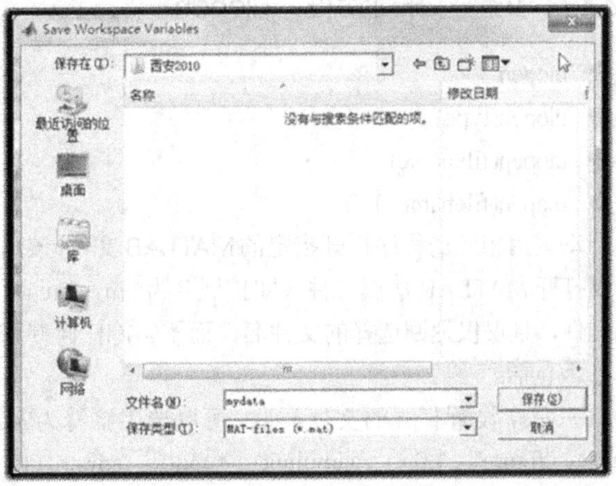

图 8-85　变量保存对话框

8.12.11　变量导出对话框：export2wsdlg

- export2wsdlg(checkboxlabels,defaultvariablenames,itemstoexport)
- export2wsdlg(checkboxlabels,defaultvariablenames,itemstoexport,title)
- export2wsdlg(checkboxlabels,defaultvariablenames,itemstoexport,title,selected)
- export2wsdlg(checkboxlabels,defaultvariablenames,itemstoexport,title,selected,helpfunction)
- export2wsdlg(checkboxlabels,defaultvariablenames,itemstoexport,title,selected,helpfunction,functionlist)
- hdialog = export2wsdlg(...)
- [hdialog,ok_pressed] = export2wsdlg(...)

该对话框可以指定导出的变量内容以及保存相应内容的变量名称。

参数包括：

（1）checkboxlabels，设置复选框标签，类型为单元数组，如果只有一项内容，则不显示复选框。

（2）defaultvariablenames，设置默认的变量名称（名称必须唯一），类型为单元数组。如果当前工作空间中已经有同名的变量，则在变量名后加序号。

（3）itemstoexport，设置导出的项目内容，类型为单元数组。

（4）title，对话框标题。

（5）selected，某个复选框是否被选中，为逻辑型数组。

（6）helpfunction，帮助按钮的回调函数。

（7）functionlist，应用计算的函数列表。

（8）hdialog，返回值存储对话框句柄。

（9）ok_pressed，返回值存储 OK（确认）按钮的点击情况，true=选择了 OK 按钮，否则返回值为 false。

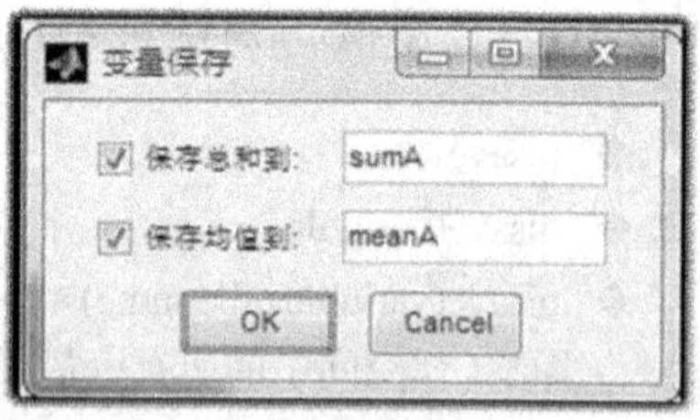

图 8-86　变量导出对话框

例如：将汇总结果保存到变量中（见图 8-86）

```
A = randn(10,1);
checkLabels = {'保存总和到:','保存均值到:'};
varNames = {'sumA','meanA'};
items = {sum(A),mean(A)};
export2wsdlg(checkLabels,varNames,items,'变量保存');
```

8.12.12　文件打开对话框：uiopen

- uiopen
- uiopen(type)
- uiopen(filename)
- uiopen(filename, TF)

自动调用相应的程序打开指定的MATLAB文件，该函数与文件选择对话框uigetfile不同之处在于：前者仅打开 MATLAB 所属文件（即扩展名为*.m，*.mat，*.fig，*.mdl 的文件）；而后者可以设置选择任何文件，且仅仅返回选择的文件名，而不实施任何打开操作。

参数包括：

（1）type，设置打开的文件类型，可以选用字符为'MATLAB'（MATLAB 支持的所有文件）、'load'（*.mat）、'figure'（*.fig）、'simulink'（*.mdl）、'editor'（除 MAT 和 FIG 之外的 MATLAB 文件）。

（2）filename，设置欲打开的文件名或文件类型（可以使用*、?通配符）。

（3）TF，逻辑表达式。如果为 true，则直接打开指定的文件，而不显示对话框。

例如：

- 直接打开某文件

```
>> uiopen('analysis.m',true)↙
```

- 打开文本型文件（见图 8-87）

```
>> uiopen('*.txt')↙
```

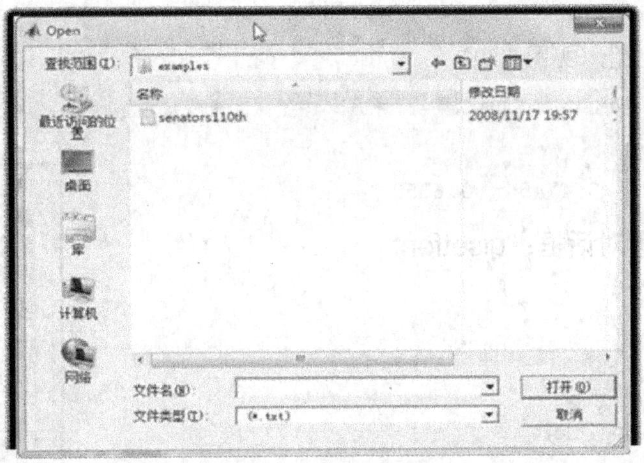

图 8-87　文件打开对话框

8.12.13　目录选择对话框：uigetdir

◆ folder_name = uigetdir

◆ folder_name = uigetdir(start_path)

◆ folder_name = uigetdir(start_path,dialog_title)

用于选择某个目录，并且返回选择的绝对路径名（folder_name）。

参数包括：

（1）start_path，初始选中的路径。

（2）dialog_title，对话框标题。

（3）folder_name，返回值存储最终选中的路径。如果取消选取，该值为 0。

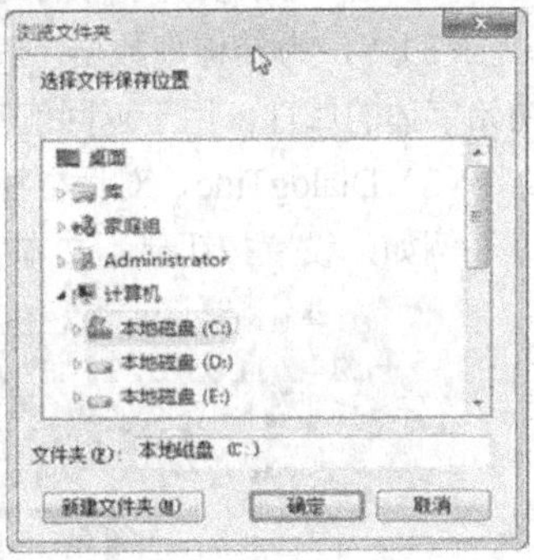

图 8-88　目录选择对话框

例如：目录选择（见图 8-88）

```
>> fold_name=uigetdir('c:\','选择文件保存位置') ↙

fold_name =
D:\MySQL Server 5.1
```

8.12.14　颜色设置对话框：uisetcolor

◆ c = uisetcolor

◆ c = uisetcolor([r g b])

◆ c = uisetcolor(h)

◆ c = uisetcolor(...,dialogTitle)

用于设置或获取某种颜色。

参数包括：

（1）[r g b]，颜色设置对话框初始或默认选中的颜色，其中 r、g、b 值介于 0～1 间。

（2）h，用于设置颜色属性的对象句柄。

（3）dialogTitle，对话框标题。

（4）c，返回值存储设置（选择）的颜色属性 r、g、b 值。在没有设置初始值的情况下取消选择，返回值为 0，否则返回初始值。

例如：选取某种颜色（见图 8-89）

```
>> color=uisetcolor([0 0 1])↙

color =
    0.3922    0.4745    0.6353
```

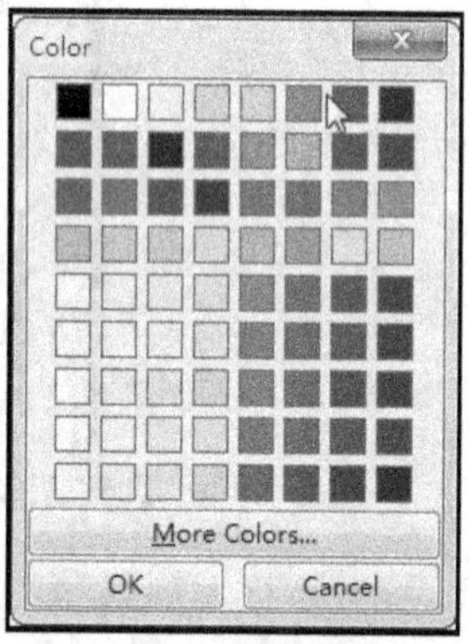

图 8-89 颜色设置对话框

8.12.15 字体设置对话框：uisetfont

- uisetfont
- uisetfont(h)
- uisetfont(S)
- uisetfont(...,DialogTitle)
- S = uisetfont(...)

设置字体或获取某种字体（属性）。

参数包括：

（1）h，用于设置字体的对象句柄（如文本对象句柄）。

（2）S，为结构型数据，其中的字段为 FontName、FontSize、FontWeight、FontAngle，用于设置初始字体的属性。用于返回值时，存储所设置的字体属性。如果取消选择，则返回值为 0。

（3）DialogTitle，对话框标题。

例如：设置按钮显示文本字体（见图 8-90）

```
c1=uicontrol('Style','pushbutton','Position',[10 10 100 20],'String','ABC');
c2=uicontrol('Style','pushbutton','Position',[10 50 100 20],'String','XYZ');
d = uisetfont(c1);
set(c2, d)
```

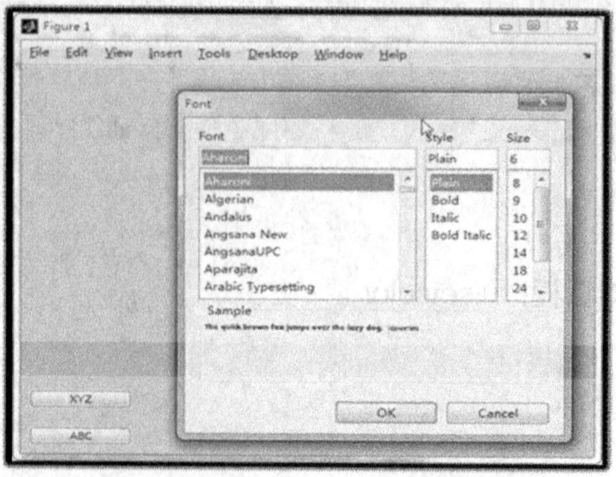

图 8-90 字体设置对话框

8.12.16　图形打印预览对话框：printpreview

- printpreview
- printpreview(f)

显示某个图形（f）的打印预览窗口，如果没有参数，则先打开一个图形窗口。其中的参数 f 为由 figure 命令创建的图形窗口句柄。

例如：预览图形打印（见图 8-91）

```
fig=figure; ↙
plot(0:0.1:pi*2,sin(0:0.1:pi*2)); ↙
printpreview(fig); ↙
```

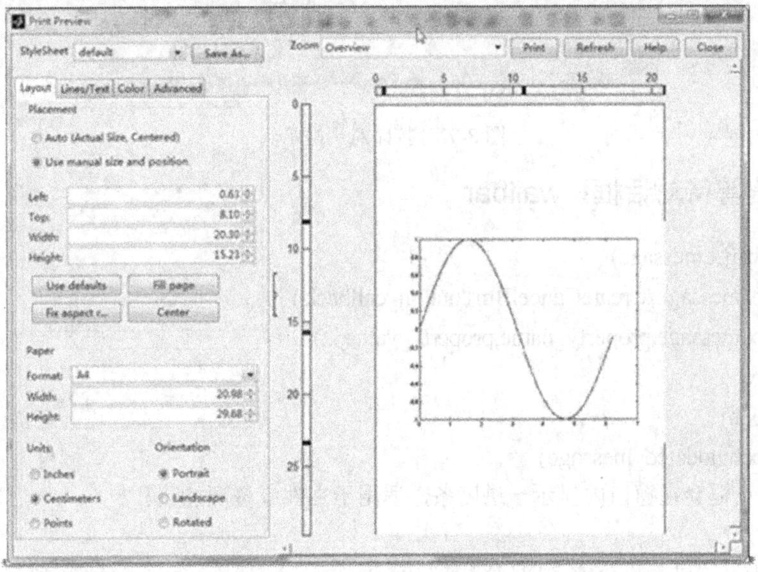

图 8-91　打印预览对话框示例

8.12.17　图形打印对话框：printdlg

- printdlg
- printdlg(fig)
- printdlg('-crossplatform',fig)
- printdlg('-setup',fig)

该对话框用于配置打印参数，然后执行相应的打印操作打印某个图形内容。

参数包括：

（1）fig，由 figure 命令创建的图形窗口句柄。

（2）'-crossplatform'，调用 MATLAB 内置的打印对话框，否则调用 Windows 打印对话框。

（3）'-setup'，使用该参数时，仅用于配置打印参数，而不执行实际的打印操作。

例如：图形打印窗口（见图 8-92）

```
fig=figure; ↙
plot(0:0.1:pi*2,sin(0:0.1:pi*2)); ↙%绘制正弦曲线
printdlg(fig); ↙
```

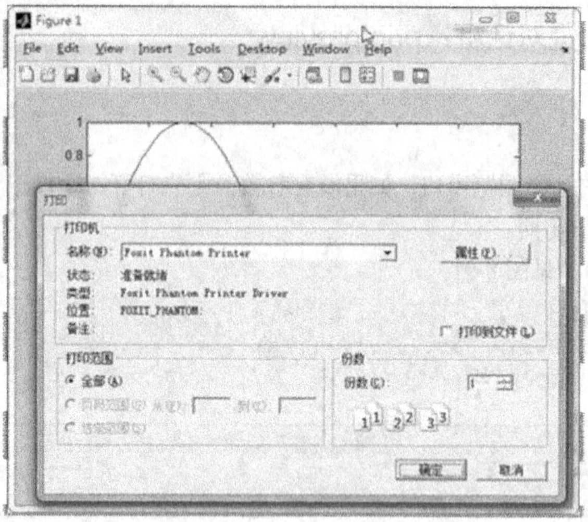

图 8-92 打印对话框示例

8.12.18 进度等待对话框：waitbar

◆ h = waitbar(x,message)

◆ waitbar(x,message,'CreateCancelBtn','button_callback')

◆ waitbar(x,message,property_name,property_value,...)

◆ waitbar(x)

◆ waitbar(x,h)

◆ waitbar(x,h,updated_message)

进度等待对话框会在窗口内显示一进度条，适用于文件或资源加载。

参数包括：

（1）x，用于设置进度百分比，取值范围为 0～1。

（2）message，用于显示信息，字符串。

（3）'CreateCancelBtn', 'button_callback'，用于设置取消按钮和其回调函数（该按钮执行的操作）。

（4）property_name,property_value，用于设置某些属性（具有的属性与 figure 对象相同）。

（5）h，返回值存储对话框句柄，作为参数使用时用于更新进度。

（6）updated_message，进度更新时显示的更新信息。

例如：

● 更新进度对话框（见图 8-93）

```
h=waitbar(0,'请稍候...'); %创建进度对话框
for step=1:1000
   waitbar(step/1000); %更新进度
end
close(h); %关闭进度对话框
```

● 显示进度百分比（见图 8-94）

```
h=waitbar(0,'请稍候...');
for step=1:1000
   waitbar(step/1000,h,num2str(step/1000*100,'%4.1f%%'));
end
close(h);
```

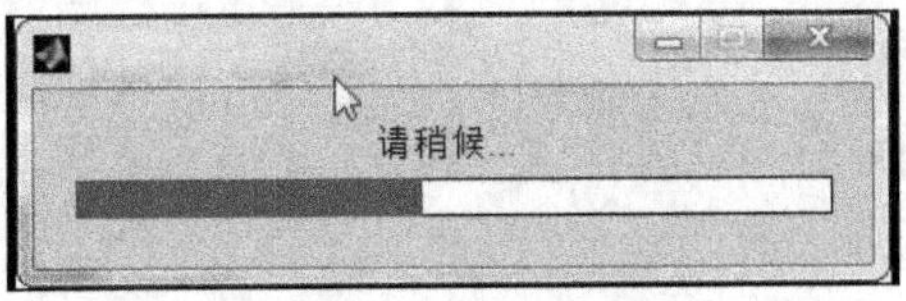

图 8-93　进度条示例

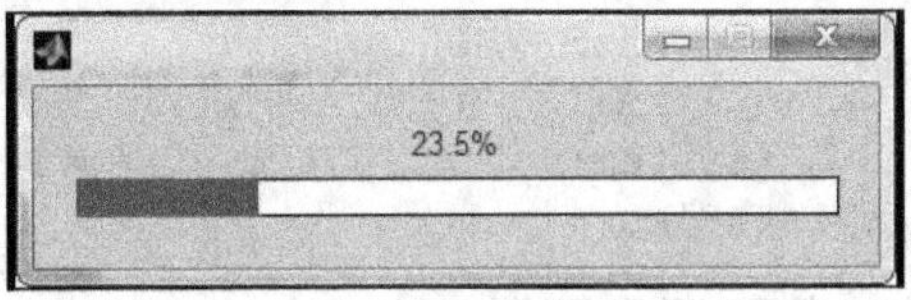

图 8-94　进度百分比示例

8.13　系统环境信息类函数

8.13.1　获取版本信息：Version

```
struct=Screen('Version');
```

获取 PTB 详细信息的结构数据。

例如：

```
>> Screen('Version')↙
```

输出结果：

```
ans =
      Version:   '3.0.10.321520104'
        major:   3
        minor:   0
        point:   10
        build:   321520104
         date:   'Jan  1 2013'
         time:   '07:08:24'
       module:   'Screen'
      project:   'OpenGL Psychtoolbox'
           os:   'Microsoft Windows'
     language:   'Matlab'
      authors:   [1x7 struct]
```

其中 authors 字段如下（ans.authors(1)，其中一作者）：

```
ans =
        First:   'Allen'
       middle:   'W.'
         last:   'Ingling'
     initials:   'awi'
        email:   'Allen.Ingling@nyu.edu'
          url:   ''
```

8.13.2　获取计算机系统信息：Compuer

```
comp=Screen('Computer');
```

获取计算机的系统信息。

例如：

```
>> Screen('Computer')↙
```

输出结果（表示当前计算机系统为 Windows 系统，版本号为：6.1.7600）：

```
ans =
    Macintosh:   0
      windows:   1
```

```
          osx:    0
        linux:    0
       system:    '6.1.7601 - Service Pack 1'
IsVistaClass:    1
```

8.13.3 获取显示器数：Screens

```
screenNumbers=Screen('Screens' [, physicalDisplays]);
```

获取目前计算机系统配置的显示器情况，如果配置了多个显示器，则 0=全屏，1=第一个显示器，2=第二个显示器，以此类推。

参数包括：

（1）physicalDisplays，适用于 OS/X 系统。

（2）screenNumbers，返回显示器列表。如果只有一个显示器，则返回 0；如果有多个显示器，则返回 0, 1……n，其中 0=全屏，1=第一个显示器，2=第二个显示器，以此类推。

8.13.4 获取窗口列表：Windows

```
windowPtrs=Screen('Windows');
```

获取所创建的窗口对象（包括主页面、缓冲页面和纹理页面）指针列表，windowPtrs 用于存储返回所创建的窗口指针列表。

例如：获取所创建的窗口数目

```
wPtr=Screen('OpenWindow',0);
offPtr=Screen('OpenOffscreenWindow',wPtr);
texPtr=Screen('MakeTexture',wPtr,255*Circle(10));
n=length(Screen('Windows'))
```

输出结果：

```
n =
    3
```

8.13.5 窗口类型：WindowKind

```
kind=Screen(windowPtr(s), 'WindowKind');
```

获取窗口类型。

参数包括：

（1）windowPtr(s)，想要获知窗口类型的指针（列表）。

（2）kind，返回值表示窗口类型，0=无效窗口，1=主页面，−1=缓冲或纹理页面。

例如：获取创建的窗口类型

```
wPtr=Screen('OpenWindow',0);
offPtr=Screen('OpenOffscreenWindow',wPtr);
texPtr=Screen('MakeTexture',wPtr,255*Circle(10));
n=Screen(Screen('Windows'),'WindowKind') %获取创建的页面类型
m=sum(1==Screen(Screen('Windows'),'WindowKind')) %获取创建的主页面数
```

输出结果：

```
n =
    1  -1  -1
m =
    1
```

8.13.6　判断是否为缓冲页面：IsOffscreen

```
isOffscreen=Screen(windowPtr,'IsOffscreen');
```

判断指定的窗口指针（windowPtr）是否为缓冲页面。

参数包括：

（1）windowPtr，待判断的窗口指针。

（2）isOffscreen，返回值，1=是，0=否。

8.13.7　获取刷新频率（帧速率）：FrameRate

- hz=Screen('FrameRate', windowPtrOrScreenNumber [, mode] [, reqFrameRate]);
- hz=FrameRate(windowPtrOrScreenNumber);

设置/获取窗口或显示器的刷新频率，该函数等同于 NominalFrameRate 函数。

参数包括：

（1）windowPtrOrScreenNumber，页面窗口指针或显示屏幕编号，参见 Screens 函数。

（2）mode，如果设置该值为 1，则获取的刷新频率不取整，为浮点数（仅适用于 OS/X 和 Linux 系统）。对于 Linux 系统，该参数还可以设置为 2，此时必须提供 reqFrameRate 参数。

（3）reqFrameRate，如果要将刷新频率设置为新值，则通过该参数实现，所设置的新频率必须与当前的刷新频率接近（如+/–2Hz），不可变化太大。如果设置成功，则返回最接近的刷新频率，否则返回 0 或–1（Linux）。

（4）hz，返回值，用于存储当前显示器的刷新频率，如果设置新刷新频率不成功，则返回 0 或–1（Linux）。

例如：获取刷新频率

```
wPtr=Screen('OpenWindow',0); ↙
hz=Screen(wPtr,'FrameRate') ↙
```

输出结果：

```
hz =
    60
```

8.13.8　获取刷新频率：NominalFrameRate

```
hz=Screen('NominalFrameRate', windowPtrOrScreenNumber [, mode]
        [, reqFrameRate]);
```

获取屏幕的刷新频率。

参见 FrameRate 函数（8.13.7 小节）。

8.13.9　获取页面切换时间：GetFlipInterval

```
[ monitorFlipInterval nrValidSamples actstddev ]=Screen('GetFlipInterval',
        windowPtr [, nrSamples] [, stddev] [, timeout]);
```

获取指定主页面（windowPtr）进行前后台缓冲切换所需时间的估计值（以秒为单位），相当于显示器屏幕刷新一帧所需要的时间。

参数包括：

（1）windowPtr，主页面指针。

（2）nrSamples，如果省略该参数，则根据上次调用该函数或者执行 OpenWindow 函数至目前调用该函数期间的情况进行估计；如果提供了该参数，则系统会进行循环测试计算，直至达到给定的采样值。PTB 在打开一个主页面时会进行 50 个采样，以期获得低于 100 毫秒的标准差，但最长测试时间不超过 15 秒。

（3）stddev，如果提供了该参数（标准差），则在测试计算时，还需要满足所得到的时间估计的标准差小于该值，默认值为 50 毫秒。

（4）timeout，超时时间，默认值为 10 秒，即当无法满足测试要求时，超过该时间值则返回。

（5）monitorFlipInterval，该返回值存储页面切换时间，即一帧的刷新时间（单位：秒）。

（6）nrValidSamples，该返回值存储实际测试的采样帧数。

（7）actstddev，该返回值存储标准差。

例如：获取页面切换时间

```
>> [a,b,c]=Screen('GetFlipInterval',wPtr,1000)↙
```

输出结果：

```
a =
    0.0167

b =
   583

c =
  7.7987e-004
```

8.13.10 获取窗口所处显示器：WindowScreenNumber

```
screenNumber=Screen('WindowScreenNumber', windowPtr);
```

获取窗口（windowPtr）显示在哪个显示器上，如果窗口是缓冲页面，返回值为-1。

8.13.11 获取窗口或显示器的矩形尺寸：Rect

```
rect=Screen('Rect', windowPtrOrScreenNumber);
```

获取窗口或显示器的矩形尺寸，参数 windowPtrOrScreenNumber 为窗口指针或显示器编号，所返回的 rect 的左上角坐标值始终为（0,0）。在立体显示模式下，刺激显示可用的区域要比窗口的实际区域小，如其可用的高度为实际窗口的 1/2。

8.13.12 获取像素位数：PixelSize

```
pixelSize=Screen('PixelSize', windowPtrOrScreenNumber);
```

获取窗口或显示器的像素位数（颜色位数）。

8.13.13 获取可用的像素位数：PixelSizes

```
pixelSizes=Screen('PixelSizes', windowPtrOrScreenNumber);
```

获取当前分辨率下可用的像素位数。

例如：获取 1 号显示器支持的像素位数（要连接双显示器，如只有一个显示器，可将 1 换为 0）

```
>> Screen('PixelSizes',1)↙
```

输出结果：

```
ans =
    8    16    32
```

8.13.14 获取窗口或显示器的尺寸：WindowSize

- [width, height]=Screen('WindowSize', windowPointerOrScreenNumber);
- [width, height]= WindowSize(windowPointerOrScreenNumber);

获取以像素为单位的窗口或显示器的宽度和高度。

例如：获取 2 号显示器的宽度和高度（需要连接双显示器）

```
>> [w,h]=Screen('WindowSize',2)↙
```

输出结果：

```
w =
    1440

h =
   900
```

8.13.15 获取显示器的尺寸：DisplaySize

```
[width, height]=Screen('DisplaySize', ScreenNumber);
```

获取某显示器的物理宽度和高度（以毫米为单位）。如果无法获取实际的显示尺寸，则返回值均为 0。但获取的显示尺寸并不可靠，仅供参考，否则该函数在实验中计算视角就会非常有用。

例如：获取 1 号显示器的宽度和高度（需要连接双显示器）

```
>> [w,h]=Screen('DisplaySize',1)↙
```

输出结果：

```
w =
   452

h =
   282
```

8.13.16 获取窗口的颜色范围：ColorRange

```
[oldmaximumvalue oldclampcolors] = Screen('ColorRange', windowPtr
          [, maximumvalue][, clampcolors=1]);
```

设置/获取窗口的颜色范围，这样 PTB 就会根据该范围来处理所提供的三元色（r,g,b,a），即颜色范围介于 0～maximumvalue 之间，对于超出此范围的数据则根据 clampcolors 参数进行处理。

注意：如果你设置了颜色范围，在调用该函数前所创建的缓冲页面或纹理页面并不受影响。

参数包括：

（1）windowPtr，页面窗口指针。

（2）maximumvalue，所允许的颜色成分最大值。

（3）clampcolors，默认值为 1，表示自动将超出颜色范围的值设为最小值（0）和最大值（maximumvalue）；如果为 0，则不做任何处理，取决于硬件是否支持处理超出范围的颜色成分。

（4）oldmaximumvalue，变更前旧的颜色成分最大值。

（5）oldclampcolors，变更前旧的越界处理方式。

8.13.17 获取窗口信息：GetWindowInfo

```
info = Screen('GetWindowInfo', windowPtr [, infoType=0] [, auxArg1]);
```

获取主页面窗口（windowPtr）的多种信息，对于一般用户此函数没有太多用处。

参数包括：

（1）windowPtr，主页面指针。

（2）infoType，默认值 0，表示返回所有信息；1=返回光栅位置，不支持时返回-1；2=返回窗口服务器，不支持时返回-1；3=低层窗口服务配置根据 auxArg1 参数进行调整；4=返回页面切换状态信息，（如果调用了 AsyncFligBegin 函数，且页面切换处于激活状态，则返回 1，否则返回 0）；5=测试评估渲染操作 GUP（图形处理）时间，计时器将在下一条绘制命令启动，在缓冲区切换时停止，测试值记录在 GPULastFrameRenderTime 字段中，并非所有的图形处理器都支持该功能。

（3）auxArg1，可选参数。

（4）info，返回值包含主页面信息的结构数据，各字段参见输出结果。

例如：

```
>> Screen('GetWindowInfo',wPtr)↙
```

输出结果：

```
                 Beamposition:  342
             LastVBLTimeOfFlip:  8.8647e+003
                  LastVBLTime:  8.8647e+003
                     VBLCount:  531671
           TimeAtSwapRequest:  8.8647e+003
         TimePostSwapRequest:  8.8647e+003
           RawSwapTimeOfFlip:  8.8647e+003
             VBLTimePostFlip:  -1
            OSSwapTimestamp:  0
      GPULastFrameRenderTime:  0
                  StereoMode:  0
                 ImagingMode:  0
               MultiSampling:  0
             MissedDeadlines:  0
                   FlipCount:  0
            StereoDrawBuffer:  2
  GuesstimatedMemoryUsageMB:  0
                VBLStartline:  900
                  VBLEndline:  900
VideoRefreshFromBeamposition:  0.0167
                    GLVendor:  'Intel'
                  GLRenderer:  'Intel Cantiga'
                   GLVersion:  '2.0.0 - Build 7.15.10.1861'
                   GPUCoreId:  ''
         GLSupportsFBOUpToBpc:  8
    GLSupportsBlendingUpToBpc:  8
    GLSupportsTexturesUpToBpc:  32
   GLSupportsFilteringUpToBpc:  8
    GLSupportsPrecisionColors:  0
        GLSupportsFP32Shading:  0
       BitsPerColorComponent:  8
                IsFullscreen:  0
                SpecialFlags:  32784
                   SwapGroup:  0
                 SwapBarrier:  0
```

8.13.18 获取显示器的分辨率：Resolutions

```
resolutions=Screen('Resolutions', screenNumber);
```

获取某显示器支持的所有分辨率。

例如：

```
>> res=Screen('Resolutions',1)↙
```

输出结果：

```
res =

1x79 struct array with fields:
    width
    height
    pixelSize
hz
```

然后通过如下代码，可以在 MATLAB 命令窗口输出所有支持的显示模式

```
for i=length(res):-1:1
    fprintf('%dX%d,%d,%d\n',res(i).width,res(i).height,res(i).hz,res(i).pixelSize);
end
```

输出结果：

```
1280X800,60,32
1280X800,60,32
1280X800,50,32
1280X800,60,16
1280X800,50,16
1280X800,60,8
1280X800,50,8
1280X768,60,32
…………
```

上述结果为包含 width, height, pixelSize 和 hz 的结构数组，它们代表了显示器所支持的分辨率、颜色深度和刷新频率，结果显示共支持 79 种显示模式，在 MATLAB 命令窗口中输入 a(1)可查看所支持的第一种显示模式的细节信息。

8.13.19 设置/获取显示器的显示模式：Resolution

- oldResolution=Screen('Resolution', screenNumber [, newwidth] [, newheight] [, newHz] [, newPixelSize] [, specialMode]);
- oldResolution =SetResolution(screenNumber, newwidth, newheight[, newHz][, newPixelSize]);
- SetResolution(screenNumber,oldResolution);

设置/获取某显示器的分辨率。如果设置的显示模式与当前显示模式不同，则程序运行完毕且关闭所有创建的窗口或程序遇到错误后，计算机系统将自动恢复到先前的显示模式。如果没有及时关闭，则系统将不会自动改回原显示模式，好的做法是记下变更前的显示模式，然后再利用该值更改回原来的显示模式（参见例如）。有些计算机系统可能不支持该函数。

参数包括：

（1）screenNumber，要设置或获取显示模式的显示器编号。

（2）newwidth，将要设置的新的分辨率的宽度。

（3）newheight，将要设置的新的分辨率的高度。

（4）newHz，将要设置的新的显示模式的刷新频率。

（5）newPixelSize，将要设置的新显示模式的颜色深度，一般可取值为 8、16、24、32 等，不要超过 32。需要注意：等于 24 时会对半透明混合造成不利影响；等于 16 时，将无法完成半透明混合。

（6）specialMode，不可用，**不要设置该参数**。

（7）oldResolution，返回的结构型数据用于存储先前的显示模式信息，包括分辨率、颜色深度和刷新频率。

例如：

● 获取 1 号显示器的当前显示模式

```
>> Screen('Resolution',1)↙
```

输出结果：

```
ans =
      Width:  1280
     height:  800
  pixelSize:  32
         hz:  60
```

● 借助 Resolutions 函数，变更显示模式

```
res=Screen('Resolutions',1); %获取显示器支持的显示模式列表
%更改显示模式，并将先前的显示模式记录下来
old=Screen('Resolution',1,res(1).width, res(1).height, res(1).hz,
        res(1).pixelSize);
WaitSecs(3); %执行程序代码，此处等待 3 秒钟，观看更改后效果
%改回先前的显示模式
Screen('Resolution',1, old.width, old.height, old.hz, old.pixelSize);
```

8.14 偏好设置类函数

偏好设置类函数在书写时有如下形式 Screen('Preference', '函数名' [,参数])，即第二个字符型内容为实际的函数名。

8.14.1 是否区分大小写：IgnoreCase

```
oldBool=Screen('Preference', 'IgnoreCase' [,bool]);
```

该设置会决定在书写程序代码时，系统是否区分大小写。如果不区分大小写，则 Screen('openwindow') 与 screen('OpenWindow')都是正确的书写方式。

参数包括：

（1）bool，布尔型逻辑值，默认值为 1。1=不区分大小写，0=区分大小写。

（2）oldBool，返回值，先前的设置值。

8.14.2 不输出警告信息：SuppressAllWarnings

```
oldEnableFlag = Screen('Preference', 'SuppressAllWarnings', [enableFlag]);
```

如果设置参数 enableFlag 为真，则不输出所有的警告信息。

例如：

```
oldEnableFlag = Screen('Preference', 'SuppressAllWarnings', true); ↙
```

8.14.3 调试信息详细度： VisualDebugLevel

```
oldLevel = Screen('Preference', 'VisualDebugLevel', level);
```

根据参数 level 的级别（取值范围为 0～5），设置调试信息输出的详细程序，参数值越大，调试信息越少。

8.14.4 文本渲染：TextRenderer

```
oldEnableFlag = Screen('Preference', 'TextRenderer', [enableFlag]);
```

用于设置是否进行文本渲染（取决于参数 enableFlag，0=不进行文本渲染，1=进行文本渲染）。进行文本渲染可以提高文本的显示质量，但会降低系统的性能。

8.14.5 文本平滑处理：TextAntiAliasing

```
oldEnableFlag = Screen('Preference', 'TextAntiAliasing', [enableFlag]);
```

设置显示文本是否进行反锯齿平滑处理。参数 enableFlag 的取值如下：-1=系统设置，0=不进行平滑处理，1=平滑处理，2=高质量平滑处理（与参数值为 1 并没有明显差别）。

8.14.6 设置默认字体大小：DefaultFontSize

```
oldSize = Screen('Preference', 'DefaultFontSize', [fontSize]);
```

通过参数 fontSize 来设置默认字体大小。

8.14.7 设置默认字体式样：DefaultFontStyle

```
oldStyleFlag = Screen('Preference', 'DefaultFontStyle', [styleFlag]);
```

通过参数 styleFlag 设置默认字体式样。字体式样参数如下：

- 0=常规（normal）；
- 1=粗体（bold）；
- 2=斜体（italic）；
- 4=下划线（underline）；
- 8=轮廓（outline）；
- 32=紧缩（condense）；
- 64 扩展（extend）。

8.14.8 设置默认字体名称：DefaultFontName

```
oldfontName = Screen('Preference', 'DefaultFontName', [fontName]);
```

通过参数 fontName 设置默认字体名称。

8.14.9 忽略同步扫描检测：SkipSyncTests

```
oldEnableFlag=Screen('Preference','SkipSyncTests', skipTest);
```

将参数 skipTest 设置为 1，则不进行同步扫描检测，否则执行同步扫描检测（此为默认情况），如果系统无法通过同步扫描（屏幕上显示一个巨大的叹号），则程序不再执行，此时可以考虑释放系统内存，退出不需要的后台运行的程序文件等。

例如：

```
Screen('Preference','SkipSyncTests', 1); ↙
```

8.14.10 设置三维图形模式：Enable3DGraphics

```
oldEnableFlag=Screen('Preference', 'Enable3DGraphics', [enableFlag]);
```

如果将参数 enableFlag 设置为 1，则系统处于三维图形模式；如果为 0（默认值），则为二维图形模式。

第 9 章　PSYCHTOOLBOX 实验设计实例

在实验程序的设计中，特别是在视觉认知加工领域，刺激的呈现参数很关键，如刺激的亮度、对比度、尺寸和呈现时间等；而呈现时间相对而言所受到的限制更大，它不仅受计算机的硬件配置（如显存，CPU 的速度等）的限制，而且还与编写的实验程序的代码的运行效率有关。抛开整个实验程序的效率，人们所关心的是实验流程所涉及的时间，如刺激的呈现时间和时间间隔（SOA、ISI、ITI 等）的精确性，至于其他的操作（如图片的加载、刺激的生成等）可不必太过计较。MATLAB 在调用 Mex 函数或 m 文件时，大约需要几百毫秒的时间来装载它们，同样在程序代码中变量的分配也要耗用时间，人们不想因它们而影响计时的精度，所以在开始计时前要确保该加载的函数和该分配的变量已经分配完毕。另外程序运行完毕，或者在程序开始运行前，最好及时清理和释放内存，MATLAB 的计时精度可以达到毫秒级或微秒级。

9.1　指导语呈现方式

在 MATLAB 中利用 PTB 呈现指导语并没有诸如 E-Prime 等交互式软件直观，但利用本书所提供的代码可以简便、快速地呈现指导语。

本书提供了两种方法实现指导语的呈现：一种方法是将指导语做成图片，该方法实际上适用于其他所有实验软件，然后通过 PTB 呈现图片（适用于呈现较为复杂的指导语，如有实验流程或刺激符号等图示内容）；另一种方法通过读取文本文件中的内容（适合于简单的文本指导语）而实现。

由于第一种方法的普遍性，这里简要介绍下指导语的制作过程。

（1）首先在 Word 中编辑指导语或者直接使用其他的绘制软件，但建议使用 Word。因为其修改起来比较方便，可以格式化文本，也可以直接绘制图形或插入图片（见图 9-1）。

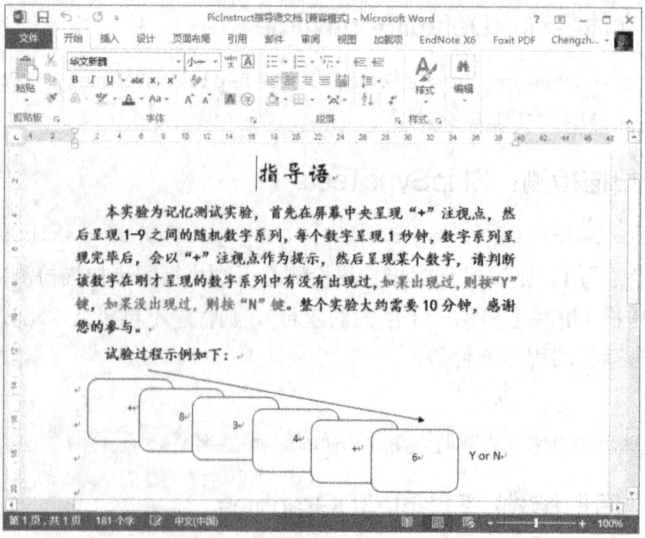

图 9-1　指导语在 Word 中的编辑

（2）然后使用截屏软件（这里使用的截屏软件是 WinSnap）选取合适的区域。如果没有截屏软件，就用键盘自带的屏幕复制键（PrtSc）。注意在复制屏幕内容时，要使 Word 在打印预览或阅读模式下（否则可能会将回车符复制下来，见图 9-2）。

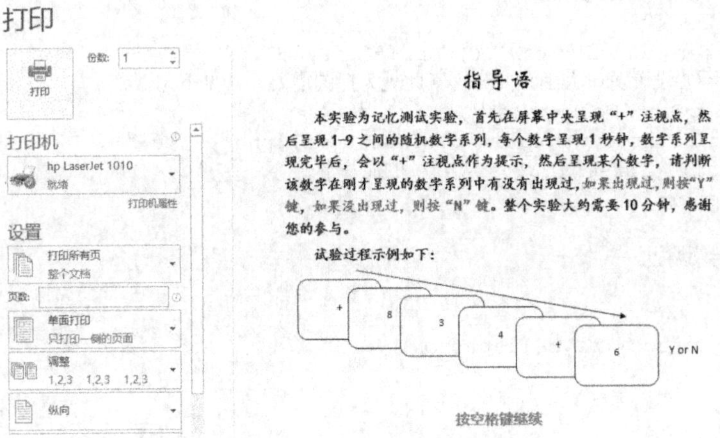

图 9-2 全屏幕复制

（3）如果使用了截屏软件，将复制的内容保存为图片文件即可；如果使用屏幕复制键，则可以借助 Windows 自带的画图软件加工，首先将复制下来的整个屏幕图像粘贴到画图软件中，然后选取合适区域（可移动粘贴的内容，把需要的内容显示出来），复制后再粘贴到一个新文件（仍在画图中操作）。

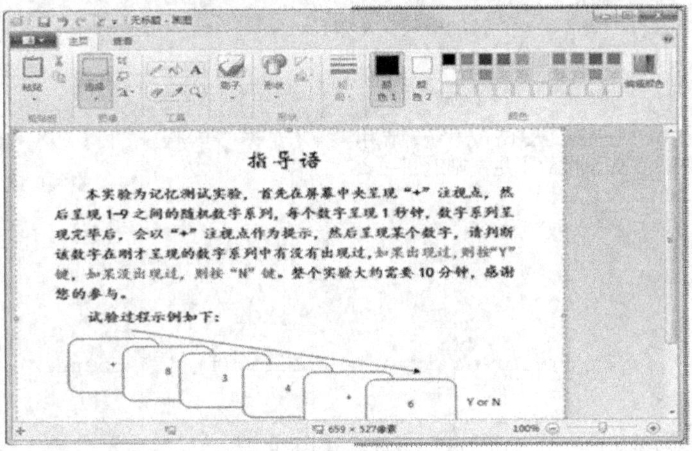

图 9-3 画图软件中再加工

例 9.1 图片型指导语　　　　本示例位于 Psyfeng\目录下

将指导语做成图片（可以多张），然后分页依次显示每张图片的内容。

程序文件结构图如下：

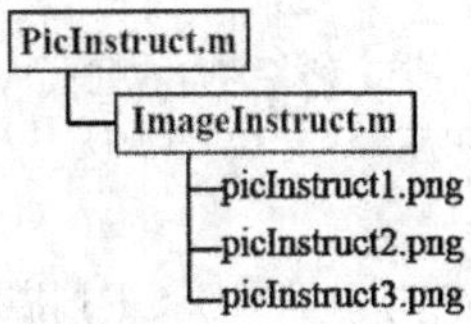

```
%显示图片型指导语
% PicInstruct.m
%
clear all; %释放所有资源
KbName('UnifyKeyNames');
try
wptr=Screen('OpenWindow',0,255,[50,50,850,600]);
%正式实验不要设置窗口大小，要全屏（此处为抓图需要），见下句
% wptr=Screen('OpenWindow',0);
    if imageInstruct(wptr,'picInstruct','png',3)<0
        sca; %Screen('CloseAll')的简写形式
        return;
    end
    %继续实验程序
    sca;
catch
    psychrethrow(psychlasterror);
    sca;
end
return;
```

```
function ret=imageInstruct(wptr,prefix,postfix,fs)
%imageInstruct.m
%功能：显示图片型指导语，可分页显示多个图片，其中文件名命令规则为
%filename[1-n].[ext],如i1.bmp,i2.bmp,i3.bmp,...
%参数：
%wptr:主页面窗口指针
%prefix:文件名前缀
%postfix:文件扩展名，所支持的格式文件如bmp,jpg,gif,png
%fs:图片文件数量

if nargin<3
    warndlg('imageInstruct函数调用参数不足！','Waring');
    ret=-1; %如果参数不足，则返回-1
    return;
end
if nargin<4
    fs=1;
end
for i=1:fs
    imgs(i).('img')=imread([prefix num2str(i) '.' postfix]);
end
curImg=1;
wrect=Screen('Rect',wptr); %获取窗口矩形区域
Screen('PutImage',wptr,imgs(curImg).img); %向窗口中写入图像
trect1=Screen('TextBounds',wptr,'<--向后翻页');
trect2=Screen('TextBounds',wptr,'-->或空格键向前翻页');
trect3=Screen('TextBounds',wptr,[num2str(curImg) '/' num2str(fs)]);
x1=10; y1= wrect(4)-trect1(4)-10; %设置绘制文本的坐标
x2= wrect(3)-trect2(3)-10; y2= wrect(4)-trect2(4)-10;
x3= (wrect(3)-trect3(3))/2; y3= wrect(4)-trect3(4)-10;
Screen('DrawText',wptr,'<--向后翻页',x1,y1); %绘制文本提示信息
Screen('DrawText',wptr,'-->或空格键向前翻页',x2 ,y2);
Screen('DrawText',wptr,[num2str(curImg) '/' num2str(fs)],x3,y3);

Screen('Flip',wptr); %页面切换
leftKey=KbName('LeftArrow'); %获取按键的扫描码
rightKey=KbName('RightArrow');
```

```
    spaceKey=KbName('space');
    ListenChar(2); %屏幕掉 Matlab 命令窗口对按键信息的接收
    while true
       [~,~,keyCode]=KbCheck;
       if keyCode(spaceKey) && curImg==fs %如果在最后一页按空格键则退出
          break;
       elseif keyCode(leftKey) && curImg>1 %向后翻页
          while KbCheck;end
          curImg=curImg-1;
          Screen('PutImage',wptr,imgs(curImg).img);
          trect3=Screen('TextBounds',wptr,[num2str(curImg) '/' num2str(fs)]);
         x3= (wrect(3)-trect3(3))/2; y3= wrect(4)-trect3(4)-10;
         Screen('DrawText',wptr,'<--向后翻页',x1,y1);
         Screen('DrawText',wptr,'-->或空格键向前翻页',x2 ,y2);
         Screen('DrawText',wptr,[num2str(curImg) '/' num2str(fs)],x3,y3);
          Screen('Flip',wptr);
       elseif (keyCode(rightKey) || keyCode(spaceKey)) && curImg<fs %向前翻页
          while KbCheck;end
          curImg=curImg+1;
          Screen('PutImage',wptr,imgs(curImg).img);
          trect3=Screen('TextBounds',wptr,[num2str(curImg) '/' num2str(fs)]);
         x3= (wrect(3)-trect3(3))/2; y3= wrect(4)-trect3(4)-10;
         Screen('DrawText',wptr,'<--向后翻页',x1,y1);
         Screen('DrawText',wptr,'-->或空格键向前翻页',x2 ,y2);
         Screen('DrawText',wptr,[num2str(curImg) '/' num2str(fs)],x3,y3);
          Screen('Flip',wptr);
       end
    end
    while KbCheck; end
    DrawFormattedText(wptr,'下面开始练习，按任意键继续','center','center');
    Screen('Flip',wptr);
    KbWait;
    ListenChar(0); %恢复 Matlab 命令窗口接收按键
    clear imgs; %清除不再使用的图像数组，实际上函数返回时会自动清除
    ret=0; %运行成功，则返回 0
    end
```

程序运行如图 9-4 所示。

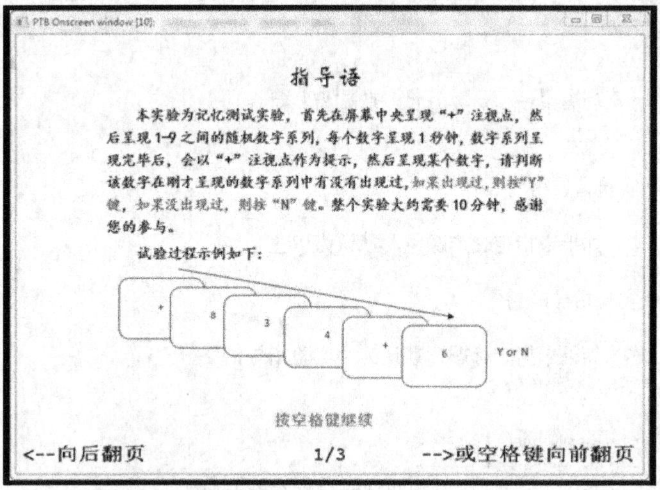

图 9-4　图片型指导语

例 9.2 文本型指导语　　　　本示例位于 Psyfeng\目录下

所呈现的指导语内容存放在文本文件中，如果行数较多，程序会自动分页显示，并且可以设置文本的对齐方式（默认为左对齐）和文本的颜色，但程序并未对标点符号处于行首时的情况进行处理。

程序文件结构图如下：

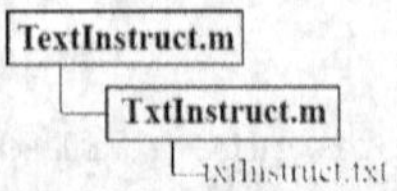


```
%文本型指导语
%TextInstruct.m
%
clear all;
KbName('UnifyKeyNames');
try
   wptr=Screen('OpenWindow',0,255,[50,50,850,600]); %打开主页面窗口
   if txtInstruct(wptr,'txtinstruct.txt')<0 %如果指导语显示失败（=-1）
      sca;
      return;
   end
   %继续实验程序
   sca;
catch
   psychrethrow(psychlasterror);
   sca;
end
return;
```

```
function ret=txtInstruct(wptr,filename,align,color,title)
%txtInstruct.m
%功能：分页显示多行文本
%参数：
%wptr：页面指针
%filename：包含指导语的文本文件名
%align：对方方式，'left'=左对齐；'center'=居中；'right'=右对齐，默认为左对齐
%color：文本颜色，默认为黑色
if nargin<2 %如果参数少于 2 个，表明未提供指导语文件名，错误返回
   ret=-1;
   return;
end
if nargin<3 %如果未指定对齐方式，默认为左对齐
   align='left';
   color=0;
   title='实验指导语';
end
if nargin<4 %如果未指定文本颜色，默认为黑色
   color=0;
   title='实验指导语';
end
if nargin<5 %如果未指定标题，默认为"实验指导语"
   title='实验指导语';
end
KbName('UnifyKeyNames');
olds=Screen('TextSize',wptr, 20);
fid=fopen(filename,'r'); %以只读方式打开文本文件
nofile=false;
if(fid<0) %如打开失败，则返回
```

```
    nofile=true;
end
[ws,hs]=Screen('WindowSize',wptr); %获取窗口的宽度和高度存于 ws 和 hs 中
wrect=Screen('Rect',wptr);
wrect=GrowRect(wrect,-80,-60);
if wrect(3)<wrect(1) || wrect(4)<wrect(2)
    ret=-1;
    return;
end
Screen('FrameRect',wptr,[0,0,255],wrect,3);
ts=Screen('TextBounds',wptr,'实');
linewords=floor((wrect(3)-wrect(1))/ts(3));
lineH=0;
if nofile
    tline=filename; %如果无法打开文件，则显示文件名
else
    tline=fgetl(fid); %获取文本文件中的一行，文件指针会自动跳到下一行
end
i=1;
while ischar(tline) %如果是字符串，则循环读取下一行，直至文件尾
    txts(i).('content')=tline; %将字符串保存在结构数组 txts 的 content 字段中
    if isempty(tline) %如果是空行
        txts(i).('rect')=NaN; %赋为特殊值（非数值）
        i=i+1;
    else
        linelen=length(tline);
        if mod(linelen,linewords)
            linelines=[1:linewords:linelen;linewords:linewords:linelen+linewords];
        else
            linelines=[1:linewords:linelen;linewords:linewords:linelen];
        end
        if mod(linelen,linewords)
            linelines(2,ceil(linelen/linewords))=linelen;
        end
        for j=1:ceil(linelen/linewords)
            txts(i).('content')=tline(linelines(1,j):linelines(2,j));
            txts(i).('rect')=Screen('TextBounds',wptr,tline
                    (linelines(1,j):linelines(2,j)));
            switch lower(align)
                case {'center'} %center
                    txts(i).('x')=(ws-txts(i).rect(3))/2;
                case {'right'} %right
                    txts(i).('x')=wrect(3)-txts(i).rect(3)-(wrect(3)-
                            wrect(1)-linewords*ts(3))/2;
                otherwise  %left
                    txts(i).('x')=wrect(1)+(wrect(3)-wrect(1)-
                            linewords*ts(3))/2;
            end
            lineH=max(txts(i).rect(4),lineH); %获取行高值，实际上该值不变
            i=i+1; %计数累加，供结构数组 txts 使用
        end
    end
    if nofile
        break;
    else
        tline=fgetl(fid); %获取下一行
    end
end
if ~nofile
```

```
    fclose(fid); %及时关闭不再使用的文件
end
lines=length(txts); %获取指导语的行数
pagelines=min(lines,floor((wrect(4)-wrect(2))/lineH)); %计算可容纳的行数
pages=ceil(lines/pagelines); %获取页数
if mod(lines,pagelines)
    pageline=[1:pagelines:lines;pagelines:pagelines:lines+pagelines];
else
    pageline=[1:pagelines:lines;pagelines:pagelines:lines];
end
if mod(lines,pagelines)
    pageline(2,pages)=lines;
end

for i=1:size(pageline,2)
    y=wrect(2)+(wrect(4)-wrect(2)-pagelines*lineH)/2; %设置首行的起始坐标 y
    for j=pageline(1,i):pageline(2,i)
        txts(j).('y')=y; %设置每行显示位置 y 坐标值
        y=y+lineH; %更新 y 坐标值
    end
end

leftKey=KbName('LeftArrow');
rightKey=KbName('RightArrow');
spaceKey=KbName('space');
oldcolor=Screen('TextColor',wptr,color);
curPage=1;
for i=pageline(1,curPage):pageline(2,curPage)                    %显示首页内容
    if ~isnan(txts(i).rect) %如果不是空行
        Screen('DrawText',wptr,txts(i).content,txts(i).x,txts(i).y); %逐行绘制文本
    end
end
trect1=Screen('TextBounds',wptr,'<--向后翻页');
trect2=Screen('TextBounds',wptr,'-->或空格键向前翻页');
trect3=Screen('TextBounds',wptr,[num2str(curPage) '/' num2str(pages)]);
trect4=Screen('TextBounds',wptr,title);
x1=10; y1= hs-trect1(4)-10;
x2= ws-trect2(3)-10; y2= hs-trect2(4)-10;
x3= (ws-trect3(3))/2; y3= hs-trect3(4)-10;
x4=(ws-trect4(3))/2;y4=(60-trect4(4))/2;
Screen('DrawText',wptr,'<--向后翻页',x1,y1,[255 0 255]);
Screen('DrawText',wptr,'-->或空格键向前翻页',x2 ,y2,[255 0 255]);
Screen('DrawText',wptr,[num2str(curPage)'/'num2str(pages)],x3,y3,[255 0 255]);
Screen('DrawText',wptr,title,x4,y4,[255 0 255]);
Screen('Flip',wptr);
Screen('TextColor',wptr,oldcolor);
ListenChar(2);
while true
    [~,~,keyCode]=KbCheck;
    if keyCode(spaceKey) && curPage==pages
        break;
    elseif keyCode(leftKey) && curPage>1
        while KbCheck;end
        curPage=curPage-1;
        Screen('FrameRect',wptr,[0,0,255],wrect,3);
        oldcolor=Screen('TextColor',wptr,color);
        for i=pageline(1,curPage):pageline(2,curPage)
            if ~isnan(txts(i).rect)
```

```
                Screen('DrawText',wptr,txts(i).content,txts(i).x,txts(i).y);
            end
        end
        trect3=Screen('TextBounds',wptr,[num2str(curPage) '/' num2str(pages)]);
        x3= (ws-trect3(3))/2; y3= hs-trect3(4)-10;
Screen('DrawText',wptr,'<--向后翻页',x1,y1,[255 0 255]);
Screen('DrawText',wptr,'-->或空格键向前翻页',x2 ,y2,[255 0 255]);
Screen('DrawText',wptr,[num2str(curPage) '/' num2str(pages)],x3,y3,[255 0 255]);
Screen('DrawText',wptr,title,x4,y4,[255 0 255]);
      Screen('TextColor',wptr,oldcolor);
        Screen('Flip',wptr);
    elseif (keyCode(rightKey) || keyCode(spaceKey)) && curPage<pages
        while KbCheck;end
        curPage=curPage+1;
        Screen('FrameRect',wptr,[0,0,255],wrect,3);
        oldcolor=Screen('TextColor',wptr,color);
        for i=pageline(1,curPage):pageline(2,curPage)
            if ~isnan(txts(i).rect)
                Screen('DrawText',wptr,txts(i).content,txts(i).x,txts(i).y);
            end
        end
        trect3=Screen('TextBounds',wptr,[num2str(curPage) '/' num2str(pages)]);
        x3= (ws-trect3(3))/2; y3= hs-trect3(4)-10;
Screen('DrawText',wptr,'<--向后翻页',x1,y1,[255 0 255]);
Screen('DrawText',wptr,'-->或空格键向前翻页',x2 ,y2,[255 0 255]);
Screen('DrawText',wptr,[num2str(curPage) '/' num2str(pages)],x3,y3,[255 0 255]);
Screen('DrawText',wptr,title,x4,y4,[255 0 255]);
      Screen('TextColor',wptr,oldcolor);
        Screen('Flip',wptr);
    end
end
while KbCheck; end
if ~nofile
    DrawFormattedText(wptr,'下面开始练习，按任意键继续','center','center', color);
Screen('Flip',wptr);
KbWait;
end
Screen('TextColor',wptr,oldcolor);
Screen('TextSize',wptr,olds);
ListenChar(0);
clear txts pageline; %及时清除不再需要的占用较大空间的数据
ret=0;
end
```

程序运行如图 9-5 所示：

图 9-5　文本型指导语

9.2　单次试验（trial）的实现

实验设计中，关键是单个试次的设计，一般来说也是对计时要求最高的环节。基本上遵循“提醒被试做好准备→呈现刺激（序列）→等待被试做出反应→给予反馈→收集数据”这样一个流程。在此也分这样几个步骤来逐步深入学习 PTB 的 MATLAB 编程。

9.2.1　提醒被试做好准备

一般是通过在屏幕中央呈现注视点来提醒被试某个试次的开始，并引导被试的注意至屏幕中央，或者是通过声音来提醒被试试验的开始。

注视点可以有多种形式，常用的有十字、圆点、圆环、星号等，当然你也可以使用其他符号，注视点可以直接绘制，也可以做成图片来呈现。其呈现时间一般为 500～1000 毫秒。在下面程序的示例中，可以指定显示的注视点类型，或者和声音提示同时显示。

例 9.3　呈现注视点　　　本示例位于 Psyfeng\Little_examples 目录下

程序文件结构图：

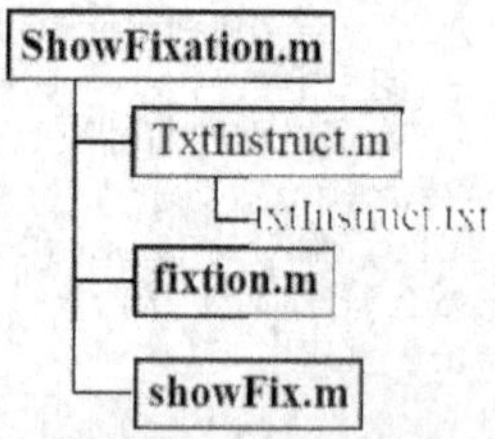


```
%注视点
%ShowFixation.m
%
clear all;
try
    [wptr,wrect]=Screen('OpenWindow',0,255,[50,50,850,600]);
    txtInstruct(wptr,'txtinstruct.txt');
    fix=fixation(wptr,'+');
    showFix(wptr,wrect,fix,0.5);

    %继续实验程序
    sca;
catch
    psychrethrow(psychlasterror);
    sca;
end
return;
```

```
function fix=fixation(wptr,type,color,backgroundcolor)
%fixation.m
%
if nargin<2
    type='+';
    color=0;
    backgroundcolor=255;
end
if nargin<3
    color=0;
```

```
   backgroundcolor=255;
end
if nargin<4
   backgroundcolor=255;
end
wrect=Screen('Rect',wptr);
fixationSize=min(wrect(3),wrect(4))*3/100;
txtSize=floor(fixationSize);
if ~mod(fixationSize,2)
   fixationSize=fixationSize+1;
end
offptr=Screen('OpenOffscreenWindow',wptr,backgroundcolor,
        [0,0,fixationSize,fixationSize]);
switch lower(type)
   case {'.' '.+s'}
      Screen('FillOval',offptr,color);
      fix.ptr=offptr;
      fix.rect=[0 0 fixationSize fixationSize];
   case {'o' 'o+s'}
      Screen('FrameArc',offptr,color,[],0,360,fixationSize/2-2);
      fix.ptr=offptr;
      fix.rect=[0 0 fixationSize fixationSize];
   case {'*' '*+s'}
      oldsize=Screen('TextSize',offptr,txtSize);
      DrawFormattedText(offptr,'*','center','center',color);
      Screen('TextSize',offptr,oldsize);
      fix.rect=[0 0 fixationSize fixationSize];
      fix.ptr=offptr;
   case {'s'}
      fix.sound=1;
      fix.ptr=NaN;
   otherwise
      Screen('DrawLine',offptr,color,0,fixationSize/2,
              fixationSize,fixationSize/2,3);
      Screen('DrawLine',offptr,color,fixationSize/2,0,fixationSize/2,
              fixationSize,3);
      fix.ptr=offptr;
      fix.rect=[0 0 fixationSize fixationSize];
end
if ~isempty(strfind(lower(type),'s'))
   fix.sound=1;
else
   fix.sound=NaN;
end
end
```

```
function showFix(wptr,wrect,fix,time,sx,sy)
%showFix.m
%2011-3.26
%PsyFeng
if nargin<5
   sx=wrect(3)/2;
   sy=wrect(4)/2;
end
if nargin<6
   sy=wrect(4)/2;
```

```
    end
    if strcmp(sx,'center')
       sx=wrect(3)/2;
    end
    if strcmp(sy,'center')
       sy=wrect(4)/2;
    end
    if ~isnan(fix.ptr)
       Screen('CopyWindow',fix.ptr,wptr,fix.rect,CenterRect(fix.rect,
              [sx-5 sy-5 sx+5 sy+5]));
    end
    Screen('Flip',wptr);
    if ~isnan(fix.sound)
       beep;
    end
    WaitSecs(time);
```

9.2.2 呈现刺激（序列）

在呈现刺激之前，需要准备好刺激材料（如图片、文字、声音等），并且还需要提前适时进行加载（如果不同的刺激材料不多，如呈现的图片只有 4 种，仅仅是随机呈现多次，就可一次性加载；如果刺激材料很多，可考虑在运行每个试次前加载，以减少对内存的耗用），以便能够快速显示。尽管此处讲是单次试验，但在编写程序时仍然要考虑不同试验之间呈现刺激的不同。有些刺激需要同时呈现（如典型的视觉搜索范式），有些刺激需要相继呈现（如快速序列视觉呈现 RSVP、视觉掩蔽等），同时呈现时位置是固定的，还是随机的？相继呈现时刺激之间是固定序列还是随机序列，还是需要满足一定条件等问题。注意：注视点也可算作刺激序列的一部分。

在此以选择反应时为例，呈现红、绿、蓝三种颜色之一的色块。先看准备实验材料的代码部分，一种方法是利用 MATLAB 和 PTB 的功能直接生成红、绿、蓝色块（既可以利用图像矩阵生成，也可以利用 FillRect 函数）；另一种方法就是把它们做成图片刺激。下面来看不同方法的代码实现。

例 9.4　利用图像矩阵　　　　本示例位于 Psyfeng\Little_examples 目录下

先生成红、绿、蓝图像矩阵，再把相应的纹理页面指针存储在结构数组中，供显示时由 DrawTexture 函数调用。

程序文件结构图：

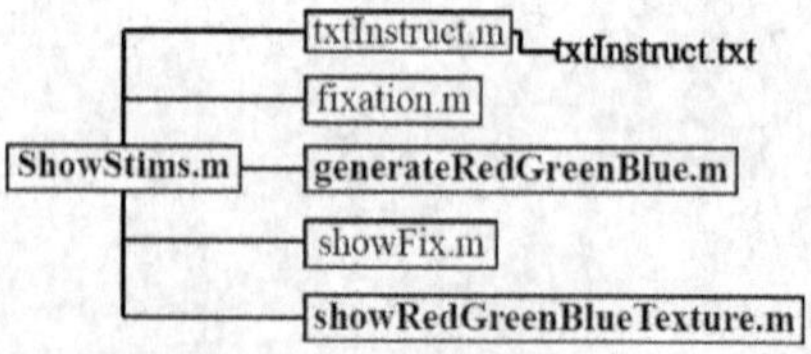


```
    %呈现刺激
    %ShowStims.m
    %
    clear all;
    try
       [wptr,wrect]=Screen('OpenWindow',0,255,[50,50,850,600]);
       txtInstruct(wptr,'txtinstruct.txt');
       fix=fixation(wptr,'*');
       textures=generateRedGreenBlueTexture(wptr,80,80);
       showFix(wptr,wrect,fix,0.5);
```

```
    showRedGreenBlueTexture(wptr,textures(randi(3)).textureIndex);
    WaitSecs(3);
    %继续实验程序
    sca;
catch
    psychrethrow(psychlasterror);
    sca;
end
return;
```

```
function textures=generateRedGreenBlueTexture(wptr,width,height)
%generateRedGreenBlueTexture.m
textures=struct([]);
for i=1:3
    img=uint8(zeros(width,height,3)); %生成图像矩阵
    img(:,:,i)=uint8(ones(width,height))*255; %变更某颜色分量数据
    textures(i,1).textureIndex=Screen('MakeTexture',wptr,img);%生成纹理页面
end
```

```
function showRedGreenBlueTexture(wptr,textureIndex)
%showRedGreenBlueTexture.m
Screen('DrawTexture',wptr,textureIndex);
Screen('Flip',wptr);
```

例 9.5　利用 FillRect 函数　　　　本示例位于 Psyfeng\Little_examples 目录下

先通过 OpenOffscreenWindow 和 FillRect 函数生成缓冲页面指针，存储在结构数组中供 CopyWindow 函数使用。

程序文件结构图：

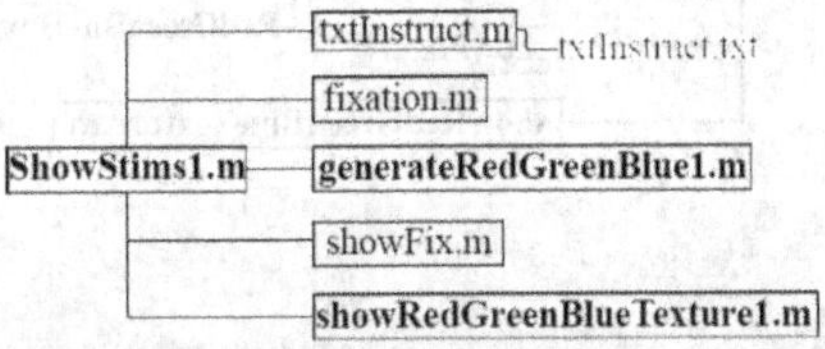


```
%ShowStims1.m
%
clear all;
try
    [wptr,wrect]=Screen('OpenWindow',0,255,[50,50,850,600]);
    txtInstruct(wptr,'txtinstruct.txt');
    fix=fixation(wptr,'*');
    textures=generateRedGreenBlueTexture1(wptr,80,80);
    showFix(wptr,wrect,fix,0.5);
    showRedGreenBlueTexture1(wptr,textures,randi(3));
    WaitSecs(3);
    %继续实验程序
    sca;
catch
    psychrethrow(psychlasterror);
    sca;
end
return;
```

```
function textures=generateRedGreenBlueTexture1(wptr,width,height)
%generateRedGreenBlueTexture1.m
```

```
textures=struct([]);
wrect=Screen('Rect',wptr);
for i=1:3
    textures(i,1).offptr=Screen('OpenOffscreenWindow',wptr,0,[0 0 width,height]);
    textures(i,1).destinationRect=CenterRect([0 0 width height],wrect);
    switch i
        case 1
            Screen('FillRect',textures(i).offptr,[255,0,0]);
        case 2
            Screen('FillRect',textures(i).offptr,[0,255,0]);
        case 3
            Screen('FillRect',textures(i).offptr,[0,0,255]);
    end
end
```

```
function showRedGreenBlueTexture1(wptr,textures,index)
%showRedGreenBlueTexture1.m
Screen('CopyWindow',textures(index).offptr,wptr,[],
        textures(index).destinationRect);
Screen('Flip',wptr);
```

例 9.6 利用图片刺激 本示例位于 Psyfeng\Little_examples 目录下

先通过 imread 函数加载图片刺激，并生成相应的纹理页面指针，供 DrawTexture 函数使用。

程序文件结构图：

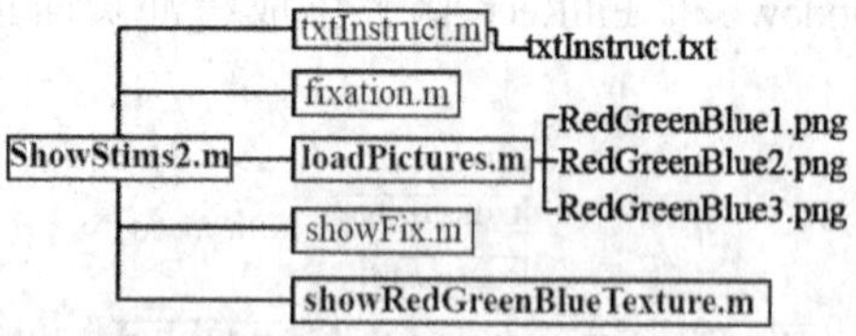


```
%ShowStims2.m
%
clear all;
try
    [wptr,wrect]=Screen('OpenWindow',0,255,[50,50,850,600]);
    txtInstruct(wptr,'txtinstruct.txt');
    fix=fixation(wptr,'*');
    pics=loadPictures(wptr,'png|RedGreenBlue');
    picsFields=fieldnames(pics);
    showFix(wptr,wrect,fix,0.5);
    showRedGreenBlueTexture(wptr,pics.(char(picsFields(randi(3)))).texture);
    WaitSecs(3);
    %继续实验程序
    sca;
catch
    psychrethrow(psychlasterror);
    sca;
end
return;
```

```
function pics=loadPictures(wptr,stims)
%loadPictures.m
%将图片文件读入到pics 结构中，通过增加结构字段（用文件名作为字段）的方式达到存储所需信息的目的
```

```
    if nargin<1
       pics=-1;
    return;
    else
    pics=[];
    end
    [token,remain]=strtok(stims,'|');
    postfix=token;
    while true
       [token,remain]=strtok(remain,'|');
       if isempty(token) break; end
       i=1;
       while exist([token num2str(i) '.' postfix],'file')
          picname=[token num2str(i) '.' postfix];
          [pic map a]=imread(picname);
          if ~isempty(a) %如果有透明通道，则加入，供 BlendFunction 使用
             pic(:,:,size(pic,3)+1)=a;
          end
          picname=strrep(picname,'\','_');
          picname=strrep(picname,'.','_');
          picname=strrep(picname,' ','_');
          picname=strrep(picname,':','_');
          picname=strrep(picname,'-','_');
          pics.(picname).texture=Screen('MakeTexture',wptr,pic);
          i=i+1;
       end
    end
```

9.2.3　等待被试做出反应

在等待被试做出反应时，除检测被试的按键操作外，还需要设置有效按键，以限制被试的按键范围，实际上已经在例 9.1 和例 9.2 中展示了如何接收按键操作。同时还要考虑所呈现的刺激是一直呈现在屏幕上直到被试按键操作，还是呈现一定时间就消失？下面在例 9.4 的基础上说明程序编写方法。

例 9.7　等待反应　　　本示例位于 Psyfeng\Little_examples 目录下

程序文件结构图：

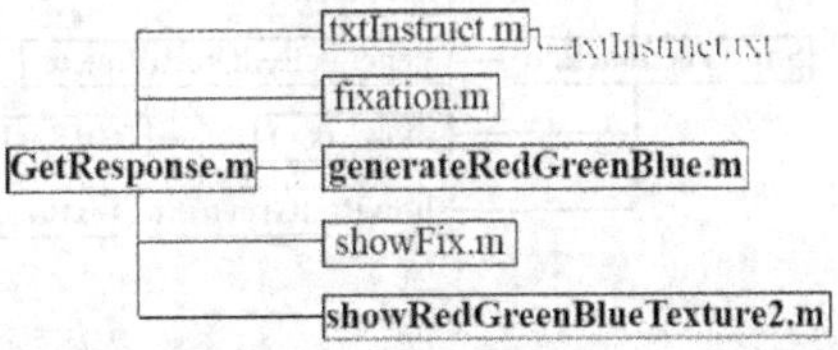


```
%GetResponse.m
%
clear all;
KbName('UnifyKeyNames');
global leftKey downKey rightKey;
leftKey=KbName('leftarrow');
downKey=KbName('downarrow');
rightKey=KbName('rightarrow');
try
   [wptr,wrect]=Screen('OpenWindow',0,255,[50,50,850,600]);
   txtInstruct(wptr,'txtinstruct.txt');
   fix=fixation(wptr,'*');
   textures=generateRedGreenBlueTexture(wptr,80,80);
```

```
    showFix(wptr,wrect,fix,0.5);
    showRedGreenBlueTexture2(wptr,textures(randi(3)).textureIndex,inf);
    %继续实验程序
    sca;
catch
    psychrethrow(psychlasterror);
    sca;
end
return;
```

```
function showRedGreenBlueTexture2(wptr,textureIndex,time)
%showRedGreenBlueTexture2.m
global leftKey downKey rightKey
RestrictKeysForKbCheck([leftKey downKey rightKey]);
Screen('DrawTexture',wptr,textureIndex);
Screen('Flip',wptr);
start=GetSecs;
while true
    [~,~,keyCode]=KbCheck;
    if any(keyCode)
        Screen('Flip',wptr);
        break;
    end
    if GetSecs-start>=time
        Screen('Flip',wptr);
    end
end
```

9.2.4 给予反馈

如果要给被试提供反馈，就需要知道被试应该按的正确按键和实际的按键，然后比较两者是否相同，再根据正确与否提供相应的反馈信息，下面在例 9.7 的基础上进行程序扩充。

例 9.8 提供反馈　　本示例位于 Psyfeng\Little_examples 目录下

程序文件结构图：

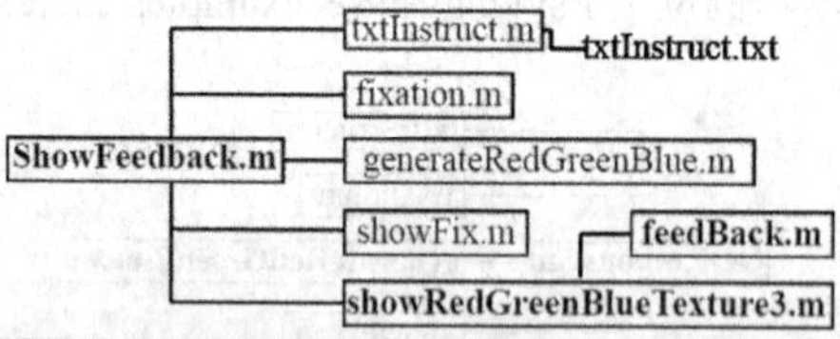


```
%ShowFeedback.m
%
clear all;
global validKeys;
KbName('UnifyKeyNames');
validKeys=[KbName('leftarrow'),KbName('downarrow'),KbName('rightarrow')];
try
    [wptr,wrect]=Screen('OpenWindow',0,255,[50,50,850,600]);
    txtInstruct(wptr,'txtinstruct.txt');
    fix=fixation(wptr,'*');
    textures=generateRedGreenBlueTexture(wptr,80,80);
    for i=1:3
        textures(i).correctKey=validKeys(i);
    end
    showFix(wptr,wrect,fix,0.5);
```

```
    showRedGreenBlueTexture3(wptr,textures,randi(3),inf);
    %继续实验程序
    sca;
catch
    psychrethrow(psychlasterror);
    sca;
end
return;
```

```
function showRedGreenBlueTexture3(wptr,textures,index,time)
%showRedGreenBlueTexture3.m
global validKeys
ListenChar(2);
Screen('DrawTexture',wptr,textures(index).textureIndex);
Screen('Flip',wptr);
starttime=GetSecs;
while true
    [~,~,keyCode]=KbCheck;
    if sum(keyCode(validKeys))
        endtime=GetSecs;
        Screen('Flip',wptr);
        break;
    end
    if GetSecs-starttime>=time
        Screen('Flip',wptr);
    end
end
feedBack(wptr,sum(keyCode(textures(index).correctKey)),endtime-starttime,0.5);
ListenChar(0);
```

```
function feedBack(wptr,correct,rt,time)
%feedBack.m
if nargin<1
    return;
end
if nargin<2
    correct=1;
    rt=NaN;
    time=0.5;
end
if nargin <3
    rt=Nan;
    time=0.5;
end
if nargin<4
    time=0.5;
end
if ~isnumeric(time) || time>10
    time=0.5;
end
oldtxtcolor=Screen('TextColor',wptr);
correctMessage=['Correct!\nReaction Time is ' num2str(rt) 's'];
incorrectMessage=['Incorrect!\nRecation Time is ' num2str(rt) 's'];
if correct
    if ~isnan(rt) && isnumeric(rt)
        DrawFormattedText(wptr,correctMessage,'center','center',[0 255 0]);
    else
```

```
        DrawFormattedText(wptr,'Correct!','center','center',[0 255 0]);
    end
else
    if ~isnan(rt) && isnumeric(rt)
        DrawFormattedText(wptr,incorrectMessage,'center','center',[255 0 0]);
    else
        DrawFormattedText(wptr,'Incorrect! ','center','center',[255 0 0]);
    end
end
Screen('TextColor',wptr,oldtxtcolor);
Screen('Flip',wptr);
WaitSecs(time);
```

9.2.5 收集数据

收集数据时不但要考虑记录下反应时和正确与否这些行为指标，更重要的是要搞清楚某行为数据是在哪种刺激（或实验条件）下所得到的数据，一种方法是实验开始前建立相应的数据结构，将不同的实验条件存储起来，实验过程中再将行为数据添加到对应的实验条件下，实际上在例 9.8 的 ShowFeedback.m 中正确按键的设置已经这样做了（记录在 textures 结构数组中）。下面遵循这样的思路对例 9.8 进行扩充。

例 9.9 数据收集 本示例位于 Psyfeng\Little_examples 目录下

程序文件结构图：

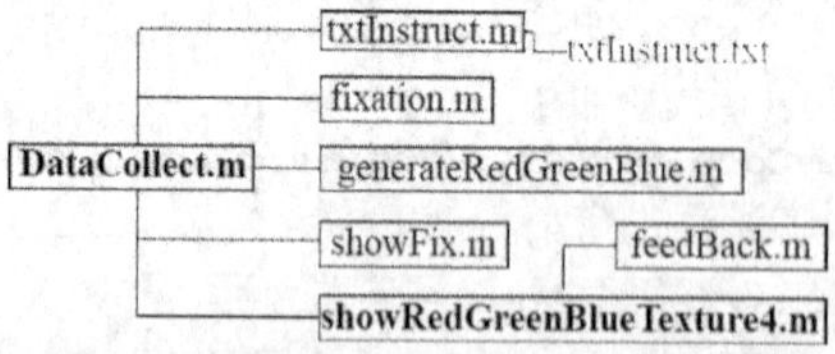


```
%DataCollect.m
%
clear all;
global validKeys conditions;
KbName('UnifyKeyNames');
validKeys=[KbName('leftarrow'),KbName('downarrow'),KbName('rightarrow')];
conditionAlias={'red','green','blue'};
try
    [wptr,wrect]=Screen('OpenWindow',0,255,[50,50,850,600]);
    txtInstruct(wptr,'txtinstruct.txt');
    fix=fixation(wptr,'*');
    conditions=generateRedGreenBlueTexture(wptr,80,80);
    for i=1:3
        conditions(i,1).correctKey=validKeys(i);
        conditions(i,1).alias=char(conditionAlias(i));
    end
    showFix(wptr,wrect,fix,0.5);
    showRedGreenBlueTexture4(wptr,randi(3),inf);

    %继续实验程序
    sca;
catch
    psychrethrow(psychlasterror);
    sca;
end
```

```
return;
```

```
function showRedGreenBlueTexture4(wptr,index,time)
%showRedGreenBlueTexture4.m
global validKeys conditions
ListenChar(2);
Screen('DrawTexture',wptr,conditions(index).textureIndex);
Screen('Flip',wptr);
starttime=GetSecs;
while true
    [~,~,keyCode]=KbCheck;
    if sum(keyCode(validKeys))
        endtime=GetSecs;
        Screen('Flip',wptr);
        break;
    end
    if GetSecs-starttime>=time
        Screen('Flip',wptr);
    end
end
conditions(index,i).rt=endtime-starttime;
conditions(index,i).correct=sum(keyCode(conditions(index,1).correctKey));
conditions(index,i).response=find(keyCode==1);
feedBack(wptr,conditions(index,i).correct,conditions(index,i).rt,0.5);
ListenChar(0);
disp(conditions(index,i));
```

程序运行结束时会在 MATLAB 命令窗口输出如下内容：

```
textureIndex: 12
  correctKey: 37
       alias: 'red'
          rt: 0.3534
     correct: 1
```

9.3 逐步完善试验的连续运行

9.2 节中只是演示了运行单次试验（trial）的情况，本节中我们来看一下如何运行多个 trial？如何对 trial 进行随机化？如何设置不同实验条件下的重复次数？如何对最终收集的数据进行统计？

例 9.10　按序运行不同实验条件　　本示例位于 Psyfeng\Little_examples 目录下

按照指定的顺序来运行试验，把要运行的顺序放在一个名为 order 的数组中，其中指定要运行的顺序，如 order=[1 2 3]或者 order=[2 3 1]即可。

程序文件结构图：

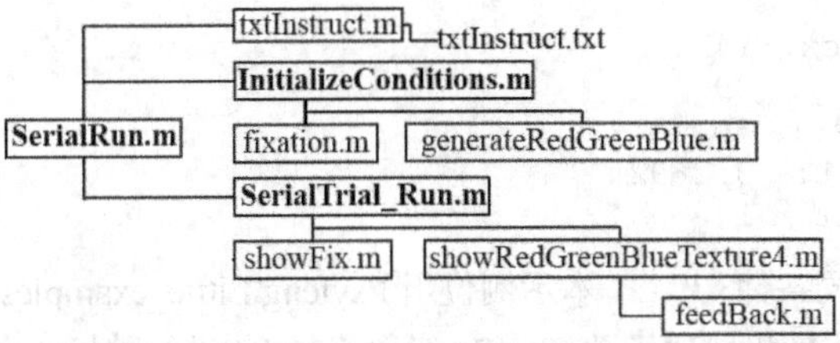


```
%SerialRun.m
%
clear all;
```

```
KbName('UnifyKeyNames');
try
   [wptr,wrect]=Screen('OpenWindow',0,255,[50,50,850,600]);
   txtInstruct(wptr,'txtinstruct.txt');
   initializeConditions(wptr);
   serialTrial_Run(wptr,wrect);
   sca;
catch
   psychrethrow(psychlasterror);
   sca;
end
return;
```

```
function initializeConditions(wptr)
%initializeConditions.m
global conditions fix validKeys;
validKeys=[KbName('leftarrow'),KbName('downarrow'),KbName('rightarrow')];
conditionAlias={'red','green','blue'};
fix=fixation(wptr,'*');
conditions=generateRedGreenBlueTexture(wptr,80,80);
for i=1:3
   conditions(i,1).correctKey=validKeys(i);
   conditions(i,1).alias=char(conditionAlias(i));
end
end
```

```
function serialTrial_Run(wptr,wrect)
%serialTrial_Run.m
global conditions fix; %此处将 conditions 定义为全局变量
order=1:length(conditions);
for i=1:length(order)
   showFix(wptr,wrect,fix,0.5);
   showRedGreenBlueTexture4(wptr,order(i),inf);
end
```

程序运行在命令窗口中输出的结果如下：

```
   textureIndex: 12
     correctKey: 37
          alias: 'red'
             rt: 0.2254
        correct: 1

   textureIndex: 13
     correctKey: 40
          alias: 'green'
             rt: 0.2875
        correct: 1

   textureIndex: 14
     correctKey: 39
          alias: 'blue'
             rt: 0.2692
        correct: 1
```

例 9.11 随机运行不同条件　　本示例位于 Psyfeng\Little_examples 目录下

随机运行时，只要使用随机排序函数 Shuffle 对数组 order 进行随机化即可。

程序文件结构图：

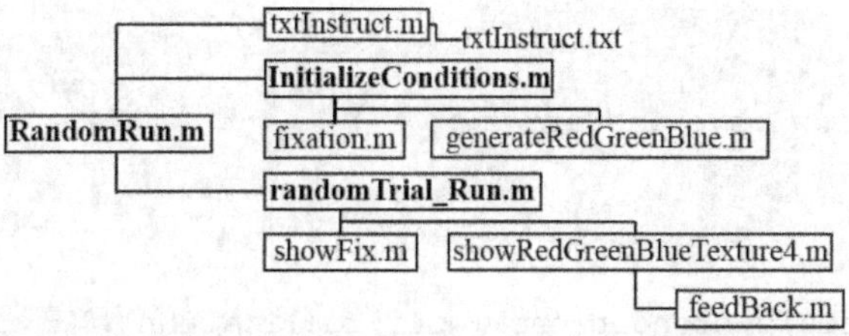


```
%RandomRun.m
%
clear all;
KbName('UnifyKeyNames');
try
    [wptr,wrect]=Screen('OpenWindow',0,255,[50,50,850,600]);
    txtInstruct(wptr,'txtinstruct.txt');
    initializeConditions(wptr);
    randomTrial_Run(wptr,wrect);
    sca;
catch
    psychrethrow(psychlasterror);
    sca;
end
return;
```

```
function randomTrial_Run(wptr,wrect)
% randomTrial_Run.m
global conditions fix;
order=1:length(conditions);
order=Shuffle(order);
for i=1:length(order)
    showFix(wptr,wrect,fix,0.5);
    showRedGreenBlueTexture4(wptr,order(i),inf);
end
```

例 9.12 重复运行不同实验条件　　　本示例位于 Psyfeng\Little_examples 目录下

如果一种条件重复运行多次，只要增加数组 order 中的内容即可，正常情况下利用 repmat 函数就能达到目的。但所存在的一个问题是，相同处理条件下行为数据（反应时和正确性）会只记录下最后一次的反应结果，所以还需要从 initializeConditions 函数中的结构数组 conditions 上做文章。

程序文件结构图：

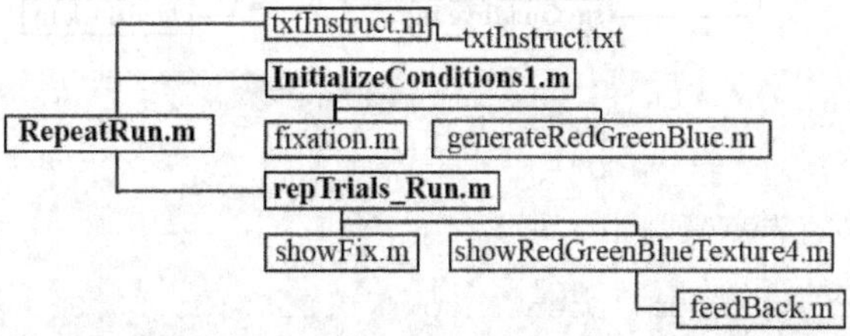


```
%RepeatRun.m
%
clear all;
KbName('UnifyKeyNames');
try
    [wptr,wrect]=Screen('OpenWindow',0,255,[50,50,850,600]);
    txtInstruct(wptr,'txtinstruct.txt');
    initializeConditions1(wptr,3);
    results=repTrials_Run(wptr,wrect);
```

```
    sca;
catch
    psychrethrow(psychlasterror);
    sca;
end
return;
```

```
function initializeConditions1(wptr,replication)
%initializeConditions1.m
global conditions fix validKeys;
validKeys=[KbName('leftarrow'),KbName('downarrow'),KbName('rightarrow')];
conditionAlias={'red','green','blue'};
fix=fixation(wptr,'*');
conditions=generateRedGreenBlueTexture(wptr,80,80);
for i=1:3
    conditions(i,1).correctKey=validKeys(i);
    conditions(i,1).alias=char(conditionAlias(i));
end
conditions=Shuffle(repmat(conditions,replication,1));
end
```

```
function results=repTrials_Run(wptr,wrect)
%repTrials_Run.m
global conditions fix;
for i=1:length(conditions)
    showFix(wptr,wrect,fix,0.5);
    showRedGreenBlueTexture4(wptr,i,inf);
end
results=conditions;
```

例 9.13 向被试说再见　　本示例位于 Psyfeng\Little_examples 目录下

在实验程序运行结束后，可以向被试显示诸如实验结束、感谢之类的信息。

程序文件结构图：

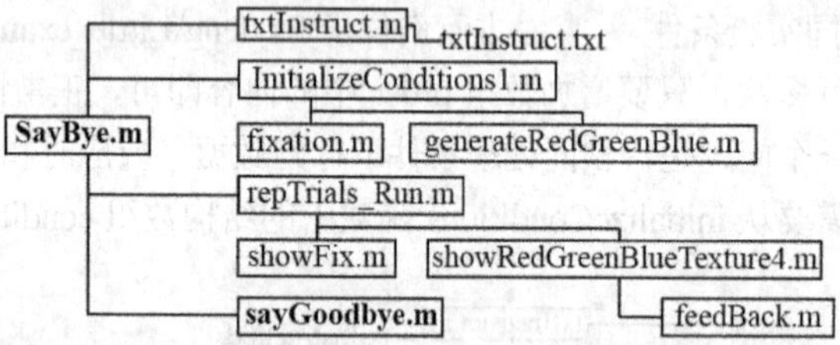


```
%SayBye.m
%
clear all;
KbName('UnifyKeyNames');
try
    [wptr,wrect]=Screen('OpenWindow',0,255,[50,50,850,600]);
    txtInstruct(wptr,'txtinstruct.txt');
    initializeConditions1(wptr,3);
    results=repTrials_Run(wptr,wrect);
    sayGoodbye(wptr);
    sca;
catch
    psychrethrow(psychlasterror);
    sca;
end
return;
```

```
function sayGoodbye(wptr,color)
%sayGoodbye.m
if nargin<2
   color=0;
end
oldtxtcolor=Screen('TextColor',wptr);
DrawFormattedText(wptr,'End of Experiment!\n\nThank you again!
    \n\n Press Enter to Exit.','center','center',color);
Screen('Flip',wptr);
Screen('TextColor',wptr,oldtxtcolor);
while true
   [~,~,keyCode]=KbCheck;
   if keyCode(KbName('return'))
      break;
   end
end
```

例 9.14　加入被试信息并保存数据　　本示例位于 Psyfeng\Little_examples 目录下

在 9.2 节中我们只是收集了被试的行为数据，由于可能需要最后一次性处理所有参加实验的被试数据，用编号来区分不同被试的实验数据，就非常重要，另外被试的年龄、性别、优势眼、专业等信息有时也非常重要，因为它们可能是用户想考虑的自变量或控制变量之一。在例 9.14 中看如何实现被试数据的采集和存储。首先利用 MATLAB 函数 inputdlg 来采集被试信息（见图 9-6），然后再把该信息保存至结构数组中，并对结构数组进行相应的转换，保存到 Sub[1-n].mat 的数据文件和 Sub[1-n].xls 的 Excel 文件中。注意本示例中 repTrials_Run1 函数中调用了 showRedGreenBlueTexture5 函数，而 showRedGreenBlueTexture5 与 showRedGreenBlueTexture4 函数相比，仅仅去除了每次显示试验结果的语句，此处不再列出。

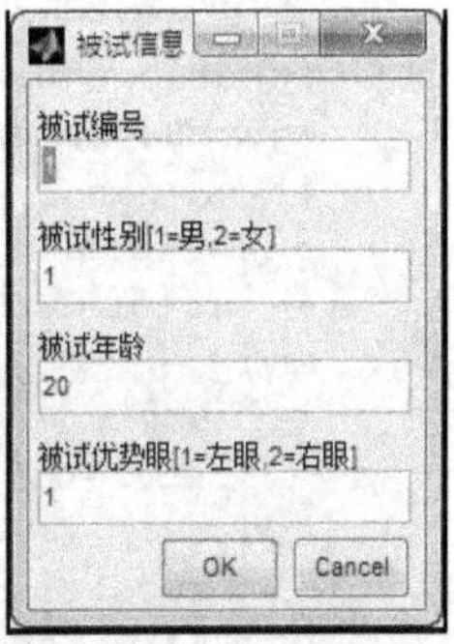

图 9-6　被试信息登记窗口

程序文件结构图：

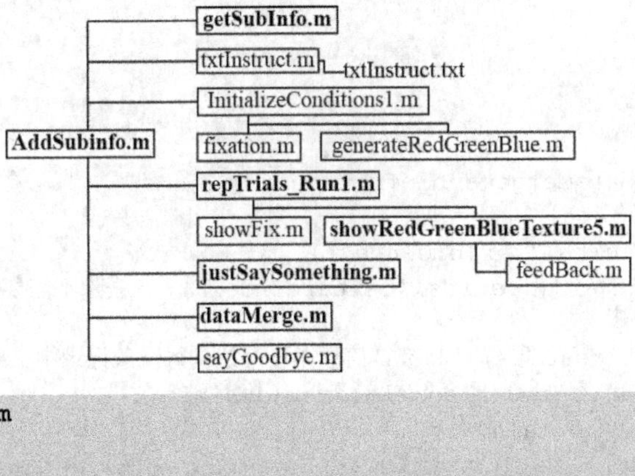


```
%AddSufInfo.m
%
clear all;
KbName('UnifyKeyNames');
subinfo=getSubInfo;
if isempty(subinfo)
   return;
end
try
   [wptr,wrect]=Screen('OpenWindow',0,255,[50,50,850,600]);
   txtInstruct(wptr,'txtinstruct.txt');
   initializeConditions1(wptr,3);
```

```
    results=repTrials_Run1(wptr,wrect);
    justSaySomething(wptr,'Now the datamerge is running, please wait...');
    results=dataMerge(subinfo,results);
    sayGoodbye(wptr);
    sca;
catch
    psychrethrow(psychlasterror);
    sca;
end
return;
```

```
function subinfo=getSubInfo()
%getSubInfo.m
prompt = {'被试编号','被试性别[1=男,2=女]','被试年龄','被试优势眼[1=左眼,2=右眼]'};
dlg_title = '被试信息';
num_lines = 1;
defautanswer = {'1','1','20','1'};
subinfo = inputdlg(prompt,dlg_title,num_lines,defautanswer);
end
```

```
function justSaySomething(wptr,something,waitornot,color)
%justSaySomething.m
if nargin<3
    waitornot=0;
    color=0;
end
if nargin<4
    color=0;
end
oldtxtcolor=Screen('TextColor',wptr);
DrawFormattedText(wptr,something,'center','center',color);
Screen('Flip',wptr);
Screen('TextColor',wptr,oldtxtcolor);
while KbCheck;end
if waitornot
KbWait;
end
end
```

```
function ret=dataMerge(subinfo,results)
%dataMerge.m
if isfield(results,'textureIndex')
    results=rmfield(results,'textureIndex'); %去除不需要的字段
end
for i=1:length(results) %将被试信息循环添加到每一条记录中
    results(i,1).sub=str2double(char(subinfo(1)));
    results(i,1).trialno=i;
    if str2double(char(subinfo(2)))==1
        results(i,1).gender='male';
    else
        results(i,1).gender='female';
    end
    results(i,1).age=str2double(char(subinfo(3)));

    if str2double(char(subinfo(4)))==1
        results(i,1).dominanteye='left';
    else
```

```
        results(i,1).dominanteye='right';
    end
end
columnheader={'sub','gender','age','dominanteye','trialno','alias',
        'correctKey','response','correct','rt'}; %指定列表头
results=orderfields(results,columnheader);%根据指定列表头重新排列字段
ret=[columnheader;struct2cell(results)'];
xlswrite(['Sub' char(subinfo(1)) '.xls'],ret); %输出至Excel，需要安装Office
save(['Sub' char(subinfo(1)) '.mat'],'ret'); %保存指定的变量内容至Matlab文件
disp('The raw data of result is listed below');
disp(ret);%在命令窗口显示原始结果内容
end
```

程序运行结束会在命令窗口输出以下内容，并且在当前目录下生成 Sub1.mat 和 Sub1.xls 两个文件，前者是 MATLAB 格式化的二进制文件，后者是 Excel 文件：

```
The raw data of result is listed below
  Columns 1 through 6
    'sub'    'gender'    'age'    'dominanteye'   'trialno'     'alias'
    [  1]     'male'     [ 20]    'left'           [      1]    'blue'
    [  1]     'male'     [ 20]    'left'           [      2]    'blue'
    [  1]     'male'     [ 20]    'left'           [      3]    'red'
    [  1]     'male'     [ 20]    'left'           [      4]    'green'
    [  1]     'male'     [ 20]    'left'           [      5]    'green'

  Columns 7 through 10
    'correctKey'      'response'     'correct'     'rt'
    [         39]     [        40]    [      0]    [0.4209]
    [         39]     [        39]    [      1]    [0.5797]
    [         37]     [        37]    [      1]    [0.5450]
    [         40]     [        40]    [      1]    [0.6141]
    [         40]     [        37]    [      0]    [0.5065]
```

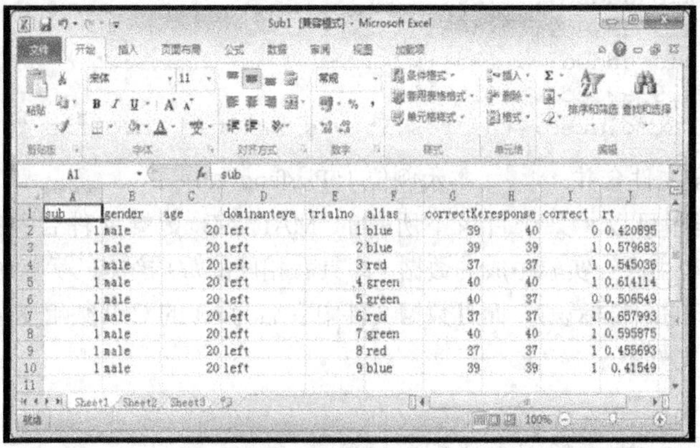

sub	gender	age	dominanteye	trialno	alias	correctKe	response	correct	rt
1	male	20	left	1	blue	39	40	0	0.420895
1	male	20	left	2	blue	39	39	1	0.579683
1	male	20	left	3	red	37	37	1	0.545036
1	male	20	left	4	green	40	40	1	0.614114
1	male	20	left	5	green	40	37	0	0.506549
1	male	20	left	6	red	37	37	1	0.657993
1	male	20	left	7	green	40	40	1	0.595875
1	male	20	left	8	red	37	37	1	0.455693
1	male	20	left	9	blue	39	39	1	0.41549

图 9-7　保存的 Excel 格式文件

例 9.15　Excel 数据文件合并　　　本示例位于 Psyfeng\目录下

当有多名被试参加实验时，不论是手工进行数据文件的合并还是单独分析每个被试的数据都会使我们的工作低效，因此能够将所有被试的数据快速合并在一起，然后利用统计软件（如 SPSS）进行分类汇总和重组将大大提高我们的数据分析效率。

MergeExcel 程序可以将某个目录下所有的 Excel 数据文件合并在一起，但要求这些 Excel 文件是来自同一实验的数据（即具有相同的数据结构，列数相同，每一列代表的含义相同，被试具有唯一的编号标识），合并后数据会保存在名为 total.xls 的数据文件中。

程序如下：

```
function MergeExcel(directory,headline)
%MergeExcel.m
%
if nargin<1
   directory=uigetdir;
end
if nargin<2
headline=1
end
filelist=dir([directory '\*.xls']);
total=[];
for i=1:length(filelist)
    [~,~,raw]=xlsread([directory '\' filelist(i).name]);
    if i==1
        total=raw;
else
        if headline %如果有标题行，则省略第二个文件以后的标题行
        total=[total;raw(2:end,:)];
    else
        total=[total;raw];
    end
    end
   disp(['file ' filelist(i).name ' added... [' num2str(i/length(filelist)*100) '%]']);
end
xlswrite([directory '\total.xls'],total);
disp('Data Merge Completed, the result was written into the "total.xls"!');
```

程序运行后示例结果如下：

```
file Sub1.xls added... [25%]
file Sub2.xls added... [50%]
file Sub3.xls added... [75%]
file Sub4.xls added... [100%]
Data Merge Completed, the result was written into the "total.xls"!
```

例 9.16 Mat 数据文件合并　　本示例位于 Psyfeng\目录下

MergeMatFiles 程序可以将某个目录下所有的 MATLAB 数据文件合并在一起，但要求这些 MATLAB 的数据文件是由同一实验生成的数据（即具有相同的数据结构，列数相同，每一列代表的含义相同，被试具有唯一的编号标识），而且数据文件中有名为 ret 的 Cell 数组变量，合并后数据会保存在名为 data.xls 的数据文件中。

程序代码如下：

```
function MergeMatFiles(p,headline)
%MergeMatFiles.m
%
if nargin<1
   p=uigetdir('..','选择数据文件目录');
else
   if streq(p(end),'\')
      p=p(1:end-1);
   end
end
if nargin<2
   headline=1;
end
```

```
if p==0
   return
end
files=FileFromFolder(fullfile(p,'*.mat'));
first=true;
data=[];
for i=1:length(files)
   datafile=[p filesep files(i).name];
   load(datafile);
   if first
      first=false;
      data=ret;
   else
      if headline
         data=[data;ret(2:end,:)];
      else
         data=[data;ret];
      end
   end
   disp(['file ' files(i).name ' added... [' num2str(i/length(files)*100) '%]']);
end
xlswrite([p '\data.xls'],data);
disp('Data Merge Completed, the result was written into the "data.xls"!');
```

程序运行后示例结果如下：

```
file Sub1.mat added... [25%]
file Sub2.mat added... [50%]
file Sub3.mat added... [75%]
file Sub4.mat added... [100%]
Data Merge Completed, the result was written into the "total.xls"!
```

例 9.17　文本数据文件合并　　本示例位于 Psyfeng\目录下

MergeTxtFile 程序可以将某个目录下所有的文本数据文件合并在一起，合并后数据会保存在名为 total.dat 的数据文件中。

```
function MergeTxtFile(headline,p,filename)
%MergeTxtFile.m
%
if nargin<1
   headline=1;
end
if nargin<2
   p=uigetdir;
   if p==0
      return
   end
end
if nargin<3
   filename=[p '\total.dat'];
else
   filename=[p '\' filename];
end
if strcmp(p(end),'\')
   p=p(1:end-1);
end
[files nfile]=FileFromFolder(p);
fid=fopen(filename,'w');
if fid==-1
```

```
        disp('Cannot create the total.dat');
        return
    end
    for i=1:nfile
        firstline=true;
        fid1=fopen([p '\' files(i).name],'r');
        if fid1==-1
           disp(['Cannot open ' p '\' files(i).name]);
           fclose(fid);
           return
        end
        if ~headline
           while true
               txt=fgetl(fid1);
               if ~ischar(txt);break;end
               fprintf(fid,'%s\n',txt);
           end
        else
           while true
               txt=fgetl(fid1);
               if ~ischar(txt);break;end
               if i==1
                   fprintf(fid,'%s\n',txt);
               else
                   if ~firstline
                      fprintf(fid,'%s\n',txt);
                   else
                      firstline=false;
                   end
               end
           end
        end
        fclose(fid1);
        disp(['file ' files(i).name ' added. [' num2str(i/nfile*100,'%4.0f') '%]']);
    end
    fclose(fid);
```

例 9.18　数据统计汇总　　　本示例位于 Psyfeng\Little_examples 目录下

目前程序（例 9.14）已经将数据存储在单元（Cell）数组 results 中，也已经将数据保存为两种格式，一种是 MATLAB 数据格式，一种是 Excel 格式。而 MATLAB 本身就提供了强大的统计和绘图功能，这也是其他实验软件所无法比拟的。下面来看如何借助于 MATLAB 提供的统计功能来直接汇总并显示实验结果，当然利用其他统计软件（如 SPSS、SAS 等）处理 Excel 文件可以，但我们想直接得到并查看实验结果。

程序文件结构图：

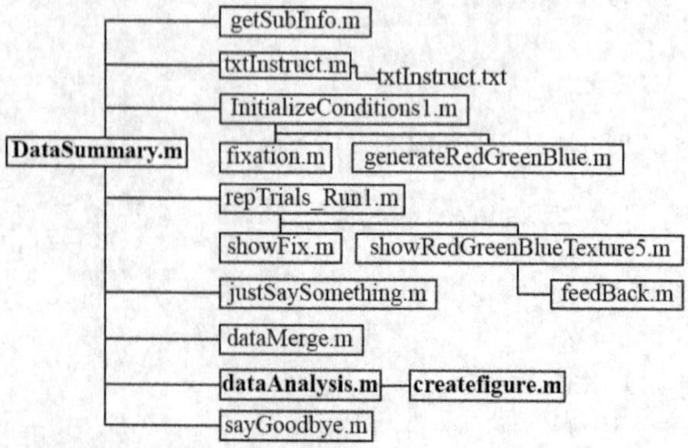

```
%DataSummary.m
%
clear all;
KbName('UnifyKeyNames');
subinfo=getSubInfo;
if isempty(subinfo)
   return;
end
try
   [wptr,wrect]=Screen('OpenWindow',0,255,[50,50,850,600]);
   txtInstruct(wptr,'txtinstruct.txt');
   initializeConditions1(wptr,3);
   results=repTrials_Run1(wptr,wrect);
   justSaySomething(wptr,'Now the datamerge is running, please wait...');
   results=dataMerge(subinfo,results);
   justSaySomething(wptr,'Now analysis is running, please wait...');
   [avg,cr]=dataAnalysis(results);
justSaySomething(wptr,['Your average RT is ' num2str(avg) '\n' …
 'Your correct rate is ' num2str(cr*100) '%\nPress any key continue'],1);
   sayGoodbye(wptr);
   sca;
catch
   psychrethrow(psychlasterror);
   sca;
end
return;
```

```
function [average correctRate]=dataAnalysis(results)
%dataAnalysis.m
data=NaN*ones(size(results,1)-1,3); %预分配内存空间
for i=2:size(results,1) %
   switch char(results(i,6))
      case {'red'}
         data(i-1,1)=1;
      case {'green'}
         data(i-1,1)=2;
      case {'blue'}
         data(i-1,1)=3;
   end
   data(i-1,2)=results{i,9};
   data(i-1,3)=results{i,10};
end
correctData=data(data(:,2)==1,:);
averageRt=[];
stdRt=[];
for i=1:3
   averageRt=[averageRt [mean(data(data(:,1)==i,3)); ...
      mean(correctData(correctData(:,1)==i,3))]];
   stdRt=[stdRt [std(data(data(:,1)==i,3)); ...
      std(correctData(correctData(:,1)==i,3))]];
end
averageRt=[averageRt [mean(data(:,3)); mean(correctData(:,3))]]';
stdRt=[stdRt [std(data(:,3)); std(correctData(:,3))]]';
correctRate=sum(data(:,2))/size(data,1); %计算正确率
average=mean(correctData(:,3));%计算平均反应时
createFigure(averageRt,stdRt);%生成统计图
```

```
function createFigure(YMatrix1, EMatrix1)
%createFigure.m
figure1 = figure;

% Create axes
axes1 = axes('Parent',figure1,'XTickLabel',{'Red','Green','Blue','Total'},...
    'XTick',[1 2 3 4],...
    'Position',[0.128831775700935 0.11 0.775 0.815]);
box(axes1,'on');
hold(axes1,'all');

% Create multiple error bars using matrix input to errorbar
errorbar1 = errorbar(YMatrix1,EMatrix1,'LineWidth',2);
set(errorbar1(1),'Marker','o','DisplayName','With Incorrect',...
    'Color',[1 0 0]);
set(errorbar1(2),'Marker','square','LineStyle','--',...
    'DisplayName','Without Incorrect',...
    'Color',[0 0.498039215803146 0]);

% Create xlabel
xlabel('Average of Different Color & Total');

% Create ylabel
ylabel('Reaction Time (s)');

% Create title
title('Results of Choice Reaction');

% Create legend
legend(axes1,'show');
```

程序运行结束还会绘制如图 9-8 所示的汇总结果。

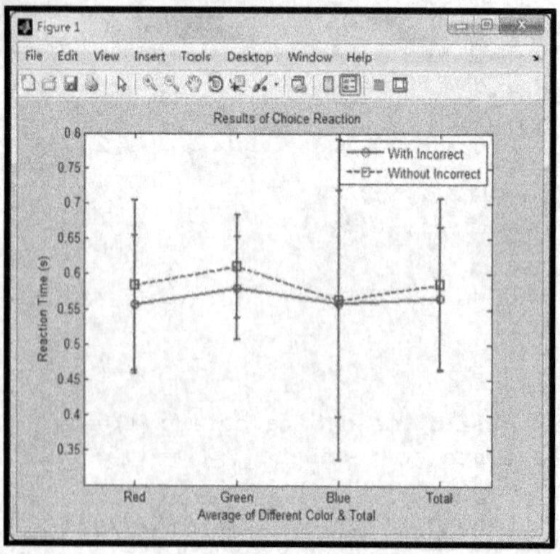

图 9-8 实验结果统计绘图

例 9.19 加入练习部分 本示例位于 Psyfeng\Little_examples 目录下

到目前为止，在前面的示例中，指导语结束后尽管给被试显示了“开始练习”信息，但实际上并没有安排练习环节，因为后面是按照正式实验来收集和处理数据的。由于本程序仅对 repTrials_Run1 函数进行了修改，并将其命名为 repTrials_Run2，所以在主程序 DataSummary.m 中只要将相应的语句进行修改即可，此处不再列出 AddPractice.m 的内容。

程序文件结构图：

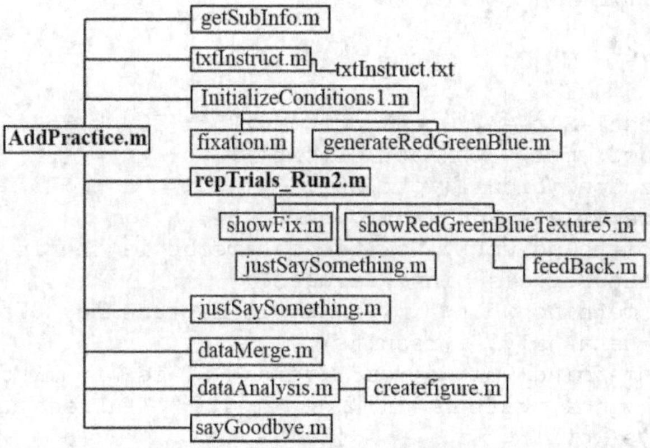


```
function results=repTrials_Run2(wptr,wrect)
%repTrials_Run2.m
global conditions fix;
for i=1:5 %做 5 次练习，利用 randi 函数来随机选取某种处理条件
    showFix(wptr,wrect,fix,0.5);
    showRedGreenBlueTexture5(wptr,randi(length(conditions)),inf);
end
justSaySomething(wptr,'请做好准备，下面开始正式实验，按任意键开始',1);
WaitSecs(0.5);
for i=1:length(conditions)
    showFix(wptr,wrect,fix,0.5);
    showRedGreenBlueTexture5(wptr,i,inf);
end
results=conditions;
```

例 9.20　加入休息暂停　　　本示例位于 Psyfeng\Little_examples 目录下

如果实验的试次过多，则需要在实验中间安排适当的休息时间，以保证被试精力充沛。根据整个实验（正式实验部分）需要运行的总试次数，将其分成几个区组（Block），运行完一个 Block 则显示休息信息，并且按键确认继续。

注意：要把屏幕保护程序关闭掉，否则屏幕保护可能会中断实验。

程序文件结构图：

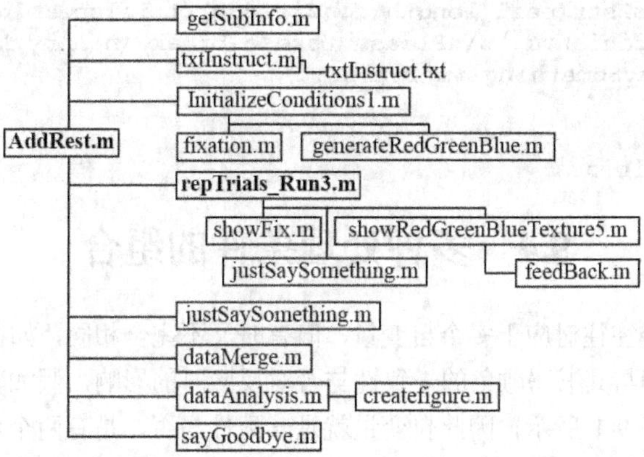

```
%AddRest.m
%
clear all;
KbName('UnifyKeyNames');
subinfo=getSubInfo;
if isempty(subinfo)
   return;
end
try
   [wptr,wrect]=Screen('OpenWindow',0,255,[50,50,850,600]);
   txtInstruct(wptr,'txtinstruct.txt');
   initializeConditions1(wptr,30);
   results=repTrials_Run3(wptr,wrect,45);
   justSaySomething(wptr,'Now the datamerge is running, please wait...');
   results=dataMerge(subinfo,results);
   justSaySomething(wptr,'Now analysis is running, please wait...');
   [avg,cr]=dataAnalysis(results);
   justSaySomething(wptr,['Your average RT is ' num2str(avg) '\n'...
      'Your correct rate is ' num2str(cr*100) '%\nPress any key continue'],1);
   sayGoodbye(wptr);
   sca;
catch
   psychrethrow(psychlasterror);
   sca;
end
return;
```

```
function results=repTrials_Run3(wptr,wrect,trialsperblock)
%repTrials_Run3.m
global conditions fix;
if trialsperblock==0
   trialsperblock=50;
end
for i=1:5
   showFix(wptr,wrect,fix,0.5);
   showRedGreenBlueTexture5(wptr,randi(length(conditions)),inf);
end
justSaySomething(wptr,'请做好准备，下面开始正式实验，按任意键开始',1);
WaitSecs(0.5);
for i=1:length(conditions)
   showFix(wptr,wrect,fix,0.5);
   showRedGreenBlueTexture5(wptr,i,inf);
   if mod(i,trialsperblock)==0 && i<length(conditions)
      tips=['Block_' num2str(floor(i/trialsperblock)) '/' ...
         num2str(ceil(length(conditions)/trialsperblock)) ...
         ' finished.\n\nPlease take a break.\n\nAny key to Continue!'];
      justSaySomething(wptr,tips,1);
   end
end
results=conditions;
```

9.4 多种处理条件的组合

多种处理条件的组合往往对应于多个自变量，但有时又不完全相同，如在 Stroop 效应中，所欲考察的内容是表示颜色的词与其书写颜色的一致性与否对反应时的影响，假如颜色词为红、绿、蓝，则一致和不一致的情况如表 9-1 所示，因此自变量就是一致性与否，是有两个水平的单因素实验。如果除了考察一致性与否外，还想考察三种颜色间反应的快慢，则就是一个 2×3 的两因素实验。但从实验程序设计的角度来看，则需要细化到每种不同刺激材料最终的呈现控制上来。另外一个问题就是，如果要使表 9-1 中一致与不一致的情况各占 50%，则需要将一致条件下的试次数加倍。

下面以数字出现的空间位置是否对 SNARC 效应产生影响为例来说明多种处理条件的组合。数字采用 1、3 和 7、9，空间位置选取水平方向上左、右视野，实验任务是判断呈现在屏幕上的数字是大于 5 还是小于 5，如果小于 5，则用左手按 F 键；如果大于 5 则用右手按 J 键。根据研究的目的，自变量为呈现位置（左右两个水平）和数字大小（小数 1、3 和大数 7、9，也是两个水平），所以是 2×2 的实验（如果仅关心空间位置和数字线位置的一致性，可视作单因素实验），但由于选用的数字是 4 个，实验程序设计上处理的组合条件实际为 2（左右）×4（四个数字）。具体而言如表 9-2 所示。

表 9-1　色词与书写颜色的对应关系

	颜色词	书写颜色
一致	红	红
	绿	绿
	蓝	蓝
不一致	红	绿
	红	蓝
	绿	红
	绿	蓝
	蓝	红
	蓝	绿

注：红字用非红颜色书写也视作不一致。

表 9-2　不同处理条件的组合

空间位置	数字大小	数字线位置	空间位置与数字线位置一致性关系
左侧	1	左侧	一致
左侧	3	左侧	一致
左侧	7	右侧	不一致
左侧	9	右侧	不一致
右侧	1	左侧	不一致
右侧	3	左侧	不一致
右侧	7	右侧	一致
右侧	9	右侧	一致

另外，数字的空间位置用方框来标定，即先在屏幕上呈现“□　+　□”，然后数字呈现在某侧的方框内，与无提示线索时的提示范式类似。方框的大小为 60 像素×60 像素，中心距离注视点 150 像素。

例 9.21　空间位置对 SNARC 效应的影响　　本示例位于 Psyfeng\SNARC 目录下

Dehaene 等首先揭示了数字大小与两侧手反应速度的关系，并且把这种效应命名为 SNARC 效应（spatial numerical association of response codes，反应编码的空间数字联系）。在实验中，让被试按键对奇数和偶数加以区分，结果发现无论是奇数还是偶数，较小的数字总是左手反应得比右手快，而较大的数字却相反，右手反应得比左手快。Dehaene 认为这一效应源于人们对数字的表征是在一条从左至右表征的数字线上进行的，因此出现了左手反应与小数字和右手反应与大数字之间的刺激－反应相容性对应关系。

当涉及多个自变量时，不同自变量水平间的组合均要包含在内。例如，对于一个 2×3 的实验设计有 6 种处理条件，本示例中通过 CombineFactors 函数来实现多种处理条件间的组合。

程序文件结构图：

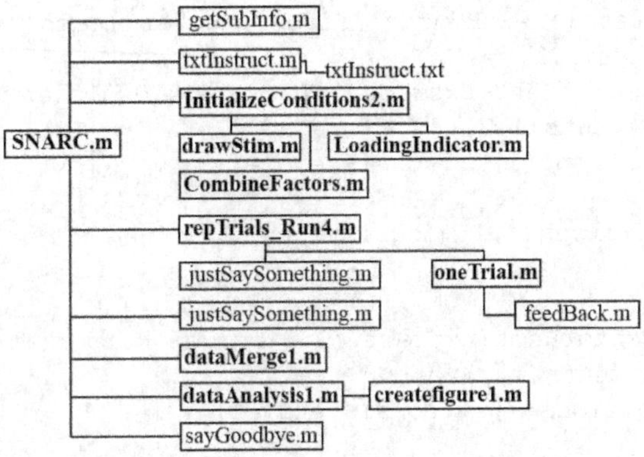

```
%SNARC.m
clear all;
KbName('UnifyKeyNames');
subinfo=getSubInfo;
if isempty(subinfo)
   return;
end
try
   [wptr,wrect]=Screen('OpenWindow',0,255,[50,50,850,600]);
   trials=initializeConditions2(wptr,60,150,1);
   txtInstruct(wptr,'snarc txtinstruct.txt');
   results=repTrials_Run4(wptr,trials,45);
   justSaySomething(wptr,'Now the datamerge is running, please wait...');
   results=dataMerge1(subinfo,results);
   justSaySomething(wptr,'Now analysis is running, please wait...');
   [avg,cr]=dataAnalysis1(results);
   justSaySomething(wptr,['Your average RT is ' num2str(avg) '\n'...
      'Your correct rate is ' num2str(cr*100) '%\nPress any key continue'],1);
   sayGoodbye(wptr);
   sca;
catch
   psychrethrow(psychlasterror);
   sca;
end
return;
```

```
function [conditions]=initializeConditions2(wptr,border,distance,replication)
%initializeConditions2.m
global validKeys;
conditions=struct([]);
validKeys=[KbName('f'),KbName('j')];
treatments=CombineFactors([2,4]); %进行因子组合
temp=[1 3 7 9];
wrect=Screen('Rect',wptr);
fixptr=Screen('OpenOffscreenWindow',wptr,255,[0 0 distance*2+border border]);
drawStim(fixptr,border,distance);
for i=1:size(treatments,1)
   conditions(i,1).F1=treatments(i,1); %将第 1 个自变量的水平值在于字段 F1 中
   conditions(i,1).F2=temp(treatments(i,2));
offptr=Screen('OpenOffscreenWindow',wptr,255,...
  [0 0 distance*2+border border]);
   Screen('CopyWindow',fixptr,offptr);
   oldtxtsize=Screen('TextSize',offptr,30);
   txtrect=Screen('TextBounds',offptr,num2str(temp(treatments(i,2))));
   if treatments(i,1)==1
      trect=CenterRect(txtrect,[distance*2 0 distance*2+border border]);
      if treatments(i,2)<3
         conditions(i,1).consistency=1;
      else
         conditions(i,1).consistency=0;
      end
   else
      trect=CenterRect(txtrect,[0 0 border border]);
      if treatments(i,2)>2
         conditions(i,1).consistency=1;
      else
```

```
            conditions(i,1).consistency=0;
        end
    end
    DrawFormattedText(offptr,num2str(temp(treatments(i,2))),...
        trect(1),trect(2),0);
    conditions(i,1).stimptr=offptr;
    conditions(i,1).fixptr=fixptr;
    if treatments(i,2)>2
        conditions(i,1).correctKey=validKeys(2);
    else
        conditions(i,1).correctKey=validKeys(1);
    end

    conditions(i,1).dstrect=CenterRect([0 0 distance*2+border border],wrect);
    LoadingIndicator(wptr,i/size(treatments,1)*100,'Initializing Completed.');
    Screen('Flip',wptr);
end
conditions=Shuffle(repmat(conditions,replication,1));
return
```

```
function drawStim(wptr,border,distance)
%drawStim.m
lrect=[0 0 border border];
rrect=OffsetRect(lrect,2*distance,0);
[cx,cy]=RectCenter([0 0 distance*2+border border]);
Screen('DrawLine',wptr,0,cx-10,cy,cx+10,cy,3);
Screen('DrawLine',wptr,0,cx,cy-10,cx,cy+10,3);
Screen('FrameRect',wptr,0,[lrect;rrect]');
return
```

```
function [R]=CombineFactors(factors)
%CombineFactors.m
%参数 factors 为各个自变量的水平数，例如 2×3 的组合，则为[2 3]，会组合为
%   1   1
%   1   2
%   1   3
%   2   1
%   2   2
%   2   3
%然后我们就可以根据组合后的结果来控制呈现不同条件下的刺激
tmpNum=1;
%factors=[3 2 3];
for i=1:length(factors)
    tmpNum=tmpNum*factors(i);
end
R=zeros(tmpNum,length(factors));
for i=1:size(R,1)
    tmp=tmpNum;
    for j=1:length(factors)
        if j~=1
            tmp=tmp/factors(j-1);
        end
        R(i,j)=ceil((mod(i-1,tmp)+1)/(tmp/factors(j)));
    end
end
return
```

```
function LoadingIndicator(wptr,currentpercent,tiptext,color)
%LoadingIndicator.m
%动态显示初始化进度条
If nargin<4
color=0;
end
wrect=Screen('Rect',wptr);
width=wrect(3)/2;
textWidth=Screen('TextBounds',wptr,[num2str(round(currentpercent)) '%']);
curR=AlignRect([0,0,round(width*currentpercent/100),40],[wrect(3)/4,...
   wrect(4)/2,wrect(3)/4+5,wrect(4)/2+5],'left','top');
textsize=24;
oldcolor=Screen('TextColor',wptr);
Screen('FillRect',wptr,[0 0 255],curR);
DrawFormattedText(wptr,'Initializing & Loading ...','center',wrect(4)/2-40,color);
[centerX,centerY]=RectCenter(curR);
if round(currentpercent)~=100
   Screen('DrawText',wptr,[num2str(round(currentpercent)) '%'],...
      (centerX-textWidth(3)/2),centerY-textsize/2,[0,0,0]);
   Screen('DrawText',wptr,[num2str(round(currentpercent)) '%'],...
      (centerX-textWidth(3)/2)-1,centerY-textsize/2-1,[255 255 0]);
   Screen('DrawText',wptr,'->',curR(3),centerY-textsize/2,[255 255 0]);
elseif round(currentpercent)==100
   textWidth=Screen('TextBounds',wptr,tiptext);
   Screen('DrawText',wptr,tiptext,(centerX-textWidth(3)/2),...
      centerY-textsize/2,[0,0,0]);
   Screen('DrawText',wptr,tiptext,(centerX-textWidth(3)/2)-1,...
      centerY-textsize/2-1,[255 255 0]);
end
Screen('TextColor',wptr,oldcolor);
return
```

```
function results=repTrials_Run4(wptr,trials,trialsperblock)
%repTrials_Run4.m
if trialsperblock==0
   trialsperblock=50;
end
ListenChar(2);

for i=1:5
   index=randi(length(trials));
   oneTrial(wptr,trials(index,1),inf);
end
justSaySomething(wptr,'请做好准备，下面开始正式实验，按任意键开始',1);
WaitSecs(0.5);
for i=1:length(trials)
   WaitSecs(0.5);
   [rt,correct,response]=oneTrial(wptr,trials(i),inf);
   trials(i,1).rt=rt;
   trials(i,1).correct=correct;
   trials(i,1).response=response;
   if mod(i,trialsperblock)==0 && i<length(trials)
      tips=['Block ' num2str(floor(i/trialsperblock)) '/' ...
         num2str(ceil(length(trials)/trialsperblock)) ...
         ' finished.\n\nPlease take a break.\n\nAny key to Continue!'];
      justSaySomething(wptr,tips,1);
```

```
    end
end
ListenChar(0);
results=trials;
```

```
function [rt,correct,response]=oneTrial(wptr,trial,time)
%oneTrial.m
global validKeys
Screen('CopyWindow',trial.fixptr,wptr,[],trial.dstrect);
Screen('Flip',wptr);
WaitSecs(0.5);
Screen('CopyWindow',trial.stimptr,wptr,[],trial.dstrect);
Screen('Flip',wptr);
starttime=GetSecs;
while true
    [~,~,keyCode]=KbCheck;
    if sum(keyCode(validKeys))
        endtime=GetSecs;
        Screen('Flip',wptr);
        break;
    end
    if GetSecs-starttime>=time
        Screen('Flip',wptr);
    end
end
rt=endtime-starttime;
correct=sum(keyCode(trial.correctKey));
response=find(keyCode==1);
feedBack(wptr,correct,rt,0.5);
```

程序运行时界面如图 9-9 所示：

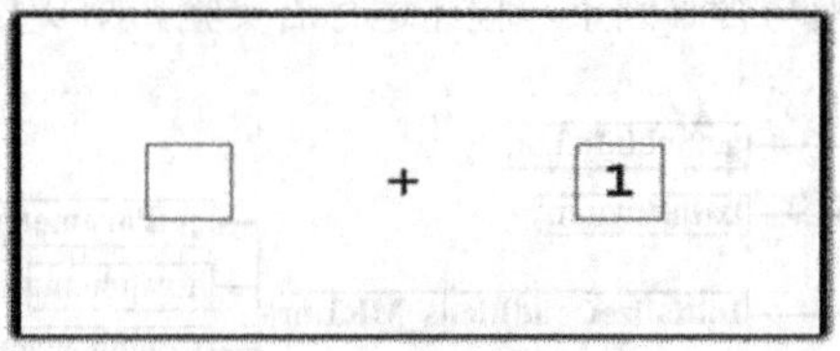

图 9-9 SNARC 实验界面

实验结束，除在命令窗口中输出如下内容外，还会显示如图 9-10 所示的结果。

```
The raw data of result is listed below
  Columns 1 through 7
    'sub'  'gender'    'age'    'dominanteye'  'trialno'    'F1'     'F2'
   [  1]    'male'      [ 20]    'left'         [      1]    [ 2]     [ 3]
   [  1]    'male'      [ 20]    'left'         [      2]    [ 1]     [ 7]
   [  1]    'male'      [ 20]    'left'         [      3]    [ 2]     [ 7]
   [  1]    'male'      [ 20]    'left'         [      4]    [ 2]     [ 9]
   [  1]    'male'      [ 20]    'left'         [      5]    [ 2]     [ 1]

  Columns 8 through 12
   'consistency'  'correctKey'    'response'  'correct'      'rt'
   [          0]  [         70]   [       70]  [       1]   [0.6495]
   [          0]  [         74]   [       74]  [       1]   [0.5252]
   [          1]  [         74]   [       74]  [       1]   [0.4824]
   [          1]  [         74]   [       74]  [       1]   [0.4789]
   [          0]  [         70]   [       70]  [       1]   [0.8183]
```

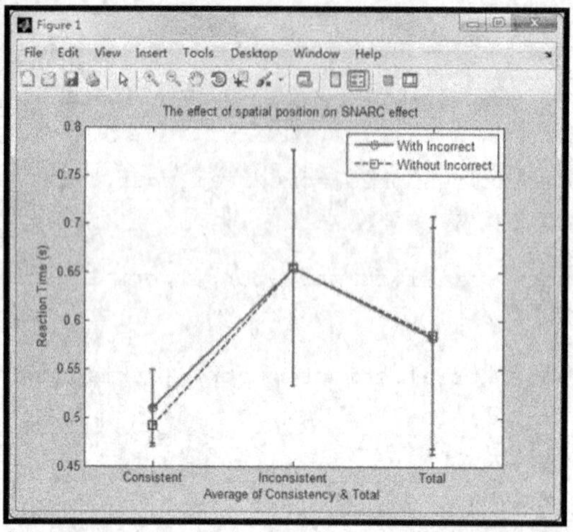

图 9-10　一致性对 SNARC 效应的影响

例 9.22　三维心理旋转　　　本示例位于 Psyfeng\MRT 目录下

心理旋转指单凭心理运作，将所知觉的对象予以旋转，从而获得正确知觉经验的心理历程。20 世纪 70 年代初，库柏和谢波娜用减法反应时实验证明了心理旋转的存在。库柏等人用不同倾斜角度的正和反（镜像）的字母，如非对称性字母或数字 R、J、2、5 等来研究表象的旋转。实验表明：当图片（字母）旋转 180 度时，无论正反，反应时最长，而当图片（字母）旋转 0 度时，反应最短。这说明刺激偏离正位度数越大，所需的心理旋转越多，时间也就越长，人们在进行表象加工时可能存在一种心理旋转操作。心理旋转反应了个体的空间客体加工能力，存在着性别差异和年龄差异。一般而言，男性表现优于女性，但测验成绩可随练习次数增多而提高。

本示例演示了三维心理旋转刺激材料的运用，实验中组合了刺激材料的旋转角度、旋转轴（X 轴和 Z 轴）以及左右两个图形匹配与否等因素，程序运行后实验如图 9-11 所示。

程序文件结构图：

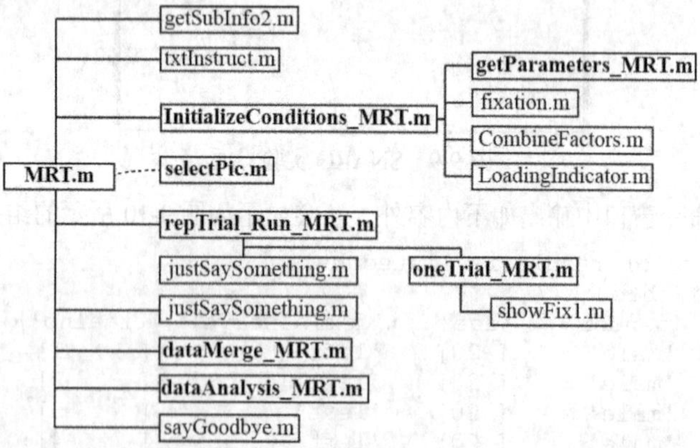


```
%MRT.m
%
global mainfilename;
mainfilename=mfilename;
KbName('UnifyKeyNames');
subinfo=getSubInfo2;
if isempty(subinfo)
    return;
else
```

```
   if exist(['Sub' subinfo{1} '.mat'],'file') || exist(['Sub' subinfo{1} '.xls'],'file')
      resp=questdlg({['The file ' '"Sub' subinfo{1} '.mat" or "Sub' subinfo{1} ...
         '.xls" already exists']; 'do you want to overwrite it?'},...
         'duplicate warning','Cancel','Ok','Ok');
      if ~strcmp(resp,'Ok')
         clc;
         disp('Experiment aborted!')
         return
      end
   end
end
try
   [wptr,trials]=initializeConditions_MRT();
   if isnan(wptr)
      sca;
      return;
   end
   HideCursor;
   txtInstruct(wptr,[mainfilename '.txt'],'left',255);
   results=repTrials_Run_MRT(wptr,trials,str2double(subinfo{5}),40,...
      str2double(subinfo{6}),str2double(subinfo{7}));
   justSaySomething(wptr,'Now the datamerge is running, please wait...',0,255);

   if ~str2double(subinfo{7}) && ~isempty(results)
      results=dataMerge_MRT(subinfo,results);
      justSaySomething(wptr,'Now analysis is running, please wait...',0,255);
      dataAnalysis_MRT(results,[subinfo{1} '.fig']);
   end
   sayGoodbye(wptr,255);
   sca;
   ShowCursor;
catch
   psychrethrow(psychlasterror);
   sca;
   ShowCursor;
end
return;
```

```
function [wptr,conditions]=initializeConditions_MRT()
%initializeConditions_MRT.m
%
global mainfilename;
para=getParameters_MRT;
if isempty(para)
   wptr=NaN;
   conditions=NaN;
   return;
end
fid=fopen([mainfilename '.ini'],'w');
if fid~=-1
   for i=1:length(para)
      fprintf(fid,'%s\r\n',para{i});
   end

   fclose(fid);
end
```

```
dimension=sscanf(para{1},'%d');
objects=sscanf(para{2},'%d');
replication=str2double(para{3});
wsize=str2double(para{4});
if wsize==0
   wsize=1;
end

Screen('Preference', 'SkipSyncTests', 1);
scr=Screen('Screens');
[sw,sh]=Screen('WindowSize',max(scr));
[wptr,wrect]=Screen('OpenWindow',max(scr),0,CenterRect
         ([0 0 sw/wsize sh/wsize],[0 0 sw sh]));
fix=fixation(wptr,'+',255,0);
limitedarea=CenterRect([0 0 dimension(1) dimension(2)],wrect);
dstleft=OffsetRect(limitedarea,-dimension(1)/2-50,0);
dstright=OffsetRect(limitedarea,dimension(1)/2+50,0);

treatment=CombineFactors([10,2,2,2]);
conditions=struct([]);
pictype=['a' 'b'];
angles=0:5:360;%图片的角度
axis={' x ' ' z '};
%图片命令格式如下：n x/z angle a/b
%n 表示三维物体编号
%x 或 z 表示旋转轴
%angle 表示旋转角度
%b 是 a 的镜像图
if exist('conditions.mat','file') %如果已经存在条件组合结构，则直接加载该文件，
           否则重新生成配对的三维刺激材料图
   load conditions
   for i=1:size(treatment,1)
       conditions(i,1).lrect=dstleft;
       conditions(i,1).rrect=dstright;
       conditions(i,1).fixptr=fix;
       LoadingIndicator(wptr,i/size(treatment,1)*100,'Initializing Completed.');
       Screen('Flip',wptr);
   end
else
   for i=1:size(treatment,1)
       conditions(i,1).rangle=(treatment(i,1)-1)*20;  %旋转角度
       conditions(i,1).axis=treatment(i,2);           %旋转轴,1=X;2=Z
       conditions(i,1).match=treatment(i,3);          %匹配,1=match;2=nonmatch
       conditions(i,1).lrect=dstleft;
       conditions(i,1).rrect=dstright;
       conditions(i,1).fixptr=fix;
       conditions(i,1).correct=-1;
       conditions(i,1).rt=-1;
       %随机选择某个物体
       obj=objects(floor(rand*length(objects)+1));
       %随机选择某个角度
       tmpangles=Shuffle(angles(1:end-int8((treatment(i,1)-1)*4)));
       %随机选择某个类型，原图还是镜像图
       indext=ceil(2*rand);
       for j=1:length(tmpangles)
          angle1=tmpangles(j);
```

```
            angle2=angle1+conditions(i,1).rangle;
            if treatment(i,3)==1
                if exist(['jpg\' num2str(obj) axis{treatment(i,2)} num2str(angle1) '_
                         ' num2str(pictype(indext)) '.jpg'],'file') &&
                           exist(['jpg\' num2str(obj) axis{treatment(i,2)}
                           num2str(angle2) '_' num2str(pictype(indext)) '.jpg'],'file')
                    break;
                end
            else
                if exist(['jpg\' num2str(obj) axis{treatment(i,2)} num2str(angle1) '
                         ' num2str(pictype(indext)) '.jpg'],'file') &&
                            exist(['jpg\' num2str(obj) axis{treatment(i,2)}
                            num2str(angle2) '_' num2str(pictype(3-indext))
                            '.jpg'],'file')
                    break;
                end
            end
        end
        conditions(i,1).picname1=['jpg\' num2str(obj) axis{treatment(i,2)}
             num2str(angle1) '_' num2str(pictype(indext)) '.jpg'];
        if treatment(i,3)==1 %匹配，根据上面的信息合成图片文件名
            conditions(i,1).picname2=['jpg\' num2str(obj) axis{treatment(i,2)}
                    num2str(angle2) '_' num2str(pictype(indext)) '.jpg'];
        else
            conditions(i,1).picname2=['jpg\' num2str(obj) axis{treatment(i,2)}
                    num2str(angle2) '_' num2str(pictype(3-indext)) '.jpg'];
        end

        LoadingIndicator(wptr,i/size(treatment,1)*100,'Initializing Completed.');
        Screen('Flip',wptr);
    end
end
conditions=Shuffle(conditions);
conditions=repmat(conditions,replication,1);
return
```

```
function results=repTrials_Run_MRT(wptr,trials,practicetrials,trialsperblock,...
    runmode,moviemode)
%repTrials_Run_MRT.m
%
global mainfilename
ListenChar(2);
if moviemode
    tempfilename=[pwd '\' mainfilename '.mov'];
    movieptr=Screen('CreateMovie',wptr,tempfilename,[],[],2);
    Screen('AddFrameToMovie',wptr,[],'backbuffer');
else
    movieptr=0;
end
for i=1:practicetrials
    index=randi(length(trials));
    tmptrial=oneTrial_MRT(wptr,trials(index,1),runmode,moviemode);
    if ~isempty(tmptrial)
        feedBack(wptr,tmptrial.correct,tmptrial.rt,500);
    else
        break;
```

```
    end
end

if moviemode
    Screen('FinalizeMovie',movieptr);
    results=trials;
    return;
end
if ~runmode
    justSaySomething(wptr,'请做好准备，下面开始正式实验，按任意键开始',1,255);
end
exited=false;
for i=1:length(trials)
    if ~runmode
        WaitSecs(0.5);
    end
    tmptrial=oneTrial_MRT(wptr,trials(i,1),runmode,moviemode);

    if isempty(tmptrial)
        disp(['The exit no. ' num2str(i)]);
        exited=true;
        break;
    end
    trials(i,1)=tmptrial;
    if mod(i,trialsperblock)==0 && i<length(trials) && ~runmode
        tips=['Block ' num2str(floor(i/trialsperblock)) '/' ...
            num2str(ceil(length(trials)/trialsperblock)) ...
            ' finished.\n\nPlease take a break.\n\nAny key to Continue!'];
        justSaySomething(wptr,tips,1,255);
        WaitSecs(1);
    end
end
if exited
    trials(i:end,:)=[];
end
Screen('Flip',wptr);
results=trials;
ListenChar(0);
```

```
function [trial]=oneTrial_MRT(wptr,trial,runmode,moviemode)
%oneTrial_MRT.m
%
global mainfilename
if nargin<3
    runmode=0;
    moviemode=0;
end
wrect=Screen('Rect',wptr);
%begin task one
if moviemode
    Screen('AddFrameToMovie',wptr,[],'backbuffer');
end
img1=imread(trial.picname1);
img2=imread(trial.picname2);
maskimg=imread('jpg\mask.jpg');
maskimg(:,:,3)=[];
```

```
maskimg(:,:,1)=0;
Screen('BlendFunction', wptr, GL_SRC_ALPHA, GL_ONE_MINUS_SRC_ALPHA);

tex1=Screen('MakeTexture',wptr,img1);
tex2=Screen('MakeTexture',wptr,img2);
masktex=Screen('MakeTexture',wptr,maskimg);

showFix1(wptr,wrect,trial.fixptr);
Screen('Flip',wptr);
WaitSecs(1.0);

Screen('FillRect',wptr,255,GrowRect(trial.lrect,20,20));
Screen('FillRect',wptr,255,GrowRect(trial.rrect,20,20));
Screen('DrawTexture',wptr,tex1,[],trial.lrect);
Screen('DrawTexture',wptr,tex2,[],trial.rrect);
Screen('DrawTexture',wptr,masktex,[],GrowRect(trial.lrect,20,20));
Screen('DrawTexture',wptr,masktex,[],GrowRect(trial.rrect,20,20));
Screen('Flip',wptr);
while KbCheck; end
starttime=GetSecs;
while true && ~runmode
    [wd, secs, keyCode]=KbCheck;
    if keyCode(KbName('ESCAPE'))
       trial=[];
       return;
    elseif keyCode(KbName('f'))
       trial.rt=GetSecs-starttime;
       if trial.match==1
          trial.correct=1;
       else
          trial.correct=0;
       end
       break;
    elseif keyCode(KbName('j'))
       trial.rt=GetSecs-starttime;
       if trial.match==2
          trial.correct=1;
       else
          trial.correct=0;
       end
       break;
    end
end
Screen('Close',[tex1,tex2,masktex]);
return;
```

```
function ret=dataMerge_MRT(subinfo,results)
%dataMerge_MRT.m
%
if isfield(results,'fixptr')
   results=rmfield(results,'fixptr');
end
if isfield(results,'lrect')
   results=rmfield(results,'lrect');
end
if isfield(results,'rrect')
```

```
    results=rmfield(results,'rrect');
end
if isfield(results,'picname1')
    results=rmfield(results,'picname1');
end
if isfield(results,'picname2')
    results=rmfield(results,'picname2');
end
for i=1:length(results)
    results(i,1).sub=str2double(char(subinfo(1)));
    results(i,1).trialno=i;
    if str2double(char(subinfo(2)))==1
        results(i,1).gender='male';
    else
        results(i,1).gender='female';
    end
    results(i,1).age=str2double(char(subinfo(3)));

    if str2double(char(subinfo(4)))==1
        results(i,1).dominanteye='left';
    else
        results(i,1).dominanteye='right';
    end
end

save(['Sub' char(subinfo(1)) '.mat'],'results');
columnheader={'sub','gender','age','dominanteye','trialno','rangle','axis',...
    'match','correct','rt'};
results=orderfields(results,columnheader);
ret=[columnheader;struct2cell(results)'];
save(['Sub' char(subinfo(1)) '.mat'],'ret','results');
xlswrite(['Sub' char(subinfo(1)) '.xls'],ret);
disp('The raw data of result is listed below');
disp(ret);
end
```

```
function dataAnalysis_MRT(results,filename)
%dataAnalysis_MRT.m
%
if length(results)<2
    average=NaN;
    correctRate=NaN;
    return;
end
data=NaN*ones(size(results,1)-1,6);
for i=2:size(results,1) %
    if isempty(results{i,10})
        data=data(1:i-2,:);
        break;
    end
    data(i-1,1)=results{i,6};%angle
    data(i-1,2)=results{i,7};%axis:x,z
    data(i-1,3)=results{i,8};%match
    data(i-1,4)=results{i,9};%correct
    data(i-1,5)=results{i,10};%rt
end
```

```
items1=unique(data(:,1)); %angle
items2=unique(data(:,2)); %axis
items3=unique(data(:,3)); %match
for i=1:length(items1)
    for j=1:length(items2)
        for k=1:length(items3)
            cR(i,k,j)=mean(data(data(:,1)==items1(i) &...
                data(:,2)==items2(j) & data(:,3)==items3(k),4));
            rt(i,k,j)=mean(data(data(:,1)==items1(i) &...
                data(:,2)==items2(j) & data(:,3)==items3(k) & data(:,4) ,5));
        end
    end
end
figure1=figure;
lgd={'Match','Nomatch'};
aaxis='XZ';
for i=1:length(items2)
    sp(i)=subplot(2,2,i,'Parent',figure1);
    plot(items1,cR(:,:,i),'Parent',sp(i),'LineWidth',2);
    xlabel('Rotate Angle');
    ylabel('Correct Rate');
    set(gca,'XTick',items1);
    title(['旋转轴: ' aaxis(items2(i))]);
    legend(lgd);

    sp(i+2)=subplot(2,2,i+2,'Parent',figure1);
    plot(items1,rt(:,:,i),'Parent',sp(i+2),'LineWidth',2);
    xlabel('Rotate Angle');
    ylabel('Reaction Time (s)');
    set(gca,'XTick',items1);
    title(['旋转轴: ' aaxis(items2(i))]);
    legend(lgd);
end

saveas(gcf,filename);
return;
```

```
function selectPic(conditions)
%selectPic.m
%本函数为一附属程序，由于三维旋转材料在某些旋转角度下存在歧义，导致无法明确辨识其形状，
        因此需要选择恰当的三维旋转材料，
%本函数的目的就是根据选择的结果自动将不满足要求的刺激图片去除
d=uigetdir('jpg\','选择目标目录');
if ~d
    return
end
fl=[];
if nargin<1
    [f p]=uigetfile('*.txt','选择图片文件名信息');
    file=fopen([p f],'r');
    tline=fgetl(file);
    i=1;
    while true
        if ~ischar(tline);break;end
        tmp = sscanf(tline,'%s');
        fl{i}=tmp;
```

```
        i=i+1;
        tline=fgetl(file);
    end
    fclose(file);
else
    for i=1:2:length(conditions)*2-1
        fl{i}=conditions(ceil(i/2),1).picname1;
        fl{i+1}=conditions(ceil(i/2),1).picname2;
    end
end
fl{i+2}='jpg\mask.jpg';
flist=dir([d '\*.jpg']);
for i=1:length(flist)
    re=strfind(fl,['jpg\' flist(i).name]);
    if isempty(cell2mat(re))
        delete([d '\' flist(i).name]);
        disp([flist(i).name ' deleted.']);
    end
end
```

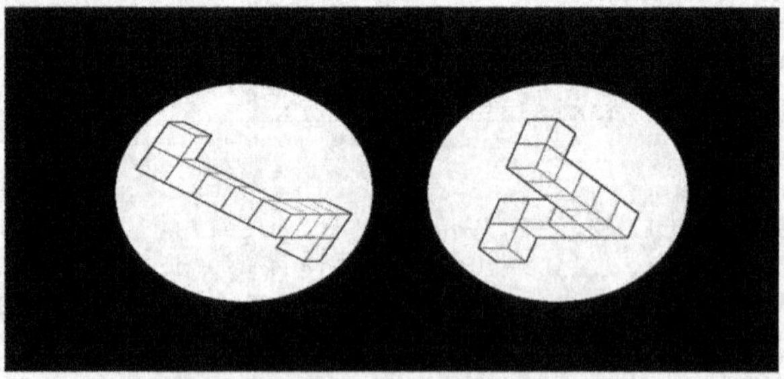

图 9-11 三维心理旋转实验图

9.5 刺激的同时呈现

当刺激同时呈现在屏幕上时，一种情况是完全随机，即刺激在屏幕上的位置完全不固定，另一种情况是在固定的几个位置上随机。例如，在屏幕上按照假想的圆确定了类似于钟表刻度的 12 个位置，然后刺激同时随机呈现在其中个数不等的位置上。或者是网格状的固定位置（6×6），刺激随机呈现在某些网格中。

接下来考虑的实验内容是有关视觉特征的联合搜索，实验任务是搜索并判断屏幕上所呈现的不同颜色的字母 Os（红或黑）和 Ns（红）中，红色 O 字母是否存在。刺激材料：字母 O 和字母 N；目标是红色的字母 O，干扰项是黑色字母 Os 和红色字母 Ns。其中自变量一：目标存在与否（present vs. absent），自变量二：字母数量（5、15 和 25），自变量三：混合与否。所谓混合，是指当目标存在时，两种干扰字母，即黑 O 和红 N 数量相等。以 15 个字母为例，即 7 个黑 O 和 7 个红 N，共 12 个试次；目标不存在时，8 个黑 O 和 7 个红 N 或 7 个黑 O 和 8 个红 N，分别有 6 个试次，这样共有 $(12+6\times2)\times3=72$ 个试次。对于非混合条件，不论目标是否出现，呈现的红色字母数固定为 3 个，这样黑色 O 在三种字母数量条件下就分别有 2、12 和 22 个。同样以 15 个字母为例，当目标存在时，有 2 个红 N 和 12 个黑 O，当目标不存在时，有 3 个红 N 和 12 个黑 O，上述两种情况各有 12 个试次，所以非混合条件下共有 72 个试次，这样共有 144 个试次。目标存在的概率为 50%，反应按键在被试间进行平衡。

从上面的实验描述可以看出是一个 2×3×2 的实验设计，但在设计实验程序时所要考虑的内容复杂些，因为要将混合与否的各种情况都要考虑在内，也就是说混合条件下对应 3 种情况（目标存在：1

种，目标不存在：2 种），非混合条件下对应 2 种情况（目标存在和不存在分别对应 1 种情况），这样就变成 15 种处理组合（如果加上呈现位置随机化，则有 144 种情况）。

另外我们将字母随机呈现在 6×6 的虚拟网格内，但网格并非整齐划一，而是每个单元格进行了扰动处理（见图 9-12(b)），目的是增加字母呈现的杂乱性。另外还有一些需要注意的参数，如字母的大小、字母的间距、字母笔画的粗细都是需要考虑和控制的问题。在前面的程序示例中，是将需要呈现的刺激页面先生成最小显示区域的缓冲页面或纹理页面，然后将相应的页面指针填充到结构数组中。本示例中，如果也采取相同的策略，则需要生成 144 个页面，如果系统的显存和系统内存较高也是可以选择的一种方式，但如果显存和系统内存较小，可在每个试次开始前把需要呈现的字母组合绘制出来，而不需提前生成较大区域的多幅缓冲页面。

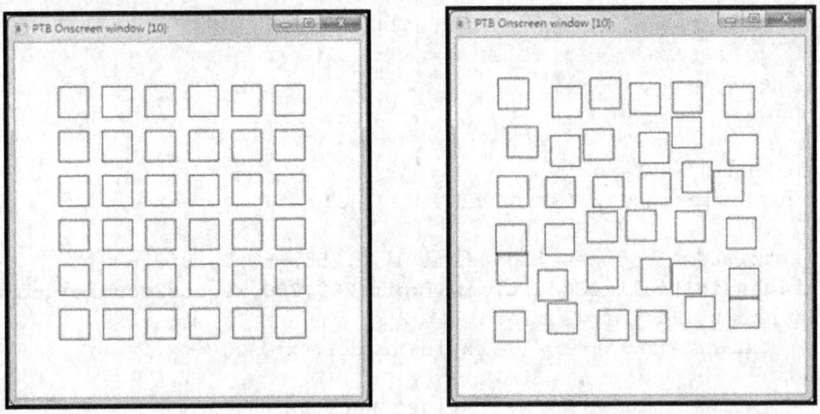

（a）扰动前的虚拟网格　　（b）扰动后的虚拟网格

图 9-12　虚拟网格

例 9.23　视觉搜索　　本示例位于 Psyfeng\VisualSearch 目录下

视觉搜索就是在众多的视觉刺激中搜索某个或某些具有特定特征的目标。要搜索的目标称为目标刺激或靶刺激，非目标刺激则称为干扰刺激或分心物。如果目标可以由单一的特征所确定，那么在分心物中搜索这个目标所需的时间比较短，而且与分心物的个数无关。如果目标与分心物共享某些特征，以致它无法通过仅仅考虑单一维度的特征与分心刺激区分开时，判断视觉刺激中是否存在目标所需的时间会随分心物数量的增长而增长。前者称为平行搜索，后者称为联合搜索。

本示例所演示的为联合搜索，要求被试在分心刺激中搜索是否有红色的 O 这一目标刺激，分心刺激包括红色的 N、黑色的 N 和 O 字母。

程序文件结构图：

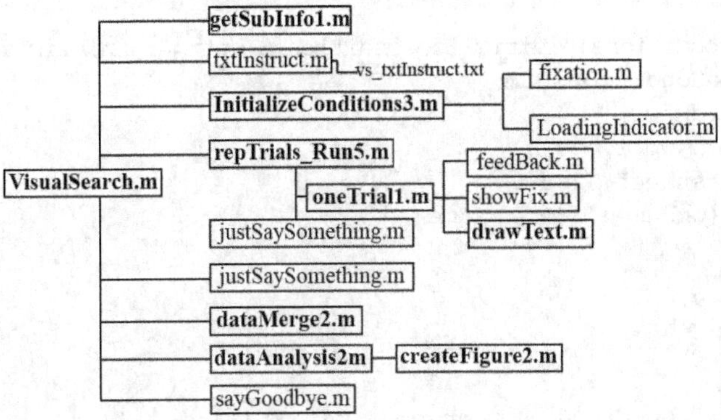

```
%VisualSearch.m
clear all;
subinfo=getSubInfo1;
if isempty(subinfo)
   return;
else
   if exist(['Sub' subinfo{1} '.mat'],'file') || exist(['Sub' subinfo{1}
         '.xls'],'file')
      resp=questdlg({['The file ' '"Sub' subinfo{1} '.mat" or "Sub' subinfo{1}
         '.xls" already exists']; 'do you want to overwrite it?'},...
         'duplicate warning','Cancel','Ok','Ok');
      if ~strcmp(resp,'Ok')
         clc;
         disp('Experiment aborted!')
         return
      end
   end
end
KbName('UnifyKeyNames');
Screen('Preference', 'SkipSyncTests', 1);
try
   [wptr,wrect]=Screen('OpenWindow',0,255,[50,50,850,600]);
   trials=initializeConditions3(wptr,200,200,10,str2double(subinfo{1}));
   if mod(str2double(subinfo{1}),2)
      txtInstruct(wptr,'vs txtinstruct1.txt');
   else
      txtInstruct(wptr,'vs txtinstruct2.txt');
   end
   results=repTrials_Run5(wptr,trials,str2double(subinfo{5}),48, str2double(subinfo{6}));
   justSaySomething(wptr,'Now the datamerge is running, please wait...');
   results=dataMerge2(subinfo,results);
   justSaySomething(wptr,'Now analysis is running, please wait...');
   [avg,cr]=dataAnalysis2(results);
   justSaySomething(wptr,['Your average RT is ' num2str(avg) '\n'...
      'Your correct rate is ' num2str(cr*100) '%\nPress any key continue'],1);
   sayGoodbye(wptr);
   sca;
catch
   psychrethrow(psychlasterror);
   sca;
end
return;
```

```
function [conditions]=initializeConditions3(wptr,width,height,distance,subid)
%initializeConditions3.m
global validKeys;
fix=fixation(wptr,'+');
conditions=struct([]);
validKeys=[KbName('f'),KbName('j')];
t1=[0 1 2;
   0 1 3];
t2=[1 1 1;
   1 2 4;
   0 2 5];
treatments=[repmat(t1,6,1);repmat(t2,12,1)];
treatments=[[treatments,repmat(5,48,1)];
```

```
        [treatments,repmat(15,48,1)];
        [treatments,repmat(25,48,1)]]; %组合各种处理条件

borderx=floor((width-distance*5)/6);
bordery=floor((height-distance*5)/6);
wrect=Screen('Rect',wptr);
iindex=1;
rs=ones(36,4);
k=1;
for i=(wrect(3)-width)/2:borderx+distance:(wrect(3)+width)/2-borderx
   jindex=1;
   for j=(wrect(4)-height)/2:bordery+distance:(wrect(4)+height)/2-bordery
      rs(k,:)=[i,j,i+borderx,j+bordery];
      jindex=jindex+1;
      k=k+1;
   end
   iindex=iindex+1;
end
for i=1:size(treatments,1)
   conditions(i,1).F1=treatments(i,1);%Present vs. Absent 目标是否存在
   conditions(i,1).F2=treatments(i,4);%display size 刺激数目
   conditions(i,1).F3=treatments(i,2);%confounded or unconfounded 混合与否
   conditions(i,1).F4=treatments(i,3);%index for drawing %绘制标识
   conditions(i,1).fixptr=fix;
   conditions(i,1).rects=rs;
   conditions(i,1).distance=distance;
   if treatments(i,1)
      if mod(subid,2) %根据被试编号的奇偶指定正确按键
         conditions(i,1).correctKey=validKeys(1);
      else
         conditions(i,1).correctKey=validKeys(2);
      end
   else
      if mod(subid,2)
         conditions(i,1).correctKey=validKeys(2);
      else
         conditions(i,1).correctKey=validKeys(1);
      end
   end

   LoadingIndicator(wptr,i/size(treatments,1)*100,'Initializing Completed.');
   Screen('Flip',wptr);
end

conditions=Shuffle(conditions);
return
```

```
function results=repTrials Run5(wptr,trials,practicetrials,trialsperblock,runmode)
%repTrials_Run5.m
%
if nargin<3
   practicetrials=5;
   trialsperblock=50;
   runmode=0;
end
if nargin<4
```

```
    trialsperblock=50;
    runmode=0;
end
if nargin<5
    runmode=0;
end
if trialsperblock==0
    trialsperblock=50;
end
ListenChar(2);
for i=1:practicetrials
    index=randi(length(trials));
    oneTrial1(wptr,trials(index,1),inf,runmode);
end
if ~runmode
    justSaySomething(wptr,'请做好准备，下面开始正式实验，按任意键开始',1);
    WaitSecs(0.5);
end
for i=1:length(trials)
    if ~runmode
        WaitSecs(0.5);
    end
    [rt,correct,response]=oneTrial1(wptr,trials(i),inf,runmode);
    if rt<0
        disp(['The exit no. ' num2str(i)]);
        break;
    end
    trials(i,1).rt=rt;
    trials(i,1).correct=correct;
    trials(i,1).response=response;
    if mod(i,trialsperblock)==0 && i<length(trials) && ~runmode
        tips=['Block ' num2str(floor(i/trialsperblock)) '/' ...
            num2str(ceil(length(trials)/trialsperblock)) ...
            ' finished.\n\nPlease take a break.\n\nAny key to Continue!'];
        justSaySomething(wptr,tips,1);
    end
end
ListenChar(0);
results=trials;
```

```
function [rt,correct,response]=oneTrial1(wptr,trial,time,runmode)
%oneTrial1.m
global validKeys
if nargin<4
    runmode=0;
end
ver=version('-release');
ver=str2double(ver(1:4));
wrect=Screen('Rect',wptr);
for i=1:size(trial.rects,1)
    if rand>0.5
        sign=-1;
    else
        sign=1;
    end
    trial.rects(i,:)=OffsetRect(trial.rects(i,:),
            randi(trial.distance/2)*sign,...
```

```
        randi(trial.distance/2)*sign); %利用随机函数来扰动字母位置
    end

    showFix(wptr,wrect,trial.fixptr,0.5);
    chars=['O','N'];
    oldtxtsize=Screen('TextSize',wptr,RectWidth(trial.rects(1,:)));
    Screen('TextFont',wptr,'Aria');
    index=1:size(trial.rects,1);
    index=Shuffle(index);
    switch trial.F4 %根据标识值来绘制不同类型的刺激布局
       case 1 %黑色字母O和N各半，目标存在
          j=1;
          for i=1:floor(trial.F2/2)
             drawText(wptr,chars(1),[0 0 0],trial.rects(index(j),:));
             j=j+1;
          end
          for i=1:floor(trial.F2/2)
             drawText(wptr,chars(2),[255 0 0],trial.rects(index(j),:));
             j=j+1;
          end
          drawText(wptr,chars(1),[255 0 0],trial.rects(index(j),:));
       case 2 %黑色N比黑色O多一个，目标不存在
          j=1;
          for i=1:floor(trial.F2/2)
             drawText(wptr,chars(1),[0 0 0],trial.rects(index(j),:));
             j=j+1;
          end
          for i=1:ceil(trial.F2/2)
             drawText(wptr,chars(2),[255 0 0],trial.rects(index(j),:));
             j=j+1;
          end
       case 3 %黑色O比黑色N多一个，目标不存在
          j=1;
          for i=1:ceil(trial.F2/2)
             drawText(wptr,chars(1),[0 0 0],trial.rects(index(j),:));
             j=j+1;
          end
          for i=1:floor(trial.F2/2)
             drawText(wptr,chars(2),[255 0 0],trial.rects(index(j),:));
             j=j+1;
          end
       case 4 %两个红N，目标存在
          j=1;
          for i=1:2
             drawText(wptr,chars(2),[255 0 0],trial.rects(index(j),:));
             j=j+1;
          end
          for i=1:trial.F2-3
             drawText(wptr,chars(1),[0 0 0],trial.rects(index(j),:));
             j=j+1;
          end
          drawText(wptr,chars(1),[255 0 0],trial.rects(index(j),:));
       case 5 %三个红N，目标不存在
          j=1;
          for i=1:3
             drawText(wptr,chars(2),[255 0 0],trial.rects(index(j),:));
             j=j+1;
          end
```

```
        for i=1:trial.F2-3
           drawText(wptr,chars(1),[0 0 0],trial.rects(index(j),:));
           j=j+1;
        end
    end
    Screen('TextSize',wptr,oldtxtsize);
    Screen('Flip',wptr);
    starttime=GetSecs;
    if runmode==0
       while true
          [wd,secs,keyCode]=KbCheck;
          if sum(keyCode(validKeys))
             endtime=GetSecs;
             Screen('Flip',wptr);
             break;
          end
          if keyCode(KbName('escape'))
             rt=-1;
             correct=-1;
             response=-1;
             return;
          end
          if GetSecs-starttime>=time
             Screen('Flip',wptr);
          end
       end
       rt=endtime-starttime;
       correct=sum(keyCode(trial.correctKey));
       response=find(keyCode==1);
       feedBack(wptr,correct,rt,0.5);
    else
       [wd,secs,keyCode]=KbCheck;
       if keyCode(KbName('escape'))
          rt=-1;
          correct=-1;
          response=-1;
          return;
       end
       rt=rand;
       temp=[0 1];
       correct=temp(randi(2));
       response=[];
       WaitSecs(runmode);
    end
```

字母搜索示例如图 9-13 所示，程序运行结束会绘制统计结果图。

例 9.24　任务切换下的视觉搜索　　本示例位于 Psyfeng\TaskSwitch 目录下

本示例中给出的程序是任务切换下的视觉搜索，与例 9.23 相同的地方是都是视觉搜索任务，不同之处是颜色搜索和形状搜索两种任务交替进行。

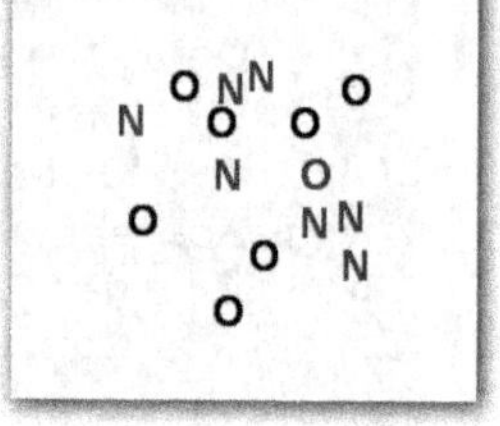

图 9-13　搜索示例

实验的流程如下：每个试次的流程包括两个任务（首先是颜色判断任务，然后是形状判断任务）。首先在屏幕中央呈现十字注视点一秒钟，要求被试此刻注视该注视点，接着会在注视点处呈现数量不等的黑色或红色菱形和五边形，实验任务就是当出现的刺激中有红色刺激时（不管其形状如何，且如果有只有一个），用左手按 F 键；当没有红色刺激出现时，就用右手按键盘上的 J 键，反应时要求被试既快又准。当被试一按下按键，会显示被试的反应时和按键正确情况，屏幕就会立刻清除，并且在屏幕中央呈现圆环状注视点并伴有“叮”的一声，要求被试注视点集中在圆环状注视点上，接着会在屏幕中央出现与前面的判断任务相同的刺激，但此时要求被试对刺激的形状进行判断。如果呈现的刺激中有一个特征唯一的形状（即多个菱形中只有一个五边形或多个五边形中只有一个菱形，不管其颜色如何），则用左手按 F 键，否则（即都是菱形或都是五边形，不管其颜色如何）用右手按 J 键。当被试一按下按键，会显示被试的反应时和按键正确情况，屏幕就会立刻清除，并且准备进行下一次试验，即颜色判断任务和形状任务交替进行。

同时本示例还增加参数设置和创建单次流程的视频功能。

程序文件结构图：

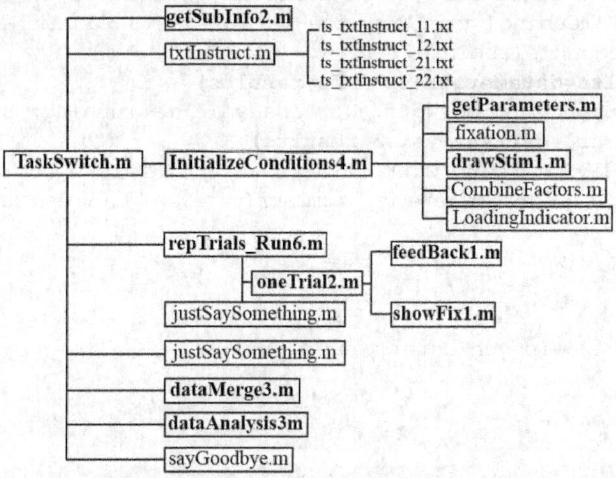


```
%TaskSwitch.m
clear all;
subinfo=getSubInfo2;
if isempty(subinfo)
    return;
else
    if exist(['Sub' subinfo{1} '.mat'],'file') || exist(['Sub' subinfo{1} '.xls'],'file')
        resp=questdlg({['The file ' '"Sub' subinfo{1} '.mat" or "Sub' subinfo{1} ...
            '.xls" already exists']; 'do you want to overwrite it?'},...
            'duplicate warning','Cancel','Ok','Ok');
        if ~strcmp(resp,'Ok')
            clc;
            disp('Experiment aborted!')
            return
        end
    end
end
KbName('UnifyKeyNames');
Screen('Preference', 'SkipSyncTests', 1);
try
    [wptr,trials,dualtask]=initializeConditions4(str2double(subinfo{1}),3);
    if isnan(wptr)
        sca;
        return;
    end
    if mod(str2double(subinfo{1}),2) %根据被试编号的奇偶呈现按键信息
        if dualtask %根据是否是双任务显示对应的指导语
            txtInstruct(wptr,'ts_txtinstruct_11.txt');
```

```
        else
           txtInstruct(wptr,'ts txtinstruct 12.txt');
        end
    else
        if dualtask
           txtInstruct(wptr,'ts_txtinstruct_21.txt');
        else
           txtInstruct(wptr,'ts txtinstruct 22.txt');
        end
    end results=repTrials_Run6(wptr,trials,str2double(subinfo{5}),36,1.0,1.0,...
        str2double(subinfo{6}),str2double(subinfo{7}));
    justSaySomething(wptr,'Now the datamerge is running, please wait...');
    if ~str2double(subinfo{7})
        results=dataMerge3(subinfo,results);
        justSaySomething(wptr,'Now analysis is running, please wait...');
        [avg,cr]=dataAnalysis3(results);
        justSaySomething(wptr,['Your average RT is ' num2str(avg) '\n'...
           'Your correct rate is ' num2str(cr*100) '%\nPress any key continue'],1);
    end
    sayGoodbye(wptr);
    sca;
catch
    psychrethrow(psychlasterror);
    sca;
end
return;
```

```
function [wptr,conditions]=initializeConditions4(subid,penwidth)
%initializeConditions4.m
global validKeys;
paras=getParameters;
if isempty(paras)
    wptr=NaN;
    conditions=NaN;
    dualtask=0;
    return;
end
radius distance=sscanf(paras{1},'%d ');
borders= sscanf(paras{2},'%d ');
rotangle= sscanf(paras{3},'%d ');
target=sscanf(paras{4},'%d ');
fillcolors=sscanf(paras{5},'%d %d %d;%d %d %d');
fillcolor=[];
for j=1:2
    f=[];
    for i=1:3
        f=[f fillcolors(i+(j-1)*3)];
    end
    fillcolor=[fillcolor; f];
end
fill=str2double(paras{6});
dualtask=str2double(paras{7});
displaysize=sscanf(paras{8},'%d ');
replication=str2double(paras{9});
[token remain]=strtok(paras{10},' ');
validkeys={token};
```

```
while true
    [token remain]=strtok(remain,' ');
    if isempty(token)
        break;
    else
        validkeys=[validkeys;{token}];
    end
end
wsize=str2double(paras{11});
fid=fopen('config20.ini','w');
if fid~=-1
    for i=1:length(paras)
        fprintf(fid,'%s\r\n',paras{i});
    end

    fclose(fid);
end
if nargin<2
    penwidth=2;
end
if wsize==0
    wsize=1;
end
scr=max(Screen('Screens'));
[sw,sh]=Screen('WindowSize',scr);
wptr=Screen('OpenWindow',scr,255,CenterRect([0 0 sw/wsize sh/wsize],[0 0 sw sh]));
radius=radius distance(1);
distance=radius distance(2);
stimptrs=drawStim1(wptr,radius,borders,rotangle,...
    fillcolor,penwidth,fill);
fix=fixation(wptr,'+');
fixs=fixation(wptr,'o+s');
conditions=struct([]);
for i=1:length(validkeys)
    validKeys(i)=KbName(validkeys{i});
end
rows=ceil(sqrt(max(displaysize)));

treatments=CombineFactors([2 length(displaysize) 2 length(displaysize)…
        length(target)]);
treatments(treatments(:,1)==2,1)=0; %将第 1 个自变量的取值更改为 0 和 1
treatments(treatments(:,3)==2,3)=0; %将第 3 个自变量的取值更改为 0 和 1
for i=length(displaysize):-1:1
%将第 2 个变量的取值更改为刺激数目
    treatments(treatments(:,2)==i,2)=displaysize(i);
%将第 4 个变量的取值更改为刺激数目
    treatments(treatments(:,4)==i,4)=displaysize(i);
end
width=distance*(rows-1)+radius*2*rows;
height=width;
borderx=floor((width-distance*(rows-1))/rows);
bordery=floor((height-distance*(rows-1))/rows);
wrect=Screen('Rect',wptr);
temprect=[0 0 radius*2 radius*2];
iindex=1;
rs=ones(rows*rows,4);
```

```
k=1;
for i=(wrect(3)-width)/2:borderx+distance:(wrect(3)+width)/2-borderx
    jindex=1;
    for j=(wrect(4)-height)/2:bordery+distance:(wrect(4)+height)/2-bordery
        rs(k,:)=[i,j,i+borderx,j+bordery];
        jindex=jindex+1;
        k=k+1;
    end
    iindex=iindex+1;
end
for i=1:size(treatments,1)
    %[colorpresent colordisplaysize shapepresent shapedisplaysize]
    conditions(i,1).F1=treatments(i,1); %颜色目标是否存在
    conditions(i,1).F2=treatments(i,2); %刺激数目
    conditions(i,1).F3=treatments(i,3); %形状目标是否存在
    conditions(i,1).F4=treatments(i,4); %刺激数目
    conditions(i,1).F5=target(treatments(i,5)); %此处控制哪个为目标对象
    conditions(i,1).F6=dualtask; %是否为双任务
    conditions(i,1).fixptr=fix;
    conditions(i,1).soundfix=fixs;
    conditions(i,1).rects=rs;
    conditions(i,1).distance=distance;
    conditions(i,1).stimptrs=stimptrs;
    conditions(i,1).dstrect=temprect;
    switch sum(treatments(i,1)+treatments(i,3))
        case 0 %none has target
            if mod(subid,2) %奇数被试
                conditions(i,1).correctKey=[validKeys(2) validKeys(2)];
            else
                conditions(i,1).correctKey=[validKeys(1) validKeys(1)];
            end
        case 1 %only one has target
            if treatments(i,1) %task one has target
                if mod(subid,2)
                    conditions(i,1).correctKey=[validKeys(1) validKeys(2)];
                else
                    conditions(i,1).correctKey=[validKeys(2) validKeys(1)];
                end
            else %task two has target
                if mod(subid,2)
                    conditions(i,1).correctKey=[validKeys(2) validKeys(1)];
                else
                    conditions(i,1).correctKey=[validKeys(1) validKeys(2)];
                end
            end
        case 2 %both have target
            if mod(subid,2)
                conditions(i,1).correctKey=[validKeys(1) validKeys(1)];
            else
                conditions(i,1).correctKey=[validKeys(2) validKeys(2)];
            end
    end
    LoadingIndicator(wptr,i/size(treatments,1)*100,'Initializing Completed.');
    Screen('Flip',wptr);
end
conditions=Shuffle(repmat(conditions,replication,1));
return
```

参数设置窗口如图 9-14 所示。

本实验程序可以设置多种实心或空心的几何形状，三角形、正方形、五边形、六边形和菱形；可以设置刺激的数目；可以设置单任务或双任务，如果是单任务仅为搜索某特定形状，如果调整了按键内容或顺序，则指定语需要做相应更改。

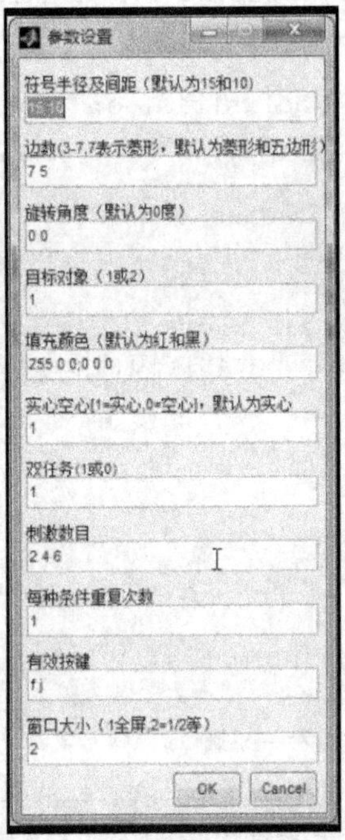

图 9-14　参数设置窗口

```
function stimptrs=drawStim1(wptr,radius,borders,rotangle,bordercolor,...
    fillcolor,penwidth,fill)
%drawStim1.m
%根据指定的边数绘制相应的几何形状
wrect=Screen('Rect',wptr);
stimptrs=1:length(borders);
for i=1:length(borders)
    stimptrs(i)=Screen('OpenOffscreenWindow',wptr,255,[0 0 radius*2 radius*2]);
    if borders(i)<7
        stepangle=360/borders(i);
        startangle=[90 45 18 0]; %多边形起始角度
        angles=rotangle(i)+startangle(borders(i)-2):stepangle:rotangle(i) ...
            +startangle(borders(i)-2)+360;
        angles=angles/180*pi;
        if fill %实心
            radius1=[radius/cos(30/180*pi) radius/cos(45/180*pi) ...
                radius/cos(18/180*pi) radius];
        else %空心
            radius1=[(radius-penwidth)/cos(30/180*pi) ...
                (radius-penwidth)/cos(45/180*pi) ...
                (radius-penwidth)/cos(18/180*pi) (radius-penwidth)];
        end
        x=cos(angles)*radius1(borders(i)-2)+radius; %计算顶点坐标
        y=radius-sin(angles)*radius1(borders(i)-2);
        t1=[min(x) min(y) max(x) max(y)];
```

```
        [t1, dh, dv]=CenterRect(t1,[0 0 radius*2 radius*2]);
        x=x+dh;
        y=y+dv;
    else %绘制菱形
        stepangle=90;
        angles=rotangle(i):stepangle:rotangle(i)+360;
        angles=angles/180*pi;
        if fill
            x=cos(angles)*radius+radius;
            y=radius-sin(angles)*radius;
        else
            x=cos(angles)*(radius-penwidth)+radius;
            y=radius-sin(angles)*(radius-penwidth);
        end
        t1=[min(x) min(y) max(x) max(y)];
        [t1, dh, dv]=CenterRect(t1,[0 0 radius*2 radius*2]);
        x=x+dh;
        y=y+dv;

    end
    if fill
        Screen('FillPoly',stimptrs(i),fillcolor(i,:),[x;y]');
    else
        Screen('FramePoly',stimptrs(i),bordercolor(i,:),[x;y]',penwidth);
    end
end
```

```
function results=repTrials_Run6(wptr,trials,practicetrials,trialsperblock,...
    fixtime,iti,runmode,moviemode)
%repTrials_Run6.m
if nargin<3
    practicetrials=5;
    trialsperblock=50;
    runmode=0;
end
if nargin<4
    trialsperblock=50;
    runmode=0;
end
if nargin<5
    runmode=0;
end
if trialsperblock==0
    trialsperblock=50;
end
ListenChar(2);
for i=1:practicetrials
    index=randi(length(trials));
    oneTrial2(wptr,trials(index,1),inf,fixtime,iti,runmode,moviemode);
    if moviemode
        results=trials;
        ListenChar(0);
        return;
    end
end
if ~runmode
```

```
        justSaySomething(wptr,'请做好准备，下面开始正式实验，按任意键开始',1);
        WaitSecs(0.5);
    end
    for i=1:length(trials)
        if ~runmode
            WaitSecs(0.5);
        end
        [rt,correct,response]=oneTrial2(wptr,trials(i),inf,fixtime,iti,...
            runmode,moviemode);
        if rt<0
            disp(['The exit no. ' num2str(i)]);
            trials(i,1).correct=[];
            trials(i,1).response=[];
            trials(i,1).rt=[];
            break;
        end
        trials(i,1).rt=rt;
        trials(i,1).correct=correct;
        trials(i,1).response=response;
        if mod(i,trialsperblock)==0 && i<length(trials) && ~runmode
            tips=['Block_' num2str(floor(i/trialsperblock)) '/' ...
                num2str(ceil(length(trials)/trialsperblock)) ...
                ' finished.\n\nPlease take a break.\n\nAny key to Continue!'];
            justSaySomething(wptr,tips,1);
        end
    end
    ListenChar(0);
    results=trials;
```

双任务的流程如图 9-15 所示。

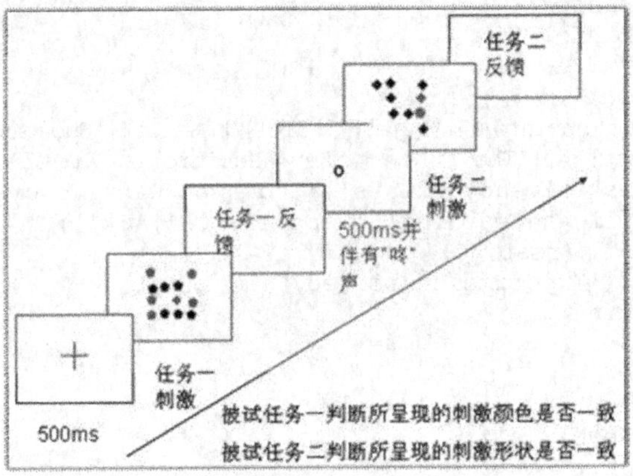

图 9-15 实验流程

9.6 刺激的序列呈现

后向偏侧掩蔽属于视觉掩蔽的一种，可视为刺激序列呈现的一种。从时间维度上看，目标刺激呈现在前，掩蔽刺激呈现在后；从空间维度上看，掩蔽刺激与目标刺激在空间上不重叠，故称之为后向偏侧掩蔽。其实验流程一般为呈现注视点→目标刺激→掩蔽刺激→被试反应，与一般的视觉掩蔽程序无异。下面所介绍的实验程序示例为后向偏侧掩蔽范式下的检测任务，即在注视点的左侧或右侧呈现目标刺激（黑色圆盘），间隔不等的 SOA 后在注视点左右两侧同时呈现掩蔽刺激（黑色圆环），要求被试检测目标刺激是呈现在左侧还是右侧。

例 9.25 后向偏侧掩蔽范式下的目标定位任务　本示例位于 Psyfeng\TargetLocation 目录下

首先目标刺激呈现在注视点的左侧或右侧，在不同的 SOA 后然后掩蔽刺激出现，要求被试判断目标刺激出现在哪一侧，左侧时按 F 键，右侧时按 J 键。需要注意的是，本示例平衡了按键，会导致按键与刺激位置的空间冲突。

程序文件结构图：

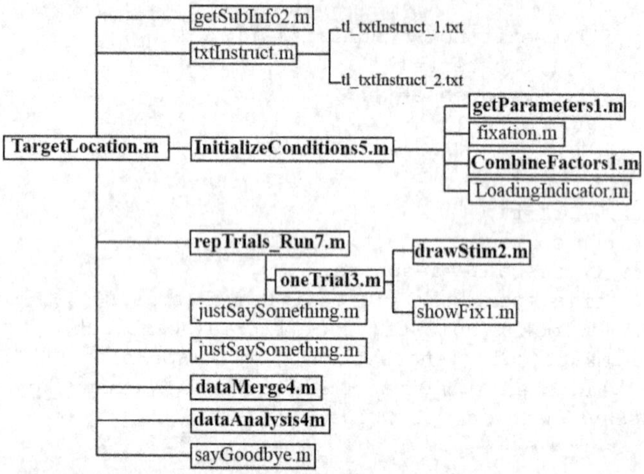


```
%TargetLocation.m
clear all;
global moviename;
moviename=mfilename;
subinfo=getSubInfo2;
if isempty(subinfo)
   return;
else
   if exist(['Sub' subinfo{1} '.mat'],'file') || exist(['Sub' subinfo{1} '.xls'],'file')
      resp=questdlg({['The file ' '"Sub' subinfo{1} '.mat" or "Sub' subinfo{1} ...
          '.xls" already exists']; 'do you want to overwrite it?'},...
          'duplicate warning','Cancel','Ok','Ok');
      if ~strcmp(resp,'Ok')
         disp('Experiment aborted!')
         return
      end
   end
end
KbName('UnifyKeyNames');
try
   [wptr,trials]=initializeConditions5(str2double(subinfo{1}));
   if isnan(wptr)
      sca;
      return;
   end
   if mod(str2double(subinfo{1}),2)
      txtInstruct(wptr,'tl txtinstruct 1.txt');
   else
      txtInstruct(wptr,'tl txtinstruct 2.txt');
end
HideCursor;
   results=repTrials Run7(wptr,trials,str2double(subinfo{5}),50,...
      str2double(subinfo{6}),str2double(subinfo{7}));
```

```
    justSaySomething(wptr,'Now the datamerge is running, please wait...');
    if ~str2double(subinfo{7})
        results=dataMerge4(subinfo,results);
        justSaySomething(wptr,'Now analysis is running, please wait...');
        [avg,cr]=dataAnalysis4(results);
        justSaySomething(wptr,['Your average RT is ' num2str(avg) '\n'...
            'Your correct rate is ' num2str(cr*100) '%\nPress any key continue'],1);
    end
sayGoodbye(wptr);
ShowCursor;
    sca;
catch
psychrethrow(psychlasterror);
ShowCursor;
    sca;
end
return;
```

```
function [wptr,conditions]=initializeConditions5(subid)
%initializeConditions5.m
global validKeys;
paras=getParameters1;
if isempty(paras)
    wptr=NaN;
    conditions=NaN;
    return;
end
radiuses=sscanf(paras{1},'%d ');
distance=str2double(paras{2});
colors=sscanf(paras{3},'%d %d %d;%d %d %d');
targetmaskcolor=ones(2,3);
for j=1:2
    cc=ones(1,3);
    for i=1:3
        cc(i)=colors(i+(j-1)*3);
    end
    targetmaskcolor(j,:)=cc;
end
presenttimes=sscanf(paras{4},'%d ');
soas=sscanf(paras{5},'%d ');
replication=str2double(paras{6});
validKeys=KbName(textscan(paras{7},'%s '));
wsize=str2double(paras{8});
fid=fopen('config21.ini','w');
if fid~=-1
    for i=1:length(paras)
        fprintf(fid,'%s\r\n',paras{i});
    end

    fclose(fid);
end
if wsize==0
    wsize=1;
end
scr=max(Screen('Screens'));
[sw,sh]=Screen('WindowSize',scr);
wptr=Screen('OpenWindow',scr,[169, 169, 169],CenterRect
            ([0 0 sw/wsize sh/wsize], [0 0 sw sh]));

fix=fixation(wptr,'+');
```

```
conditions=struct([]);
treatments=CombineFactors1([1 2],soas); %此处使用了不同的因子组合函数
wrect=Screen('Rect',wptr);
for i=1:size(treatments,1)
    conditions(i,1).F1=treatments(i,1); %目标呈现在何侧（1=左；2=右）
    conditions(i,1).F2=treatments(i,2); %SOA
    conditions(i,1).targetcolor=targetmaskcolor(1,:);
    conditions(i,1).maskcolor=targetmaskcolor(2,:);
    conditions(i,1).targetradius=radiuses(1);
    conditions(i,1).maskoutradius=radiuses(3);
    conditions(i,1).maskinnerradius=radiuses(2);
    conditions(i,1).leftx=wrect(3)/2-distance;
    conditions(i,1).rightx=wrect(3)/2+distance;
    conditions(i,1).y=wrect(4)/2;
    conditions(i,1).targettime=presenttimes(1)/1000;
    conditions(i,1).masktime=presenttimes(2)/1000;
    conditions(i,1).fixptr=fix;
    switch treatments(i,1)
        case 1 %left target
            if mod(subid,2) %奇数被试
                conditions(i,1).correctKey=validKeys(1);
            else
                conditions(i,1).correctKey=validKeys(2);
            end
        case 2 %right target
            if mod(subid,2)
                conditions(i,1).correctKey=validKeys(2);
            else
                conditions(i,1).correctKey=validKeys(1);
            end
    end
    LoadingIndicator(wptr,i/size(treatments,1)*100,'Initializing Completed.');
    Screen('Flip',wptr);
end
conditions=Shuffle(repmat(conditions,replication,1));
return
```

本示例程序可以设置目标刺激（圆盘的半径）以及掩蔽刺激（圆环的内、外半径），目标和掩蔽刺激的呈现时间和 SOA 等参数（见图 9-16）。

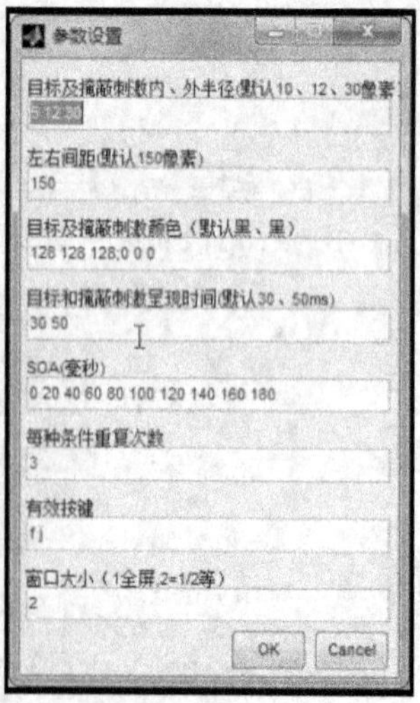

图 9-16　参数设置

```
function [R]=CombineFactors1(varargin)
%CombineFactors1.m
%与 CombineFactors 函数不同，在 CombineFactors 函数中参数为各个因子的水平数，
        而在本函数中每个参数代表不同因子的水平值，例如：
%CombineFactors1([2 4 6],[5 10])的组合结果如下：
%    2    5
%    2    10
%    4    5
%    4    10
%    6    5
%    6    10
tmpNum=1;
for i=1:length(varargin)
    tmpNum=tmpNum*length(varargin{i});
end
R=zeros(tmpNum,length(varargin));
for i=1:size(R,1)
    tmp=tmpNum;
    for j=1:length(varargin)
        if j~=1
            tmp=tmp/length(varargin{j-1});
        end
        for k=1:length(varargin{j})
            R(i,j)=varargin{j}(ceil((mod(i-1,tmp)+1)/(tmp/length(varargin{j}))));
        end
    end
end
return
```

```
function results=repTrials_Run7(wptr,trials,practicetrials,trialsperblock,...
    runmode,moviemode)
%repTrials_Run7.m
global moviename
ListenChar(2);
if moviemode
    tempfilename=[pwd '\' moviename '.mov'];
    movieptr=Screen('CreateMovie',wptr,tempfilename,[],[],2);
    Screen('AddFrameToMovie',wptr,[],'backbuffer');
else
    movieptr=0;
end
for i=1:practicetrials
    index=randi(length(trials));
    oneTrial3(wptr,trials(index,1),runmode,moviemode);
end
if moviemode
    Screen('FinalizeMovie',movieptr);
    results=trials;
    ListenChar(0);
    return;
end
if ~runmode
    justSaySomething(wptr,'请做好准备，下面开始正式实验，按任意键开始',1);
    WaitSecs(2);
end
for i=1:length(trials)
```

```
    if ~runmode
       WaitSecs(0.5);
    end
    [rt,correct,response]=oneTrial3(wptr,trials(i),runmode,moviemode);
    if rt<0
       disp(['The exit no. ' num2str(i)]);
       trials(i,1).correct=[];
       trials(i,1).response=[];
       trials(i,1).rt=[];
       break;
    end
    trials(i,1).rt=rt;
    trials(i,1).correct=correct;
    trials(i,1).response=response;
    if mod(i,trialsperblock)==0 && i<length(trials) && ~runmode
       tips=['Block_' num2str(floor(i/trialsperblock)) '/' ...
          num2str(ceil(length(trials)/trialsperblock)) ...
          ' finished.\n\nPlease take a break.\n\nAny key to Continue!'];
       justSaySomething(wptr,tips,1);
       WaitSecs(1);
    end
end
ListenChar(0);
results=trials;
```

```
function [rt,correct,response]=oneTrial3(wptr,trial,runmode,moviemode)
%oneTrial3.m
global validKeys
if nargin<3
    runmode=0;
    moviemode=0;
end
wrect=Screen('Rect',wptr);

%begin task one
showFix1(wptr,wrect,trial.fixptr);
if moviemode
    Screen('AddFrameToMovie',wptr,[],'backbuffer');
    WaitSecs(3);
end
Screen('Flip',wptr);
if ~isnan(trial.fixptr.sound)
    beep;
end
WaitSecs(0.5);
responsed=false;
maskshowed=false;
targetshowed=false;
targetcleared=false;
starttime=0;
if trial.F1==1 %Left target 目标呈现在左侧
%如果目标呈现时间大于 SOA，且 SOA 为为 0
    if trial.targettime>=trial.F2/1000 && trial.F2~=0
       showFix1(wptr,wrect,trial.fixptr);
       drawStim2(wptr,trial.targetradius,0,trial.targetcolor,trial.leftx,trial.y);
       if moviemode
          Screen('AddFrameToMovie',wptr,[],'backbuffer');
```

```
    end
    Screen('Flip',wptr);
    starttime=GetSecs;
    while true
       [wd,secs,keyCode]=KbCheck;
       if sum(keyCode(validKeys))
          endtime=GetSecs;
          Screen('Flip',wptr);
          responsed=true;
          break;
       end
       if GetSecs-starttime>=trial.F2/1000 && ~maskshowed
          showFix1(wptr,wrect,trial.fixptr);
          drawStim2(wptr,trial.maskoutradius,trial.maskinnerradius,...
             trial.maskcolor,trial.leftx,trial.y);
          drawStim2(wptr,trial.maskoutradius,trial.maskinnerradius,...
             trial.maskcolor,trial.rightx,trial.y);
          if moviemode
             Screen('AddFrameToMovie',wptr,[],'backbuffer');
          end
          maskshowed=true;
          Screen('Flip',wptr,0,1);
       end
       if GetSecs-starttime>=trial.targettime && ~targetcleared
          showFix1(wptr,wrect,trial.fixptr);
          drawStim2(wptr,trial.targetradius,0,255,trial.leftx,trial.y);
          if moviemode
             Screen('AddFrameToMovie',wptr,[],'backbuffer');
          end
          Screen('Flip',wptr,0,1);
          targetcleared=true;
       end
       if GetSecs-starttime>=((trial.targettime-trial.F2/1000)+trial.masktime)
          Screen('FillRect',wptr,255);
          showFix1(wptr,wrect,trial.fixptr);
          if moviemode
             Screen('AddFrameToMovie',wptr,[],'backbuffer');
          end
          Screen('Flip',wptr);
          break;
       end
    end
elseif trial.F2==0 %如果 SOA 为 0，则同时呈现目标和掩蔽刺激
    showFix1(wptr,wrect,trial.fixptr);
    drawStim2(wptr,trial.targetradius,0,trial.targetcolor,trial.leftx,trial.y);
    drawStim2(wptr,trial.maskoutradius,trial.maskinnerradius,...
       trial.maskcolor,trial.leftx,trial.y);
    drawStim2(wptr,trial.maskoutradius,trial.maskinnerradius,...
       trial.maskcolor,trial.rightx,trial.y);
    if moviemode
       Screen('AddFrameToMovie',wptr,[],'backbuffer');
    end
    Screen('Flip',wptr);
    starttime=GetSecs;
    while true
       [wd,secs,keyCode]=KbCheck;
       if sum(keyCode(validKeys))
```

```
                endtime=GetSecs;
                Screen('Flip',wptr);
                responsed=true;
                break;
            end
            if GetSecs-starttime>=trial.targettime && ~targetshowed
                showFix1(wptr,wrect,trial.fixptr);
                drawStim2(wptr,trial.targetradius,0,255,trial.leftx,trial.y);
                if moviemode
                    Screen('AddFrameToMovie',wptr,[],'backbuffer');
                end
                Screen('Flip',wptr,0,1);
                targetshowed=true;
            end
            if GetSecs-starttime>=trial.masktime
                Screen('FillRect',wptr,255);
                showFix1(wptr,wrect,trial.fixptr);
                if moviemode
                    Screen('AddFrameToMovie',wptr,[],'backbuffer');
                end
                Screen('Flip',wptr);
                break;
            end
        end
    elseif trial.targettime<trial.F2/1000 %如果目标呈现时间小于 SOA
        showFix1(wptr,wrect,trial.fixptr);
        drawStim2(wptr,trial.targetradius,0,trial.targetcolor,trial.leftx,trial.y);
        if moviemode
            Screen('AddFrameToMovie',wptr,[],'backbuffer');
        end
        Screen('Flip',wptr);
        starttime=GetSecs;
        while true
            [wd,secs,keyCode]=KbCheck;
            if sum(keyCode(validKeys))
                endtime=GetSecs;
                Screen('Flip',wptr);
                responsed=true;
                break;
            end
            if GetSecs-starttime>=trial.targettime && ~maskshowed
                showFix1(wptr,wrect,trial.fixptr);
                drawStim2(wptr,trial.maskoutradius,trial.maskinnerradius,...
                    trial.maskcolor,trial.leftx,trial.y);
                drawStim2(wptr,trial.maskoutradius,trial.maskinnerradius,...
                    trial.maskcolor,trial.rightx,trial.y);
                if moviemode
                    Screen('AddFrameToMovie',wptr,[],'backbuffer');
                end
                Screen('Flip',wptr);
                maskshowed=true;
            end
            if GetSecs-starttime>=(trial.targettime+trial.F2/1000+trial.masktime)
                Screen('FillRect',wptr,255);
                showFix1(wptr,wrect,trial.fixptr);
                if moviemode
                    Screen('AddFrameToMovie',wptr,[],'backbuffer');
```

```
                end
                Screen('Flip',wptr);
                break;
            end
        end
    end
else %Right Target 目标出现在右侧
    if trial.targettime>=trial.F2/1000 && trial.F2~=0
        showFix1(wptr,wrect,trial.fixptr);
        drawStim2(wptr,trial.targetradius,0,trial.targetcolor,trial.rightx,trial.y);
        if moviemode
            Screen('AddFrameToMovie',wptr,[],'backbuffer');
        end
        Screen('Flip',wptr);
        starttime=GetSecs;
        while true
            [wd,secs,keyCode]=KbCheck;
            if sum(keyCode(validKeys))
                endtime=GetSecs;
                Screen('Flip',wptr);
                responsed=true;
                break;
            end
            if GetSecs-starttime>=trial.F2/1000 && ~maskshowed
                showFix1(wptr,wrect,trial.fixptr);
                drawStim2(wptr,trial.maskoutradius,trial.maskinnerradius,...
                    trial.maskcolor,trial.leftx,trial.y);
                drawStim2(wptr,trial.maskoutradius,trial.maskinnerradius,...
                    trial.maskcolor,trial.rightx,trial.y);
                if moviemode
                    Screen('AddFrameToMovie',wptr,[],'backbuffer');
                end
                maskshowed=true;
                Screen('Flip',wptr,0,1);
            end
            if GetSecs-starttime>=trial.targettime && ~targetcleared
                showFix1(wptr,wrect,trial.fixptr);
                drawStim2(wptr,trial.targetradius,0,255,trial.rightx,trial.y);
                if moviemode
                    Screen('AddFrameToMovie',wptr,[],'backbuffer');
                end
                Screen('Flip',wptr,0,1);
                targetcleared=true;
            end
            ifGetSecs-starttime>=((trial.targettime-trial.F2/1000)+trial.masktime)
                Screen('FillRect',wptr,255);
                showFix1(wptr,wrect,trial.fixptr);
                if moviemode
                    Screen('AddFrameToMovie',wptr,[],'backbuffer');
                end
                Screen('Flip',wptr);
                break;
            end
        end
    elseif trial.F2==0
        showFix1(wptr,wrect,trial.fixptr);
        drawStim2(wptr,trial.targetradius,0,trial.targetcolor,trial.rightx,trial.y);
```

```
    drawStim2(wptr,trial.maskoutradius,trial.maskinnerradius,...
        trial.maskcolor,trial.leftx,trial.y);
    drawStim2(wptr,trial.maskoutradius,trial.maskinnerradius,...
        trial.maskcolor,trial.rightx,trial.y);
    if moviemode
        Screen('AddFrameToMovie',wptr,[],'backbuffer');
    end
    Screen('Flip',wptr);
    starttime=GetSecs;
    while true
        [wd,secs,keyCode]=KbCheck;
        if sum(keyCode(validKeys))
            endtime=GetSecs;
            Screen('Flip',wptr);
            responsed=true;
            break;
        end
        if GetSecs-starttime>=trial.targettime && ~targetshowed
            showFix1(wptr,wrect,trial.fixptr);
            drawStim2(wptr,trial.targetradius,0,255,trial.rightx,trial.y);
            if moviemode
                Screen('AddFrameToMovie',wptr,[],'backbuffer');
            end
            Screen('Flip',wptr,0,1);
            targetshowed=true;
        end
        if GetSecs-starttime>=trial.masktime
            Screen('FillRect',wptr,255);
            showFix1(wptr,wrect,trial.fixptr);
            if moviemode
                Screen('AddFrameToMovie',wptr,[],'backbuffer');
            end
            Screen('Flip',wptr);
            break;
        end
    end
elseif trial.targettime<trial.F2/1000
    showFix1(wptr,wrect,trial.fixptr);
    drawStim2(wptr,trial.targetradius,0,trial.targetcolor,trial.rightx,trial.y);
    if moviemode
        Screen('AddFrameToMovie',wptr,[],'backbuffer');
    end
    Screen('Flip',wptr);
    starttime=GetSecs;
    while true
        [wd,secs,keyCode]=KbCheck;
        if sum(keyCode(validKeys))
            endtime=GetSecs;
            Screen('Flip',wptr);
            responsed=true;
            break;
        end
        if GetSecs-starttime>=trial.targettime && ~maskshowed
            showFix1(wptr,wrect,trial.fixptr);
            drawStim2(wptr,trial.maskoutradius,trial.maskinnerradius,...
                trial.maskcolor,trial.leftx,trial.y);
            drawStim2(wptr,trial.maskoutradius,trial.maskinnerradius,...
```

```
                    trial.maskcolor,trial.rightx,trial.y);
                if moviemode
                    Screen('AddFrameToMovie',wptr,[],'backbuffer');
                end
                Screen('Flip',wptr);
                maskshowed=true;
            end
            if GetSecs-starttime>=(trial.targettime+trial.F2/1000+trial.masktime)
                Screen('FillRect',wptr,255);
                showFix1(wptr,wrect,trial.fixptr);
                if moviemode
                    Screen('AddFrameToMovie',wptr,[],'backbuffer');
                end
                Screen('Flip',wptr);
                break;
            end
        end
    end
end
while ~responsed && ~runmode && ~moviemode
    [wd,secs,keyCode]=KbCheck;
    if sum(keyCode(validKeys))
        endtime=GetSecs;
        break;
    end
    if keyCode(KbName('esc'))
        rt=-1;
        correct=-1;
        response=-1;
        return;
    end
end

%Screen('FrameRect',wptr,0,trial.rects');
if runmode || moviemode
    rt=rand;
    correct=randi(2)-1;
    response=0;
    WaitSecs(rand);
else
    rt=endtime-starttime;
    correct=keyCode(trial.correctKey);
    response=find(keyCode==1);
    WaitSecs(1);
end
```

程序运行部分界面如图 9-17 所示。

图 9-17　程序界面示例

例 9.26 后向偏侧掩蔽范式下的目标定位+主观评定　本示例位于 Psyfeng\TL_Eval 目录下

本示例在例 9.25 的基础上增加了主观评定，即对自己所做判断的把握程度进行 7 点评定。如果完全没信心则选择“－”，如果非常有把握则选择“+”，其他值为 1～5。具体可参见图 9-18。

程序文件结构图：

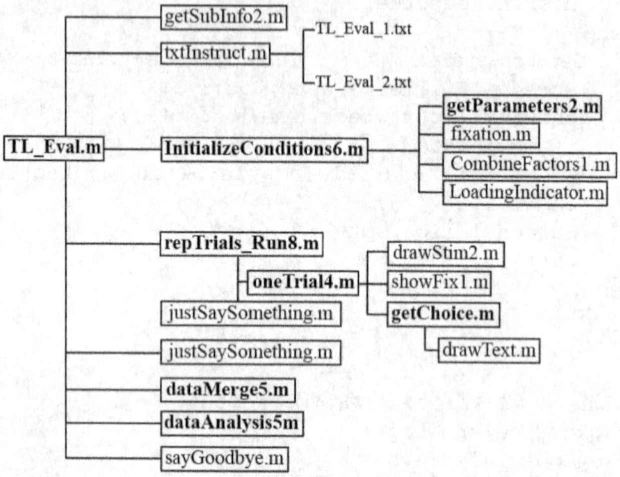


```
%TL_Eval.m
clear all;
global mainfilename;
mainfilename =mfilename;
subinfo=getSubInfo2;
if isempty(subinfo)
    return;
else
    if exist(['Sub' subinfo{1} '.mat'],'file') || exist(['Sub' subinfo{1} '.xls'],'file')
        resp=questdlg({['The file ' '"Sub' subinfo{1} '.mat" or "Sub' subinfo{1} ...
            '.xls" already exists']; 'do you want to overwrite it?'},...
            'duplicate warning','Cancel','Ok','Ok');
        if ~strcmp(resp,'Ok')
            clc;
            disp('Experiment aborted!')
            return
        end
    end
end
KbName('UnifyKeyNames');
try
    [wptr,trials]=initializeConditions6(str2double(subinfo{1}));
    if isnan(wptr)
        sca;
        return;
    end
    if mod(str2double(subinfo{1}),2)
        txtInstruct(wptr,[ mainfilename '_1.txt']);
    else
        txtInstruct(wptr,[ mainfilename '_2.txt']);
    end
    results=repTrials_Run8(wptr,trials,str2double(subinfo{5}),50,...
        str2double(subinfo{6}),str2double(subinfo{7}));
    justSaySomething(wptr,'Now the datamerge is running, please wait...');
```

```
    if ~str2double(subinfo{7})
        results=dataMerge5(subinfo,results);
        justSaySomething(wptr,'Now analysis is running, please wait...');
        [avg,cr]=dataAnalysis5(results);
        justSaySomething(wptr,['Your average RT is ' num2str(avg) '\n'...
            'Your correct rate is ' num2str(cr*100) '%\nPress any key continue'],1);
    end
    sayGoodbye(wptr);
    sca;
    ShowCursor;
catch
    psychrethrow(psychlasterror);
    sca;
    ShowCursor;
end
return;
```

```
function [rt,correct,response,value]=oneTrial4(wptr,trial,runmode,moviemode)
%oneTrial4.m
if nargin<3
    runmode=0;
    moviemode=0;
end
wrect=Screen('Rect',wptr);
HideCursor;
%begin task one
showFix1(wptr,wrect,trial.fixptr);
if moviemode
    Screen('AddFrameToMovie',wptr,[],'backbuffer');
    WaitSecs(3);
end
Screen('Flip',wptr);
if ~isnan(trial.fixptr.sound)
    beep;
end
WaitSecs(0.5);
responsed=false;
maskshowed=false;
targetshowed=false;
targetcleared=false;
starttime=0;
if trial.F1==1 %Left target
    if trial.targettime>=trial.F2/1000 && trial.F2~=0
        showFix1(wptr,wrect,trial.fixptr);
        drawStim2(wptr,trial.targetradius,0,trial.targetcolor,trial.leftx,trial.y);
        if moviemode
            Screen('AddFrameToMovie',wptr,[],'backbuffer');
        end
        Screen('Flip',wptr);
        starttime=GetSecs;
        while true
            [mx,my,buttons]=GetMouse(wptr);
            if any(buttons)
                endtime=GetSecs;
```

```
                Screen('Flip',wptr);
                responsed=true;
                break;
            end
            if GetSecs-starttime>=trial.F2/1000 && ~maskshowed
                showFix1(wptr,wrect,trial.fixptr);
                drawStim2(wptr,trial.maskoutradius,trial.maskinnerradius,...
                    trial.maskcolor,trial.leftx,trial.y);
                drawStim2(wptr,trial.maskoutradius,trial.maskinnerradius,...
                    trial.maskcolor,trial.rightx,trial.y);
                if moviemode
                    Screen('AddFrameToMovie',wptr,[],'backbuffer');
                end
                maskshowed=true;
                Screen('Flip',wptr,0,1);
            end
            if GetSecs-starttime>=trial.targettime && ~targetcleared
                showFix1(wptr,wrect,trial.fixptr);
                drawStim2(wptr,trial.targetradius,0,255,trial.leftx,trial.y);
                if moviemode
                    Screen('AddFrameToMovie',wptr,[],'backbuffer');
                end
                Screen('Flip',wptr,0,1);
                targetcleared=true;
            end
            if GetSecs-starttime>=((trial.targettime-trial.F2/1000)+trial.masktime)
                Screen('FillRect',wptr,255);
                showFix1(wptr,wrect,trial.fixptr);
                if moviemode
                    Screen('AddFrameToMovie',wptr,[],'backbuffer');
                end
                Screen('Flip',wptr,0,1);
                break;
            end
        end
    elseif trial.F2==0
        showFix1(wptr,wrect,trial.fixptr);
        drawStim2(wptr,trial.targetradius,0,trial.targetcolor,trial.leftx,trial.y);
        drawStim2(wptr,trial.maskoutradius,trial.maskinnerradius,...
            trial.maskcolor,trial.leftx,trial.y);
        drawStim2(wptr,trial.maskoutradius,trial.maskinnerradius,...
            trial.maskcolor,trial.rightx,trial.y);
        if moviemode
            Screen('AddFrameToMovie',wptr,[],'backbuffer');
        end
        Screen('Flip',wptr);
        starttime=GetSecs;
        while true
            [mx,my,buttons]=GetMouse(wptr);
            if any(buttons)
                endtime=GetSecs;
                Screen('Flip',wptr);
                responsed=true;
```

```
            break;
        end
        if GetSecs-starttime>=trial.targettime && ~targetshowed
            drawStim2(wptr,trial.targetradius,0,255,trial.leftx,trial.y);
            if moviemode
                Screen('AddFrameToMovie',wptr,[],'backbuffer');
            end
            Screen('Flip',wptr,0,1);
            targetshowed=true;
        end
        if GetSecs-starttime>=trial.masktime
            Screen('FillRect',wptr,255);
            showFix1(wptr,wrect,trial.fixptr);
            if moviemode
                Screen('AddFrameToMovie',wptr,[],'backbuffer');
            end
            Screen('Flip',wptr,0,1);
            break;
        end
    end
elseif trial.targettime<trial.F2/1000
    showFix1(wptr,wrect,trial.fixptr);
    drawStim2(wptr,trial.targetradius,0,trial.targetcolor,trial.leftx,trial.y);
    if moviemode
        Screen('AddFrameToMovie',wptr,[],'backbuffer');
    end
    Screen('Flip',wptr);
    starttime=GetSecs;
    while true
        [mx,my,buttons]=GetMouse(wptr);
        if any(buttons)
            endtime=GetSecs;
            Screen('Flip',wptr);
            responsed=true;
            break;
        end
        if GetSecs-starttime>=trial.targettime && ~maskshowed
            showFix1(wptr,wrect,trial.fixptr);
            drawStim2(wptr,trial.maskoutradius,trial.maskinnerradius,...
                trial.maskcolor,trial.leftx,trial.y);
            drawStim2(wptr,trial.maskoutradius,trial.maskinnerradius,...
                trial.maskcolor,trial.rightx,trial.y);
            if moviemode
                Screen('AddFrameToMovie',wptr,[],'backbuffer');
            end
            Screen('Flip',wptr);
            maskshowed=true;
        end
        if GetSecs-starttime>=(trial.targettime+trial.F2/1000+trial.masktime)
            Screen('FillRect',wptr,255);
            showFix1(wptr,wrect,trial.fixptr);
            if moviemode
                Screen('AddFrameToMovie',wptr,[],'backbuffer');
```

```
                end
                Screen('Flip',wptr,0,1);
                break;
            end
        end
    end
else %Right Target
    if trial.targettime>=trial.F2/1000 && trial.F2~=0
        showFix1(wptr,wrect,trial.fixptr);
        drawStim2(wptr,trial.targetradius,0,trial.targetcolor,trial.rightx,trial.y);
        if moviemode
            Screen('AddFrameToMovie',wptr,[],'backbuffer');
        end
        Screen('Flip',wptr);
        starttime=GetSecs;
        while true
            [mx,my,buttons]=GetMouse(wptr);
            if any(buttons)
                endtime=GetSecs;
                Screen('Flip',wptr);
                responsed=true;
                break;
            end
            if GetSecs-starttime>=trial.F2/1000 && ~maskshowed
                showFix1(wptr,wrect,trial.fixptr);
                drawStim2(wptr,trial.maskoutradius,trial.maskinnerradius,...
                    trial.maskcolor,trial.leftx,trial.y);
                drawStim2(wptr,trial.maskoutradius,trial.maskinnerradius,...
                    trial.maskcolor,trial.rightx,trial.y);
                if moviemode
                    Screen('AddFrameToMovie',wptr,[],'backbuffer');
                end
                maskshowed=true;
                Screen('Flip',wptr,0,1);
            end
            if GetSecs-starttime>=trial.targettime && ~targetcleared
                showFix1(wptr,wrect,trial.fixptr);
                drawStim2(wptr,trial.targetradius,0,255,trial.rightx,trial.y);
                if moviemode
                    Screen('AddFrameToMovie',wptr,[],'backbuffer');
                end
                Screen('Flip',wptr,0,1);
                targetcleared=true;
            end
            if GetSecs-starttime>=((trial.targettime-trial.F2/1000)+trial.masktime)
                Screen('FillRect',wptr,255);
                showFix1(wptr,wrect,trial.fixptr);
                if moviemode
                    Screen('AddFrameToMovie',wptr,[],'backbuffer');
                end
                Screen('Flip',wptr,0,1);
                break;
            end
```

```
        end
    elseif trial.F2==0
        showFix1(wptr,wrect,trial.fixptr);
        drawStim2(wptr,trial.targetradius,0,trial.targetcolor,trial.rightx,trial.y);
        drawStim2(wptr,trial.maskoutradius,trial.maskinnerradius,...
            trial.maskcolor,trial.leftx,trial.y);
        drawStim2(wptr,trial.maskoutradius,trial.maskinnerradius,...
            trial.maskcolor,trial.rightx,trial.y);
        if moviemode
            Screen('AddFrameToMovie',wptr,[],'backbuffer');
        end
        Screen('Flip',wptr);
        starttime=GetSecs;
        while true
            [mx,my,buttons]=GetMouse(wptr);
            if any(buttons)
                endtime=GetSecs;
                Screen('Flip',wptr);
                responsed=true;
                break;
            end
            if GetSecs-starttime>=trial.targettime && ~targetshowed
                showFix1(wptr,wrect,trial.fixptr);
                drawStim2(wptr,trial.targetradius,0,255,trial.rightx,trial.y);
                if moviemode
                    Screen('AddFrameToMovie',wptr,[],'backbuffer');
                end
                Screen('Flip',wptr,0,1);
                targetshowed=true;
            end
            if GetSecs-starttime>=trial.masktime
                Screen('FillRect',wptr,255);
                showFix1(wptr,wrect,trial.fixptr);
                if moviemode
                    Screen('AddFrameToMovie',wptr,[],'backbuffer');
                end
                Screen('Flip',wptr,0,1);
                break;
            end
        end
    elseif trial.targettime<trial.F2/1000
        showFix1(wptr,wrect,trial.fixptr);
        drawStim2(wptr,trial.targetradius,0,trial.targetcolor,trial.rightx,trial.y);
        if moviemode
            Screen('AddFrameToMovie',wptr,[],'backbuffer');
        end
        Screen('Flip',wptr);
        starttime=GetSecs;
        while true
            [mx,my,buttons]=GetMouse(wptr);
            if any(buttons)
                endtime=GetSecs;
                Screen('Flip',wptr);
```

```
                responsed=true;
                break;
            end
            if GetSecs-starttime>=trial.targettime && ~maskshowed
                showFix1(wptr,wrect,trial.fixptr);
                drawStim2(wptr,trial.maskoutradius,trial.maskinnerradius,...
                    trial.maskcolor,trial.leftx,trial.y);
                drawStim2(wptr,trial.maskoutradius,trial.maskinnerradius,...
                    trial.maskcolor,trial.rightx,trial.y);
                if moviemode
                    Screen('AddFrameToMovie',wptr,[],'backbuffer');
                end
                Screen('Flip',wptr);
                maskshowed=true;
            end
            if GetSecs-starttime>=(trial.targettime+trial.F2/1000+trial.masktime)
                Screen('FillRect',wptr,255);
                showFix1(wptr,wrect,trial.fixptr);
                if moviemode
                    Screen('AddFrameToMovie',wptr,[],'backbuffer');
                end
                Screen('Flip',wptr,0,1);
                break;
            end
        end
    end
end
while ~responsed && ~runmode && ~moviemode
    [mx,my,buttons]=GetMouse(wptr);
    [wd,secs,keyCode]=KbCheck;
    if any(buttons)
        endtime=GetSecs;
        break;
    end
    if keyCode(KbName('esc'))
        rt=-1;
        correct=-1;
        response=-1;
        value=0;
        return;
    end
end
items='-1234567+';
[value,stime]=getChoice(wptr,items,runmode,moviemode);

if runmode || moviemode
    rt=[rand rand];
    correct=randi(2)-1;
    response=0;
    value=randi(length(items));
    WaitSecs(rand);
else
    rt(1)=endtime-starttime;
```

```
    rt(2)=stime;
    correct=buttons(trial.correctKey);
    response=find(buttons);
    WaitSecs(1);
end
```

```
function [value,stime]=getChoice(wptr,items,runmode,moviemode)
%getChoice.m
ShowCursor;
wrect=Screen('Rect',wptr);
r1=[0 0 wrect(3)/2 30];
r1=CenterRect(r1,wrect);
r1=OffsetRect(r1,0,50);
rs=ArrangeRects(length(items),[0 0 5 30],r1);
Screen('FrameRect',wptr,0,rs');
%drawStim2(wptr,10,0,[0,0,0],x1,y);
for i=1:size(rs,1)
    drawText(wptr,items(i),[0 0 255],rs(i,:));
end
if moviemode
    Screen('AddFrameToMovie',wptr,[],'backbuffer');
    WaitSecs(3);
end
Screen('Flip',wptr,0,1);
tstart=GetSecs;
[x,y,buttons]=GetMouse(wptr);
while any(buttons)
    [x,y,buttons]=GetMouse(wptr);
end
value=0;
while (~any(buttons) || ~value) && ~runmode && ~moviemode
    [x,y,buttons]=GetMouse(wptr);
    for i=1:size(rs,1)
        if IsInRect(x,y,rs(i,:))
            Screen('FillRect',wptr,255,UnionRect(rs(1,:),rs(end,:)));
            Screen('FrameRect',wptr,0,rs');
            for j=1:size(rs,1)
                drawText(wptr,items(j),[0 0 255],rs(j,:));
            end
            Screen('FillRect',wptr,[192 192 192],rs(i,:));
            drawText(wptr,items(i),[255 255 0],rs(i,:));
            Screen('Flip',wptr,0,1);
            value=i;
            break;
            else
                  value=0;
        end
    end
end
Screen('FillRect',wptr,255,UnionRect(rs(1,:),rs(end,:)));
Screen('Flip',wptr,0,1);
tend=GetSecs;
stime=tend-tstart;
HideCursor;
```

本示例会显示出如图 9-18 所示的主观评定选择界面：

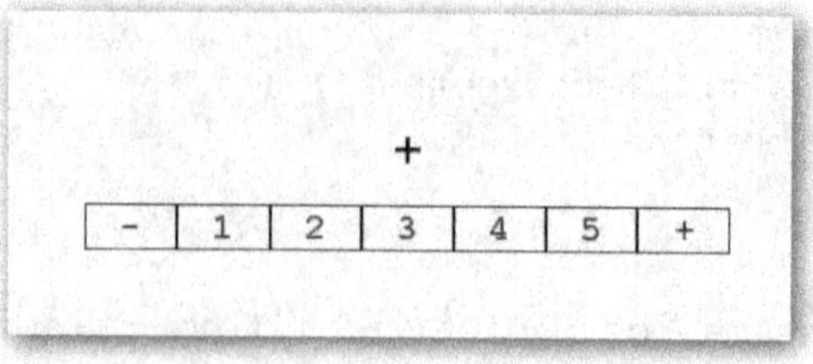

图 9-18　主观评定选择界面

例 9.27　快速序列视觉呈现（RSVP）　　　本示例位于 Psyfeng\RSVP 目录下

快速序列视觉呈现是研究知觉和注意加工特点的常用范式，将字母、单词或图片等刺激以 6～12 个刺激/每秒的速度在空间同一位置连续呈现给被试，要求被试辨别刺激流中的靶刺激。注意瞬脱（attentional blink）则是使用该范式由 Raymond 于 1992 年所发现的。

本示例中以每秒 10 个字母的呈现速度快速呈现数量不等（16～24）的字母刺激流，其中某个字母会以白色呈现，要求被试报告包括白色字母在内以及紧随其后的三个字母。

程序文件结构图：

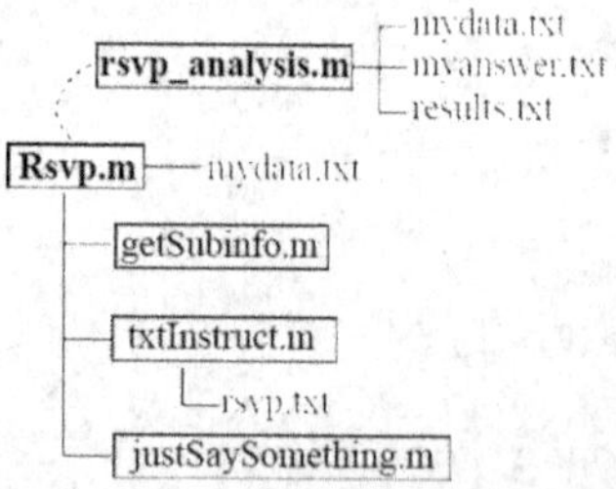


```
function rsvp(mode)
%rsvp.m
if nargin<1
   mode=0;
end
subinfo=getSubInfo;
if isempty(subinfo)
   return;
end
KbName('UnifyKeyNames');
fid=fopen('mydata.txt','w+'); %打开写入实验结果的文件
if fid<0
   error('Cannot create file');
   return;
end
scr=max(Screen('Screens'));
[wptr wrect]=Screen('OpenWindow',scr,[128 128 128]);%,[100 100 1000 680]);
txtInstruct(wptr,[mfilename '.txt'],'left',[255 255 250]);
while KbCheck;end;
cx=wrect(3)/2;
cy=wrect(4)/2;
ListenChar(2);
HideCursor;
Screen('TextSize',wptr,32);
Screen('TextFont',wptr,'Arial');
spaceKey=KbName('space');
```

```
chars=65:90; %取 A—Z 的 26 个英文字母
position=Shuffle(repmat(8:16,1,10)); %随机生成白色目标字母位置
interval=Screen('GetFlipInterval',wptr); %获取页面翻转时间
slack=interval/2;
exited=false;

for block=1:2

for j=1:90
    DrawFormattedText(wptr,'Ready? Press Space ','center','center',0);
    Screen('Flip',wptr);
    if ~mode
        while true %此循环内可供被试记下答案
            [w,s,keyCode]=KbCheck;
            if keyCode(spaceKey)
                break;
            end
            if keyCode(KbName('escape'))
                exited=true;
                break;
            end
        end
    else
        WaitSecs(rand);
    end
    if exited
        break;
    end
    Screen('Flip',wptr);
    WaitSecs(0.5);
    DrawFormattedText(wptr,'+','center','center',0);
    tfixation_onset=Screen('Flip',wptr);
    chars=Shuffle(chars);
for i=1:position(j)+8
    if i==position(j)
        color=[255 255 255];
    else
        color=0;
    end
    DrawFormattedText(wptr,char(chars(i)),'center','center',color);
    if i==1
        tletter_onset=Screen('Flip',wptr,tfixation_onset+0.18-slack);
    else
        tletter_onset=Screen('Flip',wptr,tletter_onset+interval-slack);
    end

    tletter_onset=Screen('Flip',wptr,tletter_onset+0.075-slack);
    if GetSecs-tfixation_onset>=1.0
        tfixation_onset=GetSecs;
        disp(i);
    end
end
fprintf(fid,'%d\t%d\t%d\t%d\t%d\t%s\t%d\t%c\n',str2double(subinfo{1}),...
```

```
    str2double(subinfo{2}),str2double(subinfo{3}),block,j,...
    char(chars(1:position(j)+8)),position(j),char(chars(position(j))));
end
if block==1
    justSaySomething(wptr,'练习结束，按任意键开始正式实验',1);
end
end
txtInstruct(wptr,'实验结束，请将你记录下的答案输入到记事本中，每个答案占一行，
        并将文件保存为：myanswer.txt，然后再运行 rsvp_analysis.exe 文件，
        会生成汇总结果。','left',0,'接下来...');
fclose(fid);
ListenChar(0);
ShowCursor;
sca;
```

实验结束后，程序会自动记录下如下格式的数据，前四列为个人信息，第 5 列为序号，第 6 列为所显示的字母串，第 7 列为目标字母（白色字母）位置，第 8 列为目标字母。

```
1   1   20  1   1   ZOCRKFEXBYTVWAISMUGNJQPD 16  S
1   1   20  1   2   TCYXGMSELPFDIZWABVJKN    13  I
1   1   20  1   3   PRLVHDUGKYZQEFBSCOMIA    13  E
⋮
```

```
%rsvp_analysis.m
fid1=fopen('mydata.txt','r');
fid2=fopen('myanswer.txt','r'); %被试实验结束后输入的答案文件
fid3=fopen('results.txt','w+'); %分析结果
if fid1<0
   eror('没有实验数据文件');
   return;
end
if fid2<0
   error('你可能还没有输入答案，或者文件名没有命名为 myanswer.txt');
   return;
end
if fid3<0
   error('无法创建文件，硬盘写保护？');
   return;
end
l1=textscan(fid1,'%d\t%d\t%d\t%d\t%d\t%s\t%d\t%c');
fprintf(fid3,'subid\tgender\tage\tblock\ttrial\tstrstream\
        ttargetposition\ttarget\tanswer\tanswerpool\t');
for i=0:8
   fprintf(fid3,'lag%d\t',i); %写入行首标题
end
fprintf(fid3,'\r\n');
l2=textscan(fid2,'%s');
disp('正在处理数据，请稍候...');
for i=1:size(l1{1},1)
   r=[];
   for j=1:size(l1,2)
      if isnumeric(l1{j}(i))
         tmp=num2cell(l1{j}(i));
      else
         tmp=l1{j}(i);
      end
      r=[r tmp];
```

```
        end
        r=[r l2{1}(i)];
        for k=1:length(r)
            if ischar(r{k})
                fprintf(fid3,'%s\t',r{k});
            elseif isnumeric(r{k})
                fprintf(fid3,'%d\t',r{k});
            end
        end
        str1=r{6}(r{7}:end);
        fprintf(fid3,'%s\t',str1);
        str2=r{9};
        for j=1:length(str1)
            found=false;
            for k=1:length(str2)
                if str1(j)==str2(k)
                    found=true;
                    break;
                end
            end
            if found
                fprintf(fid3,'1\t');
            else
                fprintf(fid3,'0\t');
            end
        end
        fprintf(fid3,'\r\n');
    end
    fclose(fid1);
    fclose(fid2);
    fclose(fid3);
    disp('数据处理结束，结果保存在 results.txt 文件中');
```

假如我们在 myanswer.txt 中输入如下内容

```
DESL
MFSO
ZLJP
```

运行 rsvp_analysis 程序后，会得到分析处理后的结果文件 results.txt，其内容除 mydata.txt 文件中的数据外，每行还增加了以下内容：

answer	answerpool	lag0	lag1	lag2	lag3	lag4	lag5	lag6	lag7	lag8
SMGP	SMUGNJQPD	1	1	0	1	0	0	0	1	0
IZVN	IZWABVJKN	1	1	0	0	0	1	0	0	1
EFSC	EFBSCOMIA	1	1	0	1	1	0	0	0	0

其中第 1 列为被试的回答，第 2 列为目标字母（包括目标字母）及其后呈现的 8 个字母；后面的 9 列（lag0～lag8）对应被试的回答在某个位置上是否正确（0＝不正确，1＝正确）。

9.7 刺激的循环呈现

刺激的循环呈现是刺激材料周而复始地呈现，此处给出了变化视盲和生物运动示例。例如，在变化视盲中每个试次包含一个掩蔽刺激（M）和两个图片刺激（S1 和 S2），两个图片间只有一处不同，要求被试找出变化的地方，三个刺激按照 S1、M、S2、M、S1、M、S2、M……这样的顺序不停显示，直到被试找出变化之处并终止试验。

例 9.28 变化视盲 本示例位于 Psyfeng\ChangeBlindness 目录下

变化视盲指观察者不能探测到客体或情境中的变化，是近年来认知心理学的研究热点之一，本示例采用闪烁范式，通过有意的变化探测任务，让被试判断有无变化，并报告变化所在。实验流程如图 9-19 所示。

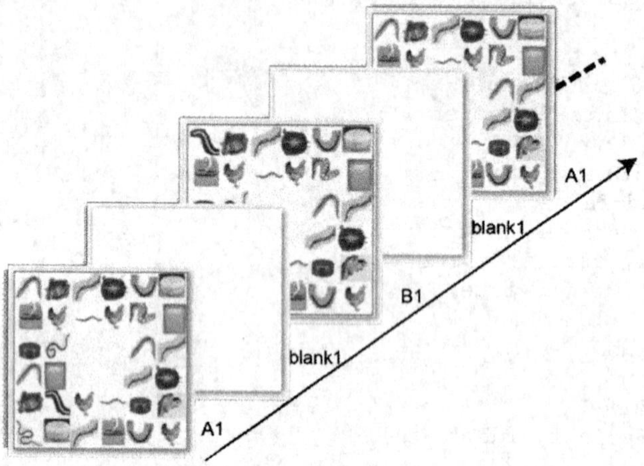

图 9-19 实验流程

程序文件结构图：

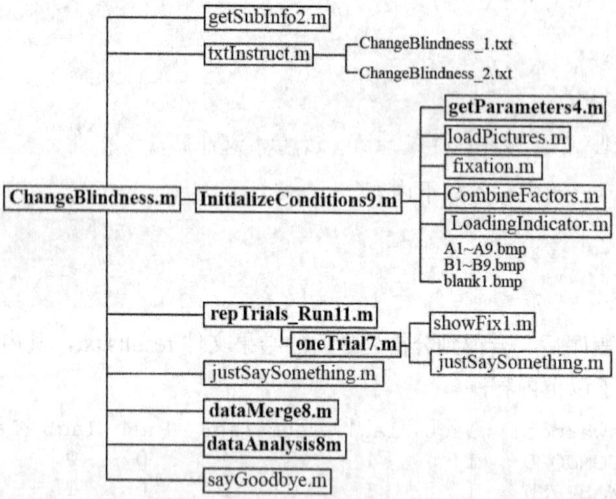


```
%ChangeBlindness.m
clear all;
global mainfilename;
mainfilename=mfilename;
subinfo=getSubInfo2;
if isempty(subinfo)
    return;
else
    if exist(['Sub' subinfo{1} '.mat'],'file') || exist(['Sub' subinfo{1} '.xls'],'file')
        resp=questdlg({['The file ' '"Sub' subinfo{1} '.mat" or "Sub' subinfo{1} ...
            '.xls" already exists']; 'do you want to overwrite it?'},...
            'duplicate warning','Cancel','Ok','Ok');
        if ~strcmp(resp,'Ok')
```

```
            clc;
            disp('Experiment aborted!')
            return
        end
    end
end
KbName('UnifyKeyNames');
try
    [wptr,trials]=initializeConditions9(subinfo{1});
    if isnan(wptr)
        sca;
        return;
    end
    if mod(str2double(subinfo{1}),2)
        txtInstruct(wptr,[mainfilename '_1.txt']);
    else
        txtInstruct(wptr,[mainfilename '_2.txt']);
    end
    results=repTrials_Run11(wptr,trials,str2double(subinfo{5}),48,...
        str2double(subinfo{6}),str2double(subinfo{7}));
    justSaySomething(wptr,'Now the datamerge is running, please wait...');
    if ~str2double(subinfo{7}) && ~isempty(results)
        results=dataMerge8(subinfo,results);
        justSaySomething(wptr,'Now analysis is running, please wait...');
        [avg,cr]=dataAnalysis8(results,[subinfo{1} '.fig']);
        justSaySomething(wptr,['Your average RT is ' num2str(avg) '\n'...
            'Your correct rate is ' num2str(cr*100) '%\nPress any key continue'],1);
    end
    sayGoodbye(wptr);
    sca;
    ShowCursor;
catch
    psychrethrow(psychlasterror);
    sca;
    ShowCursor;
end
return;
```

```
function [wptr,conditions]=initializeConditions9(subid)
%initializeConditions9.m
%
global mainfilename;
global validKeys;
paras=getParameters4;
if isempty(paras)
    wptr=NaN;
    conditions=NaN;
    return;
end

pictime=sscanf(paras{1},'%f ');
blanktime=sscanf(paras{2},'%f ');
timeout=str2double(paras{3});
picnames1=sscanf(paras{4},'%s ');
```

```
picnames2=sscanf(paras{5},'%s ');
extname=sscanf(paras{6},'%s');
replication=str2double(paras{7});
validKeys=KbName(textscan(paras{8},'%s'));
wsize=str2double(paras{9});

fid=fopen([mainfilename '.ini'],'w');
if fid~=-1
    for i=1:length(paras)
        fprintf(fid,'%s\r\n',paras{i});
    end

    fclose(fid);
end
if wsize==0
    wsize=1;
end

scr=max(Screen('Screens'));
[sw,sh]=Screen('WindowSize',scr);
wptr=Screen('OpenWindow',scr,255,CenterRect([0 0 sw/wsize sh/wsize],[0 0 sw sh]));
pics1=loadPictures(wptr,[extname '|' picnames1]); %加载变化图片序列 1
pics2=loadPictures(wptr,[extname '|' picnames2]); %加载无变化图片序列 2
fix=fixation(wptr,'+');
conditions=struct([]);
picstextures1=fieldnames(pics1); %因加载图片时使用图片名称作为字段名
picstextures2=fieldnames(pics2);
picnumber1=(length(fieldnames(pics1))-1)/2;
picnumber2=length(fieldnames(pics2))-1;
%根据图片呈现时间数、空屏间隔时间数和图片数组合各个因子
treatments=CombineFactors([length(pictime) length(blanktime) picnumber1+picnumber2]);
wrect=Screen('Rect',wptr);

for i=1:size(treatments,1)
    if treatments(i,3)>picnumber1 %如果图片序号大于变化图片数，则为无变化
        conditions(i,1).change=0;
       %因为无变化，则两个图片内容相同
        conditions(i,1).pictexture1=pics2.(picstextures2{treatments(i,3)-
                    picnumber1}).texture;
        conditions(i,1).pictexture2=pics2.(picstextures2{treatments(i,3)-
                    picnumber1}).texture;
        conditions(i,1).blanktexture=pics2.(picstextures2{end}).texture;
        if mod(subid,2)
            conditions(i,1).correctKey=validKeys(2);
        else
            conditions(i,1).correctKey=validKeys(1);
        end
    else %否则是有变化的图片序列
        conditions(i,1).change=1;
       %此时两个图片内容不同
        conditions(i,1).pictexture1=pics1.(picstextures1
                    {treatments(i,3)}).texture;
        conditions(i,1).pictexture2=pics1.(picstextures1{treatments(i,3)+
```

```
                 picnumber1}).texture;
         conditions(i,1).blanktexture=pics1.(picstextures1{end}).texture;
         if mod(subid,2) %奇数被试
            conditions(i,1).correctKey=validKeys(1);
         else
            conditions(i,1).correctKey=validKeys(2);
         end
      end
      conditions(i,1).timeout=timeout/1000;
      conditions(i,1).pictime=pictime(treatments(i,1))/1000;
      conditions(i,1).blanktime=blanktime(treatments(i,2))/1000;
      conditions(i,1).fixptr=fix;
      LoadingIndicator(wptr,i/size(treatments,1)*100,'Initializing Completed.');
      Screen('Flip',wptr);
   end
   conditions=Shuffle(repmat(conditions,replication,1));
   return
```

参数设置窗口如图 9-20 所示，可以设置图片呈现的时间、掩蔽（空屏）时间和图片刺激，其中图片文件名称的末尾用数字序号 1、2、3……来标识，图片主名称之间分别用“|”隔开，如 a|b|blank，a 类图片和 b 类图片的数量要相等，程序会根据检索到的图片数量来决定所运行的试次数，并且可以设置多个图片呈现时间或掩蔽时间，各个时间间通过空格隔开。

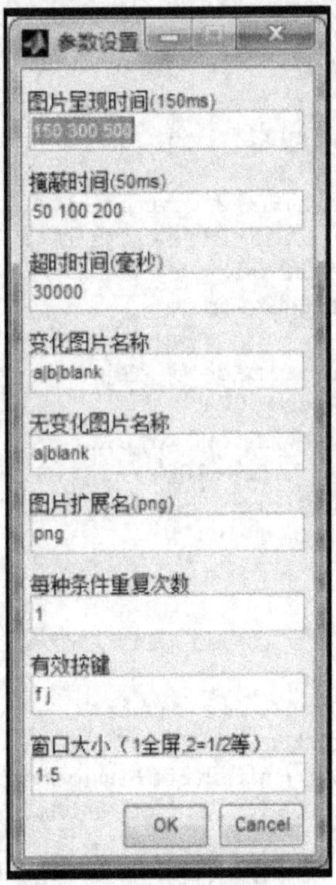

图 9-20　参数设置窗口

例 9.29　生物运动（biological motion）　　本示例位于 Psyfeng\BM 目录下

生物运动指的是生物体（人类和动物）在空间上的整体性移动任务，如步行、奔跑等。瑞士心理学家 Johansson 利用光点动画技术（point-light animations）通过在人体的一些重要关节处（如肩、肘、

踝等）贴上信号灯来拍摄记录人的运动过程中这些关节的运动轨迹，非常巧妙地将生物体运动模式从形状特征中分离出来，观察者仅仅通过这些动画就可以识别出人的运动。光点运动序列由此成为一种非常有效的研究生物运动知觉的工具。

本示例包含了多个不同数据格式的光点生物运动动画，并不构成严格意义上的实验程序。

程序文件结构图：

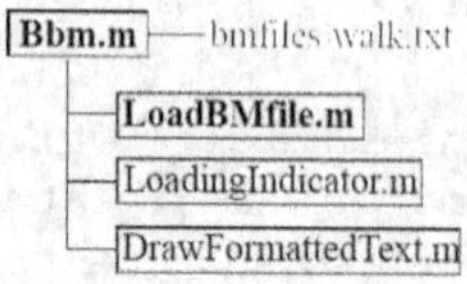


```
function bbm(BMfile)
%bbm.m
if ~exist('BMfile','var')
   [f, p] = uigetfile({'*.txt','Biological Motion file (*.txt)'},...
      'Select the Biological Motion file...','BMfiles\Walk.txt');
   if f==0
      return;
   end
   BMfile = fullfile(p, f);
end
[BM3D, frame]=LoadBMfile(BMfile); %加载数据文件
proangle=linspace(0,2*pi,10);%projection angle; x=0 y=pi/2
amplifier=1;
BM=zeros(13,2,frame,10);
for i=1:10 %进行三维投射处理
   BM(:,1,:,i)=BM3D(:,1,:)*cos(proangle(i))+BM3D(:,2,:)*sin(proangle(i));
   BM(:,2,:,i)=BM3D(:,3,:);
end
minshift=min(reshape(BM,1,13*2*frame*10));
maxshift=max(reshape(BM,1,13*2*frame*10));
imageSize=maxshift-minshift+12;
StimSize=[0 0 imageSize imageSize];
imageSize1=6; %光点大小
StimSize1=[0 0 imageSize1 imageSize1];
[ws wh]=Screen('WindowSize',0);
[wPtr, rect]=Screen('OpenWindow',0,0,…
   [(ws-800)/2 (wh-600)/2 (ws+800)/2 (wh+600)/2]);
StimRect=CenterRect(StimSize,rect);
init=1;
for k=1:10
   for i=1:frame
      pic(frame*(k-1)+i)=Screen(wPtr,'OpenOffscreenWindow',0,StimSize);
      for j=1:13
         Screen('FillOval',pic(frame*(k-1)+i),255,...
            CenterRectOnPoint(StimSize1,...
            (BM(j,1,i,k)-minshift+imageSize1)*amplifier,...
            (imageSize-(BM(j,2,i,k)-minshift+imageSize1))*amplifier));
      end
      LoadingIndicator(wPtr,init/(10*frame)*100,'Loading Complete!');
      Screen('Flip',wPtr);
      init=init+1;
   end
end
KbName('UnifyKeyNames');
Key1 = KbName('leftarrow');
Key2 = KbName('rightarrow');
```

```
acc=KbName('uparrow');
des=KbName('downarrow');
escapeKey = KbName('escape');
spaceKey = KbName('space');
HideCursor;
k=0;
wtime=2;
oldt=GetSecs;
exited=false;
interval=Screen('GetFlipInterval',wPtr);
t=GetSecs;
while ~exited
   for i=1:frame
      Screen('CopyWindow',pic(i+mod(k,10)*frame),wPtr,StimSize,StimRect);
      DrawFormattedText(wPtr,['Left/Right=Change view\nUp/Down=Change
          speed\nESC=Quit\nFPS=' sprintf('%.1f',1/(wtime)/interval)],0,0,255);
      oldt=Screen(wPtr,'Flip',(wtime-0.5)*interval+oldt);
      [touch, secs, keyCode] = KbCheck;
      if keyCode(Key1)
         k=k-1;
      elseif keyCode(Key2)
         k=k+1;
      elseif keyCode(acc)
         wtime=wtime-0.5;
         if wtime<1
            wtime=1;
         end
      elseif keyCode(des)
         wtime=wtime+0.5;
      elseif keyCode(escapeKey)
         exited=true;
         break;
      end
      while KbCheck; end
   end
end
Screen('CloseAll');
return
```

```
function [BM3D, frame]=LoadBMfile(BMfile)
%LoadBMfile.m
fid=fopen(BMfile,'r');
tline=fgetl(fid);
paras=sscanf(tline,'frames = %d markers = %d Hz = %d');
frame=paras(1);
markers=paras(2);
hz=paras(3);
BM3D=NaN*ones(markers,3,frame);
i=1;
while ischar(tline)
   tline=fgetl(fid);
   if ~ischar(tline), break, end
   BM3D(mod(i-1,markers)+1,:,ceil(i/markers))=sscanf(tline,'%d');
   i=i+1;
end
fclose(fid);
```

数据格式如下，第一行为帧数、光点数和频率，接下来每行代表一个光点的三维 X、Y、Z 坐标，由于有 13 个光点，因此 13 行数据为一帧，因为有 30 帧，所以共有 390 行数据。

```
frames = 30 markers = 13 Hz = 30
11      0    142
10    -35     92
7      37     92
17    -50     38
12     53     39
-19   -51     -4
-14    48    -10
⋮
```

程序运行结果如图 9-21 所示。

图 9-21　生物运动动画示例

程序文件结构图：

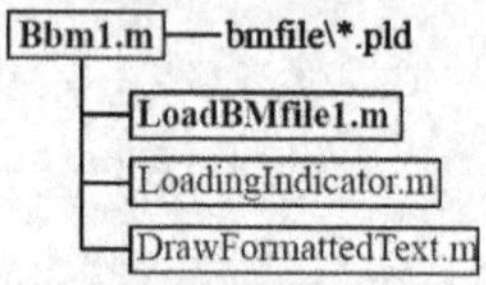

Pld 光点数据文件格式如下：

```
 13     %每帧光点数
  2     %帧数，接下来是各个光点的 X、Y 坐标值，X 和 Y 各占一行
333     %头光点的 X 坐标
110     %头光点的 Y 坐标
341     %左肩光点的 X 坐标
160
325     %左肘光点的 X 坐标
212
287     %左腕
245
  0     %右肩
  0
  0     %右肘
  0
```

```
  0     %右腕
  0
341     %左髋
257
352     %左膝
352
411     %左踝
396
  0     %右髋
  0
307     %右膝
344
302     %右踝
416
```

```
function bbm1(BMfile,pauseornot)
%bbm1.m
if nargin<2
   pauseornot=0;
end
ListenChar(2);
if ~exist('BMfile','var')
   p = uigetdir('BMfile','选择 pld 文件所在目录');
   if p==0
      ListenChar(0);
      return;
   end
   files=dir(fullfile(p,'*.pld'));
else
   [p f e]=fileparts(BMfile);
   files.isdir=0;
   files.name=[f e];
end
[ws wh]=Screen('WindowSize',0);
[wptr, rect]=Screen('OpenWindow',0,0,...
   [(ws-800)/2 (wh-600)/2 (ws+800)/2 (wh+600)/2]);
for i1=1:length(files)
   pic=NaN;
   if ~files(i1).isdir

      BMf=[p filesep files(i1).name];

      [BM3D,dots, frame]=LoadBMfile1(BMf);
      angles=1;
      proangle=linspace(0,2*pi,angles);%projection angle; x=0 y=pi/2
      amplifier=1;
      BM=zeros(dots,2,frame,angles);
      for i=1:angles
         BM(:,2,:,i)=BM3D(:,2,:)*amplifier;
         BM(:,1,:,i)=BM3D(:,1,:)*amplifier*cos(proangle(i))+...
            BM3D(:,2,:)*sin(proangle(i));
      end
      minshift=min(reshape(BM,1,dots*2*frame*angles));
      maxshift=max(reshape(BM,1,dots*2*frame*angles));
```

```
xs=reshape(BM(:,1,:,:),1,dots*frame*angles);
ys=reshape(BM(:,2,:,:),1,dots*frame*angles);

maxx=max(xs);
minx=min(xs(xs~=0));
maxy=max(ys);
miny=min(ys(ys~=0));
StimSize=[0 0  maxx-minx+12  maxy-miny+12];

imageSize1=6;
StimSize1=[0 0 imageSize1 imageSize1];

StimRect=CenterRect(StimSize,rect);
init=1;
KbName('UnifyKeyNames');
acc=KbName('uparrow');
des=KbName('downarrow');
escapeKey = KbName('escape');
spaceKey = KbName('space');
for k=1:angles
   for i=1:frame
      pic(frame*(k-1)+i)=Screen('OpenOffscreenWindow',...
         wptr,110,StimSize);
      for j=1:dots
         if BM(j,1,i,k)~=0 && BM(j,2,i,k)~=0
            Screen(pic(frame*(k-1)+i),'FillOval',255,...
               CenterRectOnPoint(StimSize1,...
               (BM(j,1,i,k)-minx+imageSize1)*amplifier,...
               ((BM(j,2,i,k)-miny+imageSize1))*amplifier));
         end
      end
      LoadingIndicator(wptr,init/(angles*frame)*100,…
         'Loading Complete!');
      Screen('Flip',wptr);
      init=init+1;
      [kd Secs keyCode]=KbCheck;
      if keyCode(escapeKey)
         ListenChar(0);
         sca;
         return;
      end
   end
end
HideCursor;
k=0;
oldt=GetSecs;
wtime=2;
interval=Screen('GetFlipInterval',wptr);
exited=false;
startt=oldt;
while ~exited && (GetSecs-startt<10 || exist('BMfile','var'))
   for i=1:frame
```

```
                Screen('CopyWindow',pic(i),wptr,StimSize,StimRect);
                DrawFormattedText(wptr,['Left/Right=Change
                     view\nUp/Down=Change speed\nSpace=Switch\nESC=
                     Quit\nCurrentFile='...
                  num2str(i1) ':' num2str(i) '(' files(i1).name ')\nFPS='...
                  sprintf('%.1f',1/(wtime)/interval)],0,0,255);
                oldt=Screen(wptr,'Flip',oldt+(wtime-0.5)*interval);
                if pauseornot KbWait; end
                [touch, secs, keyCode] = KbCheck;
                if keyCode(escapeKey)
                  sca;
                  ListenChar(0);
                  return;
                elseif keyCode(spaceKey)
                  exited=true;
                  break;
                elseif keyCode(acc)
                  wtime=wtime-0.5;
                  if wtime<1
                    wtime=1;
                  end
                elseif keyCode(des)
                  wtime=wtime+0.5;
                end
                while KbCheck; end
              end
            end

        end
        for j=1:length(pic)
          Screen('Close',pic(j));
        end
        clear BM*;
      end
      Screen('CloseAll');
      ListenChar(0);
      return
```

```
function [BM3D, dots, frame]=LoadBMfile1(BMfile)
%LoadBMfile1.m
fid=fopen(BMfile,'r');
dots=str2double(fgetl(fid));
frame=str2double(fgetl(fid));
BM3D=NaN*ones(dots,2,frame);
i=1;
while true
    tline=fgetl(fid);
    if ~ischar(tline), break, end
    BM3D(mod(i-1,dots)+1,1,ceil(i/dots))=str2double(tline);
    BM3D(mod(i-1,dots)+1,2,ceil(i/dots))=str2double(fgetl(fid));
    i=i+1;
end
BM3D=BM3D(:,:,1:frame);
fclose(fid);
```

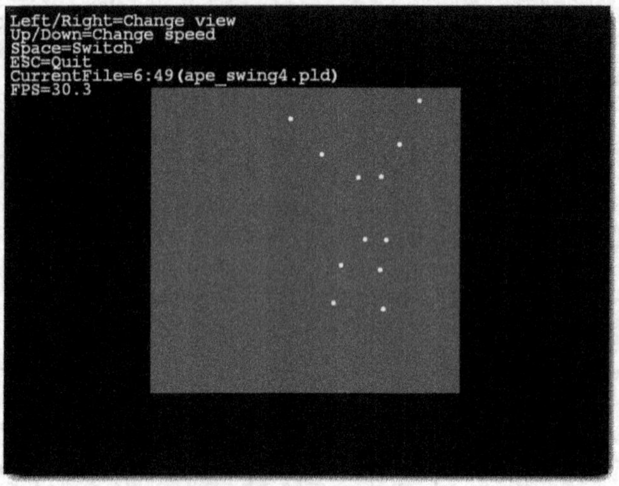

图 9-22　生物运动示例 2

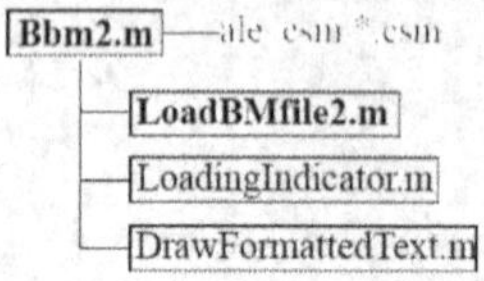

Csm 光点数据文件格式如下：前面几行是文件信息，其中有用信息从$NumFrames 开始。

```
$Comments    CSM file generated from TRC file by
$Comments    Motion Analysis MACFileIO plugin

$Filename   ali_e_throw_an_1_fin
$DateTime   Wed Oct 08 10:08:08 2003

$FirstFrame 1
$LastFrame 1680
$NumFrames 1680 %帧数
$NumMarkers 33 %每帧光点数
$CaptureRate 60 %捕获频率
$Rate 60 %频率

$Order %各个光点所代表的含义
LFHD RFHD LBHD RBHD C7 CLAV STRN LSHO LELB LWRA LWRB LFIN RSHO RELB RWRA
RWRB RFIN T10 SACR LFWT RFWT LBWT RBWT LKNE RKNE LANK RANK LHEL RHEL LMT5 RMT5
LTOE RTOE
```

$Points %此标记标识数据起始处，接下来每行代表一帧的光点 X、Y、Z 坐标值，其中第 1 个数值为帧编号，本示例每帧 33 个光点，所以共有 33×3=99 个数据。

```
1    274.566500    -778.186770   1712.311890  254.030840    -914.594600  1716.531130
     144.714540    -760.028690   1632.994140  140.831970    -912.922300  1634.341550
     55.142640     -827.297360   1471.513180  276.528350    -840.385130  1394.680660
     321.872160    -833.595520   1262.235110  153.509000    -680.212040  1496.680540
     61.902690     -419.913600   1353.480220  130.978550    -164.295140  1438.661500
     29.311640     -178.860200   1424.886720   59.991980    -128.503020  1480.501100
     132.669830    -978.473510   1502.097780   62.219430   -1257.900020  1364.404790
     110.377780   -1522.835450   1425.567990    2.255520   -1512.212040  1424.369260
```

```
46.484460     -1555.351810  1486.890870   21.424350    -826.961670  1271.156490
34.628120      -833.309020  1092.511110  275.259520    -678.611150   980.392090
263.116610     -993.260380   995.775630   73.435300    -686.292180  1026.683110
54.201200      -975.836730  1032.616210  131.107330    -659.647890   524.114440
119.440770    -1007.281070   526.467830   49.742890    -675.217770    78.891770
41.864210      -993.813050    71.176300   16.591110    -747.543460    40.449340
8.165710       -947.934510    39.398560  150.781160    -630.418030    38.100910
165.332500    -1047.253780    48.808770  235.619110    -649.892090    41.392020
243.544050    -1022.558110    44.030260
```

```
function bbm2(BMfile)
%bbm2.m
%

if ~exist('BMfile','var')
   p = uigetdir('ale_csm','选择 csm 文件所在目录');
   if p==0
      ListenChar(0);
      return;
   end
   files=dir(fullfile(p,'*.csm'));
else
   [p f e]=fileparts(BMfile);
   files.isdir=0;
   files.name=[f e];
end
ListenChar(2);
[ws wh]=Screen('WindowSize',0);
[wptr, rect]=Screen('OpenWindow',0,0,...
   [(ws-800)/2 (wh-600)/2 (ws+800)/2 (wh+600)/2]);
skip=1;

for i1=1:length(files)
   BMf=[p filesep files(i1).name];
   [BM3D,dots, frame]=LoadBMfile2(BMf);
   angles=10;
   proangle=linspace(0,2*pi,angles+1);%projection angle; x=0 y=pi/2
   amplifier=0.2;
   BM=zeros(dots,2,frame,angles);
   for i=1:angles
      BM(:,2,:,i)=BM3D(:,3,:)*amplifier;
      BM(:,1,:,i)=BM3D(:,1,:)*cos(proangle(i))*amplifier+...
         BM3D(:,2,:)*sin(proangle(i))*amplifier;
   end
   minshift=min(reshape(BM,1,dots*2*frame*angles));
   maxshift=max(reshape(BM,1,dots*2*frame*angles));

   xs=reshape(BM(:,1,:,:),1,dots*frame*angles);
   ys=reshape(BM(:,2,:,:),1,dots*frame*angles);

   maxx=max(xs);
   minx=min(xs(xs~=0));
```

```
maxy=max(ys);
miny=min(ys(ys~=0));
imageSize=maxy-miny+12;
StimSize=[0 0 imageSize imageSize];
StimSize=[0 0  maxx-minx+12  maxy-miny+12];

imageSize1=6;
StimSize1=[0 0 imageSize1 imageSize1];
shiftx=(rect(3)-(maxx-minx+12))/2;
shifty=(rect(4)-(maxy-miny+12))/2;
StimRect=CenterRect(StimSize,rect);

init=1;
KbName('UnifyKeyNames');
Key1 = KbName('leftarrow');
Key2 = KbName('rightarrow');
escapeKey = KbName('escape');
spaceKey = KbName('space');
normal=KbName('1!');
speed=KbName('2@');
fast=KbName('3#');
HideCursor;
k=1;
interval=Screen('GetFlipInterval',wptr);
oldt=GetSecs;
startt=oldt;
exited=false;
i=1;
while ~exited && (GetSecs-startt<20 || exist('BMfile','var'))
   while 1
       Screen(wptr,'FillRect',110,StimRect);
       for j=1:dots
           if BM(j,1,i,k)~=0 && BM(j,2,i,k)~=0
               Screen(wptr,'FillOval',255,...
                   CenterRectOnPoint(StimSize1,...
                   (BM(j,1,i,k)-minx+imageSize1)+shiftx,...
                   (imageSize-(BM(j,2,i,k)-miny+imageSize1))+shifty));
           end
       end
       DrawFormattedText(wptr,['Left/Right=Change view\n1=Normal;
             2=Speed;3=Fast\nSpace=Switch\nESC=Quit\nCurrentFile='...
           num2str(i1) ':' num2str(i) '(' files(i1).name ')\nFPS='...
           sprintf('%.1f',1/(1/skip)/interval)],0,0,255);
       oldt=Screen(wptr,'Flip');%,oldt+(wtime-0.5)*interval);
       [touch, secs, keyCode] = KbCheck;
       if keyCode(escapeKey)
           sca
           ListenChar(0);
           return;
       elseif keyCode(Key1)
           k=k-1;
```

```
            if k<1; k=10; end
         elseif keyCode(Key2)
            k=k+1;
            if k>10; k=1;end
         elseif keyCode(spaceKey)
            exited=true;
            break;
         elseif keyCode(normal)
            skip=1;
         elseif keyCode(speed)
            skip=5;
         elseif keyCode(fast)
            skip=10;
         end
         i=mod(i+skip-1,frame)+1;
         while KbCheck; end
      end
   end
end
sca;
ListenChar(0);
return
```

```
function [BM3D, dots, frame]=LoadBMfile2(BMfile)
%LoadBMfile2.m
fid=fopen(BMfile,'r');
tline=fgetl(fid);
while isempty(strfind(tline,'$NumFrames'))
   tline=fgetl(fid);
end
frame=sscanf(tline,'$NumFrames %d');
dots=sscanf(fgetl(fid),'$NumMarkers %d');
BM3D=NaN*ones(dots,3,frame);
while isempty(strfind(tline,'$Points'))
   tline=fgetl(fid);
end
for i=1:frame
   tline=fgetl(fid);
   if isempty(tline)
      tline=fgetl(fid);
   end
   tmp=textscan(tline,'%f');
   tmp=tmp{1};
   for j=2:3:length(tmp)
      BM3D(ceil((j-1)/3),1,i)=tmp(j);
      BM3D(ceil((j-1)/3),2,i)=tmp(j+1);
      BM3D(ceil((j-1)/3),3,i)=tmp(j+2);
   end
end
return
```

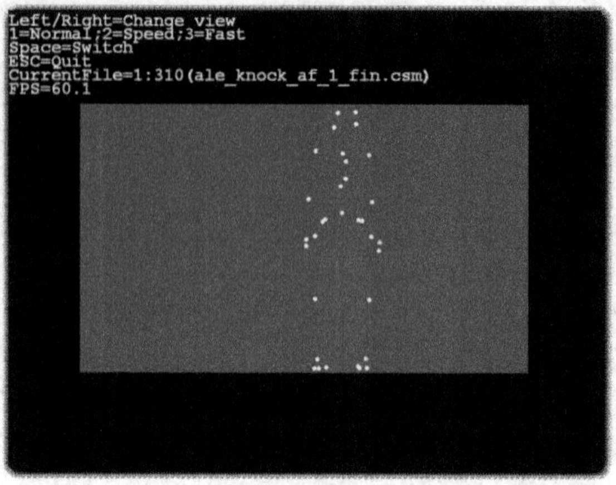

图 9-23　生物运动示例 3

程序文件结构图：

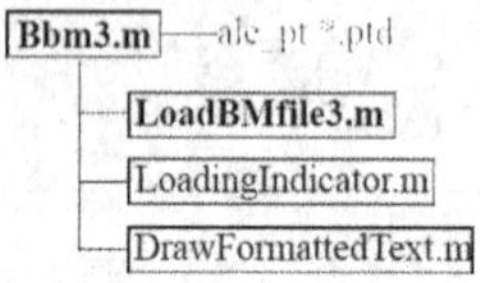

Ptd 光点数据文件格式如下：每帧有 15 个光点，第一行的数值代表帧数，接下来每行代表 1 帧 15 个光点的 X、Y、Z 坐标值，共 45 个数据。

1500 %帧数

-37.7323	14.4458	65.2448	-39.0712	13.8297	58.6492	-39.5977	19.8749	59.6436
-43.3407	29.4063	54.0277	-42.4582	40.2732	55.9054	-39.6265	7.8033	59.7576
-43.7993	0.0419	52.0931	-44.5069	-10.7903	54.2275	-38.4482	14.1558	38.3926
-38.7341	18.8675	38.4896	-41.1192	18.1539	20.7926	-43.2002	17.5409	5.5657
-38.1622	9.4441	38.2956	-40.9019	10.5452	20.6711	-43.2881	11.4921	5.5051

```
function bbm3(BMfile)
%bbm3.m
if ~exist('BMfile','var')
   p = uigetdir('ale pt','选择ptd文件所在目录');
   if p==0
      ListenChar(0);
      return;
   end
   files=dir(fullfile(p,'*.ptd'));
else
   [p f e]=fileparts(BMfile);
   files.isdir=0;
   files.name=[f e];
end
ListenChar(2);
[ws wh]=Screen('WindowSize',0);
[wptr, rect]=Screen('OpenWindow',0,0,...
   [(ws-800)/2 (wh-600)/2 (ws+800)/2 (wh+600)/2]);
skip=1;

for i1=1:length(files)
   BMf=[p filesep files(i1).name];
```

```
[BM3D,dots, frame]=LoadBMfile3(BMf);
angles=10;
proangle=linspace(0,2*pi,angles+1);%projection angle; x=0 y=pi/2
amplifier=5;
BM=zeros(dots,2,frame,angles);
for i=1:angles
    BM(:,2,:,i)=BM3D(:,3,:)*amplifier;
    BM(:,1,:,i)=BM3D(:,1,:)*cos(proangle(i))*amplifier+...
        BM3D(:,2,:)*sin(proangle(i))*amplifier;
end
minshift=min(reshape(BM,1,dots*2*frame*angles));
maxshift=max(reshape(BM,1,dots*2*frame*angles));

xs=reshape(BM(:,1,:,:),1,dots*frame*angles);
ys=reshape(BM(:,2,:,:),1,dots*frame*angles);

maxx=max(xs);
minx=min(xs(xs~=0));
maxy=max(ys);
miny=min(ys(ys~=0));
imageSize=maxy-miny+12;
StimSize=[0 0 imageSize imageSize];
StimSize=[0 0  maxx-minx+12  maxy-miny+12];

imageSize1=6;
StimSize1=[0 0 imageSize1 imageSize1];
shiftx=(rect(3)-(maxx-minx+12))/2;
shifty=(rect(4)-(maxy-miny+12))/2;
StimRect=CenterRect(StimSize,rect);

init=1;
KbName('UnifyKeyNames');
Key1 = KbName('leftarrow');
Key2 = KbName('rightarrow');
escapeKey = KbName('escape');
spaceKey = KbName('space');
normal=KbName('1!');
speed=KbName('2@');
fast=KbName('3#');
HideCursor;
k=1;
interval=Screen('GetFlipInterval',wptr);
oldt=GetSecs;
startt=oldt;
exited=false;
i=1;
while ~exited && (GetSecs-startt<20 || exist('BMfile','var'))
    while 1
        Screen(wptr,'FillRect',110,StimRect);
        for j=1:dots
            if BM(j,1,i,k)~=0 && BM(j,2,i,k)~=0
                Screen(wptr,'FillOval',255,...
                    CenterRectOnPoint(StimSize1,...
                    (BM(j,1,i,k)-minx+imageSize1)+shiftx,...
                    (imageSize-(BM(j,2,i,k)-miny+imageSize1))+shifty));
            end
```

```
            end
            DrawFormattedText(wptr,['Left/Right=Change view\n1=Normal;
                2=Speed;3=Fast\nSpace=Switch\nESC=Quit\nCurrentFile='...
               num2str(i1) ':' num2str(i) '(' files(i1).name ')\nFPS='...
               sprintf('%.1f',1/(1/skip)/interval)],0,0,255);
            oldt=Screen(wptr,'Flip');%,oldt+(wtime-0.5)*interval);
            [touch, secs, keyCode] = KbCheck;
            if keyCode(escapeKey)
               sca
               ListenChar(0);
               return;
            elseif keyCode(Key1)
               k=k-1;
               if k<1; k=10; end
            elseif keyCode(Key2)
               k=k+1;
               if k>10; k=1;end
            elseif keyCode(spaceKey)
               exited=true;
               break;
            elseif keyCode(normal)
               skip=1;
            elseif keyCode(speed)
               skip=5;
            elseif keyCode(fast)
               skip=10;
            end
            i=i+skip;
            i=mod(i-1,frame)+1;
            while KbCheck; end
         end
      end
   end
   sca;
   ListenChar(0);
   return
```

```
function [BM3D, dots, frame]=LoadBMfile3(BMfile)
%LoadBMfile3.m
fid=fopen(BMfile,'r');
tline=fgetl(fid);
frame=str2double(tline);
dots=15;
BM3D=NaN*ones(dots,3,frame);
for i=1:frame
   tline=fgetl(fid);
   tmp=textscan(tline,'%f');
   tmp=tmp{1};
   for j=1:3:length(tmp)
      BM3D(ceil((j)/3),1,i)=tmp(j);
      BM3D(ceil((j)/3),2,i)=tmp(j+1);
      BM3D(ceil((j)/3),3,i)=tmp(j+2);
   end
end
return
```

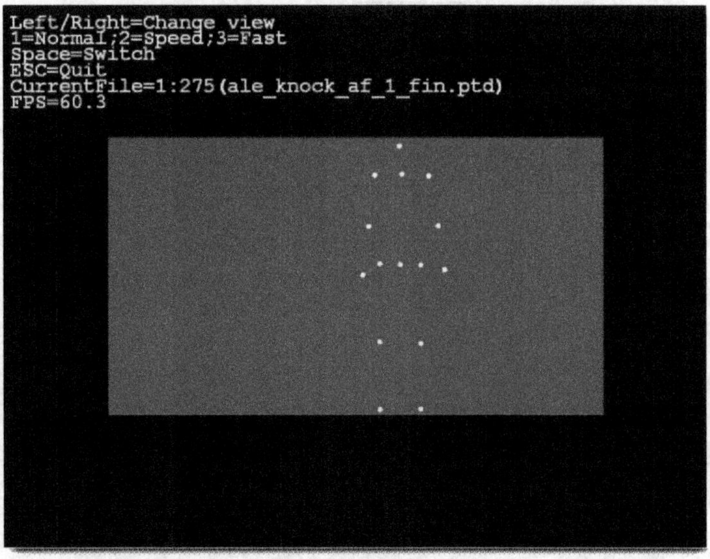

图 9-24　生物运动示例

例 9.30　协同运动（coherent motion）　　本示例位于 Psyfeng\Coherent_Motion 目录下

协同运动是指在一群杂乱无章的随机运动点中，一定数量（概率）的点具有共同命运（common fate），即它们均沿某个方向进行一致的持续一定时间的运动。协同运动的点数越多（概率越高），越容易辨识协同运动的方向（见图 9-25）。

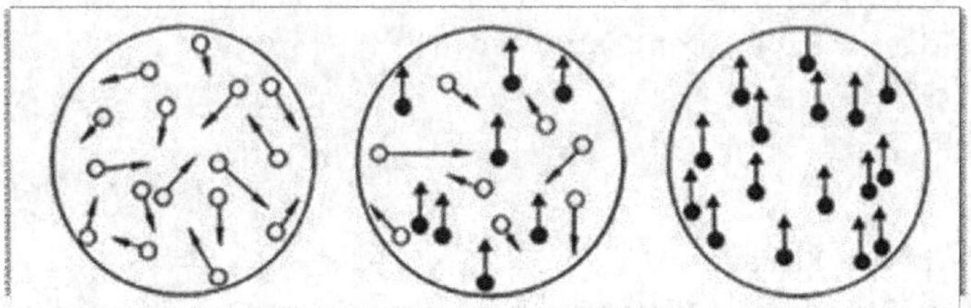

图 9-25　不同协同率的点运动（箭头表示运动方向）

注：左图的协同率=0，右图=100%，中间图=50%

本示例采用恒定刺激法，通过指定不同的协同率（0.025，0.05，0.1……），让被试判断协同点的运动方向是向上还是向下，然后计算不同协同率下被试反应的正确率（见图 9-26）。

可以设置的参数包括：

透视孔的尺寸宽和高（以像素为单位）；运动点的大小（以像素为单位）；点的颜色（RGB 值或为 random）；点的存活时间（以帧为单位）；随机点的运动时间（以毫秒为单位）；透视孔中心距离屏幕中心的水平距离（以像素为单位）；点的运动速度（以像素为单位）；运动方向（0～360 度，其中 0 表示向下，90 表示向右，180 表示向上，270 表示向左）；点的数量；协同概率；RSI（以毫秒为单位）。

本示例可以设置多组运动点（一般为两个），但在设置参数时用“;”来分隔不同组的以下参数：透视孔尺寸、运动点大小、点颜色、点存活时间、中心距离、运动速度、运动方向、点数量。

程序文件结构图：

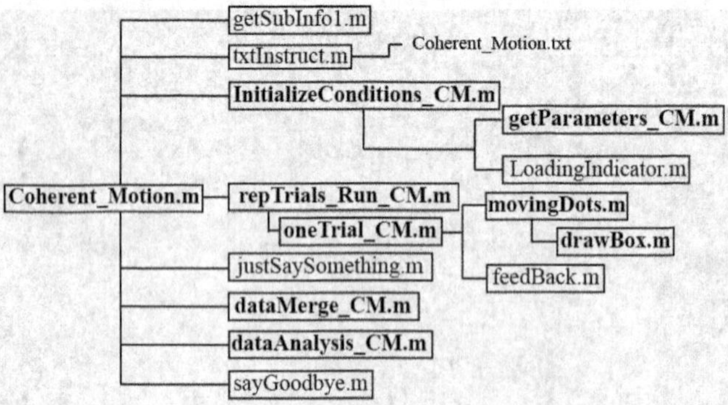


```
%Coherent_Motion.m
%
clear all;
global mainfilename;
mainfilename=mfilename;
subinfo=getSubInfo1;
if isempty(subinfo)
    return;
else
    if exist(['Sub' subinfo{1} '.mat'],'file') || exist(['Sub' subinfo{1} '.xls'],'file')
       resp=questdlg({['The file ' '"Sub' subinfo{1} '.mat" or "Sub' subinfo{1} ...
            '.xls" already exists']; 'do you want to overwrite it?'},...
            'duplicate warning','Cancel','Ok','Ok');
        if ~strcmp(resp,'Ok')
            clc;
            disp('Experiment aborted!')
            return
        end
    end
end
KbName('UnifyKeyNames');
Screen('Preference', 'SkipSyncTests', 1);
Screen('Preference','DefaultFontsize',20);
try
    [wptr,trials]=initializeConditions_CM;
    priorityLevel=MaxPriority(wptr);
    Priority(priorityLevel);
    if isnan(wptr)
        sca;
        return;
    end
    txtInstruct(wptr,[mainfilename '.txt'],'left',255);
    results=repTrials_Run_CM(wptr,trials,str2double(subinfo{5}),40);
    if ~isempty(results)
        justSaySomething(wptr,'正在进行数据合并……',0,255);
        results=dataMerge_CM(subinfo,results);
        justSaySomething(wptr,'正在进行数据分析……',0,255);
        dataAnalysis_CM(subinfo,results);
    end
    sayGoodbye(wptr,255);
    sca;
    Priority(0);
```

```
    ShowCursor;
catch
    psychrethrow(psychlasterror);
    sca;
    Priority(0);
    ShowCursor;
end
return;
```

```
function [wptr,conditions]=initializeConditions_CM
%initializeConditions_CM.m
%
global mainfilename;
paras=getParameters_CM;
if isempty(paras)
    wptr=NaN;
    conditions=NaN;
    return;
end
holesize=textscan(paras{1},'%s','delimiter',';'); %孔大小
for i=1:length(holesize{1})
    dots(i).aperturesize=sscanf(holesize{1}{i},'%d')';
end
dotsize=textscan(paras{2},'%s','delimiter',';');%点大小
for i=1:length(dotsize{1})
    dots(i).size=sscanf(dotsize{1}{i},'%d');
end
dotcolor=textscan(paras{3},'%s','delimiter',';');%点颜色
for i=1:length(dotcolor{1})
    if streq(dotcolor{1}{i},'random')
        dots(i).color='random';
    else
        dots(i).color=sscanf(dotcolor{1}{i},'%d')';
    end
end
dotlife=sscanf(paras{4},'%d;%d'); %点存活时间
for i=1:length(dotlife)
    dots(i).lifetime=dotlife(i);
end
movingtime=sscanf(paras{5},'%d');%运动时间
dotcenter=sscanf(paras{6},'%d');%距中心距离

dotsspeed=textscan(paras{7},'%s','delimiter',';');%运动速度,分号表示点集合的数目
for i=1:length(dotsspeed{1})
    tmp=sscanf(dotsspeed{1}{i},'%d')';
    for j=1:length(tmp)
        dotspeed(i,j)=tmp(j);
    end
end

dotsdirection=textscan(paras{8},'%s','delimiter',';');%运动方向
for i=1:length(dotsdirection{1})
    tmp=sscanf(dotsdirection{1}{i},'%d')';
    for j=1:length(tmp)
        dotdirection(i,j)=tmp(j);
```

```
    end
end
dotsnum=sscanf(paras{9},'%d;%d');%点数量
for i=1:length(dotsnum)
    dots(i).ndots=dotsnum(i);
end
coherent=sscanf(paras{10},'%f');
rsi=sscanf(paras{11},'%d');
replication=str2double(paras{12});
validkeys=KbName(textscan(paras{13},'%s'));
wsize=str2double(paras{14});
fid=fopen([mainfilename '.ini'],'w');
if fid~=-1
    for i=1:length(paras)
        fprintf(fid,'%s\r\n',paras{i});
    end

    fclose(fid);
end
if wsize==0
    wsize=1;
end
scr=max(Screen('Screens'));
[sw,sh]=Screen('WindowSize',scr);
[wptr wrect]=Screen('OpenWindow',scr,0,CenterRect([0 0 sw/wsize sh/wsize],[0 0 sw sh]));
[cx,cy]=RectCenter(wrect);
%运动时间,左右位置,RSI,一致性概率,运动方向
treatments=CombineFactors1(movingtime,rsi,coherent,1:size(dotdirection,2),
        1:length(dotcenter),1:size(dotspeed,2));
conditions=struct([]);
for i=1:size(treatments,1)
    conditions(i,1).movingtime=treatments(i,1)/1000;
    conditions(i,1).rsi=treatments(i,2)/1000;
    for j=1:length(dots)
        dots(j).coherence=treatments(i,3);
        dots(j).direction=dotdirection(j,treatments(i,4));
        dots(j).center=[cx+treatments(i,5),cy];
        dots(j).speed=dotspeed(j,treatments(i,6));
    end
    conditions(i,1).dots=dots;
    conditions(i,1).rt=-1;
    if dots(1).direction(1)==dotdirection(1,1)
        conditions(i,1).correctKey=validkeys(1);
    else
        conditions(i,1).correctKey=validkeys(2);
    end
    conditions(i,1).validkeys=validkeys;
    LoadingIndicator(wptr,i/size(treatments,1)*100,'Initializing Completed.',255);
    Screen('Flip',wptr);
end
conditions=Shuffle(repmat(conditions,replication,1));
return
```

```
function [key rt starttime]=movingDots(wptr, dots,movingtime,validkeys)
%movingDots.m
%
key=[];
rt=0;
index=1;
nDots=sum([dots.ndots]);
colors = zeros(3,nDots);
size = zeros(1,nDots);
order=randperm(nDots);
for i=1:length(dots)
   %计算视孔的矩形坐标
   left(i)=dots(i).center(1)-dots(i).aperturesize(1)/2;
   top(i)=dots(i).center(2)-dots(i).aperturesize(2)/2;
   right(i)=dots(i).center(1)+dots(i).aperturesize(1)/2;
   bottom(i)=dots(i).center(2)+dots(i).aperturesize(2)/2;
   %在视孔区域内生成随机坐标值
   dots(i).x=randi([left(i) right(i)],1,dots(i).ndots);
   dots(i).y=randi([top(i) bottom(i)],1,dots(i).ndots);
   direction=rand(1,dots(i).ndots)*360;
   ncoherent=ceil(dots(i).coherence*dots(i).ndots);
   direction(1:ncoherent)=dots(i).direction;
   dots(i).dx=dots(i).speed*sin(direction*pi/180);
   dots(i).dy=dots(i).speed*cos(direction*pi/180);
   dots(i).life=ceil(rand(1,dots(i).ndots)*dots(i).lifetime);
   id=index:(index+dots(i).ndots-1);
   if ischar(dots(i).color)
      colors(:,order(id))=randi([0 255],3,dots(i).ndots);
   else
      colors(:,order(id))=repmat(dots(i).color(:),1,dots(i).ndots);
   end
   size(order(id))=repmat(dots(i).size,1,dots(i).ndots);
   index=index+dots(i).ndots;

end
x=zeros(1,nDots);
y=zeros(1,nDots);
withindots=false(zeros(1,nDots));
drawBox(wptr,0,255,16,8,1);
WaitSecs(0.5);
while KbCheck;end
starttime=GetSecs;
while GetSecs-starttime<movingtime
   index=1;
   for i=1:length(dots)
      dots(i).x=dots(i).x+dots(i).dx;
      dots(i).y=dots(i).y+dots(i).dy;
      dots(i).x(dots(i).x<left(i))=dots(i).x(dots(i).x<left(i))+dots(i).aperturesize(1);
      dots(i).x(dots(i).x>right(i))=dots(i).x(dots(i).x>right(i))-dots(i).aperturesize(1);
      dots(i).y(dots(i).y<top(i))=dots(i).y(dots(i).y<top(i))+dots(i).aperturesize(2);
      dots(i).y(dots(i).y>bottom(i))=dots(i).y(dots(i).y>bottom(i))-dots(i).
            aperturesize(2);
      dots(i).life=dots(i).life+1;
      outsidedots = mod(dots(i).life,dots(i).lifetime)==0;
```

```
        dots(i).x(outsidedots)=randi([left(i) right(i)],1,sum(outsidedots));
        dots(i).y(outsidedots)=randi([top(i) bottom(i)],1,sum(outsidedots));
        id=order(index:(index+dots(i).ndots-1));

        withindots(id)=(dots(i).x-dots(i).center(1)).^2/
            (dots(i).aperturesize(1)…/2)^2+(dots(i).y-
            dots(i).center(2)).^2/(dots(i).aperturesize(2)/2)^2<1;

        x(id)=dots(i).x;
        y(id)=dots(i).y;
        index=index+dots(i).ndots;
    end
    Screen('DrawDots',wptr,[x(withindots);y(withindots)],size(withindots),
          colors(:,withindots),[0 0],1);
    drawBox(wptr,0,255,16,8);
    Screen('Flip',wptr);
    [kd secs keyCode]=KbCheck;
    if kd && any(keyCode(validkeys))
        rt=secs-starttime;
        key=find(keyCode==1);
        while KbCheck;end
        break;
    elseif kd && keyCode(KbName('escape'))
        rt=-1;
        key=-1;
        break;
    end
end
drawBox(wptr,0,255,16,8,1);
```

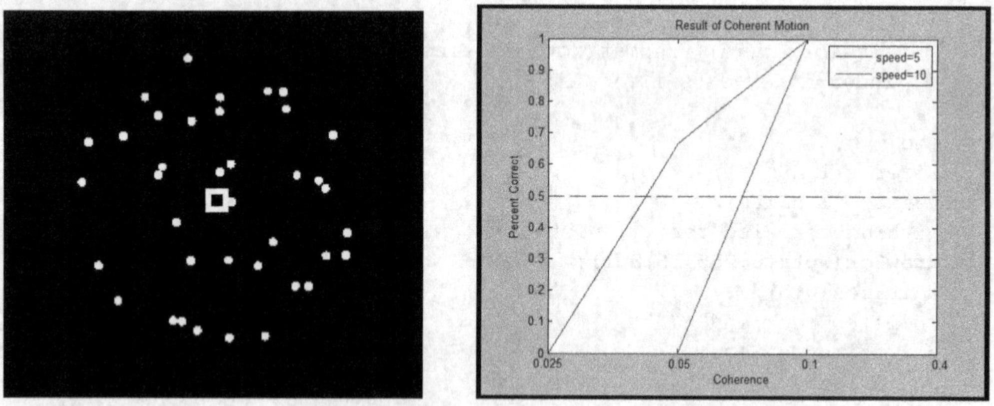

图 9-26 协同运动示例

例 9.31 视觉刺激动态呈现 本示例位于 Psyfeng\Pendulum 目录下

本示例演示了如何让刺激进行动态变化，被试进行视觉搜索任务，在虚拟的圆周上搜索某个目标字母是否存在，同时刺激对象围绕某个中心点做振荡运动（见图 9-28）。可以设置的参数包括摆长、中心注视点距离摆中心的距离、实心圆的直径、刺激类型（1＝两个圆盘，2＝哑铃，3＝运动圆盘，4＝运动单摆），是从外圈还是内圈的刺激中查找目标以及哪个字母作为搜索目标（见图 9-27）。

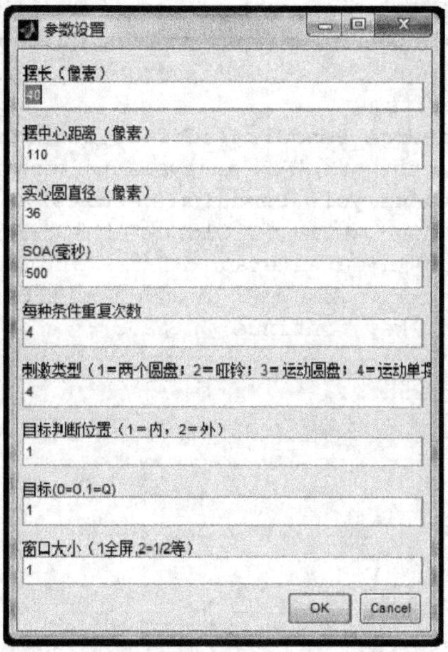

图 9-27 参数设置窗口

程序文件结构图：

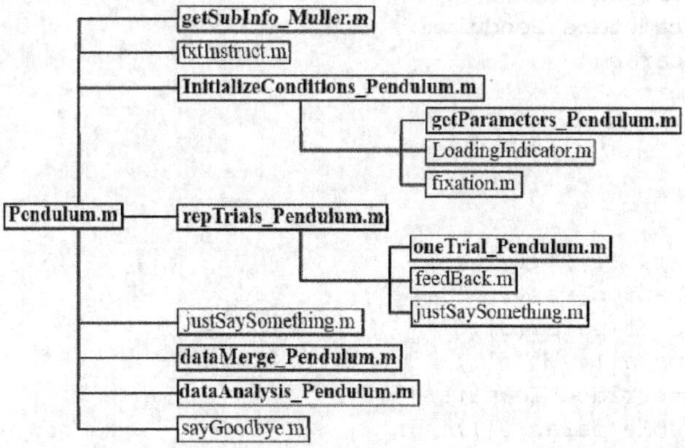


```
%pendulum.m
%
clear all;
global mainfilename;
mainfilename=mfilename;
subinfo=getSubInfo_Muller;
if isempty(subinfo)
   return;
end
KbName('UnifyKeyNames');
try
   [wptr,trials]=initializeConditions_Pendulum(subinfo);
   if isnan(wptr)
      sca;
      return;
   end
   HideCursor;
```

```
    txtInstruct(wptr,[mainfilename num2str(trials(1,1).type) '.txt'],'left',255);
    results=repTrials_Pendulum(wptr,trials,str2double(subinfo{5}),48);
    justSaySomething(wptr,'Now the datamerge is running, please wait...',0,255);
    if ~isempty(results)
       results=dataMerge_Pendulum(subinfo,results);
       justSaySomething(wptr,'Now analysis is running, please wait...',0,255);
       [avg,cr]=dataAnalysis_Pendulum(results);
       justSaySomething(wptr,['T1010t0  T1010t1  T100  T101  T000
                T001\nYour average RT is ' num2str(avg,'%5.2f\t') '\n'...
          'Your correct rate is ' num2str(cr*100,'%6.1f\t') '%\nPress any
                     key continue'],1,255);
    End
    sayGoodbye(wptr,255);
    sca;
    ShowCursor;
catch
    psychrethrow(psychlasterror);
    sca;
    ShowCursor;
end
```

```
function [wptr,conditions]=initializeConditions_Pendulum(subinfo)
%initializeConditions_Pendulum.m
%
global mainfilename;
paras=getParameters_Pendulum;
if isempty(paras)
   wptr=NaN;
   conditions=NaN;
   return;
end

pl=sscanf(paras{1},'%f ');
distance=sscanf(paras{2},'%f ');
diameter=sscanf(paras{3},'%f');
soa=sscanf(paras{4},'%f');
replication=str2double(paras{5});
type=str2double(paras{6});
pos=str2double(paras{7});
qo=str2double(paras{8});
wsize=str2double(paras{9});

if exist([mainfilename num2str(type) ' Sub' subinfo{1} '.mat'],'file')
    resp=questdlg({['The file "' mainfilename num2str(type) ' Sub' subinfo{1}
               '.mat" already exists']; ...
        'do you want to overwrite it?'},...
        'duplicate warning','Cancel','Ok','Ok');
    if ~strcmp(resp,'Ok')
        clc;
        disp('Experiment aborted!')
        wptr=NaN;
        conditions=NaN;
        return
    end
end
```

```
fid=fopen([mainfilename '.ini'],'w');
if fid~=-1
   for i=1:length(paras)
      fprintf(fid,'%s\r\n',paras{i});
   end

   fclose(fid);
end
if wsize==0
   wsize=1;
end

Screen('Preference', 'SkipSyncTests', 1);
scr=max(Screen('Screens'));
[sw,sh]=Screen('WindowSize',scr);
wptr=Screen('OpenWindow',scr,0,CenterRect([0 0 sw/wsize sh/wsize],[0 0 sw sh]));
fix=fixation(wptr,'+',255,0);
conditions=struct([]);
treatments=CombineFactors1([0 1],[1 2 3 4 5 6 7 8],[0 1],[0 1]);
treatments(treatments(:,3) & ~treatments(:,1) & treatments(:,4),:)=[];
treatments(~treatments(:,3) & ~treatments(:,1) & treatments(:,4),:)=[];
if qo
   innerstim='OOOOOOOO';
else
   innerstim='QQQQQQQQ';
end
outerstim='ABEFHKUJLMNPRSTVWXYZ';
for i=1:size(treatments,1)
   %[length angle ltentancles,inner,position]
   conditions(i,1).type=type;
   conditions(i,1).soa=soa;
   conditions(i,1).pos=pos;
   conditions(i,1).out=treatments(i,1); %是否显示外周刺激
   conditions(i,1).targetpos=treatments(i,2); %目标位置
   conditions(i,1).targetpresent=treatments(i,3); %目标是否存在
   conditions(i,1).outertargetpresent=treatments(i,4); %外围目标是否在
   conditions(i,1).pl=pl;
   conditions(i,1).distance=distance;
   conditions(i,1).diameter=diameter;
   outerstim=Shuffle(outerstim);
   conditions(i,1).outerstim=outerstim(1:8);
   conditions(i,1).innerstim=innerstim;
   if treatments(i,4)
      if qo
         conditions(i,1).outerstim(treatments(i,2))='Q';
      else
         conditions(i,1).outerstim(treatments(i,2))='O';
      end
   end
   if treatments(i,3)
      if qo
         conditions(i,1).innerstim(treatments(i,2))='Q';
      else
         conditions(i,1).innerstim(treatments(i,2))='O';
      end
   end
```

```
    conditions(i,1).fixptr=fix;
    LoadingIndicator(wptr,i/size(treatments,1)*100,'Initializing Completed.');
    Screen('Flip',wptr);
end
conditions=Shuffle(conditions);
conditions=repmat(conditions,replication,1);
end
```

```
function [rt,response]=oneTrial_Pendulum(wptr,trial)
%oneTrial_Pendulum.m
%
g=0.98;     %重力加速度,可以调节摆的摆速
theta0=[-pi/18 pi/18 pi/18 -pi/18 pi/18 -pi/18 pi/18 -pi/18];
theta0=Shuffle(theta0);
t=0;
dt=1.2;

wrect=Screen('Rect',wptr);
x0=cos((2*pi:-pi/4:2*0+pi/6))*trial.distance+wrect(3)/2;
y0=sin((2*pi:-pi/4:2*0+pi/6))*trial.distance+wrect(4)/2;
if trial.type>2
    theta=theta0*cos(sqrt(g/trial.pl)*t)+(0:pi/4:2*pi-pi/6)+pi/2;
else
    theta=(0:pi/4:2*pi-pi/6)+pi/2;
end
oldtxtsize=Screen('TextSize',wptr,28);
showFix1(wptr,wrect,trial.fixptr);
Screen('Flip',wptr);
WaitSecs(trial.soa/1000.0);
keyCode=NaN;
    x=trial.pl*sin(theta)+x0;
    y=(1)*trial.pl*cos(theta)+y0;
    x1=-trial.pl*sin(theta)+x0;
    y1=(-1)*trial.pl*cos(theta)+y0;
    showFix1(wptr,wrect,trial.fixptr);
    Screen('FillOval',wptr,255,[x-trial.diameter/2;y-trial.diameter/2;
             x+trial.diameter/2;y+trial.diameter/2]);
    Screen('FillOval',wptr,255,[x1-trial.diameter/2;y1-trial.diameter/2;
             x1+trial.diameter/2;y1+trial.diameter/2]);
    if ~mod(trial.type,2)
        Screen('DrawLines',wptr,[x1(1), x(1),x1(2),x(2),x1(3),x(3),x1(4),
             x(4),x1(5),x(5),x1(6),x(6),x1(7),x(7),x1(8),x(8);y1(1),y(1),
             y1(2),y(2),y1(3),y(3),y1(4),y(4),y1(5),y(5),y1(6),y(6),y1(7),
             y(7),y1(8),y(8)],11,255);
    end
    if trial.pos==1
        for i=1:8
            [nr,or]=Screen('TextBounds',wptr,trial.innerstim(i),x1(i),y1(i));
            nr=CenterRectOnPoint(nr,x1(i),y1(i));
            Screen('DrawText',wptr,trial.innerstim(i),nr(1),nr(2));
            if trial.out
                [nr,or]=Screen('TextBounds',wptr,trial.outerstim(i),x(i),y(i));
                nr=CenterRectOnPoint(nr,x(i),y(i));
                Screen('DrawText',wptr,trial.outerstim(i),nr(1),nr(2));
            else
                [nr,or]=Screen('TextBounds',wptr,' ',x(i),y(i));
```

```
                nr=CenterRectOnPoint(nr,x(i),y(i));
                Screen('DrawText',wptr,' ',nr(1),nr(2));
            end
        end
    else
        for i=1:8
            [nr,or]=Screen('TextBounds',wptr,trial.innerstim(i),x(i),y(i));
            nr=CenterRectOnPoint(nr,x(i),y(i));
            Screen('DrawText',wptr,trial.innerstim(i),nr(1),nr(2));
            if trial.out
                [nr,or]=Screen('TextBounds',wptr,trial.outerstim(i),x1(i),y1(i));
                nr=CenterRectOnPoint(nr,x1(i),y1(i));
                Screen('DrawText',wptr,trial.outerstim(i),nr(1),nr(2));
            else
                [nr,or]=Screen('TextBounds',wptr,' ',x1(i),y1(i));
                nr=CenterRectOnPoint(nr,x1(i),y1(i));
                Screen('DrawText',wptr,' ',nr(1),nr(2));
            end
        end
    end
    Screen('Flip',wptr);
starttime=GetSecs;
while true
    [kd,sec,keyCode]=KbCheck;
    if keyCode(KbName('f')) || keyCode(KbName('j'))
        endtime=GetSecs;
        break;
    end
    if keyCode(KbName('escape'))
        rt=-1;
        correct=-1;
        response=-1;
        Screen('TextSize',wptr,oldtxtsize);
        return;
    end
    if trial.type>2
        t=t+dt;
        theta=theta0*cos(sqrt(g/trial.pl)*t)+(0:pi/4:2*pi-pi/6)+pi/2;
        x=trial.pl*sin(theta)+x0;
        y=(1)*trial.pl*cos(theta)+y0;
        x1=-trial.pl*sin(theta)+x0;
        y1=(-1)*trial.pl*cos(theta)+y0;
        showFix1(wptr,wrect,trial.fixptr);
        Screen('FillOval',wptr,255,[x-trial.diameter/2;y-trial.diameter/2;
              x+trial.diameter/2;y+trial.diameter/2]);
        Screen('FillOval',wptr,255,[x1-trial.diameter/2;y1-trial.diameter/2;
              x1+trial.diameter/2;y1+trial.diameter/2]);
        if ~mod(trial.type,2)
            Screen('DrawLines',wptr,[x1(1), x(1),x1(2),x(2),x1(3),x(3),
                    x1(4),x(4),x1(5),x(5),x1(6),x(6),x1(7),x(7),x1(8),x(8);
                    y1(1),y(1),y1(2),y(2),y1(3),y(3),y1(4),y(4),y1(5),y(5),
                    y1(6),y(6),y1(7),y(7),y1(8),y(8)],11,255);
        end
        if trial.pos==1
            for i=1:8
                [nr,or]=Screen('TextBounds',wptr,trial.innerstim(i),x1(i),y1(i));
```

```
                nr=CenterRectOnPoint(nr,x1(i),y1(i));
                Screen('DrawText',wptr,trial.innerstim(i),nr(1),nr(2));
                if trial.out
                    [nr,or]=Screen('TextBounds',wptr,trial.outerstim(i),x(i),y(i));
                    nr=CenterRectOnPoint(nr,x(i),y(i));
                    Screen('DrawText',wptr,trial.outerstim(i),nr(1),nr(2));
                else
                    [nr,or]=Screen('TextBounds',wptr,' ',x(i),y(i));
                    nr=CenterRectOnPoint(nr,x(i),y(i));
                    Screen('DrawText',wptr,' ',nr(1),nr(2));
                end
            end
        else
            for i=1:8
                [nr,or]=Screen('TextBounds',wptr,trial.innerstim(i),x(i),y(i));
                nr=CenterRectOnPoint(nr,x(i),y(i));
                Screen('DrawText',wptr,trial.innerstim(i),nr(1),nr(2));
                if trial.out
                    [nr,or]=Screen('TextBounds',wptr,trial.outerstim(i),x1(i),y1(i));
                    nr=CenterRectOnPoint(nr,x1(i),y1(i));
                    Screen('DrawText',wptr,trial.outerstim(i),nr(1),nr(2));
                else
                    [nr,or]=Screen('TextBounds',wptr,' ',x1(i),y1(i));
                    nr=CenterRectOnPoint(nr,x1(i),y1(i));
                    Screen('DrawText',wptr,' ',nr(1),nr(2));
                end
            end
        end
        Screen('Flip',wptr);
    end
end
rt=endtime-starttime;
response=find(keyCode==1);
WaitSecs(1);
Screen('TextSize',wptr,oldtxtsize);
```

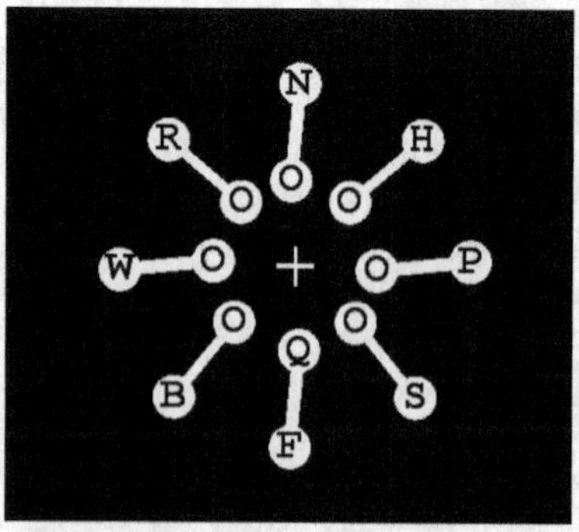

图 9-28　视觉刺激的动态呈现

9.8　多阶段组合

例 9.32　多目标追踪（MOT）　　　　本示例位于 Psyfeng\MOT 目录下

多目标追踪成为当今热门的一个研究领域，它不仅是人类视觉研究，而且是机器视觉研究中的重要问题之一，它涉及注意、工作记忆等认知过程，是研究运动物体注意追踪的一种经典范式。被用于追踪视野范围内随机运动的对象时，对目标的空间或非空间特征变化进行反应。多目标追踪范式关注动态场景中视觉信息的注意加工，是研究并行的容量有限的注意机制和研究基于客体的注意机制比较常用的范式。

多目标追踪任务的典型方式是：首先是目标识别阶段，向被试呈现若干个相同客体（屏幕中呈现几个静止的球），其中部分客体标定为目标（闪烁的球是追踪任务中的目标），其余为非目标；然后是目标追踪阶段，所有客体开始做各自独立的不规则运动（所有球都开始随机而独立地在屏幕内运动），要求被试追踪目标；最后是目标探测阶段，所有客体持续运动一段时间（通常是 7～15 秒）后，要求被试判断某一闪烁客体是否为目标，即小球停止运动后要求被试用部分报告法（一个随机选择的球被标记出来，被试报告它是否为之前所要求追踪的目标）或完全报告法（让被试指出之前所要求追踪的所有目标球）测试追踪成绩。

在本示例中，首先呈现 10 个小球，其中需要被试追踪的目标用红色圈出，当被试点击鼠标左键后，小球开始进行布朗式随机运动，小球运动一定时间停止后，要求被试用鼠标点选追踪的目标，然后单击鼠标右键结束选择过程，同时开始下一个追踪试次。

程序文件结构图：

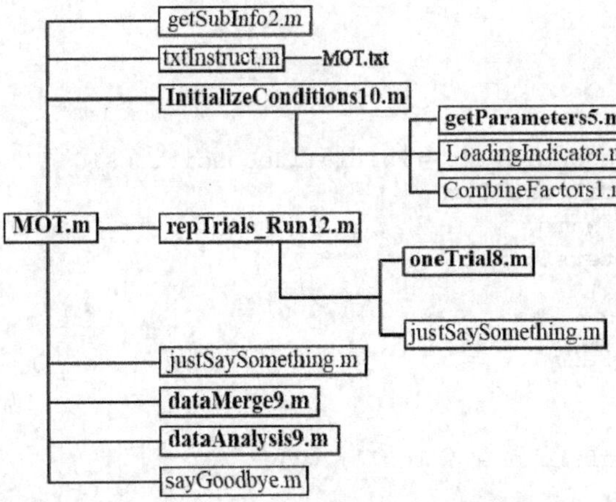


```
%MOT.m
global mainfilename;
mainfilename=mfilename;
KbName('UnifyKeyNames');
subinfo=getSubInfo2;
if isempty(subinfo)
    return;
else
    if exist(['Sub' subinfo{1} '.mat'],'file') || exist(['Sub' subinfo{1} '.xls'],'file')
      resp=questdlg({['The file ' '"Sub' subinfo{1} '.mat" or "Sub' subinfo{1} ...
            '.xls" already exists']; 'do you want to overwrite it?'},...
            'duplicate warning','Cancel','Ok','Ok');
        if ~strcmp(resp,'Ok')
            clc;
            disp('Experiment aborted!')
            return
        end
    end
end
try
```

```
    [wptr,trials]=initializeConditions10();
    if isnan(wptr)
       sca;
       return;
    end
    txtInstruct(wptr,[mainfilename '.txt']);
    results=repTrials_Run12(wptr,trials,str2double(subinfo{5}),48,...
       str2double(subinfo{6}),str2double(subinfo{7}));

    justSaySomething(wptr,'Now the datamerge is running, please wait...');
    if ~str2double(subinfo{7}) && ~isempty(results)
       results=dataMerge9(subinfo,results);
       justSaySomething(wptr,'Now analysis is running, please wait...');
       dataAnalysis9(results,[subinfo{1} '.fig']);
    end
    sayGoodbye(wptr);
    sca;
    ShowCursor;
catch
    psychrethrow(psychlasterror);
    sca;
    ShowCursor;
end
return;
```

```
function [wptr,conditions]=initializeConditions10()
%initializeConditions10.m
global mainfilename;
para=getParameters5;
if isempty(para)
   wptr=NaN;
   conditions=NaN;
   return;
end
fid=fopen([mainfilename '.ini'],'w');
if fid~=-1
   for i=1:length(para)
      fprintf(fid,'%s\r\n',para{i});
   end

   fclose(fid);
end
dimension=sscanf(para{1},'%d');
diameter=str2double(para{2});
speeds=sscanf(para{3},'%d');
duration=sscanf(para{4},'%d');
dots=str2double(para{5});
tracknumber=sscanf(para{6},'%d');
replication=str2double(para{7});
wsize=str2double(para{8});
if wsize==0
   wsize=1;
end

[sw,sh]=Screen('WindowSize',0);
[wptr,wrect]=Screen('OpenWindow',0,255,CenterRect([0 0 sw/wsize sh/wsize],[0 0 sw sh]));
```

```
limitedarea=CenterRect([0 0 dimension(1) dimension(2)],wrect);
cols=floor(dimension(1)/diameter)-2;
rows=floor(dimension(2)/diameter)-2;
left=(wrect(3)-cols*diameter)/2;
top=(wrect(4)-rows*diameter)/2;
angles=[5:85,95:175,185:265,275:355];
grids=NaN*ones(floor((cols+1)/2)*floor((rows+1)/2),4);
k=1;
for i=1:2:cols
    for j=1:2:rows
        grids(k,:)=[left+(i-1)*diameter,top+(j-1)*diameter,
              left+i*diameter,top+j*diameter];
        k=k+1;
    end
end
totalgrids=1:k-1;
treatment=CombineFactors1(speeds,duration,tracknumber);
treatment=repmat(treatment,replication,1);

conditions=struct([]);

for i=1:size(treatment,1)
    conditions(i,1).limitedarea=limitedarea;
    conditions(i,1).diameter=diameter;
    conditions(i,1).dots=dots;
    conditions(i,1).speed=treatment(i,1);
    conditions(i,1).duration=treatment(i,2);
    conditions(i,1).tracknumber=treatment(i,3);
    conditions(i,1).selected=zeros(1,dots);
    conditions(i,1).collisionwithothers=zeros(1,dots);
    conditions(i,1).collisionwithborder=zeros(1,dots);
    conditions(i,1).errnumber=0;
    conditions(i,1).crtnumber=0;
    randomdots=Shuffle(totalgrids);

    tracked=Shuffle(1:dots);
    for j=1:dots
        conditions(i,1).rect(:,j)=grids(randomdots(j),:)';
        conditions(i,1).angle(j)=angles(randi(length(angles)));
        conditions(i,1).speedxy(j,:)=[conditions(i,1).speed*
                  cosd(conditions(i,1).angle(j)),...
            conditions(i,1).speed*sind(conditions(i,1).angle(j))];
    end
    conditions(i,1).trackindex=sort(tracked(1:conditions(i,1).tracknumber));

    LoadingIndicator(wptr,i/size(treatment,1)*100,'Initializing Completed.');
    Screen('Flip',wptr);
end
conditions=Shuffle(conditions);
return
```

```
function [trial]=oneTrial8(wptr,trial,index,runmode,moviemode)
%oneTrial8.m
global mainfilename
if nargin<3
    runmode=0;
```

```
    moviemode=0;
end
wrect=Screen('Rect',wptr);
%begin task one
fid=fopen([mainfilename num2str(index) '.dat'],'w');

Screen('FrameRect',wptr,0,trial.limitedarea);
Screen('FillOval',wptr,0,trial.rect);
for i=1:length(trial.trackindex)
    Screen('FrameOval',wptr,[255 0 0],InsetRect(trial.rect(:,
            trial.trackindex(i))',-5,-5),2,2);
end
fprintf(fid,'Begin\n');
fprintf(fid,'%d\n',Screen('FrameRate',wptr));
fprintf(fid,'%d\t',trial.limitedarea);
fprintf(fid,'\n');
fprintf(fid,'%d\t',trial.trackindex);
fprintf(fid,'\n');
fprintf(fid,'%8.2f\t',trial.rect);
fprintf(fid,'\n');
if moviemode
    Screen('AddFrameToMovie',wptr,[],'backbuffer');
end

Screen('Flip',wptr);

while true && ~runmode
    [clicks,x,y,whichbutton]=GetClicks;
    if clicks && whichbutton==1
        break;
    end
end
starttime=GetSecs;
if runmode
    trial.duration=0.5;
end

while GetSecs-starttime<trial.duration
    [wd, secs, keyCode]=KbCheck;
    if keyCode(KbName('ESCAPE'))
        trial=[];
        fprintf(fid,'End\n');
        fclose(fid);
        return;
    end
    for i=1:size(trial.rect,2);
        trial.rect(:,i)=OffsetRect(trial.rect(:,i)',trial.speedxy(i,1),
                trial.speedxy(i,2))';
        if trial.rect(1,i)<trial.limitedarea(1)+3 || trial.rect(3,i)>
                trial.limitedarea(3)-3
            trial.collisionwithborder(i)=trial.collisionwithborder(i)+1;
            trial.speedxy(i,1)=-trial.speedxy(i,1);
        end
        if trial.rect(2,i)<trial.limitedarea(2)+3 || trial.rect(4,i)>
                trial.limitedarea(4)-3
            trial.collisionwithborder(i)=trial.collisionwithborder(i)+1;
            trial.speedxy(i,2)=-trial.speedxy(i,2);
        end
```

```
    end
    %Collision With Others
    for i=1:size(trial.rect,2)-1
       [x1,y1]=RectCenter(trial.rect(:,i)');
       sxy=trial.speedxy(i,:);
       for j=i+1:size(trial.rect,2)
          [x2,y2]=RectCenter(trial.rect(:,j)');
          if sqrt((x1-x2)^2+(y1-y2)^2)<=trial.diameter+2
             trial.speedxy(i,:)=trial.speedxy(j,:);
             trial.speedxy(j,:)=sxy;
             trial.collisionwithothers(i)=trial.collisionwithothers(i)+1;
             trial.collisionwithothers(j)=trial.collisionwithothers(j)+1;
          end
       end
    end

    fprintf(fid,'%8.2f\t',trial.rect);
    fprintf(fid,'\n');
    Screen('FrameRect',wptr,0,trial.limitedarea);
    Screen('FillOval',wptr,0,trial.rect);
    pointList=NaN*ones(length(trial.trackindex),2);
    for i=1:length(trial.trackindex)
       [pointList(i,1),pointList(i,2)]=RectCenter(trial.rect(:,
                trial.trackindex(i))');
     %  Screen('FrameOval',wptr,[255 0 0],InsetRect(trial.rect(:,
                trial.trackindex(i))',-5,-5),2,2);
    end
    minindex=find(pointList(:,1)==min(pointList(:,1)));
    minxy=pointList(minindex(1),:);
    angles=ones(length(trial.trackindex),2);
    j=1;
    for i=1:length(trial.trackindex)
       if i==minindex(1)
          angles(i,:)=[i,Inf];
       else
          angles(i,:)=[i atand((minxy(2)-pointList(i,2))/(pointList(i,1)-minxy(1)))];
       end
    end
    angles=sortrows(angles,2);
    pointList1=minxy;
    for i=1:length(trial.trackindex)-1
       pointList1(i+1,:)=pointList(angles(i,1),:);
    end

    if length(trial.trackindex)>2
       Screen('FramePoly',wptr,[0 0 255],pointList1);
    end
    if moviemode
       Screen('AddFrameToMovie',wptr,[],'backbuffer');
    end

    Screen('Flip',wptr);
end
Screen('FrameRect',wptr,0,trial.limitedarea);
Screen('FillOval',wptr,0,trial.rect);
if runmode
    Screen('Flip',wptr);
end
```

```
    while true && ~runmode
       [clicks,x,y,whichbutton]=GetClicks(wptr);
       if whichbutton==3
          for i=1:size(trial.rect,2)
             if trial.selected(i)
                if ismember(i,trial.trackindex)
                   trial.crtnumber=trial.crtnumber+1;
                else
                   trial.errnumber=trial.errnumber+1;
                end
             end
          end
          Screen('Flip',wptr);
          break;
       end
       for i=1:size(trial.rect,2)
          if IsInRect(x,y,trial.rect(:,i)') && whichbutton==1
             trial.selected(i)=1-trial.selected(i);
             Screen('FillOval',wptr,[trial.selected(i)*255 0 0],trial.rect(:,i));
             Screen('Flip',wptr,0,1);
             break;
          end
       end
    end
    fprintf(fid,'End\n');
    fclose(fid);
    return;
```

例 9.33　人脸适应后效（face adaptation aftereffect）　　　本示例位于 Psyfeng\FAE 目录下

所谓适应，从心理学角度看，是指感觉系统对不断变化的知觉环境进行调节以形成稳定印象的过程。作为一种自动化过程，适应存在于不同的感觉通路，具有时效性。例如，在长时间注视左倾一定角度的竖线后，往往会倾向于将随后呈现的竖线知觉为右倾，产生倾斜后效。适应范式为考察各种心理现象或心理过程的机制提供了一条重要的途径。

在人脸认知的研究中，许多研究者借助于适应范式，考察了尺寸、朝向等低、中水平物理信息和身份、性别等高水平信息所产生的人脸适应后效。例如，适应男性面孔后，倾向于将中性面孔知觉为女性，反之亦然。

本示例程序，即在适应某种性别的人脸后，然后让被试判断男女不同合成比例人脸的性别，来检验性别后效。

程序文件结构图：

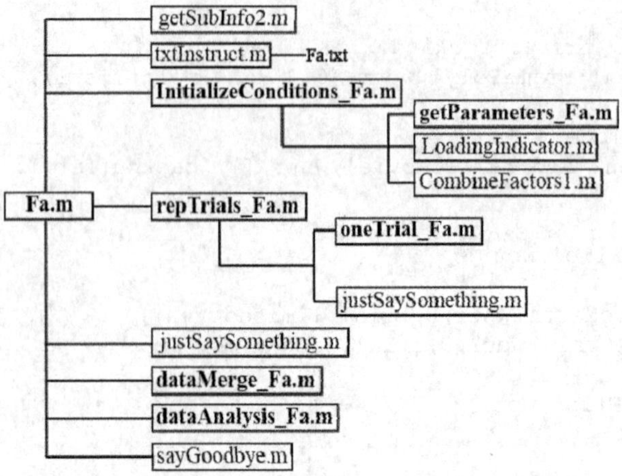

```
%Fa.m
clear all;
global mainfilename;
mainfilename=mfilename;
subinfo=getSubInfo2;
if isempty(subinfo)
   return;
else
   if exist(['Sub' subinfo{1} '.mat'],'file') || exist(['Sub' subinfo{1} '.xls'],'file')
       resp=questdlg({['The file ' '"Sub' subinfo{1} '.mat" or "Sub' subinfo{1} ...
          '.xls" already exists']; 'do you want to overwrite it?'},...
          'duplicate warning','Cancel','Ok','Ok');
       if ~strcmp(resp,'Ok')
          clc;
          disp('Experiment aborted!')
          return
       end
   end
end
KbName('UnifyKeyNames');
try
   [wptr,trials]=initializeConditions_Fa(str2double(subinfo{1}));
   if isnan(wptr)
      sca;
      return;
   end
   txtInstruct(wptr,[mainfilename '.txt']);
   results=repTrials_Fa(wptr,trials,str2double(subinfo{5}),48,...
      str2double(subinfo{6}),str2double(subinfo{7}));
   justSaySomething(wptr,'Now the datamerge is running, please wait...');
   if ~str2double(subinfo{7}) && ~isempty(results)
      results=dataMerge_Fa(subinfo,results);
      justSaySomething(wptr,'Now analysis is running, please wait...');
      dataAnalysis_Fa(results,[subinfo{1} '.fig']);
   end
   sayGoodbye(wptr);
   sca;
   ShowCursor;
catch
   psychrethrow(psychlasterror);
   sca;
   ShowCursor;
end
return;
```

```
function [wptr,conditions]=initializeConditions_Fa(~)
%initializeConditions_fa.m
%
global mainfilename;
paras=getParameters_Fa;
if isempty(paras)
   wptr=NaN;
   conditions=NaN;
   return;
end
```

```
nmorphs=str2double(paras{1});
stepsize=str2double(paras{2});
adapttotalpictures=str2double(paras{3});
adapttype=paras{4};
showtime=str2double(paras{5});
totaltime=str2double(paras{6});
replication=str2double(paras{7});
wsize=str2double(paras{8});

fid=fopen([mainfilename '.ini'],'w');
if fid~=-1
    for i=1:length(paras)
        fprintf(fid,'%s\r\n',paras{i});
    end

    fclose(fid);
end
if wsize==0
    wsize=1;
end

scr=max(Screen('Screens'));
[sw,sh]=Screen('WindowSize',scr);
wptr=Screen('OpenWindow',scr,255,CenterRect([0 0 sw/wsize sh/wsize],[0 0 sw sh]));
if adapttype=='m'
    addpath('male')
    adaptpictures=loadPictures(wptr,'jpg|male');
end
if adapttype=='f'
    addpath('female')
    adaptpictures=loadPictures(wptr,'jpg|female');
end
addpath('morph')
morphpictures=loadPictures(wptr,'jpg|morph');

conditions=struct([]);
adapttextures=fieldnames(adaptpictures);
morphtextures=fieldnames(morphpictures);
morphserial=1:stepsize:nmorphs;
morphserial=morphserial+floor((nmorphs-morphserial(end))/2);
timeserial=showtime:showtime:totaltime;

treatments=CombineFactors1(morphserial,1:replication);

for i=1:size(treatments,1)
    %[colorpresent colordisplaysize shapepresent shapedisplaysize]
    conditions(i,1).adapttype=adapttype;
    conditions(i,1).morph=treatments(i,1);
    conditions(i,1).morphtexture=morphpictures.(morphtextures{treatments(i,1)}).texture;
    temp=randperm(adapttotalpictures);
```

```
    temp=repmat(temp,1,ceil(length(timeserial)/length(temp)));
    for k=1:length(timeserial)
        conditions(i,1).adapttextures(k)=adaptpictures.(adapttextures{temp(k)}).texture;
    end
    conditions(i,1).timeserial=timeserial;
    conditions(i,1).showtime=showtime;

    LoadingIndicator(wptr,i/size(treatments,1)*100,'Initializing Completed.');
    Screen('Flip',wptr);
end
conditions=Shuffle(conditions);
return
```

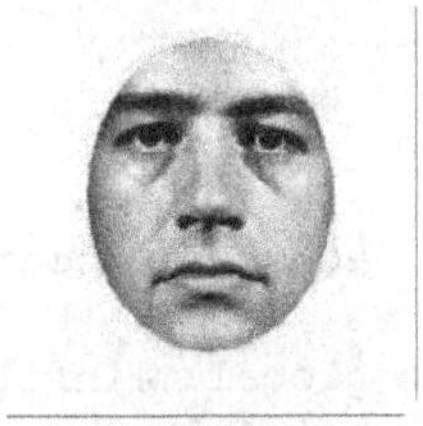

图 9-29 人脸适应后效截图

例 9.34 变化检测（Change Detection） 本示例位于 Psyfeng\Change_Detection 目录下

本示例首先在屏幕上呈现一个记忆矩阵，然后在屏幕上呈现测试矩阵，要求被试判断刺激的某个属性是否发生了变化（见图 9-31），本实验中可以变化的维度包括颜色和棒的朝向，你也可以使用其他刺激，本实验可以设置的参数如图 9-30 所示，其中维度值_变化维度的设置含义为，最后一个值为变化的维度，前面的值为每个维度的水平数。如果最后一个值等于某个维度，则表示只变化该维度的属性；如果最后一个值大于维度数，则表示每个维度的属性均可以变化，如 4 4 1 表示对第 1 个维度变化，4 4 3 表示两个维度均变化。

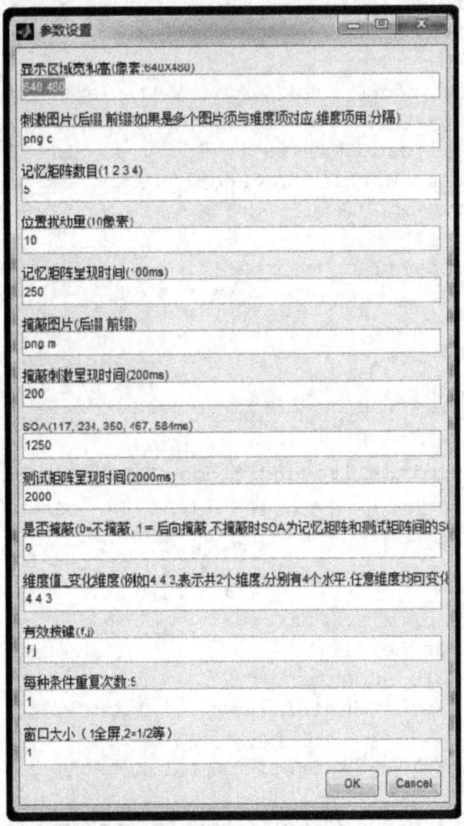

图 9-30 参数设置窗口

程序文件结构图：

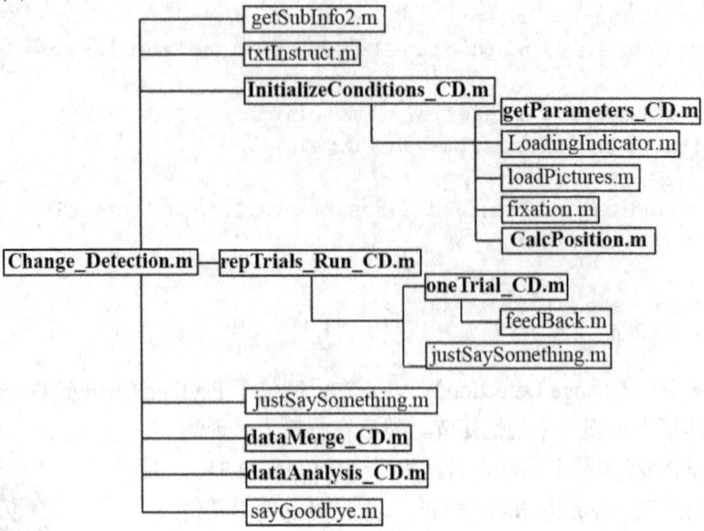


```
%Change_Detection.m
%
global mainfilename;
mainfilename=mfilename;
KbName('UnifyKeyNames');
subinfo=getSubInfo2;
if isempty(subinfo)
   return;
else
   ifexist(['Sub'subinfo{1}'.mat'],'file')||exist(['Sub'subinfo{1}'.xls'],'file')
      resp=questdlg({['The file ' '"Sub' subinfo{1} '.mat" or "Sub' subinfo{1} ...
          '.xls" already exists']; 'do you want to overwrite it?'},...
          'duplicate warning','Cancel','Ok','Ok');
      if ~strcmp(resp,'Ok')
          clc;
          disp('Experiment aborted!')
          return
      end
   end
end
Screen('Preference', 'SkipSyncTests', 1);
try
   [wptr,trials]=initializeConditions_CD(str2double(subinfo{1}));
   if isnan(wptr)
      sca;
      return;
   end
priorityLevel=MaxPriority(wptr);
   Priority(priorityLevel);
   if mod(str2double(subinfo{1}),2)
      txtInstruct(wptr,[mainfilename ' 1.txt']);
   else
      txtInstruct(wptr,[mainfilename ' 2.txt']);
   end
   results=repTrials_Run_CD(wptr,trials,str2double(subinfo{5}),99,...
      str2double(subinfo{6}),str2double(subinfo{7}));
```

```
    justSaySomething(wptr,'Now the datamerge is running, please wait...');
    if ~str2double(subinfo{7}) && ~isempty(results)
        results=dataMerge_CD(subinfo,results);
        justSaySomething(wptr,'Now analysis is running, please wait...');
        dataAnalysis_CD(results,['Sub_A' subinfo{1} '.xls'])
    end
    sayGoodbye(wptr);
    sca;
    ShowCursor;
catch
    psychrethrow(psychlasterror);
    sca;
    Priority(0);
    ShowCursor;
end
return;
```

```
function poss=CalcPosition(limitarea, condition)
%CalcPosition.m
%
%   1   2   3   4
%   5   6   7   8
%   9  10  11  12
%  13  14  15  16
rects=ArrangeRects(16,[0 0 condition.itemwidth condition.itemheight],limitarea);
quadrant=[3 4 7 8;1 2 5 6;9 10 13 14;11 12 15 16];
poss=[];
pos=[];
switch condition.memoryarraysize*condition.factors
    case {1 2 3 4}
        q=Shuffle(1:4);
        q=q(1:condition.memoryarraysize*condition.factors);
        pos=[];
        for i=1:length(q)
            tmp= Shuffle(quadrant(q(i),:));
            pos=[pos tmp(1)];
        end
    case {5 6 7 8}
        q=Shuffle(1:4);
        for i=1:condition.memoryarraysize*condition.factors-4
            tmp= Shuffle(quadrant(q(i),:));
            pos=[pos tmp(1:2)];
        end
        for i=i+1:4
            tmp= Shuffle(quadrant(q(i),:));
            pos=[pos tmp(1)];
        end
    case {9 10 11 12}
        q=Shuffle(1:4);
        for i=1:condition.memoryarraysize*condition.factors-8
            tmp= Shuffle(quadrant(q(i),:));
            pos=[pos tmp(1:3)];
        end
        for i=i+1:4
            tmp= Shuffle(quadrant(q(i),:));
```

```
            pos=[pos tmp(1:2)];
        end
    otherwise
        pos=[];
end
poss=rects(pos,:);
%对每个矩形加入抖动处理
for i=1:size(poss,1)
    jx=Shuffle(-1:2:1);
    jy=Shuffle(-1:2:1);
    poss(i,:)=OffsetRect(poss(i,:),condition.jitter*jx(1),condition.jitter*jy(1));
end
%对刺激呈现位置进行随机化
order=Shuffle(1:size(poss,1));
poss=poss(order,:);
```

```
function results=repTrials_Run_CD(wptr,trials,practicetrials,trialsperblock,...
    runmode,moviemode)
%repTrials_Run_CD.m
%
global mainfilename
if moviemode
    tempfilename=[pwd '\' mainfilename '.mov'];
    movieptr=Screen('CreateMovie',wptr,tempfilename,[],[],2);
    Screen('AddFrameToMovie',wptr,[],'backbuffer');
else
    movieptr=0;
end
for i=1:practicetrials
    index=randi(length(trials));
    oneTrial_CD(wptr,trials(index,1),runmode,moviemode,1);
end
if moviemode
    Screen('FinalizeMovie',movieptr);
    results=trials;
    return;
end
if ~runmode
    justSaySomething(wptr,'请做好准备，下面开始正式实验，按任意键开始',1);
    WaitSecs(2);
end
exited=false;
for i=1:length(trials)
    if ~runmode
        WaitSecs(0.5);
    end
    [tmptrial]=oneTrial_CD(wptr,trials(i,1),runmode,moviemode,0);

    if isempty(tmptrial)
        disp(['The exit no. ' num2str(i)]);
        exited=true;
        break;
    end
    trials(i,1)=tmptrial;
    if mod(i,trialsperblock)==0 && i<length(trials) && ~runmode
        tips=['Block_' num2str(floor(i/trialsperblock)) '/' ...
```

```
            num2str(ceil(length(trials)/trialsperblock)) ...
            ' finished.\n\nPlease take a break.\n\nAny key to Continue!'];
         justSaySomething(wptr,tips,1);
         WaitSecs(1);
      end
   end
   if exited
      trials(i:end,:)=[];
   end
   Screen('Flip',wptr);
   results=trials;
```

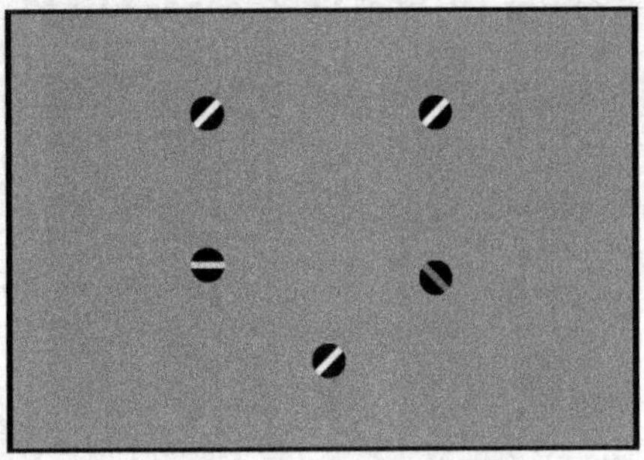

图 9-31　变化检测实验

9.9　键盘鼠标控制编程

键盘鼠标除了可以作为简单的反应手段之外，还可以使用它们对刺激对象施加更复杂的控制，如利用鼠标作为画笔在屏幕上直接画图等。

例 9.35　Muller-Lyer 错觉　　　　本示例位于 Psyfeng\Muller 目录下

1979 年缪勒发现在两根等长线段的末端分别加上向外的斜线和向内的斜线会导致失真的知觉反应，带有向外斜线的线段主观知觉显得长些，带有向内斜线的线段主观知觉显得短些，即等长线段由于不同方向斜线的附着产生了知觉差异，这种几何视错觉现象因它的提出而得名，称为 Muller-Lyer 错觉。

本示例程序会呈现一个标准刺激和一个可调整长度的比较刺激，两者的位置在屏幕上可以随机交换，被试通过键盘来控制比较刺激的长度，当确认与标准刺激长度相等后，按回车确认，程序会自动记录被试每次调整的结果（见图 9-32）。

程序文件结构图：

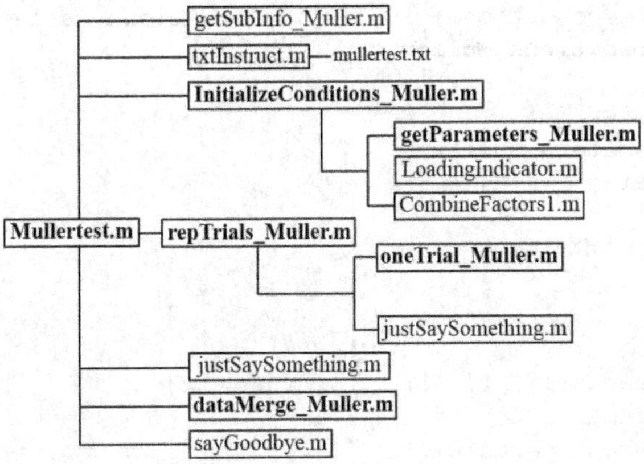

```
%Mullertest.m
%
clear all;
global mainfilename;
mainfilename=mfilename;
subinfo=getSubInfo_Muller;
if isempty(subinfo)
    return;
else
    if exist(['Sub' subinfo{1} '.mat'],'file')||exist(['Sub' subinfo{1} '.xls'],'file')
        resp=questdlg({['The file ' '"Sub' subinfo{1} '.mat" or "Sub' subinfo{1} ...
            '.xls" already exists']; 'do you want to overwrite it?'},...
            'duplicate warning','Cancel','Ok','Ok');
        if ~strcmp(resp,'Ok')
            clc;
            disp('Experiment aborted!')
            return
        end
    end
end
KbName('UnifyKeyNames');
try
    [wptr,trials]=initializeConditions_Muller(str2double(subinfo{1}));
    if isnan(wptr)
        sca;
        return;
    end
    txtInstruct(wptr,[mainfilename '.txt']);
    results=repTrials_Muller(wptr,trials,str2double(subinfo{5}),48);
    justSaySomething(wptr,'Now the datamerge is running, please wait...');
    if ~isempty(results)
        results=dataMerge_Muller(subinfo,results);
    end
    sayGoodbye(wptr);
    sca;
    ShowCursor;
catch
    psychrethrow(psychlasterror);
    sca;
    ShowCursor;
end
```

```
function [wptr,conditions]=initializeConditions_Muller(~)
%initializeConditions_Muller.m
%
global mainfilename;
paras=getParameters_Muller;
if isempty(paras)
    wptr=NaN;
    conditions=NaN;
    return;
end

lens=sscanf(paras{1},'%f ');
angles=sscanf(paras{2},'%f ');
ltentacles=sscanf(paras{3},'%f');
```

```
inner=sscanf(paras{4},'%f');
distance=str2double(paras{5});
percents=sscanf(paras{6},'%f');
directions=str2double(paras{7});
replication=str2double(paras{8});
wsize=str2double(paras{9});

fid=fopen([mainfilename '.ini'],'w');
if fid~=-1
   for i=1:length(paras)
      fprintf(fid,'%s\r\n',paras{i});
   end

   fclose(fid);
end
if wsize==0
   wsize=1;
end

scr=max(Screen('Screens'));
[sw,sh]=Screen('WindowSize',scr);
wptr=Screen('OpenWindow',scr,255,CenterRect([0 0 sw/wsize sh/wsize],[0 0 sw sh]));
fix=fixation(wptr,'+');
conditions=struct([]);
treatments=CombineFactors1(lens,angles,ltentacles,inner,[1 0]);

for i=1:size(treatments,1)
   %[length angle ltentancles,inner,position]
   conditions(i,1).len=treatments(i,1);
   temp=uint16(randi(percents)/100*treatments(i,1));
   if mod(temp,2)
      temp=temp+1;
   end
   conditions(i,1).len1=double(temp);
   conditions(i,1).angle=treatments(i,2);
   conditions(i,1).ltent=treatments(i,3);
   conditions(i,1).inner=treatments(i,4);
   conditions(i,1).pos=treatments(i,5);
   conditions(i,1).dir=directions;
   conditions(i,1).dis=distance;
   conditions(i,1).fixptr=fix;
   LoadingIndicator(wptr,i/size(treatments,1)*100,'Initializing Completed.');
   Screen('Flip',wptr);
end
conditions=Shuffle(repmat(conditions,replication,1));
end
```

```
function results=repTrials_Muller(wptr,trials,practicetrials,trialsperblock)
%repTrials_Muller.m
%
ListenChar(2);
for i=1:practicetrials
   index=randi(length(trials));
   oneTrial_Muller(wptr,trials(index,1));
end
justSaySomething(wptr,'请做好准备，下面开始正式实验，按任意键开始',1);
```

```
WaitSecs(2);
exited=false;
for i=1:length(trials)
   WaitSecs(0.5);
   [trials(i,1) rt]=oneTrial_Muller(wptr,trials(i,1))
   if rt<0
      disp(['The exit no. ' num2str(i)]);
      trials(i,1).rt=[];
      exited=true;
      break;
   end
   trials(i,1).rt=rt;
   trials(i,1).diff=abs(trials(i,1).len-trials(i,1).len1);
   trials(i,1).diff1=trials(i,1).len1-trials(i,1).len;
   if mod(i,trialsperblock)==0 && i<length(trials)
      tips=['Block ' num2str(floor(i/trialsperblock)) '/' ...
         num2str(ceil(length(trials)/trialsperblock)) ...
         ' finished.\n\nPlease take a break.\n\nAny key to Continue!'];
      justSaySomething(wptr,tips,1);
      WaitSecs(1);
   end
end
if exited
   trials(i:end,:)=[];
end
Screen('Flip',wptr);
ListenChar(0);
results=trials;
```

```
function [trial rt]=oneTrial_Muller(wptr,trial)
%oneTrial_Muller.m
%
wrect=Screen('Rect',wptr);
HideCursor;
%begin task one
showFix1(wptr,wrect,trial.fixptr);
Screen('Flip',wptr);
if ~isnan(trial.fixptr.sound)
   beep;
end
WaitSecs(0.5);
keyCode=NaN;
starttime=GetSecs;
while true
   drawMuller(wptr,0,trial);
   Screen('Flip',wptr);
   [kd,secs,keyCode]=KbCheck;
   if kd
      if (keyCode(KbName('LeftArrow')) && trial.dir) || (keyCode
            (KbName('DownArrow')) && ~trial.dir)
         if trial.dir
            trial.len1=min(max(trial.len1-1,0),wrect(3)-trial.ltent);
         else
            trial.len1=min(max(trial.len1-1,0),wrect(4)-trial.ltent);
         end
      elseif (keyCode(KbName('RightArrow')) && trial.dir) || ( keyCode
            ( KbName ('UpArrow')) && ~trial.dir)
```

```
            if trial.dir
               trial.len1=min(max(trial.len1+1,0),wrect(3)-trial.ltent);
            else
               trial.len1=min(max(trial.len1+1,0),wrect(4)-trial.ltent);
            end
         elseif keyCode(KbName('Return'))
            break;
         elseif keyCode(KbName('Escape'))
            rt=-1;
            return;
         end
      end
   end
   rt=GetSecs-starttime;
   Screen('Flip',wptr);
   end
```

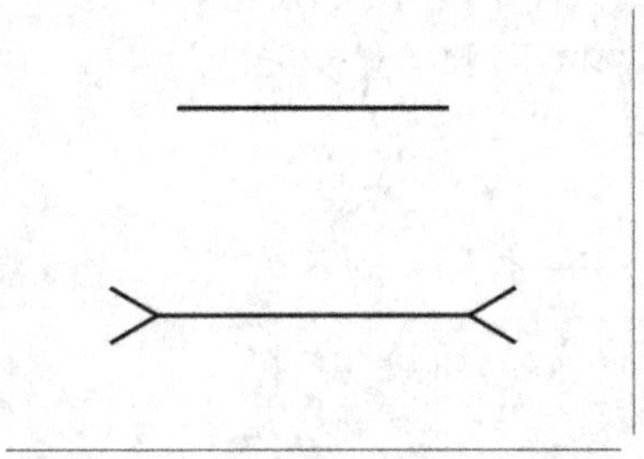

图 9-32　缪勒错觉

例 9.36　运动后效（Sprial Line）　　本示例位于 Psyfeng\Spiral_Line 目录下

一个人盯着旋转的螺旋线的中心几十秒种，然后看周围静止物体的时候，会发现这些物体开始以与螺旋线旋转的相反方向扭曲，这种运动后效叫做螺旋后效。本示例程序只有一个主程序文件 Spiral_Line.m，通过鼠标左右键可以改变螺旋线的旋转方向，通过键盘上的上下键可以控制螺旋线螺旋转的速度，通过 Esc 键退出演示（见图 9-33）。

```
%Spiral_Line.m
%
clear
Screen('Preference', 'SkipSyncTests', 1);
Screen('Preference','DefaultFontSize',20);
KbName('UnifyKeyNames');
[wptr wrect]=Screen('OpenWIndow',max(Screen('Screens')),0);
Screen('BlendFunction', wptr,GL_SRC_ALPHA, GL_ONE_MINUS_SRC_ALPHA);
r=min(wrect(3),wrect(4))/2;
[cx,cy]=RectCenter(wrect);
t = 0 : 0.1: pi*2*30;%螺旋线圈数
i=0;
s=.02; %收缩速率
lw=4; %线宽
delta=0.5; %角度变化幅度
clockwise=false; %旋转方向
while true
   [x,y,buttons]=GetMouse(wptr);
   if buttons(1)
      clockwise=true;
```

```
    elseif buttons(3)
        clockwise=false;
    end
    [kd secs keyCode]=KbCheck;
    if kd
        if keyCode(KbName('uparrow'))
            delta=delta+0.01;
            if delta>2.0
                delta=2.0;
                beep;
            end
        elseif keyCode(KbName('downarrow'))
            delta=delta-0.01;
            if delta<0;
                delta=0;
                beep;
            end
        elseif keyCode(KbName('escape'))
            break;
        end
    end
    while KbCheck ;end

    x = exp(-t*s) .* cos(t+i)*r;
    y = exp(-t*s) .* sin(t+i)*r;
    x=x+cx;
    y=y+cy;
    Screen('DrawLines',wptr,[x;y],lw,255,[],1);
    Screen('DrawLines',wptr,[x(2:end);y(2:end)],lw,255,[],1);
    DrawFormattedText(wptr,'鼠标左键:顺时针\n    右键:逆时针\n上下键:速度\nESC:
                                                  退出',0,0,255,[],[],[],1.2);
    Screen('Flip',wptr);
    if clockwise
        i=i+delta;
    else
        i=i-delta;
    end
end
KbWait;
sca;
```

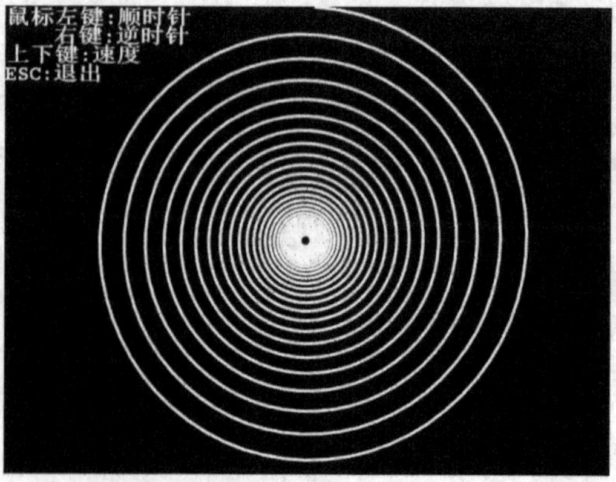

图 9-33　螺旋后效

例 9.37　决策过程（MouseLab）　　本示例位于 Psyfeng\MouseLab 目录下

本示例演示了与 MouseLab 具有同样功能可用于揭示决策过程的实验程序，经常用于财务分析、消费者决策等领域的研究，其核心是对于决策者在信息采集过程中的行为进行过程跟踪。需要访问的信息，决策者将鼠标指针置于信息框上，将显示相应的信息，但鼠标指针移出信息框时，信息框将关闭。程序会自动记录打开和关闭信息框的时间，时间差即为浏览该信息所用的时间，只需编辑实验配置文件即可完成不同决策内容的实验。另外还提供了回放功能的程序，调取记录的数据文件即可回放决策者的决策过程。

程序文件结构图：

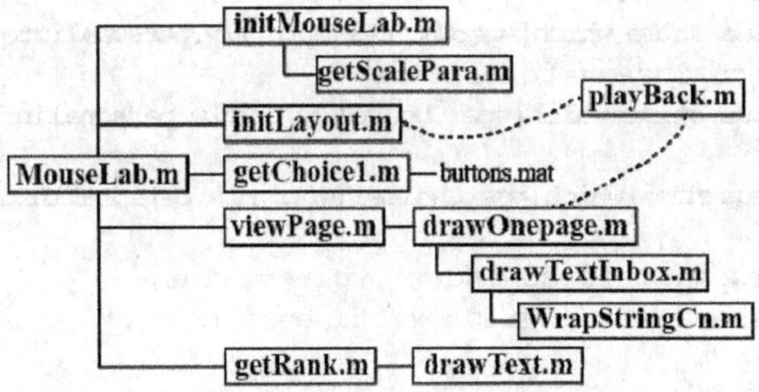


```
%MouseLab.m

clc
[f, p] = uigetfile({'*.txt','实验配置文件 (*.txt)'},'选择实验配置文件...');
if ~f
   return
end
filename = fullfile(p, f);
if ~exist(filename,'file')
   error(['无法找到文件:' filename]);
end
i=0;
while true
   i=i+1;
   fn=['results\result ' num2str(i) '.txt'];
   if ~exist(fn,'file')
      break;
   end
end
fid=fopen(fn,'w');
Screen('Preference', 'Verbosity',0);
Screen('Preference', 'SkipSyncTests', 1);
Screen('Preference','DefaultFontSize',12);
Screen('Preference','DefaultFontStyle',1);
Screen('Preference','DefaultFontName','Arial');
scr=max(Screen('Screens'));
[wptr wrect]=Screen('OpenWindow',scr,0);
mlw=initMouseLab(filename);
mlw=initLayout(mlw,wrect(3),wrect(4),10,10);
%Screen('TextFont',wptr, 'Times New Roman');
Screen('TextSize',wptr, 20);
%%

Screen('FrameRect',wptr,255,GrowRect(wrect,-10,-10),3);
DrawFormattedText(wptr,double(mlw.expname),'center',15,255);
```

```
DrawFormattedText(wptr,mlw.welcome,'center',80,255,[],[],[],1.3);
DrawFormattedText(wptr,'点击鼠标继续','center',wrect(4)-100,[255,0,0]);
Screen('Flip',wptr);
ShowCursor(0);
GetClicks;
totalitems=length(mlw.personalinfo);
%%
curindex=1;
while true
    if curindex<=length(mlw.personalinfo)
        if curindex==1
            [value stime which]=getChoice1(wptr,mlw.personalinfo(curindex),true,false);
        elseif curindex==totalitems
            [value stime which]=getChoice1(wptr,mlw.personalinfo(curindex),false,true);
        else
            [value stime which]=getChoice1(wptr,mlw.personalinfo(curindex),false,false);
        end
        mlw.personalinfo(curindex).value=value;
        mlw.personalinfo(curindex).time=stime;
    end
    if which==1
        curindex=curindex-1;
    elseif which==2
        curindex=curindex+1;
    elseif which==3
        break;
    end
end
for i=1:length(mlw.personalinfo)
    fprintf(fid,'%s\t%s\t%.2f\n',mlw.personalinfo(i).name,mlw.
         personalinfo(i).option{logical(mlw.personalinfo(i).value)},
         mlw.personalinfo(i).time);
end
Screen('TextSize',wptr, 12);

%Screen('FrameRect',wptr,255,mlw.rects');
tic
for i=1:mlw.pagenums
    mlw=viewPage(wptr,mlw,i,fid);
    if mlw.ranktype==1
        [value stime]=getRank(wptr,mlw);
        fprintf(fid,['Rank' num2str(i) '\t%d\t%f\n'],value,stime);
    end
end
if mlw.ranktype==2
    [value stime]=getRank(wptr,mlw);
    fprintf(fid,'Rank\t%d\t%f\n',value,stime);
end
fclose(fid);
Screen('Flip',wptr);
Screen('TextSize',wptr, 20);
Screen('FrameRect',wptr,255,GrowRect(wrect,-10,-10),3);
DrawFormattedText(wptr,[mlw.thanks '\n\n\n\n本实验程序由苏州大学冯成志开发\n版
    权归开发者所有\nfengchengzhi@suda.edu.cn'],'center',80,255,[],[],[],1.3);
DrawFormattedText(wptr,'点击鼠标结束实验','center',wrect(4)-100,[255,0,0]);
Screen('Flip',wptr);
```

```
GetClicks;
sca;
[~,name,ext]=fileparts(fn);
save(['results\' name '.mat'],'mlw');
return
```

```
function mlw=initMouseLab(filename)
%initMouseLab.m

mlw.expname=getScalePara(filename,'expname');
mlw.welcome=getScalePara(filename,'welcome');
personalinfo=textscan(getScalePara(filename,'personalinfo'),'%s','Delimiter','|');
personalinfo=personalinfo{1};
for i=1:length(personalinfo)
    temp=textscan(getScalePara(filename,personalinfo{i}),'%s','Delimiter','|');
    temp=temp{1};
    if str2double(temp{1})+4>length(temp)
        error(['个人信息【' personalinfo{i} '】参数设置错误']);
        return
    end
    mlw.personalinfo(i).name=personalinfo{i};
    mlw.personalinfo(i).dir=str2double(temp{3});
    mlw.personalinfo(i).stem=temp{4};

    for j=1:str2double(temp{1})
        mlw.personalinfo(i).option{j}=temp{j+4};
    end
    mlw.personalinfo(i).value=zeros(1,j);
    mlw.personalinfo(i).type=str2double(temp{2});
end
mlw.pagenums=str2double(getScalePara(filename,'pages'));
mlw.prc=[];
mlw.pages=[];
mlw.button=[];
mlw.header=[];
mlw.instruction=[];
for i=1:mlw.pagenums
    temp=getScalePara(filename,['p' num2str(i) ' instruction']);
    mlw.instruction=[mlw.instruction {temp}];
    temp=textscan(getScalePara(filename,['page' num2str(i)]),'%s','Delimiter','|');
    temp=str2double(temp{1})';
    mlw.prc=[mlw.prc;temp];
    temp=textscan(getScalePara(filename,['p'num2str(i) ' header']),'%s','Delimiter','|');
    temp=temp{1}';
    for j=1:2:numel(temp)
        if str2double(temp{j})>2 || str2double(temp{j})<1
            error('无效的参数设置，只能取值为 1 或 2，1 表示文本，2 表示图片！');
        elseif str2double(temp{j})==2
            if ~exist(temp{j+1},'file')
                error(['文件' temp{j+1} '不存在!']);
            end
        end
    end
    if length(temp)<mlw.prc(i,2)*2
        error('设置参数错误，列标头数量有误！');
    end
```

```
    mlw.header=[mlw.header;{temp}];
    for j=1:mlw.prc(i,1) %行
        for k=1:mlw.prc(i,2) %列
            temp=textscan(getScalePara(filename,['p' num2str(i) ' ' num2str(j)
                ' ' num2str(k)]),'%s','Delimiter','|');
            temp=temp{1}';
            for l=1:2:numel(temp)
                if str2double(temp{l})>2 || str2double(temp{l})<1
                    error('无效的参数设置，只能取值为 1 或 2，1 表示文本，2 表示图片！');
                elseif str2double(temp{l})==2
                    if ~exist(temp{l+1},'file')
                        error(['文件' temp{l+1} '不存在!']);
                    end
                end
            end
            if length(temp)<4
                error('设置参数错误，每个选项应该有 4 项数据！');
            end
            mlw.pages=[mlw.pages; temp];
        end
    end
    temp=textscan(getScalePara(filename,['p' num2str(i) ' button']),'%s','Delimiter','|');
    temp=temp{1}';
    for j=1:2:numel(temp)
        if str2double(temp{j})>2 || str2double(temp{j})<1
            error('无效的参数设置，只能取值为 1 或 2，1 表示文本，2 表示图片！');
        elseif str2double(temp{j})==2
            if ~exist(temp{j+1},'file')
                error(['文件' temp{j+1} '不存在!']);
            end
        end
    end
    if length(temp)<mlw.prc(i,2)
        error('按钮参数数量错误！');
    end
    mlw.button=[mlw.button;{temp}];
end
tmp=textscan(getScalePara(filename,'ranks'),'%s','Delimiter','|');
tmp=tmp{1};
mlw.ranktype=str2double(tmp{1});
mlw.rankitems=tmp{2};
mlw.ranktitle=tmp{3};
mlw.rankleftlabel=tmp{4};
mlw.rankrightlabel=tmp{5};
mlw.thanks=getScalePara(filename,'thanks');
```

```
function mlw=initLayout(mlw,width,height,hdis,vdis)
%initLayout.m

mlw.rects=[];
mlw.wholerect=[];
rect=CenterRect(ScaleRect([0 0 width height],0.6,0.6),[0 0 width height]);
for i=1:mlw.pagenums
    rects=ArrangeRects((mlw.prc(i,1)+2)*mlw.prc(i,2),[0 0 ceil
            (RectWidth(rect)/mlw.prc(i,2)) floor(RectHeight(rect)/
            (mlw.prc(i,1)+2))],rect);
```

```
    for j=1:size(rects,1)
        rects(j,:)=InsetRect(rects(j,:),hdis,vdis);
    end
    mlw.rects=[mlw.rects; [rect(1) 10 rect(3) rect(2)-vdis];rects];
    mlw.wholerect=[mlw.wholerect;rect];
end
```

```
function [value,stime]=getRank(wptr,mlw)
%getChoice.m
%

wrect=Screen('Rect',wptr);
r1=[0 0 wrect(3)/2 30];
r1=CenterRect(r1,wrect);
r1=OffsetRect(r1,0,50);
rs=ArrangeRects(length(mlw.rankitems),[0 0 5 30],r1);
Screen('FillRect',wptr,[169 169 169],UnionRect(rs(1,:),rs(end,:)));
Screen('FrameRect',wptr,0,rs');
%drawStim2(wptr,10,0,[0,0,0],x1,y);
DrawFormattedText(wptr,mlw.ranktitle,'center','center',255);
tb=Screen('TextBounds',wptr,mlw.rankleftlabel);
lr=rs(1,:);
rr=rs(end,:);
DrawFormattedText(wptr,mlw.rankrightlabel,rr(3)+5,rr(2),[255 0 0]);
DrawFormattedText(wptr,mlw.rankleftlabel,lr(1)-tb(3)-5,lr(2),[0 255 0]);
for i=1:size(rs,1)
    drawText(wptr,mlw.rankitems(i),[0 0 255],rs(i,:));
end
Screen('Flip',wptr,0,1);
tstart=GetSecs;
[x,y,buttons]=GetMouse(wptr); %#ok<*ASGLU>
while any(buttons)
    [x,y,buttons]=GetMouse(wptr);
end
value=0;
while (~any(buttons) || ~value)
    [x,y,buttons]=GetMouse(wptr);
    DrawFormattedText(wptr,mlw.ranktitle,'center','center',255);
    for i=1:size(rs,1)
        if IsInRect(x,y,rs(i,:))
            Screen('FillRect',wptr,[169 169 169],UnionRect(rs(1,:),rs(end,:)));
            Screen('FrameRect',wptr,0,rs');
            for j=1:size(rs,1)
                drawText(wptr,mlw.rankitems(j),[0 0 255],rs(j,:));
            end
            Screen('FillRect',wptr,[192 192 192],rs(i,:));
            drawText(wptr,mlw.rankitems(i),[255 0 0],rs(i,:));
            Screen('Flip',wptr,0,1);
            value=i;
            break;
        else
            value=0;
        end
    end
end
Screen('FillRect',wptr,[169 169 169],UnionRect(rs(1,:),rs(end,:)));
```

```
Screen('Flip',wptr,0,1);
tend=GetSecs;
stime=tend-tstart;
```

```
%playBack.m
%
clc
clear all
[fn pn]=uigetfile({'*.mat','Matlab mat file'},'选择回放文件','results\');
if ~fn
   return
end
load(fullfile(pn,fn))
Screen('Preference', 'Verbosity',0);
Screen('Preference', 'SkipSyncTests', 1);
Screen('Preference','DefaultFontSize',12);
Screen('Preference','DefaultFontStyle',1);
Screen('Preference','DefaultFontName','Arial');
scr=max(Screen('Screens'));
[wptr wrect]=Screen('OpenWindow',scr,0);
mlw=initLayout(mlw,wrect(3),wrect(4),10,10);
for i=1:length(mlw.event)
    tmp=mlw.event{i};
    for j=1:size(tmp,1)
        if tmp(j,1)==1
           drawOnepage(wptr,mlw,i,255,2,[90 90 90],tmp(j,2),[255 0 0]);
           Screen('Flip',wptr);
           pause(tmp(j+1,3)-tmp(j,3));
        elseif tmp(j,1)==2
           drawOnepage(wptr,mlw,i,255,2,[90 90 90],0,[255 0 0]);
           Screen('Flip',wptr);
           pause(tmp(j+1,3)-tmp(j,3));
        elseif tmp(j,1)==3
           Beeper(1000);
        end
    end
end
sca
```

运行 MouseLab 时，所编制的配置中 expname、welcome、personalinfo、pages、ranks 和 thanks 等是固定的关键词，不可变更。具体参数设置如下：

- expname 用于指定实验的名称。
- welcome 用于指定实验的指导语。
- personalinfo 用于指定所包含的个人信息字段，必须用英文字符，多个字段内容时中间用英文状态下的分隔符"|"隔开；对于指定各个字段还需要分别指定各个字段的选项信息，其格式如下：选项数|选项类型|排列方式|选项 1|选项 2|…….
- pages 用于指定操作的页面数，它决定后面有关页面参数的多少。每个页面均需包含以下参数：page[n]、p[n]_instruction、p[n]_header、p[n1]_[n2]_[n3]、p[n]_button。其中 page[n]的格式为：

行数|列数；p[n]_header、p[n1]_[n2]_[n3]和 p[n]_button 的格式为：1 或 2|文本或图片名|1 或 2|文本或图片名|……，与列数对应；p[n1]_[n2]_[n3]的含义如下：n1 表示页面序号，n2 表示行序号，n3 表示列序号。

- ranks 用于设置页面操作完成后的等级评定，如果其首个参数等于 1，则表示每个页面操作完成后均要进行等级评定，如果首个参数为 2，则表示只在所有页面操作完成后进行一次等级评定。其格式如下：1 或 2|选项数字（0~9）|左侧标签|右侧标签。
- thanks 用于设置实验结束语，中间可以使用格式化换行符“\n”。

Demo.txt 配置文件内容如下：

```
    expname =任务决策
    welcome=本调查主要目的在于了解您的决策情况，您的数据仅供实验分析使用，不涉及个人隐私\n
请如实作答，谢谢您的参与！
    personalinfo=sex|grade|age
    sex=2|1|1|性别|男|女
    grade=4|1|1|年级|大一|大二|大三|大四
    age=4|1|1|年龄|19-20|20-22|22-24|>24
    pages=2
    page1=3|3
    p1_instruction=您好，欢迎参加此实验。请想像一下您正在寻找工作，下面我们给出了 3 种具体
工作和 3 种工作特性，其中列表示工作，行表示工作特性。每种工作特性都有五种程度：最好，比较好，一
般，比较差，最差。但这些信息是隐藏的，您需要移动鼠标点击相应的单元格才能看到，当鼠标点击另一单
元格时，先前显示的内容立刻又被隐藏，您可以点击相应的单元格查看相关信息，最后选择一种比较理想的
工作。
    p1_header=1|工作 A|1|工作 B|1|工作 C
    p1_1_1=1|工作安全性|1|一般
    p1_1_2=1|工作安全性|1|很好
    p1_1_3=1|工作安全性|1|差
    p1_2_1=1|学习发展|1|很好
    p1_2_2=1|学习发展|1|差
    p1_2_3=1|学习发展|1|一般
    p1_3_1=1|薪资待遇|1|差
    p1_3_2=1|薪资待遇|1|一般
    p1_3_3=1|薪资待遇|1|很好
    p1_button=1|选择工作 A|1|选择工作 B|1|选择工作 C
    page2=3|4
    p2_instruction=如果现在您除了可以在这三份工作中选择其一，还可以选择继续寻找其他工作，
那么您会如何抉择？
    p2_header=1|工作 A|1|工作 B|1|工作 C|1|不在这三个工作里选择，查找其他工作
    p2_1_1=1|工作安全性|1|一般
    p2_1_2=1|工作安全性|1|很好
    p2_1_3=1|工作安全性|1|差
    p2_1_4=1|继续查看其他工作|1|不在这三个工作里选择，查找其他工作
    p2_2_1=1|学习发展|1|很好
    p2_2_2=1|学习发展|1|差
    p2_2_3=1|学习发展|1|一般
    p2_2_4=1|继续查看其他工作|1|不在这三个工作里选择，查找其他工作
    p2_3_1=1|薪资待遇|1|差
    p2_3_2=1|薪资待遇|1|一般
    p2_3_3=1|薪资待遇|1|很好
```

```
p2_3_4=1|继续查看其他工作|1|不在这三个选项里选择，查找其他工作
p2_button=1|选择工作A|1|选择工作B|1|选择工作C|1|不在这三个工作里选择，继续查找其他工作
ranks=1|1234567|你做出判断的难易程度如何？|容易|困难
thanks=欢迎参加本实验！\n2013-3-28
```

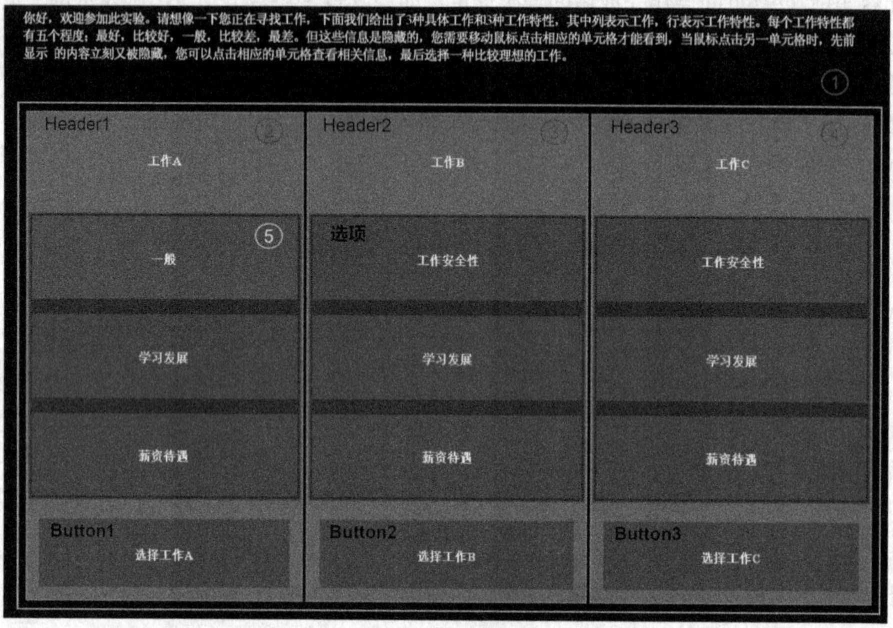

图 9-34 MouseLab 操作界面

实验结束后会将结果存储在 results 目录下：

其格式如下：

项目	内容	时间（秒）	解释
sex	男	3.53	%做出选择所用时间
grade	大三	4.81	%做出选择所用时间
age	22-24	3.06	%做选择所用时间
PageStart	1	0.36	%第 1 个页面开始，时间为起始时间
Mouseover	15	2.43	%鼠标进入第 15 个区域，参见图 9-34
Mouseout	15	2.51	%鼠标移出第 15 个区域，此处时间为从进入当前页面至移出时的时间
Mouseover	12	2.58	
Mouseout	12	2.98	
Mouseover	8	3.05	
Mouseout	8	3.94	
Mouseover	5	4.22	
Mouseout	5	10.20	
Mouseover	9	10.27	
Mouseover	15	10.38	
Mouseover	16	10.47	
Mouseout	16	10.82	
Mouseover	15	10.90	
Selected	15	11.40	%所选中的选项区域，即选项工作 B
PageEnd	1	11.40	%第 1 个页面操作结束
Rank1	5	1.232155	%对第 1 个页面操作的评价结果和用时

```
PageStart     2       12.80          %第 2 个页面开始以及进入第 2 个页面时的累积时间
Mouseover     12      12.80          %鼠标进入第 12 个区域
Mouseout      12      13.23
Mouseover     16      13.40
Mouseout      16      13.49
Mouseover     20      13.57
Mouseout      20      13.65
Mouseover     21      13.73
Selected      21      15.48
PageEnd       2       15.48
Rank2         6       1.166554
```

9.10　语音反应编程

例 9.38　返回抑制　　　本示例位于 Psyfeng\IOR 目录下

返回抑制是指对原先注意过的对象或位置进行反应时，绩效下降的现象。返回抑制最初由 Posner 和 Cohen 在研究注意定向时发现，通过线索将注意引导至目标将要出现的位置或其他位置时，对目标的反应表现为早期的易化和晚期的抑制现象。两种效应常以 300ms 的 SOA 作为分界点，即当线索呈现到目标出现之间的 SOA 小于 300ms 左右时，被试检测出现在线索化位置上的目标比检测非线索化位置上的目标反应更快（易化效应）；当 SOA 大于 300ms 时，结果出现了反转，被试检测出现在线索化位置上的目标比检测非线索化位置上的目标反应更慢（抑制效应），Posner 和 Cohen 将该抑制效应称为返回抑制(inhibition of return，IOR)。

程序文件结构图：

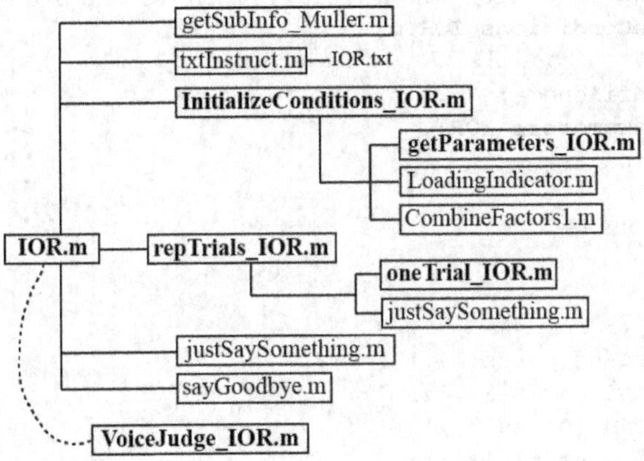


```
%IOR.m
%
clear all;
global mainfilename;
mainfilename=mfilename;
subinfo=getSubInfo_Muller;
if isempty(subinfo)
    return;
else
    if exist([mainfilename subinfo{1} '.mat'],'file')
        resp=questdlg({['The file "' mainfilename subinfo{1} '.mat" already exists']; ...
            'do you want to overwrite it?'},...
            'duplicate warning','Cancel','Ok','Ok');
```

```
        if ~strcmp(resp,'Ok')
            clc;
            disp('Experiment aborted!')
            return
        end
    end
end
KbName('UnifyKeyNames');
try
    [wptr,trials]=initializeConditions_IOR(str2double(subinfo{1}));
    if isnan(wptr)
        sca;
        return;
    end
    txtInstruct(wptr,[mainfilename '.txt']);
    results=repTrials_IOR(wptr,trials,str2double(subinfo{5}),48);
    justSaySomething(wptr,'Please run the voicejudge program to
            check the correctness of each response...');
    save([mainfilename subinfo{1}],'results');
    sayGoodbye(wptr);
    sca;
    ShowCursor;
catch
    psychrethrow(psychlasterror);
    sca;
    ShowCursor;
end
```

```
function [wptr,conditions]=initializeConditions_IOR()
%initializeConditions_IOR.m
%
global mainfilename;
paras=getParameters_IOR;
if isempty(paras)
    wptr=NaN;
    conditions=NaN;
    return;
end

distance=sscanf(paras{1},'%f ');
radius=sscanf(paras{2},'%f ');
radius1=sscanf(paras{3},'%f');
soa=sscanf(paras{4},'%f');
replication=str2double(paras{5});
wsize=str2double(paras{6});

fid=fopen([mainfilename '.ini'],'w');
if fid~=-1
    for i=1:length(paras)
        fprintf(fid,'%s\r\n',paras{i});
    end

    fclose(fid);
end
if wsize==0
    wsize=1;
```

```
end

[sw,sh]=Screen('WindowSize',0);
wptr=Screen('OpenWindow',0,255,CenterRect([0 0 sw/wsize sh/wsize],[0 0 sw sh]));
fix=fixation(wptr,'+');
conditions=struct([]);
treatments=CombineFactors1(soa,[1 2 3 4],[1 2 3 4]);

wrect=Screen('Rect',wptr);
[cx cy]=RectCenter(wrect);
ovals=[cx-distance-radius,cx-radius,cx+distance-radius,cx-radius];
ovals(2,:)=[cy-radius,cy-distance-radius,cy-radius,cy+distance-radius];
ovals(3,:)=[cx-distance+radius,cx+radius,cx+distance+radius,cx+radius];
ovals(4,:)=[cy+radius,cy-distance+radius,cy+radius,cy+distance+radius];
xys=[cx-distance,cy;cx,cy-distance;cx+distance,cy;cx,cy+distance];
r1=[0 0 radius1*2 radius1*2];
for i=1:size(treatments,1)
   %[length angle ltentancles,inner,position]
   conditions(i,1).ovals=ovals;
   conditions(i,1).cuerect=CenterRectOnPoint(r1,xys(treatments(i,2),1),
         xys(treatments(i,2),2));
   conditions(i,1).targetrect=CenterRectOnPoint(r1,xys(treatments(i,3),1),
         xys(treatments(i,3),2));
   conditions(i,1).soa=treatments(i,1);
   conditions(i,1).cuepos=treatments(i,2);
   conditions(i,1).targetpos=treatments(i,3);
   conditions(i,1).fixptr=fix;
   LoadingIndicator(wptr,i/size(treatments,1)*100,'Initializing Completed.');
   Screen('Flip',wptr);
end
conditions=Shuffle(repmat(conditions,replication,1));
end
```

```
function oneTrial_IOR(wptr,trial)
%oneTrial_IOR.m
%
wrect=Screen('Rect',wptr);
HideCursor;
showFix1(wptr,wrect,trial.fixptr);
Screen('FrameOval',wptr,0,trial.ovals,3);
if ~isnan(trial.fixptr.sound)
   beep;
end
Screen('Flip',wptr,0,1);
WaitSecs(0.5);
Screen('FillOval',wptr,0,trial.cuerect);
Screen('Flip',wptr);
WaitSecs(trial.soa/1000);
Screen('FrameOval',wptr,0,trial.ovals,3);
if ~isnan(trial.fixptr.sound)
   beep;
end
Screen('FillOval',wptr,0,trial.targetrect,2);
Screen('Flip',wptr);
end
```

```
%Voicejudge_IOR.m
%
clear all
```

```
[file path]=uigetfile({'ior*.mat','IOR 实验数据文件(*.mat)'},'请选择数据文件');
if file==0
   return;
end
load(fullfile(path,file));
InitializePsychSound;
phandle=PsychPortAudio('Open',[],1,0,results(1).freq,1);
startstyle=0;
if isfield(results,'correct')
   answer=questdlg('开始方式','语音判断','接上次开始','重新开始','接上次开始');
   if strcmp(answer,'重新开始')
      startstyle=1;
   else
      startstyle=2;
   end
end
for i=1:length(results)
   if startstyle>0
      if ~isempty(results(i).correct) && startstyle==2
         continue;
      end
   end
   questdlg(['请仔细听第' num2str(i) '题'],'语音判断','Ok','Ok');
   PsychPortAudio('FillBuffer',phandle,results(i).audiodata);
   PsychPortAudio('Start',phandle);
   PsychPortAudio('Stop',phandle,1);
   pos='';
   switch results(i).targetpos
      case 1
         pos='左';
      case 2
         pos='上';
      case 3
         pos='右';
      case 4
         pos='下';
   end
   answer=questdlg(['正确回答应为:' pos],'语音判断','正确','错误','中止','正确');
   if strcmp(answer,'中止')
      break;
   end
   if strcmp(answer,'正确')
      results(i).correct=1;
   else
      results(i).correct=0;
   end
end
PsychPortAudio('Close',phandle);
save(fullfile(path,file),'results');
```

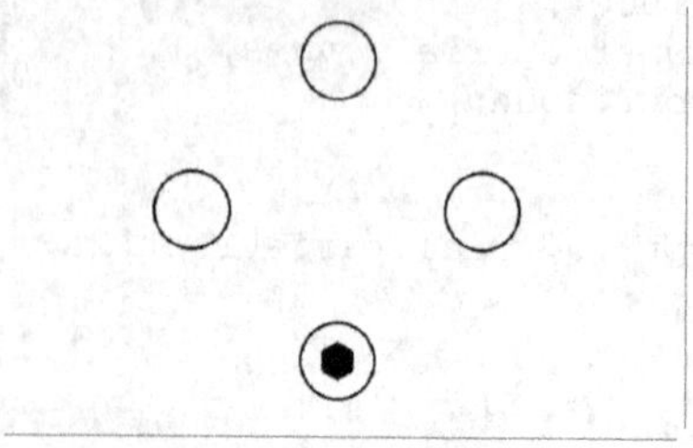

图 9-35　返回抑制

9.11　游戏编程

例 9.39　迷宫　　本示例位于 Psyfeng\Maze 目录下

该程序包含两个文件：一个为 mazecreater.m 用于创建不同格式的迷宫，并将格式文件保存在数据文件中；一个为 maze.m，调用由 mazecreater 创建的迷宫格式，显示迷宫和接收用户的操作，已经建立的格式文件有 mazelayout.mat，mazelayout1.mat 和 mazelayout2.mat。

```
function mazecreater(rows,cols)
%mazecreater.m
%
if nargin<1
   rows=20;
   cols=30;
elseif nargin<2
   if ischar(rows)
      rows=str2double(rows);
   end
   cols=rows;
elseif nargin==2
   if ischar(cols)
      cols=str2double(cols);
   end
   if ischar(rows)
      rows=str2double(rows);
   end
end

oldEnableFlag = Screen('Preference', 'SuppressAllWarnings', 1);
Screen('Preference', 'TextRenderer', 1);
Screen('Preference', 'TextAntiAliasing', 1);
oldEnableFlag = Screen('Preference', 'TextAlphaBlending', 0);
[wptr,wrect]=Screen('OpenWindow',0,255);
Screen('TextFont',wptr, 'Times New Roman');
Screen('TextSize',wptr, 20);
Screen('BlendFunction', wptr, GL_SRC_ALPHA, GL_ONE_MINUS_SRC_ALPHA);
width=floor(wrect(3)/cols);
height=floor((wrect(4)-100)/rows);
left=(wrect(3)-cols*width)/2;
top=(wrect(4)-100-height*rows)/2;
rects=struct([]);
for i=1:rows
   for j=1:cols
      rects(i,j).rect=[(j-1)*width+left, (i-1)*height+top,j*width+left,i*height+top];
      rects(i,j).status=1; %1=wall,2=pass,3=start,4=end,5=dead
      rects(i,j).txt=' ';
   end
end
funareas=8;
funrects=NaN*ones(4,funareas);
funbuttons=struct([]);
buttontxt={'墙壁','通道','起点','终点','死胡同','全为通道','随机化','退出'};
```

```
for i=1:funareas
    funrects(:,i)=[(i-1)*floor(wrect(3)/funareas),wrect(4)-80,
            i*floor(wrect(3)/funareas),wrect(4)-10];
    funbuttons(i).rect=funrects(:,i);
    funbuttons(i).status=0;
    funbuttons(i).txt=buttontxt{i};
end
funbuttons(2).status=1;
selectedbutton=2;
colors=[128 128 128;210 210 210;0 255 0;0 0 255; 210 210 210;255 0 255;
           0 255 255;128 0 0;0 128 0;0 0 128];
for i=1:numel(rects)
    Screen('FillRect',wptr,colors(rects(i).status,:),rects(i).rect);
    Screen('FrameRect',wptr,0,rects(i).rect);
    if ~isnan(rects(i).txt)
        drawText(wptr,rects(i).txt,0,rects(i).rect);
    end
end
for j=1:funareas
    switch funbuttons(j).status
        case 0
            Screen('FillRect',wptr,colors(j,:),funbuttons(j).rect);
        case 1
            Screen('FrameRect',wptr,[128,128,128],funbuttons(j).rect);
    end
    drawText(wptr,funbuttons(j).txt,0,funbuttons(j).rect');
end
Screen('Flip',wptr,0,1);
txt='  SED';
start=[];
exited=false;
while ~exited
    [clicks,x,y,whichbutton]=GetClicks(wptr);
    for i=1:numel(rects)
        if IsInRect(x,y,rects(i).rect) && whichbutton==1
            rects(i).status=selectedbutton;
            if selectedbutton==3
                start=[mod(i-1,rows)+1 floor((i-1)/rows)+1];
            end
            rects(i).txt=txt(selectedbutton);
            Screen('FillRect',wptr,colors(rects(i).status,:),rects(i).rect);
            Screen('FrameRect',wptr,0,rects(i).rect);
            if ~isnan(rects(i).txt)
                drawText(wptr,rects(i).txt,0,rects(i).rect);
            end
            break;
        end
    end
    for i=1:funareas
        if IsInRect(x,y,funbuttons(i).rect) && whichbutton==1
            selectedbutton=i;
            if selectedbutton==6
                for j=1:numel(rects)
```

```
                rects(j).status=2;
                rects(j).txt=' ';
                Screen('FillRect',wptr,colors(rects(j).status,:),rects(j).rect);
                Screen('FrameRect',wptr,0,rects(j).rect);
                if ~isnan(rects(j).txt)
                    drawText(wptr,rects(j).txt,0,rects(j).rect);
                end
            end
            Screen('Flip',wptr,0,1);
        elseif selectedbutton==7
            for j=1:numel(rects)
                rects(j).status=randi(2);
                rects(j).txt=txt(rects(j).status);
                Screen('FillRect',wptr,colors(rects(j).status,:),rects(j).rect);
                Screen('FrameRect',wptr,0,rects(j).rect);
                if ~isnan(rects(j).txt)
                    drawText(wptr,rects(j).txt,0,rects(j).rect);
                end
            end
            Screen('Flip',wptr,0,1);
        elseif selectedbutton==8
            exited=true;
        end
        break;
    end
  end
  for i=1:funareas
      if i==selectedbutton
          funbuttons(i).status=1;
      else
          funbuttons(i).status=0;
      end
  end
  for j=1:funareas
      switch funbuttons(j).status
          case 0
              Screen('FillRect',wptr,colors(j,:),funbuttons(j).rect);
          case 1
              Screen('FillRect',wptr,255,funbuttons(j).rect);
              Screen('FrameRect',wptr,[128,128,128],funbuttons(j).rect);
      end
      drawText(wptr,funbuttons(j).txt,0,funbuttons(j).rect');
  end
  Screen('Flip',wptr,0,1);
end
filename='mazelayout';
i=1;
while exist([filename '.mat'],'file')
   filename=['mazelayout' num2str(i)];
   i=i+1;
end
if ~isempty(start)
   save(filename,'rects', 'rows', 'cols', 'colors', 'start');
end
sca;
```

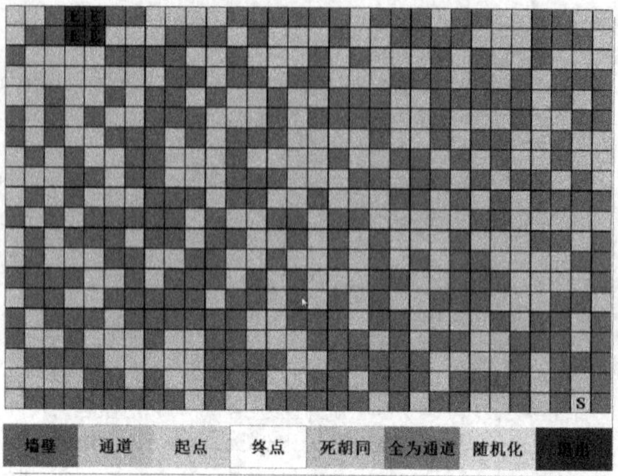

图 9-36 创建迷宫

```
function maze(filename)
%maze.m
if nargin<1
[f p]=uigetfile({'maze*.mat','Maze layout data file(*.mat)'},'请选择迷宫格式文件');
if f==0
    return;
else
    filename=fullfile(p,f);
end
end
load(filename);
oldEnableFlag = Screen('Preference', 'SuppressAllWarnings', 1);
KbName('UnifyKeyNames');
leftkey=KbName('LeftArrow');
rightkey=KbName('RightArrow');
upkey=KbName('UpArrow');
downkey=KbName('DownArrow');
esc=KbName('Escape');
[wptr,wrect]=Screen('OpenWindow',0,0);
Screen('Preference', 'TextRenderer', 1);
Screen('Preference', 'TextAntiAliasing', 1);
Screen('TextFont',wptr, 'Times New Roman');
Screen('TextSize',wptr, 20);
[success Fss]=wavread('success');
[wrong Fsw]=wavread('wrong');
cellwidth=floor(wrect(3)/cols);
cellheight=floor(wrect(4)/rows);
left=(wrect(3)-cellwidth*cols)/2;
top=(wrect(4)-cellheight*rows)/2;
txt='  SE ';
for i=1:rows
    for j=1:cols
        rects(i,j).rect=[(j-1)*cellwidth+left, (i-1)*cellheight+top,
              j*cellwidth+left,i*cellheight+top];
        rects(i,j).passed=0;
        Screen('FillRect',wptr,colors(rects(i,j).status,:),rects(i,j).rect);
    end
end
[x y]=RectCenter(rects(start(1),start(2)).rect);
Screen('DrawDots',wptr,[x y],10,[255 0 0],[],2);
```

```
Screen('Flip',wptr,0,1);
err=0;
startt=0;
oldstart=start;
history=[];
while true
   [kd secs keyCode]=KbCheck;
   if kd
      oldstart=start;
      history=[history;oldstart];
      if startt==0
         startt=GetSecs;
      end
      if keyCode(esc)
         break;
      elseif keyCode(leftkey)
         if start(2)==1
            beep;
         elseif rects(start(1),start(2)-1).status==1
            beep;
         else
            start(2)=start(2)-1;
         end
      elseif keyCode(upkey)
         if start(1)==1
            beep;
         elseif rects(start(1)-1,start(2)).status==1
            beep;
         else
            start(1)=start(1)-1;
         end
      elseif keyCode(rightkey)
         if start(2)==cols
            beep;
         elseif rects(start(1),start(2)+1).status==1
            beep;
         else
            start(2)=start(2)+1;
         end
      elseif keyCode(downkey)
         if start(1)==rows
            beep;
         elseif rects(start(1)+1,start(2)).status==1
            beep;
         else
            start(1)=start(1)+1;
         end
      end
      [x y]=RectCenter(rects(oldstart(1),oldstart(2)).rect);
      Screen('DrawDots',wptr,[x y],10,colors(rects(oldstart(1),
            oldstart(2)).status,:),[],2);
      [x y]=RectCenter(rects(start(1),start(2)).rect);
      Screen('DrawDots',wptr,[x y],10,[255 0 0],[],2);
      Screen('Flip',wptr,0,1);
      switch rects(start(1),start(2)).status
         case 4
            sound(success,Fss);
            history(:,3)=0;
```

```
                for i=1:size(history,1)
                    [x y]=RectCenter(rects(history(i,1),history(i,2)).rect);
                    if rects(history(i,1),history(i,2)).passed
                        rects(history(i,1),history(i,2)).passed=
                             1-rects(history(i,1),history(i,2)).passed;
                        Screen('DrawDots',wptr,[x y],10,[255 255 255],[],2);
                    else
                        rects(history(i,1),history(i,2)).passed=
                             1-rects(history(i,1),history(i,2)).passed;
                        Screen('DrawDots',wptr,[x y],10,[255 0 0],[],2);
                    end
                    Screen('Flip',wptr,0,1);
                end
                endt=GetSecs;
                Screen('TextBackgroundColor',wptr,0);
                DrawFormattedText(wptr,['你成功到达目的地!\n进入死胡同次数:
                     ' num2str(err) '\n共用时:' num2str(endt-startt)
                     '秒\n按任意键退出! '],'center','center',255,0,0,0,1.5);
                Screen('Flip',wptr);
                KbWait;
                break;
            case 5
                err=err+1;
                sound(wrong,Fsw);
        end
        while KbCheck ; end
    end
end
sca;
end
```

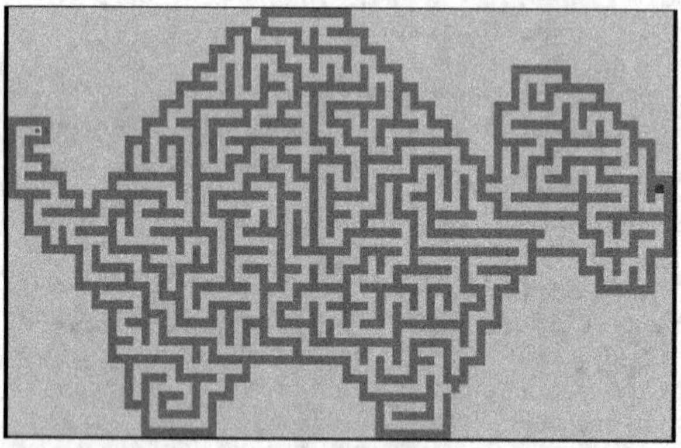

图 9-37　迷宫

例 9.40　虚拟星期（virtual week）　　　本示例位于 Psyfeng\Virtual_Week 目录下

模拟星期范式由 Rendell 等人提出（见图 9-39），路径一圈代表一天（上面印有时间点），共 5 天（周一至周五），每天从“start card”开始，点击后会在屏幕下方呈现当天需要完成的两件非规律性前瞻记忆，然后点击“start”按钮开始。在点击“骰子”图标掷出 6 点骰子的前提下，小企鹅开始沿路径行进与所掷出的骰子数对应的格数并开始计时，当小企鹅越过或正好停在字母“E”上时，被试需要点击事件卡（event card）来完成背景任务，任务内容以选择题的形式呈现在屏幕下方，被试可根据自己的实际情况或偏好选择某项，选项不同，随后出现的骰子数要求也不同（具体分为三类：奇/偶数，任意值，特定值）。如果没有背景任务，则被试需通过掷骰子使小企鹅行进（骰子数要求随机确定），直至小企鹅回到出发点。如果所掷出的骰子数不符合要求，则需重复掷骰子，直到合乎要求小企鹅才会向前行进，这样来模拟生活中的干扰因素。除在 Start Card 中所说的两件非规律性前瞻任务，还有嵌入在背景任务中的四件规律性前瞻任务、两件非规律性前瞻任务和两件时间确认任务。为了有效记录被试核查时间的频率，在屏幕中央呈现时钟按钮，只有点击后才能看到计时时间，点击频率可反映对时间确认任务的监控状况。

程序包含两个文件，一个为创建虚拟星期布局的 vwcreater.m，另一个为程序主文件 VirtualWeek.m。

程序文件结构图：

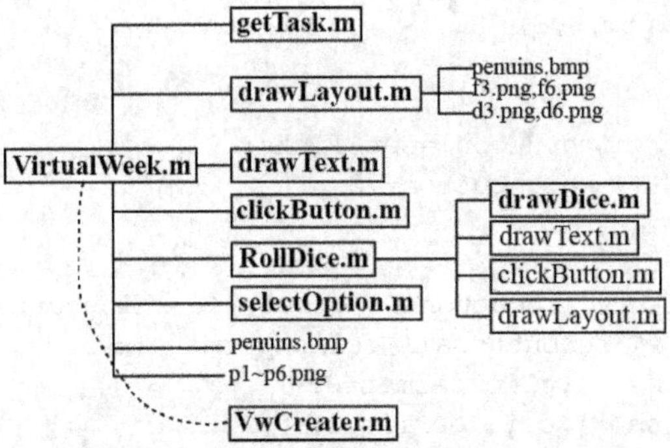


```
function VirtualWeek(datafile)
%VirtualWeek.m
%
global rects funbuttons fid mytimer begintime;
Screen('Preference', 'SkipSyncTests', 1);
fid=fopen('result.txt','w+');
[wptr,wrect]=Screen('OpenWindow',0,128);
Screen('TextSize',wptr,12);
Screen('TextFont',wptr,'Times New Roman');
funbuttons(2).clickpermit=1;
penuins=imread('penuins.bmp');
penuinstex=Screen('MakeTexture',wptr,penuins);
dicetex=NaN*ones(1,6);
for i=1:6
   img=imread(['p' num2str(i) '.png']);
   dicetex(i)=Screen('MakeTexture',wptr,img);
end

%Screen('DrawText',wptr,'take asthma medication at 11 a.m. and 9 p.m.',0,wrect(4)-90);
if nargin<1
   wd=GetTask;
else
   wd=GetTask(datafile);
end
optionsarea=[0 wrect(4)-90 wrect(3) wrect(4)-10];
curday=1;
load(wd(curday).layoutname);
funbuttons(2).clickpermit=1;
delete(timerfindall);
mytimer = timer('TimerFcn',@(wptr,rect)showTime,'Period',1);
mytimer.TimerFcn={@showTime,wptr,funbuttons(6).rect};
mytimer.ExecutionMode='singleShot';
if length(funbuttons)<6
```

```
    error('There are errors in the layout, please check the layout!');
    return;
end
drawLayout(wptr,rects,funbuttons);
curevent=1;
curgrid=0;
dicenumber=6;
Screen('FillRect',wptr,[200 200 200],optionsarea);
drawText(wptr,wd(curday).dayname,[255,0,0],optionsarea);
Screen('Flip',wptr,0,1);
begintime=0;
while true
    [clicks,x,y,whichbutton]=GetClicks;
    if clicks>1 && whichbutton==3
        break;
    end
    if IsInRect(x,y,funbuttons(1).rect) && whichbutton==
            1 && funbuttons(1).clickpermit %start
        funbuttons(1).clickpermit=0;
        funbuttons(3).clickpermit=1;
        funbuttons(5).clickpermit=1;
        funbuttons(6).clickpermit=1;
        clickButton(wptr,funbuttons(1).txt,funbuttons(1).rect,0.2);
        drawLayout(wptr,rects,funbuttons);
        Screen('FillRect',wptr,[200 200 200],optionsarea);
        switch dicenumber
            case 7
                Screen('FillRect',wptr,[200 200 200],optionsarea);
                drawText(wptr,'掷任意点数继续！',[255,0,0],optionsarea);
            case 8
                Screen('FillRect',wptr,[200 200 200],optionsarea);
                drawText(wptr,'掷偶数点数继续！',[255,0,0],optionsarea);
            case 9
                Screen('FillRect',wptr,[200 200 200],optionsarea);
                drawText(wptr,'掷奇数点数继续！',[255,0,0],optionsarea);
            otherwise
                Screen('FillRect',wptr,[200 200 200],optionsarea);
                drawText(wptr,['掷出' num2str(dicenumber) '点继续！'],
                        [255,0,0],optionsarea);
        end
        Screen('Flip',wptr,0,1);
        clock1=fix(clock);
        begintime=GetSecs;
        diceborder=min(RectWidth(funbuttons(3).rect),RectHeight
                (funbuttons(3).rect))-20;
        dice=[0 0 diceborder diceborder];
        dice=AlignRect(dice,funbuttons(3).rect,'center','top');
        dice=OffsetRect(dice,0,5);

        fprintf(fid,'%s started at %s %d:%d:%d\n',
            wd(curday).dayname,date,clock1(4),clock1(5),clock1(6));
    elseif IsInRect(x,y,funbuttons(2).rect) && whichbutton==
            1 && funbuttons(2).clickpermit %start card
```

```
        clickButton(wptr,funbuttons(2).txt,funbuttons(2).rect,0.2);
        funbuttons(1).clickpermit=1;
        funbuttons(2).clickpermit=0;
        drawLayout(wptr,rects,funbuttons);
        Screen('FillRect',wptr,[200 200 200],optionsarea);
        DrawFormattedText(wptr,wd(curday).startcard,0,wrect(4)-90,0);
        Screen('Flip',wptr,0,1);
        fprintf(fid,'Start Card=%s\n',wd(curday).startcard);
    elseif IsInRect(x,y,funbuttons(3).rect) && whichbutton==
            1 && funbuttons(3).clickpermit %dice
        oldtxtsize=Screen('TextSize',wptr,12);
        switch dicenumber
            case 7
                Screen('FillRect',wptr,[200 200 200],optionsarea);
                drawText(wptr,'掷任意点数继续！',[255,0,0],optionsarea);
            case 8
                Screen('FillRect',wptr,[200 200 200],optionsarea);
                drawText(wptr,'掷偶数点数继续！',[255,0,0],optionsarea);
            case 9
                Screen('FillRect',wptr,[200 200 200],optionsarea);
                drawText(wptr,'掷奇数点数继续！',[255,0,0],optionsarea);
            otherwise
                Screen('FillRect',wptr,[200 200 200],optionsarea);
                drawText(wptr,['掷出' num2str(dicenumber) '点继续！'],
                         [255,0,0],optionsarea);
        end
        ret=RollDice(wptr,dice,[funbuttons(3).rect(1),
                  funbuttons(3).rect(4)-15,funbuttons(3).rect(3),
                  funbuttons(3).rect(4)],dicetex,dicenumber);
        dicenumber=7;
        if ret>0
            for i=1:ret
                curgrid=curgrid+1;
                if curgrid>length(rects)
                    if funbuttons(4).clickpermit==1
                        curgrid=length(rects);
                        break;
                    end
                    clock1=fix(clock);
                    fprintf(fid,'\n%s ended at %s %d:%d:%d\n',wd(curday).dayname,
                            date,clock1(4),clock1(5),clock1(6));
                    curday=curday+1;
                    if curday>numel(wd)
                        sca;
                        delete(timerfindall);
                        fclose(fid);
                        return;
                    end
                    load(wd(curday).layoutname);
                    funbuttons(2).clickpermit=1;
                    if length(funbuttons)<6
                        error('There are errors in the layout, please check the layout!');
                        return;
```

```
                end
                delete(timerfindall);
                mytimer = timer('TimerFcn',@(wptr,rect)showTime,'Period',1);
                mytimer.TimerFcn={@showTime,wptr,funbuttons(6).rect};
                mytimer.ExecutionMode='singleShot';
                curevent=1;
                curgrid=0;
                dicenumber=6;
                for j=1:length(funbuttons)
                    funbuttons(j).clickpermit=0;
                end
                funbuttons(2).clickpermit=1;
                drawLayout(wptr,rects,funbuttons);
                Screen('FillRect',wptr,[200 200 200],optionsarea);
                drawText(wptr,wd(curday).dayname,[255,0,0],optionsarea);
                Screen('Flip',wptr,0,1);
                break;
            else
                if rects(curgrid).status==2
                    funbuttons(4).clickpermit=1;
                    funbuttons(3).clickpermit=0;
                end
                drawLayout(wptr,rects,funbuttons);
                [tx,ty,oldtxtsize]=centerText(wptr,['Move ' num2str(ret)],
                         [funbuttons(3).rect(1),funbuttons(3).rect(4)-15,
                         funbuttons(3).rect(3),funbuttons(3).rect(4)],15);
                drawText(wptr,['Move  ' num2str(ret)],[255,0,0],
                         [funbuttons(3).rect(1),funbuttons(3).rect(4)-15,
                         funbuttons(3).rect(3),funbuttons(3).rect(4)]);
                Screen('TextSize',wptr,oldtxtsize);
                Screen('DrawTexture',wptr,penuinstex,[],InsetRect(rects
                         (curgrid).rect,2,2));
                Screen('FillRect',wptr,[200 200 200],optionsarea);
                drawText(wptr,'掷任意点数继续! ',[255,0,0],optionsarea);
                Screen('Flip',wptr,0,1);
                WaitSecs(0.3);
                if isnan(rects(curgrid).txt)
                    fprintf(fid,'\nGrid%d\t',curgrid);
                else
                    fprintf(fid,'\nGrid%d(%s)\t',curgrid,rects(curgrid).txt);
                end
            end
        end
    end
    Screen('TextSize',wptr,oldtxtsize);
elseif IsInRect(x,y,funbuttons(4).rect) && whichbutton==1 &&
          funbuttons(4).clickpermit %event card
    funbuttons(4).clickpermit=0;
    clickButton(wptr,funbuttons(4).txt,funbuttons(4).rect,0.2);
    Screen('FillRect',wptr,[200 200 200],optionsarea);
    drawLayout(wptr,rects,funbuttons);
    DrawFormattedText(wptr,wd(curday).event(curevent).content,
              0,wrect(4)-90,0);
```

```
    Screen('DrawTexture',wptr,penuinstex,[],InsetRect
            (rects(curgrid).rect,2,2));
    options=length(wd(curday).event(curevent).option)
    width=floor(wrect(3)/options);
    left=(wrect(3)-width*options)/2;
    for i=1:options
        optionarea(i,:)=[left+(i-1)*width,wrect(4)-50,i*width+left,
                wrect(4)-15];
        drawText(wptr,wd(curday).event(curevent).option{i},0,
                optionarea(i,:));
    end
    Screen('FrameRect',wptr,0,optionarea');
    Screen('Flip',wptr,0,1);
    selecteditem=selectOption(wptr,optionarea,
            wd(curday).event(curevent).option);
    dicenumber=wd(curday).event(curevent).dice(selecteditem);
    funbuttons(3).clickpermit=1;
    Screen('FillRect',wptr,[200 200 200],optionsarea);
    fprintf(fid,'[Event=%s]\t[%s]\t',wd(curday).event(curevent).content,
          wd(curday).event(curevent).option{selecteditem});
    switch dicenumber
        case 7
            Screen('FillRect',wptr,[200 200 200],optionsarea);
            drawText(wptr,'掷任意点数继续！',[255,0,0],optionsarea);
            fprintf(fid,'%s\t','[掷任意点继续]');
        case 8
            Screen('FillRect',wptr,[200 200 200],optionsarea);
            drawText(wptr,'掷偶数点数继续！',[255,0,0],optionsarea);
            fprintf(fid,'%s\t','[掷偶数点继续]');
        case 9
            Screen('FillRect',wptr,[200 200 200],optionsarea);
            drawText(wptr,'掷奇数点数继续！',[255,0,0],optionsarea);
            fprintf(fid,'%s\t','[掷奇数点继续]');
        otherwise
            Screen('FillRect',wptr,[200 200 200],optionsarea);
            drawText(wptr,['掷出' num2str(dicenumber) '点继续！'],
                    [255,0,0],optionsarea);
            fprintf(fid,'%s\t',['[掷出' num2str(dicenumber) '点继续]']);
    end

    drawLayout(wptr,rects,funbuttons);
    Screen('DrawTexture',wptr,penuinstex,[],InsetRect
            (rects(curgrid).rect,2,2));
    Screen('Flip',wptr,0,1);
    curevent=curevent+1;
elseif IsInRect(x,y,funbuttons(5).rect) && whichbutton==1 &&
        funbuttons(5).clickpermit %perform task
    c1=fix(clock);
    elapsedtime=round(GetSecs-begintime);
    s1=mod(elapsedtime,60);
    m1=mod((elapsedtime-s1)/60,60);
    h1=floor(((elapsedtime-s1)/60-m1)/60);
    fprintf(fid,'[Perform Task @ %d:%d:%d,距离开始%d:%d:%d]\t', c1(4),
```

```
            c1(5), c1(6), h1,m1,s1);
        clickButton(wptr,funbuttons(5).txt,funbuttons(5).rect,0.2);
    elseif IsInRect(x,y,funbuttons(6).rect) && whichbutton==
            1 && funbuttons(6).clickpermit %clock
        start(mytimer);
        c1=fix(clock);
        elapsedtime=round(GetSecs-begintime);
        s1=mod(elapsedtime,60);
        m1=mod((elapsedtime-s1)/60,60);
        h1=floor(((elapsedtime-s1)/60-m1)/60);
        fprintf(fid,'[Check the Time @ %d:%d:%d,距离开始%d:%d:%d]\t', c1(4),
            c1(5), c1(6),h1,m1,s1);
    end
end
sca;
fclose(fid);
```

```
function weekday=GetTask(datafile)
%GetTask.m
%
if nargin<1
    datafile='events.ini';
end
ffid=fopen(datafile,'r');
tline=fgetl(ffid);
days=sscanf(tline,'days=%d');
weekday=struct([]);
for i=1:days
    if feof(ffid)
        break;
    end
    tline=fgetl(ffid);
    while ~strcmp(tline,['day' num2str(i) '_begin']) && ~feof(ffid)
        tline=fgetl(ffid);
    end
    if feof(ffid)
        break;
    end
    tline=fgetl(ffid);
    while ~strcmp(tline(1:8),'dayname=') && ~feof(ffid)
        tline=fget(ffid);
    end
    weekday(i).dayname=tline(9:end);
    if feof(ffid)
        break;
    end
    tline=fgetl(ffid);
    while ~strcmp(tline(1:11),'layoutname=') && ~feof(ffid)
        tline=fget(ffid);
    end
    weekday(i).layoutname=tline(12:end);
    if feof(ffid)
        break;
```

```
    end
    tline=fgetl(ffid);
    while ~strcmp(tline(1:7),'events=') && ~feof(ffid)
        tline=fget(ffid);
    end
    if feof(ffid)
        break;
    end
    weekday(i).events=sscanf(tline,'events=%d');
    tline=fgetl(ffid);
    pos=strfind(tline,'=');
    weekday(i).startcard=tline(pos+1:end);
    for j=1:weekday(i).events
        tline=fgetl(ffid)
        if feof(ffid)
            break;
        end
        pos=strfind(tline,['event' num2str(j) '=']);
        tline=tline(pos+length(['event' num2str(j) '=']):end);

        [items,remain]=strtok(tline,'|');
        [weekday(i).event(j).content,remain]=strtok(remain,'|');

        for k=1:str2double(items)
            [weekday(i).event(j).option{k},remain]=strtok(remain,'|');
        end
        for k=1:str2double(items)
            [temp,remain]=strtok(remain,'|');
            weekday(i).event(j).dice(k)=str2double(temp);
        end

    end
    tline=fgetl(ffid);
    while ~strcmp(tline,['day' num2str(i) '_end']) && ~feof(ffid)
        tline=fgetl(ffid);
    end
end
fclose(ffid);
```

```
function drawLayout(wptr,rects,funbuttons)
%drawLayout.m
%
for i=1:length(rects)
    switch rects(i).status
        case 0
        case {1,3}
            Screen('FillRect',wptr,255,rects(i).rect);
            Screen('FrameRect',wptr,0,rects(i).rect);
        otherwise
            Screen('FillRect',wptr,128,rects(i).rect);
            Screen('FrameRect',wptr,0,rects(i).rect);
    end
    if ~isnan(rects(i).txt)
```

```
        [x,y,oldsize]=centerText(wptr,rects(i).txt,rects(i).rect,30);
        drawText(wptr,rects(i).txt,0,rects(i).rect);
        Screen('TextSize',wptr,oldsize);
    end
end
if isfield(funbuttons,'rect')
    for i=1:length(funbuttons)
        if isempty(funbuttons(i).rect)
            continue;
        end
        if funbuttons(i).clickpermit
            prefix='f';
            color=0;
        else
            prefix='d';
            color=[192 192 192];
        end
        if exist([prefix num2str(i) '.png'],'file')
            imgtex=Screen('MakeTexture',wptr,imread([prefix num2str(i) '.png']));
            Screen('DrawTexture',wptr,imgtex,[],funbuttons(i).rect);
        else
            Screen('FillRect',wptr,[128 128 128],funbuttons(i).rect);
            if ~isnan(funbuttons(i).txt)
                if i==1
                    imgtex=Screen('MakeTexture',wptr,imread('penuins.bmp'));
                    border=min(RectWidth(funbuttons(i).rect),RectHeight
                            (funbuttons(i).rect));

                    Screen('DrawTexture',wptr,imgtex,[],AlignRect([0 0 border border],
                            funbuttons(i).rect,'center','left'));
                end
                [tx,ty,oldtxtsize]=centerText(wptr,funbuttons(i).txt,
                            funbuttons(i).rect,35);
                drawText(wptr,funbuttons(i).txt,color,funbuttons(i).rect);
                Screen('TextSize',wptr,oldtxtsize);
            end
        end
        left=funbuttons(i).rect(1);
        top=funbuttons(i).rect(2);
        right=funbuttons(i).rect(3);
        bottom=funbuttons(i).rect(4);
        c1=192;
        c2=0;
        if i==3
            c1=0;
            c2=192;
        end
        Screen('DrawLine',wptr,c1,left,top,left,bottom,2);
        Screen('DrawLine',wptr,c1,left,top,right,top,2);
        Screen('DrawLine',wptr,c2,right,top,right,bottom,2);
        Screen('DrawLine',wptr,c2,left,bottom,right,bottom,2);
    end
end
```

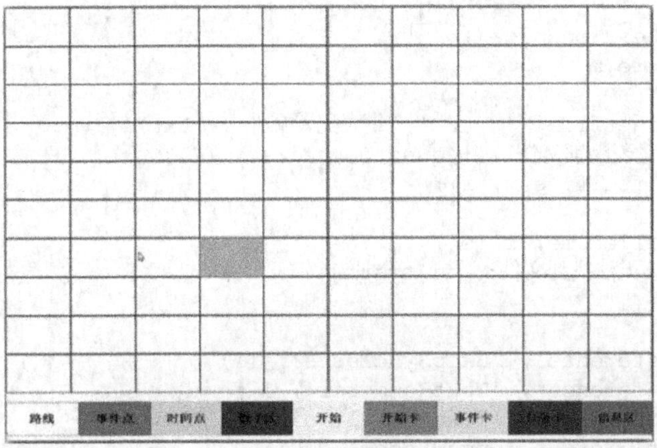

图 9-38　虚拟星期布局设计

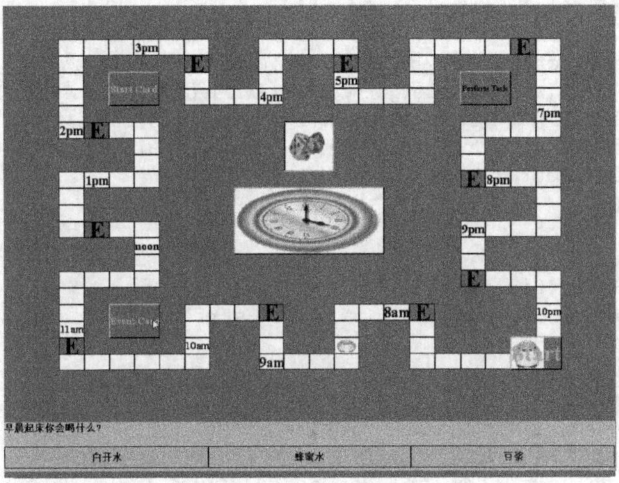

图 9-39　虚拟星期界面示例

9.12　问卷调查与量表测试

例 9.41　低碳生产调查问卷　　　本示例位于 Psyfeng\Questionnaire 目录下

本示例展示了如何利用 PTB 来编制调查问卷，问卷内容只要按照规定格式写入某个文本文件，程序会自动读取文本文件中的问卷内容，并显示在屏幕上。被试通过鼠标来完成包括调查对象个人信息在内的各个选项。

程序文件结构图：

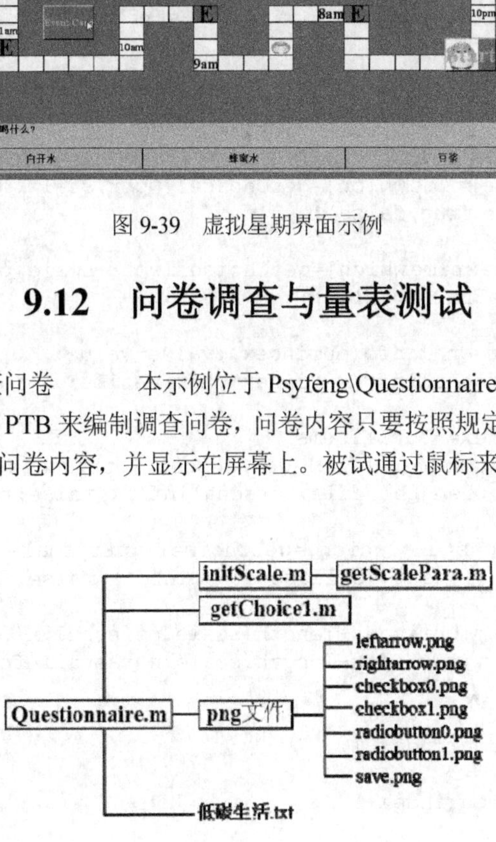

```
%%
function questionnaire()
%questionaire.m
%
[f, p] = uigetfile({'*.txt','量表配置文件 (*.txt)'},...
      '选择量表配置文件...',questionnaire.txt');
filename = fullfile(p, f);

if ~exist(filename,'file')
   error(['无法找到文件:' filename]);
end
%%
Screen('Preference', 'SkipSyncTests', 1);
Screen('Preference', 'TextRenderer', 1);
Screen('Preference', 'TextAntiAliasing', 1);
[wptr wrect]=Screen('OpenWindow',0,0);
Screen('TextFont',wptr, 'Times New Roman');
Screen('TextSize',wptr, 20);
Screen('TextStyle', wptr, 0);
%%
Screen('FrameRect',wptr,255,GrowRect(wrect,-10,-10),3);
DrawFormattedText(wptr,double(getScalePara(filename,'testname')),'center',15,255);
DrawFormattedText(wptr,getScalePara(filename,'instruction'),'center',80,255);
DrawFormattedText(wptr,'点击鼠标继续','center',wrect(4)-100,[255,0,0]);
Screen('Flip',wptr);
ShowCursor(0);
GetClicks;
%%
scale=initScale(filename);
totalitems=length(scale.personalinfo)+str2double(scale.items);
%%
curindex=1;
while true
   if curindex<=length(scale.personalinfo)
      if curindex==1
         [value stime which]=getChoice1(wptr,scale.personalinfo(curindex),
               true,false);
      else
         [value stime which]=getChoice1(wptr,scale.personalinfo(curindex),
               false,false);
      end
      scale.personalinfo(curindex).value=value;
      scale.personalinfo(curindex).time=stime;
   else
      if curindex==totalitems
         [value stime which]=getChoice1(wptr,scale.item(curindex-
               length(scale.personalinfo)),false,true);
      else
         [value stime which]=getChoice1(wptr,scale.item(curindex-
               length(scale.personalinfo)),false,false);
      end
      scale.item(curindex-length(scale.personalinfo)).value=value;
      scale.item(curindex-length(scale.personalinfo)).time=stime;
   end
   if which==1
      curindex=curindex-1;
   elseif which==2
      curindex=curindex+1;
```

```
    elseif which==3
        break;
    end
end
Screen('FrameRect',wptr,255,GrowRect(wrect,-10,-10),3);
DrawFormattedText(wptr,'问卷结束，谢谢您的参与！','center','center',255);

%GetEchoString(wptr,'How',10,10);
DrawFormattedText(wptr,'点击鼠标退出','center',wrect(4)-100,[255,0,0]);
Screen('Flip',wptr);
GetClicks;
sca
if exist('result sorder.txt','file')
    fileexist=true;
else
    fileexist=false;
end
fid=fopen('result sorder.txt','a');
if ~fileexist
    for i=1:length(scale.personalinfo)
        fprintf(fid,'%s\t',scale.personalinfo(i).name);
    end
    for i=1:str2double(scale.items)
        fprintf(fid,'%s\t',['T' num2str(i)]);
    end
    fprintf(fid,'\n');
end
for i=1:length(scale.personalinfo)
    if scale.personalinfo(i).type==1
        fprintf(fid,'%d\t',find(scale.personalinfo(i).value==1));
    elseif scale.personalinfo(i).type==2
        temp=find(scale.personalinfo(i).value==1);
        str='';
        for j=1:length(temp)
            str=[str num2str(temp(j)) ','];
        end
        str=str(1:end-1);
        fprintf(fid,'%s\t',str);
    end
end
for i=1:length(scale.item)
    if scale.item(i).type==1
        fprintf(fid,'%d\t',find(scale.item(i).value==1));
    elseif scale.item(i).type==2
        temp=find(scale.item(i).value==1);
        str='';
        for j=1:length(temp)
            str=[str num2str(temp(j)) ','];
        end
        str=str(1:end-1);
        fprintf(fid,'%s\t',str);
    end
end
fprintf(fid,'\n');
fclose(fid);

if exist('result soption.txt','file')
    fileexist=true;
```

```
else
   fileexist=false;
end
fid=fopen('result soption.txt','a');
if ~fileexist
   for i=1:length(scale.personalinfo)
      fprintf(fid,'%s\t',scale.personalinfo(i).name);
   end
   for i=1:str2double(scale.items)
      fprintf(fid,'%s\t',['T' num2str(i)]);
   end
   fprintf(fid,'\n');
end
for i=1:length(scale.personalinfo)
   if scale.personalinfo(i).type==1
      fprintf(fid,'%s\t',scale.personalinfo(i).option
               {scale.personalinfo(i).value==1});
   elseif scale.personalinfo(i).type==2
      temp=find(scale.personalinfo(i).value==1);
      str='';
      for j=1:length(temp)
         str=[str scale.personalinfo(i).option{j} ','];
      end
      str=str(1:end-1);
      fprintf(fid,'%s\t',str);
   end
end
for i=1:length(scale.item)
   if scale.item(i).type==1
      fprintf(fid,'%s\t',scale.item(i).option{scale.item(i).value==1});
   elseif scale.item(i).type==2
      temp=find(scale.item(i).value==1);
      str='';
      for j=1:length(temp)
         str=[str scale.item(i).option{j} ','];
      end
      str=str(1:end-1);
      fprintf(fid,'%s\t',str);
   end
end
fprintf(fid,'\n');
fclose(fid);

if exist('result stime.txt','file')
   fileexist=true;
else
   fileexist=false;
end
fid=fopen('result stime.txt','a');
if ~fileexist
   for i=1:length(scale.personalinfo)
      fprintf(fid,'%s\t',scale.personalinfo(i).name);
   end
   for i=1:str2double(scale.items)
      fprintf(fid,'%s\t',['T' num2str(i)]);
   end
   fprintf(fid,'\n');
end
```

```
for i=1:length(scale.personalinfo)
    fprintf(fid,'%6.2f\t',scale.personalinfo(i).time);
end
for i=1:length(scale.item)
    fprintf(fid,'%6.2f\t',scale.item(i).time);
end
fprintf(fid,'\n');
fclose(fid);
return;

clear;
leftarrow=imread('leftarrow.png');
rightarrow=imread('rightarrow.png');
checkbox0=imread('checkbox0.png');
checkbox1=imread('checkbox1.png');
radiobutton0=imread('radiobutton0.png');
radiobutton1=imread('radiobutton1.png');
savebutton=imread('save.png');
save buttons
```

```
function scale=initScale(filename)
%initScale.m

clear scale;
scale.testname=getScalePara(filename,'testname');
scale.instruction=getScalePara(filename,'instruction');
personalinfo=textscan(getScalePara(filename,'personalinfo'),'%s','Delimiter','|');
personalinfo=personalinfo{1};
for i=1:length(personalinfo)
    temp=textscan(getScalePara(filename,personalinfo{i}),
        '%s','Delimiter','|');
    temp=temp{1};
    if str2double(temp{1})+4>length(temp)
        error(['个人信息【' personalinfo{i} '】参数设置错误']);
        return;
    end
    scale.personalinfo(i).name=personalinfo{i};
    scale.personalinfo(i).dir=str2double(temp{3});
    scale.personalinfo(i).stem=temp{4};

    for j=1:str2double(temp{1})
        scale.personalinfo(i).option{j}=temp{j+4};
    end
    scale.personalinfo(i).value=zeros(1,j);
    scale.personalinfo(i).type=str2double(temp{2});
end
scale.items=getScalePara(filename,'items');
for i=1:str2double(scale.items)
    temp=textscan(getScalePara(filename,['T' num2str(i)]),'%s','Delimiter','|');
    temp=temp{1};
    if str2double(temp{1})+4>length(temp)
        error(['第' num2str(i) '题参数设置错误']);
        return;
    end

    scale.item(i).stem=temp{4};
    for j=1:str2double(temp{1})
        scale.item(i).option{j}=temp{j+4};
```

```
        end
        scale.item(i).value=zeros(1,j);
        scale.item(i).type=str2double(temp{2});
        scale.item(i).dir=str2double(temp{3});
    end
```

文件：低碳生活.txt

```
    testname =低碳生活调查问卷
    instruction=本调查主要目的在于了解您对低碳生活知道的掌握情况，\n 请如实作答，
            谢谢您的参与！
    personalinfo=sex|level|age
    sex=2|1|1|性别|男|女
    level=3|1|1|学历|小学|中学|大学
    age=3|1|1|年龄|20-30|40-50|>50
    items=5
    T1=3|1|1|您是否了解“低碳生活”?|没听说过|曾经听过|比较了解
    T2=2|1|1|您是否知道倡导低碳生活能缓解环境的压力？|知道|不知道
    T3=5|2|0|以下哪些是您会主动去做?|以步代车|以节能灯代替白炽灯|不用电脑时选择关机|
            少用或不用一次性筷子|以环保袋代替塑料袋
    T4=4|2|0|以下哪些事是您知道可以减少碳排量的?|棉质衣服比尼龙衣服生产过程中排放更少的
            二氧化碳|太阳能比天然气更环保|杂物放在汽车后备箱会增加二氧化碳的排放量|
            减少肉制品的摄入量可以减少碳排量
    T5=4|2|0|您认为可以在哪些方面采取行动实现低碳生活?|家庭用电|家庭用暖|交通工具的选择|
            采购环保的家庭用品
```

问卷格式如下：

其中的关键字为：testname、instruction、personalinfo、items 和 T1, T2, T3…Tn，分别用于指定调查名称，指导语，调查对象背景信息和调查题目等内容，在指导语中可以使用换行符“\n”来另起一行，personalinfo 指定调查问卷中需要设置的个人信息栏目，也是将来文件保存时的变量名称，items 指定调查的题目数，T1, T2, T3…Tn 指定各个题目。

每个调查题项（个人信息也如此）的编排格式如下：

选项数 | 选项类型 | 排列方式 | 题干 | 选项 1 | 选项 2 | …… | 选项 *n*

选项类型取值为 1 或 2，1 表示单选题，2 表示多选题

排列方式取值为 1 和 0，1 表示选项水平排列，0 表示选项竖直排列

后面的选项个数要与第 1 个参数（选项数）相等。上述各项内容间用英文状态下的“|”竖线字符分隔开。

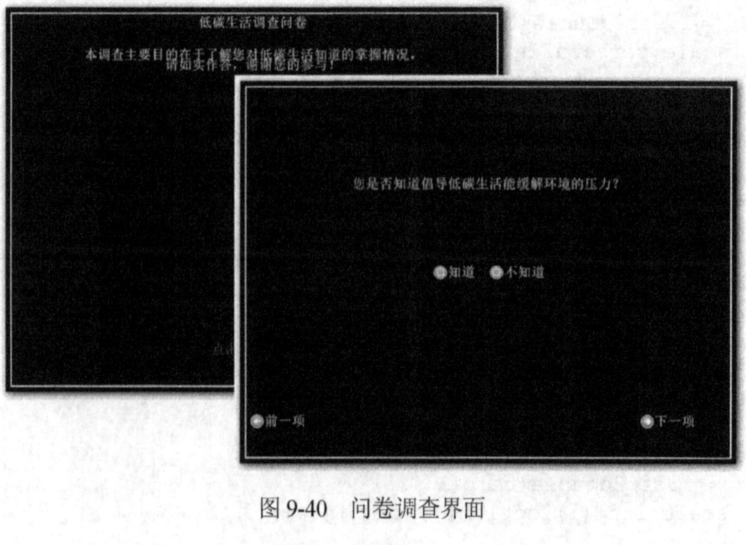

图 9-40 问卷调查界面

例 9.42　自尊量表　　本示例位于 Psyfeng\Scale 目录下

本示例与例 9.41 低碳生活调查问卷基本一致，只是增加了调查对象在回答完所有测试项目后，加入了对测试结果的统计分析内容，相同的代码不再列出。

程序文件结构图：

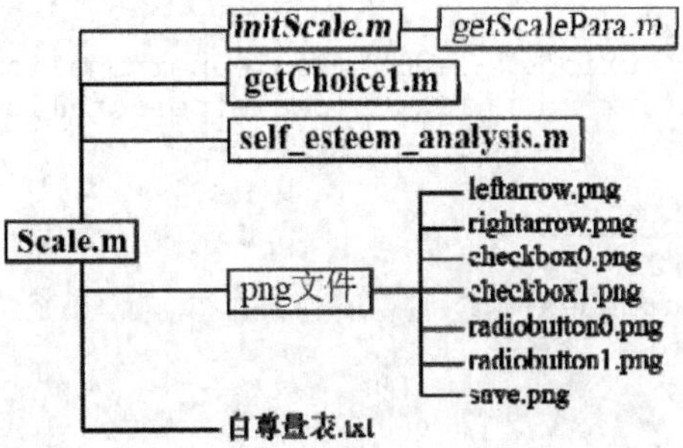


```
function Scale()
%Scale.m
%
[f, p] = uigetfile({'*.txt','量表配置文件 (*.txt)'},...
    '选择量表配置文件...','scale.txt');
filename = fullfile(p, f);

if ~exist(filename,'file')
   error(['无法找到文件:' filename]);
end
%%
Screen('Preference', 'SkipSyncTests', 1);
Screen('Preference', 'TextRenderer', 1);
Screen('Preference', 'TextAntiAliasing', 1);
[sw,sh]=Screen('WindowSize',0);
[wptr wrect]=Screen('OpenWindow',0,0,CenterRect([0,0,800,600],[0 0 sw sh]));
Screen('TextFont',wptr, 'Times New Roman');
Screen('TextSize',wptr, 20);
Screen('TextStyle', wptr, 0);
%%
Screen('FrameRect',wptr,255,GrowRect(wrect,-10,-10),3);
DrawFormattedText(wptr,double(getScalePara(filename,'testname')),'center',15,255);
DrawFormattedText(wptr,getScalePara(filename,'instruction'),'center',80,255,[],0,0,2);
DrawFormattedText(wptr,'点击鼠标继续','center',wrect(4)-100,[255,0,0]);
Screen('Flip',wptr);
ShowCursor(0);
GetClicks;
%%
scale=initScale(filename);
totalitems=length(scale.personalinfo)+str2double(scale.items);
%%
curindex=1;
while true
    if curindex<=length(scale.personalinfo)
        if curindex==1
           [value stime which]=getChoice1(wptr,scale.personalinfo(curindex),
               true,false);
        else
           [value stime which]=getChoice1(wptr,scale.personalinfo(curindex),
               false,false);
        end
        scale.personalinfo(curindex).value=value;
        scale.personalinfo(curindex).time=stime;
    else
```

```
            if curindex==totalitems
                [value stime which]=getChoice1(wptr,scale.item(curindex- length
                    (scale.personalinfo)), false,true);
            else
                [value stime which]=getChoice1(wptr,scale.item(curindex- length
                    (scale.personalinfo)),false,false);
            end
            scale.item(curindex-length(scale.personalinfo)).value=value;
            scale.item(curindex-length(scale.personalinfo)).time=stime;
        end
        if which==1
            curindex=curindex-1;
        elseif which==2
            curindex=curindex+1;
        elseif which==3
            break;
        end
    end
    result=self esteem analysis(scale);

    Screen('FrameRect',wptr,255,GrowRect(wrect,-10,-10),3);
    DrawFormattedText(wptr,['量表分数范围为 10－40 分，您的得分为：'num2str(result)'。
            \n 分值越高，自尊程度越高。 '],'center','center',255,[],0,0,2);

    %GetEchoString(wptr,'How',10,10);
    DrawFormattedText(wptr,'点击鼠标退出','center',wrect(4)-100,[255,0,0]);
    Screen('Flip',wptr);
    GetClicks;
    sca

    if exist('result sorder.txt','file')
        fileexist=true;
    else
        fileexist=false;
    end
    fid=fopen('result sorder.txt','a');
    if ~fileexist
        for i=1:length(scale.personalinfo)
            fprintf(fid,'%s\t',scale.personalinfo(i).name);
        end
        for i=1:str2double(scale.items)
            fprintf(fid,'%s\t',['T' num2str(i)]);
        end
        fprintf(fid,'\n');
    end
    for i=1:length(scale.personalinfo)
        if scale.personalinfo(i).type==1
            fprintf(fid,'%d\t',find(scale.personalinfo(i).value==1));
        elseif scale.personalinfo(i).type==2
            temp=find(scale.personalinfo(i).value==1);
            str='';
            for j=1:length(temp)
                str=[str num2str(temp(j)) ','];
            end
            str=str(1:end-1);
            fprintf(fid,'%s\t',str);
        end
    end
    for i=1:length(scale.item)
        if scale.item(i).type==1
            fprintf(fid,'%d\t',find(scale.item(i).value==1));
```

```
   elseif scale.item(i).type==2
      temp=find(scale.item(i).value==1);
      str='';
      for j=1:length(temp)
         str=[str num2str(temp(j)) ','];
      end
      str=str(1:end-1);
      fprintf(fid,'%s\t',str);
   end
end
fprintf(fid,'\n');
fclose(fid);

if exist('result soption.txt','file')
   fileexist=true;
else
   fileexist=false;
end
fid=fopen('result soption.txt','a');
if ~fileexist
   for i=1:length(scale.personalinfo)
      fprintf(fid,'%s\t',scale.personalinfo(i).name);
   end
   for i=1:str2double(scale.items)
      fprintf(fid,'%s\t',['T' num2str(i)]);
   end
   fprintf(fid,'\n');
end
for i=1:length(scale.personalinfo)
   if scale.personalinfo(i).type==1
      fprintf(fid,'%s\t',scale.personalinfo(i).option{scale.personalinfo(i).value==1});
   elseif scale.personalinfo(i).type==2
      temp=find(scale.personalinfo(i).value==1);
      str='';
      for j=1:length(temp)
         str=[str scale.personalinfo(i).option{j} ','];
      end
      str=str(1:end-1);
      fprintf(fid,'%s\t',str);
   end
end
for i=1:length(scale.item)
   if scale.item(i).type==1
      fprintf(fid,'%s\t',scale.item(i).option{scale.item(i).value==1});
   elseif scale.item(i).type==2
      temp=find(scale.item(i).value==1);
      str='';
      for j=1:length(temp)
         str=[str scale.item(i).option{j} ','];
      end
      str=str(1:end-1);
      fprintf(fid,'%s\t',str);
   end
end
fprintf(fid,'\n');
fclose(fid);

if exist('result stime.txt','file')
   fileexist=true;
else
   fileexist=false;
```

```
    end
    fid=fopen('result stime.txt','a');
    if ~fileexist
        for i=1:length(scale.personalinfo)
            fprintf(fid,'%s\t',scale.personalinfo(i).name);
        end
        for i=1:str2double(scale.items)
            fprintf(fid,'%s\t',['T' num2str(i)]);
        end
        fprintf(fid,'\n');
    end
    for i=1:length(scale.personalinfo)
        fprintf(fid,'%6.2f\t',scale.personalinfo(i).time);
    end
    for i=1:length(scale.item)
        fprintf(fid,'%6.2f\t',scale.item(i).time);
    end
    fprintf(fid,'\n');
    fclose(fid);
    return;
```

```
function result= self esteem analysis(scale)
%self esteem analysis.m
scores=zeros(1,length(scale.item));
items=[1 2 4 6 7 8];
for i=1:length(scale.item)
    scores(i)=find(scale.item(i).value==1);
    if find(items==i)
        scores(i)=5-scores(i);
    end
end
result=sum(scores);
```

自尊量表.txt

```
testname =自尊量表
instruction=这个量表是用来了解您是怎样看待自己的。\n 请仔细阅读下面的句子，选择最符合您情况的选项。\n 请注意，这里要回答的是您实际上认为您自己怎样，\n 而不是回答您认为您应该怎样。\n 答案无正确与错误或好与坏之分，\n 请按照您的真实情况来描述您自己。\n 您的回答绝对不会向外泄漏，\n 因此您完全不必要有这方面的顾虑。\n 请您注意要保证每个问题都做了回答，\n 且只选一个答案。谢谢您的合作!
Personalinfo=sex|level|age
sex=2|1|1|性别|男|女
level=3|1|1|学历|小学|中学|大学
age=3|1|1|年龄|20-30|40-50|>50
items=10
T1=4|1|0|1.我感到我是一个有价值的人，至少与其他人在同一水平上。|非常符合|符合|不符合|很不符合
T2=4|1|0|2.我感到我有许多好的品质。|非常符合|符合|不符合|很不符合
T3=4|1|0|3.归根结底，我倾向于觉得自己是一个失败者。|非常符合|符合|不符合|很不符合
T4=4|1|0|4.我能像大多数人一样把事情做好。|非常符合|符合|不符合|很不符合
T5=4|1|0|5.我感到自己值得自豪的地方不多。|非常符合|符合|不符合|很不符合
T6=4|1|0|6.我对自己持肯定态度。|非常符合|符合|不符合|很不符合
T7=4|1|0|7.总的来说，我对自己是满意的。|非常符合|符合|不符合|很不符合
T8=4|1|0|8.我希望我能为自己赢得更多尊重。|非常符合|符合|不符合|很不符合
T9=4|1|0|9.我确实时常感到自己毫无用处。|非常符合|符合|不符合|很不符合
T10=4|1|0|10.我时常认为自己一无是处。 |非常符合|符合|不符合|很不符合
```

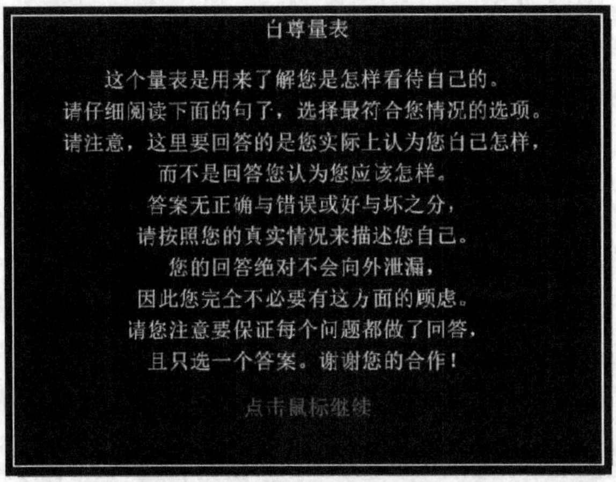

图 9-41　自尊量表

9.13　MATLAB 内置函数应用示例

例 9.43　对偶比较法　　　　本示例位于 Psyfeng\Paired_Comparison 目录下

对偶比较法，是把所要测的刺激配对，逐对呈现给被试，让被试判断在两个刺激中哪一个某种特性更明显。假如有 10 个刺激对象，两两配对后会有 45 对，其通用公式就是 n×(n–1)/2，如果考虑到需要平衡诸如空间位置效应或时间先后顺序效应，则就有 90 对。

本示例只是应用 MATLAB 内置的 questdlg 函数来逐对呈现形容词，让被试从中选择更适合描述男性的词。

程序文件结构图：

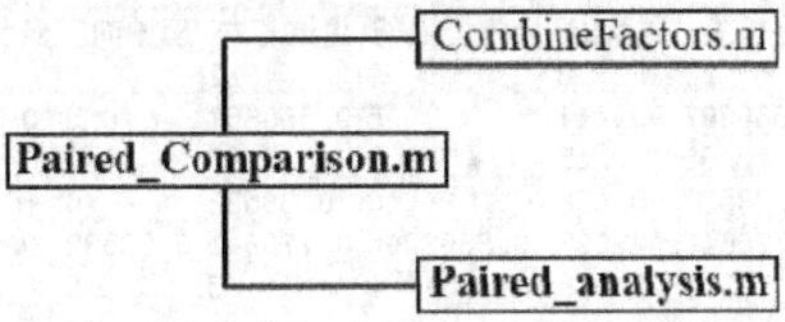


```
%Paired_comparison.m
%
str={'自我信赖','独立的','情意绵绵','武断的','个性坚强的','遒劲有力','忠诚的',
          '表示同情的','温和的','乐于冒险'};
comparisons=CombineFactors([10 10]); %进行因子组合，这样组合后会有 100 对
for i=size(comparisons,1):-1:1 %将自己和自己的比较移除
    if comparisons(I,1)==comparisons(I,2)
        comparisons(I,☺=[];
    end
end
index=Shuffle(1:90); %进行顺序随机，考虑到左右呈现位置，此处呈现 90 对
answers=cell(size(comparisons,1),3);
i=1;
while i<=length(index)
    answer=questdlg('哪一个更适合于描述男性?','请选择',str{comparisons(index(i),1)},
          str{comparisons(index(i),2)},str{comparisons(index(i),
          randi(2))});%最后一个参数是随机选择某词作为默认项
    if strcmp(answer,str{comparisons(index(i),1)})
        answers(I,☺={str{comparisons(index(i),1)},str{comparisons
              (index(i),2)},str{comparisons(index(i),1)}};
        comparisons(index(i),3)=comparisons(index(i),1);
        i=i+1;
```

```
    elseif strcmp(answer,str{comparisons(index(i),2)})
       answers(I,☺={str{comparisons(index(i),1)},str{comparisons
                (index(i),2)},str{comparisons(index(i),2)}};
       comparisons(index(i),3)=comparisons(index(i),2);
       i=i+1;
    end
end
result=pared analysis(str,comparisons,10); %计算 P 值和 Z 值以及最后的顺序
xlswrite('paired results',answers,1);
xlswrite('paired results',comparisons(index,☺,2);
xlswrite('paired results',{'项目'},3,'A1');
xlswrite('paired results',{'总计 C'},3,'A2');
xlswrite('paired results',{'P'},3,'A3');
xlswrite('paired results',{'P'''},3,'A4');
xlswrite('paired results',{'Z'},3,'A5');
xlswrite('paired results',{'Z'''},3,'A6');
xlswrite('paired results',{'顺序'},3,'A7');
xlswrite('paired_results',result,3,'B1');
```

数据分析完毕后，将结果名为 paired_results 的 Excel 文件中，其中三个表数据格式如图 9-42（表 1 为呈现的词组对及选项；表 2 为各词组的对应序号；表 3 为根据表 2 中的数据所计算的 P 值、Z 值以及顺序）。

Sheet1

A	B	C
武断的	道劲有力	道劲有力
个性坚强的	武断的	武断的
情意绵绵	个性坚强的	个性坚强的
武断的	表示同情的	表示同情的
武断的	温和的	温和的
自我信赖	忠诚的	忠诚的
忠诚的	自我信赖	自我信赖
自我信赖	武断的	武断的

Sheet2

A	B	C
4	6	6
5	4	4
3	5	5
4	8	8
4	9	9
1	7	7
7	1	1
1	4	4

Sheet3

A	B	C	D	E	F	G	H	I	J	K
项目	自我信赖	独立的	情意绵绵	武断的	个性坚强的	道劲有力	忠诚的	表示同情的	温和的	乐于冒险
总计C	7	7	12	8	9	12	9	7	6	13
P	0.38889	0.3889	0.666667	0.4444	0.5	0.666667	0.5	0.3888889	0.3333	0.72222
P'	0.4	0.4	0.65	0.45	0.5	0.65	0.5	0.4	0.35	0.7
Z	-0.2533	-0.253	0.38532	-0.126	0	0.38532	0	-0.253347	-0.385	0.5244
Z'	0.13197	0.132	0.770641	0.2597	0.3853205	0.770641	0.38532	0.1319734	0	0.90972
顺序	7	8	2	6	4	3	5	9	10	1

图 9-42 对偶比较记录数据及分析结果

```
function title=paired analysis(title,comparisons,n)
%paired_analysis.m
%
for i=1:n
    c(i)=sum(comparisons(:,3)==i);
end

p=c/(2*(n-1));
p1=(c+1)/(2*n);
z=norminv(p1);
z1=z+abs(min(z));
[y,index]=sort(z1,'descend');
for i=1:n
    title(2,i)={c(i)};
    title(3,i)={p(i)};
    title(4,i)={p1(i)};
```

```
        title(5,i)={z(i)};
        title(6,i)={z1(i)};
        title(7,index(i))={i};
    end
    plot(z1);
    set(gca,'XtickLabel',title(1,☺);
    xlabel('项目');
    ylabel('Z 分数');
```

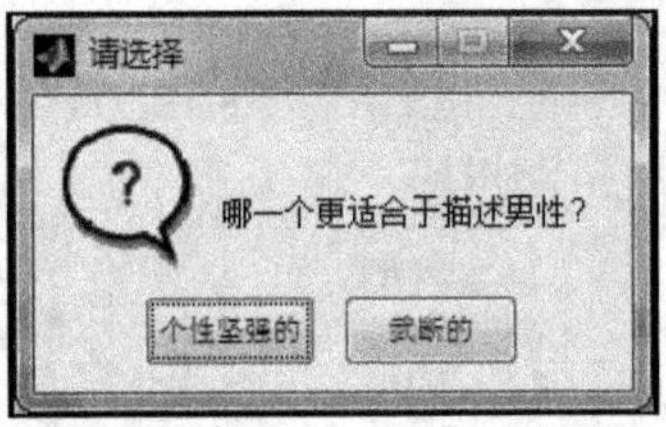

图 9-43 对偶比较示例

9.14 图形用户界面开发

在设计实验时，如果能通过图形化的交互界面来设置参数将给使用者提供很大的方便，MATLAB 中提供了用于图形用户界面设计的环境，在命令窗口中输入 guide，即可启动 GUIDE 窗口（见图 9-44）。点击 OK 则进入图形用户界面开发环境（Graphic User Interface Development Environment, GUIDE），如图 9-45 所示。

```
>> guide↙
```

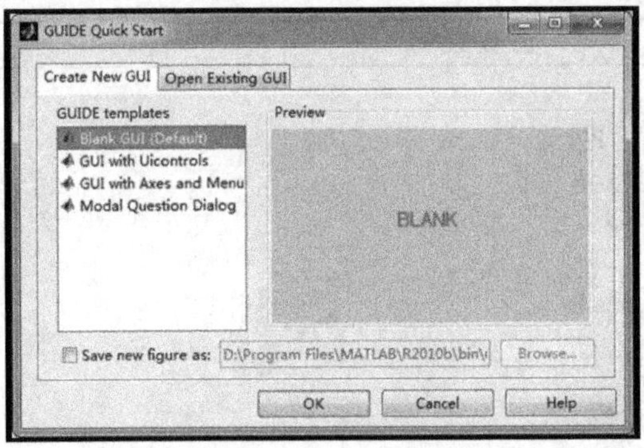

图 9-44 GUIDE 启动窗口

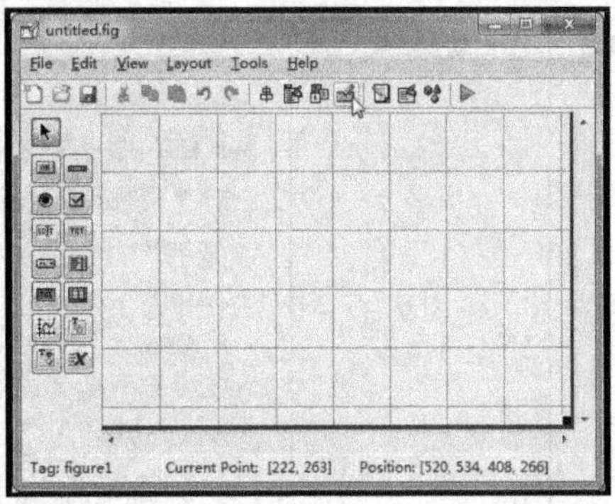

图 9-45 图形用户界面开发环境

9.14.1 GUIDE 界面简介

在 GUIDE 中，左侧为可添加的交互式控件（见图 9-46），包括：

按钮	名称	功能描述
	按钮	设置对话框中的确定、取消、计算、退出等按钮
	滑动条	可通过滑动条交互设置数值
	单选框	设置如性别等的选择，使取值唯一须将其置于按钮组中
	复选框	用于是否式的多项选择
	文本框	可以在文本框中输入字符、数字等
	标签	用于标识某项内容
	弹出式菜单	也称下拉列表，用于选择月份之类的多项信息
	列表框	诸如路径选择或文件选择的列表
	开关按钮	状态值设置，按钮按下表示“开”，弹起表示“关”

续表

按钮	名称	功能描述
	数据表	可在其中显示某个矩阵中的数据
	坐标轴	可在其中绘制折线图、条形图等
	容器面板	用于组合功能相近的控件，置于其中的控件会一块移动
	按钮组	用于单选框的唯一性，选中某单选框，先前选中的则取消
	插件	插入计算机系统中所安装的其他插件

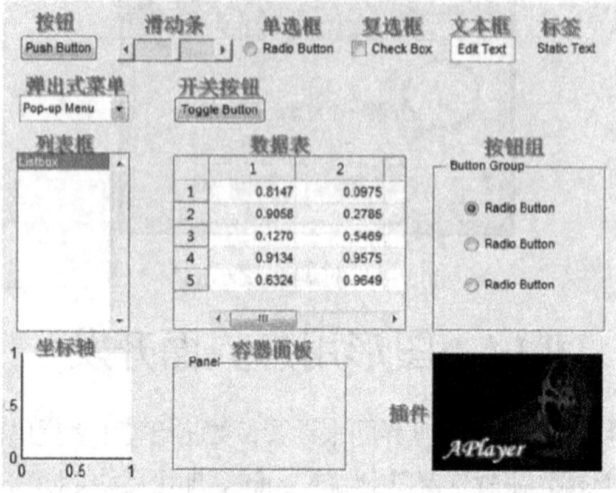

图 9-46　控件示例

在 GUIDE 的工具栏上所包含的按钮含义如图 9-47 所示：

按钮	功　能	面 板 说 明
	对齐	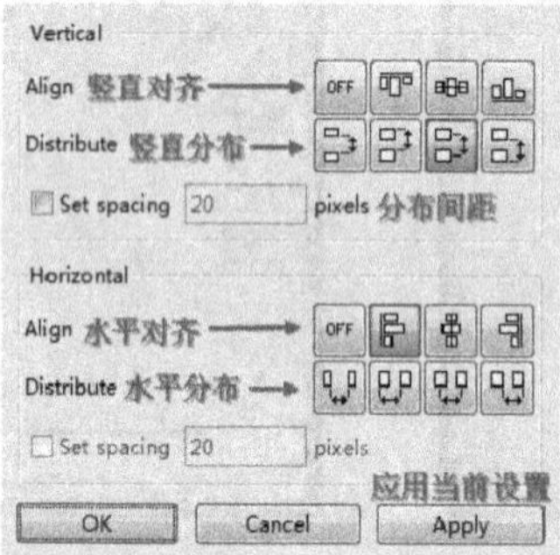
	菜单设计	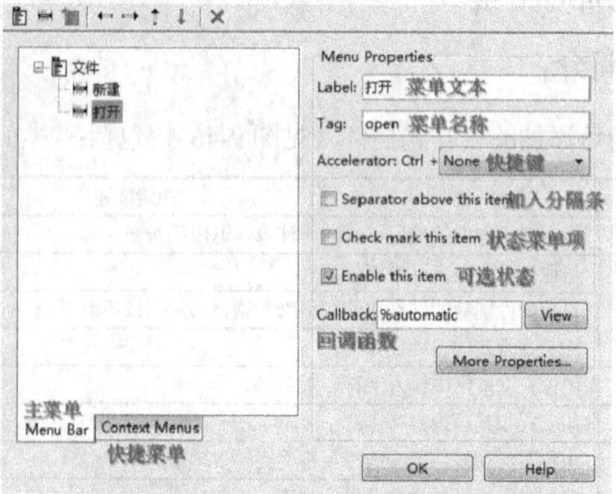

图 9-47　GUIDE 工具栏上按钮的含义

按钮	功　能	面 板 说 明
	工具栏	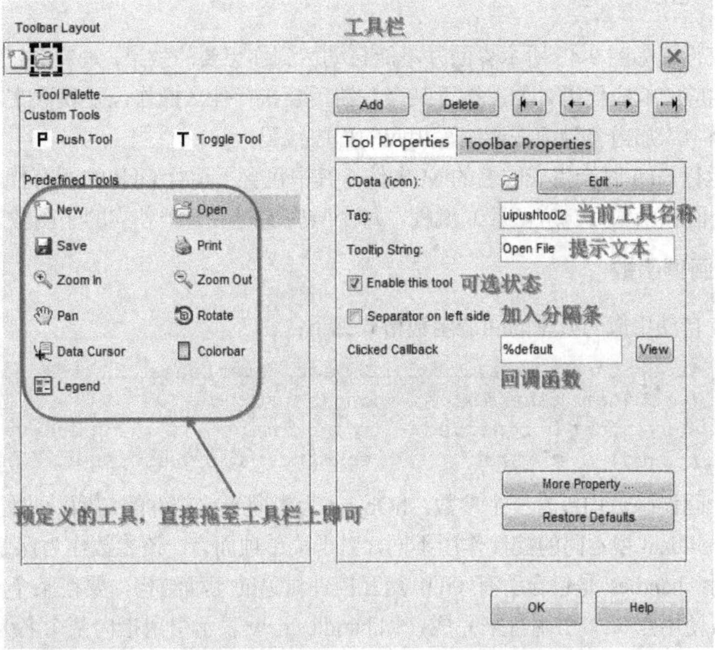
	属性窗	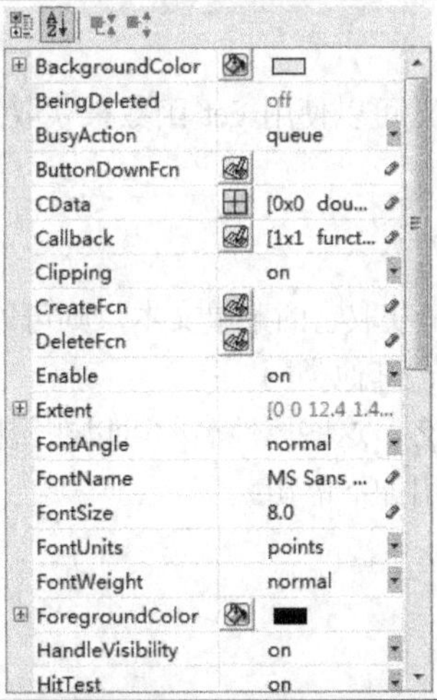
	对象窗	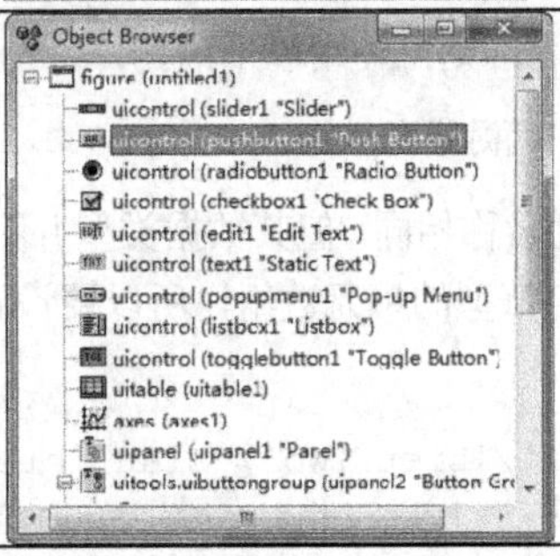
	运行	运行当前图形用户界面

图 9-47（续）　GUIDE 工具栏上按钮的含义

9.14.2 GUI 编程

仅仅设置如图 9-46 所示界面并不能自动达到你想要的效果，如果要使控件起作用还需要通过编程来实现相应的响应代码。如，按了某个按钮后要执行什么操作，要获取文本框中用户输入的内容或者向列表框中添加内容等都需要编写相应的程序代码。

当运行 GUI 时会生成同名的 M 文件，其中包含了运行 GUI 的所有代码，为了实现必要的功能，须对各个回调函数（响应函数）编程，每个响应均对应一个独立的子函数。

1．回调函数

GUI 自动生成的典型的回调函数格式如下：

```
function open Callback(hObject, eventdata, handles)
% hObject    handle to open (see GCBO)
% eventdata  reserved - to be defined in a future version of MATLAB
% handles    structure with handles and user data (see GUIDATA)
```

每个回调函数均包含三个参数，hObject 为指向当前控件的句柄，此处 open 是“打开”菜单项的名称；eventdata 视不同的控件作用不同，对于菜单项而言，该参数作为保留参数，供将来的 MATLAB 版本使用；handles 是包含所有 GUI 交互控件对象的句柄结构，要在某个子函数内获取其他交互对象的句柄可使用点（.）引用符来完成，如 handles.new 表示引用指向某个名为 new 的交互控件的句柄。

2．获取 GUI 数据

每个交互对象都有相同或不同的属性名称，可以使用 get 函数来获取某个对象的属性值，如要获取某个 open 菜单的文本，可以使用如下语句：

```
txt=get(handles.open,'String')
```

如果是在前面的 open_Callback 回调函数中获取它的菜单文本，则可以使用 get(hObject,'String')，因为此时 hObject 就是指向 open 菜单项的句柄，其他类同。

其中 String 是菜单项指向菜单文本的属性名，这些属性名称可以在属性窗中查看，假如要获取名为 mylist 的列表框中当前选择的序号，可以使用如下语句：

```
curindex=get(handles.mylist,'Value')
```

3．设置 GUI 数据

假如要设置某个名为 mytext 文本框的内容，则可使用以下语句：

```
set(handles.mytext,'String','西游降魔')
```

此时要注意的是不同的控件，尽管其属性名称相同，但其数据类型并不一定相同，文本框的 String 属性是字符型，而列表框的 String 属性则是字符型的单元数组，所以要设置某个名为 mylist 的列表内容，则需要使用以下形式的语句：

```
set(handles.mylist,{'List One','List Two','List Three'})
```

4．常用函数类型

在 GUI 的 M 文件中，不同的控件支持不同的函数，可以在 GUIDE 中某个控件中单击鼠标右键，从弹出的快捷菜单中通过 View Callbacks 来查看（图 9-48），常用的函数类型有：

- OpeningFcn：在图形用户界面可见之前调用
- OutputFcn：当向命令行输出数据时调用
- CreateFcn：当创建某个控件对象时调用
- DeleteFcn：当删除某个控件时调用
- ButtonDownFcn：当某控件处于激活状态时，按下鼠标会调用该函数
- KeyPressFcn：当按下键盘上的按键时调用
- CloseRequestFcn：当尝试关闭时调用
- Callback：回调函数

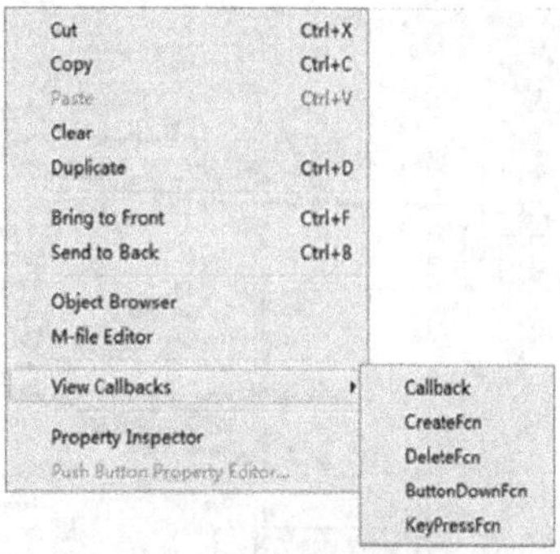

图 9-48 控件快捷菜单

9.14.3 GUI 编程实例

下面我们通过一个简单的实例来说明 GUI 的编程和图形用户界面的开发操作，所要实现的实例是通过设置参数来绘制曲线，我们先来规划下图形用户界面上所包含的对象内容，需要 4 个标签来标注 *a*、*b*、*c* 和 *x*，4 个文本框来输入 *a*、*b*、*c* 和 *x* 的取值范围，需要一个坐标轴来显示绘制的曲线，再加入一个“绘制”按钮（根据当前的参数来绘制曲线）和“打印”按钮（打印曲线图形），并且在用户关闭 GUI 时提示其是否退出。

第一步，启动 guide，打开图形用户界面开发环境。

```
>> guide↙
```

第二步，从左侧控件面板上拖动相应的控件至 GUI 或者点击相应的控件后在 GUI 上单击来摆放（见图 9-49），选中 GUI 上的某控件后，其四周会出现 8 个控制点，将鼠标置于某控制点上按下鼠标拖动可改变控件的尺寸。

第三步，设置需要变更的控件属性，双击某个控件打开属性窗，将 4 个标签分别设置为：a=、b=、c=、x=，以第一个标签为例（见图 9-50）。

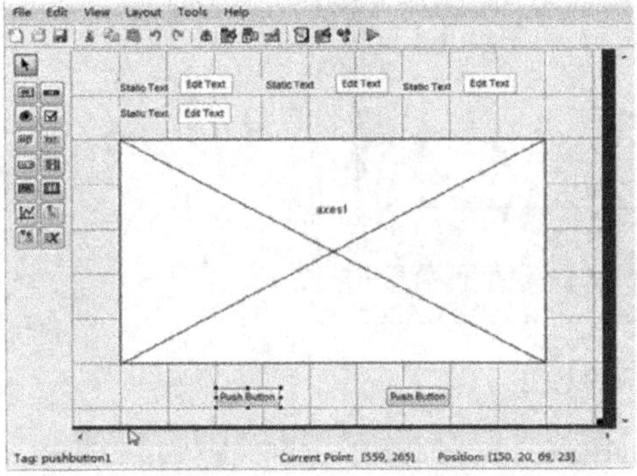

图 9-49 摆放交互控件

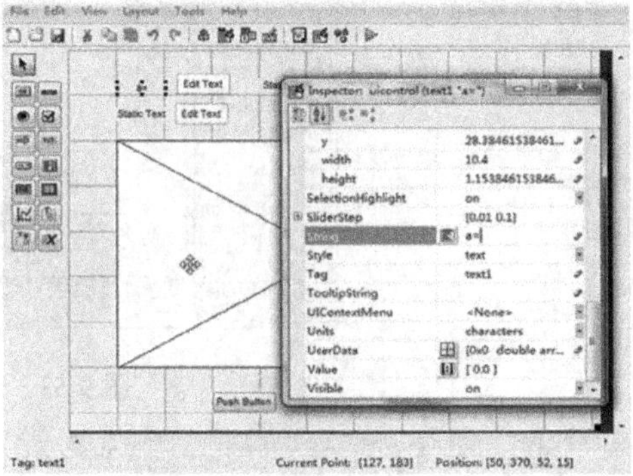

图 9-50 设置标签的 String 属性

接下来将 4 个文本框的 String 属性分别更改为 1、1、1、1:10（注意冒号为半角），并且分别将它们的 Tag 属性更改为 apara、bpara、cpara 和 xpara，以第 4 个文本框为例（见图 9-51）。

最后将两个按钮的 String 和 Tag 分别更改为“绘制”、“打印”和 draw、print。

第四步，对齐控件，选中顶上一行的 6 个控件（可以按住 Shift 键时依次选择各个控件，也可以在第 1 个标签的左上角按下鼠标左键不放，然后拖至第 3 个文本框的右下角时松开鼠标左键），然后点击对齐工具，在竖直对齐上选择居中对齐，然后选 Apply（见图 9-52），你也可以选中某个控件后，再通过键盘上的方向键来更改控件的位置。

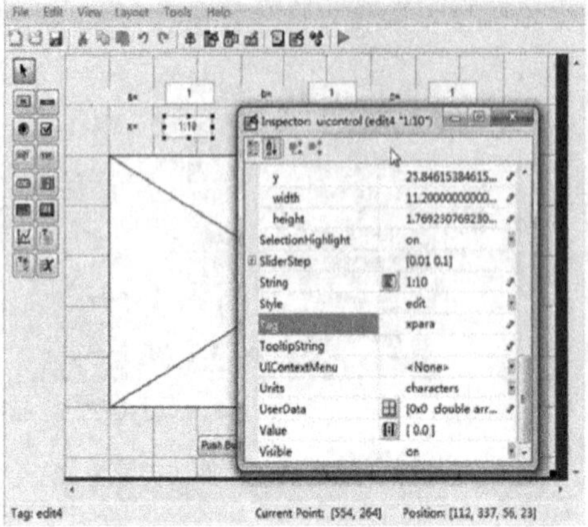

图 9-51　设置文本框的 String 和 Tag 属性

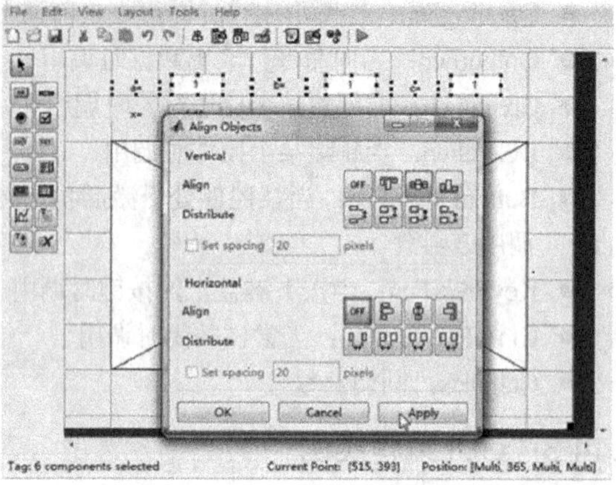

图 9-52　对齐控件

第五步，运行 GUI，此时会提示保存当前文件，将文件存储为 gui_demo.fig，同时会在程序编辑器中打开名为 gui_demo.m 的 M 文件（见图 9-53）。

此时，并没有绘制任何内容，因为我们还未加入相应的响应函数。

第六步，编写响应代码，加入函数，在 GUIDE 的空白区域点击鼠标右键，在快捷菜单中选择 View Callback 子菜单项 CloseRequestFcn。找到 draw_Callback 函数添加以下代码。

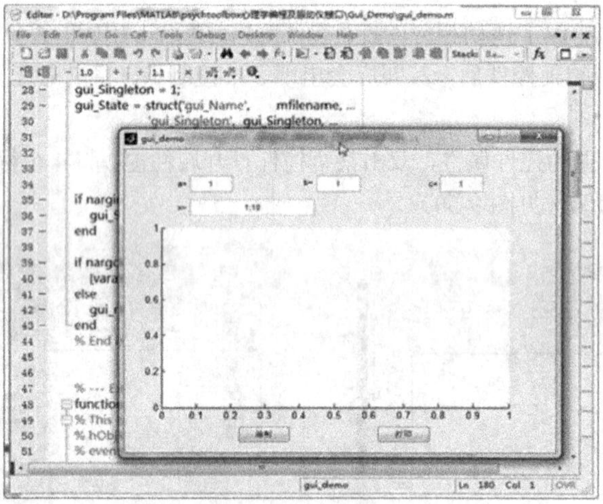

图 9-53　未加响应的 GUI

```
function draw Callback(hObject, eventdata, handles)
%获取参数 a 的 String 属性，并转换成数值型
a=str2double(get(handles.apara,'String'));
b=str2double(get(handles.bpara,'String'));
c=str2double(get(handles.cpara,'String'));
%获取参数 x 的 String 属性，并利用 eval 函数执行字符命名
x=eval(get(handles.xpara,'String'));
plot(x,a*x.*x+b*x+c);
```

找到 print_Callback 函数添加以下代码。

```
function print Callback(hObject, eventdata, handles)
printdlg(handles.figure1);
```

找到 figure1_CloseRequestFcn 函数，添加以下代码。

```
function figure1_CloseRequestFcn(hObject, eventdata, handles)
selection = questdlg(['关闭 ' get(handles.figure1,'Name') '?'],...
                     ['Close ' get(handles.figure1,'Name') '...'],...
                     '是','否','是');
if strcmp(selection,'否')
    return;
end

% Hint: delete(hObject) closes the figure
delete(hObject);
```

在关闭对话框时会显示下面的确认对话框（见图 9-54）。

至此，已经基本上实现我们想要达到的效果，运行程序然后点击绘制按钮，显示如图 9-55 所示。以上程序并不完善，如没有检查某个参数是否未输入内容等，因为 x 的取值范围是通过 eval 函数来执行的，也没有检查命令语句的合法性等。

由于图形用户界面常常用来设置参数信息，返回这些信息供其他函数使用，接下来我们看看如何获取 GUI 的返回值（y），要做到这一点需要：

- 首先在 M 文件（gui_demo.m）中找到 uiwait 语句，将其前面的注释符%去掉，以便使 M 文件停止运行，直到用户激活某个 GUI 控件。
- 对涉及到返回值的控件响应函数，修改 handles.output 的值，并执行 uiresume 命令。

图 9-54 确认对话框

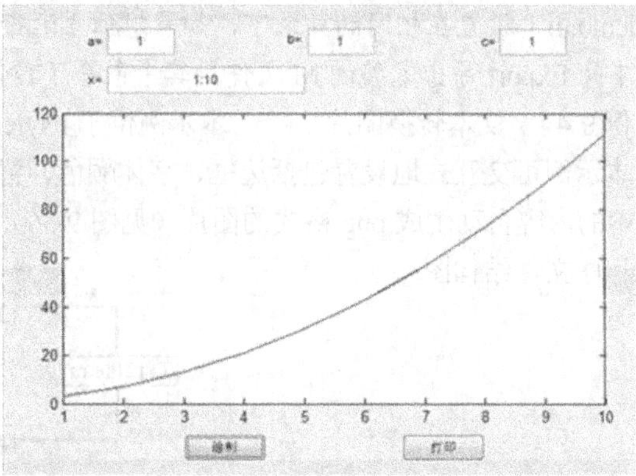

图 9-55 GUI 实例演示

由于本实例中，设置不同的参数会产生不同的 y 值，所以我们只在最后关闭对话框时返回所需要的 y 值。此处我们使用另外一种方法，在 draw_Callback 函数做如下修改。

```
function draw_Callback(hObject, eventdata, handles)
global output; %设置全局变量 output 用于存在输出的 y 值
a=str2double(get(handles.apara,'String'));
b=str2double(get(handles.bpara,'String'));
c=str2double(get(handles.cpara,'String'));
x=eval(get(handles.xpara,'String'));
plot(x,a*x.*x+b*x+c);
output=a*x.*x+b*x+c; %将计算的 y 值赋值给 output
```

同时修改 gui_demo_OutputFcn 函数为

```
function varargout = gui_demo_OutputFcn(hObject, eventdata, handles)
```

```
global output;
% Get default command line output from handles structure
varargout{1} = output;
```

为使程序一运行时即根据默认值显示曲线，而不需要点击绘制按钮才显示结果，修改 gui_demo_OpeningFcn 函数如下

```
function gui_demo_OpeningFcn(hObject, eventdata, handles, varargin)
global output;        %定义全局变量
if strcmp(get(hObject,'Visible'),'off')  %如果当前对象处于不可见状态
   x=1:10;
   plot(x,x.*x+x);   %使用默认值绘制曲线
end
output = x.*x+x;     %同时赋默认结果给 output

% Update handles structure
guidata(hObject, handles);

% UIWAIT makes gui_demo wait for user response (see UIRESUME)
uiwait(handles.figure1);
```

然后在命令窗口中测试程序，结果如下

```
>> output=gui_demo↙

output =
     2     6    12    20    30    42    56    72    90   110
```

注意：如果要在 MATLAB 环境下运行或修改 GUI，则需要将两个文件（gui_demo.fig 和 gui_demo.m）放置在相同的目录下，如果想独立运行带有 GUI 的 M 文件，可以在 GUIDE 中通过 File 菜单下的 Export 导出完整的 M 文件，其中包含了控件的创建代码。

例 9.44 文本转换图片　　本示例位于 Psyfeng\Txt2Pic 目录下

本示例可交互式地设置包括边框、字体颜色、背景颜色、文本名前缀等多项参数，然后根据文本文件中的内容自动生成 png 格式的图片（见图 9-56）。

程序文件结构图：

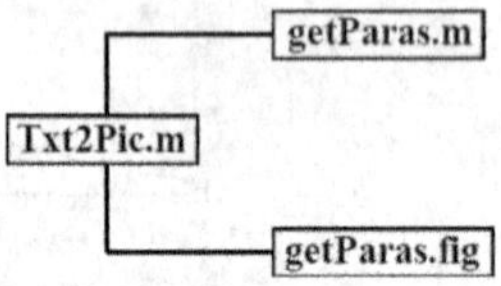


```
function Txt2Pic
%Txt2Pic.m
%
clear
h=getParas; %获取设置的参数
if ~isfield(h,'file')
   return;
end
file=fopen(h.file,'r'); %打开文本文件
Screen('Preference', 'SkipSyncTests', 1);
Screen('Preference', 'TextRenderer',1);
Screen('Preference','TextAntiAliasing',1);        %启用文本反锯齿效果
wptr=Screen('OpenWindow',0,h.backcolor*255,[0 0 h.width h.height]);
%Screen('Blendfunction', wptr, GL_SRC_ALPHA, GL_ONE_MINUS_SRC_ALPHA);
Screen('TextFont',wptr,h.fontname);
Screen('TextSize',wptr,h.fontsize);
i=1;
```

```
while ~feof(file)
   txt=fgetl(file);
   txtb=Screen('TextBounds',wptr,txt);           %获取文本绘制区域
   txtb=CenterRect(txtb,[0 0 h.width h.height]); %使文本绘制区域居中于窗口
   %DrawFormattedText(wptr,txt,'center','center',h.fontcolor*255);
   Screen('DrawText',wptr,txt,txtb(1),txtb(2),h.fontcolor*255);
   if h.linestipple
      %左、右、上、下
      xys=[floor(h.pwidth/2),floor(h.pwidth/2),h.width-ceil(h.pwidth/2),
          h.width-ceil(h.pwidth/2),0,h.width,0,h.width;0,h.height,0,h.height,
          ceil(h.pwidth/2),ceil(h.pwidth/2),h.height-floor(h.pwidth/2),
          h.height-floor(h.pwidth/2)];
      Screen('LineStipple',wptr,h.linestipple,h.factor); %设置线型
      Screen('DrawLines',wptr,xys,h.pwidth,h.bordercolor*255);
   else
      Screen('FrameRect',wptr,h.bordercolor*255,[],h.pwidth);
   end
   Screen('Flip',wptr);
   img=Screen('GetImage',wptr); %获取窗口图像
   imwrite(img,[h.prefix ' ' num2str(i) '.png'],'png'); %将图像数据写入文件
   i=i+1;
   WaitSecs(2);
end
sca;
fclose(file);
```

```
function varargout = getParas(varargin)
%getParas.m
%省略了部分空函数和注释内容
global sampleh;
global h; %定义全局变量
h.backcolor=1;
h.fontcolor=0;
h.fontname='黑体';
h.fontsize=72;
h.linestipple=0;
gui Singleton = 1;
gui State = struct('gui Name',       mfilename, ...
                   'gui Singleton',  gui Singleton, ...
                   'gui OpeningFcn', @getParas OpeningFcn, ...
                   'gui OutputFcn',  @getParas OutputFcn, ...
                   'gui LayoutFcn',  [] , ...
                   'gui Callback',   []);
if nargin && ischar(varargin{1})
   gui State.gui Callback = str2func(varargin{1});
end

if nargout
   [varargout{1:nargout}] = gui mainfcn(gui State, varargin{:});
else
   gui mainfcn(gui State, varargin{:});
end

function getParas_OpeningFcn(hObject, eventdata, handles, varargin)
global h;
handles.output = hObject;

guidata(hObject, handles);
```

```
uiwait(handles.figure1);

function varargout = getParas_OutputFcn(hObject, eventdata, handles)
global h;
varargout{1} = h;

function pushbutton1_Callback(hObject, eventdata, handles)
%设置字体属性
global sampleh;
global h;
mh=guihandles(gcf);
font=uisetfont;
if ~isstruct(font)
   return
end
h.fontname=font.FontName;
h.fontsize=font.FontSize;
h.fontweight=font.FontWeight;
h.fontangle=font.FontAngle;
set(sampleh,'FontName',h.fontname);       %设置字体
set(sampleh,'FontSize',h.fontsize);       %设置字号
set(sampleh,'FontWeight',h.fontweight);   %设置是否加粗
set(sampleh,'FontAngle',h.fontangle);     %设置是否为斜体

function pushbutton2_Callback(hObject, eventdata, handles)
%设置图片背景色
global h;
mh=guihandles(gcf);
cc=uisetcolor;
if ~cc
   return
end
h.backcolor=cc;
set(mh.axes2,'Color',cc); %设置背景颜色

function pushbutton3 Callback(hObject, eventdata, handles)
%设置字体颜色
global sampleh;
global h;
mh=guihandles(gcf);
cc=uisetcolor;
if ~cc
   return
end
h.fontcolor=cc;
set(sampleh,'Color',cc); %设置示例文本颜色

function pushbutton4 Callback(hObject, eventdata, handles)
%设置文本文件
global h;
[filename pathname]=uigetfile('*.txt','选择文本文件');
if filename==0
   return;
end
h.file=[pathname filename];
h.filename=filename;                %文件名信息赋于结构
mh=guihandles(gcf);
```

```
set(mh.edit5,'String',h.file);    %将文件名信息显示在文本框内

function pushbutton5_Callback(hObject, eventdata, handles)
%将各参数信息赋值给全局变量 h
global sampleh;
global h;
mh=guihandles(gcf);
h.prefix=get(mh.prefix,'String');
h.width=str2double(get(mh.edit2,'String'));
h.height=str2double(get(mh.edit3,'String'));
h.backcolor=get(mh.axes2,'Color');
h.fontcolor=get(sampleh,'Color');
h.bordercolor=get(mh.axes2,'XColor');
h.fontname=get(sampleh,'FontName');
h.fontsize=get(sampleh,'FontSize');
h.fontweight=get(sampleh,'FontWeight');
h.fontangle=get(sampleh,'FontAngle');
h.linestipple=get(mh.checkbox1,'Value');
h.pwidth=str2double(get(mh.edit6,'String'));
h.factor=str2double(get(mh.edit7,'String'));

if isempty(get(mh.edit5,'String')) %检查有没有指定文本文件
   msgbox('需要指定文本文件','错误','modal');
   return;
end
if isempty(h.prefix) %检查有无指定图片文件名前缀
   msgbox('你没有指定图片文件名前缀，将使用文本文件名前缀','提示','modal');
   h.prefix=strtok(h.filename,'.');
   set(mh.prefix,'String',h.prefix);
   pause(3);
end
delete(gcf);

function pushbutton6_Callback(hObject, eventdata, handles)
%退出按钮的回调函数
global h;
selection = questdlg('Do you want to quit?',...
   'Txt2Pic',...
   'Yes','No','Yes');
switch selection,
   case 'Yes'
      h=[];
      delete(gcf)
   case 'No'
      return
end

function axes2_CreateFcn(hObject, eventdata, handles)
%在坐标图上添加文本标签
global sampleh;
global h;
sampleh=text(0,127,'苏州');
set(sampleh,'FontName',h.fontname);
set(sampleh,'FontUnits','points');
set(sampleh,'FontSize',h.fontsize);


function sample0_KeyPressFcn(hObject, eventdata, handles)
```

```
%处理示例文本框的按键操作
global sampleh;
mh=guihandles(gcf);
if strcmp(eventdata.Key,'return')
    set(sampleh,'String',get(hObject,'String'));
end

function pushbutton7_Callback(hObject, eventdata, handles)
%设置边框颜色
global sampleh;
global h;
mh=guihandles(gcf);
cc=uisetcolor;
if ~cc
    return
end
h.bordercolor=cc;
set(mh.axes2,'XColor',cc); %此处是通过更改坐标轴的颜色来达到效果
set(mh.axes2,'YColor',cc);

function checkbox1_Callback(hObject, eventdata, handles)
%边框是否为虚线
global h;
h.linestipple=get(hObject,'Value');
mh=guihandles(gcf);
if h.linestipple %如果为虚线
    set(mh.text6,'Enable','on'); %使放大因子处于激活状态
    set(mh.edit7,'Enable','on');
else
    set(mh.text6,'Enable','off'); %使放大因子处于不可选状态
    set(mh.edit7,'Enable','off');
end
```

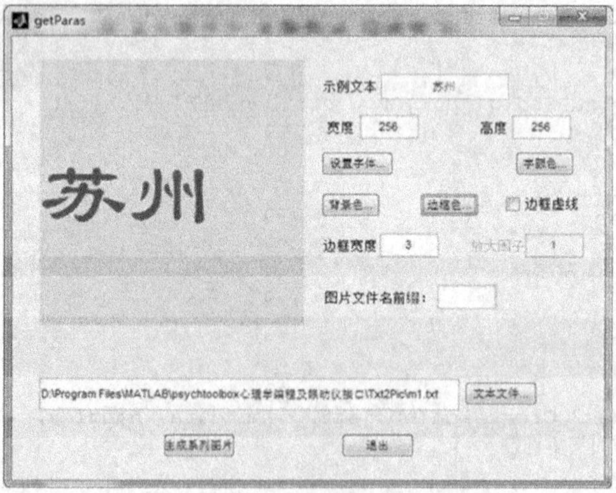

图 9-56 文本转图片参数设置窗口

例 9.45 通用内隐联想测验 本示例位于 Psyfeng\IAT 目录下

本示例可以采用定制的方式来设置概念词（图片）和属性词（图片），并将设置的信息保存为配置文件，就可以直接运行内隐联想测验，同时会记录原始反应数据和 4 种统计方法的结果数据（见图 9-57 和图 9-58）。

程序文件结构图：

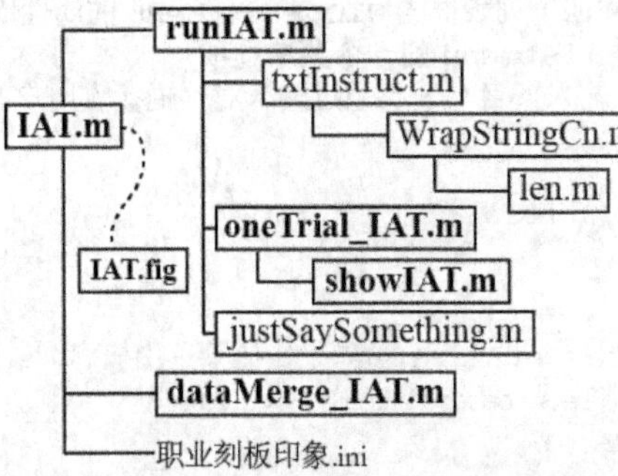


```
function varargout = IAT(varargin)
%IAT.m
%此处省略了文件中的部分函数和注释信息
gui_Singleton = 1;
gui State = struct('gui Name',       mfilename, ...
                   'gui_Singleton',  gui_Singleton, ...
                   'gui_OpeningFcn', @IAT_OpeningFcn, ...
                   'gui OutputFcn',  @IAT OutputFcn, ...
                   'gui_LayoutFcn',  [] , ...
                   'gui Callback',   []);
if nargin && ischar(varargin{1})
   gui State.gui Callback = str2func(varargin{1});
end

if nargout
   [varargout{1:nargout}] = gui mainfcn(gui State, varargin{:});
else
   gui mainfcn(gui State, varargin{:});
end


function IAT_OpeningFcn(hObject, eventdata, handles, varargin)
global h;
handles.output = h;

% Update handles structure
guidata(hObject, handles);

function varargout = IAT_OutputFcn(hObject, eventdata, handles)
global h;
varargout{1} = h;

function TargetA_Callback(hObject, eventdata, handles)
%概念词 A 文本有变动
setappdata(gcf,'modified',true); %设置程序变量 modified 为真
set(findobj(gcf,'Tag','saveconfig'),'Enable','on'); %使保存菜单项可用


function TargetB_Callback(hObject, eventdata, handles)
setappdata(gcf,'modified',true);
set(findobj(gcf,'Tag','saveconfig'),'Enable','on');

function additem_Callback(hObject, eventdata, handles)
```

```
%快捷菜单添加条目的响应函数
%☛注意：在属性窗中将四个列表框的 UIContextMenu 的属性均设置为了 listmenu 菜单，
    此处 additem 是 listmenu 的一个菜单选项
answer=inputdlg('输入条目'); %通过输入对话框接收用户的输入
if isempty(answer)
   return;
end
pic=false;
switch gco
   case handles.targetAlist %如果快捷菜单由概念词 A 列表触发
      if get(handles.targetApic,'Value')
         pic=true;
      end
   case handles.targetBlist
      if get(handles.targetBpic,'Value')
         pic=true;
      end
   case handles.attribBlist
      if get(handles.attribBpic,'Value')
         pic=true;
      end
   case handles.attribAlist
      if get(handles.attribApic,'Value')
         pic=true;
      end
end
if pic && ~exist(answer{1},'file') %如果添加的条目是图片文件查看其是否存在
   msgbox(['Cannot find the file "' answer{1} '"'],'Warning','warn','modal');
   return;
end

tmp=get(gco,'String');              %获取触发列表框中列表内容
tmp=[tmp; answer]; %追加用户的输入
if length(tmp)>0
   set(gco,'Value',length(tmp)); %设置列表中选中的条目
end
set(gco,'String',tmp); %设置列表信息内容
if length(tmp)>=10 %如果列表中信息超过 10 项，则显示警告信息
   msgbox('There may be too many items!','Warning','warn','modal');
end
setappdata(gcf,'modified',true);
set(findobj(gcf,'Tag','saveconfig'),'Enable','on');

function deleteitem_Callback(hObject, eventdata, handles)
%快捷菜单中删除条目的响应函数
tmp=cellstr(get(gco,'String'));  %获取列表框内容
if length(tmp)<1
   return;
end
index=(get(gco,'Value'));           %获取选中的索引
if index<=length(tmp)
   tmp(index)=[];                   %将选中条目删除
   if index<=length(tmp)            %如果选中序号小于列表框条目数
      set(gco,'Value',index);       %设置选中项
   else
      if index==1 %如果删除的是第一项
```

```
            set(gco,'Value',1);
        else
            set(gco,'Value',index-1);
        end
    end
end

set(gco,'String',tmp); %设置列表框内容
setappdata(gcf,'modified',true);
set(findobj(gcf,'Tag','saveconfig'),'Enable','on');

function clearall_Callback(hObject, eventdata, handles)
%快捷菜单清除所有的响应函数
if length(get(gco,'String'))<1 %如果列表框中没有内容，则直接返回
    return;
end
set(gco,'String',{}); %设置列表框内容为空
setappdata(gcf,'modified',true);
set(findobj(gcf,'Tag','saveconfig'),'Enable','on');

function import_Callback(hObject, eventdata, handles)
%快捷菜单导入文件的响应函数
[filename, pathname]=uigetfile({'*.txt;*.dat','文本文件(*.txt,*.dat)'});
if filename==0 %如果打开文本文件时取消了操作则直接返回
    return;
end
fid=fopen([pathname filename],'r');
if fid<0 %如果打开文件失败
    errordlg(['Cannot open the file:' pathname filename]);
    return;
end
pic=false;
switch gco
    case handles.targetAlist
        if get(handles.targetApic,'Value') %添加的是否为图片文件名
            pic=true;
        end
    case handles.targetBlist
        if get(handles.targetBpic,'Value')
            pic=true;
        end
    case handles.attribBlist
        if get(handles.attribBpic,'Value')
            pic=true;
        end
    case handles.attribAlist
        if get(handles.attribApic,'Value')
            pic=true;
        end
end
i=1;
while true
    txt=fgetl(fid);
    if ~ischar(txt);break;end
    if pic && ~exist(txt,'file') %如果图片文件不存在，则显示警告信息
        msgbox(['Cannot find the file "' txt '"'],'Warning','warn','modal');
```

```
        fclose(fid);
        return
    end
    tmp{i}=txt;
    i=i+1;
end
fclose(fid);
set(gco,'String',tmp); %设置列表框内容
if length(tmp)>0
    set(gco,'Value',length(tmp));
    setappdata(gcf,'modified',true);
    set(findobj(gcf,'Tag','saveconfig'),'Enable','on');
end
if length(tmp)>=10
    msgbox('There may be too many items!','Warning','warn','modal');
end

function attribA_Callback(hObject, eventdata, handles)
%属性词 A 的响应函数
setappdata(gcf,'modified',true);
set(findobj(gcf,'Tag','saveconfig'),'Enable','on');

function attribB_Callback(hObject, eventdata, handles)
%属性词 B 的响应函数
setappdata(gcf,'modified',true);
set(findobj(gcf,'Tag','saveconfig'),'Enable','on');

function saveconfig_Callback(hObject, eventdata, handles)
%保存配置菜单的响应函数
tmpname=(get(gcf,'Name'));
if ~streq(tmpname(end-3:end),'.ini')  %如果窗口标题中不是文件名信息
    [filename pathname]=uiputfile({'*.ini','配置文件(*.ini)'},'新建配置','new.ini');
    if filename==0
        return
    end
    tmpname=[pathname filename];
    set(gcf,'Name',tmpname); %将窗口标题设置为文件名信息
end
fid=fopen(tmpname,'w'); %打开要写入的文件
fprintf(fid,'TargetA=%s\n',get(handles.TargetA,'String')); %写入相应的信息
fprintf(fid,'[TargetAList Begin]\n');
tmp=get(handles.targetAlist,'String');
for i=1:length(tmp)
    fprintf(fid,'%s\n',tmp{i});
end
fprintf(fid,'[TargetAList End]\n');
fprintf(fid,'TargetB=%s\n',get(handles.TargetB,'String'));
fprintf(fid,'[TargetBList Begin]\n');
tmp=get(handles.targetBlist,'String');
for i=1:length(tmp)
    fprintf(fid,'%s\n',tmp{i});
end
fprintf(fid,'[TargetBList End]\n');
fprintf(fid,'AttribA=%s\n',get(handles.attribA,'String'));
fprintf(fid,'[AttribAList Begin]\n');
tmp=get(handles.attribAlist,'String');
```

```
for i=1:length(tmp)
   fprintf(fid,'%s\n',tmp{i});
end
fprintf(fid,'[AttribAList_End]\n');
fprintf(fid,'AttribB=%s\n',get(handles.attribB,'String'));
fprintf(fid,'[AttribBList_Begin]\n');
tmp=get(handles.attribBlist,'String');
for i=1:length(tmp)
   fprintf(fid,'%s\n',tmp{i});
end
fprintf(fid,'[AttribBList_End]\n');
fprintf(fid,'TargetAPic=%d\n',get(handles.targetApic,'Value'));
fprintf(fid,'TargetBPic=%d\n',get(handles.targetBpic,'Value'));
fprintf(fid,'AttribAPic=%d\n',get(handles.attribApic,'Value'));
fprintf(fid,'AttribBPic=%d\n',get(handles.attribBpic,'Value'));
fclose(fid);
setappdata(gcf,'modified',false);
set(findobj(gcf,'Tag','saveconfig'),'Enable','off');

function newconfig_Callback(hObject, eventdata, handles)
%新建配置文件菜单项的响应函数
gh=gcf;
tmpname=get(gh,'Name');
if streq(tmpname(end-3:end),'.ini') && getappdata(gcf,'modified') %如果有内容变动
   bname=questdlg('是否保存当前配置?','保存...','Yes','No','Yes'); %提示是否保存
   switch bname
      case 'Yes'
         saveconfig_Callback(handles.saveconfig,eventdata,handles);
      case 'No'
   end
end
%获取新配置文件的文件名信息
[filename pathname]=uiputfile({'*.ini','配置文件(*.ini)'},'新建配置','new.ini');
if filename==0
   return
end
tmpname=[pathname filename];
set(gcf,'Name',tmpname);                          %设置窗口标题为文件名信息
clearallitems(hObject,eventdata,handles);         %清除已有的信息内容

function openconfig_Callback(hObject, eventdata, handles)
%打开配置菜单项的响应函数
[filename pathname]=uigetfile({'*.ini','配置文件(*.ini)'});
if filename==0
   return;
end
filename=[pathname filename];
set(gcf,'Name',filename);
fid=fopen(filename,'r');
if fid<0
   errordlg(['Cannot open file ' filename ]);
   return;
end
listfound=false;
tmphandle=0;
i=1;
```

```
while true %循环读取配置文件中各项信息并设置相应的控件内容
   txt=fgetl(fid);
   if ~ischar(txt);break;end
   if ~isempty(strfind(txt,'TargetA=')) && ~listfound
      set(handles.TargetA,'String',txt(9:end));
   elseif ~isempty(strfind(txt,'TargetB=')) && ~listfound
      set(handles.TargetB,'String',txt(9:end));
   elseif ~isempty(strfind(txt,'AttribA=')) && ~listfound
      set(handles.attribA,'String',txt(9:end));
   elseif ~isempty(strfind(txt,'AttribB=')) && ~listfound
      set(handles.attribB,'String',txt(9:end));
   elseif ~isempty(strfind(txt,'TargetAPic=')) && ~listfound
      set(handles.targetApic,'Value',str2double(txt(12:end)));
   elseif ~isempty(strfind(txt,'TargetBPic=')) && ~listfound
      set(handles.targetBpic,'Value',str2double(txt(12:end)));
   elseif ~isempty(strfind(txt,'AttribAPic=')) && ~listfound
      set(handles.attribApic,'Value',str2double(txt(12:end)));
   elseif ~isempty(strfind(txt,'AttribBPic=')) && ~listfound
      set(handles.attribBpic,'Value',str2double(txt(12:end)));
   elseif strfind(txt,'[TargetAList Begin]')
      listfound=true;i=1;tmp={};
      tmphandle=handles.targetAlist;
   elseif strfind(txt,'[TargetAList End]')
      listfound=false;
      set(tmphandle,'String',tmp);
   elseif strfind(txt,'[TargetBList Begin]')
      listfound=true;i=1;tmp={};
      tmphandle=handles.targetBlist;
   elseif strfind(txt,'[TargetBList End]')
      listfound=false;
      set(tmphandle,'String',tmp);
   elseif strfind(txt,'[AttribAList Begin]')
      listfound=true;i=1;tmp={};
      tmphandle=handles.attribAlist;
   elseif strfind(txt,'[AttribAList End]')
      listfound=false;
      set(tmphandle,'String',tmp);
   elseif strfind(txt,'[AttribBList Begin]')
      listfound=true;i=1;tmp={};
      tmphandle=handles.attribBlist;
   elseif strfind(txt,'[AttribBList End]')
      listfound=false;
      set(tmphandle,'String',tmp);
   elseif listfound
      tmp{i}=txt;
      i=i+1;
   end
end
fclose(fid);

function exitit_Callback(hObject, eventdata, handles)
%退出按钮的响应函数
figure1_CloseRequestFcn(hObject, eventdata, handles);

function clearallitems(hObject,eventdata,handles)
%清除所有条目内容
```

```
set(handles.TargetA,'String','');
set(handles.TargetB,'String','');
set(handles.attribA,'String','');
set(handles.attribB,'String','');
set(handles.targetAlist,'String',{});
set(handles.targetBlist,'String',{});
set(handles.attribAlist,'String',{});
set(handles.attribBlist,'String',{});
set(handles.targetApic,'Value',0);
set(handles.targetBpic,'Value',0);
set(handles.attribApic,'Value',0);
set(handles.attribBpic,'Value',0);
return

function attribApic_Callback(hObject, eventdata, handles)
%属性 A 图片复选框的响应函数
if get(hObject,'Value') %如果选中图片复选框，则检查列表中的文件是否存在
    tmp=get(handles.attribAlist,'String');
    for i=1:length(tmp)
        if ~exist(tmp{i},'file')
            msgbox(['Cannot found the file "' tmp{i} '"'], 'Warning','warn','modal');
            set(hObject,'Value',0);
            return;
        end
    end
    if length(tmp)>0
        setappdata(gcf,'modified',true);
        set(findobj(gcf,'Tag','saveconfig'),'Enable','on');
    end
end

function attribBpic_Callback(hObject, eventdata, handles)
if get(hObject,'Value')
    tmp=get(handles.attribBlist,'String');
    for i=1:length(tmp)
        if ~exist(tmp{i},'file')
            msgbox(['Cannot found the file "' tmp{i} '"'], 'Warning','warn','modal');
            set(hObject,'Value',0);
            return;
        end
    end
    if length(tmp)>0
        setappdata(gcf,'modified',true);
        set(findobj(gcf,'Tag','saveconfig'),'Enable','on');
    end
end

function targetApic_Callback(hObject, eventdata, handles)
if get(hObject,'Value')
    tmp=get(handles.targetAlist,'String');
    for i=1:length(tmp)
        if ~exist(tmp{i},'file')
            msgbox(['Cannot found the file "' tmp{i} '"'], 'Warning','warn','modal');
            set(hObject,'Value',0);
            return;
        end
```

```
    end
    if length(tmp)>0
        setappdata(gcf,'modified',true);
        set(findobj(gcf,'Tag','saveconfig'),'Enable','on');
    end
end

function targetBpic_Callback(hObject, eventdata, handles)
if get(hObject,'Value')
    tmp=get(handles.targetBlist,'String');
    for i=1:length(tmp)
        if ~exist(tmp{i},'file')
            msgbox(['Cannot found the file "' tmp{i} '"'], 'Warning','warn','modal');
            set(hObject,'Value',0);
            return;
        end
    end
    if length(tmp)>0
        setappdata(gcf,'modified',true);
        set(findobj(gcf,'Tag','saveconfig'),'Enable','on');
    end
end

function figure1_CloseRequestFcn(hObject, eventdata, handles)
%当用户关闭或退出对话框时的响应函数
global h;
if getappdata(gcf,'modified') %如果有内容变动，则提示是否保存
    answer=questdlg('是否保存当前设置?','提示','Yes','No','Yes');
    switch answer
        case 'Yes'
            saveconfig_Callback(handles.saveconfig,eventdata,handles);
    end
end
h.targetA=get(handles.TargetA,'String');
h.targetB=get(handles.TargetB,'String');
h.attribA=get(handles.attribA,'String');
h.attribB=get(handles.attribB,'String');
h.targetAlist=get(handles.targetAlist,'String');
h.targetBlist=get(handles.targetBlist,'String');
h.attribAlist=get(handles.attribAlist,'String');
h.attribBlist=get(handles.attribBlist,'String');
h.targetApic=get(handles.targetApic,'Value');
h.targetBpic=get(handles.targetBpic,'Value');
h.attribApic=get(handles.attribApic,'Value');
h.attribBpic=get(handles.attribBpic,'Value');
delete(gcf);

function saveasconfig_Callback(hObject, eventdata, handles)
%菜单选项另存为的响应函数
 [filename pathname]=uiputfile({'*.ini','配置文件(*.ini)'},'新建配置','*.ini');
if filename==0
    return
end
tmpname=[pathname filename];
set(gcf,'Name',tmpname);
saveconfig_Callback(handles.saveconfig,eventdata,handles);

function run_Callback(hObject, eventdata, handles)
```

```
%菜单项运行实验的响应函数
global h;
h.targetA=get(handles.TargetA,'String');
h.targetB=get(handles.TargetB,'String');
h.attribA=get(handles.attribA,'String');
h.attribB=get(handles.attribB,'String');
h.targetAlist=get(handles.targetAlist,'String');
h.targetBlist=get(handles.targetBlist,'String');
h.attribAlist=get(handles.attribAlist,'String');
h.attribBlist=get(handles.attribBlist,'String');
h.targetApic=get(handles.targetApic,'Value');
h.targetBpic=get(handles.targetBpic,'Value');
h.attribApic=get(handles.attribApic,'Value');
h.attribBpic=get(handles.attribBpic,'Value');
h.autorun=get(handles.autoran,'Value'); %获取是否自动运行
if get(handles.boy,'Value') %获取被试性别信息
   h.sex='Male';
else
   h.sex='Female';
end
h.subject=str2double(get(handles.subject,'String')); %获取被试编号
h.age=str2double(get(handles.age,'String')); %获取被试年龄
%检查所应填写的内容是否填写完毕
ifisempty(h.targetA)||isempty(h.targetB)||isempty(h.attribA)||isempty(h.attribB)
   msgbox('需要设置概念词和属性词的各维度名称.','Warning','warn','modal');
   return;
end
%检查各列表框中是否有内容
if isempty(h.targetAlist) || isempty(h.targetBlist) ||
         isempty(h.attribAlist) || isempty(h.attribBlist)
   msgbox('需要设置概念词和属性词的各维度列表.','Warning','warn','modal');
   return;
end
%如果为图片内容，则检查各列表框中的图片文件是否存在
if h.targetApic
   for i=1:length(h.targetAlist)
      if ~exist(h.targetAlist{i},'file')
        msgbox(['Cannot found the file "' h.targetAlist{i} '"'],
               'Warning','warn','modal');
         return;
      end
   end
end
if h.targetBpic
   for i=1:length(h.targetBlist)
      if ~exist(h.targetBlist{i},'file')
        msgbox(['Cannot found the file "' h.targetBlist{i} '"'],
               'Warning','warn','modal');
         return;
      end
   end
end
if h.attribApic
   for i=1:length(h.attribAlist)
      if ~exist(h.attribAlist{i},'file')
        msgbox(['Cannot found the file "' h.attribAlist{i} '"'],
               'Warning','warn','modal');
         return;
```

```
            end
        end
    end
    if h.attribBpic
        for i=1:length(h.attribBlist)
            if ~exist(h.attribBlist{i},'file')
              msgbox(['Cannot found the file "' h.attribBlist{i} '"'],
                         'Warning','warn','modal');
               return;
            end
        end
    end

    if isnan(h.subject) || isnan(h.age) %检查是否输入被试编号和年龄信息
        msgbox('请输入编号或年龄.','Warning','warn','modal');
        return;
    end
    ret=runIAT(h);
    dataMerge_IAT(h,ret);

    function runiat_Callback(hObject, eventdata, handles)
    %运行按钮的响应函数，此处调用运行菜单的响应函数
    run_Callback(hObject, eventdata, handles);

    function figure1_CreateFcn(hObject, eventdata, handles)
    %将对话框置于屏幕的中央
    scrsize=get(0,'ScreenSize');
    set(hObject,'Position',[(scrsize(3)-729)/2 (scrsize(4)-305)/2 729,305]);
```

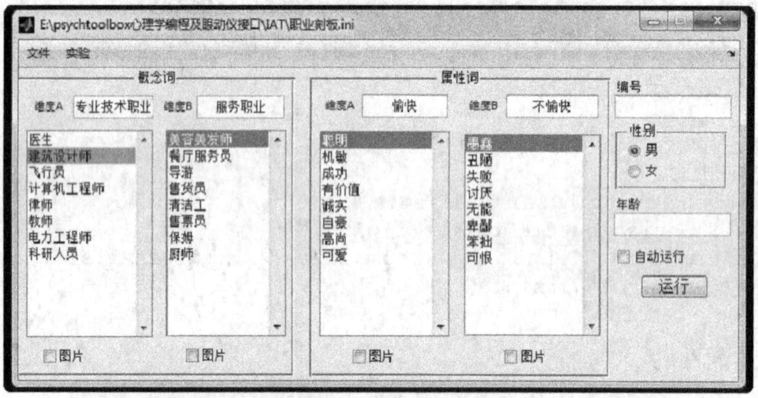

图 9-57 GUI 运行界面

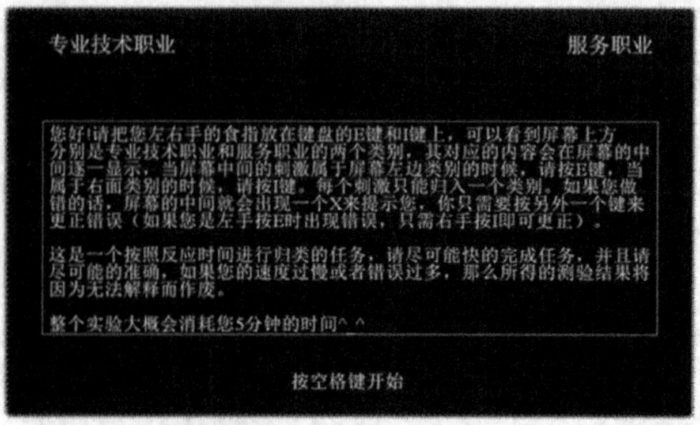

图 9-58 主程序运行界面

例 9.46 阶梯法　　　本示例位于 Psyfeng\StairCases 目录下

阶梯法的刺激强度可以是连续变化的，也可以是按一定的梯度变化的。当出现感觉上的一个转折点后（被试的反应由正确→错误或反应由错误→正确），刺激强度的变化向相反的方向调节，再出现感觉上的转折点后，又把刺激强度的变化方向倒过来，照此连续进行下去，直到实验结束，将各次测定的阈值平均后即为所求的阈限值。利用阶梯法时，我们可以选择转折的方式，利用 2 下 1 上，表示连续正确两次后，才将刺激强度减小一定比例，而错误反应一次就将刺激强度提高一定比例（见图 9-59）。

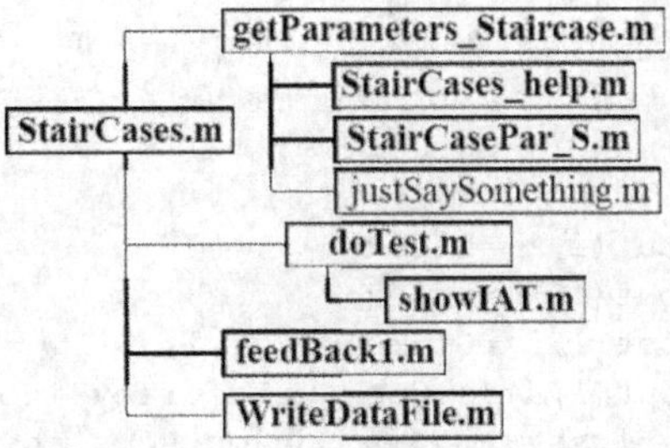


```
function [output, expthresholds]=StairCases()
%StairCases.m
%
%This Program try 应用阶梯法
clear all
clc
s=getParameters_Staircase(mfilename);
pause(1);
output=[];
expthresholds=[];
if ~isempty(s)
    if length(s.reversals)~=length(s.stepsize)
       error('The number of s.reversals and the number of steps must be identical.');
    end
    k=1;
    for i=1:length(s.reversals)
        for j=1:s.reversals(i)
            steps(k)=s.stepsize(i);
            k=k+1;
        end
    end
    [win wrect]=Screen('OpenWindow',0,[192 192 192]);%,[0 0 600 400])

    for block=1:s.nblocks
        justSaySomething(win,['Press SpaceBar to begin the block ' num2str(block)]);
        spaceToContinue;
        count_n_of_reversals=0;
        StimulusLevel=s.startinglevel;
        n_down=0;
        whichserial=0;
        isstep=1;
        index=0;
        stimulushistory=[];
        rshistory=[];
        blockthreshold=[];
        actualstep=steps(1);

        while count_n_of_reversals<sum(s.reversals)
```

```
index=index+1;
stimulushistory=[stimulushistory StimulusLevel];
%----------------------
%**此处把standard标准值用做呈现何种刺激的标记
s.SubjectAccuracy(index)=doTest(win,wrect,StimulusLevel,s.standard);
%
if s.feedback %是否显示反馈
   feedBack1(win,s.SubjectAccuracy(index));
   Screen('Flip',win);
   WaitSecs(0.3);
end
%[c,x,y,answer]=GetClicks;

rowofoutput(1,1)=block;
rowofoutput(1,2)=index;
rowofoutput(1,3)=StimulusLevel;
rowofoutput(1,4)=s.SubjectAccuracy(index);
rshistory=[rshistory s.SubjectAccuracy(index)];
if s.SubjectAccuracy(index)==1 %CORRECT!
   n_down=n_down+1;
   if n_down==s.down %the down counts is satisfied
      if whichserial==2 %
         count_n_of_reversals=count_n_of_reversals+1;
         blockthreshold(count_n_of_reversals)=
                 mean(stimulushistory(end-1:end));
         actualstep=steps(count_n_of_reversals);
      end
      n_down=0;
      whichserial=1;%down serial
      if isstep
         StimulusLevel=StimulusLevel-actualstep;
         if StimulusLevel<0
            StimulusLevel=0;
         end
      else
         StimulusLevel=StimulusLevel/actualstep;
      end
   end
else  %WRONG!
   n_down=0;
   if whichserial==1
      count_n_of_reversals=count_n_of_reversals+1;
      blockthreshold(count_n_of_reversals)=
              mean(stimulushistory(end-1:end));
      actualstep=steps(count_n_of_reversals);
   end
   whichserial=2;%up serial
   if isstep
      StimulusLevel=StimulusLevel+actualstep;
   else
      StimulusLevel=StimulusLevel*actualstep;
   end
end
rowofoutput(1,5)=count_n_of_reversals;
rowofoutput(1,6)=actualstep;
if count_n_of_reversals>0
```

```
                rowofoutput(1,7)=blockthreshold(count_n_of_reversals);
            else
                rowofoutput(1,7)=NaN;
            end
            output=[output;rowofoutput];
        end
        switch s.thresholdtype %阈值计算方法
            case 'Arithmetic' %算术平均值
                expthresholds(block)=mean(blockthreshold
                            (end-(s.reversalForthresh-1):end));
            case 'Geometric' %几何平均值
                expthresholds(block)=prod(blockthreshold(end-
                    (s.reversalForthresh-1):end))^(1/length(blockthreshold(end-
               (s.reversalForthresh-1):end)));
            case 'Median' %中值
                expthresholds(block)=median(blockthreshold
                    (end-(s.reversalForthresh-1):end));
            otherwise
                disp('Unknown calculation type.');
        end
    end
    sca;
    s.MATSAVEDATA=output;
    if s.SaveResults
        WriteDataFile('Staircase',s.fileout,output,s.nsub,s.name,s.gender,
                   s.age,s.note,expthresholds);
    end
    mean(expthresholds) %计算阈值的均值
end
```

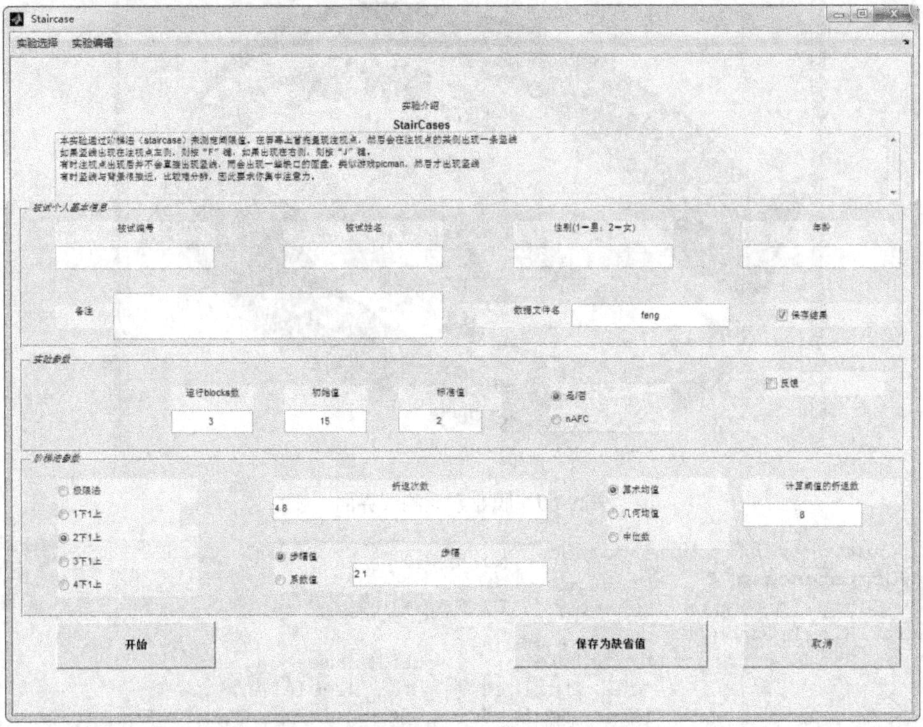

图 9-59　阶梯法 GUI 界面

例 9.47 职业素质测评 本示例位于 Psyfeng\Competence 目录下

职业素质测评主要用于评估测试对象的个性特征（主动性，信息能力，适应能力，竞争意识，学习能力，人际交往，应变能力，沟通能力）；自我管理（情绪管理，周密性，抗压能力，执行力）；社会意识（谨慎，团队协作，谦和，职业技能）和拓展能力（责任意识，上进心，自主性，自我定位）。本示例演示了如何利用 Database 工具箱与数据库连接，并进行数据的编辑、删除、更新，同时绘制测试对象的测试图表，并生成相应的 PDF 测试报告（见图 9-60）。

程序文件结构图：

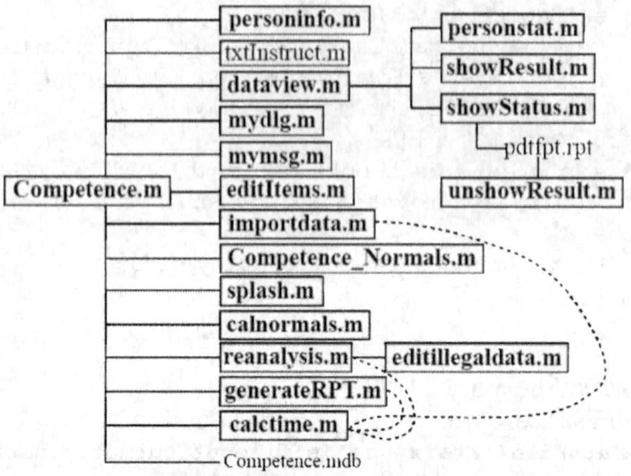

图 9-60 职业素质测评界面

```
function varargout = Competence(varargin)
%Competence.m
% Begin initialization code - DO NOT EDIT
gui_Singleton = 1;
gui_State = struct('gui_Name',       mfilename, ...
                   'gui_Singleton',  gui_Singleton, ...
                   'gui_OpeningFcn', @Competence_OpeningFcn, ...
                   'gui_OutputFcn',  @Competence_OutputFcn, ...
```

```
                    'gui_LayoutFcn',  [] , ...
                    'gui_Callback',   []);
if nargin && ischar(varargin{1})
   gui_State.gui_Callback = str2func(varargin{1});
end

if nargout
   [varargout{1:nargout}] = gui_mainfcn(gui_State, varargin{:});
else
   gui_mainfcn(gui_State, varargin{:});
end
% End initialization code - DO NOT EDIT


% --- Executes just before Competence is made visible.
function Competence_OpeningFcn(hObject, eventdata, handles, varargin)
handles.output = hObject;

% Update handles structure
guidata(hObject, handles);

% UIWAIT makes Competence wait for user response (see UIRESUME)
% uiwait(handles.figure1);

warning('off','MATLAB:HandleGraphics:ObsoletedProperty:JavaFrame');
jframe=get(handles.figure1,'javaframe');
jIcon=javax.swing.ImageIcon('logo.jpg');
jframe.setFigureIcon(jIcon);


% --- Outputs from this function are returned to the command line.
function varargout = Competence_OutputFcn(hObject, eventdata, handles)
varargout{1} = handles.output;
[im,map]=imread('logo.gif','frame','all');
[IconData IconCMap]=imread('logo.jpg');
IconCMap(256,:) = get(handles.figure1, 'Color');
frames=size(im,4);
for i=1:frames
   tmp=flipud(im(:,:,:,i));
   f(i)=im2frame(tmp,map);
end
for i=1:frames-1
   f(frames+i-1)=f(frames-i);
end
f=[f f(1:5)];
set(handles.quitit,'Enable','off');
movie(handles.figure1,f,1,5);
set(handles.quitit,'Enable','on');
Img=image(IconData, 'Parent', handles.axes1);
%set(handles.figure1, 'Colormap', IconCMap);

set(handles.axes1, ...
    'Visible', 'off', ...
    'YDir'   , 'reverse'      , ...
    'XLim'   , get(Img,'XData'), ...
    'YLim'   , get(Img,'YData')  ...
    );

% --------------------------------------------------------------------
function about_Callback(hObject, eventdata, handles)
```

```
splash('about.png',5,[0.5,0.5],[300,400]);

% --------------------------------------------------------------------
function dataview_Callback(hObject, eventdata, handles)
dbpath = 'competence.mdb';
% Create the connection URL.
conurl = ['jdbc:odbc:Driver={Microsoft Access Driver (*.mdb)};' 'DBQ=' dbpath];
% Connect to the database.
con = database('','','','sun.jdbc.odbc.JdbcOdbcDriver', conurl);
% Fetch data from the database.
e = exec(con,'SELECT * FROM results order by ID');
e = fetch(e);
close(con);
data = e.data;

if ischar(data{1}) && ismember(data(1),{'No Data'})
   mymsg({'目前还没有测试数据！'},{'提示'});
   return
end
dataview(data);

% --------------------------------------------------------------------
function normalchange_Callback(hObject, eventdata, handles)
Competence_Normals;

% --------------------------------------------------------------------
function starttest_Callback(hObject, eventdata, handles)
personinfo;

% --------------------------------------------------------------------
function quitit_Callback(hObject, eventdata, handles)
delete(gcf);


% --- Executes during object creation, after setting all properties.
function figure1_CreateFcn(hObject, eventdata, handles)
pos=get(hObject,'Position');
scrsize=get(0,'ScreenSize');
set(hObject,'Position',[(scrsize(3)-pos(3))/2 (scrsize(4)-pos(4))/2 pos(3),pos(4)]);


% --------------------------------------------------------------------
function Untitled_9_Callback(hObject, eventdata, handles)
dbpath = 'competence.mdb';
% Create the connection URL.
conurl = ['jdbc:odbc:Driver={Microsoft Access Driver (*.mdb)};' 'DBQ=' dbpath];
% Connect to the database.
con = database('','','','sun.jdbc.odbc.JdbcOdbcDriver', conurl);
% Fetch data from the database.
e = exec(con,'SELECT * FROM results');
e = fetch(e);
results= e.data;
% Close the connection.
close(con);

[fn pn]=uiputfile({'*.xls','Excel 文件'},'导出测试数据为...');
if fn==0
   return;
end
xlswrite([pn fn],results);
```

```
mymsg({['测试数据已经导出至[' fn ']']},{'提示'});


% --------------------------------------------------------------------
function Untitled_10_Callback(hObject, eventdata, handles)
 [fn pn]=uigetfile({'*.xls','Excel 文件'},'导入测试数据...');
if fn~=0
   barh=waitbar(0.5,'正在读取 Excel 数据...');
   [~, ~, raw]=xlsread([pn fn]);
   delete(barh);
   importdata(raw,fn);
end

% --------------------------------------------------------------------
function Untitled_12_Callback(hObject, eventdata, handles)
%根据现有数据计算常模
calnormals;


% --- Executes when user attempts to close figure1.
function figure1_CloseRequestFcn(hObject, eventdata, handles)

% Hint: delete(hObject) closes the figure
if strcmpi(get(handles.quitit,'Enable'),'off')
    return
end
delete(hObject);


% --------------------------------------------------------------------
function Untitled_13_Callback(hObject, eventdata, handles)
%exportdata
dbpath = 'competence.mdb';
% Create the connection URL.
conurl = ['jdbc:odbc:Driver={Microsoft Access Driver (*.mdb)};' 'DBQ=' dbpath];
% Connect to the database.
con = database('','','','sun.jdbc.odbc.JdbcOdbcDriver', conurl);
% Fetch data from the database.
e = exec(con,'SELECT * FROM normals');
e = fetch(e);
results= e.data;
% Close the connection.
close(con);

[fn pn]=uiputfile({'*.xls','Excel 文件'},'导出常模为...');
if fn==0
    return;
end
xlswrite([pn fn],results(:,[3 4]));
mymsg({['常模数据已经导出至[' fn ']']},{'提示'});

% --------------------------------------------------------------------
function Untitled_14_Callback(hObject, eventdata, handles)
global raw;
[fn pn]=uigetfile({'*.xls','Excel 文件'},'导入常模数据...');
if fn==0
    return;
else
    [~, ~, raw]=xlsread([pn fn]);
```

```
    if size(raw,1)<25 || size(raw,2)<2
        mymsg({'数据格式不对!'},{'提示'});
        return
    end
end
bname=mydlg({'确定要覆盖现有常模吗? '},{'信息...'});
switch bname
    case '否'
        return;
end

dbpath = 'competence.mdb';
conurl = ['jdbc:odbc:Driver={Microsoft Access Driver (*.mdb)};' 'DBQ=' dbpath];
con = database('','','','sun.jdbc.odbc.JdbcOdbcDriver', conurl);
for i=1:25
    update(con,'normals', {'Fmean'}, raw(i,1), ['where id=' num2str(i) ]);
    update(con,'normals', {'Fstd'}, raw(i,2), ['where id=' num2str(i) ]);
end
close(con);
mymsg({['常模数据[' fn ']导入完毕!']},{'提示'});
```

例 9.48　三维立体图像　　　本示例位于 Psyfeng\Stereogram 目录下

三维立体图像是利用人眼立体视觉原理制作的绘画作品。普通绘画和摄影作品，包括计算机制作的三维动画，只是运用了人眼对光影、明暗、虚实的感觉得到立体的感觉，而没有利用双眼的立体视觉，一只眼看和两只眼看都是一样的。人有两只眼，两只眼有一定距离，这就造成物体的影像在两眼中有一些差异，如图 9-61 所示，由于物体与眼的距离不同，两眼的视角会有所不同，由于视角的不同所看到的影像也会有一些差异，大脑会根据这种差异感觉到立体的景像。三维立体图像就是利用这个原理，在水平方向生成一系列重复的图案，当这些图案在两只眼中重合时，就看到了立体的影像。

图 9-62 是本程序的图形用户界面，可以根据三维灰度图（深度图片）的明暗来生成相应的立体图，越暗离观察者越远，如果选中凹下选项，则相反越亮离观察者越远，你还可以通过设置文本生成悬浮的三维立体文字，程序支持常用图片格式的保存（JPG、BMP、PNG、GIF 等）。

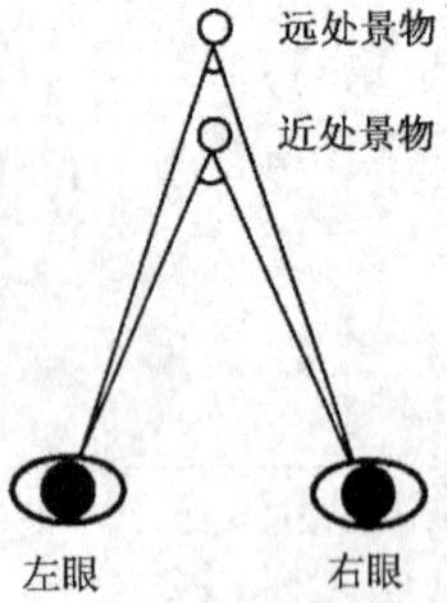

图 9-61　双眼立体视觉

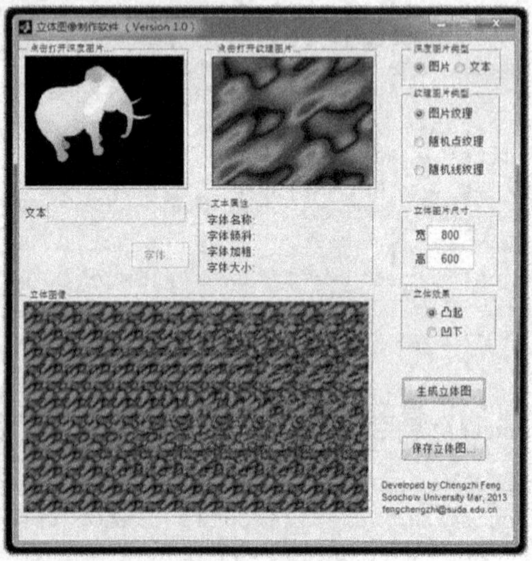

图 9-62　立体图像制作程序界面

```
function varargout = Stereogram(varargin)
%Stereogram.m
```

```
% Begin initialization code - DO NOT EDIT
gui Singleton = 1;
gui State = struct('gui Name',       mfilename, ...
                   'gui Singleton',  gui Singleton, ...
                   'gui OpeningFcn', @Stereogram OpeningFcn, ...
                   'gui OutputFcn',  @Stereogram OutputFcn, ...
                   'gui LayoutFcn',  [] , ...
                   'gui Callback',   []);
if nargin && ischar(varargin{1})
   gui State.gui Callback = str2func(varargin{1});
end

if nargout
   [varargout{1:nargout}] = gui mainfcn(gui State, varargin{:});
else
   gui mainfcn(gui State, varargin{:});
end
% End initialization code - DO NOT EDIT


% --- Executes just before Stereogram is made visible.
function Stereogram OpeningFcn(hObject, eventdata, handles, varargin)

% Choose default command line output for Stereogram
handles.output = hObject;

% Update handles structure
guidata(hObject, handles);

% UIWAIT makes Stereogram wait for user response (see UIRESUME)
% uiwait(handles.figure1);

%set(handles.pushbutton1,'Enable','off');
global depthtype texturetype axis1 axis2 effect;
depthtype=1;
texturetype=1;
axis1=handles.axes1;
axis2=handles.axes2;
effect=1;

% --- Outputs from this function are returned to the command line.
function varargout = Stereogram OutputFcn(hObject, eventdata, handles)

% Get default command line output from handles structure
varargout{1} = handles.output;


% --- Executes on mouse press over axes background.
function axes1 ButtonDownFcn(hObject, eventdata, handles)
global depthimg textureimg;
global axis1;
axis1=hObject;
depthimg=openPic(hObject);
if ~isempty(depthimg)  && ~isempty(textureimg)
   set(handles.pushbutton1,'Enable','on');
end
```

```
% --- Executes on mouse press over axes background.
function axes2_ButtonDownFcn(hObject, eventdata, handles)
global textureimg depthimg;
global axis2;
axis2=hObject;
textureimg=openPic(hObject);
if ~isempty(depthimg)  && ~isempty(textureimg)
   set(handles.pushbutton1,'Enable','on');
end

function img=openPic(hObject)
global currentObject axis1;
currentObject=hObject;
if currentObject==axis1
   [fn pn]=uigetfile({'*.jpg;*.png;*.bmp;*.gif',
                          'all pic file'},    '选择深度图片','Pic Front\');
else
   [fn pn]=uigetfile({'*.jpg;*.png;*.bmp;*.gif',
                          'all pic file'},    '选择纹理图片','Pic Back\');
end
if ~fn
   img=[];
   return;
end
img=imread([pn fn]);
if ndims(img)<3
   img=repmat(img,[1 1 3]);
end
if currentObject==axis1
   image(img,'Parent',hObject,'ButtonDownFcn',@openImg1);
else
   image(img,'Parent',hObject,'ButtonDownFcn',@openImg2);
end
set(hObject,'XTick',[]);
set(hObject,'YTick',[]);

function img=openImg1(hObject,eventdata,handles)
global axis1;
global depthimg;
[fn pn]=uigetfile({'*.jpg;*.png;*.bmp;*.gif',
                          'all pic file'},    '选择深度图片','Pic Front\');
if ~fn
   return;
end
img=imread([pn fn]);
if ndims(img)<3
   img=repmat(img,[1 1 3]);
end

depthimg=img;
image(img,'Parent',axis1,'ButtonDownFcn',@openImg1);
set(axis1,'XTick',[]);
set(axis1,'YTick',[]);

function img=openImg2(hObject,eventdata,handles)
global axis2;
```

```
global textureimg;
[fn pn]=uigetfile({'*.jpg;*.png;*.bmp;*.gif',
                   'all pic file'},    '选择纹理图片','Pic Back\');
if ~fn
   return;
end
img=imread([pn fn]);
if ndims(img)<3
   img=repmat(img,[1 1 3]);
end

textureimg=img;
image(img,'Parent',axis2,'ButtonDownFcn',@openImg2);
set(axis2,'XTick',[]);
set(axis2,'YTick',[]);

% --- Executes on button press in pushbutton1.
function pushbutton1_Callback(hObject, eventdata, handles)
global textureimg depthimg stereo depthtype font texturetype;
width=str2double(get(handles.edit1,'String'));
height=str2double(get(handles.edit2,'String'));
switch depthtype
    case 1
        switch texturetype
            case 2
                w=min(width,50);
                wptr=Screen('OpenWindow',0,0,[0 0 1 1]);
                offptr=Screen('OpenOffscreenWindow',wptr,0,[0 0 w height]);
                x=randi([0 width],1,w*height);
                y=randi([0,height],1,w*height);
                colors=randi([0 255],3,w*height);
                Screen('DrawDots',offptr,[x;y],[],colors);
                Screen('Flip',wptr);
                textureimg=Screen('GetImage',offptr,[],'backbuffer');
                image(textureimg,'Parent',handles.axes2,'ButtonDownFcn',@openImg2);
                set(handles.axes2,'XTick',[]);
                set(handles.axes2,'YTick',[]);
                pause(1);
                sca
            case 3
                w=min(width,50);
                wptr=Screen('OpenWindow',0,0,[0 0 1 1]);
                offptr=Screen('OpenOffscreenWindow',wptr,0,[0 0 w height]);
                x=randi([0 width],1,w*height);
                y=randi([0,height],1,w*height);
                colors=randi([0 255],3,w*height);
                for i=1:length(x)
                    Screen('DrawLine',offptr,colors(:,i),x(i),y(i),
                           x(i)+rand*8,y(i)+rand*8);
                end
                Screen('Flip',wptr);
                textureimg=Screen('GetImage',offptr,[],'backbuffer');
                image(textureimg,'Parent',handles.axes2,'ButtonDownFcn',
                      @openImg2);
                set(handles.axes2,'XTick',[]);
                set(handles.axes2,'YTick',[]);
                pause(1);
```

```
            sca
        end
    case 2
        str=get(handles.edit3,'String');
        if length(str)<1
            return
        end
        wptr=Screen('OpenWindow',0,1,[0 0 1 1]);
        [offptr wrect]=Screen('OpenOffscreenWindow',wptr,0,
                    [0 0 width height]);
        Screen('TextSize',offptr,font.FontSize);
        Screen('TextColor',offptr,[127 127 127]);
        style=0;
        switch font.FontAngle
            case 'normal'
                style=0;
            case 'italic'
                style=2;
        end
        switch font.FontWeight
            case 'bold'
                style=style+1;
        end
        Screen('TextStyle',offptr,style);
        nr=Screen('TextBounds',offptr,str);
        nr=CenterRect(nr,wrect);
        Screen('DrawText',offptr,str,nr(1),nr(2));
        Screen('Flip',wptr);
        depthimg=Screen('GetImage',offptr,[],'backbuffer');
        image(depthimg,'Parent',handles.axes1,'ButtonDownFcn',@openImg1);
        set(handles.axes1,'XTick',[]);
        set(handles.axes1,'YTick',[]);
        pause(1);
        sca;
        switch texturetype
            case 2
                w=min(width,50);
                wptr=Screen('OpenWindow',0,0,[0 0 1 1]);
                offptr=Screen('OpenOffscreenWindow',wptr,0,[0 0 w height]);
                x=randi([0 width],1,w*height);
                y=randi([0,height],1,w*height);
                colors=randi([0 255],3,w*height);
                Screen('DrawDots',offptr,[x;y],[],colors);
                Screen('Flip',wptr);
                textureimg=Screen('GetImage',offptr,[],'backbuffer');
                image(textureimg,'Parent',handles.axes2,'ButtonDownFcn',
                        @openImg2);
                set(handles.axes2,'XTick',[]);
                set(handles.axes2,'YTick',[]);
                pause(1);
                sca
            case 3
                w=min(width,50);
                wptr=Screen('OpenWindow',0,0,[0 0 1 1]);
                offptr=Screen('OpenOffscreenWindow',wptr,0,[0 0 w height]);
                x=randi([0 width],1,w*height);
                y=randi([0,height],1,w*height);
```

```
            colors=randi([0 255],3,w*height);
            for i=1:length(x)
                Screen('DrawLine',offptr,colors(:,i),x(i),y(i),x(i)+rand*8,
                        y(i)+rand*8);
            end
            Screen('Flip',wptr);
            textureimg=Screen('GetImage',offptr,[],'backbuffer');
            image(textureimg,'Parent',handles.axes2,'ButtonDownFcn',
                        @openImg2);
            set(handles.axes2,'XTick',[]);
            set(handles.axes2,'YTick',[]);
            pause(1);
            sca
        end
end
if isempty(textureimg) || isempty(depthimg)
    return
end
stereo=generatStereogram(depthimg,textureimg,width,height);
image(stereo,'Parent',handles.axes3);
set(handles.axes3,'Visible','off');
set(handles.pushbutton2,'Enable','on');

function stereogram=generatStereogram(depthimg,texture,width,height)
global effect;
stereogram=ones(height,width,3);
eyeSeparationInches=2.5;
horizontalPPI=81;
verticalPPI=81;
observationDistanceInches=14;
observationDistance=floor(observationDistanceInches*horizontalPPI);
eyeSeparation=floor(eyeSeparationInches*horizontalPPI);
maxDepthInches=12;
minDepthInches=0;
maxDepth=floor(max(min(maxDepthInches*horizontalPPI,observationDistance),0));
minDepth=floor(getMinDepth(0.55,maxDepth,observationDistance,
          minDepthInches*horizontalPPI));
verticalShift=floor(verticalPPI/16);
maxSeparation=floor((eyeSeparation * maxDepth) / (maxDepth + observationDistance));
depthimg=resizeDepth(depthimg,width,height);
texture=resizeTexture(texture,maxSeparation);
linksL=zeros(1,width);
linksR=zeros(1,width);
barh=waitbar(0,'正在生成立体图像','Name','正在生成立体图像');
for l=1:height
    for c=1:width
        linksL(c)=c;
        linksR(c)=c;
    end
    for c=1:width
        depth=floor(maxDepth-(single(depthimg(l,c,1))*(single(maxDepth)-
              single(minDepth))/255));
        if effect==2
            depth=maxDepth+(maxDepth-depth);
        end
        separation=floor(((eyeSeparation*depth)/(depth+observationDistance)));
        left=floor(c-separation/2);
```

```
        right=floor(c+separation/2);
        if left<1 || right>width
            continue;
        end
        visible=true;
        if linksL(right)~=right
            if linksL(right)<left
                linksR(linksL(right))=linksL(right);
                linksL(right)=right;
            else
                visible=false;
            end
        end
        if linksR(left)~=left
            if linksR(left)>right
                linksL(linksR(left))=linksR(left);
                linksL(left)=left;
            else
                visible=false;
            end
        end
        if visible
            linksL(right)=left;
            linksR(left)=right;
        end
    end
    lastLinked=-10;

    for c=1:width
        if linksL(c)==c
            if lastLinked==c-1
                stereogram(l,c,:)=stereogram(l,c-1,:);
            else
                stereogram(l,c,:)=texture(floor(mod(((l-1)+((c-1)/
                        maxSeparation)*verticalShift),size(texture,1)))+1,
                        floor(mod(c-1,maxSeparation))+1,:);
            end
        else
            stereogram(l,c,:)=stereogram(l,linksL(c),:);
            lastLinked=c;
            %return

        end
    end
    waitbar(l/height,barh,sprintf('%4.1f%%',l/height*100));
end
delete(barh);
stereogram=uint8(stereogram);

function newimg=resizeDepth(img,width,height)
oldw=size(img,2);
oldh=size(img,1);
newimg=imresize(img,'Scale',[height/oldh width/oldw]);

function newimg=resizeTexture(img,maxSeparation)
oldw=size(img,2);
oldh=size(img,1);
```

```
if oldw<maxSeparation
   newimg=imresize(img,[oldh*maxSeparation/oldw,maxSeparation]);
else
   newimg=img;
end

function mind=getMinDepth(separationFactor,maxdepth,observationDistance,
           suppliedMinDepth)
computedMinDepth=(separationFactor*maxdepth*observationDistance)/
                 ((1-separationFactor)*maxdepth+observationDistance);
mind=min(max(computedMinDepth,suppliedMinDepth),maxdepth);


% --- Executes on button press in pushbutton2.
function pushbutton2_Callback(hObject, eventdata, handles)
global stereo;
[fn pn]=uiputfile({'*.*','All Files'},'立体图像保存为','Pic 3d\');
if ~fn
   return
end
picname='';
if strfind(fn,'.')
   ext=lower(fn(strfind(fn,'.')+1:end));
   if ismember(ext,{'bmp','png','jpg','gif'});
      picname=[pn fn];
      imwrite(stereo,[pn fn]);
   else
      mymsg({['不支持的图片格式: ' ext]},{'提示'});
   end
else
   picname=[pn fn '.png'];
   imwrite(stereo,[pn fn '.png']);
end
eval('system(picname);');

% --- Executes during object creation, after setting all properties.
function edit1_CreateFcn(hObject, eventdata, handles)

% Hint: edit controls usually have a white background on Windows.
%       See ISPC and COMPUTER.
if ispc && isequal(get(hObject,'BackgroundColor'), get(0,
      'defaultUicontrolBackgroundColor'))
   set(hObject,'BackgroundColor','white');
end
% --- Executes during object creation, after setting all properties.
function edit2_CreateFcn(hObject, eventdata, handles)

% Hint: edit controls usually have a white background on Windows.
%       See ISPC and COMPUTER.
if ispc && isequal(get(hObject,'BackgroundColor'), get(0,
      'defaultUicontrolBackgroundColor'))
   set(hObject,'BackgroundColor','white');
end


% --- Executes when selected object is changed in uipanel5.
function uipanel5_SelectionChangeFcn(hObject, eventdata, handles)
```

```
global depthtype;
if streq(get(hObject,'Tag'),'radiobutton2')
   depthtype=2;
   set(handles.edit3,'Enable','on');
   set(handles.pushbutton3,'Enable','on');
else
   set(handles.edit3,'Enable','off');
   set(handles.pushbutton3,'Enable','off');
   depthtype=1;
end

% --- Executes during object creation, after setting all properties.
function edit3_CreateFcn(hObject, eventdata, handles)

% Hint: edit controls usually have a white background on Windows.
%       See ISPC and COMPUTER.
if ispc && isequal(get(hObject,'BackgroundColor'), get(0,
        'defaultUicontrolBackgroundColor'))
   set(hObject,'BackgroundColor','white');
end


% --- Executes on button press in pushbutton3.
function pushbutton3 Callback(hObject, eventdata, handles)
global font;
if isempty(font)
   font=uisetfont;
else
   font=uisetfont(font);
end
if isstruct(font)
   set(handles.text7,'String',font.FontName);
   set(handles.text8,'String',font.FontAngle);
   set(handles.text9,'String',font.FontWeight);
   set(handles.text11,'String',font.FontSize);
end


% --- Executes when selected object is changed in uipanel7.
function uipanel7_SelectionChangeFcn(hObject, eventdata, handles)
global texturetype;
if streq(get(hObject,'Tag'),'radiobutton4')
   texturetype=2;
elseif streq(get(hObject,'Tag'),'radiobutton5')
   texturetype=3;
else
   texturetype=1;
end

% --- Executes during object creation, after setting all properties.
function figure1 CreateFcn(hObject, eventdata, handles)
pos=get(hObject,'Position');
scrsize=get(0,'ScreenSize');
set(hObject,'Position',[(scrsize(3)-pos(3))/2 (scrsize(4)-pos(4))/2 pos(3), pos(4)]);

% --- Executes when selected object is changed in uipanel8.
function uipanel8_SelectionChangeFcn(hObject, eventdata, handles)
```

```
global effect;
if streq(get(hObject,'Tag'),'radiobutton6')
   effect=1;
elseif streq(get(hObject,'Tag'),'radiobutton7')
   effect=2;
end
```

例 9.49　通用辨别实验程序（西蒙效应）　　本示例位于 Psyfeng\Simon 目录下

一般情况下，当靶刺激的特征（如位置在左的左朝向的箭头）与所要求的反应（如右手）不匹配时，其反应时一般要长于刺激特征（如位置在左的左朝向的箭头）与反应（如左手）匹配时，反应的错误率也更高。这种不一致和一致两种条件下反应时或错误率上的差异即为冲突效应，也称之为“刺激-反应一致”（stimulus-response compatibility） 效应。在刺激和反应一致效应的范畴下，即使靶子的方位维度与当前任务不相关的时候，空间一致效应也会发生，这种现象被称为西蒙效应（Simon effect）。例如，按左右键对一个空间上变化的刺激的形状反应，当刺激出现的方位与反应要求的方位一致的时候，反应时比不一致时要短且准确率高，尽管刺激的方位在这类任务里很明显是无关维度，因为被试的反应准则是针对刺激的形状，而与其所呈现的位置并无联系。

本示例程序可以完成图片、文本材料的分类辨别实验，可以交互式地完成相应的参数设置来达到所要求的实验目的（见图 9-63）。

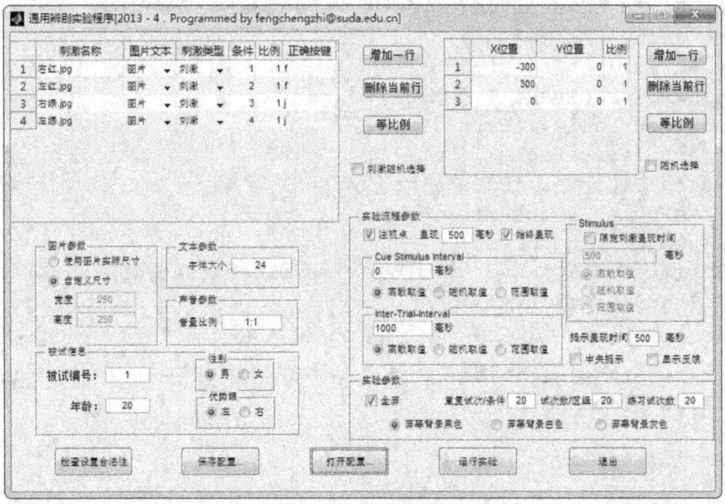

图 9-63　参数设置界面

程序文件结构图：

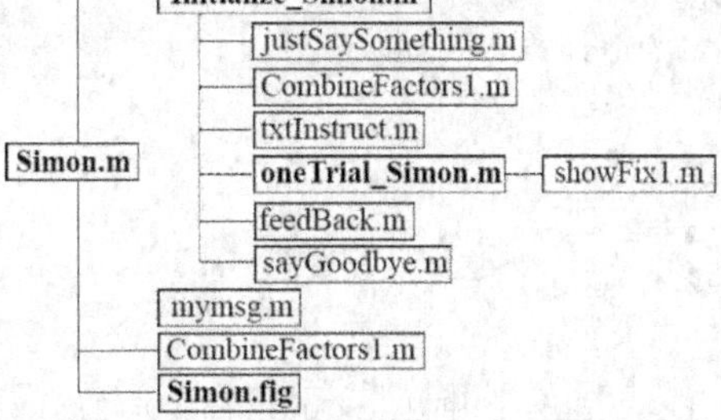


```
function varargout = Simon(varargin)
%Simon.m
%
% Begin initialization code - DO NOT EDIT
gui_Singleton = 1;
```

```
global currentindex currentindex1;
global stimuli;
gui_State = struct('gui_Name',       mfilename, ...
                   'gui_Singleton',  gui_Singleton, ...
                   'gui_OpeningFcn', @Simon_OpeningFcn, ...
                   'gui_OutputFcn',  @Simon_OutputFcn, ...
                   'gui_LayoutFcn',  [] , ...
                   'gui_Callback',   []);
if nargin && ischar(varargin{1})
   gui_State.gui_Callback = str2func(varargin{1});
end

if nargout
   [varargout{1:nargout}] = gui_mainfcn(gui_State, varargin{:});
else
   gui_mainfcn(gui_State, varargin{:});
end
% End initialization code - DO NOT EDIT


% --- Executes just before Simon is made visible.
function Simon_OpeningFcn(hObject, eventdata, handles, varargin)
% Choose default command line output for Simon
handles.output = hObject;
tmp=get(handles.uitable1,'Data');
set(handles.uitable1,'Data',tmp(1,:));
tmp=get(handles.uitable2,'Data');
set(handles.uitable2,'Data',tmp(1,:));
% Update handles structure
guidata(hObject, handles);
% UIWAIT makes Simon wait for user response (see UIRESUME)
% uiwait(handles.figure1);
```

```
function results=Initialize_Simon
%Initialize_Simon.m
%
global mainfilename
ListenChar(2);
load testconfig
Screen('Preference', 'SkipSyncTests', 1);
KbName('UnifyKeyNames');
scr=Screen('Screens');
[sw,sh]=Screen('WindowSize',max(scr));
if backcolor==1
   scrcolor=0;
   forecolor=255;
elseif backcolor==2
   scrcolor=255;
   forecolor=0;
else
   scrcolor=(WhiteIndex(0)+BlackIndex(0))/2;
   forecolor=0;
end
if fullscr
   [wptr,wrect]=Screen('OpenWindow',max(scr),scrcolor);
else
```

```
    [wptr,wrect]=Screen('OpenWindow',max(scr),scrcolor,CenterRect([0 0 sw/2 sh/2],
        [0 0 sw sh]));
end
offwptr=Screen('OpenOffscreenWindow',wptr,scrcolor);
fix=fixation(wptr,'+',forecolor,scrcolor);
f2=size(poss,1);
iti=sscanf(iti,'%f');
csi=sscanf(csi,'%f');
stimtime=sscanf(stimtime,'%f');
fiti=1;
fcsi=1;
fstimtime=1;
if stimtimetype==1
    fstimtime=1:size(stimtime,1);
end
if csitype==1
    fcsi=1:size(csi,1);
end
if ititype==1
    fiti=1:size(iti,1);
end
if randsel
    f1=unique(cell2mat(stims(:,4)));
    if randpos
        tmp1=1:size(poss,1);
    else
        f2=1:size(poss,1);
        ratio=[poss{:,4}];
        tmp1=[];
        for i=1:length(ratio)
            tmp1=[tmp1 repmat(f2(i),1,ratio(i))];
        end
    end
    if isempty(cues)
        treatment=CombineFactors1(f1,tmp1,1,fcsi,fiti,fstimtime);
    else
        treatment=CombineFactors1(f1,tmp1,1:size(cues,1),fcsi,fiti,fstimtime);
    end
else
    f1=1:size(stims,1);
    ratio=[stims{:,5}];
    tmp=[];
    for i=1:length(ratio)
        tmp=[tmp repmat(f1(i),1,ratio(i))];
    end
    if randpos
        tmp1=1:size(poss,1);
    else
        f2=1:size(poss,1);
        ratio=[poss{:,3}];
        tmp1=[];
        for i=1:length(ratio)
            tmp1=[tmp1 repmat(f2(i),1,ratio(i))];
        end
    end
    if isempty(cues)
        treatment=CombineFactors1(tmp,tmp1,1,fcsi,fiti,fstimtime);
    else
```

```
        treatment=CombineFactors1(tmp,tmp1,1:size(cues,1),fcsi,fiti,fstimtime);
    end
    for i=1:size(stims,1)
        if streq(stims{i,2},'图片')
            stims(i,7)={Screen('MakeTexture',wptr,imread(stims{i,1}))};
        elseif streq(stims{i,2},'文本')
            Screen('TextSize',offwptr,str2double(texts));
            Screen('FillRect',offwptr,0);
            Screen('DrawText',offwptr,stims{i,1},0,0,255);
            img=Screen('GetImage',offwptr,Screen('TextBounds',offwptr,stims{i,1}));
            stims(i,7)={Screen('MakeTexture',wptr,img)};
        end
    end
    for i=1:size(cues,1)
        if streq(cues{i,2},'图片')
            cues(i,7)={Screen('MakeTexture',wptr,imread(cues{i,1}))};
        elseif streq(cues{i,2},'文本')
            Screen('TextSize',offwptr,str2double(texts));
            Screen('FillRect',offwptr,0);
            Screen('DrawText',offwptr,cues{i,1},0,0,forecolor);
            img=Screen('GetImage',offwptr,Screen('TextBounds',offwptr,cues{i,1}));
            cues(i,7)={Screen('MakeTexture',wptr,img)};
        end
    end
    for i=1:size(masks,1)
        if streq(masks{i,2},'图片')
            masks(i,7)={Screen('MakeTexture',wptr,imread(masks{i,1}))};
        elseif streq(masks{i,2},'文本')
            Screen('TextSize',offwptr,str2double(texts));
            Screen('FillRect',offwptr,0);
            Screen('DrawText',offwptr,masks{i,1},0,0,forecolor);
            img=Screen('GetImage',offwptr,Screen('TextBounds',offwptr,masks{i,1}));
            masks(i,7)={Screen('MakeTexture',wptr,img)};
        end
    end
    [cx,cy]=RectCenter(wrect);
    tmp=unique(stims(:,6));
    validkeys=[];
    for i=1:length(tmp)
        validkeys=[validkeys KbName(tmp{i})];
    end

    for i=1:size(treatment,1)
        conditions(i,1).validkeys=validkeys;
        conditions(i,1).fstimulus=treatment(i,1);
        conditions(i,1).fpos=treatment(i,2);
        conditions(i,1).fixshow=fixshow;
        conditions(i,1).centercue=centercue;
        conditions(i,1).correctkey=KbName(stims(treatment(i,1),6));
        conditions(i,1).stimname=stims{treatment(i,1),1};
        conditions(i,1).stimtype=find(ismember({'图片','文本','声音'},
            stims{treatment(i,1),2}));
        if fixshow
            conditions(i,1).fixptr=fix;
            conditions(i,1).fixtime=str2double(fixtime);
            if fixallways
                conditions(i,1).fixallways=fixallways;
            end
```

```
        end
        if ~isempty(cues)
            conditions(i,1).fcue=treatment(i,3);
            conditions(i,1).cuetime=str2double(cuetime);
            conditions(i,1).cuename=cues{treatment(i,3),1};
            conditions(i,1).cue=cues{treatment(i,3),7};
            conditions(i,1).cuetype=find(ismember({'图片','文本','声音'},
                    cues{treatment(i,3),2}));
            if csitype==1
                conditions(i,1).csi=csi(treatment(i,4));
            elseif csitype==2
                conditions(i,1).csi=csi(randi(1:length(csi)));
            else
                conditions(i,1).csi=randi(csi(1:2));
            end
            if conditions(i,1).cuetype<3
                if conditions(i,1).cuetype==1
                    img=imread(conditions(i,1).cuename);
                    tb=[0 0 size(img,2) size(img,1)];
                else
                    tb=Screen('TextBounds',offwptr,conditions(i,1).cuename);
                end
                conditions(i,1).cuedestrect=CenterRectOnPoint(tb,cx+
                         poss{treatment(i,2),1},cy+poss{treatment(i,2),2});
            elseif conditions(i,1).cuetype==3

            end
        end
        if ~isempty(masks)
            conditions(i,1).masktime=500;
            conditions(i,1).mask=masks{1,7};
            conditions(i,1).maskname=masks{1,1};
            conditions(i,1).masktype=find(ismember({'图片','文本','声音'},
                    masks{1,2}));
            if conditions(i,1).masktype<3
                if conditions(i,1).masktype==1
                    img=imread(conditions(i,1).maskname);
                    tb=[0 0 size(img,2) size(img,1)];
                else
                    tb=Screen('TextBounds',offwptr,conditions(i,1).maskname);
                end
                conditions(i,1).maskdestrect=CenterRectOnPoint(tb,cx+
                         poss{treatment(i,2),1},cy+poss{treatment(i,2),2});
            elseif conditions(i,1).masktype==3

            end
            if ititype==1
                conditions(i,1).iti=iti(treatment(i,5));
            elseif ititype==2
                conditions(i,1).iti=iti(randi(1:length(iti)));
            else
                conditions(i,1).iti=randi(iti(1:2));
            end
        end
        conditions(i,1).stimlimit=stimlimit;
        if stimlimit
            if stimtimetype==1
                conditions(i,1).stimtime=stimtime(treatment(i,6));
```

```
            elseif stimtimetype==2
               conditions(i,1).stimtime=stimtime(randi(1:length(stimtime)));
            else
               conditions(i,1).stimtime=randi(stimtime(1:2));
            end
         else
            conditions(i,1).stimtime=Inf;
         end
         if length(iti)<2
            conditions(i,1).iti=iti;
         else
            conditions(i,1).iti=randi(iti);
         end
         conditions(i,1).feedshow=feedshow;
         if conditions(i,1).stimtype<3
            if conditions(i,1).stimtype==1
               img=imread(conditions(i,1).stimname);
               if pictype==1
                  tb=[0 0 size(img,2) size(img,1)];
               else
                  tb=[0 0 str2double(picw) str2double(pich)];
               end
            else
               tb=Screen('TextBounds',offwptr,conditions(i,1).stimname);
            end
            conditions(i,1).stim=stims{treatment(i,1),7};
            conditions(i,1).destrect=CenterRectOnPoint(tb,cx+
                  poss{treatment(i,2),1},cy+poss{treatment(i,2),2});
         elseif conditions(i,1).stimtype==3
            conditions(i,1).xypos=[poss{treatment(i,2),1:2}];
            conditions(i,1).volume=sscanf(volumes,'%f:%f')';
         end
         conditions(i,1).rt=-1;
         conditions(i,1).correct=-1;
         LoadingIndicator(wptr,i/size(treatment,1)*100,'Initializing Completed.');
         Screen('Flip',wptr);
      end
   end
   conditions=repmat(conditions,str2double(repnum),1);
   trials=Shuffle(conditions);
   txtInstruct(wptr,[mainfilename '.txt'],'left',forecolor);
   for i=1:str2double(practicetrials)
      index=randi(length(trials));
      tmptrial=oneTrial_Simon(wptr,wrect,trials(index,1));
      if ~isempty(tmptrial)
         if ~tmptrial.feedshow
            feedBack(wptr,tmptrial.correct,tmptrial.rt,500);
         end
         WaitSecs(tmptrial.iti/1000);

      else
         break;
      end
   end
   justSaySomething(wptr,'请做好准备，下面开始正式实验，按任意键开始',1,forecolor);
   exited=false;
   trialsperblock=str2double(trialsperblock);
   for i=1:length(trials)
```

```
    tmptrial=oneTrial_Simon(wptr,wrect,trials(i,1));
    if isempty(tmptrial)
        disp(['The exit no. ' num2str(i)]);
        exited=true;
        break;
    end
    WaitSecs(tmptrial.iti/1000);
    trials(i,1)=tmptrial;
    if mod(i,trialsperblock)==0 && i<length(trials)
        tips=['Block ' num2str(floor(i/trialsperblock)) '/' ...
            num2str(ceil(length(trials)/trialsperblock)) ...
            ' finished.\n\nPlease take a break.\n\nAny key to Continue!'];
        justSaySomething(wptr,tips,1,255);
        WaitSecs(1);
    end
end
if exited
    trials(i:end,:)=[];
end
Screen('Flip',wptr);
results=trials;
justSaySomething(wptr,'Now the datamerge is running, please wait...',0,forecolor);
if isfield(results,'fixptr')
    results=rmfield(results,'fixptr');
end
if isfield(results,'validkeys')
    results=rmfield(results,'validkeys');
end
if isfield(results,'fixshow')
    results=rmfield(results,'fixshow');
end
if isfield(results,'centercue')
    results=rmfield(results,'centercue');
end
if isfield(results,'destrect')
    results=rmfield(results,'destrect');
end
if isfield(results,'fixallways')
    results=rmfield(results,'fixallways');
end
for i=1:length(results)
    results(i,1).subject=subinfo.subject;
    results(i,1).trialno=i;
    results(i,1).gender=subinfo.gender;
    results(i,1).age=subinfo.age;
    results(i,1).dominanteye=subinfo.dominanteye;
end
columnheader=fieldnames(results)';
%results=orderfields(results,columnheader);
ret=[columnheader;struct2cell(results)'];
save(['Sub' num2str(subinfo.subject) '.mat'],'ret','results');
xlswrite(['Sub' num2str(subinfo.subject) '.xls'],ret);
disp('The raw data of result is listed below');
disp(ret);
ListenChar(0);
sayGoodbye(wptr,forecolor);
```

```
function trial=oneTrial_Simon(wptr,wrect,trial)
%oneTrial_Simon.m
%
if trial.fixshow
    showFix(wptr,wrect,trial.fixptr,trial.fixtime/1000);
```

```
end
if isfield(trial,'cue')
    if trial.csi<0
        Screen('DrawTexture',wptr,trial.stim,[],trial.destrect);
        if isfield(trial,'fixallways')
            showFix1(wptr,wrect,trial.fixptr);
        end
        Screen('Flip',wptr);
    elseif trial.csi>0
        if trial.csi>=trial.cuetime
            if trial.centercue
                Screen('DrawTexture',wptr,trial.cue);
            else
                Screen('DrawTexture',wptr,trial.cue,[],trial.cuedestrect);
            end
            if isfield(trial,'fixallways')
                showFix1(wptr,wrect,trial.fixptr);
            end
            Screen('Flip',wptr);
            WaitSecs(trial.cuetime/1000);
            Screen('Flip',wptr);
            WaitSecs((trial.csi-trial.cuetime)/1000);
            Screen('DrawTexture',wptr,trial.stim,[],trial.destrect);
            if isfield(trial,'fixallways')
                showFix1(wptr,wrect,trial.fixptr);
            end
            Screen('Flip',wptr);
        else
            if isfield(trial,'fixallways')
                showFix1(wptr,wrect,trial.fixptr);
            end
            if trial.centercue
                Screen('DrawTexture',wptr,trial.cue);
            else
                Screen('DrawTexture',wptr,trial.cue,[],trial.cuedestrect);
            end
            Screen('Flip',wptr);
            WaitSecs(trial.csi/1000);
            if trial.centercue
                Screen('DrawTexture',wptr,trial.cue);
            else
                Screen('DrawTexture',wptr,trial.cue,[],trial.cuedestrect);
            end
            Screen('DrawTexture',wptr,trial.stim,[],trial.destrect);
            if isfield(trial,'fixallways')
                showFix1(wptr,wrect,trial.fixptr);
            end
            Screen('Flip',wptr);
        end
    else
        if trial.centercue
            Screen('DrawTexture',wptr,trial.cue);
        else
            Screen('DrawTexture',wptr,trial.cue,[],trial.cuedestrect);
        end
        Screen('DrawTexture',wptr,trial.stim,[],trial.destrect);
        if isfield(trial,'fixallways')
            showFix1(wptr,wrect,trial.fixptr);
        end
        Screen('Flip',wptr);
```

```
        end
    else
        Screen('DrawTexture',wptr,trial.stim,[],trial.destrect);
        if isfield(trial,'fixallways')
            showFix1(wptr,wrect,trial.fixptr);
        end
        Screen('Flip',wptr);
    end
    starttime=GetSecs;
    while KbCheck; end
    tic
    while true
        if trial.stimlimit
            if (GetSecs-starttime)>=trial.stimtime/1000
                Screen('Flip',wptr);
            end
        end
        if isfield(trial,'cue')
            if trial.csi<0
                if (GetSecs-starttime)>=-trial.csi/1000
                    Screen('DrawTexture',wptr,trial.stim,[],trial.destrect);
                    if trial.centercue
                        Screen('DrawTexture',wptr,trial.cue);
                    else
                        Screen('DrawTexture',wptr,trial.cue,[],trial.cuedestrect);
                    end
                    if isfield(trial,'fixallways')
                        showFix1(wptr,wrect,trial.fixptr);
                    end
                    Screen('Flip',wptr);
                end
            end
        end
        [wd secs keyCode]=KbCheck;
        if keyCode(KbName('ESCAPE'))
            trial=[];
            return
        elseif sum(keyCode(trial.validkeys))
            trial.rt=GetSecs-starttime;
            trial.correct=keyCode(trial.correctkey);
            if isfield(trial,'fixallways')
                showFix1(wptr,wrect,trial.fixptr);
            end
            Screen('Flip',wptr);
            break;
        end
        if isfield(trial,'mask')
            if (GetSecs-starttime)>=trial.stimtime
                Screen('DrawTexture',wptr,trial.mask,[],trial.maskdestrect);
                if isfield(trial,'fixallways')
                    showFix1(wptr,wrect,trial.fixptr);
                end
                Screen('Flip',wptr);
            end
        end
    end
    if trial.feedshow && ~isempty(trial)
        feedBack(wptr,trial.correct,trial.rt,500);
    end
```

程序运行如图 9-64 所示：

图 9-64　西蒙效应

例 9.50　通用量表开发程序　　　　本示例位于 Psyfeng\GenScale 目录下

本示例可以实现交互式的量表开发（见图 9-65），能够设置指导语（可以使用图片作为指导语），定制调查时所欲获取的被试信息（如性别、年龄、户籍等），每道测试题目包括题干（文本或图片）、选项（选项间用|分隔，可以是文本或图片），是单选题还是多选题，每个选项对应的分值，选项顺序是否随机等。在评分标准部分，可以设置某个因子所包含的因素名称，所包含的题项内容，其设置方式为 1,3,7,12,15，如果是连续题项，可以使用“－”连接符，如 1,3,7,12–15 等，分类描述的设置规则为：“某个分类的分值下限 分值上限|分类描述”，在下限和上限之间用空格隔开，多个分类间用|分隔。还可以限定答题时间（以分钟为单位）和按照随机顺序呈现题目。如果需要可将测验配置保存到文件中，下次打开就可以直接使用，需要注意如果测验中使用了图片文件，需要将图片文件存放在与配置文件相同的目录下。除在通用量表开发界面下运行测验外，还可以利用 RunScale 程序打开某个测验文件直接运行。

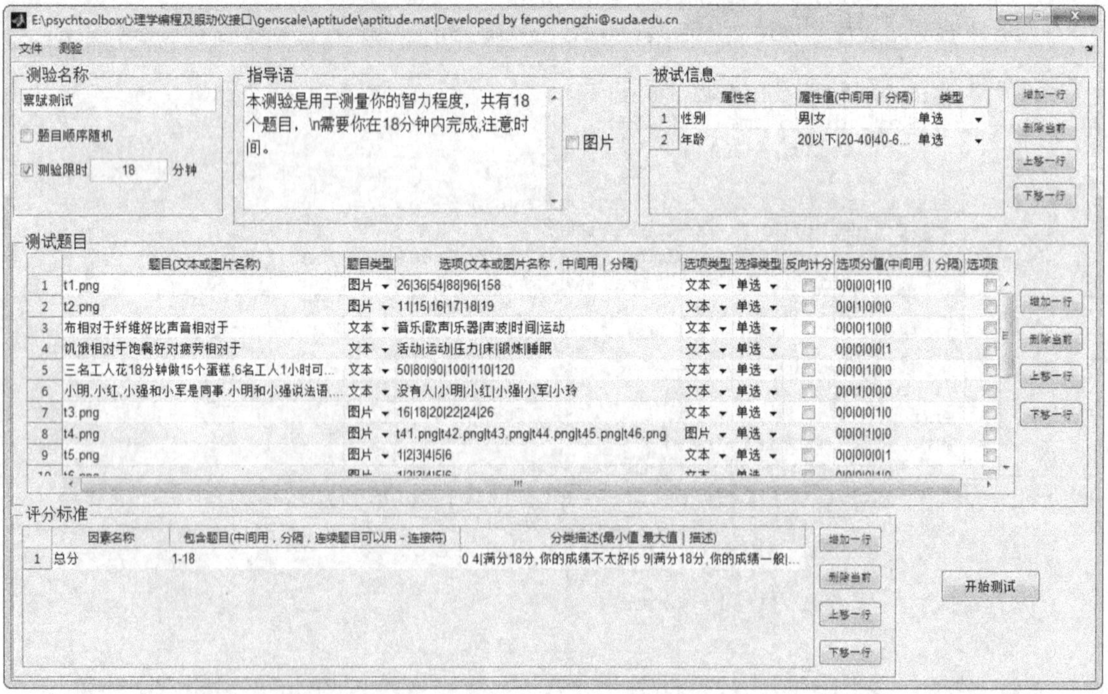

图 9-65　量表开发图形界面

程序文件结构图：

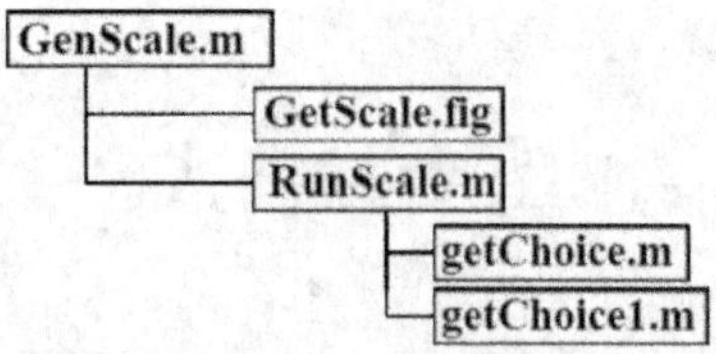


```
function RunScale(config)
%RunScale.m
%
if nargin<1
   [fn fpath]=uigetfile('*.mat','打开测验配置文件','demo');
   if fn==0
      return
   else
      load([fpath fn]);
      config.testpath=fpath;
   end
end
Screen('Preference', 'SkipSyncTests', 1);
Screen('Preference', 'TextRenderer', 1);
Screen('Preference', 'TextAntiAliasing', 1);
scr=max(Screen('Screens'));
[sw,sh]=Screen('WindowSize',scr);
[wptr wrect]=Screen('OpenWindow',scr,0);%,CenterRect([0,0,800,600],[0 0 sw sh]));
Screen('TextFont',wptr, 'Times New Roman');
Screen('TextSize',wptr, 20);
Screen('TextStyle', wptr, 0);
%% 创建主页面，显示指导语
Screen('FrameRect',wptr,255,GrowRect(wrect,-10,-10),3);
DrawFormattedText(wptr,double(config.testname),'center',15,255);
if config.instructtype
   Screen('PutImage',wptr,imread([config.testpath filesep config.desc]));
else
   DrawFormattedText(wptr,double(config.desc),'center',80,255,[],0,0,2);
end
DrawFormattedText(wptr,'点击鼠标继续','center',wrect(4)-100,[255,0,0]);
Screen('Flip',wptr);
ShowCursor(0);
GetClicks;
%% 个人信息显示
person=config.personinfo;
for i=size(person,1):-1:1
   if isempty(person{i,1})
      person=person(1:end-1,:);
   end
end
for i=1:size(person,1)
   personinfo(i).stem=person{i,1};
   tmp=textscan(person{i,2},'%s','delimiter','|');
   tmp=tmp{1};
   personinfo(i).value=zeros(1,length(tmp));
   for j=1:length(tmp)
      personinfo(i).option(j)=tmp(j);
   end
   personinfo(i).dir=0;
   if strcmp(person{i,3},'单选')
      personinfo(i).type=1;
   else
```

```
        personinfo(i).type=2;
    end
end
curindex=1;
while true
    if curindex==1
        [value,stime,whichbutton]=getChoice(wptr,personinfo(curindex),true,false);
    elseif curindex==size(person,1)
        [value,stime,whichbutton]=getChoice(wptr,personinfo(curindex),false,true);
    elseif curindex<size(person,1)
        [value,stime,whichbutton]=getChoice(wptr,personinfo(curindex),false,false);
    end
    personinfo(curindex).value=value;
    personinfo(curindex).time=stime;
    if whichbutton==1
        curindex=curindex-1;
    elseif whichbutton==2
        curindex=curindex+1;
    elseif whichbutton==3
        break;
    end
end
%% 处理测试题目
items=config.items;
for i=size(items,1):-1:1
    if isempty(items{i,1})
        items=items(1:end-1,:);
    end
end
for i=1:size(items,1)
    itemss(i).stem=items{i,1};
    if strcmp(items{i,2},'文本')
        itemss(i).stemtype=0;
    elseif strcmp(items{i,2},'图片')
        itemss(i).stemtype=1;
    end

    if strcmp(items{i,4},'文本')
        itemss(i).optiontype=0;
    elseif strcmp(items{i,4},'图片')
        itemss(i).optiontype=1;
    end
    if strcmp(items{i,5},'单选')
        itemss(i).seltype=1;
    elseif strcmp(items{i,5},'多选')
        itemss(i).seltype=2;
    else
        itemss(i).seltype=3;
    end

    if itemss(i).seltype<3
        tmp=textscan(items{i,3},'%s','delimiter','|');
        tmp=tmp{1};
        for j=1:length(tmp)
            itemss(i).option(j)=tmp(j);
        end
        itemss(i).dir=0;
        itemss(i).value=zeros(1,length(tmp));
```

```
        tmp=textscan(items{i,7},'%f','delimiter','|');
        tmp=tmp{1};
        itemss(i).score=tmp';
        itemss(i).reverse=items{i,6};
        itemss(i).optionrnd=items{i,8};
        order=1:length(itemss(i).option);
        if itemss(i).optionrnd
           order=Shuffle(order);
        end
        itemss(i).order=order;
    end
end
itemorder=1:length(itemss);
if config.itemrnd
    itemorder=Shuffle(itemorder);
end
curindex=1;
if config.testtime>0
    tic
end
while true
    if curindex==1
        [va st wb timeout]=getChoice1(wptr,itemss(itemorder(curindex)),true,
            false,curindex,length(itemorder),config.testpath,config.testtime);
    elseif curindex==length(itemss)
        [va st wb timeout]=getChoice1(wptr,itemss(itemorder(curindex)),false,
            true,curindex,length(itemorder),config.testpath,config.testtime);
    elseif curindex<length(itemss)
        [va st wb timeout]=getChoice1(wptr,itemss(itemorder(curindex)),false,
            false,curindex,length(itemorder),config.testpath,config.testtime);
    end
    itemss(itemorder(curindex)).value=va;
    itemss(itemorder(curindex)).time=st;
    if timeout
        break;
    end
    if wb==1
        curindex=curindex-1;
    elseif wb==2
        curindex=curindex+1;
    elseif wb==3
        break;
    end
end
%% 处理评分标准
criteria=config.criteria;
for i=size(criteria,1):-1:1
    if isempty(criteria{i,1})
        criteria=criteria(1:end-1,:);
    end
end
for i=1:size(criteria,1)
    stand(i).desc=criteria{i,1};
    itms=[];
    tmp=textscan(criteria{i,2},'%s','delimiter',',');
    tmp=tmp{1};
    for j=1:length(tmp)
        tt=textscan(tmp{j},'%f','delimiter','-');
```

```
        tt=tt{1};
        if length(tt)>1
            itms=[itms tt(1):tt(2)];
        else
           itms=[itms tt];
        end
    end
    stand(i).items=itms;
    tmp=textscan(criteria{i,3},'%s','delimiter','|');
    tmp=tmp{1};

    for j=1:2:length(tmp)
        tt=textscan(tmp{j},'%f');
        tt=tt{1};
        catagory(ceil(j/2)).min=tt(1);
        catagory(ceil(j/2)).max=tt(2);
        catagory(ceil(j/2)).desc=tmp{j+1};
    end
    stand(i).catagory=catagory;
end
save tmp
for i=1:length(stand)
    tmp=itemss(stand(i).items);
    results(i).factor=stand(i).desc;
    tt=0;
    for j=1:length(tmp)
        if tmp(j).seltype==1 && ~isempty(tmp(j).time) && tmp(j).time>0
            tt=tt+tmp(j).score(tmp(j).order(tmp(j).value==1));
        end
    end
    results(i).score=tt;
    found=false;
    for j=1:length(stand(i).catagory)
        if tt>=stand(i).catagory(j).min && tt<=stand(i).catagory(j).max
            results(i).fdesc=stand(i).catagory(j).desc;
            found=true;
            break;
        end
    end
    if ~found
        results(i).fdesc='';
    end
end

description='';
for i=1:length(results)
    description=[description results(i).factor '的得分为' num2str(results(i).score)
            ':' results(i).fdesc '\n'];
end
person=[];
for i=1:length(personinfo)
    person=[person [personinfo(i).stem personinfo(i).option(personinfo(i).value==1) ;
            {['ptime' num2str(i)]} personinfo(i).time]'];
end
for i=1:length(itemss)
    if isempty(itemss(i).time) || itemss(i).time<0
        person=[person [{['T' num2str(i)]} {''};{['T' num2str(i) ' score']}
            {''}; {['T' num2str(i) '_time']} {''}]'];
```

```
        else
            person=[person [{['T' num2str(i)]} itemss(i).option(itemss(i).order
                (itemss(i).value==1));{['T' num2str(i) ' score']} itemss(i).score
                (itemss(i).order(itemss(i).value==1)); {['T' num2str(i) ' time']}
                itemss(i).time]'];
        end
    end
    person=[person [{'结果'};{description}]];
    i=1;
    while exist([config.testpath '\sub' num2str(i) '.xls'],'file')
        i=i+1;
    end
    description=[description '\n\n 本测验程序由苏州大学冯成志开发\n 版权归开发者
          所有\nfengchengzhi@suda.edu.cn\n\nJun 6, 2013'];
    DrawFormattedText(wptr,description,'center',80,255,[],[],[],1.3);
    DrawFormattedText(wptr,'点击鼠标结束测验','center',wrect(4)-100,[255,0,0]);
    Screen('Flip',wptr);
    xlswrite([config.testpath '\sub' num2str(i) '.xls'],person);
    GetClicks;
    %% 关闭页面窗口
    sca
```

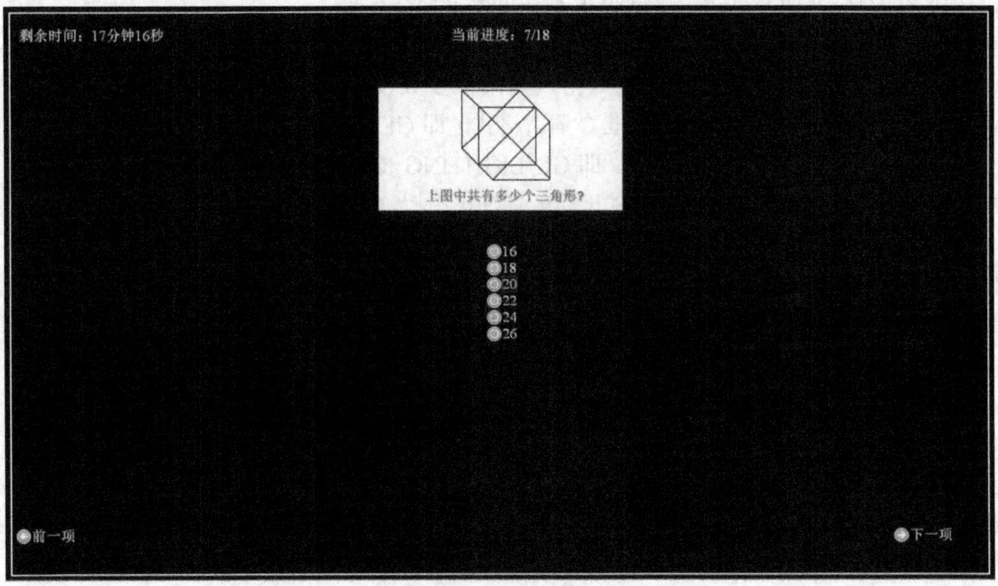

图 9-66　禀赋测试界面

第 10 章　PTB 与 OpenGL 的结合

在 PTB 的 MATLAB 代码中嵌入 OpenGL 代码可以实现三维绘画，PTB 中提供了如下函数建立与 OpenGL 的外部接口。更多的 OpenGL 函数及功能参见相关的 OpenGL 手册或书籍。

10.1　OpenGL 渲染控制类函数

10.1.1　初始化 OpenGL：InitializeMatlabOpenGL

```
InitializeMatlabOpenGL([opengl_c_style] [,debuglevel] [,noswitchto3D] [,specialFlags=0])
```

如果使用 OpenGL 底层绘图函数，则需要在调用 Screen 命令之前使用该语句为 MATLAB 封装器 MOGL 初始化 OpenGL。该函数会检查 MOGL 是否正确安装，并且加载某些常量至 MATLAB 工作空间，建立 PSYCHTOOLBOX 与外部 OpenGL 代码间的接口。

参数包括：

（1）opengl_c_style，用于设置语法风格，如果该参数设为-1，则返回先前设置的调试水平值（debuglevel）；如果设置为 1，则采用标准 C 语言格式，即 GL_LIGHTING；如果设置为 0，则所有的 GL_xxx 调用格式需替换为 GL.xxx 格式，即 GL_LIGHTING 变为 GL.LIGHTING。

（2）debuglevel，用于设置调试信息输出等级，取值范围为 0～3，0＝不输出调试信息，1＝输出错误信息，如 OpenGL 有错误，则终止脚本运行，2＝输出额外可优化代码的信息，3＝输出更多的信息。

（3）noswitchto3D，如果设置为 1，则仅加载 GL 常量和 MOGL 核心程序，不设置为 3D 模式，默认值为 0，即 3D 模式。

（4）specialFlags，特殊标志。

10.1.2　开始 OpenGL 渲染：BeginOpenGL

```
Screen('BeginOpenGL', windowPtr [, sharecontext=0]);
```

将由 windowPtr 指定的页面绘制操作扩展至 OpenGL 命令语句，绘制结束后须调用 EndOpenGL 函数将页面渲染交付 PTB。一般不需要提供 sharecontext（0）参数。

10.1.3　结束 OpenGL 渲染：EndOpenGL

```
Screen('EndOpenGL', windowPtr);
```

结束 OpenGL 渲染，转入 PTB 的 Screen 命令，与 BeginOpenGL 配对使用。

10.1.4　设置 OpenGL 纹理：SetOpenGLTexture

```
[textureHandle rect] = Screen('SetOpenGLTexture', windowPtr, textureHandle,
    glTexid, target [, glWidth] [, glHeight] [, glDepth] [, textureShader]);
```

设置 OpenGL 虚拟纹理，仅仅包含虚拟大小和着色方法，并没有实际数据。

参数包括：

（1）windowPtr，页面指针。

（2）textureHandle，PTB 纹理句柄或[]。

（3）glTexid，OpenGL 纹理序号。
（4）target，纹理类型（如，GL_TEXTURE_2D、GL.TEXTURE_RECTANGLE_EXT）。
（5）glWidth，纹理宽度。
（6）glHeight，纹理高度。
（7）glDepth，纹理深度。
（8）textureShader，纹理着色器。

10.1.5　获取 OpenGL 纹理：GetOpenGLTexture

```
[ gltexid gltextarget texcoord_u texcoord_v ] =Screen('GetOpenGLTexture',
        windowPtr, textureHandle [, x][, y]);
```

获取 OpenGL 纹理及相应的纹理参数信息。
参数包括：
（1）windowPtr，页面指针。
（2）textureHandle，PTB 纹理句柄。
（3）x,y，PTB 纹理坐标。
（4）gltexid，OpenGL 与 textureHandle 所绑定的纹理序号。
（5）gltextarget，OpenGL 纹理类型。
（6）texcoord_u,texcoord_v，与 x,y 相对应的 OpenGL 纹理坐标。

10.1.6　OpenGL 状态压栈：glPushMatrix

```
Screen('glPushMatrix', windowPtr);
```

将当前的 OpenGL 状态信息压入堆栈，堆栈空间不超过 27，所以要及时利用 glPopMatrix 函数将堆栈信息弹出堆栈，以免堆栈溢出。
参数包括：windowPtr，页面指针。

10.1.7　恢复 OpenGL 保存状态：glPopMatrix

```
Screen('glPopMatrix', windowPtr);
```

将堆栈中的保存的 OpenGL 状态信息出栈，以恢复原先状态，与 glPushMatrix 配对使用。
参数包括：windowPtr，页面指针。

10.1.8　加载默认设置：glLoadIdentity

```
Screen('glLoadIdentity', windowPtr);
```

加载默认 OpenGL 设置。
参数包括：windowPtr，页面指针。

10.1.9　平移：glTranslate

```
Screen('glTranslate', windowPtr, tx, ty [, tz]);
```

在 x、y、z 维度上平移 tx、ty、tz。
参数包括：
（1）windowPtr，页面指针。
（2）tx,ty,tz，在 x 轴,y 轴和 z 轴上的平移量。

10.1.10 缩放：glScale

```
Screen('glScale', windowPtr, sx, sy [, sz]);
```

在 x、y、z 维度上进行缩放，缩放因子由 sx、sy、sz 参数指定，缩放因子大于 1 放大，小于 1 缩小。

参数包括：

（1）windowPtr，页面指针。

（2）sx,sy,sz，在 x 轴、y 轴和 z 轴上的缩放因子。

10.1.11 旋转：glRotate

```
Screen('glRotate', windowPtr, angle, [rx = 0], [ry = 0] ,[rz = 1]);
```

沿由 rx、ry、rz 空间向量旋转一定角度（Angle）。

参数包括：

（1）windowPtr，页面指针。

（2）rx,ry,rz，在 x 轴、y 轴和 z 轴上的旋转角度。

10.2 PTB 中嵌入 OpenGL 需注意的问题

在 MATLAB 中利用 OpenGL 编写程序时需要注意以下几点：

（1）返回值为 MATLAB 格式而非 C 格式，例如 glGetIntegerv(GLenum pname, GLint* params)，变为 params = glGetIntegerv(pname) 书写形式。

（2）不包含参数的函数不要加空括弧，例如在 C 中 glEnd()是合法的，但在 MATLAB 中要书写为 glEnd，去除空括弧。

（3）所有 GL、GLU 和 AGL 的常量是以 GL.作为起始符，并且每个欲使用 GL 常量的子函数中都需要将 GL 定义为全局变量，即

```
function myOpenGLSubroutine()
global GL; % 定义 GL 为全局变量
......
return;
```

如果使用 GLU 常量，也必须将 GLU 定义为全局变量。

（4）在主程序中调用 Screen('OpenWindow',...)语句前使用 InitializeMatlabOpenGL 来初始化 OpenGL。

（5）使用 Screen 命令进行二维绘制结束，如果要使用 OpenGL 代码进行绘制，则需要先调用 Screen('BeginOpenGL',win)。当 OpenGL 代码绘制结束时，则需要使用 Screen('EndOpenGL',win)语句切换回 PTB 的绘制引擎。

10.3 OpenGL 例程

例 10.1 滚动的西瓜　　　本示例位于 Psyfeng\WaterMelon 目录下

本示例利用 OpenGL 在屏幕上绘制了一个滚动的西瓜（见图 10-1），可以通过控制键来控制西瓜的旋转速度、面和网络线的显示等。

图 10-1　滚动的西瓜

程序文件结构图：

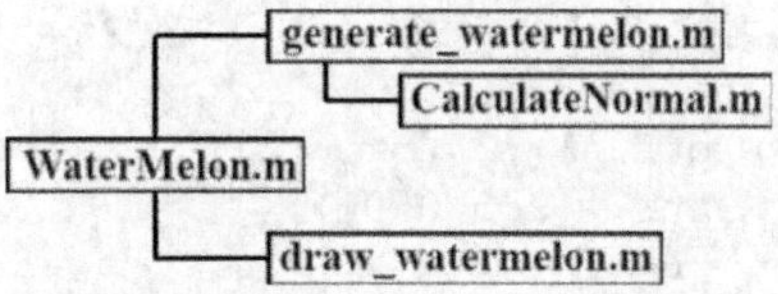


```
function WaterMelon(nsides)
% WaterMelon.m
%
if nargin<1
   nsides=50;
end
Screen('Preference', 'SkipSyncTests', 1);
AssertOpenGL;
KbName('UnifyKeyNames');
spaceKey=KbName('space');
stopKey=KbName('P');
InitializeMatLabOpenGL(1);
wptr=Screen('OpenWindow',max(Screen('Screens')),0,[0 0 800 600]);
ifi=Screen('GetFlipInterval',wptr);
vbl=Screen('Flip',wptr);
Screen('BeginOpenGL',wptr);

glEnable(GL_DEPTH_TEST);
glLightfv(GL_LIGHT0,GL_POSITION,[ 0 1 1 0 ]);
glLightfv(GL_LIGHT0,GL_DIFFUSE, [ 0.9 0.9 0.9 1 ]);
glLightModelfv(GL_LIGHT_MODEL_AMBIENT,[0.45 0.45 0.45 1]);
glMaterialfv(GL_FRONT,GL_SPECULAR,[0.7 0.7 0.7 1]);
glMaterialf(GL_FRONT,GL_SHININESS,50.);
glEnable(GL_CULL_FACE);
glEnable(GL_LIGHTING);
glEnable(GL_LIGHT0);
glColorMaterial(GL_FRONT,GL_AMBIENT_AND_DIFFUSE);

glEnable(GL_COLOR_MATERIAL);

glMatrixMode(GL_PROJECTION);
glLoadIdentity;
glFrustum(-1,1,-1,1,3,7);

glMatrixMode(GL_MODELVIEW);
glLoadIdentity;
glTranslatef(0.0,0,-4.5);
glClearDepth(0.55);
```

```
glClear(mor(GL_DEPTH_BUFFER_BIT,GL_COLOR_BUFFER_BIT));
points=generate_watermelon(1,1,1,nsides);
gld=draw_watermelon(points,nsides);
filled=1;
stoped=0;
theta=0;
rotatev=[ 0 0 1 ];
helptext = ['旋转的西瓜 "PsyFeng 2012"\n\n' ...
   '按键含义:\n\nH - 显示本帮助信息\n空格键 - 显示面或线\n' ...
   'P - 暂停旋转\n上/下箭头 - 调整旋转速度\nESCape - 退出程序\n'];
drawhelp=1;

Screen('TextSize', wptr, 24);
Screen('TextStyle', wptr, 1);
Screen('TextColor', wptr, [255 0 0]);
rotspeed=0.3;
while(1)
   if ~stoped
      theta=mod(theta+rotspeed,360);
      rotatev=rotatev+0.1*[ sin((pi/180)*theta) sin((pi/180)*2*theta)
            sin((pi/180)*theta/5) ];
      rotatev=rotatev/sqrt(sum(rotatev.^2));
      glDisable(GL_LIGHTING);
      glPushMatrix;
      glRotated(theta,rotatev(1),rotatev(2),rotatev(3));
      glClearColor(0.2,0.5,0.8,1.0);
      glClear;
      glCallList(gld);
      glPopMatrix;
      glEnable(GL_LIGHTING);
   end
   Screen('EndOpenGL',wptr);
   if ~stoped
      if drawhelp
         DrawFormattedText(wptr, helptext, 'center', 'center');
      end
      Screen('Flip',wptr);
   end
   Screen('BeginOpenGL',wptr);
   [kd secs keyCode]=KbCheck;

   if keyCode(spaceKey)
      filled=~filled;
      while KbCheck; end;
   end
   if keyCode(stopKey)
      stoped=~stoped;
      while KbCheck; end;
   end
   if keyCode(KbName('h'))
      drawhelp=~drawhelp;
      while KbCheck; end;
   end
   if keyCode(KbName('UpArrow'))
      rotspeed=rotspeed+0.01;
   end
```

```
    if keyCode(KbName('DownArrow'))
        rotspeed=max(0,rotspeed-0.01);

    end
    if keyCode(KbName('escape'))
        break;
    end
    if filled
        glPolygonMode(GL_FRONT_AND_BACK,GL_FILL);
    else
        glPolygonMode(GL_FRONT_AND_BACK,GL_LINE);
    end
end
sca;
clear all;
return
```

```
function points=generate_watermelon(xr,yr,zr,nsides)
%generate_watermelon.m
%
[x y z]=ellipsoid(0,0,0,xr,yr,zr,nsides);
for i=1:nsides+1
    for j=1:nsides+1
        points(i,j).xyz=[x(i,j) y(i,j) z(i,j)];
        points(i,j).normal=CalculateNormal(x(i,j), y(i,j), z(i,j));
        if bitand(j,1)
            points(i,j).color=[20 20  20];
        else
            points(i,j).color=[0 128 0];
        end
    end
end
```

```
function dn=CalculateNormal(x,y,z)
%CalculateNormal.m
%计算法线向量
dl=sqrt(x*x+y*y+z*z);
if dl~=0.0
    dn=[x y z]/dl;
else
    dn=[0 0 0];
end
return
```

```
function gld=draw_watermelon(points,nsides)
%draw_watermelon.m
%
InitializeMatLabOpenGL(1);
gld=glGenLists(1);
glNewList(gld,GL_COMPILE);
for i=1:nsides
    glBegin(GL_TRIANGLE_STRIP);
    for j=1:nsides
        glVertex3fv(points(i,j).xyz);
        glNormal3fv(points(i,j).normal);
        glColor3ubv(points(i,j).color);
```

```
        glVertex3fv(points(i,j+1).xyz);
        glNormal3fv(points(i,j+1).normal);
        glColor3ubv(points(i,j+1).color);

        glVertex3fv(points(i+1,j).xyz);
        glNormal3fv(points(i+1,j).normal);
        glColor3ubv(points(i+1,j).color);

        glVertex3fv(points(i+1,j+1).xyz);
        glNormal3fv(points(i+1,j+1).normal);
        glColor3ubv(points(i+1,j).color);
    end
    glEnd();
end
glEndList();
```

例 10.2　三维隧道　　　本示例位于 Psyfeng\3D_tunnel 目录下

三维隧道（见图 10-2）模拟了汽车行驶在隧道中的片段情景，被试快速判断呈现在左右两侧墙壁上的汉字的词性（形容词和名词）来检验汉字呈现方向对判断速度的影响，进而对诸如地铁、隧道墙壁上的广告设计提供工效学依据。本实验也可扩展为研究其他类型的工效学研究。

图 10-2　三维隧道示例

程序文件结构图：

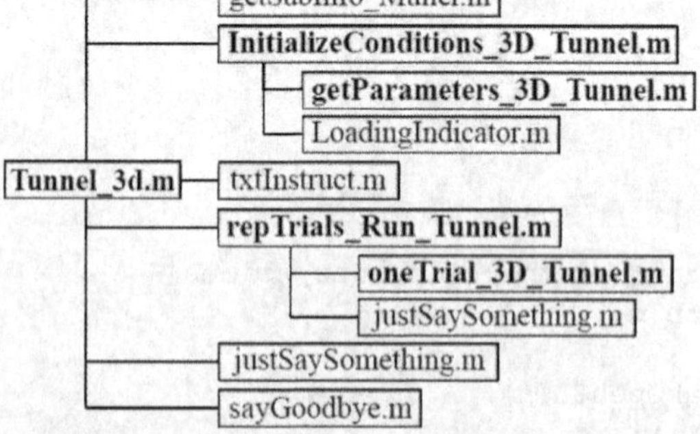


```
function results=repTrials_3D_Tunnel(wptr,trials,practicetrials,trialsperblock)
%repTrials_3D_Tunnel.m
%
ListenChar(2);
for i=1:practicetrials
    index=randi(length(trials));
    [rt,response]=oneTrial_3D_Tunnel(wptr,trials(index,1));
    if trials(index,1).targetpos==1
```

```
        if response==KbName('f')
            correct=1;
        else
            correct=0;
        end
    else
        if response==KbName('j')
            correct=1;
        else
            correct=0;
        end
    end
    feedBack(wptr,correct,rt,0.5);

end
    justSaySomething(wptr,'请做好准备，下面开始正式实验，按任意键开始',1,255);
    WaitSecs(2);
exited=false;
for i=1:length(trials)
    [rt,response]=oneTrial_3D_Tunnel(wptr,trials(i));
    if rt<0
        disp(['The exit no. ' num2str(i)]);
        trials(i,1).response=[];
        trials(i,1).rt=[];
        exited=true;
        break;
    end
    trials(i,1).rt=rt;
    trials(i,1).response=response;
    if trials(i,1).targetpos==1
        if response==KbName('f')
            trials(i,1).correct=1;
        else
            trials(i,1).correct=0;
        end
    else
        if response==KbName('j')
            trials(i,1).correct=1;
        else
            trials(i,1).correct=0;
        end
    end
    if mod(i,trialsperblock)==0 && i<length(trials)
        tips=['Block ' num2str(floor(i/trialsperblock)) '/' ...
            num2str(ceil(length(trials)/trialsperblock)) ...
            ' finished.\n\nPlease take a break.\n\nAny key to Continue!'];
        justSaySomething(wptr,tips,1);
        WaitSecs(1);
    end
end
if exited
    trials(i:end,:)=[];
end
Screen('Flip',wptr);
ListenChar(0);
results=trials;
```

```
function [rt,response]=oneTrial_3D_Tunnel(wptr,trial)
%oneTrial_3D_Tunnel.m
%
global GL;
AssertOpenGL;
wrect=Screen('Rect',wptr);
oldtxtsize=Screen('TextSize',wptr,28);
DrawFormattedText(wptr,'+','center','center');
Screen('Flip',wptr);
WaitSecs(0.5);
keyCode=NaN;
Screen('BeginOpenGL', wptr);

% Get the aspect ratio of the screen:
ar=wrect(4)/wrect(3);
% Turn on OpenGL local lighting model: The lighting model supported by
% OpenGL is a local Phong model with Gouraud shading.
glEnable(GL.LIGHTING);

% Enable the first local light source GL_LIGHT_0. Each OpenGL
% implementation is guaranteed to support at least 8 light sources.
glEnable(GL.LIGHT0);

% Enable two-sided lighting - Back sides of polygons are lit as well.
glLightModelfv(GL.LIGHT_MODEL_TWO_SIDE,GL.TRUE);

% Enable proper occlusion handling via depth tests:
glEnable(GL.DEPTH_TEST);

% Define the cubes light reflection properties by setting up reflection
% coefficients for ambient, diffuse and specular reflection:
glMaterialfv(GL.FRONT_AND_BACK,GL.AMBIENT, [ .33 .22 .03 1 ]);
glMaterialfv(GL.FRONT_AND_BACK,GL.DIFFUSE, [ .78 .57 .11 1 ]);
glMaterialfv(GL.FRONT_AND_BACK,GL.SHININESS,27.8);

% Enable 2D texture mapping, so the faces of the cube will show some nice
% images:
glEnable(GL.TEXTURE_2D);

% Generate 6 textures and store their handles in vecotr 'texname'
texname=glGenTextures(4);
% Load a binary file which contains binary pixel data for the six textures:
matdemopath = [PsychtoolboxRoot 'PsychDemos/OpenGL4MatlabDemos/mogldemo.mat'];
load(matdemopath, 'face')
img=imread('road.bmp','bmp');
img1=imread('arrow','bmp');
% Setup textures for all six sides of cube:
for i=1:4,
    % Enable i'th texture by binding it:
    glBindTexture(GL.TEXTURE_2D,texname(i));
    % Compute image in matlab matrix 'tx'
    switch(i)
       case 1
          tx=img;
       case 2
```

```
            tx=img1;
        case 3
            tx=trial.img;
            if ndims(tx)<3
                tx=repmat(tx,[1 1 3]);
            end
        case 4
            tx=trial.img;
            if ndims(tx)<3
                tx=repmat(flipdim(tx,1),[1 1 3]);
            end

            tx=flipdim(uint8(tx),2);
    end
    tx=permute(uint8(tx),[ 3 2 1 ]);
    %tx=checkimage;
    % Assign image in matrix 'tx' to i'th texture:
    glTexImage2D(GL.TEXTURE_2D,0,GL.RGB,256,256,0,GL.RGB,GL.UNSIGNED_BYTE,tx);
    % Setup texture wrapping behaviour:
    glTexParameterfv(GL.TEXTURE_2D,GL.TEXTURE_WRAP_T,GL.REPEAT);
    if i==3
    glTexParameterfv(GL.TEXTURE_2D,GL.TEXTURE_WRAP_S,GL.CLAMP);
    else
    glTexParameterfv(GL.TEXTURE_2D,GL.TEXTURE_WRAP_S,GL.REPEAT);
    end
    % Setup filtering for the textures:
    glTexParameterfv(GL.TEXTURE_2D,GL.TEXTURE_MAG_FILTER,GL.NEAREST);
    glTexParameterfv(GL.TEXTURE_2D,GL.TEXTURE_MIN_FILTER,GL.NEAREST);
    % Choose texture application function: It shall modulate the light
    % reflection properties of the the cubes face:
    glTexEnvfv(GL.TEXTURE_ENV,GL.TEXTURE_ENV_MODE,GL.DECAL);%GL_MODULATE);
    glShadeModel(GL.FLAT);
end

% Set projection matrix: This defines a perspective projection,
% corresponding to the model of a pin-hole camera - which is a good
% approximation of the human eye and of standard real world cameras --
% well, the best aproximation one can do with 3 lines of code ;-)
glMatrixMode(GL.PROJECTION);
glLoadIdentity;
% Field of view is 25 degrees from line of sight. Objects closer than
% 0.1 distance units or farther away than 100 distance units get clipped
% away, aspect ratio is adapted to the monitors aspect ratio:
gluPerspective(25,1/ar,0.1,150);

% Setup modelview matrix: This defines the position, orientation and
% looking direction of the virtual camera:
glMatrixMode(GL.MODELVIEW);
glLoadIdentity;

% Cam is located at 3D position (3,3,5), points upright (0,1,0) and fixates
% at the origin (0,0,0) of the worlds coordinate system:
gluLookAt(0,0,995,0,0,0,0,1,0);

% Setup position and emission properties of the light source:
```

```
% Set background color to 'black':
glClearColor(0,0,0,0);

% Point lightsource at (1,2,3)...
glLightfv(GL.LIGHT0,GL.POSITION,[ 1 2 3 0 ]);
% Emits white (1,1,1,1) diffuse light:
glLightfv(GL.LIGHT0,GL.DIFFUSE, [ 1 1 1 1 ]);

% There's also some white, but weak (R,G,B) = (0.1, 0.1, 0.1)
% ambient light present:
glLightfv(GL.LIGHT0,GL.AMBIENT, [ .1 .1 .1 1 ]);

% Initialize amount and direction of rotation
theta=0;
rotatev=[ 0 0 1 ];
index=0;
delta=trial.speed;
delta1=1.1;
theta1=0;
% Animation loop: Run until key press...
Screen('TextStyle', wptr, 1);
Screen('TextColor', wptr, 255);

%Screen('Flip',wptr);
starttime=GetSecs;
while true
    [kd,sec,keyCode]=KbCheck;
    if keyCode(KbName('f')) || keyCode(KbName('j'))
        endtime=GetSecs;
        glDeleteTextures(length(texname),texname);
        Screen('EndOpenGL', wptr);
        break;
    end
    if keyCode(KbName('escape'))
        rt=-1;
        correct=-1;
        response=-1;
        Screen('TextSize',wptr,oldtxtsize);
        glDeleteTextures(length(texname),texname);
        Screen('EndOpenGL', wptr);
        return;
    end
    theta=(theta+delta);

    % Setup cubes rotation around axis:
    glPushMatrix;
    glTranslatef(0,0,theta);

    % Clear out the backbuffer: This also cleans the depth-buffer for
    % proper occlusion handling:
    glClear;

    % The subroutine cubeface (see below) draws one side of the cube, so we
    % call it six times with different settings:
    %cubeface([ 4 3 2 1 ],texname(1));
    %cubeface([ 5 6 7 8 ],texname(2));
```

```
    cubeface([ 1 2 6 5 ],texname(1),texname(3:4),trial.targetpos);%路面
    cubeface([ 3 4 8 7 ],texname(2),texname(3:4),trial.targetpos);%天花板
    cubeface([ 2 3 7 6 ],texname(3),texname(3:4),trial.targetpos);%右侧
    cubeface([ 5 8 4 1 ],texname(4),texname(3:4),trial.targetpos); %左侧
    glPopMatrix;

    % Finish OpenGL rendering into PTB wptrdow and check for OpenGL errors.
    Screen('EndOpenGL', wptr);

    DrawFormattedText(wptr,'+','center','center');
    % Show rendered image at next vertical retrace:
    Screen('Flip', wptr);

    % Switch to OpenGL rendering again for drawing of next frame:
    Screen('BeginOpenGL', wptr);

    % Check for keyboard press and exit, if so:
    end
    rt=endtime-starttime;
    response=find(keyCode==1);
    WaitSecs(1);
    Screen('TextSize',wptr,oldtxtsize);
return

function cubeface( i, tx,txs,tpos )
% We want to access OpenGL constants. They are defined in the global
% variable GL. GLU constants and AGL constants are also available in the
% variables GLU and AGL...
global GL

% Vector v maps indices to 3D positions of the corners of a face:
v=[ 0 0 0 ; 1 0 0 ; 1 0.5 0 ; 0 0.5 0 ; 0 0 100 ; 1 0 100 ; 1 0.5 100 ; 0 0.5 100 ]'*10-5;
v(2,:)=v(2,:)+2.5;
% Compute surface normal vector. Needed for proper lighting calculation:
n=cross(v(:,i(2))-v(:,i(1)),v(:,i(3))-v(:,i(2)));

% Bind (Select) texture 'tx' for drawing:
glBindTexture(GL.TEXTURE 2D,tx);
% Begin drawing of a new polygon:
glBegin(GL.POLYGON);

% Assign n as normal vector for this polygons surface normal:
glNormal3dv(n);
tx
% Define vertex 1 by assigning a texture coordinate and a 3D position:
pos=90;
if find(txs==tx)
    tmp=(txs==tx);
    for j=-1:100
        if j==pos && ((tpos==1 && tmp(2)) || (tpos==2 && tmp(1)))
            glTexCoord2dv([ 0 1 ]);
        end
        glVertex3dv([v(1:2,i(1));j*10]);
    % Define vertex 2 by assigning a texture coordinate and a 3D position:
        if j==pos && ((tpos==1 && tmp(2)) || (tpos==2 && tmp(1)))
            glTexCoord2dv([ 0 0 ]);
```

```
        end
        glVertex3dv([v(1:2,i(2));j*10]);
    % Define vertex 3 by assigning a texture coordinate and a 3D position:
        if j==pos && ((tpos==1 && tmp(2)) || (tpos==2 && tmp(1)))
           glTexCoord2dv([ 1 0 ]);
        end
        glVertex3dv([v(1:2,i(3));(j+1)*10]);
    % Define vertex 4 by assigning a texture coordinate and a 3D position:
        if j==pos && ((tpos==1 && tmp(2)) || (tpos==2 && tmp(1)))
           glTexCoord2dv([ 1 1 ]);
        end
        glVertex3dv([v(1:2,i(4));(j+1)*10]);
        glEnd;
        glBegin(GL.POLYGON);

    end
% Done with this polygon:
else
    glTexCoord2dv([ 0 0 ]);
    glVertex3dv(v(:,i(1)));
% Define vertex 2 by assigning a texture coordinate and a 3D position:
    glTexCoord2dv([ 1 0 ]);
    glVertex3dv(v(:,i(2)));
% Define vertex 3 by assigning a texture coordinate and a 3D position:
        glTexCoord2dv([ 1 100 ]);
    glVertex3dv(v(:,i(3)));
% Define vertex 4 by assigning a texture coordinate and a 3D position:
    glTexCoord2dv([ 0 100 ]);
    glVertex3dv(v(:,i(4)));
% Done with this polygon:
end
glEnd;

% Return to main function:
return
```

第 11 章　PTB 与 Eyelink 眼动仪的连接

11.1　Eyelink 系统函数

在利用 PSYCHTOOLBOX 开发 Eyelink 眼动仪的实验程序时，与 Screen 函数的调用形式相似，Eyelink 函数也是通过诸如 Eyelink('Function', 'parameter')的形式进行函数调用。

11.1.1　眼动仪默认初始化：EyelinkInitDefaults

```
el=EyelinkInitDefaults([window])
```

将眼动仪初始化为相应的默认值。

参数包括：

（1）window，窗口句柄，目的是将窗口的坐标传递给眼动仪，以便进行坐标映射。

（2）el，返回值为一结构，其中包含几十项初始化的参数值。

例如：

```
>> EyeLinkInitDefaults↙
ans =

                     computer:  'PCWIN' %计算机系统
                     LEFT_EYE:  0          %常量
                    RIGHT_EYE:  1
                    BINOCULAR:  2
                 notconnected:  0          %连接状态
                    connected:  1
               dummyconnected:  -1
           broadcastconnected:  2
            displayCalResults:  0          %是否显示校正结果
                       window:  []         %窗口句柄
           targetdisplaysound:  'EyelinkTargetBeep'
      calibrationfailedsound:  'EyelinkErrorBeep'
     calibrationsuccesssound:  'EyelinkSuccessBeep'
                  targetbeep:  1
             cal_target_beep:  [1250 0.6000 0.0500] %声音参数
    drift_correction_target_beep:  [1250 0.8000 0.0500]
       calibration_failed_beep:  [400 0.8000 0.2500]
      calibration_success_beep:  [800 0.8000 0.2500]
    drift_correction_failed_beep:  [400 0.8000 0.2500]
   drift_correction_success_beep:  [800 0.8000 0.2500]
            allowlocaltrigger:  1
            allowlocalcontrol:  1
      mousetriggersdriftcorr:  0
                      quitkey:  27   %退出的鍵码（ESC）
                  modifierkey:  91
         waitformodereadytime:  500
      calibrationtargetsize:  2.5000   %校正目标大小
```

```
        calibrationtargetwidth:  1
       calibrationtargetcolour:  [0 0 0]
                  getkeyrepeat:  0.2000
                    getkeytime:  -1
                       msgfont:  'Helvetica' %字体名称
                   msgfontsize:  20  %字体大小
                    eyeimgsize:  30  %眼睛图像大小
                      helptext:  [1x160 char]
                  imgtitlefont:  'Helvetica'
              imgtitlefontsize:  20
                  lastKeyCodes:  [1x256 double] %帮助信息
                       uparrow:  38  各控制键的键码
                               ⋮
                     ENDEVENTS:  18
                  MESSAGEEVENT:  24
                   BUTTONEVENT:  25
                    INPUTEVENT:  28
                 LOSTDATAEVENT:  63
                      callback:  'PsychEyelinkDispatchCallback'
```

11.1.2 眼动仪初始化：Initialize

```
[status =] Eyelink('Initialize' [, displayCallbackFunction])
```

尝试对 Eyelink 眼动仪进行初始化。

参数包括：

（1）displayCallbackFunction， 注册用于回调的 M 文件，在 PTB 中显示摄像机图像通常使用 PsychEyelinkDispatchCallback。

（2）status，返回值，0 表示成功，–1 表示失败。

11.1.3 眼动仪虚拟初始化：InitializeDummy

```
[status =] Eyelink('InitializeDummy' [, displayCallbackFunction])
```

将眼动仪初始化为哑模式，可在不连接眼动仪的情况下进行实验程序调试。

参见 11.1.2 小节。

11.1.4 眼动仪集成初始化：EyelinkInit

```
[result dummy]=EyelinkInit([dummy=0][enableCallbacks=0])
```

相当于 Initialize 和 InitializeDummy 的合成，通过参数 dummy 控制初始化方式。

参数包括：

（1）dummy，0=哑模式，1=实模式。

（2）enableCallbacks，0=不使用回调函数（即不在被试机上显示眼睛图像），1=显示捕捉的眼睛图像。

（3）result，返回值，1=成功，0=失败。

（4）dummy，返回值，当初始化哑模式时，1=成功，0=失败。

11.1.5 关闭眼动仪：ShutDown

```
Eyelink('Shutdown')
```

关闭眼动仪，无参数。

11.1.6　系统检测：TestSuite

```
Eyelink('TestSuite')
```

进行系统例行检测，用于检测眼动仪系统是否运行正常。

11.2　Eyelink 校正函数

11.2.1　配置眼动仪：StartSetup

```
[result =] Eyelink('StartSetup' [, stype=0])
```

进入眼动仪系统配置模式。

参数包括：

（1）stype，默认值为 0，调用 eyelink_start_setup 库函数进行眼动仪配置；如果为 1，则调用 do_tracker_setup 库函数。

（2）result，返回值为 0 表示成功，其他值表示失败。

11.2.2　集成化校正：EyelinkDoTrackerSetup

```
result=EyelinkDoTrackerSetup(el [, sendkey])
```

使用由 EyelinkInitDefault 函数返回的值作为参数对眼动仪进行校正，可以设置 sendKey 参数使其直接进入某种模式，该参数的取值如下：

（1）'v'：有效性检测。

（2）'c'：开始校正。

（3）'d'：漂移校正。

（4）13 或者 el.ENTER_KEY：显示捕获的眼睛图像。

11.2.3　漂移校正：DriftCorrStart

```
[status = ] Eyelink('DriftCorrStart', x, y [,dtype=0][, dodraw=1][, allow_setup=0])
```

进行眼动漂移校正。

参数包括：

（1）x,y，目标位置。

（2）dtype，0＝调用 eyelink_driftcorr_start 库函数，1＝调用 do_drift_correct 库函数，默认值为 0。

（3）dodraw，目标绘制方式。如果 dtype 参数为 1，则由眼动仪自行绘制校正目标，否则由实验程序代码来控制，默认值为 1。

（4）allow_setup，是否允许进入配置模式，如果为 1，则按 ESC 键时会进入配置模式，否则按 ESC 则终止漂移校正。

（5）status，返回值。0 表示成功，否则失败（需要通过眼动仪来检验返回值）。

11.2.4　集成化漂移校正：EyelinkDoDriftCorrStart

```
[success]=EyelinkDoDriftCorrection(el, x, y, draw, allowsetup)
```

使用由 EyelinkInitDefault 函数返回的值作为参数对眼动仪进行漂移校正，其他参数参见 11.2.3 小节。

11.2.5 校正生效：ApplyDriftCorr

```
[result = ] Eyelink('ApplyDriftCorr')
```

使用上次漂移校正的结果，返回值为 0 表示成功，否则表示失败。

11.2.6 获取目标坐标：TargetCheck

```
[result, tx, ty] = Eyelink('TargetCheck')
```

获取以像素为单位的目标坐标值（x,y）。

参数包括：

（1）result，返回值，如果目标可见，则 result＝1，否则 result=0。

（2）tx,ty，目标的坐标值。

11.2.7 接受注视触发：AcceptTrigger

```
[result = ] Eyelink('AcceptTrigger')
```

向眼动仪发送指令接受当前在校正目标上的注视，相当于在校正时的回车键或空格键的作用。返回值：0 表示成功，27 表示通过 ESC 键中止操作，–1 表示操作失败，1 表示 POOR 级水平或校验错误较大。

11.3 Eyelink 数据函数

11.3.1 创建或打开眼动数据文件：OpenFile

```
[status =] Eyelink('OpenFile','filename')
```

打开扩展名为 EDF 的眼动数据文件，该文件可以使用 edf2ascii 程序转换为文本文件。

参数包括：

（1）filename，要打开的文件名，会同时关闭已打开的文件。

（2）status，返回值。0 表示成功，否则表示失败。

11.3.2 眼动数据传输：ReceiveFile

```
[status =] Eyelink('ReceiveFile',['filename'], ['dest'], ['dest_is_path'])
```

将主机上所记录的眼动数据传输至被试机上。

参数包括：

（1）filename，要传输的源数据文件名，如果省略该参数，则传输上次打开的数据文件。

（2）dest，目标数据文件名，如果省略该参数，则使用源文件名作为目标文件名。

（3）dest_is_path，指定 dest 参数是否表示路径，如果为非零值，则表示 dest 为路径名，即数据文件将以源文件名保存在指定的目录下。

（4）status，返回值，0 表示传输过程被取消，负值表示错误代码，传输成功则返回文件大小。

11.3.3 数据文件关闭及保存：CloseFile

```
[status =] Eyelink('CloseFile')
```

将所记录的眼动数据文件保存在主机硬盘上，返回值（Status），0 表示成功，否则表示失败。

参见例 11.1。

11.3.4　开始数据记录：StartRecording

```
[startrecording_error =] Eyelink('StartRecording' [,file_samples,
        file_events, link_samples, link_events] )
```

开始记录所指定类型的眼动数据，注意：该命令启动后大约需要 10～30 毫秒的时间才真正开始记录眼动数据。

参数：

（1）file_samples，1 表示将眼动采样数据写入 EDF 文件，0 表示省略。

（2）file_events，1 表示将事件写入 EDF 文件，0 表示省略。

（3）link_samples，1 表示通过连接传送眼动数据，0 表示省略。

（4）link_events，1 表示通过连接传送事件数据，0 表示省略。

（5）startrecording_error，返回值，0 表示成功，否则失败。

参见例 11.1。

11.3.5　停止数据记录：Stoprecording

```
Eyelink('Stoprecording')
```

停止记录眼动数据。

参见例 11.1。

11.3.6　检查新数据：NewFloatSampleAvailable

```
NewOrOld = Eyelink('NewFloatSampleAvailable')
```

检查是否有新的眼动采样数据，返回值：1 表示有新的数据，0 表示数据为旧的，–1 表示没有采样数据

参见例 11.1。

11.3.7　获取新数据：NewestFloatSample

```
sample = Eyelink('NewestFloatSample')
```

获取最新的眼动数据，返回值：Sample，最新眼动采样数据，为结构数据，如果没有新数据，则返回值为–1，sample 包含的结构如下：

- time ：采样时间（以毫秒为单位）；
- type ：SAMPLE_TYPE 或 LOSTDATAEVENT；
- flags：标记数据类型；
- px ：左、右瞳孔中心 x 坐标；
- py ：左、右瞳孔中心 y 坐标；
- hx ：以头为参考的坐标 x；
- hy ：以头为参考的坐标 y；
- pa ：左、右瞳孔的面积或直径，可通过 pupil_size_diameter 设置；
- gx ：注视坐标位置 x；
- gy ：注视坐标位置 y；
- rx ：水平方向每度视角像素数；
- ry ：垂直方向每度视角像素数；

- status：眼动仪状态值，仅对 EyeLink II 和 EyeLink1000 有用；
- input：来自输入端口的数据；
- buttons：键信息，高 8 位表示上一采样的变化，低 8 位表示当前状态。

参见例 11.1。

11.3.8　获取新的原始数据：NewestFloatSampleRaw

```
[sample, raw] = Eyelink('NewestFloatSampleRaw' [, eye])
```

可能通过参数 eye 指定获取哪只眼睛的原始数据（比如角膜反射点等）。

参数包括：

（1）eye，可以设定为 LEFT_EYE 或者 RIGHT_EYE。

（2）sample，最新眼动数据，结构数据类型。

（3）raw，最新原始数据，结构数据类型，其包含的结构如下：

- raw_pupil：瞳孔感应部位的坐标位置（x,y）；
- raw_cr：角膜反射感应部位的坐标位置（x, y）；
- pupil_area：瞳孔区域大小（面积）；
- cr_area：角膜反射区域；
- pupil_dimension：瞳孔宽度和高度；
- cr_dimension：角膜反射区域宽度和高度；
- window_position：屏幕坐标位置（x, y）；
- pupil_cr：由瞳孔和角膜坐标位置计算的（此处需要检查）；
- cr_area2：第二个角膜反射区域尺寸；
- raw_cr2：第二个角膜反射点坐标位置。

11.3.9　获取数据类型：GetNextDataType

```
type = Eyelink('GetNextDataType')
```

获取数据队列中下个数据的类型，返回值为：SAMPLE_TYPE（采样数据）；如果没有数据，则返回 0，其他值为事件代码。

11.3.10　获取浮点数据：GetFloatData

```
item = Eyelink('GetFloatData', type)
```

获取数据队列中的下个浮点数据，参数 type 为由 GetNextDataType 返回的类型值。

11.3.11　获取浮点原始数据：GetFloatDataRaw

```
[item, raw] = Eyelink('GetFloatDataRaw', type [, eye])
```

该函数可以获取原始数据，如果 type 参数不是 SAMPLE_TYPE，则与 GetFloatData 函数完全相同，返回值 raw 此时为 0。

参数包括：

（1）type，指定数据类型。

（2）eye，为 LEFT_EYE 或 RIGHT_EYE。

11.4　Eyelink 状态函数

11.4.1　获取追踪眼睛：EyeAvailable

```
eyeused = Eyelink('EyeAvailable')
```

根据所记录的眼动数据（至少已经记录一个眼动数据或事件）返回是哪只眼睛的数据。返回值：0 表示左眼，1 表示右眼，2 表示双眼，−1 表示没有眼动数据。

参见例 11.1。

11.4.2　连接状态检验：IsConnected

```
status = Eyelink('IsConnected')
```

检查眼动仪是否处于连接状态，返回值 status，1 表示连接，−1 表示虚拟连接，0 表示未连接。

11.4.3　获取校准结果：CalResult

```
result = Eyelink('CalResult')
```

获取校正结果信息，返回值（result）：NO_REPLY(1000)表示漂移校正还未完成，OK_RESULT(0)表示校准成功，ABORT_REPLY(27)表示 ESC 键中止了校准过程，−1 表示校准失败，1 表示校准质量不高。

11.4.4　记录状态检查：CheckRcording

```
error = Eyelink('CheckRecording')
```

检查眼动仪是否处于记录状态，返回值：error＝0 表示正在进行记录，ABORT_EXPT 表示未连接，TRIAL_ERROR 表示发生错误。

参见例 11.1。

11.4.5　获取眼动仪型号：GetTrackerVersion

```
[version , versionString]  = Eyelink('GetTrackerVersion')
```

获取眼动仪型号，必须在眼动仪初始化之后才能使用该函数。

参数包括：

（1）version，0 表示未连接，1 表示 EyeLink I，2 表示 EyeLink II，3 表示 EyeLink CL。

（2）versionString，返回字符形式为“EYELINK I”或“EYELINK II x.xx”，其中“x.xx”为软件版本信息，如 EyeLink CL 4.56。

参见例 11.1。

11.4.6　获取眼动仪当前模式：CurrentMode

```
mode = Eyelink('CurrentMode')
```

获取眼动仪当前模式。返回值（mode）含义如下：

（1）IN_DISCONNECT_MODE(16384)：未连接；

（2）IN_UNKNOWN_MODE(0)：未知模式；

（3）IN_IDLE_MODE(1)：表示离线模式；

（4）IN_SETUP_MODE(2)：　配置模式；

（5）IN_RECORD_MODE(4)：记录模式；
（6）IN_TARGET_MODE(8)：校正中的目标点注视模式；
（7）IN_DRIFTCORR_MODE(16)：漂移校正模式；
（8）IN_IMAGE_MODE(32)：图像模式；
（9）IN_USER_MENU(64)：菜单模式；
（10）IN_PLAYBACK_MODE(256)：回放模式。

11.4.7 图像模式检测：ImageModeDisplay

```
[result =] Eyelink('ImageModeDisplay')
```

在图像模式下，将持续获取并显示摄像机的图像以及相关的参数信息，返回值：0 表示图像模式，32767 表示中止，–1 表示未连接。

11.5 Eyelink 命令函数

```
[status =] Eyelink('Command', 'formatstring', [...])
```

在程序中可以通过 Command 直接向眼动仪发送命令，命令及参数内容由 formatstring 指定，大约需要 500 毫秒的时间来完成命令的执行。Formatstring 的格式参见 fprintf（5.7.8 小节），返回值 status=0，表示成功执行了命令，否则返回错误码。

本节只列出部分 Command 命令函数，有兴趣的读者可参阅 Eyelink 所发布的程序开发指南（EyeLink Programmers Guide）。

11.5.1 回显文本：echo

- Eyelink('Command', 'echo %s', text)
- Eyelink('Command', 'echo text')

在眼动仪电脑屏幕上的当前位置显示文本。

例如：在眼动仪主机屏幕上显示 Calibrating

```
Eyelink('Command', 'echo %s', 'Calibrating');
```

11.5.2 调整当前输出位置：print_position

```
Eyelink('Command', 'print_position %d %d', column, row);
```

调整当前输出位置，输出位置为屏幕文本的行和列，column 的有效取值范围为 1～80，row 的有效取值范围为 1～25。

11.5.3 清除屏幕：clear_screen

```
Eyelink('Command', 'clear_screen %d', color);
```

使用某颜色清除眼动仪电脑屏幕，颜色 color 的取值范围为 0～15。

11.5.4 画线：draw_line

```
Eyelink('Command', 'draw_line %d %d %d %d %d', x1, y1, x2, y2, color);
```

从起点（x1,y1）到终点（x2,y2）用某颜色（color）画线。

11.5.5　画方框：draw_box

```
Eyelink('Command', 'draw_box %d %d %d %d %d', x1, y1, x2, y2, color);
```

用某颜色（color）从左上角（x1,y1）至右下角（x2,y2）画一个空心矩形。

11.5.6　画实心矩形：draw_filled_box

```
Eyelink('Command', 'draw_filled_box %d %d %d %d %d', x1, y1, x2, y2, color);
```

用某颜色（color）从左上角（x1,y1）至右下角（x2,y2）画实心矩形。

11.5.7　画文本：draw_text

```
Eyelink('Command', 'draw_text %d %d %d %s', x1, y1, color, text);
```

在眼动仪电脑屏幕上以指定颜色（color）绘制文本，文本居中于（x1,y1）。

11.5.8　画十字：draw_cross

```
Eyelink('Command', 'draw_cross %d %d %d', x1, y1, color);
```

在眼动仪电脑屏幕上用指定颜色（color）在（x1,y1）处画一个十字（相当于注视点）。

11.5.9　设置传输数据类型：link_sample_data

```
Eyelink('Command', 'link_sample_data=list');
```

设置眼动仪通过网络向被试电脑传输的眼动数据类型，决定了在被试电脑上可以获取的眼动数据内容，可以设置的类型包括：

- LEFT：左眼相应数据；
- RIGHT：右眼相应数据；
- GAZE：屏幕注视位置坐标（x,y）；
- GAZERES：屏幕分辨率（像素/每度视角）；
- HREF：以头作为参考的眼睛位置；
- PUPIL：瞳孔坐标；
- AREA：瞳孔面积；
- STATUS：警告或错误标记；
- BUTTON：按键状态；
- INPUT：端口输入数据。

例如：将传输数据设置为左、右眼的屏幕注视位置和瞳孔面积

```
Eyelink('Command', 'link_sample_data = LEFT,RIGHT,GAZE,AREA');
```

11.5.10　设置传输事件类型：link_event_data

```
Eyelink('Command', 'link_event_data=list');
```

设置通过网络由眼动仪向被试机传输的事件类型，决定在被试机上可以获取的眼动数据内容，list 可以设置的内容如下：

- GAZE：屏幕注视位置坐标（x,y）；
- GAZERES：屏幕分辨率（像素/每度视角）；
- HREF：以头作为参考的眼睛位置；

- AREA：瞳孔面积；
- VELOCITY：眼动速度（平均值和峰值）；
- STATUS：警告或错误标记；
- FIXAVG：在 ENDFIX 事件中包含平均注视时间；
- NOSTART：开始事件中无数据，只有时间标签。

参见例 11.1。

11.5.11 设置传输事件类型：link_event_filter

```
Eyelink('Command', 'link_event_filter=list');
```

功能与 link_event_data 相似，设置通过网络由眼动仪向被试机传输的事件类型，决定在被试机上可以获取的眼动数据内容，list 可以设置的内容如下：

- LEFT, RIGHT：左、右眼相应的事件；
- FIXATION：注视的起始和结束事件；
- FIXUPDATE：注视状态更新（追踪）事件；
- SACCADE：眼跳的起始和结束事件；
- BLINK：眨眼的起始和结束事件；
- MESSAGE：信息事件，不设置时，Eyelink 信息函数（11.6 节）将无效；
- BUTTON：按键事件（压下或松开）；
- INPUT：端口数据变化事件。

参见例 11.1。

11.5.12 设置存储数据类型：file_sample_data

```
Eyelink('Command', 'file_sample_data=list');
```

设置眼动仪记录到数据文件中的类型，可以设置的类型包括：

- LEFT：左眼相应数据；
- RIGHT：右眼相应数据；
- GAZE ：屏幕注视位置坐标（x,y）；
- GAZERES：屏幕分辨率（像素/每度视角）；
- HREF：以头作为参考的眼睛位置；
- PUPIL：瞳孔坐标；
- AREA：瞳孔面积；
- STATUS：警告或错误标记；
- BUTTON：按键状态；
- INPUT：端口输入数据。

例如：设置存储数据类型。

```
Eyelink('Command', 'file_sample_data = LEFT,RIGHT,GAZE,AREA,GAZERES,STATUS');
```

11.5.13 设置存储事件类型：file_event_data

```
Eyelink('Command', 'file_event_data=list');
```

设置通过网络由眼动仪向被试机传输的事件类型，决定在被试机上可以获取的眼动数据内容，list 可以设置的内容如下：

- GAZE：屏幕注视位置坐标（x,y）；
- GAZERES：屏幕分辨率（像素/每度视角）；
- HREF：以头作为参考的眼睛位置；
- AREA：瞳孔面积；
- VELOCITY：眼动速度（平均值和峰值）；
- STATUS：警告或错误标记；
- FIXAVG：在 ENDFIX 事件中包含平均注视时间；
- NOSTART：开始事件中无数据，只有时间标签。

11.5.14　设置存储事件类型：file_event_filter

```
Eyelink('Command', 'file_event_filter=list');
```

功能与 file_event_data 相似，设置通过网络由眼动仪向被试机传输的事件类型，决定在被试机上可以获取的眼动数据内容，list 可以设置的内容如下：

- LEFT, RIGHT：左、右眼相应的事件；
- FIXATION：注视的起始和结束事件；
- FIXUPDATE：注视状态更新（追踪）事件；
- SACCADE：眼跳的起始和结束事件；
- BLINK：眨眼的起始和结束事件；
- MESSAGE：信息事件，不设置时，Eyelink 信息函数（11.6 节）将无效；
- BUTTON：按键事件（压下或松开）；
- INPUT：端口数据变化事件。

11.6　Eyelink 信息函数

```
[status =] Eyelink('Message', 'formatstring', [...])
```

可以利用 Message 函数向眼动数据中写入重要信息，其中 formatstring 的书写格式与 fprintf 相同（参见 5.7.8 小节），返回值 status=0，表示成功执行了命令，否则返回错误码。

由于眼动仪的采样频率可以达到 1000Hz 甚至 2000Hz，每秒钟会记录大量的数据，如果要自己提取眼动数据来分析，没有特定的标识符来分隔数据会给我们带来很大不便。因此，我们在每个试次开始之前加入一个特定的标记符，在试次结束时也加入相应的标记符，这样我们过滤眼动数据就会非常方便。

例如：

在试次开始时加入

```
Eyelink('Message','Trial %d Begin', i); %其中 i 为运行的试次的序号
```

在试次结束时加入

```
Eyelink('Message','Trial %d End', i); %其中 i 为运行的试次的序号
```

11.7　Eyelink 按键函数

```
[result =] Eyelink('SendKeyButton', code, mods, state)
```

向眼动仪传输按键指令。

参数包括：

（1）code = KB_BUTTON；

（2）mods = 按键编号或者 Shift、Ctrl、Alt 修饰键状态；

（3）state，取值为 KB_PRESS，KB_RELEASE 或 KB_REPEAT；

（4）result，返回值，成功＝OK_RESULT（0）或错误＝LINK_TERMINATED_RESULT（－100）。

11.8 Eyelink 杂项函数

11.8.1 时间请求：RequestTime

```
[status =] Eyelink('RequestTime')
```

向眼动仪发送获取其时间请求，返回值：0 表示成功，否则失败。

11.8.2 读取眼动仪时间：ReadTime

```
[time =] Eyelink('ReadTime')
```

读取请求后的眼动仪时间，返回值：0 或者时间值。

11.8.3 获取眼动仪运行时间：TrackerTime

```
[time =] Eyelink('TrackerTime')
```

获取以秒为单位的自眼动仪开始运行以来的时间。

11.8.4 获取时间差：TimeOffset

```
[offset =] Eyelink('TimeOffset')
```

获取眼动仪和被试机之间的时间差（以毫秒为单位），返回值存储于 offset 中。

11.8.5 使眼动仪离线：SetOfflineMode

```
Eyelink('SetOfflineMode')
```

使眼动仪处于空闲状态，如果是在使用 StartRecording 函数后调用该函数，眼动仪就无法记录数据。

11.8.6 设置模式转换等待时间：WaitForModeReady

```
[result = ] Eyelink('WaitForModeReady', maxwait)
```

在模式切换时，可能需要大约 5～30 毫秒的时间完成切换，调用该函数来确保模式切换完毕。

参数包括：

（1）maxwait，最大的等待时间（以毫秒为单位）；

（2）result，返回值：0 表示切换完毕，否则继续等待。

11.8.7 设置信息显示等级：Verbosity

```
oldlevel = Eyelink('Verbosity' [,level]);
```

用于控制错误、警告和状态信息的详细水平。

参数包括：

（1）level，级别，0 表示不显示信息；1 表示只显示错误信息；2 表示同时显示警告信息；3 表示显示更多信息；4 为默认值，表示显示更多有用信息；5 以上表示显示冗长信息；

（2）oldlevel，原先级别。

例 11.1　人机交互（菜单选择）　　本示例位于 Psyfeng\EyeMenu 目录下

菜单是通过向用户提供多个备选对象来完成一定任务的一种交互手段，它利用人的再认回忆效率高且认知负荷低的特点，使人机对话更为自然、交互效率更高，因此成为目前人机交互的主要方式之一。

本示例程序仅仅演示如何利用 PSYCHTOOLBOX 进行有关人机交互的实验设计，但并非是一个严格意义的实验，此处包括三个主程序，一个为 MouseMenu，另外两个是 EyeSimulatedMenu 和 EyeMenu。第一个程序是利用鼠标进行传统的菜单交互；第二个程序是模拟眼睛与菜单进行交互，当鼠标停留在某个菜单项上一定时间后，会自动激活该菜单项；第三个程序是利用眼动仪通过捕获眼睛的注视点及在菜单上的停留时间达到选择菜单项的目的，实验如图 11-1 所示。

程序文件结构图：

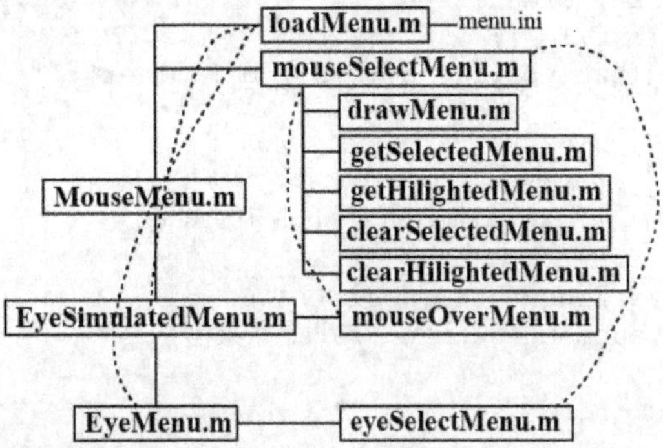


```
function MouseMenu(mx,my,scrsize)
%MouseMenu.m
%
if nargin<1
   mx=50;
   my=50;
   scrsize=1;
end
if nargin<3
   scrsize=1;
end
KbName('UnifyKeyNames');
Screen('Preference', 'SkipSyncTests', 1);
scr=max(Screen('Screens'));
[sw sh]=WindowSize(scr);
Screen('Preference','DefaultFontSize',20);
try
   wptr=Screen('OpenWindow',scr,0,CenterRect([0 0 sw/scrsize sh/scrsize],[0 0 sw sh]));
   priorityLevel=MaxPriority(wptr);
   Priority(priorityLevel);
   if isnan(wptr)
      sca;
      return;
   end
   mainmenu=loadMenu(wptr,'menu.ini');
   mouseSelectMenu(wptr,mainmenu,mx,my);
   sca;
catch
   psychrethrow(psychlasterror);
```

```
    sca;
    Priority(0);
end
return
```

```
function mainmenu=loadMenu(wptr,filename)
%loadMenu.m
%
fid=fopen(filename,'r'); %打开菜单配置文件
if fid<0
    error(['Cannot open file ' filename]);
end
i=1;
while true
    txt=fgetl(fid); %读取菜单配置文件
    if ~ischar(txt) break; end
    pos=strfind(txt,'=');
    tmp=textscan(txt(pos+1:end),'%s','Delimiter','|');
    tmp=tmp{1};
    submenu=[];
    for j=1:length(tmp)
       submenu(j).string=tmp{j}; %读取子菜单项
    end
    mainmenu(i).string=txt(1:pos-1);
    mainmenu(i).submenu=submenu; %设置子菜单
    i=i+1;
end
fclose(fid);
%设置菜单项属性（菜单绘制区域，文本区域及部分状态属性）
maxw=0;
for i=1:length(mainmenu)
    mainmenu(i).rect=Screen('TextBounds',wptr,mainmenu(i).string);
    mainmenu(i).selected=false;
    mainmenu(i).mouseover=false;
    mainmenu(i).dwelltime=0;
    maxw=max(maxw,mainmenu(i).rect(3));
    submaxw=0;
    for j=1:length(mainmenu(i).submenu)
       mainmenu(i).submenu(j).rect=Screen('TextBounds',wptr,
             mainmenu(i).submenu(j).string);
       submaxw=max(submaxw,mainmenu(i).submenu(j).rect(3));
       mainmenu(i).submenu(j).selected=false;
       mainmenu(i).submenu(j).mouseover=false;
       mainmenu(i).submenu(j).father=mainmenu(i);
       mainmenu(i).submenu(j).dwelltime=0;
    end
    for j=1:length(mainmenu(i).submenu)
       mainmenu(i).submenu(j).rect(3)=submaxw+50;
       mainmenu(i).submenu(j).rect(4)=mainmenu(i).submenu(j).rect(4)+20;
    end
end
off=0;
for i=1:length(mainmenu)
    mainmenu(i).rect(3)=maxw+50;
    mainmenu(i).rect(4)=mainmenu(i).rect(4)+20;
end
for i=1:length(mainmenu)
```

```
    mainmenu(i).rect=OffsetRect(mainmenu(i).rect,off,0);
    off=off+RectWidth(mainmenu(i).rect);
    mainmenu(i).txtrect=CenterRect(Screen('TextBounds',wptr,
            mainmenu(i).string),mainmenu(i).rect);
    suboff=0;
    for j=1:length(mainmenu(i).submenu)
       mainmenu(i).submenu(j).rect=OffsetRect(mainmenu(i).submenu(j).rect,
            0,suboff);
       suboff=suboff+RectHeight(mainmenu(i).submenu(j).rect);
       mainmenu(i).submenu(j).txtrect=AlignRect(Screen('TextBounds',
         wptr,mainmenu(i).submenu(j).string),OffsetRect(mainmenu(i).
         submenu(j).rect,20,0),5,1);
    end
end
```

```
function ret=mouseSelectMenu(wptr,menu,x,y)
%mouseSelectMenu.m
%
drawMenu(wptr,menu,x,y);
Screen('Flip',wptr);
ret='';
redraw=false;
while true
   [mx my buttons]=GetMouse(wptr);
   index=getSelectedMenu(menu);
   if index%如果菜单已经展开
      for i=1:length(menu(index).submenu) %对子菜单进行处理
         tmpr=OffsetRect(menu(index).rect,x,y);
         if IsInRect(mx,my,OffsetRect(menu(index).submenu(i).rect,
                  tmpr(1),tmpr(4)))
            if getHilightedMenu(menu(index).submenu)~=i
               menu(index).submenu=clearHilightedMenu(menu(index).submenu);
               menu(index).submenu(i).mouseover=true;
               redraw=true;
            else
               redraw=false;
            end
            break;
         else
            if menu(index).submenu(i).mouseover
               menu(index).submenu(i).mouseover=false;
               redraw=true;
            end
         end
      end
   end
   for i=1:length(menu)
      if IsInRect(mx,my,OffsetRect(menu(i).rect,x,y))
         menu(i).submenu=clearHilightedMenu(menu(i).submenu);
         if getSelectedMenu(menu)
            menu=clearSelectedMenu(menu);
            menu(i).selected=true;
            redraw=true;
         end
         if getHilightedMenu(menu)~=i
            redraw=true;
```

```
                menu=clearHilightedMenu(menu);
                menu(i).mouseover=true;
            else
                redraw=false;
            end
            break;
        else
            if menu(i).mouseover && ~getSelectedMenu(menu)
                menu(i).mouseover=false;
                redraw=true;
            end
        end
    end
    if buttons(1)
        while any(buttons) % if already down, wait for release
            [mx,my,buttons] = GetMouse(wptr);
        end
        index=getHilightedMenu(menu);
        if  index
            if ~getHilightedMenu(menu(index).submenu)
                menu(getHilightedMenu(menu)).selected= ~menu
                        (getHilightedMenu(menu)).selected;
                redraw=true;
                if isempty(menu(index).submenu)
                    ret=menu(index).string;
                    DrawFormattedText(wptr,['你选择了[' ret ']'], 'center',
                              'center',[255 0 0]);
                    break;
                end
            else
                tmpi=getHilightedMenu(menu(index).submenu);
                ret=menu(index).submenu(tmpi).string;
                redraw=true;
                if streq(ret,'退出')
                    break;
                end
            end
        end
    end
    if redraw
        drawMenu(wptr,menu,x,y);
        if ~isempty(ret)
            DrawFormattedText(wptr,['你选择了[' ret ']'],'center','center',[255 0 0]);
        end
        ret='';
        Screen('Flip',wptr);
        redraw=false;
    end
end
```

```
function drawMenu(wptr,menu,x,y)
%drawMenu.m
%
if isempty(menu)
    return;
end
```

```
Screen('FillRect',wptr,192,OffsetRect(UnionRect(menu(1).rect,menu(end).rect),x+5,y+5));
for i=1:length(menu)
   txtr=OffsetRect(menu(i).txtrect,x,y);
   %DrawFormattedText(wptr,menu(i).string,txtr(1),txtr(2),255);
   if menu(i).mouseover
      Screen('FillRect',wptr,128,OffsetRect(menu(i).rect,x,y));
      Screen('FrameRect',wptr,[255 0 0],OffsetRect(menu(i).rect,x,y));
      Screen('DrawText',wptr,menu(i).string,txtr(1),txtr(2),[255 255 0]);
   else
      Screen('FillRect',wptr,162,OffsetRect(menu(i).rect,x,y));
      Screen('DrawText',wptr,menu(i).string,txtr(1),txtr(2),255);
   end
   if menu(i).selected
      if isfield(menu(i),'submenu')
         if ~isempty(menu(i).submenu)
            tmpr=OffsetRect(menu(i).rect,x,y);
            drawMenu(wptr,menu(i).submenu,tmpr(1),tmpr(4)); %递归
         end
      end
   end
end
```

```
function index=getSelectedMenu(menu)
%getSelectedMenu.m
%
index=0;
for i=1:length(menu)
   if menu(i).selected
      index=i;
      return;
   end
end
```

```
function index=getHilightedMenu(menu)
%getHilightedMenu.m
%
index=0;
for i=1:length(menu)
   if menu(i).mouseover
      index=i;
      return;
   end
end
```

```
function menu=clearSelectedMenu(menu)
%clearSelectedMenu.m
%
for i=1:length(menu)
   menu(i).selected=false;
end
```

```
function menu=clearHilightedMenu(menu)
%clearHilightedMenu.m
%
for i=1:length(menu)
   menu(i).mouseover=false;
end
```

```
function EyeSimulatedMenu(threshold,mx,my,scrsize)
%EyeSimulatedMenu.m
%
if nargin<1
   threshold=0.5;
   mx=50;
   my=50;
   scrsize=1;
end
if nargin<2
   mx=50;
   my=50;
   scrsize=1;
end
if nargin<4
   scrsize=1;
end
KbName('UnifyKeyNames');
Screen('Preference', 'SkipSyncTests', 1);
scr=max(Screen('Screens'));
[sw sh]=WindowSize(scr);
Screen('Preference','DefaultFontSize',20);
try
   wptr=Screen('OpenWindow',scr,0,CenterRect([0 0 sw/scrsize sh/scrsize],[0 0 sw sh]));
   priorityLevel=MaxPriority(wptr);
   Priority(priorityLevel);
   if isnan(wptr)
      sca;
      return;
   end
   mainmenu=loadMenu(wptr,'menu.ini');
   mouseOverMenu(wptr,mainmenu,mx,my,threshold);
   sca;
catch
   psychrethrow(psychlasterror);
   sca;
   Priority(0);
end
return
```

```
function EyeMenu(threshold,mx,my,scrsize)
%EyeMenu.m
%
global mainfilename
mainfilename=mfilename;
if nargin<1
   threshold=0.5;
   mx=50;
   my=50;
   scrsize=1;
end
if nargin<2
   mx=50;
   my=50;
   scrsize=1;
end
```

```
if nargin<4
   scrsize=1;
end
KbName('UnifyKeyNames');
Screen('Preference', 'SkipSyncTests', 1);
scr=max(Screen('Screens'));
[sw sh]=WindowSize(scr);
Screen('Preference','DefaultFontSize',20);
HideCursor;
try
   wptr=Screen('OpenWindow',scr,0,CenterRect([0 0 sw/scrsize sh/scrsize],[0 0 sw sh]));
   priorityLevel=MaxPriority(wptr);
   Priority(priorityLevel);
   if isnan(wptr)
      sca;
      return;
   end
   mainmenu=loadMenu(wptr,'menu.ini');
   eyeSelectMenu(wptr,mainmenu,mx,my,threshold);
   sca;
catch
   psychrethrow(psychlasterror);
   sca;
   Priority(0);
end
ShowCursor;
return
```

```
function ret=eyeSelectMenu(wptr,menu,sx,sy,threshold)
%eyeSelectMenu.m
%
global mainfilename;
dummymode=0;
showboxes=1;
%第一步：利用 Screen('OpenWindow',…)函数创建主页面
%第二步：眼动仪默认值的初始化
el=EyeLinkInitDefaults(wptr); %Eyelink 眼动仪初始化化默认值
%第三步：进行眼动仪实模式或哑模式的初始化
if ~EyelinkInit(dummymode, 1) %初始化眼动仪
   fprintf('Eyelink Init aborted.\n');
   cleanup; % cleanup function
   return;
end

[v vs]=Eyelink('GetTrackerVersion'); %获取眼动仪版本号
fprintf('Running experiment on a ''%s'' tracker.\n', vs );

% make sure that we get event data from the Eyelink
%        Eyelink('Command', 'link sample data = LEFT,RIGHT,GAZE,AREA');
%设置获取的眼动数据类型
Eyelink('command', 'link event data = GAZE,GAZERES,HREF,AREA,VELOCITY');
Eyelink('command', 'link event filter = LEFT,RIGHT,FIXATION,BLINK,SACCADE,BUTTON');

% open file to record data to
edfFile=[mainfilename '.edf'];
Eyelink('Openfile', edfFile); %创建记录眼动数据的文件
```

```
% 第四步：对眼动仪进行校正
% Calibrate the eye tracker
EyelinkDoTrackerSetup(el); %进行眼动仪校正
% 第五步：校正过程中信息写入缓冲（此步可以省略）
% draw a stimulus in a set of buffers
[buffer, altbuffer, object]=DrawStimulus(wptr, showboxes);
Screen('TextFont', buffer, el.msgfont);
Screen('TextSize', buffer, el.msgfontsize);
Screen('TextFont', altbuffer, el.msgfont);
Screen('TextSize', altbuffer, el.msgfontsize);
[width, height]=Screen('WindowSize', wptr);
message='Press space to stop.';
Screen('DrawText',buffer,message,200,height-el.msgfontsize-20,el.msgfontcolour);
Screen('DrawText',altbuffer,message,200,height-el.msgfontsize-20,el.msgfontcolour);
% 第六步：进行漂移校正以获取准确的眼动数据，每个试次前最好进行该步骤
% do a final check of calibration using driftcorrection
success=EyelinkDoDriftCorrection(el);
if success~=1
   cleanup;
   return;
end
Screen('Flip', wptr, [], 1); % don't erase buffer
%第七步：开始眼动数据记录
Eyelink('startrecording');
eye used = Eyelink('EyeAvailable'); % get eye that's tracked
if eye used == el.BINOCULAR; % if both eyes are tracked
   eye used = el.LEFT EYE; % use left eye
end
waitsecs(0.1);
drawMenu(wptr,menu,sx,sy);
Screen('Flip',wptr);
ret='';
redraw=false;
mx=0;
my=0;
while true
   error=Eyelink('CheckRecording');
   if(error~=0)
      break;
end
%第八步：实时获取眼动数据（如果不是交互类实验，则不需此步骤）
   if Eyelink( 'NewFloatSampleAvailable') > 0
      % get the sample in the form of an event structure
      evt = Eyelink( 'NewestFloatSample');
      if eye used ~= -1 % do we know which eye to use yet?
         % if we do, get current gaze position from sample
         x = evt.gx(eye used+1); % +1 as we're accessing MATLAB array
         y = evt.gy(eye used+1);
         % do we have valid data and is the pupil visible?
         if x~=el.MISSING DATA && y~=el.MISSING DATA && evt.pa(eye used+1)>0
            mx=x;
            my=y;
         end
      end
   end
   index=getSelectedMenu(menu);
```

```
if index%如果菜单已经展开
   for i=1:length(menu(index).submenu) %对子菜单进行处理
      tmpr=OffsetRect(menu(index).rect,sx,sy);
      if IsInRect(mx,my,OffsetRect(menu(index).submenu(i).rect,
               tmpr(1),tmpr(4)))
         if getHilightedMenu(menu(index).submenu)~=i
            menu(index).submenu= clearHilightedMenu(menu(index).submenu);
            menu(index).submenu(i).mouseover=true;
            redraw=true;
            tic;
         else
            menu(index).submenu(i).dwelltime=toc;
            if menu(index).submenu(i).dwelltime>=threshold
               ret=menu(index).submenu(i).string;
               if streq(ret,'退出')
                  sca;
                  %第九步：停止记录，保存并传输数据
                  Eyelink('StopRecording');
                  Eyelink('Command', 'set_idle_mode');
                  WaitSecs(0.5);
                  Eyelink('CloseFile');

                  % download data file
                  try
                     fprintf('Receiving data file ''%s''\n', edfFile );
                     status=Eyelink('ReceiveFile');
                     if status > 0
                        fprintf('ReceiveFile status %d\n', status);
                     end
                     if 2==exist(edfFile, 'file')
                        fprintf('Data file ''%s'' can be found in ''%s''\n',
                              edfFile, pwd );
                     end
                  catch
                     fprintf('Problem receiving data file ''%s''\n', edfFile);
                  end
                  %第十步：关闭眼动仪
                  EyeLink('ShutDown');
                  return;
               end
               redraw=true;
            else
               redraw=false;
            end
         end
         break;
      else
         if menu(index).submenu(i).mouseover
            menu(index).submenu(i).mouseover=false;
            redraw=true;
         end
      end
   end
end
for i=1:length(menu)
   if IsInRect(mx,my,OffsetRect(menu(i).rect,sx,sy))
```

```
            menu(i).submenu=clearHilightedMenu(menu(i).submenu);
            if getSelectedMenu(menu)
                menu=clearSelectedMenu(menu);
                menu(i).selected=true;
                redraw=true;
            end
            if getHilightedMenu(menu)~=i
                redraw=true;
                menu=clearHilightedMenu(menu);
                menu(i).mouseover=true;
                tic;
            else
                menu(i).dwelltime=toc;
                if menu(i).dwelltime>=threshold
                    index=getHilightedMenu(menu);
                    if  index
                        if ~getHilightedMenu(menu(index).submenu)
                            if menu(getHilightedMenu(menu)).selected
                                redraw=false;
                            else
                                menu(getHilightedMenu(menu)).selected =true;
                                redraw=true;
                            end
                            if isempty(menu(index).submenu)
                                ret=menu(index).string;
                                DrawFormattedText(wptr,['你选择了[' ret ']'],
                                        'center','center',[255 0 0]);
                                break;
                            end
                        end
                    end
                else
                    redraw=false;
                end
            end
            break;
        else
            if menu(i).mouseover && ~getSelectedMenu(menu)
                menu(i).mouseover=false;
                redraw=true;
            elseif ~getHilightedMenu(menu(i).submenu)
                menu(i).selected=false;
                redraw=true;
            end
        end
    end
    if redraw
        drawMenu(wptr,menu,sx,sy);
        if ~isempty(ret)
            DrawFormattedText(wptr,['你选择了[' ret ']'],'center','center',[255 0 0]);
        end
        Screen('DrawDots',wptr,[mx,my],3,[255 0 0]);
        Screen('Flip',wptr);
        redraw=false;
    end
end
```

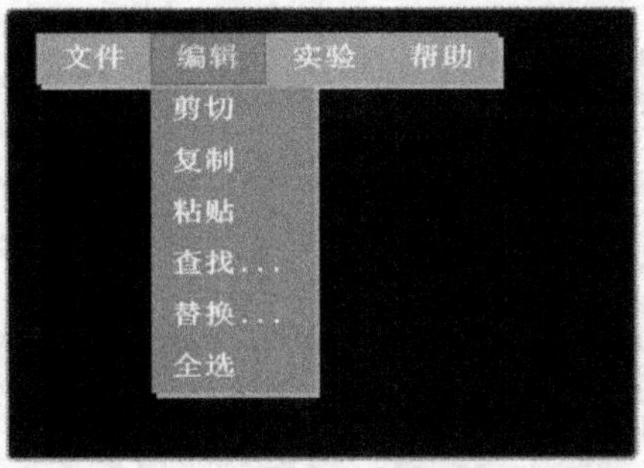

图 11-1　菜单选择

例 11.2　多目标眼动追踪（EyeMOT）　　本示例位于 Psyfeng\EyeMOT 目录下

本示例程序只在例 9.33 基础上增加了眼动仪的视觉追踪功能，程序结构完全相同，因此相同内容的代码（函数）此处不再列出，可参阅例 9.33 的相关内容，实验如图 11-2 所示。

程序文件结构图：

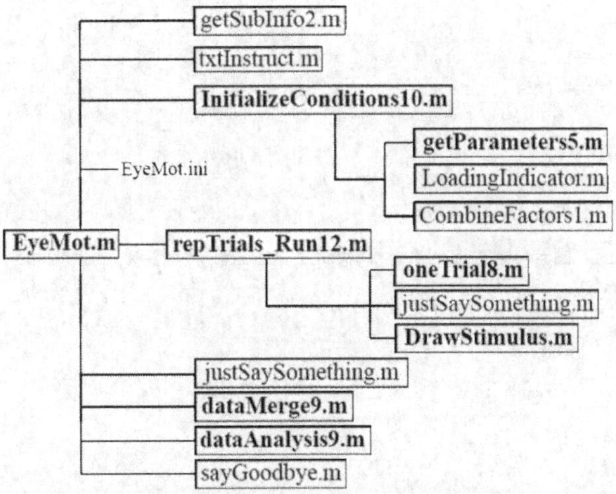


```
%EyeMOT.m
%
global mainfilename;
mainfilename=mfilename;
KbName('UnifyKeyNames');
subinfo=getSubInfo2;
if isempty(subinfo)
    return;
else
    if exist(['Sub' subinfo{1} '.mat'],'file') || exist(['Sub' subinfo{1} '.xls'],'file')
        resp=questdlg({['The file ' '"Sub' subinfo{1} '.mat" or "Sub' subinfo{1} ...
            '.xls" already exists']; 'do you want to overwrite it?'},...
            'duplicate warning','Cancel','Ok','Ok');
        if ~strcmp(resp,'Ok')
            clc;
            disp('Experiment aborted!')
            return
        end
    end
end
```

```
try
   [wptr,trials]=initializeConditions10();
   if isnan(wptr)
      sca;
      return;
   end
   txtInstruct(wptr,[mainfilename '.txt']);
   results=repTrials_Run12(wptr,trials,str2double(subinfo{5}),
           str2double(subinfo{8}),...
      str2double(subinfo{6}),str2double(subinfo{7}),subinfo{1});

   justSaySomething(wptr,'Now the datamerge is running, please wait...');
   if ~str2double(subinfo{7}) && ~isempty(results)
      results=dataMerge9(subinfo,results);
      justSaySomething(wptr,'Now analysis is running, please wait...');
      dataAnalysis9(results,[subinfo{1} '.fig']);
   end
   sayGoodbye(wptr);
   sca;
   ShowCursor;
catch
   psychrethrow(psychlasterror);
   sca;
   ShowCursor;
end
return;
```

```
function [trial]=oneTrial8(el,wptr,trial,index,runmode,moviemode)
%oneTrial8.m
%
global mainfilename
if nargin<3
   runmode=0;
   moviemode=0;
end
ShowCursor(0);
wrect=Screen('Rect',wptr);
%begin task one
fid=fopen([mainfilename num2str(index) '.dat'],'w');
EyelinkDoDriftCorrection(el);
Screen('FrameRect',wptr,0,trial.limitedarea);
Screen('FillOval',wptr,0,trial.rect);
for i=1:length(trial.trackindex)
   Screen('FrameOval',wptr,[255 0 0],InsetRect(trial.rect(:,trial.trackindex(i))',
        -5,-5),2,2);
end
fprintf(fid,'%d\t',trial.limitedarea);
fprintf(fid,'\n');
fprintf(fid,'%d\t',trial.trackindex);
fprintf(fid,'\n');
fprintf(fid,'%8.2f\t',trial.rect);
fprintf(fid,'\n');
fprintf(fid,'Begin\n');
if moviemode
   Screen('AddFrameToMovie',wptr,[],'backbuffer');
end
```

```
Screen('Flip',wptr);

while true && ~runmode
   [clicks,x,y,whichbutton]=GetClicks;
   if clicks && whichbutton==1
      break;
   end
end
starttime=GetSecs;
if runmode
   trial.duration=0.5;
end

Eyelink('startrecording');
eye_used = Eyelink('EyeAvailable'); % get eye that's tracked
if eye_used == el.BINOCULAR; % if both eyes are tracked
   eye_used = el.LEFT_EYE; % use left eye
end

% record a few samples before we actually start displaying
waitsecs(0.1);
% mark zero-plot time in data file
Eyelink('message', 'SYNCTIME');
EyeLink('message','Begin');
EyeLink('message','FrameRate=%d',Screen('FrameRate',wptr));
tmpstr=sprintf(',%d',trial.limitedarea);
EyeLink('message','LimitedArea=%s',tmpstr(2:end));
tmpstr=sprintf(',%d',trial.trackindex);
EyeLink('message','TrackIndex=%s',tmpstr(2:end));


while GetSecs-starttime<trial.duration
   error=Eyelink('CheckRecording');
   if(error~=0)
      break;
   end
   mx=0;
   my=0;

   [wd, secs, keyCode]=KbCheck;
   if keyCode(KbName('ESCAPE'))
      trial=[];
      fprintf(fid,'End\n');
      fclose(fid);
      Eyelink('StopRecording');

      return;
   end
   error=Eyelink('CheckRecording');
   if(error~=0)
      break;
   end
   for i=1:size(trial.rect,2);
      trial.rect(:,i)=OffsetRect(trial.rect(:,i)',trial.speedxy(i,1),
            trial.speedxy(i,2))';
```

```
    if trial.rect(1,i)<trial.limitedarea(1)+3 || trial.rect(3,i)>
        trial.limitedarea(3)-3
      trial.collisionwithborder(i)=trial.collisionwithborder(i)+1;
      trial.speedxy(i,1)=-trial.speedxy(i,1);
    end
    if trial.rect(2,i)<trial.limitedarea(2)+3 || trial.rect(4,i)>
        trial.limitedarea(4)-3
      trial.collisionwithborder(i)=trial.collisionwithborder(i)+1;
      trial.speedxy(i,2)=-trial.speedxy(i,2);
    end
end
%Collision With Others
for i=1:size(trial.rect,2)-1
    [x1,y1]=RectCenter(trial.rect(:,i)');
    sxy=trial.speedxy(i,:);
    for j=i+1:size(trial.rect,2)
      [x2,y2]=RectCenter(trial.rect(:,j)');
      if sqrt((x1-x2)^2+(y1-y2)^2)<=trial.diameter+2
        trial.speedxy(i,:)=trial.speedxy(j,:);
        trial.speedxy(j,:)=sxy;
        trial.collisionwithothers(i)=trial.collisionwithothers(i)+1;
        trial.collisionwithothers(j)=trial.collisionwithothers(j)+1;
      end
    end
end

fprintf(fid,'%8.2f\t',trial.rect);
fprintf(fid,'\n');
Screen('FrameRect',wptr,0,trial.limitedarea);
Screen('FillOval',wptr,0,trial.rect);
pointList=NaN*ones(length(trial.trackindex),2);
EyeLink('command','clear screen 0');
for i=1:size(trial.rect,2)
    if sum(i==trial.trackindex)
      EyeLink('command','draw box %d %d %d %d 2',trial.rect(1,i),
              trial.rect(2,i),trial.rect(3,i),trial.rect(4,i));
    else
      EyeLink('command','draw box %d %d %d %d 15',trial.rect(1,i),
              trial.rect(2,i),trial.rect(3,i),trial.rect(4,i));
    end
    tmpstr=sprintf(',%8.1f',trial.rect(:,i));
    EyeLink('message','Ball=%s',tmpstr(2:end));
end
for i=1:length(trial.trackindex)
    [pointList(i,1),pointList(i,2)]=RectCenter(trial.rect(:,
        trial.trackindex(i))');
 %  Screen('FrameOval',wptr,[255 0 0],InsetRect(trial.rect(:,
        trial.trackindex(i))',-5,-5),2,2);
end
minindex=find(pointList(:,1)==min(pointList(:,1)));
minxy=pointList(minindex(1),:);
angles=ones(length(trial.trackindex),2);
j=1;
for i=1:length(trial.trackindex)
    if i==minindex(1)
      angles(i,:)=[i,Inf];
```

```
        else
            angles(i,:)=[i atand((minxy(2)-pointList(i,2))/(pointList(i,1)-
                minxy(1)))];
        end
    end
    angles=sortrows(angles,2);
    pointList1=minxy;
    for i=1:length(trial.trackindex)-1
        pointList1(i+1,:)=pointList(angles(i,1),:);
    end

    if length(trial.trackindex)>2
%       Screen('FramePoly',wptr,[0 0 255],pointList1);
        for i=1:length(trial.trackindex)-1
            EyeLink('command','draw_line %d %d %d %d 2',pointList1(i,1),pointList1(i,2),
                pointList1(i+1,1),pointList1(i+1,2));
        end
        EyeLink('command','draw_line %d %d %d %d 2',pointList1(length
            (trial.trackindex),1), pointList1(length(trial.trackindex),2),
            pointList1(1,1),pointList1(1,2));
    end

    if moviemode
        Screen('AddFrameToMovie',wptr,[],'backbuffer');
    end

    Screen('Flip',wptr);
end
Screen('FrameRect',wptr,0,trial.limitedarea);
Screen('FillOval',wptr,0,trial.rect);
if runmode
    Screen('Flip',wptr);
end
while true && ~runmode
    [clicks,x,y,whichbutton]=GetClicks(wptr);
    if whichbutton==3
        for i=1:size(trial.rect,2)
            if trial.selected(i)
                if ismember(i,trial.trackindex)
                    trial.crtnumber=trial.crtnumber+1;
                else
                    trial.errnumber=trial.errnumber+1;
                end
            end
        end
        Screen('Flip',wptr);
        break;
    end
    for i=1:size(trial.rect,2)
        if IsInRect(x,y,trial.rect(:,i)') && whichbutton==1
            trial.selected(i)=1-trial.selected(i);
            Screen('FillOval',wptr,[trial.selected(i)*255 0 0],trial.rect(:,i));
            EyeLink('command','draw filled box %d %d %d %d 2',trial.rect(1,i)+2,
                trial.rect(2,i)+2,trial.rect(3,i)-2,trial.rect(4,i)-2);
            Screen('Flip',wptr,0,1);
            break;
```

```
            end
        end
    end
    fprintf(fid,'End\n');
    Eyelink('StopRecording');
    fclose(fid);
    return;
```

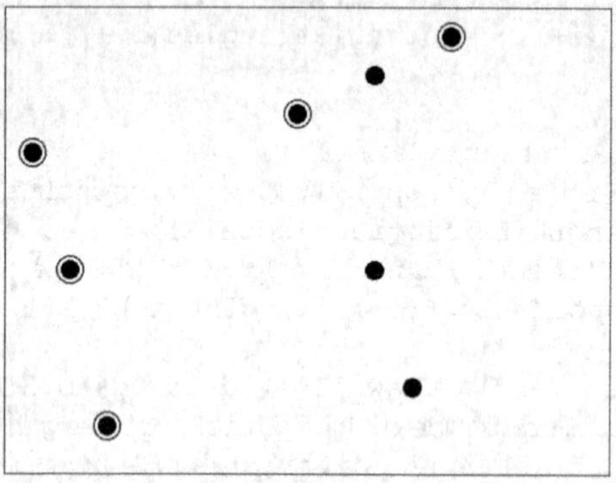

图 11-2 多目标视觉追踪实验

第 12 章　PTB 与 SMI/iViewX 眼动仪的连接

PTB 同样提供了支持 SMI 眼动仪编程的库函数，主要通过网络或串口线利用 UDP 或 TCP-IP 实现与眼动仪的通信，当然也可以直接从 SMI 网站（http://www.smivision.com/en/gaze-and-eye-tracking-systems/support/ software-download.html）上下载相应的软件包。

与 Eyelink 眼动仪实验程序步骤相似，PTB 与 SMI/iViewX 眼动仪的连接包括：与 iViewX 眼动仪建立连接，进行系统校正，接收眼动数据等一系列环节。一方面我们可以利用 PSYCHTOOLBOX 中的 iViewX 模块与眼动仪建立连接，另一方面也可以直接利用 SMI 所提供的 iViewX SDK 进行眼动实验程序的开发。

12.1　iViewX 数据结构

◆ EyeDataStruct

包括以下字段：

- gazeX：注视点的 X 坐标；
- gazeY：注视点的 Y 坐标；
- diam：瞳孔直径；
- eyePositionX：眼睛相对于摄像机的水平坐标；
- eyePositionY：眼睛相对于摄像机的垂直坐标；
- eyePositionZ：眼睛相对于摄像机的 Z 坐标，表示距离摄像机的距离，（以上三个字段仅适合于 RED 系列眼动仪）。

◆ SampleStruct

包括以下字段：

- timeStamp：最近一次注视点数据对应的时间戳；
- leftEye：左眼的眼动数据；
- rightEye：右眼的眼动数据；
- planeNumber：当前注视点平面。

12.2　iViewX 系统函数

12.2.1　眼动仪默认初始化：iViewXInitDefaults

```
ivx=iViewXlnitDefaults
```

对 iViewX 眼动仪进行默认初始化，包括设置图形环境和执行某些初始化操作，返回值为包含默认参数的结构。

12.2.2　眼动仪命令设置：iViewX

```
[result, ivx]=iViewX(cstr, ivx [, params])
```

向眼动仪发送命令。

参数包括：

（1）cstr：向眼动仪传递的命令字符串；

（2）ivx：由 iViewXInitDefaults 默认初始化的返回值；
（3）params：供 cstr 命令使用的参数值；
（4）result：返回值，表示命令执行成功与否，0 表示成功；
（5）ivx：返回值，包含默认值的结构，某些默认信息可能被更改。

12.2.3 眼动仪连接初始化：initialize

```
result=iView('initialize', ivx)
```

进行眼动仪连接初始化，其中 ivx 为由 iViewXInitDefaults 或 iViewX 初始化后的返回值，result 表示连接初始化是否成功，1 表示成功。

12.2.4 眼动仪校正：calibration

```
iViewX('calibration', ivx)
```

对眼动仪进行校正。

12.2.5 漂移校正：driftcorrection

```
iViewX('driftcorrection');
```

对眼动仪进行漂移校正。

12.2.6 关闭眼动仪：shutdown

```
iViewX('shutdown', ivx)
```

关闭 iViewX 眼动仪。

12.2.7 打开眼动仪连接：openconnection

```
[success, ivx]=iViewX('openconnection', ivx)
```

与 iViewX 眼动仪建立连接。

12.2.8 关闭连接：closeconnection

```
[success, ivx]=iViewX('closeconnection', ivx)
```

与 iViewX 眼动仪断开连接。

12.2.9 与眼动仪进行通信：iViewXComm

```
[result, ivx]=iViewXComm(cstr, ivx, sendstr)
```

使用命令字符串（cstr）与眼动仪(ivx)进行通信，可能会更新眼动仪的参数信息，更新后的值存储于返回值 ivx 中，返回值结果值存储于 result 中。可以使用的命令字符串有'open'（打开）、'receive'（接收眼动数据）、'close'（关闭眼动仪）、'check'（检查是否连接）、'send'（发送指令 sendstr）。

12.3 iViewX 数据函数

12.3.1 开始记录眼动数据：startrecording

```
iViewX('startrecording', ivx)
```

开始进行眼动数据记录。

12.3.2　获取眼动数据：receivedata

```
[data, ivx]=iViewX('receivedata', ivx)
```

获取眼动数据（data）。

12.3.3　信息写入：message

```
iViewX('message', ivx, msgstr)
```

向打开的眼动仪（ivx）中写入信息（msgstr）。

12.3.4　停止眼动数据记录：stoprecording

```
iViewX('stoprecording', ivx)
```

停止记录眼动数据。

12.3.5　打开数据流：datastreamingon

```
[success, ivx]=iViewX('datastreamingon', ivx)
```

打开数据流。

12.3.6　关闭数据流：datastreamingoff

```
[success, ivx]=iViewX('datastreamingoff', ivx)
```

关闭数据流。

12.4　iViewX SDK

在 MATLAB 中使用 iViewX SDK 开发眼动实验程序，需要用到以下数据结构和函数：

12.4.1　数据结构

1. AccuracyStruct

- double deviationLX ：左眼注视位置水平偏差；
- double deviationLY ：左眼注视位置垂直偏差；
- double deviationRX ：右眼注视位置水平偏差；
- double deviationRY ：右眼注视位置垂直偏差。

如果没有进行校验，则返回值均为-1，可利用 iV_GetAccuracy 函数更新结构。

2. CalibrationPointStruct

- int number ：当前校准点的序号；
- int positionX ：当前校准点的水平坐标；
- int positionY ：当前校准点的垂直坐标。

如果没有进行校准或校验，则返回值均为-1，可利用 iV_GetCurrentCalibrationPoint 函数更新结构。

3. EventStruct

- char eventType ：眼动事件类型，'F'表示注视点；
- char eye ：'l'表示左眼，'r'表示右眼；
- long long startTime ：以毫秒为单位事件开始时间；

- long long endTime ：以毫秒为单位事件结束时间；
- long long duration ：以毫秒为单位的事件持续时间；
- double positionX ：以像素为单位的注视点水平坐标；
- double positionY ：以像素为单位的注视点垂直坐标。

可利用 iV_GetEvent 函数获取结构信息。

4．EventStruct32

- char eventType ：眼动事件类型，'F'表示注视点；
- char eye ：'l'表示左眼，'r'表示右眼；
- long long startTime ：以毫秒为单位事件开始时间；
- long long endTime ：以毫秒为单位事件结束时间；
- long long duration ：以毫秒为单位的事件持续时间；
- double positionX ：以像素为单位的注视点水平坐标；
- double positionY ：以像素为单位的注视点垂直坐标。

可利用 iV_GetEvent32 函数获取结构信息。

5．EyeDataStruct

- double gazeX ：以像素为单位的注视位置水平坐标；
- double gazeY ：以像素为单位的注视位置垂直坐标；
- double diam ：以像素为单位的瞳孔直径，对于 RED 设备则以毫米为单位；
- double eyePositionX ：眼睛相对于摄像机的水平位置；
- double eyePositionY ：眼睛相对于摄像机的垂直位置；
- double eyePositionZ ：眼睛相对于摄像机的距离（Z 方向）。

可利用 iV_GetSample 函数更新结构信息。

6．SampleStruct

long long timestamp ：以毫秒为单位的最近注视位置的时间戳；
EyeDataStruct leftEye ：左眼结构数据（参见 EyeDataStruct）；
EyeDataStruct rightEye ：右眼结构数据（参见 EyeDataStruct）；
Int planeNumber ：注视数据的参考平面（仅为 HED HT 设备有效）。
可利用 iV_GetSample 函数更新结构信息。

7．SampleStruct32

- long long timestamp ：以毫秒为单位的最近注视位置的时间戳；
- EyeDataStruct leftEye ：左眼结构数据（参见 EyeDataStruct）；
- EyeDataStruct rightEye ：右眼结构数据（参见 EyeDataStruct）；
- Int planeNumber ：注视数据的参考平面（仅为 HED HT 设备有效）。

可利用 iV_GetSample32 函数更新结构信息。

8．SystemInfoStruct

- int samplerate ：眼动仪的采样频率；
- int iV_MajorVersion ：iView X 系统的主版本号；
- int iV_MinorVersion ：iView X 系统的次版本号；
- int iV_Buildnumber ：iView X 系统的编译号；

- int API_MajorVersion ：iView X API 的主版本号；
- int API_MinorVersion ：iView X API 的次版本号；
- int API_Buildnumber ：iView X API 的编译号；
- enum ETDevice iV_ETDevice ：枚举型的眼动设备型号。

可利用函数 iV_GetSystemInfo 更新结构信息。

9．CalibrationStruct

- int method ：校正方法（默认值为 5，5 点校正）；
- int visualization ：可视化状态，0 表示由外部刺激程序负责可视化，1 表示由 SDK 负责可视化（默认值）；
- int displayDevice ：显示设备，0 表示主设备（默认），1 表示第二显示设备；
- int speed ：校正或校验速度，0 表示慢（默认），1 表示快；
- int autoAccept ：校正或校验时是否自动还是手工确认，0 表示手工，1 表示自动（默认）；
- int forgroundBrightness ：校正或校验时目标亮度（0－255），默认值为 20；
- int backgroundBrightness ：校正或校验时背景亮度（0－255），默认值为 239；
- int targetShape ：校正或校验时目标形状，0 表示图像，1 表示 I 型圆，2 表示 II 型圆，3 表示 X；
- int targetSize ：校正或校验时目标的大小（默认 10 像素）；
- char targetFilename[256] ：自定义的校正或校验图片目标文件名。

可利用函数 iV_SetupCalibration 函数设置结构信息。

10．MonitorAttachedGeometryStruct

- int setupName ：定义的配置名称；
- int stimX ：以毫米为单位的校正刺激水平尺寸；
- int stimY ：以毫米为单位的校正刺激垂直尺寸；
- int redStimDistHeight ：以毫米为单位的 RED 距离刺激屏幕的垂直尺寸；
- int redStimDistDepth ：以毫米为单位的 RED 距离刺激屏幕的水平尺寸；
- int redInclAngle ：以度（°）为单位的 RED 设备的倾斜角。

可利用函数 iV_SetupMonitorAttachedGeometry 或结构 MonitorAttachedGeometryStruct 来设置相应配置参数。

11．StandAloneModeGeometryStruct

- int setupName ：定义的配置名称；
- int stimX ：以毫米为单位的校正刺激水平尺寸；
- int stimY ：以毫米为单位的校正刺激垂直尺寸；
- int stimHeightOverFloor ：以毫米为单位刺激屏幕距离地面高度；
- int redHeightOverFloor ：以毫米为单位的 RED 距离地面高度；
- int redStimDist ：以毫米为单位的 RED 距离刺激屏幕的尺寸；
- int redInclAngle ：以度（°）为单位的 RED 设备的倾斜角。

可利用函数 iV_SetupStandAloneMode 或结构 StandAloneModeStruct 来设置相应的配置参数。

12．ImageStruct

- int imageHeight ：以像素为单位的图片高度；
- int imageWidth ：以像素为单位的图片宽度；
- int imageSize ：以字节为单位的图片大小；

- char * imageBuffer ：指向图片数据的指针。

此结构用于可视化眼睛图像、场景视频或 RED 追踪内容，可利用函数 iV_GetEyeImage、iV_GetSceneVideo、iV_GetTrackingMonitor 来更新结构信息。

13．AOIRectangleStruct

- int x1 ：兴趣区域的左上角 X 坐标；
- int x2 ：兴趣区域的右下角 X 坐标；
- int y1 ：兴趣区域的左上角 Y 坐标；
- int y2 ：兴趣区域的右下角 Y 坐标。

可利用函数 iV_DefineAOI 来定义兴趣区域。

14．AOIStruct

- int enabled ：是否打开兴趣区域激活功能，1 表示打开，0 表示关闭；
- char aoiName[256] ：兴趣区域名称；
- char aoiGroup[256] ：兴趣区域组名称；
- AOIRectangleStruct position ：兴趣区域位置（参见 AOIRectangleStruct 结构）；
- int fixationHit ：使用何数据激活兴趣区域，1 表示注视（fixation），0 表示原始数据（raw data）；
- char eye ：眼睛，'l'表示左眼，'r'表示右眼；
- int outputValue ：向端口输出 TTL 电平值；
- char outputMessage[256] ：输出至眼动记录数据中的信息内容。

可利用函数 iV_DefineAOIPort 或 iV_DefineAOI 来设置结构信息。

12.4.2 库文件加载：loadlibrary

```
[notfound, warnings] = loadlibrary('shrlib', 'hfile')
```

加载库文件（shrlib）中由头文件（hfile）所定义的函数，需要注意的是对于库文件和头文件中所使用库函数或变量名称区分大小写。

12.4.3 调取库函数：calllib

```
[x1, ..., xN] = calllib('libname', 'funcname', arg1, ..., argN)
```

调取动态库（libname）中的函数（funcname），其中 arg1,…,argN 是函数的参数，返回值为[x1, …, xN]。

12.4.4 卸载库文件：unloadlibrary

```
unloadlibrary('libname')
```

从内存中卸载指定的库文件（libname）。

12.4.5 创建供动态库使用的结构指针：libstruct

```
s = libstruct('structtype',mlstruct)
```

创建类 C 结构的 MATLAB 对象，结构类型由 structtype 指定，而参数 mlstruct 则用于初始化结构对象，返回的 libstruct 对象存储于 s 中，供获取其中字段内容。

12.4.6 创建对象指针：libpointer

```
p = libpointer('type',value)
```

创建指向某种对象类型（type）的指针（p），并用 value 值进行初始化。

12.4.7　浏览库函数：libfunctions/libfunctionpreview

- m = libfunctions('libname')；
- m = libfunctions('libname', '－full')；
- libfunctionsview('libname')。

浏览或返回库文件（libname）中包含的库函数信息，在 PSYCHTOOLBOX 的 iViewX 模块下，就是通过调用 SDK 中的库函数来编写简易的眼动仪设备操作函数。

例如：

```
>> loadlibrary('iViewXAPI.dll');↙
>> libfunctions('iViewXAPI')↙
>> unloadlibrary('iViewXAPI')↙
```

利用 SDK 编写眼动实验程序也就是利用上述列表中给出的库函数来开发实验程序。

例 12.1　图片广告浏览（利用 SDK）　本示例位于 Psyfeng\AdvScan 目录下

本示例实现了利用眼动仪来检测用户对平面广告自由浏览过程中的眼睛注视轨迹，在使用此示例程序时，将广告图片置于当前目录或某个目录下，广告图片的命令规则：前缀+序号+后缀，支持 jpg、png、bmp 等常用图片格式。程序会自动读取图片广告，然后可以以指定大小或原始大小两种方式显示在屏幕，广告图片呈现一定时间后会自动切换到下一张广告图片。参数设置如图 12-1 所示，其中图片刺激参数设置形式为后缀|前缀（注意分隔符“|”是英文状态下输入的），图片大小参数如果设置为 0，则表示使用原始图片大小；如果为 1 个参数，则表示图片宽和高相同；如果为两个值（中间用空格隔开），则分别表示宽和高。眼动跟踪模式，0 表示不连接眼动仪，1 表示连接眼动仪。

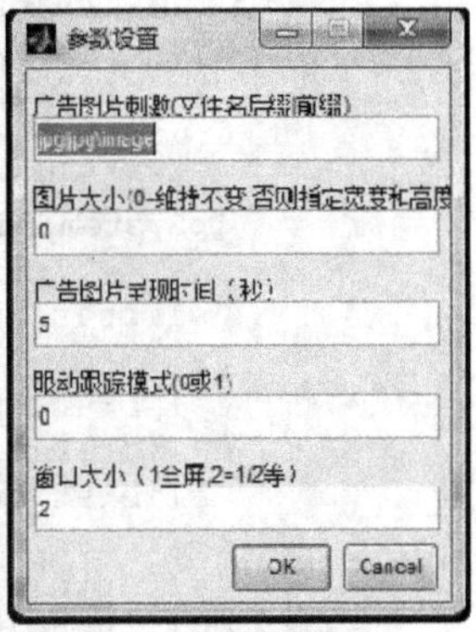

图 12-1　参数设置窗口

程序文件结构图：

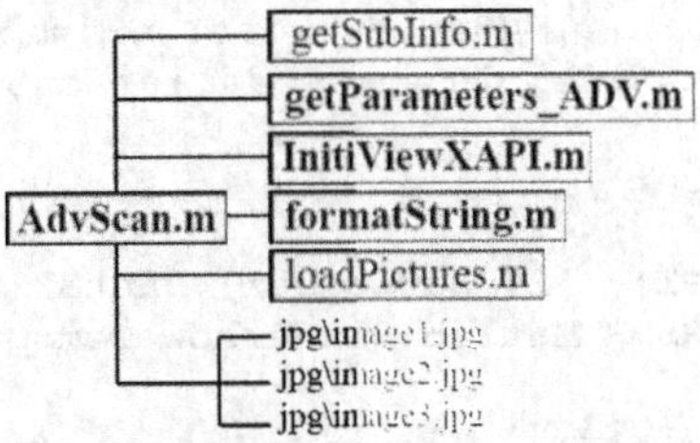


```
function AdvScan
%AdvScan.m
%
%============================
%眼动仪初始化
%============================
%清除所有变量和连接
global mainfilename
mainfilename=mfilename;
subinfo=getSubInfo;
if isempty(subinfo)
    return
end
paras=getParameters_ADV;
if isempty(paras)
    return
end
```

```
fid=fopen([mainfilename '.ini'],'w');
if fid~=-1
    for i=1:length(paras)
        fprintf(fid,'%s\r\n',paras{i});
    end

    fclose(fid);
end
picnames=textscan(paras{1},'%s','Delimiter','|');
picnames=picnames{1};
prefix=picnames{1};
postfix=picnames{2};
picsize=sscanf(paras{2},'%d');
showtime=sscanf(paras{3},'%f');
trackmode=sscanf(paras{4},'%d');
wsize=sscanf(paras{5},'%d');
Screen('Preference', 'SkipSyncTests', 1);

warning('off', 'all');
connected = 0;
% 加载 iViewX 函数库
if trackmode
    loadlibrary('iViewXAPI.dll', 'iViewXAPI.h');
    [pSystemInfoData, pSampleData, pEventData, pAccuracyData, CalibrationData]
        = InitiViewXAPI();
    CalibrationData.method = int32(5);
    CalibrationData.visualization = int32(1);
    CalibrationData.displayDevice = int32(1);
    CalibrationData.speed = int32(0);
    CalibrationData.autoAccept = int32(1);
    CalibrationData.foregroundBrightness = int32(250);
    CalibrationData.backgroundBrightness = int32(230);
    CalibrationData.targetShape = int32(2);
    CalibrationData.targetSize = int32(20);
    CalibrationData.targetFilename = int8('');
    %利用 CalibrationData 结构填充 CalibrationStruct 数据结构
    pCalibrationData = libpointer('CalibrationStruct', CalibrationData);

    disp('Define Logger')
    %设置日志文件
    calllib('iViewXAPI', 'iV_SetLogger', int32(1), formatString(256,
        int8('iViewXSDK_Matlab_Slideshow_Demo.txt')))

    disp('Connect to iViewX')
    %与 iView X 眼动仪进行连接
    ret = calllib('iViewXAPI', 'iV_Connect', formatString(16, int8('127.0.0.1')),
        int32(4444), formatString(16, int8('127.0.0.1')), int32(5555));
    %根据返回值判断连接状态
    switch ret
        case 1
            connected = 1; %连接成功
        case 104
            msgbox('无法与眼动仪建立连接. 请检查眼动仪是否处于运行状态', '连接错误', 'modal');
        case 105
            msgbox('无法与眼动仪建立连接. 请检查通信端口设置是否正确', '连接错误', 'modal');
        case 123
            msgbox('无法与眼动仪建立连接. 通信端口被其他进程占用', '连接错误', 'modal');
        case 200
            msgbox('无法与眼动仪建立连接. 请检查眼动仪是否正确安装并处于运行状态',
                '连接错误', 'modal');
        otherwise
```

```
            msgbox('无法与眼动仪建立连接', '连接错误', 'modal');
        end
    end

    if connected %如果连接成功
        disp('Get System Info Data')
        calllib('iViewXAPI', 'iV GetSystemInfo', pSystemInfoData)
        %获取系统信息
        get(pSystemInfoData, 'Value')

        disp('Calibrate iViewX')
        %设置校正参数
        calllib('iViewXAPI', 'iV SetupCalibration', pCalibrationData)
        %进行眼动仪校正
        calllib('iViewXAPI', 'iV Calibrate')

        disp('Validate Calibration')
        %进行眼动仪校验
        calllib('iViewXAPI', 'iV Validate')

        disp('Show Accuracy')
        %获取眼动仪的精度信息
        calllib('iViewXAPI', 'iV GetAccuracy', pAccuracyData, int32(0))
        get(pAccuracyData, 'Value')
        try
            % define screen, needs to be full size
            scr=Screen('Screens');
            [sw,sh]=Screen('WindowSize',max(scr));
            [wptr,wrect]=Screen('OpenWindow',max(scr),0,CenterRect
                ([0 0 sw/wsize sh/wsize],[0 0 sw sh]));
            pics=loadPictures(wptr,paras{1});
            fldnms=fieldnames(pics);
            HideCursor;
            % 清除眼动记录缓冲区
            calllib('iViewXAPI', 'iV ClearRecordingBuffer');

            % 开始记录眼动数据
            calllib('iViewXAPI', 'iV StartRecording');

            for i=1:size(fldnms,1)
                %在发送字符信息时,需要对字符进行转换,以满足长度的类型的需求
                calllib('iViewXAPI','iV SendImageMessage',formatString(256,int8(fldnms{i})));
                if length(picsize)==1
                    if picsize
                        Screen('DrawTexture',wptr,pics.(fldnms{i}).texture,[],
                            CenterRect([0 0 picsize picsize],wrect));
                    else
                        Screen('DrawTexture',wptr,pics.(fldnms{i}).texture);
                    end
                else
                    Screen('DrawTexture',wptr,pics.(fldnms{i}).texture,[],
                        CenterRect([0 0 picsize(1) picsize(2)],wrect));
                end
                Screen('Flip',wptr);
                pause(showtime);
            end

            % 停止眼动记录
            calllib('iViewXAPI', 'iV StopRecording');

            % 保存眼动数据
```

```
        %由于 iViewX 库函数在使用字符型数组时，需要指定特定的长度，并且做适当的转换，
              因此使用 formatString 函数来满足此要求
        user = formatString(64, int8(['sub' subinfo{1}]));
        description = formatString(64, int8('Advertisement'));
        ovr = int32(1);
        filename = formatString(256, int8(['Data ' user '.idf']));
        calllib('iViewXAPI', 'iV_SaveData', filename, description, user, ovr);

    catch % 捕获到错误信息
        Screen('CloseAll');
        ShowCursor
        s = lasterror %显示错误信息
    end
elseif ~trackmode
    scr=Screen('Screens');
    [sw,sh]=Screen('WindowSize',max(scr));
    [wptr,wrect]=Screen('OpenWindow',max(scr),0,CenterRect([0 0 sw/wsize
              sh/wsize],[0 0 sw sh]));
    pics=loadPictures(wptr,paras{1});
    fldnms=fieldnames(pics);

    for i=1:size(fldnms,1)
        if length(picsize)==1
            if picsize
                Screen('DrawTexture',wptr,pics.(fldnms{i}).texture,[],
                        CenterRect([0 0 picsize picsize],wrect));
            else
                Screen('DrawTexture',wptr,pics.(fldnms{i}).texture);
            end
        else
            Screen('DrawTexture',wptr,pics.(fldnms{i}).texture,[],
                    CenterRect([0 0 picsize(1) picsize(2)],wrect));
        end
        Screen('Flip',wptr);
        %每个图片广告浏览 5 秒钟
        pause(5);
    end
end

disp('Disconnect')
% 关闭所有窗口
Screen('CloseAll');
ShowCursor
if trackmode
    % 断开与眼动仪的连接
    calllib('iViewXAPI', 'iV_Disconnect')
end
pause(1);
if trackmode
    % 卸载 iView X 函数库
    unloadlibrary('iViewXAPI');
end
```

```
function paras=getParameters_ADV
%getParameters_ADV.m
%
global mainfilename;
prompt = {'广告图片刺激(文件名前)','物体编号(最大值 16)',...
    '每种条件重复次数:5', '窗口大小 (1 全屏,2=1/2 等) '};
dlg_title = '参数设置';
num_lines = 1;
```

```
defaultanswer=[];
if exist([mainfilename '.ini'],'file')
   fid=fopen([mainfilename '.ini'],'r');
   if fid~=-1
      while true
         line=fgetl(fid);
         if ~ischar(line),break,end
         defaultanswer=[defaultanswer,{line}];
      end
      fclose(fid);
   end
else
   defaultanswer = {'240 240','1','5','2'};
end
paras = inputdlg(prompt,dlg_title,num_lines,defaultanswer);
end
```

图 12-2　程序运行窗口示例

例 12.2　乒乓球游戏（iView X Toolbox）　　本示例位于 Psyfeng\BallGame 目录下

本示例演示了一个用鼠标来控制球拍移动击打乒乓球的小游戏，小球会在某个容器内随机运动，当其触碰到器壁时如果没有被球拍挡回则失败，程序会显示被试的当前得分和最高得分。可以设置球拍宽度、小球半径、容器距离屏幕的边距以及 iViewX 眼动仪的 IP 地址和端口等（见图 12-3）。

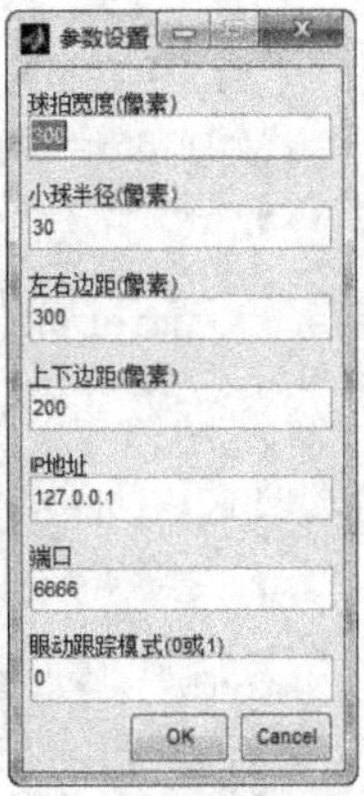

图 12-3　参数设置窗口

程序文件结构图：

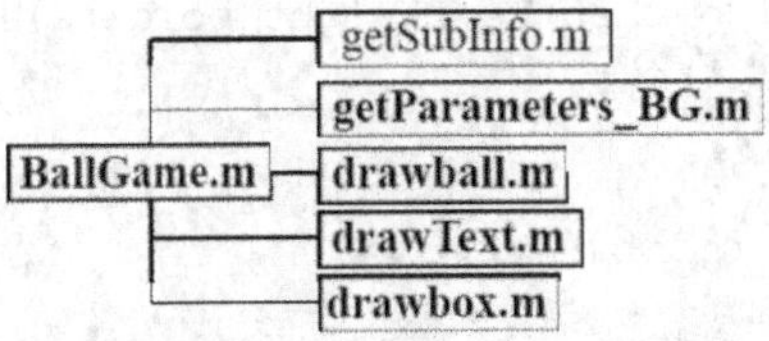


```
function BallGame
%BallGame.m
%
global mainfilename
mainfilename=mfilename;
subinfo=getSubInfo;
if isempty(subinfo)
   return
```

```
end
paras=getParameters_BG;
if isempty(paras)
    return
end
fid=fopen([mainfilename '.ini'],'w');
if fid~=-1
    for i=1:length(paras)
        fprintf(fid,'%s\r\n',paras{i});
    end
    fclose(fid);
end
batLen=sscanf(paras{1},'%d');
ballR=sscanf(paras{2},'%d');
leftright=sscanf(paras{3},'%d');
topdown=sscanf(paras{4},'%d');
host=sscanf(paras{5},'%s');
port=sscanf(paras{6},'%d');
trackmode=sscanf(paras{7},'%d');
KbName('UnifyKeyNames');
Screen('Preference','DefaultFontSize',20);
Screen('Preference','TextAntiAliasing',1);
Screen('Preference','DefaultFontName','Times New Roman');
Screen('Preference', 'TextRenderer', 1);

ballSpd=2;%小球的运动速度
MinSpd=2;
MaxSpd=10;
SpdFactor=1.05;
batThick=fix(1+9*batLen/50);
[w h]=WindowSize(max(Screen('Screens')));
xMouseFactor=(w-batLen-2*batThick-2*leftright)/w;
yMouseFactor=(h-batLen-2*batThick-2*topdown)/h;
borders=[batThick+leftright batThick+topdown w-batThick-leftright h-batThick-topdown];
if RectWidth(borders)<ballR*2 || RectHeight(borders)<ballR*2
    msgbox('边界参数设置错误,没有小球运动的空间!','错误');
    return
end
if batLen>RectWidth(borders) || batLen>RectHeight(borders)
    msgbox('球拍的宽度太大了!','错误');
    return
end
[BallPosX BallPosY]=RectCenter([0 0 w h]);
Dir=rand*2*pi;
BallIncX=ballSpd*cos(Dir);
BallIncY=ballSpd*sin(Dir);
ballMiniX=batThick+ballR+leftright;
ballMaxX=w-batThick-ballR-leftright;
ballMiniY=batThick+ballR+topdown;
ballMaxY=h-batThick-ballR-topdown;
MissDist=ballR+batLen/2;
runmode=1;
starttime=-1;
```

```
lastscore=-1;
bestscore=-1;
[cx cy]=RectCenter(borders);
if trackmode
    %第一步:默认初始化
    ivx=iViewXInitDefaults([],[],host,port);
    iViewX('datafile',ivx,'ballgame');
    %第二步:打开连接
    if iViewX('openconnection',ivx)~=1;
        return;
    end
end
%第三步:打开页面窗口以便进行眼动仪校正
scr=Screen('Screens');
[wptr,wrect]=Screen('OpenWindow',max(scr),0);
gray=GrayIndex(wptr);
Screen('FillRect',wptr,gray);
if trackmode
    %第四步:校正眼动仪
    iViewX('calibrate',ivx);
    iViewX('driftcorrection');
    %第五步:开始记录眼动数据
    iViewX('startrecording',ivx);
end

while true
    [x,y,buttons]=GetMouse(wptr);
    if runmode~=3
        batX=x*xMouseFactor+batThick+batLen/2+leftright;
        batY=y*yMouseFactor+batThick+batLen/2+topdown;
    end
    switch runmode
        case 1 %左键开始,右键或中键退出
            if any(buttons)
                if buttons(1)
                    BallPosX=wrect(3)/2;
                    BallPosY=wrect(4)/2;
                    runmode=2;
                    ballSpd=MinSpd;
                    Dir=rand*2*pi;
                    BallIncX=ballSpd*cos(Dir);
                    BallIncY=ballSpd*sin(Dir);
                    starttime=GetSecs;
                    if trackmode
                        iViewX('message',ivx,'Game Start');
                    end
                else
                    sca;
                    return;
                end
            end
            Screen('FillRect',wptr,255,CenterRectOnPoint([0 0 300 100],cx,cy));
            DrawFormattedText(wptr,'鼠标左键开始\n 其他键退出','center',
```

```
            'center',0,[],[],[],1.2);
    case 2
        if trackmode
            %如果眼动仪失去连接,则中止程序
            if iViewX('connection',ivx)~=ivx.isconnected
                break;
            end
        end
        BallPosX=BallPosX+BallIncX;
        BallPosY=BallPosY+BallIncY;
        %x=x*xMouseFactor-batThick;
        %y=y*yMouseFactor-batThick;
        overshoot=0;
        if BallPosX<ballMiniX
            if abs(batY-BallPosY)>MissDist
                runmode=3;
            end
            ballSpd=min([MaxSpd ballSpd*SpdFactor]);
            overshoot=(ballMiniX-BallPosX)/BallIncX;
            BallPosX=ballMiniX;
            BallPosY=BallPosY-overshoot*BallIncY;
            Dir=(rand-0.5)*pi;
            BallIncX=ballSpd*cos(Dir);
            BallIncY=ballSpd*sin(Dir);
            overshoot=1-overshoot;
        elseif BallPosX>ballMaxX
            if abs(batY-BallPosY)>MissDist
                runmode=3;
            end
            ballSpd=min([MaxSpd ballSpd*SpdFactor]);
            overshoot=(BallPosX-ballMaxX)/BallIncX;
            BallPosX=ballMaxX;
            BallPosY=BallPosY-overshoot*BallIncY;
            Dir=(rand+0.5)*pi;
            BallIncX=ballSpd*cos(Dir);
            BallIncY=ballSpd*sin(Dir);
            overshoot=1-overshoot;

        end
        BallPosX=BallPosX+BallIncX;
        BallPosY=BallPosY+BallIncY;
        overshoot=0;
        if BallPosY<ballMiniY
            if abs(batX-BallPosX)>MissDist
                runmode=3;
            end
            ballSpd=min([MaxSpd ballSpd*SpdFactor]);
            overshoot=(ballMiniY-BallPosY)/BallIncY;
            BallPosY=ballMiniY;
            BallPosX=BallPosX-overshoot*BallIncX;
            Dir=rand*pi;
            BallIncX=ballSpd*cos(Dir);
            BallIncY=ballSpd*sin(Dir);
```

```
            overshoot=1-overshoot;

        elseif BallPosY>ballMaxY
            if abs(batX-BallPosX)>MissDist
                runmode=3;
            end
            ballSpd=min([MaxSpd ballSpd*SpdFactor]);
            overshoot=(BallPosY-ballMaxY)/BallIncY;
            BallPosY=ballMaxY;
            BallPosX=BallPosX-overshoot*BallIncX;
            Dir=(rand+1)*pi;
            BallIncX=ballSpd*cos(Dir);
            BallIncY=ballSpd*sin(Dir);
            overshoot=1-overshoot;
        end
        BallPosX = BallPosX + overshoot*BallIncX;
        BallPosY = BallPosY + overshoot*BallIncY;
        if BallPosX < ballMiniX
            BallPosX = ballMiniX;
        elseif BallPosX > ballMaxX
            BallPosX = ballMaxX;
        end

        if BallPosY < ballMiniY
            BallPosY = ballMiniY;
        elseif BallPosY > ballMaxY
            BallPosY = ballMaxY;
        end
        drawball(wptr,BallPosX,BallPosY,ballR,[255 0 0]);
        drawText(wptr,sprintf('%d',fix(GetSecs-starttime)),[255 255 255],
                CenterRectOnPoint([0 0 2*ballR 2*ballR],BallPosX,BallPosY));
        if runmode==3
            lastscore=fix(GetSecs-starttime);
            if lastscore>bestscore
                bestscore=lastscore;
            end
        end
    case 3
        if any(buttons)
            runmode=1;
        end
        drawbox(wptr,cx,cy,RectWidth(borders),RectHeight(borders),
                [255 255 0],1);
        Screen('FillRect',wptr,255,CenterRectOnPoint([0 0 300 100],cx,cy));
        DrawFormattedText(wptr,sprintf('当前得分%d\n 最高得分%d\n 左键重新开始',
                lastscore,bestscore),'center','center',0,[],[],[],1.2);
end

%drawbox(wptr,cx,cy,wrect(3),wrect(4),[255 255 255],1);
%绘制左右球拍
drawbox(wptr,ceil(batThick/2+leftright),batY,batThick,batLen,[0 255 0]);
drawbox(wptr,ceil(wrect(3)-batThick/2-leftright),batY,batThick,batLen,[0 255 0]);
%绘制上下球拍
```

```
    drawbox(wptr,batX,ceil(batThick/2+topdown),batLen,batThick,[0 0 255]);
    drawbox(wptr,batX,ceil(wrect(4)-batThick/2-topdown),batLen,batThick,[0 0 255]);
    Screen('Flip',wptr);
end
sca
if trackmode
    %第八步:结束眼动记录,关闭眼动仪
    iViewX('closeconnection',ivx);
    iViewX('stoprecording',ivx);
    iViewX('shutdown',ivx);
end
```

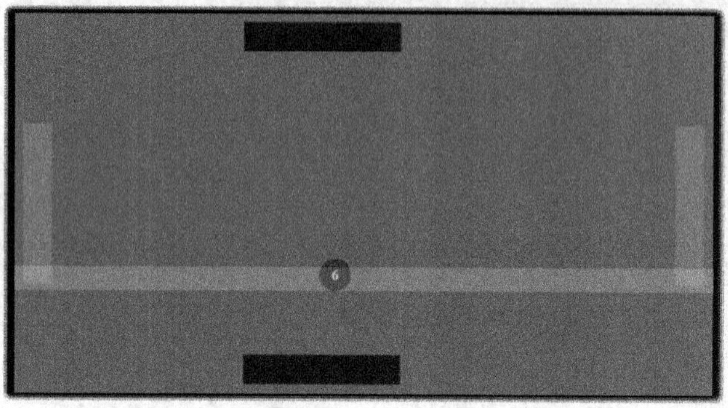

图 12-4　游戏界面

第 13 章 PTB 与 NeuroScan 脑电仪的连接

使用 MATLAB+PTB 与 NeuroScan 等设备进行连接，就是编写相应的并口或串口通信函数。在早期的 MATLAB 版本（Version 6.5）中，数据采集工具箱（Data Acquisition Toolbox）提供了相应的数字化输入/输出函数，但高版本中将无法通过 digitalio 之类的函数与脑电仪设备进行通信，所提供的解决方案可参见：http://psychtoolbox.org/wikka.php?wakka=FaqTTLTrigger，下面给出具体的操作和设置步骤。

（1）将 forMatlab 压缩包内 porttalk22 目录下的 porttalk.sys 文件复制到 windows\system32\drivers 目录下。

（2）编辑 porttalk.reg 文件，将“Start”=dword:00000002 更改为“Start”=dword:00000000；编辑完成保存后，双击该文件将其导入注册表中，然后重新启动计算机。

（3）将压缩包内 forMatlab 目录下的所有文件复制到某个目录下，并设置该目录为 MATLAB 环境下的当前工作目录，在 MATLAB 中使用 mex –v lptwrite.c 命令和 mex –v lptread.c 命令，编译生成相应的文件。

（4）将 forMatlab 目录添加到 MATLAB 搜索目录中。

（5）找出机器的并口地址，在设备管理器中找到 LPT1 端口，并查看其属性，选择资源选项卡，查看 I/O 范围，起始值即为并口地址，一般为 0378（十六进制，对应十进制 888），可以使用 hex2dec('0378')获取相应十六进制端口地址的十进制值。

（6）在程序代码中使用 lptwrite 函数在适当处（一般在刺激呈现后或被试反应后）向脑电设备发送 Trigger，例如

```
lptwrite(888, 255);
WaitSecs(0.004);
lptwrite(888, 0);
```

在将端口设置为 0 之前，为使 Trigger 生效，使用 WaitSecs 函数等待 EEG 设备接收端口信号，等待时间设为 1/脑电设备采样频率。

例 13.1　事件档案（Event File）　　本示例位于 Psyfeng\Event_Files 目录下

事件档案（Event File）是客体档案的进一步发展,它包含了与事件有关的或突出的特征、行为信息以及任务背景等，并形成类似于平行加工分布的几个特征对之间的捆绑。事件档案就是客体档案和行为档案的整合。我们对客体的认知识别过程中，注意聚焦在大脑知觉到的客体的不同特征上并把这些特征粘合起来形成暂时的客体表征即客体档案，客体档案包含了客体的颜色、形状、地点、运动等信息。特征捆绑会对客体连续性产生作用，客体表征可以通过捆绑储存在记忆中，这样使得客体信息在当前缺乏感觉信息输入的情况下也能得以保存和维持。此后当这个客体再次呈现在眼前，即使只有部分特征与保存的信息相同，也能通过捆绑激活其他的特征，实现对客体的再认，形成客体连续性。事件档案认为客体档案所包括的任何特征都有助于客体连续性的形成，更利于对其加工过程进行解释。

本示例演示了与 NeuroScan 脑电仪的连接，其实验流程如图 13-1 所示，可以设置方框边长，图片刺激材料，超时时间和呈现时间以及 RSI 等参数（见图 13-2）。

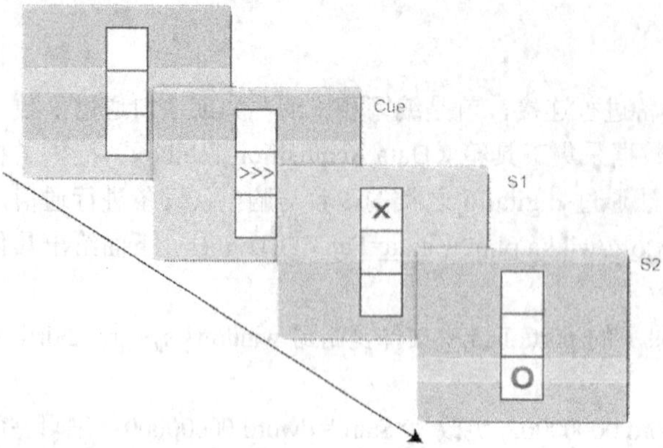

图 13-1 实验流程图

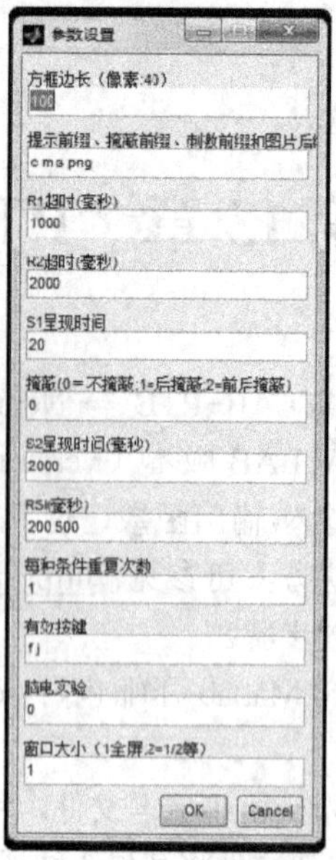

图 13-2 参数设置窗口

程序文件结构图：

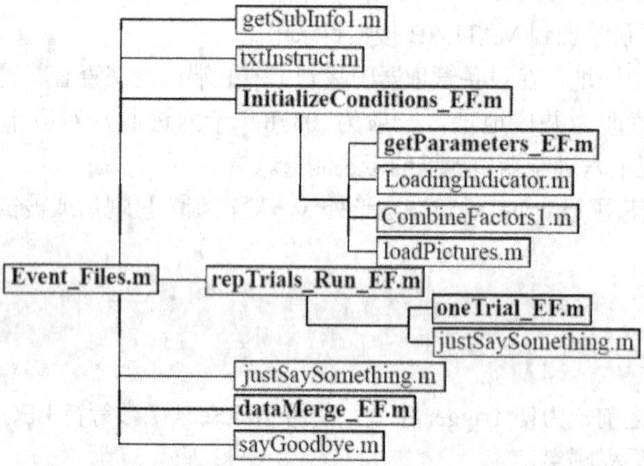


```
function [wptr,conditions]=initializeConditions EF(subid)
%initializeConditions_EF.m
%
global mainfilename;
paras=getParameters_EF;
if isempty(paras)
   wptr=NaN;
   conditions=NaN;
   return;
end
borderlength=str2double(paras{1}); %边长
picinfo=textscan(paras{2},'%s%s%s%s');
r1timeout=str2double(paras{3});
r2timeout=str2double(paras{4});

s1time=sscanf(paras{5},'%d ');
mask=str2double(paras{6});
s2time=str2double(paras{7});
```

```
rsi=sscanf(paras{8},'%d ');
replication=str2double(paras{9});
validkeys=KbName(textscan(paras{10},'%s'));
erp=str2double(paras{11});
wsize=str2double(paras{12});
fid=fopen([mainfilename '.ini'],'w');
if fid~=-1
   for i=1:length(paras)
      fprintf(fid,'%s\r\n',paras{i});
   end

   fclose(fid);
end
if wsize==0
   wsize=1;
end
scr=max(Screen('Screens'));
[sw,sh]=Screen('WindowSize',scr);
wptr=Screen('OpenWindow',scr,255,CenterRect([0 0 sw/wsize sh/wsize],[0 0 sw sh]));
%将刺激信息组合在一起作为图片文件名称,这样我们处理起来更灵活,只要提供不同类型的图片
        就可以实现不同的实验任务
%将刺激类型(两种,如 X 和 O),颜色,图片命名时要注意将水平值最多的一个参数作为文件的序号来
        处理比如[2 3%6],则命名如下 1 1 ,1 2 ,1 3 ,2 1 ,2 2 ,2 3 利用 loadPictures
        函数加载图片时就可以自动此处所设的 6 张图片
%S1 类型,S1 颜色,S1 位置,反应键,RSI,S2 类型,S2 颜色,S2 位置
treatments=CombineFactors1([ 1 2],[1 2],[1 2],[1 2],rsi,[1 2],[1 2],[1 2]);
cueprefix=picinfo{1}{1};
maskprefix=picinfo{2}{1};
stimprefix=picinfo{3}{1};
postfix=picinfo{4}{1};
stimnames=postfix;
for i=1:2
   picprefix=[stimprefix num2str(i) ' '];
   stimnames=[stimnames '|' picprefix];
end
stimpics=loadPictures(wptr,stimnames);
maskpics=loadPictures(wptr,[postfix '|' maskprefix]);
cuepics=loadPictures(wptr,[postfix '|' cueprefix]);
conditions=struct([]);
for i=1:size(treatments,1)
   conditions(i,1).erp=erp;
   conditions(i,1).s1type=treatments(i,1);
   conditions(i,1).s1color=treatments(i,2);
   conditions(i,1).s1position=treatments(i,3);
   conditions(i,1).r1=treatments(i,4);
   conditions(i,1).rsi=treatments(i,5);
   conditions(i,1).s2type=treatments(i,6);
   conditions(i,1).s2color=treatments(i,7);
   conditions(i,1).s2position=treatments(i,8);
   conditions(i,1).mask=mask;
   conditions(i,1).masktexture=maskpics.([maskprefix '1 ' postfix]).texture;
   conditions(i,1).cuetexture=cuepics.([cueprefix num2str(conditions(i,1).r1)
          ' ' postfix]).texture;
   conditions(i,1).s1time=s1time;
   conditions(i,1).s2time=s2time;
   conditions(i,1).borderlength=borderlength;
```

```
    conditions(i,1).r1correctKey=validkeys(treatments(i,4));
    conditions(i,1).r2validkeys=validkeys;
    conditions(i,1).s1texture=stimpics.([stimprefix num2str(conditions(i,1).s1type)
            '_' num2str(conditions(i,1).s1color) '_' postfix]).texture;
    conditions(i,1).s2texture=stimpics.([stimprefix num2str(conditions(i,1).s2type)
            '_' num2str(conditions(i,1).s2color) '_' postfix]).texture;
    conditions(i,1).rt1=-1;
    conditions(i,1).rt2=-1;
    conditions(i,1).r1Correct=0;
    conditions(i,1).r2Correct=0;
    conditions(i,1).r1timeout=r1timeout;
    conditions(i,1).r2timeout=r2timeout;
    switch conditions(i,1).s2type
        case 1 %刺激类型1
            if mod(subid,2) %奇数被试
                conditions(i,1).r2correctKey=validkeys(1);
            else
                conditions(i,1).r2correctKey=validkeys(2);
            end
        case 2 %刺激类型2
            if mod(subid,2)
                conditions(i,1).r2correctKey=validkeys(2);
            else
                conditions(i,1).r2correctKey=validkeys(1);
            end
    end
    LoadingIndicator(wptr,i/size(treatments,1)*100,'Initializing Completed.');
    Screen('Flip',wptr);
end
conditions=Shuffle(repmat(conditions,replication,1));
return
```

```
function trial=oneTrial_EF(wptr,trial)
%oneTrial_EF.m
%
%wptr=Screen('OpenWindow',0,255,[0 0 400 300]);
%load ab
%trial=trials(1);
wrect=Screen('Rect',wptr);
gray=(WhiteIndex(wptr)+BlackIndex(wptr))/2;
HideCursor;
%begin task one
WaitSecs(0.5);
while KbCheck; end
rect=CenterRect([0 0 trial.borderlength trial.borderlength*3],wrect);
rects=ArrangeRects(3,[0 0 trial.borderlength trial.borderlength],rect);
tmp=rects(2,:);
rects(2,:)=rects(3,:); %此处对调第2和第3个矩形的目的是直接使用position值来作为参数
rects(3,:)=tmp;
Screen('FrameRect',wptr,gray,rects');
trial.rt1=1;
s1cleared=false;
%cuerect=Screen('Rect',trial.cuetexture);
cuerect=InsetRect(rects(3,:),5,5);
Screen('DrawTexture',wptr,trial.cuetexture,[],CenterRect(cuerect,rects(3,:)));
Screen('Flip',wptr);
if trial.erp
```

```
        lptwrite(888,11); %CUE
        WaitSecs(0.004);
        lptwrite(888,0);
    end
    WaitSecs(1);
    Screen('FrameRect',wptr,gray,rects');
    Screen('Flip',wptr,0,1);
    WaitSecs(1);
    %s1rect=Screen('Rect',trial.s1texture);
    s1rect=InsetRect(rects(1,:),5,5);
    %s2rect=Screen('Rect',trial.s2texture);
    s2rect=InsetRect(rects(2,:),5,5);
    maskrect=Screen('Rect',trial.masktexture);
    if trial.mask==2
       Screen('DrawTextures',wptr,trial.masktexture,[],[CenterRect(maskrect,
             rects(1,:));CenterRect(maskrect,rects(2,:))]');
    end
    Screen('Flip',wptr);
    Screen('FrameRect',wptr,gray,rects');
    Screen('Flip',wptr,0,1);
    Screen('DrawTexture',wptr,trial.s1texture,[],CenterRect(s1rect,
            rects(trial.s1position,:)));
    Screen('Flip',wptr);
    starttime=GetSecs;
    if trial.erp
        lptwrite(888,21); %Frist Stimulus
        WaitSecs(0.004);
        lptwrite(888,0);
    end
    while true
        if GetSecs-starttime>trial.r1timeout/1000
            Screen('FrameRect',wptr,gray,rects');
            Screen('Flip',wptr,0,1);
            if trial.erp
                lptwrite(888,41); %Timeout1
                WaitSecs(0.004);
                lptwrite(888,0);
            end
            beep;
            break
        end
        if GetSecs-starttime>=trial.s1time/1000 && ~s1cleared
            Screen('FrameRect',wptr,gray,rects');
            if trial.mask
                Screen('DrawTextures',wptr,trial.masktexture,[],[CenterRect(maskrect,
                        rects(1,:));CenterRect(maskrect,rects(2,:))]');
            end
            Screen('Flip',wptr);
            s1cleared=true;
        end
        [~,~,keyCode]=KbCheck;
        if sum(keyCode(trial.r2validkeys))
            endtime=GetSecs;
            if trial.erp
                lptwrite(888,31); %Frist Response
                WaitSecs(0.004);
                lptwrite(888,0);
            end
```

```
        trial.rt1=endtime-starttime;
        trial.r1Correct=keyCode(trial.r1correctKey);
        Screen('FrameRect',wptr,gray,rects');
        Screen('Flip',wptr,0,1);
        if ~trial.r1Correct
            if trial.erp
                lptwrite(888,51); %Frist Error
                WaitSecs(0.004);
                lptwrite(888,0);
            end
            beep;
        else
            if trial.erp
                lptwrite(888,61); %Frist Correct
                WaitSecs(0.004);
                lptwrite(888,0);
            end
        end
        break;
    elseif keyCode(KbName('escape'))
        Screen('FrameRect',wptr,gray,rects');
        Screen('Flip',wptr,0,1);
        trial.r1Correct=-1;
        break;
    end
end
WaitSecs(trial.rsi/1000);
s2cleared=false;
Screen('DrawTexture',wptr,trial.s2texture,[],CenterRect(s2rect,
        rects(trial.s2position,:)));
Screen('Flip',wptr);

while KbCheck; end
starttime=GetSecs;
if trial.erp
    lptwrite(888,22); %Second Stimulus
    WaitSecs(0.004);
    lptwrite(888,0);
end

while true
    if GetSecs-starttime>trial.r2timeout/1000
        Screen('FrameRect',wptr,gray,rects');
        Screen('Flip',wptr);
        if trial.erp
            lptwrite(888,42); %Timeout2
            WaitSecs(0.004);
            lptwrite(888,0);
        end
        beep;
        break
    end
    if GetSecs-starttime>=trial.s2time/1000 && ~s2cleared
        Screen('FrameRect',wptr,gray,rects');
        Screen('Flip',wptr);
        s2cleared=true;
    end
```

```
    [~,~,keyCode]=KbCheck;
    if sum(keyCode(trial.r2validkeys))
        endtime=GetSecs;
        if trial.erp
            lptwrite(888,32); %Second Response
            WaitSecs(0.004);
            lptwrite(888,0);
        end
        trial.rt2=endtime-starttime;
        trial.r2Correct=keyCode(trial.r2correctKey);
        Screen('FrameRect',wptr,gray,rects');
        Screen('Flip',wptr,0,1);
        if ~trial.r2Correct
            if trial.erp
                lptwrite(888,52); %Second Error
                WaitSecs(0.004);
                lptwrite(888,0);
            end
            beep;
        else
            if trial.erp
                lptwrite(888,62); %Second Correct
                WaitSecs(0.004);
                lptwrite(888,0);
            end
        end
        break;
    elseif keyCode(KbName('escape'))
        trial.r2Correct=-1;
        break;
    end
end
```

附　录

附录 1　键名与扫描码[KbName('KeyNames')返回值]

扫 描 码	键　名	扫 描 码	键　名	扫 描 码	键　名
1	'left_mouse'	37	'LeftArrow'	73	'i'
2	'right_mouse'	38	'UpArrow'	74	'j'
3	[]	39	'RightArrow'	75	'k'
4	'middle_mouse'	40	'DownArrow'	76	'l'
5	[]	41	[]	77	'm'
6	[]	42	[]	78	'n'
7	[]	43	[]	79	'o'
8	'BackSpace'	44	'PrintScreen'	80	'p'
9	'tab'	45	'Insert'	81	'q'
10	[]	46	'DELETE'	82	'r'
11	[]	47	'Help'	83	's'
12	'Clear'	48	'0)'	84	't'
13	'Return'	49	'1!'	85	'u'
14	[]	50	'2@'	86	'v'
15	[]	51	'3#'	87	'w'
16	'Shift'	52	'4$'	88	'x'
17	'control'	53	'5%'	89	'y'
18	'alt'	54	'6^'	90	'z'
19	[]	55	'7&'	91	'LeftGUI'
20	'CapsLock'	56	'8*'	92	'RightGUI'
21	[]	57	'9('	93	'Application'
22	[]	58	[]	94	[]
23	[]	59	[]	95	[]
24	[]	60	[]	96	'0'
25	[]	61	[]	97	'1'
26	[]	62	[]	98	'2'
27	'ESCAPE'	63	[]	99	'3'
28	[]	64	[]	100	'4'
29	[]	65	'a'	101	'5'
30	[]	66	'b'	102	'6'
31	[]	67	'c'	103	'7'
32	'space'	68	'd'	104	'8'
33	'PageUp'	69	'e'	105	'9'
34	'PageDown'	70	'f'	106	'*'
35	'End'	71	'g'	107	'+'
36	'Home'	72	'h'	108	'seperator'

续表

扫描码	键　名	扫描码	键　名	扫描码	键　名
109	'-'	150	[]	191	'/?'
110	'.'	151	[]	192	'`'
111	'/'	152	[]	193	[]
112	'F1'	153	[]	194	[]
113	'F2'	154	[]	195	[]
114	'F3'	155	[]	196	[]
115	'F4'	156	[]	197	[]
116	'F5'	157	[]	198	[]
117	'F6'	158	[]	199	[]
118	'F7'	159	[]	200	[]
119	'F8'	160	'LeftShift'	201	[]
120	'F9'	161	'RightShift'	202	[]
121	'F10'	162	'LeftControl'	203	[]
122	'F11'	163	'RightControl'	204	[]
123	'F12'	164	'LeftAlt'	205	[]
124	'F13'	165	'RightAlt'	206	[]
125	'F14'	166	[]	207	[]
126	'F15'	167	[]	208	[]
127	'f16'	168	[]	209	[]
128	'f17'	169	[]	210	[]
129	'f18'	170	[]	211	[]
130	'f19'	171	[]	212	[]
131	'f20'	172	[]	213	[]
132	'f21'	173	[]	214	[]
133	'f22'	174	[]	215	[]
134	'f23'	175	[]	216	[]
135	'f24'	176	[]	217	[]
136	[]	177	[]	218	[]
137	[]	178	[]	219	'[{'
138	[]	179	[]	220	'\\'
139	[]	180	[]	221	']}'
140	[]	181	[]	222	'''
141	[]	182	[]	223	[]
142	[]	183	[]	224	[]
143	[]	184	[]	225	[]
144	'NumLock'	185	[]	226	[]
145	'ScrollLock'	186	';'	227	[]
146	[]	187	'=+'	228	[]
147	[]	188	',<'	229	[]
148	[]	189	'-_'	230	[]
149	[]	190	'.>'	231	[]

续表

扫描码	键名	扫描码	键名	扫描码	键名
232	[]	233	[]	234	[]
235	[]	244	[]	251	'play'
236	[]	245	[]	252	'zoom'
237	[]	246	'attn'	253	[]
238	[]	247	'crsel'	254	'pa1'
239	[]	248	'exsel'	255	[]
240	[]	249	[]	256	[]
243	[]	250	[]		

附录 2 键名与扫描码[KbName('KeyNamesOSX')返回值]

<table>
<tr><th>扫描码</th><th>键名</th><th>扫描码</th><th>键名</th><th>扫描码</th><th>键名</th></tr>
<tr><td>1</td><td>'ErrorRollOver'</td><td>29</td><td>'z'</td><td>57</td><td>'CapsLock'</td></tr>
<tr><td>2</td><td>'POSTFail'</td><td>30</td><td>'1!'</td><td>58</td><td>'F1'</td></tr>
<tr><td>3</td><td>'ErrorUndefined'</td><td>31</td><td>'2@'</td><td>59</td><td>'F2'</td></tr>
<tr><td>4</td><td>'a'</td><td>32</td><td>'3#'</td><td>60</td><td>'F3'</td></tr>
<tr><td>5</td><td>'b'</td><td>33</td><td>'4$'</td><td>61</td><td>'F4'</td></tr>
<tr><td>6</td><td>'c'</td><td>34</td><td>'5%'</td><td>62</td><td>'F5'</td></tr>
<tr><td>7</td><td>'d'</td><td>35</td><td>'6^'</td><td>63</td><td>'F6'</td></tr>
<tr><td>8</td><td>'e'</td><td>36</td><td>'7&'</td><td>64</td><td>'F7'</td></tr>
<tr><td>9</td><td>'f'</td><td>37</td><td>'8*'</td><td>65</td><td>'F8'</td></tr>
<tr><td>10</td><td>'g'</td><td>38</td><td>'9('</td><td>66</td><td>'F9'</td></tr>
<tr><td>11</td><td>'h'</td><td>39</td><td>'0)'</td><td>67</td><td>'F10'</td></tr>
<tr><td>12</td><td>'i'</td><td>40</td><td>'Return'</td><td>68</td><td>'F11'</td></tr>
<tr><td>13</td><td>'j'</td><td>41</td><td>'ESCAPE'</td><td>69</td><td>'F12'</td></tr>
<tr><td>14</td><td>'k'</td><td>42</td><td>'DELETE'</td><td>70</td><td>'PrintScreen'</td></tr>
<tr><td>15</td><td>'l'</td><td>43</td><td>'tab'</td><td>71</td><td>'ScrollLock'</td></tr>
<tr><td>16</td><td>'m'</td><td>44</td><td>'space'</td><td>72</td><td>'Pause'</td></tr>
<tr><td>17</td><td>'n'</td><td>45</td><td>'-_'</td><td>73</td><td>'Insert'</td></tr>
<tr><td>18</td><td>'o'</td><td>46</td><td>'=+'</td><td>74</td><td>'Home'</td></tr>
<tr><td>19</td><td>'p'</td><td>47</td><td>'[{'</td><td>75</td><td>'PageUp'</td></tr>
<tr><td>20</td><td>'q'</td><td>48</td><td>']}'</td><td>76</td><td>'DeleteForward'</td></tr>
<tr><td>21</td><td>'r'</td><td>49</td><td>'\|'</td><td>77</td><td>'End'</td></tr>
<tr><td>22</td><td>'s'</td><td>50</td><td>'#-'</td><td>78</td><td>'PageDown'</td></tr>
<tr><td>23</td><td>'t'</td><td>51</td><td>';:'</td><td>79</td><td>'RightArrow'</td></tr>
<tr><td>24</td><td>'u'</td><td>52</td><td>''''</td><td>80</td><td>'LeftArrow'</td></tr>
<tr><td>25</td><td>'v'</td><td>53</td><td>'`~'</td><td>81</td><td>'DownArrow'</td></tr>
<tr><td>26</td><td>'w'</td><td>54</td><td>',<'</td><td>82</td><td>'UpArrow'</td></tr>
<tr><td>27</td><td>'x'</td><td>55</td><td>'.>'</td><td>83</td><td>'NumLockClear'</td></tr>
<tr><td>28</td><td>'y'</td><td>56</td><td>'/?'</td><td>84</td><td>'/'</td></tr>
</table>

续表

<table>
<tr><th>扫 描 码</th><th>键 名</th><th>扫 描 码</th><th>键 名</th><th>扫 描 码</th><th>键 名</th></tr>
<tr><td>85</td><td>'*'</td><td>126</td><td>'Find'</td><td>167</td><td>'Undefined'</td></tr>
<tr><td>86</td><td>'-'</td><td>127</td><td>'Mute'</td><td>168</td><td>'Undefined'</td></tr>
<tr><td>87</td><td>'+'</td><td>128</td><td>'VolumeUp'</td><td>169</td><td>'Undefined'</td></tr>
<tr><td>88</td><td>'ENTER'</td><td>129</td><td>'VolumeDown'</td><td>170</td><td>'Undefined'</td></tr>
<tr><td>89</td><td>'1'</td><td>130</td><td>'LockingCapsLock'</td><td>171</td><td>'Undefined'</td></tr>
<tr><td>90</td><td>'2'</td><td>131</td><td>'LockingNumLock'</td><td>172</td><td>'Undefined'</td></tr>
<tr><td>91</td><td>'3'</td><td>132</td><td>'LockingScrollLock'</td><td>173</td><td>'Undefined'</td></tr>
<tr><td>92</td><td>'4'</td><td>133</td><td>'Comma'</td><td>174</td><td>'Undefined'</td></tr>
<tr><td>93</td><td>'5'</td><td>134</td><td>'EqualSign'</td><td>175</td><td>'Undefined'</td></tr>
<tr><td>94</td><td>'6'</td><td>135</td><td>'International1'</td><td>176</td><td>'00'</td></tr>
<tr><td>95</td><td>'7'</td><td>136</td><td>'International2'</td><td>177</td><td>'000'</td></tr>
<tr><td>96</td><td>'8'</td><td>137</td><td>'International3'</td><td>178</td><td>'ThousandsSeparator'</td></tr>
<tr><td>97</td><td>'9'</td><td>138</td><td>'International4'</td><td>179</td><td>'DecimalSeparator'</td></tr>
<tr><td>98</td><td>'0'</td><td>139</td><td>'International5'</td><td>180</td><td>'CurrencyUnit'</td></tr>
<tr><td>99</td><td>'.'</td><td>140</td><td>'International6'</td><td>181</td><td>'CurrencySub-unit'</td></tr>
<tr><td>100</td><td>'NonUS\|'</td><td>141</td><td>'International7'</td><td>182</td><td>'('</td></tr>
<tr><td>101</td><td>'Application'</td><td>142</td><td>'International8'</td><td>183</td><td>')'</td></tr>
<tr><td>102</td><td>'Power'</td><td>143</td><td>'International9'</td><td>184</td><td>'{'</td></tr>
<tr><td>103</td><td>'='</td><td>144</td><td>'LANG1'</td><td>185</td><td>'}'</td></tr>
<tr><td>104</td><td>'F13'</td><td>145</td><td>'LANG2'</td><td>186</td><td>'KeypadTab'</td></tr>
<tr><td>105</td><td>'F14'</td><td>146</td><td>'LANG3'</td><td>187</td><td>'KeypadBackspace'</td></tr>
<tr><td>106</td><td>'F15'</td><td>147</td><td>'LANG4'</td><td>188</td><td>'KeypadA'</td></tr>
<tr><td>107</td><td>'F16'</td><td>148</td><td>'LANG5'</td><td>189</td><td>'KeypadB'</td></tr>
<tr><td>108</td><td>'F17'</td><td>149</td><td>'LANG6'</td><td>190</td><td>'KeypadC'</td></tr>
<tr><td>109</td><td>'F18'</td><td>150</td><td>'LANG7'</td><td>191</td><td>'KeypadD'</td></tr>
<tr><td>110</td><td>'F19'</td><td>151</td><td>'LANG8'</td><td>192</td><td>'KeypadE'</td></tr>
<tr><td>111</td><td>'F20'</td><td>152</td><td>'LANG9'</td><td>193</td><td>'KeypadF'</td></tr>
<tr><td>112</td><td>'F21'</td><td>153</td><td>'AlternateErase'</td><td>194</td><td>'XOR'</td></tr>
<tr><td>113</td><td>'F22'</td><td>154</td><td>'SysReq/Attention'</td><td>195</td><td>'^'</td></tr>
<tr><td>114</td><td>'F23'</td><td>155</td><td>'Cancel'</td><td>196</td><td>'%'</td></tr>
<tr><td>115</td><td>'F24'</td><td>156</td><td>'Clear'</td><td>197</td><td>'<'</td></tr>
<tr><td>116</td><td>'Execute'</td><td>157</td><td>'Prior'</td><td>198</td><td>'>'</td></tr>
<tr><td>117</td><td>'Help'</td><td>158</td><td>'Return'</td><td>199</td><td>'&'</td></tr>
<tr><td>118</td><td>'Menu'</td><td>159</td><td>'Separator'</td><td>200</td><td>'&&'</td></tr>
<tr><td>119</td><td>'Select'</td><td>160</td><td>'Out'</td><td>201</td><td>'|'</td></tr>
<tr><td>120</td><td>'Stop'</td><td>161</td><td>'Oper'</td><td>202</td><td>'||'</td></tr>
<tr><td>121</td><td>'Again'</td><td>162</td><td>'Clear/Again'</td><td>203</td><td>':'</td></tr>
<tr><td>122</td><td>'Undo'</td><td>163</td><td>'CrSel/Props'</td><td>204</td><td>'#'</td></tr>
<tr><td>123</td><td>'Cut'</td><td>164</td><td>'ExSel'</td><td>205</td><td>'KeypadSpace'</td></tr>
<tr><td>124</td><td>'Copy'</td><td>165</td><td>'Undefined'</td><td>206</td><td>'@'</td></tr>
<tr><td>125</td><td>'Paste'</td><td>166</td><td>'Undefined'</td><td>207</td><td>'!'</td></tr>
</table>

续表

扫 描 码	键　名	扫 描 码	键　名	扫 描 码	键　名
208	'MemoryStore'	225	'LeftShift'	242	'Undefined'
209	'MemoryRecall'	226	'LeftAlt'	243	'Undefined'
210	'MemoryClear'	227	'LeftGUI'	244	'Undefined'
211	'MemoryAdd'	228	'RightControl'	245	'Undefined'
212	'MemorySubtract'	229	'RightShift'	246	'Undefined'
213	'MemoryMultiply'	230	'RightAlt'	247	'Undefined'
214	'MemoryDivide'	231	'RightGUI'	248	'Undefined'
215	'+/-'	232	'Undefined'	249	'Undefined'
216	'KeypadClear'	233	'Undefined'	250	'Undefined'
217	'KeypadClearEntry'	234	'Undefined'	251	'Undefined'
218	'KeypadBinary'	235	'Undefined'	252	'Undefined'
219	'KeypadOctal'	236	'Undefined'	253	'Undefined'
220	'KeypadDecimal'	237	'Undefined'	254	'Undefined'
221	'Undefined'	238	'Undefined'	255	'Undefined'
222	'Undefined'	239	'Undefined'	256	'Undefined'
223	'Undefined'	240	'Undefined'		
224	'LeftControl'	241	'Undefined'		

后　记

初次接触 MATLAB 大约是 2001 年，那时陈硕师兄已经在用 MATLAB 进行神经网络方面的编程，之前和读博期间使用 C 和 C++语言仍较多，博士论文的眼动实验也是使用 C 语言来完成的。工作期间也曾使用 Java 语言开发了许多用于实验编程的模块用于教学工作，以便能在网页上通过 Java Applet 向学生演示实验内容。直到后来用于实验设计的 PSYCHTOOLBOX 工具箱出现，我才逐渐转到 MATLAB 方面的编程，PSYCHTOOLBOX 工具箱提供了很多用于视觉和认知方面实验的底层函数，大大提高了程序的编写效率，再加上 MATLAB 强大的数学运算功能以及可以与 C 语言和 Fortran 语言进行混合编程，使得 MATLAB+PTB 的编程功能强大到足以完成任何实验。

虽然本人利用 MATLAB+PTB 编写了林林总总的实验程序，但有些函数和功能还是需要查阅帮助文件来重新温习，而不像其他计算机编程语言，如 Visual C++、Visual Basic、Visual Foxpro、Java、Javascript、OpenGL、DirectX 等，市场上有大量的相关书籍（从入门到精通、使用手册、类库大全）可供编程人员查阅，于是就有了整理、选编自己的实验程序，编写本书的念头，从有些念头到完成此作，期间也经过了三四年的时间，其初衷有三：一则为自己今后的实验程序编制提供方便（一己私念）；二则为其他想学习 PTB 和使用 PTB 编写实验程序的爱好者提供些许帮助（一点愿望）；三则想让更多的人加入到学习 MATLAB+PTB 实验编程的队伍中来，提高国内的实验编程水平（一点希望）。

在本书的编写过程中得到了中科院心理所蒋毅研究员和北京大学心理系陈娟博士以及加拿大圭尔夫大学 Michael Peters 博士的帮助。电子工业出版社的石会敏老师在本书的出版工作中给予了莫大的帮助，在此一并表示感谢！

我可爱的女儿冯甘霖小姐和我的许多学生参加了实验程序试运行的工作，我的爱人贾凤芹女士为我腾出了很多时间来完成此书，衷心感谢她们无私的帮助与奉献。

2013 年 5 月 31 日

参 考 文 献

[1] http://tech.groups.yahoo.com/group/psychtoolbox/messages/ [2013-7-24].

[2] http://psychtoolbox.org/HomePage[2013-7-24].

[3] https://github.com/kleinerm/Psychtoolbox-3 [2013-7-24].

[4] http://www.perceptionweb.com/abstract.cgi?id=v070821 [2013-7-24].

[5] 郭秀艳. 实验心理学. 北京：人民教育出版社，2004.

[6] 汪向东、王希林、马弘. 心理卫生评定量表手册（增订版）. 北京：中国心理卫生杂志社，1999.

[7] 王甦，汪安圣. 认知心理学. 北京：北京大学出版社，1992.

[8] 黄希庭. 心理学实验指导. 北京：人民教育出版社，1987.

[9] 邓铸. 应用实验心理学. 上海：上海教育出版社，2006.

[10] 朱滢. 实验心理学. 北京：北京大学出版社，2000.

[11] 金志成，何艳茹. 心理学实验设计及其数据处理. 广州：广东高等教育出版社，2002.

[12] 孟庆茂，常建华. 实验心理学. 北京：北京师范大学出版社，1999.

[13] 黄希庭. 心理学导论. 北京：人民教育出版社，1991.

[14] 彭聃龄. 普通心理学. 北京：北京师范大学出版社，1988.

[15] 舒华. 心理与教育研究中的多因素实验设计. 北京：北京师范大学出版社，1994.

[16] 张厚粲，徐建平. 现代心理与教育统计学. 北京：北京师范大学出版社，2003.

[17] 冯成志，贾凤芹. 社会科学统计软件 SPSS 教程. 北京：清华大学出版社，2009.

[18] 冯成志. 心理学实验软件 Inquisit 教程. 北京：北京大学出版社，2009.

[19] 冯成志. 眼动人机交互. 苏州：苏州大学出版社，2010.